R. Paul

Elektrotechnik

Grundlagenlehrbuch

Band II

Netzwerke

Mit 188 Abbildungen und 44 Tafeln

Springer-Verlag
Berlin Heidelberg New York Tokyo

Dr.-Ing. **Reinhold Paul**
Professor, Lehrstuhl für Technische Elektronik
der Technischen Universität München

CIP-Kurztitelaufnahme der Deutschen Bibliothek. Paul, Reinhold: Elektrotechnik: Grundlagenlehrbuch/R. Paul. — Berlin; Heidelberg; NewYork; Tokyo: Springer Bd. 2. Netzwerke. — 1985.

ISBN 3-540-13634-7 Springer-Verlag Berlin Heidelberg NewYork Tokyo
ISBN 0-387-13634-7 Springer-Verlag NewYork Heidelberg Berlin Tokyo

Druck: Brüder Hartmann GmbH & Co., Berlin; Bindearbeiten: Lüderitz & Bauer-GmbH, Berlin
2362/3020-543210

Vorwort

Der vorliegende zweite Band des Grundlagenlehrbuchs „Elektrotechnik" umfaßt Netzwerke, ihre Elemente und vor allem die wichtigsten Berechnungsverfahren für elektrische Netzwerke unter verschiedenen Erregungsbedingungen.

Aufbauend auf den physikalischen Grundlagen des ersten Teilbandes werden zunächst die generellen linearen und nichtlinearen Strom-Spannungs-Relationen der wichtigsten Netzwerkelemente einschließlich der Quellen (gesteuert, ungesteuert) erklärt und die unterschiedlichen Netzwerkerregungen (sinusförmig, impulsförmig) eingeführt. Ein Abschnitt ist der Aufstellung, den Eigenschaften und den Lösungsverfahren der Netzwerkgleichungen gewidmet.

Schwerpunkt dieses Bandes ist naturgemäß die Wechselstromlehre, wobei die Netzwerkgleichung für den Sonderfall sinusförmig stationärer Erregung mit der komplexen Rechnung gelöst wird. Besonderer Wert kommt der formalen Handhabung dieser Lösungsmethodik, ihrem Bezug zur physikalischen Realität sowie der Transformation von Netzwerkfunktionen einschließlich der Energie- und Leistungsbetrachtungen zu. Vertieft wird die Wechselstromlehre an beispielhaften Zusammenschaltungen weniger Netzwerkelemente, durch die technisch so wichtigen Resonanzkreise sowie durch Vierpole, ihre Strom-Spannungs-Relationen, die wichtigsten Eigenschaften und das Zusammenspiel mit der umgebenden Schaltung. Eine Reihe wichtiger Vierpole (Brücken-, Kompensationsschaltungen, Transformator, Verstärker) wird eingehend behandelt.

Kürzere Abschnitte über das Verhalten von Netzwerken bei mehrwelliger Erregung und dreiphasig erregten Netzwerken mit ihrer großen praktischen Bedeutung folgen. Ein abschließender größerer Abschnitt behandelt das Übergangsverhalten der Netzwerke im Zeitbereich bei Sprung- und beliebiger Erregung mit einer Reihe typischer Beispiele, die Übertragungsfunktion mit dem PN-Plan sowie das Übergangsverhalten mit der Laplace-Transformation.

Auch mit diesem Band werden die gleichen pädagogisch-methodischen Ziele verfolgt wie mit dem ersten, wegen der größeren Schwierigkeiten dieses Gebietes jedoch noch ausgeprägter durch Lehrsätze, Lösungsstrategien, Zielvorgaben und Wiederholungsfragen unterstützt.

Da die beiden Bände in einem Zuge abgefaßt und bearbeitet wurden, gelten Dank und Anerkennung für die förderliche Fachdiskussion, die Kritik, die technische Ausführung und die Gestaltung genau jenem Kreis, der bereits im ersten Band genannt worden ist. Besonders hervorgehoben werden soll erneut die reibungslose und angenehme Zusammenarbeit mit dem Springer-Verlag.

München, im Herbst 1984 R. Paul

Inhaltsverzeichnis

Inhalt des Bandes I:
Elektrische Erscheinungen und Felder

Verzeichnis der wichtigsten Symbole

(Abschnitt des erstmaligen Auftretens in Klammern)

A	Fläche (0.2.4)
A	Kurzschlußstromverstärkung, Stromübersetzung (5.1.1.2)
B	Blindleitwert (6.1.2.1)
$\boldsymbol{B}$	Induktion (3.1.1)
$\boldsymbol{B}_\mathrm{r}$	Remanenzinduktion (3.1.4)
b_ω	Bandbreite (7.1.3.2)
C	Kapazität (2.5.5.2)
C_th	Wärmekapazität (4.2.2)
c	spezifische Wärme (4.4.1)
D	Durchgriff (7.3.6)
$\boldsymbol{D}$	Verschiebungsdichte (2.5.2)
d	Dämpfung (10.1.4.1)
d_c	Verlustfaktor (7.1.2)
$\boldsymbol{E}$	elektrische Feldstärke (2.2.1)
E	elektromotorische Kraft, Urspannung (2.4.1)
$\boldsymbol{E}_\mathrm{i}$	fiktive Feldstärke (2.4.1)
e	Elementarladung (1.3.1)
F	Formfaktor (5.2.3)
$\boldsymbol{F}$	Kraft (0.2.1)
$\underline{F}$	komplexer Frequenzgang (6.2.2.1)
$\lvert\underline{F}\rvert$	Amplitudengang (6.2.4)
f	Frequenz (3.3.3.2)
f_g	Grenzfrequenz (7.1.3)
G	Leitwert (2.4.2.1)
G_m	magnetischer Leitwert (3.2.3)
g	differentieller Leitwert (5.1.2.1)
$\boldsymbol{H}$	magnetische Erregung, Feldstärke (3.1.2)
$\boldsymbol{H}_\mathrm{c}$	Koerzitivfeldstärke (3.1.4)
I	Stromstärke (0.2.3)
I_B	Blindstrom (6.2.2.2.1)
I_k	Kurzschlußstromstärke (2.4.3.2)
I_Q	Quellenstromstärke (2.4.3.2)
I_V	Verschiebungsstrom (2.5.6.2)
I_W	Energiestrom (4.2.1)
i	zeitveränderlicher Strom, allgemein
L	Induktivität (3.2.4.1)
k	Klirrfaktor (8.3)
k	Knotenzahl (5.3.1)
k	Kopplungsfaktor (3.2.4.2)
$\boldsymbol{M}$	Drehmoment (4.3.2.2)
M	Gegeninduktivität (3.2.4.2)
m	Maschenzahl (5.3.1)
P	Leistung, Wirkleistung (2.4.3.1)
P_B	Blindleistung (6.4.2)
P_Hyst	Hystereseleistung (4.1.5)
P_S	Scheinleistung (6.4.2)
P_W	Wärmestrom (4.4.1)
P_W	Wirkleistung (6.4.1)

p Momentanleistung (6.4.1)
p' Leistungsdichte (4.7.2)
$\bar{p}$ Mittelwert der Leistung (5.2.3)
p_B Blindleistung, momentane (6.4.2)
p_s Scheinleistung (6.4.2)
Q Ladung, Elektrizitätsmenge (1.3.1)
Q Blindleistung (6.4.2)
$Q(t_0)$ Anfangsladung (1.4.3)
Q_C Kondensatorgüte (7.1.2)
Q_L Spulengüte (7.1.2)
q Elementarladung, allgemein (1.3.1)
R Widerstand (0.2.3)
R_i Innenwiderstand (2.4.3.2)
R_m magnetischer Widerstand (3.2.3)
R_{mi} magnetischer Innenwiderstand (3.2.5)
R_{th} Wärmewiderstand (4.2.1)
r differentieller Widerstand (5.1.2.1)
$\boldsymbol{r}$ Ortsvektor (1.3.2)
$\boldsymbol{S}$ Stromdichte (2.3.1)
S Scheinleistung (6.4.2)
S Transferleitwert, Steilheit (5.1.1.2)
$\boldsymbol{S}_K$ Konvektionsstromdichte (2.3.1)
$\boldsymbol{S}_V$ Verschiebungsstromdichte (2.5.6.3)
$\boldsymbol{S}_W$ Energiestromdichte, Poynting-Vektor (4.2.1)
T Periodendauer (3.3.3.2)
T Temperatur (2.4.2)
t Zeit (0.2.2)
t_H Halbwertzeit (3.4.1)
U Spannung (0.2.3)
$\hat{U}$ Spitzenspannung (3.4.3)
U_D Differenzspannung (7.3.6)
U_H Hallspannung (4.3.2.1)
U_l Leerlaufspannung (2.4.3.2)
U_Q Quellenspannung (2.4.3.2)
u zeitveränderliche Spannung (3.4.3)
$\bar{u}$ Gleichspannung, Gleichwert (5.2.3)
$|\bar{u}|$ Gleichrichtwert (5.2.3)
$\tilde{u}$ Effektivwert der Spannung (5.2.3)
u_i induzierte Spannung (3.3.1)
$ü$ Übersetzungsverhältnis (3.4.3)
V magnetische Spannung (3.2.2)
V Volumen (1.3.2)
V_m magnetische Randspannung (3.2.2)
v Verstärkung (7.3.6)
v Verstimmung (7.1.3.2)
$\underline{v}_i$ Kurzschlußstromübersetzung (7.2.3.2)
$\underline{v}_u$ Spannungsübertragungsfaktor (7.2.3.2)
W Arbeit, Energie (0.2.4)
W_{Hyst} Hysteresearbeit (4.1.5)
W_m magnetische Energie (4.1.5)
w Energiedichte (4.1.1)
w Windungszahl (3.2.3)
w_m magnetische Energiedichte (4.1.5)
X Blindwiderstand (6.1.1)
Y Scheinleitwert (6.1.2.1)
$\underline{Y}$ komplexer Leitwertoperator (6.2.1.1)
$\underline{Y}_m$ Übertragungsadmittanz (7.2.3.2)

Z	Scheinwiderstand (6.1.1)
$\underline{Z}$	komplexer Widerstandsoperator (6.2.1.1)
$\underline{Z}_m$	Transferimpedanz (5.1.1.2)
$\underline{Z}_w$	Wellenwiderstand (7.2.3.1)
z	Zweigzahl (5.3.1)
α	Abklingkonstante (10.1.4.1)
α	Temperaturkoeffizient, Temperaturbeiwert (2.3.2)
α	Winkel (2.3.3.4)
α_k	Wärmeübergangszahl (4.2.1)
δ	Fehlwinkel (7.1.2)
ε	Dielektrizitätskonstante (2.5.3)
ε_0	Dielektrizitätskonstante im Vakuum (2.5.3)
ε_r	relative Dielektrizitätskonstante (2.5.3)
η	Wirkungsgrad, Energieübertragungsgrad (2.4.3.5)
θ	Durchflutung (3.1.3)
$\varkappa$	Leitfähigkeit (2.3.2)
$\varkappa_W$	Wärmeleitfähigkeit (4.2.1)
λ	Linienladungsdichte (1.3.2)
μ	Beweglichkeit (2.3.2)
μ	Permeabilität (3.1.4)
μ	Steuerfaktor (5.1.1.2)
μ_0	Permeabilitätskonstante im Vakuum (3.1.4)
μ_r	relative Permeabilität (3.1.4)
ϱ	Kreisgüte, Resonanzschärfe (7.1.4.1)
ϱ	Länge, Radius (2.3.3.1)
ϱ	spezifischer Widerstand (2.3.2)
ϱ	Raumladungsdichte (1.3.2)
σ	mechanische Spannung (4.3.1.2)
σ	Flächenladungsdichte (1.3.2)
σ	Strahlungskonstante (4.2.1)
σ	Streugrad (7.3.5.1)
τ	Dämpfungsmaß (10.2.1)
τ	Zeitkonstante (10.1.2)
Φ	magnetischer Fluß (3.2.1)
φ	elektrisches Potential (2.2.2)
φ	Nullphasenwinkel (5.2.1)
φ_u	Nullphasenwinkel der Spannung (6.1.1)
φ_i	Nullphasenwinkel des Stromes (6.1.1)
φ_z	Phasenwinkel des komplexen Widerstandsoperators (6.1.1)
φ_y	Phasenwinkel des komplexen Leitwertoperators (6.1.1)
Ψ	Fluß eines Vektors (0.2.4), Windungsfluß (3.2.4.2)
Ψ	Verschiebungsfluß (2.5.1)
ψ	skalares magnetisches Potential (3.2.2)
ψ	Phasenwinkel
ω	Kreisfrequenz (3.3.3.2)
ω_0	Eigenfrequenz (7.1.4.1)
ω_0	Resonanzfrequenz (7.1.3.2)

5 Netzwerke und ihre Elemente

Ziel. Nach Durcharbeit des Abschnittes 5 sollen beherrscht werden:
Abschnitt 5.1
- der Begriff des Netzwerkelementes (NWE), wichtigste Arten, Arten von Netzwerken;
- die Begriffe lineares, nichtlineares, differentielles Netzwerkelement, Kleinsignalaussteuerung;
- unabhängige und abhängige Quellen (Beispiele, Eigenschaften);
- die Anwendung des Überlagerungssatzes nach der Zweipoltheorie auf Netzwerke mit gesteuerten Quellen;
- Erläuterung und Beispiele für zeitunabhängige und zeitabhängige Netzwerkelemente (Vorschlag: Kondensator), Energiebeziehung in solchen Elementen;
- die dynamische Kennlinie (Unterschied zur statischen Kennlinie).

Abschnitt 5.2
- wichtige Netzwerkerregungen (Beispiele);
- die Kennzeichen periodischer Vorgänge und der Wechselgröße;
- die Berechnung von Mittelwerten (arithmetischer, Effektivwert) von Wechselgrößen und ihre physikalische Begründung;
- Eigenschaften und Darstellung der Sinusfunktion (Differentiation, Integration, Addition).

Abschnitt 5.3
- die Begründung und Aufstellung des vollständigen Gleichungssystems für ein Netzwerk;
- die Begriffe Graph, vollständiger Baum, Baumkomplement;
- die Beschreibung und Anwendung des Maschenstrom- und Knotenspannungsverfahrens, Aufbau der Maschenwiderstands- und Knotenleitwertmatrix;
- das Reziprozitätstheorem, die Teilungs- und Versetzungssätze;
- die Erläuterung der Netzwerk-Integro-Differentialgleichung (Aufstellung, Zusammenhang mit den Schaltelementen, Lösungsmöglichkeiten abhängig von der Erregung);
- der Begriff „eingeschwungener Zustand“.

Übersicht. Die Grundaufgabe der Elektrotechnik/Elektronik besteht nach Abschn. 0.1 in der Energie- und Informationsübertragung von einer Quelle zum Verbraucher mit dem elektromagnetischen Feld als Träger des Energiestromes. Das kann durch räumlich freie Ausbreitung des Feldes erfolgen (z. B. elektromagnetische Wellen), aber auch durch *„Führung“ des Feldes* über Leitungen, Bauelemente und Schaltungen. Das letztere ist die *Aufgabe der Netzwerktheorie.* Ein *Netzwerk oder Stromkreis ist dabei eine beliebige Zusammenschaltung von Schaltelementen, Strom- und Spannungsquellen.*

Der Übergang von der Feld- zur Netzwerkbeschreibung bringt ganz entscheidende Vereinfachungen: An die Stelle der komplizierten Feldgleichungen treten die Kirchhoffschen Sätze und die Strom-Spannungsrelationen der Netzwerkelemente.

Er setzt allerdings so langsame zeitliche Feldgrößenänderungen voraus, daß ihre räumlich-zeitliche Ausbreitung vernachlässigt werden kann. Da die zeitliche Änderung gleichsam unabhängig vom Ort erfolgt, heißt der Zustand quasistationär.

Im quasistationären Zustand ist das Feld als Produkt aus einer Zeit- und Ortsfunktion darstellbar.

Dann besteht das Netzwerk aus sog. *räumlich-konzentrierten* Schaltelementen. In solchen Netzwerken haben wir dann gewöhnlich folgende Aufgabe zu lösen:

Gegeben ist eine *Netzwerkerregung* (Strom-, Spannungsquelle) an irgendeiner Stelle im Netzwerk — dem *Netzwerkeingang* —, gesucht ist irgendeine Zweiggröße (Strom, Spannung) an einer anderen Stelle des Netzwerkes, dem *Netzwerkausgang*.

Das ist eine Aufgabe der *Netzwerkanalyse*. Für den Grundstromkreis haben wir diese Aufgabe schon vielfach bearbeitet (Abschn. 2.4.3). Für ein lineares Netzwerk (mit linearen Schaltelementen) ergeben sich dabei:

gesucht		*gegeben*	(5.1)
Ausgangsgröße (Wirkung, z. B. Zweigstrom/Spannung)	= Übertragungsfaktor F (Netzwerkfunktion)	· Eingangsgröße (Ursache, Spannungs-Stromquelle an Netzwerkleitungen.	

Wir dürfen ein solches allgemeines Ergebnis sicher auch für kompliziertere, aber lineare Netzwerke erwarten.

Der sog. *Übertragungsfaktor F* enthält nur Netzwerkeigenschaften. Wir werden dies später sehen. Aufgabe der Netzwerkanalyse ist es dann, rationelle Methoden zur Bestimmung des Zusammenhanges Gl. (5.1) bereitzustellen.

Wir beschränken uns im Rahmen dieser Einführung vorrangig auf lineare Netzwerke mit zeitunabhängigen Schaltelementen.

Beispiel. In der Schaltung Bild 5.1 sei der Strom I_3 durch R_3 als Funktion der Quellspannung U_Q gesucht. Wir zeichnen die Schaltung zunächst so um, daß Netzwerkeingang und -ausgang besser erkennbar werden. Dann ist die Spannung U_Q die Netzwerkerregung, der Strom I_3 die Wirkung. Den Zusammenhang Wirkung $= f$ (Ursache) erhalten wir z. B. über die Spannungsteilerregel und $I_3 = U_3/R_3$ zu

$$I_3 = \frac{U_3}{R_3} = \frac{1}{R_3} \frac{R_2 \parallel R_3}{R_1 + R_2 \parallel R_3} U_Q = FU_Q \,.$$

Die Netzwerkgröße F hängt nur vom Netzwerk, d. h. den Widerständen und ihrer Zusammenschaltung ab.

Netzwerkeinteilung. Netzwerke lassen sich nach bestimmten *Grundeigenschaften* einteilen in:

1. *Lineare Netzwerke aus linearen Bauelementen.* Deshalb gilt in ihnen der Überlagerungssatz (s. Abschn. 2.4.4.2). Enthält ein Netzwerk ein oder mehrere nichtlineare Bauelemente (s. Abschn. 1.1), so heißt es *nichtlinear*.

2. *Passive und aktive Netzwerke.* Ausschlaggebend hierfür sind die Energie- und Netzleistungsverhältnisse. Wird einem Netzwerk am Ein- und Ausgang Leistung zugeführt (abgeführte ist negativ zu zählen), so gilt nach dem Energiesatz

$$\Sigma\,(P_{\text{ein}} + P_{\text{aus}}) = P + \frac{\mathrm{d}W}{\mathrm{d}t}\,. \tag{5.2a}$$

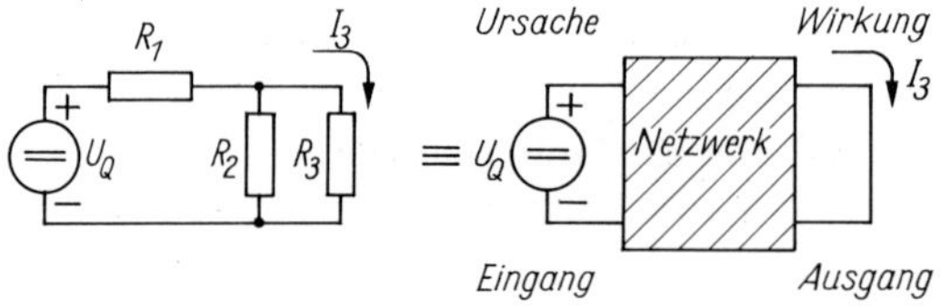

Bild 5.1. Übertragungseigenschaft eines Netzwerkes

Die zugeführte Gesamtleistung $P_{ein} + P_{aus}$ wird im Netzwerk in gespeicherte Energie (dW/dt) und Verlustleistung P (Umwandlung in eine andere Energieform) umgesetzt.

Wir sprechen von einem *passiven* Netzwerk, wenn die von $t = -\infty$ bis zu einem beliebigen Zeitpunkt t aufgenommene Nettoenergie positiv ist:

$$W = \int_{-\infty}^{t} (P_{ein} + P_{aus})\, d\tau = \int_{-\infty}^{t} P\, d\tau + W_i = 0\,. \tag{5.2b}$$

Ein Netzwerk heißt *aktiv*, wenn es nicht passiv ist.

3. *Zeitunabhängige, zeitabhängige Netzwerke.* Ein Netzwerk heißt *zeitunabhängig*, wenn es nur aus zeitunabhängigen Bauelementen besteht.

Mit vorgenannten Merkmalen werden die Grundeigenschaften der Netzwerke keinesfalls vollständig erfaßt, sie reichen aber im Rahmen dieser Einführung aus.

5.1 Netzwerkelemente

Netzwerkelement. Netzwerkelemente sind *Modellelemente.* Sie repräsentieren einfache mathematische Beziehungen für physikalische Größen [Strom, Spannung, Ladung, magnetischer Fluß zwischen ihren Klemmen (= punktförmigen Anschlußstellen)] bei vereinbarten Bezugsrichtungen (z. B. von Strom und Spannung). Ein Netzwerkelement modelliert den jeweils typischen *physikalischen Grundprozeß*:

— Ein Kondensator soll nur elektrische Energie speichern.
— Eine Spule soll nur magnetische Energie speichern.
— Im Widerstand findet nur ein Energieumsatz in Wärme statt.

Das sind die Eigenschaften der bisher bekannten Netzwerk- oder *idealen Schaltelemente.*

Bauelement. Das Verhalten eines (technischen) Bauelementes oder *realen Schaltelementes*, z. B. des Kondensators), weicht vom Verhalten eines *Netzwerkelementes* (dargestellt durch die Eigenschaft „Kapazität") mehr oder weniger ab. Spulen und Kondensatoren sind beispielsweise nicht verlustfrei, Widerstände haben Streufelder, die elektrische und magnetische Feldenergie enthalten (Streukapazität, Zuleitungsinduktivität). Ferner können Temperaturabhängigkeiten der Widerstände auftreten. Man bildet deshalb das Grundverhalten eines Bauelementes durch Netzwerkelemente nach und berücksichtigt die Sekundäreffekte durch weitere Netzwerkelemente in einer sog. *Ersatzschaltung* des (technischen) Bauelementes.

Einteilung der Netzwerkelemente (NWE). Wesentliche Unterscheidungsmerkmale der NWE sind *Klemmenzahl*, *Energieumsatzverhalten* und *Strom-Spannungs-Relation*. Wir unterscheiden (Tafel 5.1) nach der *Klemmenzahl*:

— *Zweipolelemente* (Eintorelemente)[1]. Das sind z. B. Widerstand, Kondensator sowie unabhängige Spannungs- und Stromquellen.

[1] Ein Klemmenpaar wird häufig als Tor bezeichnet

Tafel 5.1. Übersicht der Netzwerkelemente (linear und zeitunabhängig)

Netzwerkelement und typische Eigenschaften	Art	Strom-Spannungs-Beziehung	Schaltsymbol[b]	Charakteristikum: Elektrische Energie
Ohmscher Widerstand R	passiver Zweipol	$u = iR$	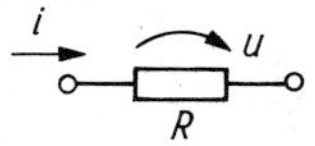	in Wärme umgeformt
Kondensator, Kapazität C[a]	passiver Zweipol (Energie-speicher)	$i = C\frac{\mathrm{d}u}{\mathrm{d}t}$, $u = \frac{1}{C}\int i\,\mathrm{d}t + u(0)$	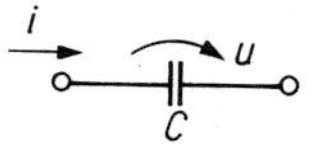	im elektrischen Feld gespeichert
Spule Induktivität L[a]	passiver Zweipol (Energie-speicher)	$u = L\frac{\mathrm{d}i}{\mathrm{d}t}$, $i = \frac{1}{L}\int u\,\mathrm{d}t + i(0)$		im magnetischen Feld gespeichert
Transformator, Gegeninduktivität M[b]	passiver Vierpol	$u_1 = L_1\frac{\mathrm{d}i_1}{\mathrm{d}t} + M\frac{\mathrm{d}i_2}{\mathrm{d}t}$, $u_2 = L_2\frac{\mathrm{d}i_2}{\mathrm{d}t} + M\frac{\mathrm{d}i_1}{\mathrm{d}t}$	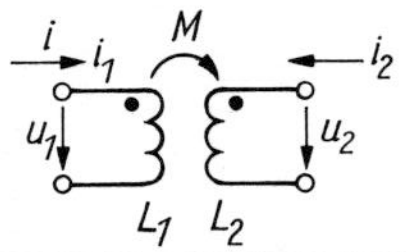	durch das Magnetfeld in den anderen Stromkreis übertragen
Konstantspannungsquelle[c] Quellenspannung	aktiver Zweipol	$U_Q = \mathrm{const}$, $u_Q = \mathrm{const}$	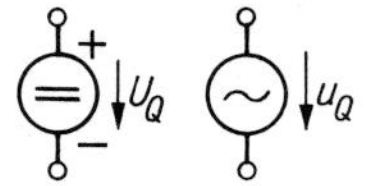	wird aus nichtelektrischer Energie erzeugt
Konstantstromquelle[c] Quellenstrom	aktiver Zweipol	$I_Q = \mathrm{const}$, $i_Q = \mathrm{const}$	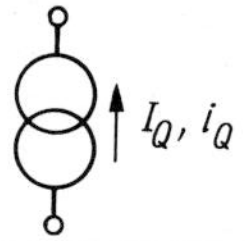	wird aus nichtelektrischer Energie erzeugt
gesteuerte (abhängige) Spannungs- oder Stromquelle[c]	aktiver Vierpol	$U_Q = f(\text{Steuergröße})$, $I_Q = f(\text{Steuergröße})$	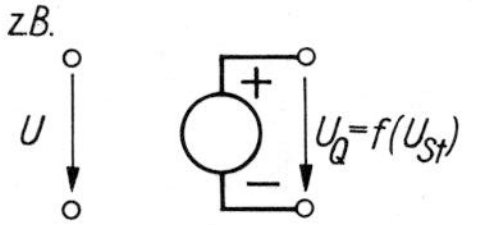	wird aus elektrischer Energie erzeugt

[a] Für zeitunabhängiges Element. [b] Anfangswert Null gesetzt. [c] Eingehender s. Tafel 5.3.

— *Vierpolelemente* (Zweitorelemente, Spezialfall der Mehrpolelemente). Dazu gehören Transformator (s. Abschn. 3.4.3.5), Gyrator, abhängige Spannungs- und Stromquellen, Verstärker, Transistoren, Operationsverstärker u. a. m.
— Auf *Mehrpolelemente* mit mehr als vier Klemmen gehen wir nicht ein.

Dem *Energieumsatz* nach unterscheiden wir *aktive* und *passive* Netzwerkelemente:

1. *Aktive Netzwerkelemente*, üblicherweise auch als Generatoren bezeichnet, sind *Strom-* und *Spannungsquellen*, entweder *ungesteuert* (wie wir sie bisher bereits kennenlernten) oder *gesteuert* (s. Abschn. 5.1.1.2). Wir finden sie in den Netzwerkmodellen der Verstärkerelemente Röhren, Transistoren, Operationsverstärker, Verstärker wieder. Sie sind die wesentlichen NWE moderner elektronischer Schaltungen.

2. *Passive Netzwerkelemente*. Sie nehmen entweder elektrische Energie auf und wandeln sie in Wärme um (Widerstand) oder speichern sie (Energiespeicherelemente: C, L, M).

Strom-Spannungs-Relation. Die in den Abschn. 2 und 3 ermittelten Strom-Spannungs-Beziehungen der Grundelemente R, C, L waren aufgrund der getroffenen Annahmen (lineare Materialgleichung, Raumladungsfreiheit) linear und zeitunabhängig. So konnte stets eine nur von Geometrie und Material abhängige *Bemessungsgleichung* angegeben werden. In vielen elektrischen Anordnungen (z. B. Halbleiterbauelementen) treten aber verwickeltere Verknüpfungen der Feldgleichungen

Tafel 5.2. Ursache-Wirkungs-Zusammenhang der Integralgrößen der verschiedenen Feldarten und abgeleitete Arten von Netzwerkelementen, veranschaulicht am Beispiel des Kondensators

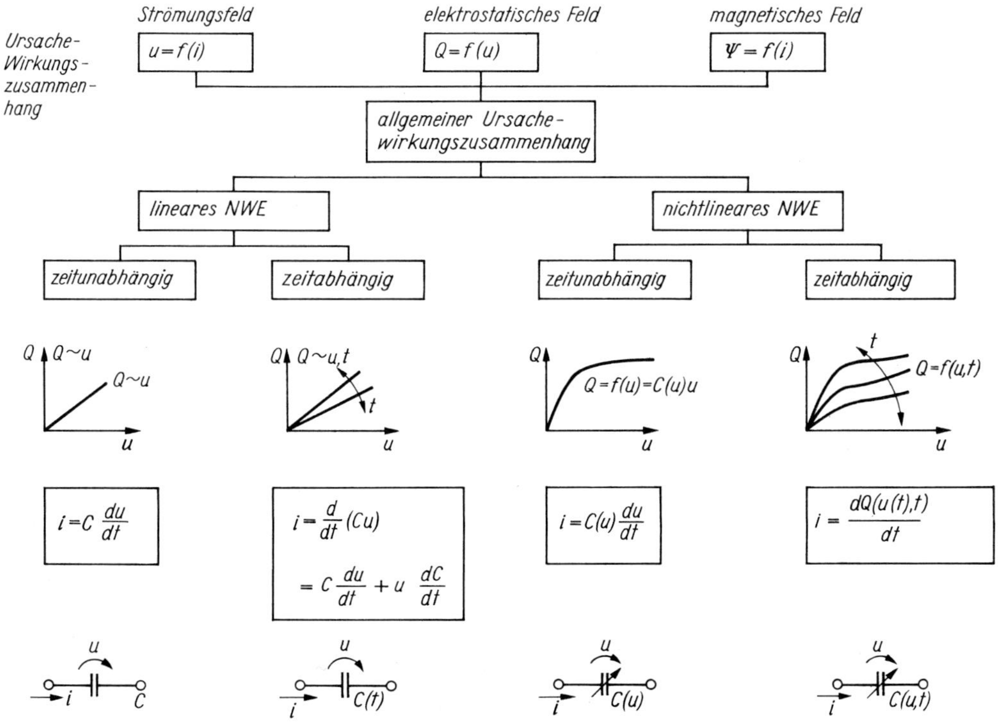

und Materialbeziehungen als hier auf. Damit verliert der bisherige Begriff Netzwerkelement zunächst seinen Sinn. Stets ist es aber möglich, einen *Funktionszusammenhang zwischen physikalischer Ursache und Wirkung — Strom-Spannungs-Relation —* für jede der drei Feldarten zu jedem Zeitpunkt anzugeben. Tafel 5.2 enthält ihn.

Danach unterscheiden wir:

— *Lineare Netzwerkelemente* mit linearem Funktionszusammenhang. Sind außerdem Strom und Spannung in jedem Zeitpunkt einander proportional, also unabhängig von der Zeit, so heißen sie *lineare, zeitunabhängige Netzwerkelemente*. Beispiele: Der Widerstand eines Leiters bei geringer Belastung, die Kapazität des Plattenkondensators mit gewöhnlichem Dielektrikum, Spule ohne Eisenkern.

— *Nichtlineare Netzwerkelemente* mit nichtlinearem Funktionszusammenhang. Zahlreiche moderne elektronische Bauelemente haben infolge komplizierter innerer physikalisch-elektrischer Vorgänge eine nichtlineare Strom-Spannungs-Relation. Dazu gehören beispielsweise
  — Dioden, Transistoren, Röhren, Zener-, Tunneldioden, Thyristoren, Verstärker;
  — nichtlineare Kapazitäten (Sperrschichtkapazität in Halbleiterbauelementen), nichtlineare dielektrische Kapazität;
  — nichtlineare Induktivität (Spule mit Eisenkern).

Unter ihnen gibt es Vertreter, bei denen Strom und Spannung in jedem Zeitpunkt über eine nichtlineare Beziehung zeitunabhängig verknüpft sind: *nichtlineare, zeitunabhängige Bauelemente* mit nichtlinearer zeitunabhängiger Kennlinie durch den Ursprung (Beispiele: Halbleiterdiode, nichtlinearer Widerstand).

Jede nichtlineare zeitunabhängige Kennlinie läßt sich für kleine Änderungen von Ursache (ΔU) und Wirkung (ΔW) (Kleinsignalaussteuerung) im jeweiligen Arbeitspunkt linear durch die Tangente (Differentialquotient) an die Kennlinie annähern[1]. Der Differentialquotient heißt *differentielles* Netzwerkelement[2] und wird mit kleinem Buchstaben gekennzeichnet: *differentieller Widerstand r, differentielle Kapazität c, differentielle Induktivität l.*

Mit dem Begriff „differentielles Netzwerkelement" läßt sich in einem Netzwerk für Kleinsignalgrößen genau so arbeiten wie mit sog. statischen NWE[3] bei beliebiger Aussteuerung (z. B. einem Widerstand R u. a. m.).

Gänzlich andere Verhältnisse treffen auf steuerbare Netzwerkelemente zu. Sie hängen von einem unabhängigen Steuerparameter γ ab. Dazu gehören mechanisch veränderbare Widerstände und Kondensatoren. Wenn ihre Strom-Spannungs-Relation von der Zeit als Steuerparameter abhängt, nennt man sie zeitgesteuerte, zeitveränderliche oder *unabhängig zeitgesteuerte Netzwerkelemente*. Unabhängig deswegen, weil die Steuergröße nicht mit den Klemmengrößen des Netzwerkelementes in Beziehung steht. Zeitgesteuerte Netzwerkelemente mit linearer Funktionskennlinie sind lineare Elemente, solche mit nichtlinearer Kennlinie nichtlinear gesteuerte Netzwerkelemente.

---

[1] Im Grenzfall verschwindender Aussteuerung

[2] Auch der Begriff „dynamisches NWE" ist üblich

[3] Der Begriff statisches NWE wird mitunter zur Kennzeichnung der üblichen NWE benutzt

Tafel 5.3. Übersicht der Quellen in elektrischen Netzwerken

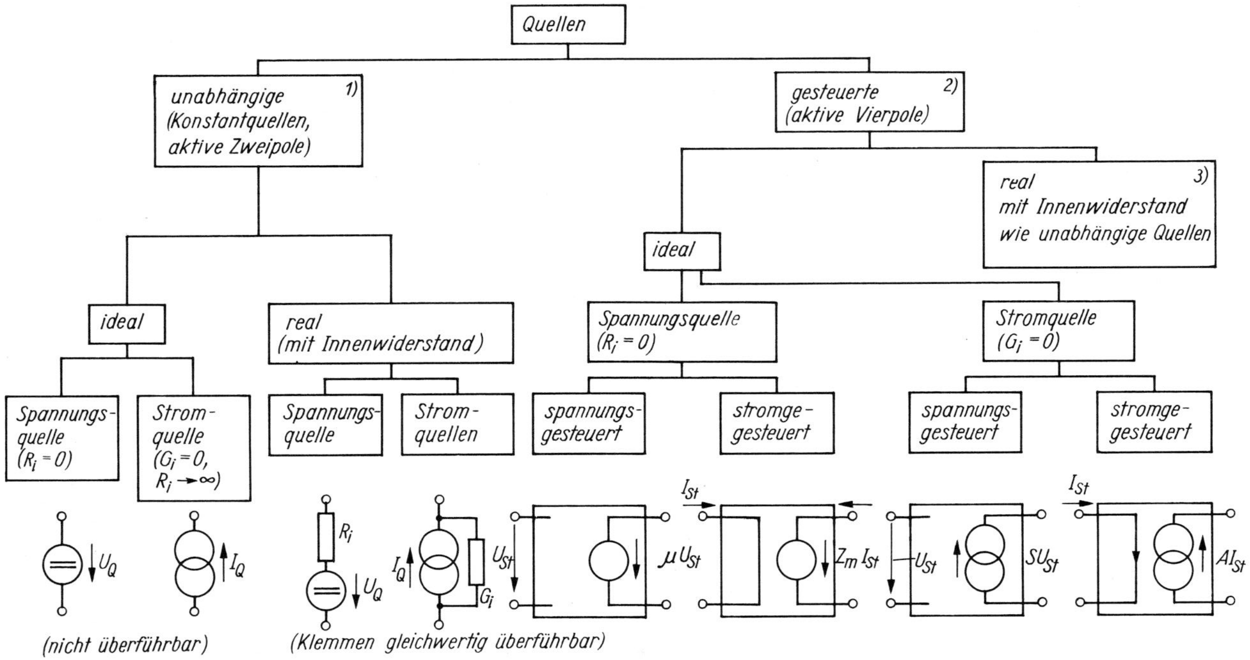

---

[1]) Siehe Tafel 2

[2]) Vierpolbegriff s. Abschn. 7

[3]) Hier ist entweder R_i und/oder der Widerstand R_{St} der Steuerstrecke endlich

5.1.1 Quellen

Strom- und Spannungsquellen sind die Ursache dafür, daß in Netzwerkzweigen Ströme fließen und Spannungen abfallen. Sie stellen also die *Erregung* eines Netzwerkes dar. Es gibt zwei Arten solcher Quellen: *unabhängige* und abhängige oder *gesteuerte* Quellen (Tafel 5.3).

5.1.1.1 Unabhängige Quellen

Im Abschn. 2.4.3 führten wir die Begriffe *ideale Spannungs-* bzw. *Stromquelle* als Grundbestandteile des aktiven Zweipols ein. Wir verwenden sie jetzt als Netzwerkbauelemente.

Die *ideale Spannungsquelle* (= reale Quelle mit dem Innenwiderstand $R_i = 0$) besitzt an ihren Klemmen stets eine *„eingeprägte"* oder *starre* Spannung $u_Q(t)$ unabhängig von der Größe des entnommenen Stromes, aber auch unabhängig von anderen Spannungen oder Strömen in anderen Zweigen des Netzwerkes. Sie heißt *Leerlauf-* oder *Quellenspannung* und die Quelle deshalb auch *Konstantspannungsquelle*. Mathematisch wird sie durch

$$u_Q(t) = f(t)|_{-\infty < i < +\infty} \tag{5.3}$$

Konstantspannungsquelle (Definitionsgleichung)

beschrieben. $f(t)$ ist die Erregerfunktion. Bei Gleichstrom ist $f(t)$ eine Konstante.

Je nach der *Richtungszuordnung* von Klemmenstrom und Spannung, wirkt sie als Leistungsquelle (sgn $u = -$ sgn i, Erzeugerzählpfeilsystem, s. Abschn. 2.4.3.1) oder Leistungsverbraucher (sgn $u =$ sgn i, Verbraucherzählpfeilsystem). Daraus erklärt sich die jeweilige Strom-Spannungs-Kennlinie (s. Bild 2.45). Im Erzeugerzählpfeilsystem arbeitet die Spannungsquelle im ersten Quadranten als Generator, im zweiten als Verbraucher. Das wissen wir bereits vom Grundstromkreis.

Die *ideale Stromquelle* (= reale Quelle mit dem Innenleitwert $G_i = 0$ bzw. Innenwiderstand $R_i \to \infty$) liefert einen eingeprägten Strom unabhängig von der Belastung: den *Kurzschluß-* oder *Quellenstrom*. Deshalb heißt sie auch *Konstantstromquelle*

$$i_Q(t) = f(t)|_{-\infty < u < \infty} \tag{5.4}$$

Konstantstromquelle (Definitionsgleichung).

Bezüglich Richtungszuordnung von u und i und Leistungsumsatz gelten die gleichen Überlegungen wie bei der Konstantspannungsquelle. Beiden Quellen ist gemeinsam, daß Quellspannung bzw. Quellstrom unabhängig von anderen Strömen und Spannungen des Netzwerkes sind. Wir nennen sie deshalb von jetzt an *unabhängige Quellen*.

Wir merken zusammenfassend:

1. Bei unabhängigen idealen Quellen sind Quellenspannung und -strom nur gegebene Funktionen der Zeit, z. B.
— zeitlich konstante Größen: Gleichspannungs- bzw. Gleichstromquelle;
— zeitlich wechselnde Größen: Wechselspannungs- bzw. -stromquelle.
2. Unabhängige Quellen stellen die Erregung eines Netzwerkes dar.
3. Die Leistungsergiebigkeit einer idealen Quelle ist unendlich groß (im Gegensatz zur realen, s. u.).

4. Eine unabhängige ideale Stromquelle kann *nicht* in eine unabhängige ideale Spannungsquelle umgeformt werden (für reale Quellen, d. h. solche mit Innenwiderstand, ist das möglich!).

5. Nach den Versetzungs- und Teilungssätzen (s. Abschn. 2.4.4) lassen sich unabhängige ideale Spannungsquellen über Knoten verschieben bzw. Stromquellen über zusätzliche Knoten führen.

6. Aus den Versetzungs- bzw. Teilungssätzen folgt unmittelbar:
— *NWE parallel zur idealen Spannungsquelle* können weggelassen werden (sie wirken für diese wie Leerlauf, Bild 5.2);
— *NWE in Reihe zur idealen Stromquelle* können weggelassen werden (sie wirken für diese wie Kurzschluß).

Auf reale Quellen trifft dies nicht zu!

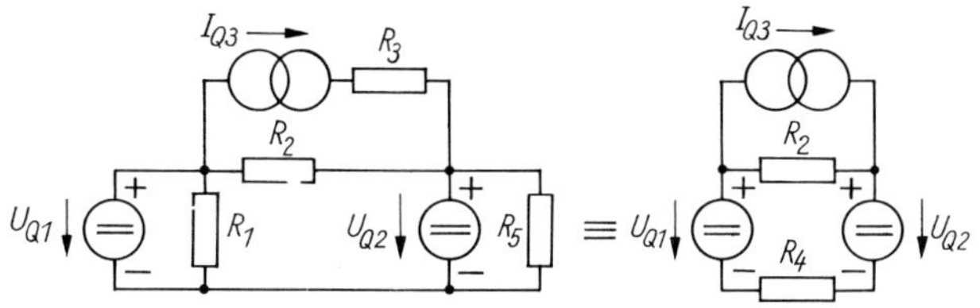

Bild 5.2. Schaltelemente an idealen Quellen (im Bildteil rechts ist $R_4 = 0$ zu setzen)

5.1.1.2 Gesteuerte Quellen

Unabhängige Quellen besaßen eine unabhängige, d. h. nicht von der Netzwerkeigenschaft abhängige Erregergröße (Quellenspannung, Quellenstrom). Im Gegensatz dazu hängt bei *gesteuerten* idealen Spannungs- oder Stromquellen die Quellenspannung bzw. der Quellenstrom von einer (elektrischen) Steuergröße ab: *Steuerstrom* i_{St} bzw. *-spannung* u_{St} (Tafel 5.3).

Beispiele solcher gesteuerten Quellen sind:

1. Gleichstromgenerator (Bild 5.3a). Durch Rotation des Ankers entsteht an den Bürsten eine Quellenspannung u_Q, die von der Felderregung, also dem Feldstrom i (etwa linear) abhängt (s. Abschn. 3.3.3.2).

$$u_Q(t) = \text{const} \cdot i(t) .$$

Sie ist wohl lastunabhängig, jedoch vom „Steuerstrom i" bestimmt: u_Q *ist durch* i *steuerbar*, es liegt eine *stromgesteuerte Spannungsquelle* vor. In einer solchen gesteuerten Quelle gehören die steuernde Größe (hier i) und die gesteuerte Größe (hier u_Q) gewöhnlich getrennten Stromkreisen an. Damit stellt Bild 5.3a gleichzeitig eine einfache Ersatzschaltung einer solchen gesteuerten Quelle dar.

2. Transistor (Bild 5.3b). Die Spannung U_{EB} an der Emitterdiode bestimmt nicht nur den Emitterstrom I_E, sondern auch den Kollektorstrom I_C am Ausgang des Transistors:

$$I_C = f(U_{EB}) .$$

Wir stellen den Ausgangsstrom I_C durch eine Stromquelle dar, die von der Emitter- (= Eingangs-)spannung nichtlinear gesteuert wird: *nichtlineare, spannungsgesteuerte Stromquelle.* So ist das Ersatzschaltbild leicht verständlich. Eine doppelt so große Steuerspannung U_{EB2} erzeugt einen größeren Emitterstrom I_{E2} und so den Kollektorstrom I_{C2}. Prinzipiell ist

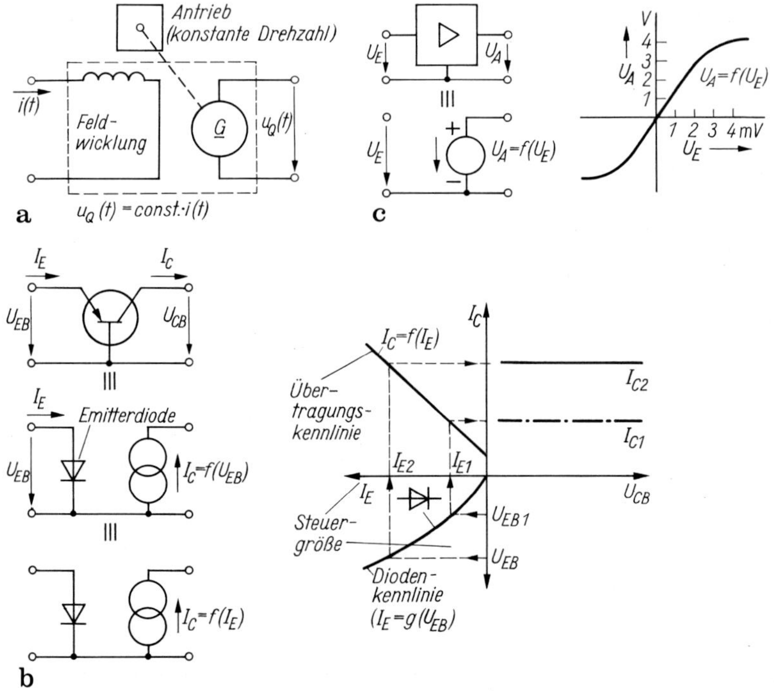

Bild 5.3. Beispiele gesteuerter Quellen. **a**) Gleichstromgenerator; **b**) Transistor mit Ersatzschaltung und Übertragungs- und Diodenkennlinie (Eingangskennlinie); **c**) Verstärker mit Ersatzschaltung und Übertragungskennlinie

es aber auch denkbar, den Eingangs-(= Emitter-)strom als Steuergröße zu betrachten. Dann hängt der Ausgangsstrom I_C vom Eingangsstrom I_E ab:

$$I_C = f(I_E)\,,$$

und wir sprechen von einer *stromgesteuerten Stromquelle.*

3. Verstärker. Die gesteuerte Quelle wird graphisch durch eine sog. *Übertragungskennlinie* (z. B. $I_C = f(I_E)$, Bild 5.3b) gekennzeichnet. In einer Verstärkeranordnung, aufgebaut aus Transistoren und Widerständen, wird z. B. eine sehr kleine Eingangsspannung U_E in eine relativ große Ausgangsspannung U_A verstärkt, also durch eine Übertragungskennlinie

$$U_A = f(U_E)$$

beschrieben (Bild 5.3c). Wir können diese Wirkung zurückführen auf eine Spannungsquelle U_A am Ausgang des Verstärkers, die von der Eingangsspannung U_E gesteuert wird: *spannungsgesteuerte Spannungsquelle.*

Wir erkennen:
Es gibt

spannungs- und stromgesteuerte	Spannungs- und Stromquellen ,

insgesamt also vier Arten. Sie treten vorwiegend in sog. *steuerbaren* (Name!) *elektronischen Bauelementen* wie Transistoren, Elektronenröhren, Feldeffekttransistoren, Verstärkern (integriert als sog. Operationsverstärker) auf und haben für die moderne Elektronik die gleiche Bedeutung wie unabhängige Quellen.

Im Regelfall gehören die gesteuerte Quelle und die Steuergröße zwei *verschiedenen* Stromkreisen an. Das wurde im Bild 5.4 veranschaulicht. Deshalb sind solche gesteuerten Quellen (Abschn. 7.2.1) als *Vierpol* zu betrachten mit zwei Klemmen für die Steuergröße und zwei für die gesteuerte Quelle.

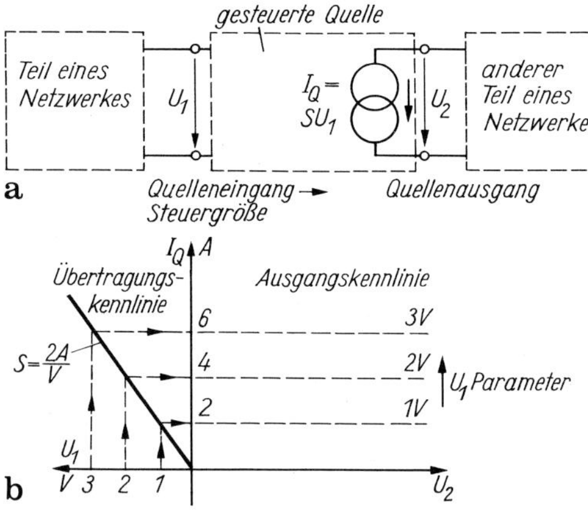

Bild 5.4. Spannungsgesteuerte lineare Stromquelle. **a**) der Quellenstrom I_Q hängt von der Spannung U_1 ab, die Proportionalitätskonstante S (Steilheit) hat die Dimension eines Leitwertes; **b**) Übertragungskennlinie

Kennlinien. Bild 5.5 enthält eine Zusammenstellung der Grundformen gesteuerter (idealer) Quellen sowie ihrer Kennlinien und Ersatzschaltungen. Im Gegensatz zur Kennlinie der unabhängigen Quelle gehört hier zu jedem *Steuerparameterwert* eine *Kennlinie*. Die Gesamtheit aller (bzw. ausgewählter) Werte des Steuerparameters er-

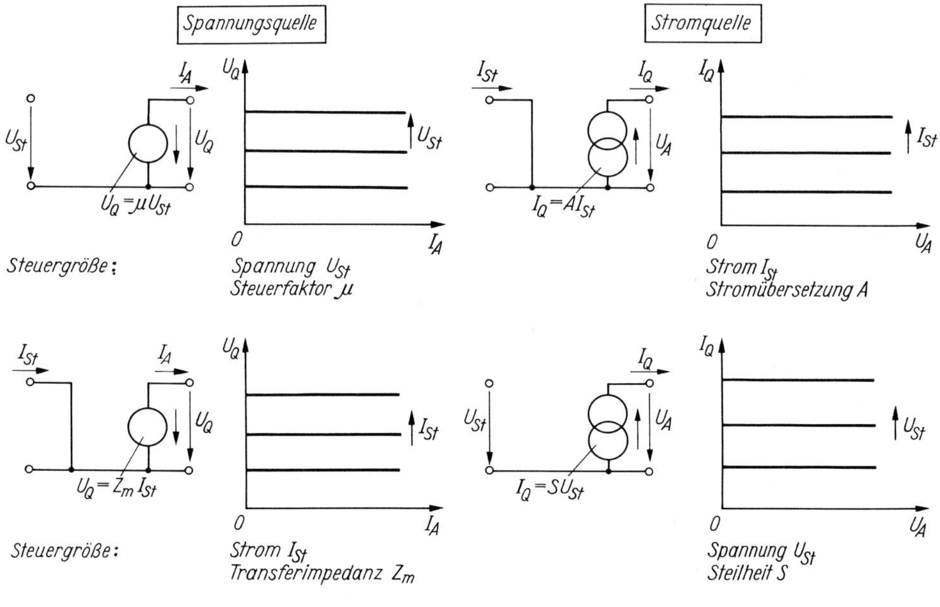

Bild 5.5. Übersicht gesteuerter linearer idealer Quellen

gibt ein *Kennlinienfeld*. Bei der spannungsgesteuerten Spannungsquelle beispielsweise hängt die Quellenspannung U_Q linear von der Steuerspannung U_{St} ab

$$U_Q = \mu U_{St}\Big|_{< -\infty < i < +\infty} \tag{5.5}$$

spannungsgesteuerte Spannungsquelle.

Der *Steuerfaktor* μ, die sog. *Leerlaufspannungsverstärkung*, ist dimensionslos. Das Kennlinienfeld besteht aus Parallelen im Abstand μU_{St} parallel zur Achse des Ausgangsstromes $I \equiv I_A$. Mit steigender Steuerspannung erhöht sich die Quellenspannung $U_Q = \mu U_{St}$. Da der Steuerfaktor μ normalerweise größer als eins ist, drückt sich in ihm die Verstärkerwirkung der Quelle anschaulich aus: Durch kleine Steuerspannungen U_{St} kann die große Quellenspannung U_Q leistungslos „verändert" werden.

Die Steuerung einer idealen Quelle erfolgt stets leistungslos, außerdem hat sie eine unerschöpfliche Leistungsergiebigkeit.

Daraus ergibt sich bereits der zwischen den Steuerklemmen auftretende Widerstand (= Eingangswiderstand der gesteuerten Quelle): Die leistungslose Steuerung erfordert bei

Spannungssteuerung: Eingangswiderstand R_{St} unendlich groß

$$\left(P = \frac{U_{St}^2}{R_{St}} \to 0\right): \quad \textbf{\textit{Leerlauf}}\ \textbf{am Eingang.}$$

Stromsteuerung: Eingangsleitwert G_{St} unendlich groß

$$\left(P = \frac{I_{St}^2}{G_{St}} \to 0\right): \quad \textbf{\textit{Kurzschluß}}\ \textbf{am Eingang.}$$

So erklären sich die im Bild 5.5 dargestellten Ersatzschaltungen sofort. Ganz entsprechende Überlegungen gelten auch für die übrigen drei gesteuerten Quellen:

Stromgesteuerte Spannungsquelle. Hier gilt

$$U_Q = Z_m I_{St}\Big|_{-\infty < i < +\infty}. \tag{5.6}$$

Der Faktor Z_m heißt *Transferwiderstand*[1a] (Dimension Widerstand).

Stromgesteuerte Stromquelle

$$I_Q = A I_{St}\Big|_{-\infty < u < +\infty}. \tag{5.7}$$

A Kurzschlußstromverstärkung, Stromübersetzung.

Spannungsgesteuerte Stromquelle

$$I_Q = S U_{St}\Big|_{-\infty < u < +\infty} \tag{5.8}$$

mit *S Transferleitwert*[1b] oder verbreitet *Steilheit*. Bild 5.5 enthält die entsprechenden Prinzipkennlinien. Zusammengefaßt (Tafel 5.4):

In Wechselstromnetzwerken: [1a] Transferimpedanz bzw. [1b] Transadmittanz

Tafel 5.4. Ideale linear gesteuerte Quellen

Bezeichnung	Steuergröße	Gesteuerte Größe	Gleichung	Ersatzschaltung	R_{St}	R_i	Bezeichnung des Steuerparameters
Spannungs-quelle (*SpQ*)	*spannungs*gesteuerte *SpQ* U_{St}	Spannung U_Q	$U_Q = \mu U_{St}$	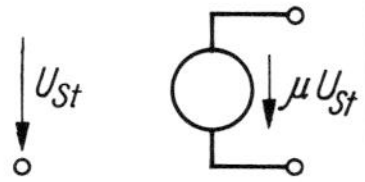	∞	0	μ — Leerlaufspannungsverstärkung
	*strom*gesteuerte *SpQ* I_{St}		$U_Q = Z_m I_{St}$	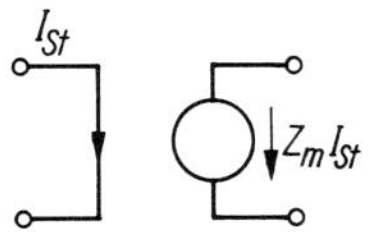	0	0	Z_m — Transferwiderstand
Strom-quelle (*StQ*)	*spannungs*gesteuerte *StQ* U_{St}	Strom I_Q	$I_Q = S U_{St}$	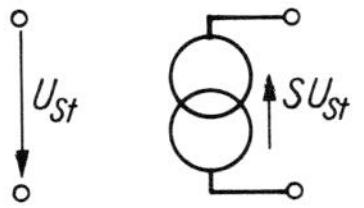	∞	∞	*S* Steilheit, Transferleitwert
	*strom*gesteuerte *StQ* I_{St}		$I_Q = A I_{St}$	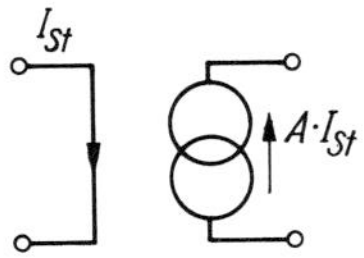	0	∞	*A* Kurzschlußstromverstärkung, Stromübersetzung

Eine lineare gesteuerte (ideale) Spannungs-(Strom-)quelle ist eine Quelle, deren Quellenspannung (Quellenstrom) lastunabhängig durch eine Steuerspannung oder einen Steuerstrom eingestellt werden kann. Der Proportionalitätsfaktor kann reell oder komplex[1] sein.

Nichtumkehrbarkeit gesteuerter Quellen. Gesteuerte Quellen arbeiten nicht umkehrbar: Die Steuergröße bestimmt die Ausgangsgröße, umgekehrt hat aber die Ausgangsgröße *keinen Einfluß* auf die Steuergröße. Wie immer auch die Belastung der spannungsgesteuerten Spannungsquelle beispielsweise (Bild 5.4) sein möge, die Steuerspannung U_{St} ändert sich dadurch nicht!

Damit bringt eine gesteuerte Quelle zwei sonst wirkungsmäßig getrennte Stromkreise *in einer Richtung* miteinander in Wechselwirkung: Vorgänge im Steuerkreis übertragen sich in den Quellenkreis, aber nicht umgekehrt. Die gesteuerte Quelle unterscheidet sich somit prinzipiell von gekoppelten Spulen, bei denen sich beide Stromkreise wechselseitig beeinflussen!

Reale gesteuerte Quellen. Reale gesteuerte Quellen haben in der Regel (Tafel 5.3)
— auf der Steuerseite einen endlichen Eingangswiderstand R_{St}. Dann ist eine Spannungssteuerung immer in eine Stromsteuerung und umgekehrt überführbar;
— auf der Quellenseite — wie die reale Spannungs- bzw. Stromquelle einen Innenwiderstand bzw. Innenleitwert (s. Abschn. 2.4.3).

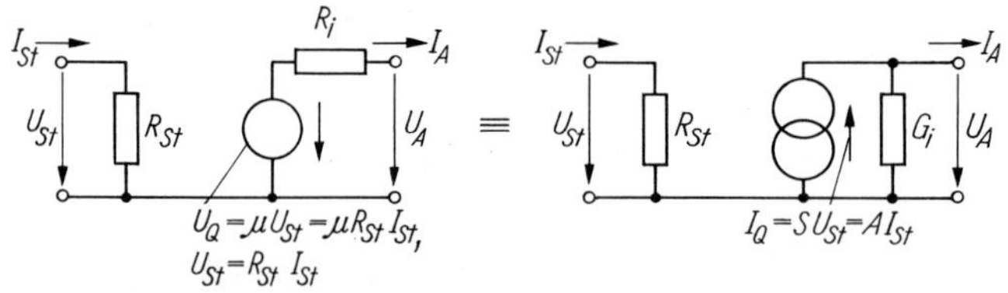

Bild 5.6. Gleichwertigkeit realer spannungs- und stromgesteuerter Quellen

Diese Elemente lassen sich mühelos in der Quellenersatzschaltung berücksichtigen. Bild 5.6 enthält die entsprechenden Ersatzschaltungen und Strom-Spannungs-Relationen. Für die spannungsgesteuerte Spannungsquelle lauten sie z. B.

$$U_{St} = R_{St} I_{St} \qquad \text{Steuergleichung}$$

$$\begin{aligned} U_Q &= \mu U_{St} - I R_i \qquad \text{Ausgangsgleichung.} \\ &= \mu R_{St} I_{St} - I R_i \,. \end{aligned} \tag{5.9}$$

Strom-Spannungs-Relation einer realen spannungsgesteuerten Spannungsquelle

Für die anderen Quellen ergeben sich analoge Gleichungen.

Da die reale Spannungsquelle über ihren Innenwiderstand stets in eine reale Stromquelle umgewandelt werden konnte (s. Abschn. 2.4.3.2), können z. B. aus

[1] In Wechselstromnetzwerken

einer spannungsgesteuerten realen Spannungsquelle alle restlichen Quellenarten (Bild 5.5) hergeleitet werden:

$$U_Q = \mu U_{St} = \mu R_{St} I_{St},$$

$$I_Q = \frac{\mu}{R_i} U_{St} = S U_{St} = \frac{\mu}{R_i} R_{St} I_{St}.$$

zwischen den Steuerparametern gilt dabei

$$\mu = S R_i \tag{5.10}$$

Barkhausen-Beziehung

Steuerfaktor μ, Steilheit S, Innenwiderstand R_i.[1]

Linearisierung nichtlinearer gesteuerter Quellen. Gesteuerte Quellen werden gewöhnlich durch sog. Verstärkerbauelemente (Röhren, Transistoren, Operationsverstärker) realisiert. Solche Bauelemente haben durchweg ein nichtlineares Strom-Spannungsverhalten. So gilt z. B. für eine nichtlineare (reale) spannungsgesteuerte Spannungsquelle (Bild 5.7):

$$U = f(U_{St}, I).$$

Die Ausgangsspannung U hängt sowohl vom (Ausgangs-)Klemmenstrom I wie auch von der Steuergröße U_{St} ab. Wir fragen nach der gesamten Spannungsänderung $\Delta U \equiv \Delta U_Q$ in einem Arbeitspunkt U, I, wenn sich die Steuergröße um den Wert ΔU_{St} ändert und der Strom I konstant bleibt.

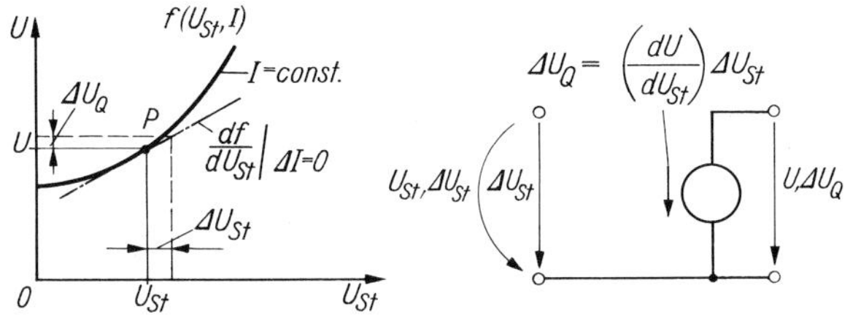

Bild 5.7. Linearisierung einer nichtlinearen Übertragungskennlinie $U = f(U_{St}, I)$ durch eine linearisierte gesteuerte Quelle mit differentiellem Steuerkoeffizienten $dU/dU_{St} = \mu$

Eine von der Veränderlichen x abhängige Größe $z = f(x)$ ändert sich um Δz, wenn x um Δx schwankt. Durch Taylor-Reihenentwicklung nach der Veränderlichen x folgt

$$z + \Delta z = f(x + \Delta x) = f(x) + \underline{\frac{\partial f(x)}{\partial x} \Delta x} + \ldots$$

Die Entwicklung kann nach dem linearen (unterstrichenen) Glied bei ausreichend klein gewähltem Δx abgebrochen werden. Der auftretende Differentialquotient vermittelt den (gesuchten) Zusammenhang zwischen Δz und Δx im Arbeitspunkt.

[1] Diese Beziehung wurde von Heinrich Barkhausen erstmalig für die Elektronenröhrenersatzschaltung angegeben. Barkhausen gründete an der Technischen Hochschule Dresden im Jahre 1911 das erste Institut für Schwachstromtechnik

Die Taylor-Entwicklung nach der Veränderlichen U_{St} ergibt analog:

$$\underbrace{U}_{\text{Gleichspannung.}} + \underbrace{\Delta U_Q}_{\text{Änderungsteil}} = f(U_{St}, I) + \overbrace{\left.\frac{\mathrm{d}f(U_{St}, I)}{\mathrm{d}U_{St}}\right|_{\Delta I = 0}}^{\text{Steuerbeziehung}} \cdot \Delta U_{St} \tag{5.11}$$

Ergebnis: Der erste Term der rechten Seite stellt die Gleichspannung U bei verschwindender Schwankung ΔU_{St} dar. Er heißt *Arbeitspunkt* und wurde im Bild durch P angedeutet. Der zweite Term enthält die Spannungsänderung infolge des Steuereffektes ΔU_{St}. Wir erfassen sie durch die Einführung einer gesteuerten (idealen) Spannungsquelle

$$\Delta U_Q = \left.\frac{\mathrm{d}U}{\mathrm{d}U_{St}}\right|_{\Delta I = 0} \cdot \Delta U_{St} \equiv \left.\frac{\mathrm{d}f}{\mathrm{d}U_{St}}\right|_{\Delta I = 0} \cdot \Delta U_{St}$$

mit einem differentiellen *Verstärkungsfaktor* $\left.\frac{\mathrm{d}U}{\mathrm{d}U_{St}}\right|_{\Delta I = 0} = \mu$ (s. o.).

Die Nebenbedingung $\Delta I = 0$ bzw. $I = \text{const}$, besagt dabei, daß ΔU_Q eine Leerlaufspannung ist und keine Belastung (durch ΔI) bei der Bestimmung der Steigung $\mathrm{d}U/\mathrm{d}U_{St}$ erfolgen darf. Im Kennlinienfeld $U = f(U_{St}, I)$ wird diese Steigung an einer Kennlinie mit $I = \text{const}$ bestimmt, wie im Bild 5.7 dargestellt.

Zusammengefaßt: Für hinreichend kleine Änderungen der Steuerspannung (resp. Steuergröße) läßt sich ein nichtlinearer Übertragungs-Kennlinienzusammenhang einer gesteuerten Quelle durch eine linear gesteuerte ideale Quelle (mit differentiellem Steuerkoeffizienten) ersetzen. Steuergröße und gesteuerte Größe sind einander proportional. Der Steuerkoeffizient hängt vom Arbeitspunkt ab, Ersatzschaltung und Quelle von der Art der Steuergröße (Strom, Spannung).

Dieser Gedanke kann auf alle vier gesteuerten Quellenarten übertragen werden und führt auf Steuerfaktoren, die bereits in Tafel 5.4 zusammengestellt worden sind (dort nicht als differentielle Faktoren eingeführt).

Stets ist bei Anwendung differentiell gesteuerter Quellen daran zu denken, daß sie für *kleine Aussteuerung* oder die sog. *Kleinsignalbedingung* definiert sind. Bei zu großer Aussteuerung treten nichtlineare Verzerrungen auf. Dann gilt die Proportionalität $\Delta U_Q \sim \Delta U_{St}$ nicht mehr!

Wir haben damit gesteuerte Quellen als wichtige Netzwerkelemente kennengelernt. Offen bleiben noch folgende Fragen:

— Wie ist mit gesteuerten Quellen z. B. bei Anwendung der Zweipoltheorie oder des Überlagerungssatzes zu verfahren?

— Woher stammt die Energie, die die gesteuerte Quelle offenbar in den Stromkreis bringt?

Mit diesen Problemen werden wir uns im Abschn. 5.1.1.3 und später befassen.

Beispiel: Spannungsgesteuerte Spannungsquellen. Als Anwendungsbeispiel ermitteln wir den Strom I_4 durch R_4 (Bild 5.8) als Funktion der unabhängigen Spannung U_Q. Zunächst scheint zwischen den Stromkreisen *I* und *II* keine unmittelbare Verbindung zu bestehen. Lediglich die gesteuerte Spannungsquelle $U_Q' = \mu U_{St}$ stellt eine elektrische Verknüpfung von Kreis *I* nach *II* her. Der Strom durch R_4 ergibt sich aus dem Maschensatz in Masche *II* zu

$$I_4 = \frac{U_Q'}{R_3 + R_4} = \frac{\mu U_{St}}{R_3 + R_4}.$$

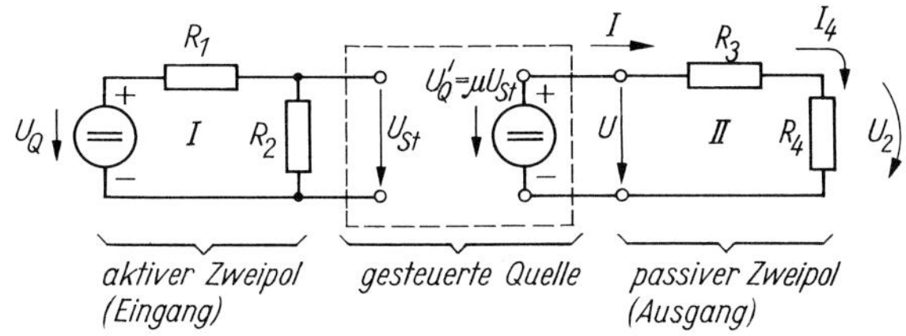

Bild 5.8. Einfügen einer spannungsgesteuerten Spannungsquelle zwischen aktivem Zweipol und passivem Zweipol. Für $\mu > 1$ wird die Spannung U_{St} verstärkt

Die Steuerspannung U_{St} (= Leerlaufspannung über R_2) folgt aus der Spannungsteilerregel des Kreises I zu

$$U_{St} = \frac{U_Q R_2}{R_1 + R_2}$$

und damit

$$I_4 = \frac{R_2}{R_1 + R_2} \cdot \frac{\mu U_Q}{R_3 + R_4}.$$

Für $\mu = 100$, $U_Q = 1$ V, $R_1 = R_2 = R_3 = R_4 = 1$ kΩ beträgt $I_4 = 25$ mA. Würde man die gesteuerte Quelle entfernen und R_3 unmittelbar an R_2 legen, so ergäbe sich ein Strom von größenordnungsmäßig

$$I_4' \approx \frac{U_Q}{2} \cdot \frac{1}{R_3 + R_4} \approx 0{,}25 \text{ mA!}$$

Durch die gesteuerte Quelle kommt es zu einer Verstärkerwirkung! Wir entnehmen dem Beispiel auch, daß eine beliebige Veränderung von R_4 keinen rückwirkenden Einfluß auf die Steuergröße U_{St} hat, wie erläutert.

Beispiel: Darstellung gekoppelter Spulen durch Quellen. Wir können die magnetische Kopplung zweier Spulen über ihre Gegeninduktivität *formal* auf die Wirkung zweier gesteuerter Quellen zurückführen. Die Transformatorgleichungen (ohne Anfangsenergie, keine ohmschen Widerstände) lauten (s. Gl. (3.64)):

$$\begin{aligned} u_1 &= L_1 \frac{di_1}{dt} + M \frac{di_2}{dt} = L_1 \frac{di_1}{dt} + u_{Q1}(i_2), \\ u_2 &= M \frac{di_1}{dt} + L_2 \frac{di_2}{dt} = u_{Q2}(i_1) + L_2 \frac{di_2}{dt}. \end{aligned} \tag{5.12}$$

Sie können damit folgendermaßen erklärt werden: Die Spannung u_1 setzt sich aus dem Spannungsabfall $u_{L1} = L_1\, di_1/dt$ und einer Quellenspannung

$$u_{Q1} = M \frac{di_2}{dt}$$

zusammen, die vom Strom i_2 abhängt. Deshalb ist letztere durch eine stromgesteuerte Spannungsquelle darstellbar. Analog verfahren wir mit dem Sekundärkreis. Mit der Darstellung Gl. (5.12) rechts sind die Transformatorgleichungen auf zwei *nicht* verkoppelte Selbstinduktionen L_1, L_2 und zwei stromgesteuerte Spannungsquellen zurückgeführt (Bild 5.9a). Beide sind der Gegeninduktivität proportional. Diese Darstellung bietet für die Netzwerkanalyse viele Vorteile, weil die Bestimmung des Vorzeichens der Gegeninduktivität häufig Schwierigkeiten bereitet.

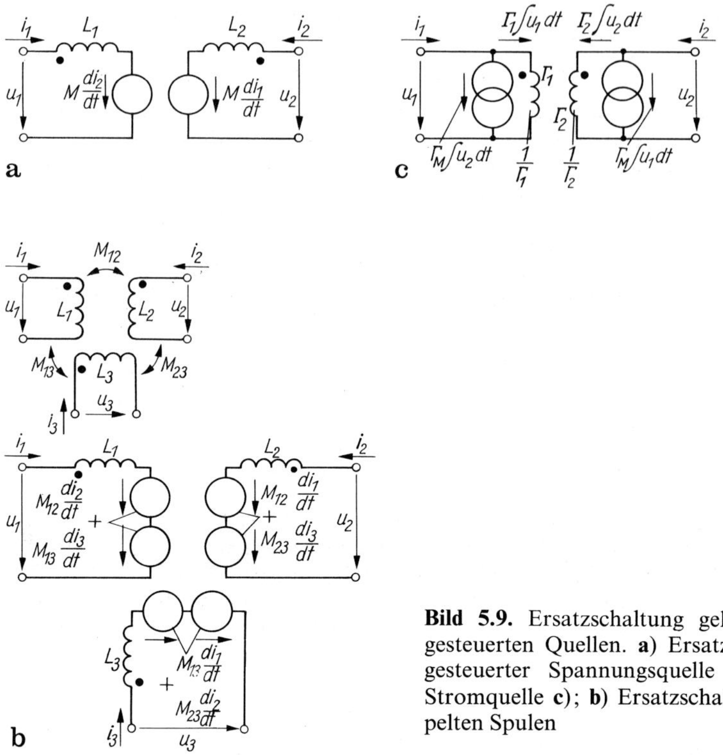

Bild 5.9. Ersatzschaltung gekoppelter Spulen mit gesteuerten Quellen. **a**) Ersatzschaltung mit stromgesteuerter Spannungsquelle (spannungsgesteuerte Stromquelle **c**); **b**) Ersatzschaltung von drei gekoppelten Spulen

Sinngemäß kann das Verfahren auch auf mehrere verkoppelte Spulen, z. B. $L_1 \dots L_3$ angewandt werden. Die Gleichungen lauten

$$u_1 = L_1 \frac{di_1}{dt} + M_{12} \frac{di_2}{dt} + M_{13} \frac{di_3}{dt} = L_1 \frac{di_1}{dt} + u_{Q12}(i_2) + u_{Q13}(i_3),$$

$$u_2 = M_{21} \frac{di_1}{dt} + L_2 \frac{di_2}{dt} + M_{23} \frac{di_3}{dt} = u_{Q21}(i_1) + L_2 \frac{di_2}{dt} + u_{Q23}(i_3) \qquad (5.13\text{a})$$

usw. (Bild 5.9b). Man erkennt an diesem Beispiel die Nützlichkeit der Darstellung mit gesteuerten Quellen.

In Gl. (5.13) liegen die Klemmenspannungen als Funktion der Ströme vor, häufig wünscht man aber den Klemmenstrom als Funktion der Spannungen. Wir integrieren dazu Gl. (5.12) beiderseits und erhalten

$$\int u_1 \, dt = L_1 i_1 + M i_2 ,$$

$$\int u_2 \, dt = M i_1 + L_2 i_2 .$$

Die Auflösung nach den Strömen i_1, i_2 ergibt

$$i_1 = \Gamma_1 \int u_1 \, dt + \Gamma_M \int u_2 \, dt \quad \text{mit} \quad \Gamma_{1/2} = \frac{L_{2/1}}{L_1 L_2 - M^2}$$

$$i_2 = \Gamma_M \int u_1 \, dt + \Gamma_2 \int u_2 \, dt , \qquad \Gamma_M = \frac{-M}{L_1 L_2 - M^2} . \qquad (5.13\text{b})$$

Dieser Darstellung entspricht eine Ersatzschaltung mit spannungsgesteuerten Stromquellen (Bild 5.9c). Hier enthalten die Zweige die Induktivitäten $1/\Gamma_1$ und $1/\Gamma_2$.

Beide sind entkoppelt. Die Verkopplung beider Kreise erfolgt über die gesteuerten Quellen.

Man beachte jedoch: Die Verwendung von gesteuerten Quellen in Systemen gekoppelter Spulen ändert nichts an ihrem Übertragungsverhalten. Sie bleiben grundsätzlich *umkehrbar* wegen $L_{ik} = L_{ki} = M$. Die Quellen dienen nur zur bequemeren ersatzschaltmäßigen Erfassung der magnetischen Kopplung.

Beispiel: Verstärkerwirkung. Wir bestimmen für die im Bild 5.10a dargestellte Schaltung die Ausgangsspannung U_A als Funktion der Steuerspannung U_{St} mit stromgesteuerter Stromquelle $I_Q = B_N I_{St}$ (B_N: Stromverstärkung). Der Steuerstrom I_{St} beträgt $I_{St} = U_{St}/R_G$. Die Ausgangsspannung U_A ergibt sich aus der Maschengleichung zu

$$U_C - B_N I_{St} R_L - U_A = 0\,,$$

also

$$U_A = U_C - \left(\frac{B_N R_L}{R_G}\right) U_{St}\,. \tag{5.14}$$

Die Spannung U_C sei durch eine unabhängige Gleichspannungsquelle gegeben. Die sog. *Übertragungscharakteristik* Gl. (5.14) (s. Bild 5.10b) veranschaulicht, daß die Ausgangsspannung U_A mit steigender Steuerspannung U_{St} sinkt. Für $U_{St} = 0$ liegt die Gleichspannung U_C an. Die im Bild 5.10b dargestellte Ersatzschaltung ist eine einfache Grundschaltung einer *Verstärkerstufe* (z. B. Bipolartransistor in Emitterschaltung). Wir kommen auf sie noch öfter zurück. Die Spannung U_C dient dabei zur Einstellung des Arbeitspunktes A, der durch die Steuerspannung U_{St} längs der „Arbeitsgeraden" (= Übertragungskennlinie) verschoben wird.

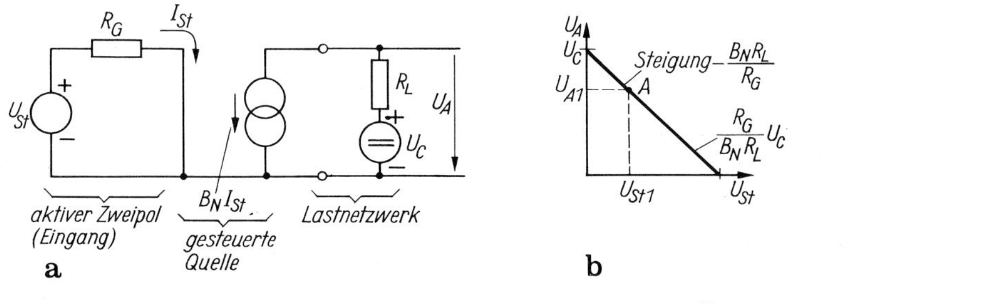

Bild 5.10. Stromgesteuerte Stromquelle. **a)** Ersatzschaltung; **b)** Übertragungskennlinie $U_A = f(U_{St})$, mit steigender Steuerspannung U_{St} sinkt U_A

5.1.1.3 Überlagerungssatz und Zweipoltheorie in Netzwerken mit gesteuerten Quellen. Leistungsbetrachtung

Wie sind Überlagerungssatz und Zweipoltheorie (Abschn. 2.4.4) anzuwenden, wenn ein Netzwerk gesteuerte Quellen enthält? Wir wollen uns auf lineare gesteuerte Quellen beschränken.

Überlagerungssatz. Beim Überlagerungssatz galt, daß die unabhängigen Quellen der Reihe nach jeweils bis auf eine außer Betrieb gesetzt und die betreffende Teilwirkung berechnet wurde. Für *gesteuerte Quellen* ist die Antwort sehr einfach:
Gesteuerte Quellen werden bei Anwendung des Überlagerungssatzes nie außer Betrieb gesetzt, sondern verbleiben stets voll wirksam in der Schaltung (im anderen Fall wird das Ergebnis falsch!).

Bild 5.11 zeigt dies an einem Beispiel, das ohne große Erklärung verständlich sein dürfte.

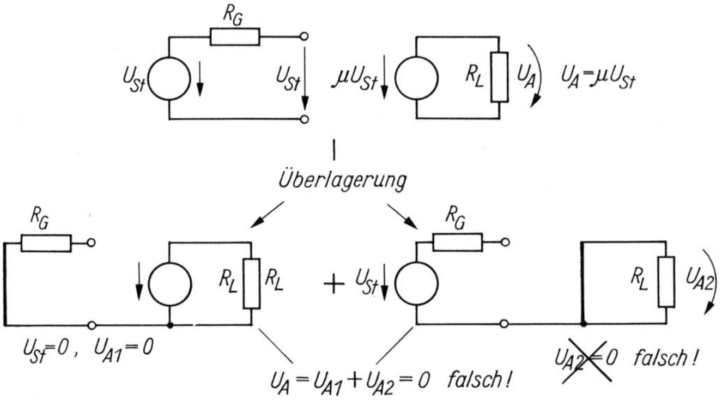

Bild 5.11. Beispiel einer falschen Anwendung des Überlagerungssatzes

Zweipoltheorie. Grundsätzlich kann die Zweipoltheorie auch in Netzwerken mit gesteuerten Quellen angewandt werden, wenn folgendes beachtet wird:

1. Der passive Zweipol steht nur über seine Klemmen AB mit dem aktiven Zweipol in Verbindung (nicht über magnetische oder elektrostatische Kopplungen oder gesteuerte Quellen). Er kann gesteuerte Quellen enthalten, die aber durch Ströme oder Spannungen gesteuert werden müssen, die im passiven Zweipol selbst auftreten (ob dann der Begriff passiver Zweipol stets zutrifft, sei hier ausgeklammert).

2. Bei der Bestimmung des Widerstandes R_{AB} des passiven Zweipoles bleiben evtl. vorhandene *gesteuerte Quellen in der Schaltung.* Die Widerstandsberechnung erfolgt dann mit dem Verfahren der *Prüfspannung* U_P bzw. des *Prüfstromes* I_P: An die Klemmen AB des zu bestimmenden Widerstandes wird eine Prüfspannung U_P (bzw. ein Prüfstrom I_P) angelegt und der Prüfstrom I_P (bzw. die Prüfspannung U_P) mit üblichen Netzwerkverfahren berechnet. Der Ersatzinnenwiderstand lautet dann

$$R_{AB} = \frac{U_P}{I_P} \tag{5.15}$$

Innenwiderstand eines Netzwerkes ausgedrückt durch Prüfgrößen U_P, I_P.

(Die bloße Anwendung der Reihen- und/oder Parallelschaltungsregeln von Widerständen führt in Netzwerken mit gesteuerten Quellen gewöhnlich zu falschen Ergebnissen!).

3. Der aktive Zweipol wird wie bisher durch Leerlaufspannung U_{lers}, Kurzschlußstrom I_{kers} und Innenwiderstand R_{iers} gekennzeichnet. Er enthält alle unabhängigen Quellen der Schaltung und alle gesteuerten Quellen, die von Strömen und Spannungen im aktiven Zweipol abhängen.

Bei der Bestimmung der Ersatzgrößen U_{lers}, I_{kers} und R_{iers} bleiben alle gesteuerten Quellen in der Schaltung.

4. Leerlaufspannung und Kurzschlußstrom werden mit üblichen Netzwerkanalysemethoden, der Innenwiderstand nach dem Verfahren der Prüfspannung U_P bestimmt:

— Kurzschluß aller unabhängigen Spannungsquellen, Leerlauf (Auftrennen) aller unabhängigen Stromquellen;
— Anlegen einer Prüfgröße U_P bzw. I_P an die Klemmen AB und Bestimmung von $R_{iers} = U_P/I_P$ (vgl. Punkt 2).

Bild 5.12 zeigt das Verfahren an zwei Beispielen. Im Bild 5.12a ergibt sich bei Anlegen einer Prüfstromquelle I_P die Prüfspannung über die Kirchhoffschen Sätze und damit auch R_{iers} ebenso wie im Bild 5.12b, wo eine Prüfspannung angelegt wurde.

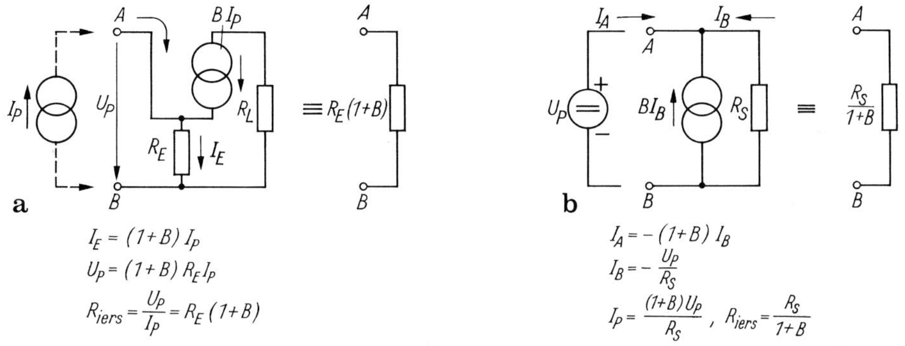

Bild 5.12. Anlegen von Prüfspannung U_P/Prüfstrom I_P zur Bestimmung des Zweipolinnenwiderstandes R_{iers}

5.1.2 Widerstand

Das zweifelsohne wichtigste Netzwerkelement ist der Widerstand R im allgemeinsten Sinn. Wir kennen zeitunabhängige und zeitabhängige Widerstände.

5.1.2.1 Zeitunabhängiger Widerstand

Linearer — nichtlinearer Widerstand. Beim zeitunabhängigen Widerstand hängt der Widerstandswert nicht von der Zeit ab. Bekanntestes Beispiel dafür ist der lineare Widerstand[1] nach Abschn. 2.4.2 mit der Strom-Spannungs-Relation

$$u(t) = Ri(t) \quad \text{bzw.} \quad i(t) = Gu(t)$$

mit

$$R = \frac{1}{G}.$$

[1] Gleichwertige Bezeichnungen lauten: R: Resistanz, Wirkwiderstand, ohmscher Widerstand, G: Konduktanz, Wirkleitwert, ohmscher Leitwert

Die allgemeine Form ist der *nichtlineare Widerstand* mit nichtlinearer Strom-Spannungs-Relation

$$u = f(i)\,, \qquad i = g(u)\,. \tag{5.16}$$

Je nachdem, ob Strom oder Spannung unabhängig vorgegeben ist, spricht man vom *strom-* oder *spannungsgesteuerten* Widerstand.

Bauelemente mit symmetrischer Kennlinie bezüglich des Nullpunktes heißen *bilaterale* Widerstände. Sie können in beiden Stromflußrichtungen in der Schaltung betrieben werden, ohne die Schaltung ändern zu müssen. Für unilaterale Elemente, z. B. Dioden gilt dies nicht!

Näherungsweise läßt sich eine nichtlineare Kennlinie durch den *Gleichstrom-* oder *Sekantenwiderstand* — die Verbindungsgerade zwischen Nullpunkt und Arbeitspunkt A — kennzeichnen:

$$R = \left.\frac{U}{I}\right|_I = \left.\frac{f(I)}{I}\right|_I \tag{5.17}$$

Sekantenwiderstand zwischen Ursprung und U, I.

Der Gleichstromwiderstand einer Halbleiterdiode (s. Abschn. 2.4.3.6) mit der Kennlinie

$$I = I_S(e^{U/U_T} - 1)$$

lautet z. B.

$$R = \frac{U}{I} = \frac{U}{I_S}(e^{U/U_T} - 1)^{-1}\,.$$

Er hängt vom Arbeitspunkt, d. h. der eingestellten Spannung U, ab.

Häufig arbeitet ein Bauelement mit nichtlinearer Kennlinie $U = f(I)$ in einem Stromkreis (z. B. einem Gleichstromkreis) mit zusätzlicher Wechselspannungsquelle (kleiner Amplitude ΔU_Q, Bild 5.13).

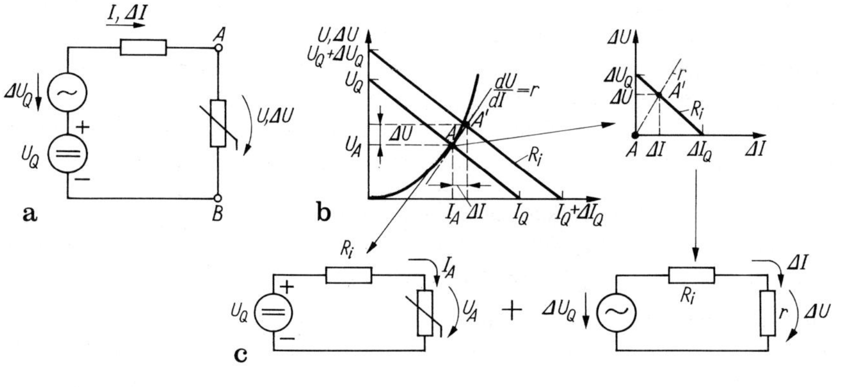

Bild 5.13. Kleinsignalwiderstand. **a**) Schaltung mit nichtlinearem passivem Zweipol; **b**) Kennlinie des aktiven und nichtlinearen Zweipols mit Kleinsignalaussteuerung; **c**) Ersatzschaltungen

Dann verursacht die Spannungsänderung ΔU_Q eine Kennlinienparallelverschiebung des aktiven Zweipols, und der Arbeitspunkt wandert von A nach A'. Dadurch entsteht über dem nichtlinearen Element die Spannungsänderung ΔU, im Kreis die

Stromänderung ΔI. Ist die Spannungsänderung ΔU_Q klein genug, so kann der Übergang von A nach A' in erster Näherung durch die Gerade mit dem Anstieg

$$\left.\frac{\Delta U}{\Delta I}\right|_A = \tan\alpha = r$$

an die nichtlineare U-I-Kennlinie im Arbeitspunkt U_A, I_A ersetzt werden. Für ΔU, $\Delta I \to 0$ folgt daraus der Differentialquotient

$$r = \left.\frac{\mathrm{d}U}{\mathrm{d}I}\right|_{U_A,\, I_A = \mathrm{const}} \tag{5.18}$$

differentieller Widerstand (Definitionsgleichung).

Er heißt *differentieller Widerstand* r (kleines Symbol) des nichtlinearen Elementes im Arbeitspunkt A, oft auch *Kleinsignalwiderstand*. Deshalb hat das so linearisierte Element die Strom-Spannungs-Beziehung

$$\Delta U = r\,\Delta I\,.$$

Analog zum differentiellen Widerstand kann auch ein *differentieller Leitwert*

$$g = \left.\frac{\mathrm{d}I}{\mathrm{d}U}\right|_{U_A,\, I_A = \mathrm{const}} \tag{5.19}$$

differentieller Leitwert (Definitionsgleichung)

vereinbart werden. Es gilt $r = 1/g$.

Für kleine Strom- und Spannungsänderungen ΔU, ΔI kann jeder nichtlineare Kennlinienzusammenhang $U = f(I)$ durch den differentiellen Widerstand r im Arbeitspunkt beschrieben werden. Er hängt vom Arbeitspunkt ab. Die zugehörige Aussteuerung heißt Kleinsignalaussteuerung (s. u.).

Wichtigstes Ergebnis:

Im Stromkreis nach Bild 5.13 wirken somit

- die *Gleichgrößen* I_A, U_A. Sie ergeben sich aus dem Zusammenspiel von linearem aktivem Zweipol und nichtlinearem passivem Zweipol (s. Abschn. 2.4.3);
- die *Änderungen* ΔU_Q, ΔI, ΔU. Für sie besteht der Stromkreis aus der Spannungsquelle ΔU_Q, dem Innenwiderstand R_i und differentiellen Widerstand r. Dann können unter Kleinsignalbedingung Gleichstrom- und Kleinsignalverhalten die gleichen Stromkreises *unabhängig voneinander* betrachtet werden (wenn auch r stark über den Arbeitspunkt vom Gleichstromkreis abhängt). *So sind die Ergebnisse linearer Netzwerke voll auf nichtlineare NWE übertragbar, wenn diese unter Kleinsignalbedingungen betrieben werden.*

Im Bild 5.13c wurden deshalb beide Stromkreise nach ihren Erregerursachen getrennt dargestellt. Beispielsweise beträgt die Spannung ΔU über dem differentiellen Widerstand r nach der Spannungsteilerregel:

$$\Delta U = \Delta U_Q \frac{r}{r + R_i}\,,$$

und der Strom im Kreis

$$\Delta I = \frac{U_Q}{r + R_i}.$$

Das sind typische Ergebnisse linearer Stromkreise.

Dabei können Situationen auftreten, die zunächst Vorstellungsschwierigkeiten bereiten. Wir betrachten die Kennlinie nach Bild 5.14a im Punkt A als Belastung einer Spannungsquelle. Im Kreis fließt ein Gleichstrom. Der differentielle Widerstand $\mathrm{d}U/\mathrm{d}I = r$ in A ist aber unendlich groß, denn eine Spannungsänderung ΔU erzeugt dort keine Stromänderung ΔI ($\Delta I = 0$, $1/0 = \infty$). Deshalb arbeitet die Wechselspannungsquelle ΔU_Q im Leerlauf, wie im Bild angedeutet.

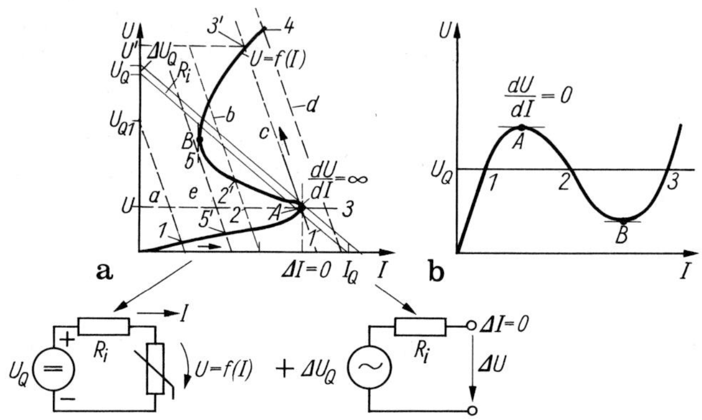

Bild 5.14. Zweipol mit unendlich großem differentiellem Widerstand im Arbeitspunkt. **a**) fallende Kennlinie (spannungsgesteuert); **b**) fallende Kennlinie (stromgesteuert)

Der Begriff differentielles Netzwerkelement (Widerstand, Leitwert, später Kapazität und Induktivität) und das Prinzip der Kleinsignalsteuerung sind besonders für die Elektronik mit ihren stark nichtlinearen Bauelementen von grundlegender Bedeutung. Erst dadurch können die Gesetze linearer Netzwerke angewandt und viele prinzipielle Ergebnisse gewonnen werden. Mit wachsender Aussteuerung wächst aber der Einfluß von Nichtlinearitäten und es werden weitere Vertiefungen erforderlich.

Negativer Widerstand. Fallende Kennlinie. Die Kennlinie eines Bauelementes (Zwei- und Vierpol) kann bereichsweise fallen (Bild 5.14b). In einem bestimmten Strom-Spannungs-Bereich steigt dann z. B. der Strom I um ΔI weiter, wenn die Spannung U um ΔU fällt:

$$r \approx \frac{\Delta I\uparrow}{\Delta U\downarrow} \approx \frac{\mathrm{d}I}{\mathrm{d}U} < 0 \quad \text{negativer (differentieller) Widerstand;}$$

mit anderen Worten ist der differentielle Widerstand r *negativ* (= negativer Widerstand). Das gilt für die Kennlinienbereiche A ... B im Bild 5.14. Da wir am Zweipol die Verbraucherzählpfeilrichtung zugrunde legen, bedeutet ein negativer Widerstand (s. Abschn. 2.4.3.1) *Leistungsabgabe* aus dem Widerstand in den Stromkreis.

Negative Widerstände, die z. B. an fallende Kennlinienbereiche gebunden sind, führen einen Stromkreis Energie zu, wirken also wie aktive Zweipole.

Die Leistung, die der negative Widerstand in den Stromkreis liefert, entstammt natürlich der Gleichstromschaltung, in der das Bauelement mit fallender Kennlinie betrieben wird. Weil diese Leistung aber durch die Spannungsquelle und den Innenwiderstand begrenzt ist, kann über den negativen Widerstand nie mehr Leistung in den Kreis gespeist werden als die Quelle abzugeben vermag.

Es gibt zwei Arten fallender Kennlinien und damit negativer Widerstände:

1. Spannungsgesteuert oder N-Typ[1] (Bild 5.14a). Zu jedem Spannungswert gehört nur ein Stromwert. Der fallende Teil der Kennlinie $I = f(U)$ geht über zwei Krümmungen *A* und *B* mit unendlich hohem differentiellem Widerstand in den ansteigenden Teil über. Wird eine solche Kennlinie mit einer idealen Spannungsquelle betrieben, so ist jeder Arbeitspunkt einstellbar. Deshalb heißt sie *spannungsgesteuert* oder *kurzschlußstabil*. Das geht aus Bild 5.14a deutlich hervor. Bei Betrieb mit einem Vorwiderstand $R \equiv R_i$ können gebietsweise mehrere Kennlinienschnittpunkte und damit Arbeitspunkte entstehen. Wird z. B. am aktiven Zweipol mit dem Innenwiderstand R_i die Quellspannung U_{Q1} erhöht, so stellt sich z. B. der stabile Arbeitspunkt *1* (Arbeitsgerade *a*) und später *2* (Arbeitsgerade *b*) ein (Punkt *2'* ist instabil). Im Arbeitspunkt *3* (Arbeitsgerade *c*) springt die Spannung U auf U' (Arbeitspunkt *3'*) sobald U_Q nur geringfügig weiter vergrößert wird. War umgekehrt eine große Spannung (Punkt *4*, Arbeitsgerade *d*) eingestellt, so wandert der Arbeitspunkt bei Verringerung der Spannung bis zu Punkt *5* und springt dann auf *5'* (Arbeitsgerade *e*). Es entstehen so durch die fallende Kennlinie Hystereseerscheinungen im Strom-Spannungs-Verhalten. Das trifft auf die Kennlinie *b* zu. Von ihren drei Schnittpunkten ist der mittlere (*2'*) stets instabil. Hat die Kennlinie im fallenden Bereich die maximale Steigung

$$\left|\frac{\mathrm{d}I}{\mathrm{d}U}\right|_{\max},$$

so gibt es bei Zusammenschaltung mit einer Spannungsquelle (Innenwiderstand R_i) nur dann einen Kennlinienschnittpunkt, wenn

$$G_i = \frac{1}{R_i} > \left|\frac{\mathrm{d}I}{\mathrm{d}U}\right|_{\max}$$

also

$$R_i < \left|\frac{\mathrm{d}U}{\mathrm{d}I}\right|_{\min} \tag{5.20a}$$

Bedingung für stabile Arbeitspunkteinstellung

gilt: Innenwiderstand des aktiven Zweipols muß klein sein gegen den Betrag des kleinsten negativen (differentiellen) Widerstandes.

Eine derartige spannungsgesteuerte fallende Kennlinie besitzt z. B. die Tunneldiode.

2. Stromgesteuert oder S-Typ. Hier gehört zu jedem Stromwert nur ein Spannungswert (Bild 5.14b) und der fallende Kennlinienteil geht über zwei Krümmungen *A* und *B* mit verschwindendem differentiellem Widerstand in die ansteigenden Teile über. Bei Betrieb mit einer idealen Stromquelle ist hier jeder Arbeitspunkt einstellbar. Deshalb heißt die Kennlinie *stromgesteuert*.

Mehrere Kennlinienschnittpunkte sind hier bei Betrieb mit der Spannungsquelle möglich, z. B. die Punkte *1* ... *3* bei der Spannung U_Q. Hat die Kennlinie im fallenden Gebiet die minimale Steigung

$$\left|\frac{\mathrm{d}I}{\mathrm{d}U}\right|_{\min},$$

[1] In der Darstellung I über U sieht die Kennlinie N-förmig aus, analog beim S-Typ (s. u.)

so ergibt sich bei Betrieb mit einer realen Spannungsquelle nur ein Schnittpunkt für

$$G_i = \frac{1}{R_i} < \left|\frac{dI}{dU}\right|_{min},$$

also

$$R_i > \left|\frac{dU}{dI}\right|_{max} \tag{5.20b}$$

Bedingung für stabile Arbeitspunkteinstellung.

Der Innenwiderstand des aktiven Zweipols muß groß sein gegen den Betrag des größten negativen (differentiellen) Widerstandes.

Stromgesteuerte fallende Kennlinien treten z. B. bei der Glimmlampe, beim Lichtbogen und Thyristor auf.

Erzeugung und Anwendung negativer Widerstände. Fallende Kennlinienbereiche entstehen in Zweipolelementen generell durch *Rückkopplung*: Eine Ursache erzeugt eine Wirkung, die die Ursache wieder durch Rückkopplung unterstützt. Solche Rückkopplungsmechanismen können

— *physikalisch im Innern von Bauelementen ablaufen*, also im *Wirkprinzip* begründet liegen. Beispiele: Kennlinien des Thyristors und der Tunneldiode u. a. m.;
— unter Zuhilfenahme *gesteuerter Quellen*, technisch also durch Verstärkerbauelemente (Transistor, Röhre) über eine *schaltungstechnische* Rückführung des Ausgangssignals auf den Eingang entstehen. Das Rückkopplungsprinzip (s. Abschn. 7.2.2.2) gehört somit zu den wichtigsten Verfahren, die in der Elektrotechnik und speziell der Elektronik eingesetzt werden.

Beispiel. In der Schaltung Bild 5.15. mit einer spannungsgesteuerten Stromquelle SU_1 (Steilheit $S > 0$ vorausgesetzt), realisiert durch einen Bipolartransistor, soll der Wirkleitwert G_i zwischen den Klemmen A, B berechnet werden. Wir denken uns dazu eine Prüfspannung ΔU_P angelegt. Sie erzeugt über die Schaltung den Prüfstrom (Knotensatz)

$$\begin{aligned}\Delta I_P &= \Delta I_1 - S\,\Delta U_1 + G_3\,\Delta U_P \\ &= \frac{1 - SR_1}{R_1 + R_2}\,\Delta U_P + G_3\,\Delta U_P\,,\end{aligned}$$

wenn der Strom $\Delta I_1 = \Delta U_P/(R_1 + R_2)$ und die Spannung $\Delta U_1 = \Delta U_P R_1/(R_1 + R_2)$ auf die Prüfspannung ΔU_P zurückgeführt werden. Der Zweipolleitwert

$$G_i = \frac{\Delta I_P}{\Delta U_P} = \frac{1 - SR_1}{R_1 + R_2} + G_3 \tag{5.21}$$

wird bei vernachlässigtem Leitwert $G_3 \approx 0$ für $SR_1 > 1$ negativ, weil die Ausgangsspannung über den Widerstand R_2 auf den Eingang (U_1) rückgekoppelt wird. (Für $R_2 \to \infty$, keine Rückkopplung, verschwindet diese Möglichkeit!) Technisch kann diese Schaltung z. B. mit einem Transistor betrieben in Basisschaltung realisiert werden (Bild b). (Dazu ist jedoch aus Gründen der richtigen Gleichstromversorgung eine große Kapazität C einzuschalten).

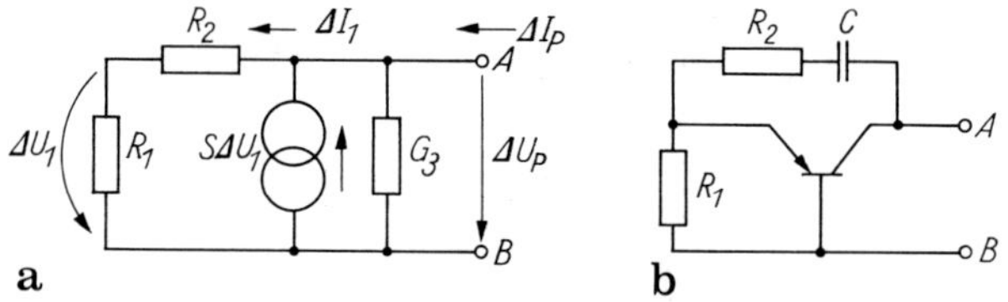

Bild 5.15. Rückkopplungsschaltung (Prinzip). **a)** Schaltung mit gesteuerter Quelle; **b)** entsprechende Transistorschaltung

Negative Leitwerte zwischen den Klemmen A, B können auf diese Weise ungewollt auch durch eine kapazitive Rückkopplung (anstelle von R_2 z. B. die Emitter-Kollektor-Kapazität) in einem bestimmten Frequenzbereich auftreten.

Wir erkennen aus Gl. (5.21) aber auch, daß der negative Leitwert ein bestimmtes Vorzeichen der Steilheit S erfordert. Wäre S negativ, wie bei der sog. Emitterschaltung des Bipolartransistors (für die hier gewählten Stromrichtungen), so ist ein negativer Leitwert unmöglich.

Anwendung finden negative Widerstände grundsätzlich zur Kompensation von (positiven) Widerständen durch Reihen- bzw. Parallelschaltung. So kann beispielsweise der Verlustwiderstand eines Schwingkreises (s. Abschn. 7.14) durch Zuschalten eines negativen Widerstandes kompensiert werden. Dann bleibt eine z. B. durch eine Störung angeregte Schwingung stationär erhalten: die Anordnung wird als *Schwingungserzeuger* oder *Oszillator*. Das ist die wichtigste Methode zur Erzeugung von Sinusschwingungen (bis zu höchsten Frequenzen) in der Elektronik.

5.1.2.2 Unabhängig gesteuerter linearer Widerstand

Ein unabhängig steuerbarer linearer Widerstand (Leitwert) ist ein NWE mit linearer Strom-Spannungs-Beziehung, bei dem der Widerstandswert R von einem unabhängig beeinflußbaren Parameter γ abhängt:

$$u(t) = R(\gamma)\, i(t)\,, \qquad i(t) = G(\gamma)\, u(t) \tag{5.22}$$

mit

$$R(\gamma) = \frac{1}{G(\gamma)}\,.$$

Definition des unabhängig gesteuerten linearen Widerstandes

Graphisch läßt sich der Zusammenhang stets in einem Kennlinienfeld mit γ als Parameter darstellen. Der Parameter γ ändert die Kennliniensteigung. Die Kennlinien selbst gehen stets durch den Nullpunkt (Bild 5.16). Ist der Parameter γ die Zeit, so sprechen wir von einem *linear zeitveränderlichen Widerstand* $R(t)$.

Ein einfaches Beispiel stellen zwei reihengeschaltete Widerstände dar, von denen einer durch einen Schalter überbrückt wird (Bild 5.16b). Öffnet und schließt man den Schalter periodisch, so entsteht ein zeitveränderlicher Widerstand $R_{AB}(t)$, der periodisch zwischen R_1 und $R_1 + R_2$ wechselt.

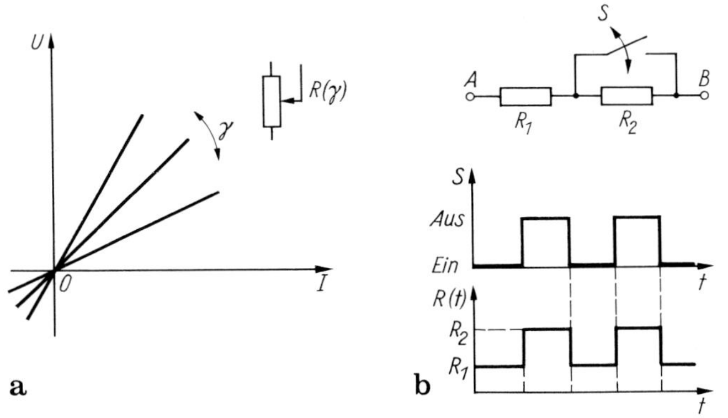

Bild 5.16. Zeitveränderlicher linearer Widerstand. **a**) Kennlinie mit allgemeinem Steuerparameter; **b**) Schaltung mit periodisch geschaltetem Widerstand $R_{AB}(t)$

Auch ein Potentiometer, dessen Schleifer periodisch um eine mittlere Stellung bewegt wird, stellt einen zeitveränderlichen Widerstand dar. Hier gilt z. B.

$$R(t) = R_1 + R_2 \cos \omega t \,.$$

Zeitveränderliche Widerstände verursachen im Stromkreis gegenüber zeitunabhängigen Elementen andersartige Wirkungen. Wird z. B. $R(t)$ von einem Strom

$$i(t) = I \cos \omega_1 t$$

durchflossen, so lautet die Klemmenspannung

$$u(t) = R(t)\, i(t) = (R_1 + R_2 \cos \omega t)\, I \cos \omega_1 t \,. \tag{5.23}$$

Für $R = \text{const}$ (zeitunabhängig) wäre $u(t) \sim \cos \omega_1 t$: Strom- und Spannungszeitfunktion stimmen überein. Bei zeitveränderlichem $R(t)$ ergibt Gl. (5.23) nach dem Additionstheorem für $\cos \alpha \cos \beta$:

$$u(t) = \underbrace{R_1 I \cos \omega_1 t}_{\textbf{Ausgangsfrequenz}} + \frac{R_2 I}{2} [\cos \underbrace{(\omega + \omega_1)}_{\textbf{neue}}\, t + \cos \underbrace{(\omega - \omega_1)}_{\textbf{Frequenzen}}\, t] \,. \tag{5.24}$$

Es entstehen jetzt Glieder mit zwei neuen Frequenzen, nämlich Summe und Differenz von aufgeprägter (ω_1) und steuernder (modulierender) Frequenz ω. Solche Anordnungen sind zur Erzeugung neuer Frequenzen geeignet. Tatsächlich ist der „zeitgesteuerte Widerstand" das Grundelement der „Modulation", eines sehr fundamentalen Prinzips der Informationstechnik.

5.1.3 Kapazität

Wie beim Widerstand gibt es auch bei der Kapazität zeitunabhängige und zeitveränderliche Kapazitäten. Wir wollen beide näher kennenlernen und greifen auf Abschn. 2.5.5 zurück.

5.1.3.1 Zeitunabhängige Kapazität

Lineare und nichtlineare zeitunabhängige Kapazität. Die lineare Kapazität C basiert auf einer linearen Ladungs-Spannungs-Kennlinie $Q(U)$ (Bild 5.17)

$$\begin{aligned} Q(t) &= CU(t) \quad \text{mit} \quad i(t) = \frac{\mathrm{d}Q(t)}{\mathrm{d}t} \\ i(t) &= \frac{\mathrm{d}Q(t)}{\mathrm{d}t} = C\frac{\mathrm{d}U}{\mathrm{d}t} \,. \end{aligned} \tag{5.25}$$

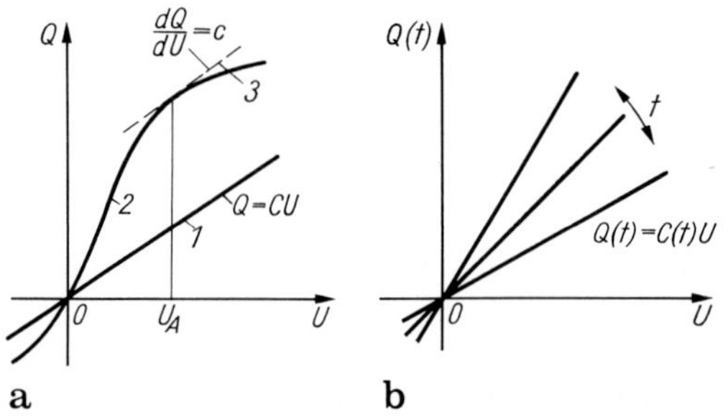

Bild 5.17. Ladungskennlinie $Q(U)$. **a**) zeitunabhängige Kennlinie; *1* lineare Kapazität, *2* nichtlineare Kapazität $Q/U = f(U)$, *3* differentielle Kapazität; **b**) zeitabhängige Kennlinie, zeitabhängige lineare Kapazität

Voraussetzungsgemäß ist die Kapazität C *unabhängig* von einer Steuergröße (z. B. der Zeit) und der Spannung. Sie hat eine Bemessungsgleichung (Gl. (2.82ff)).

Hinweis. Es sei noch verwiesen auf
- die dynamische Kennlinie als Strom-Spannungs-Relation des Kondensators (s. Abschn. 5.1.5) und
- die Stetigkeit der Kondensatorspannung (s. Abschn. 2.5.6).

Eine nichtlineare (hysteresefreie) Funktionsrelation (Bild 5.17a, Funktion *2*)

$$Q(t) = f(U(t), t) \quad \text{bzw.} \quad u = f(Q)$$

führt auf die zugehörige Klemmenbeziehung

$$i(t) = \frac{\mathrm{d}Q}{\mathrm{d}t} = \frac{\mathrm{d}(f(U))}{\mathrm{d}t} \quad \text{bzw.} \quad u = f(\textstyle\int i\,\mathrm{d}t)\,, \tag{5.26}$$

falls sie überhaupt herstellbar ist. Prinzipiell könnte eine *Sekanten-* oder *statische Kapazität*

$$C = \frac{Q(U)}{U} = \frac{f(U)}{U} \tag{5.27}$$

nichtlineare zeitunabhängige Kapazität (Definitionsgleichung)

vereinbart werden, doch ist dies nicht üblich.

Beispiele und Anwendungen solcher Kapazitäten finden sich vielfältig. So gehören die Kapazitäten der Halbleiterbauelemente prinzipiell in diese Gruppe. Anwendung finden sie in sog. parametrischen Verstärkern, Oszillatoren, Signalkonvertern u. a. m.

Die Analyse von Schaltungen mit nichtlinearen Kapazitäten ist schwierig. Deshalb hat die Kleinsignalbeschreibung des Q-U-Zusammenhanges für die Anwendung linearer Betrachtungen große Bedeutung.

Differentielle Kapazität (Kleinsignalkapazität). Eine Spannung $u(t) = U_\mathrm{A} + \Delta U(t)$ (z. B. Gleichspannung U_A, Wechselspannung $\Delta U(t)$ mit $\Delta U \ll U_\mathrm{A}$) an einer nichtlinearen Kapazität ergibt den Momentanverlauf der Ladung

$$Q(t) = Q_\mathrm{A} + \Delta Q(t) = f(U_\mathrm{A} + \Delta U(t))\,.$$

Er besteht aus einem zeitunabhängigen Anteil Q_A und einem zeitveränderlichen Teil $\Delta Q(t)$. Wir bestimmen ΔQ als Funktion von t über eine Taylor-Entwicklung analog zum Vorgehen beim differentiellen Widerstand. Sie liefert

$$\underline{Q_\mathrm{A}} + \Delta Q(t) = \underline{f(U_\mathrm{A})} + \left.\frac{\partial f}{\partial U_\mathrm{A}}\right|_{U_A} \cdot \Delta U(t) + \ldots \quad (\text{bzw. } \Delta U = 0)\,.$$

(bzw. $\Delta U = 0$) .

Höhere Glieder der Reihe werden vernachlässigt. Darin liegt die *physikalische Bedingung* der Kleinsignalsteuerung.

Die Größe

$$c = \left.\frac{\mathrm{d}Q}{\mathrm{d}U_\mathrm{A}}\right|_{U_\mathrm{A}} \tag{5.28}$$

differentielle Kapazität (Definitionsgleichung)

heißt *differentielle* oft auch *dynamische* oder *Kleinsignalkapazität* im Arbeitspunkt U_A.

Die differentielle Kapazität ist die Tangente an die Q-U-Kennlinie im Arbeitspunkt. Sie hängt vom Arbeitspunkt (Gleichspannung U_A) ab und ist wegen $U_A = \text{const}$ bezüglich der Spannungsänderung ΔU eine lineare, zeitunabhängige Größe für Kleinsignalaussteuerung. Die Strom-Spannungs-Beziehung der differentiellen Kapazität lautet

$$i = \frac{\mathrm{d}Q(t)}{\mathrm{d}t} = \underbrace{\frac{\mathrm{d}Q_A}{\mathrm{d}t}}_{= 0, \text{ da } Q_A \sim U_A = \text{const}} + \frac{\mathrm{d}\Delta Q(t)}{\mathrm{d}t} = \frac{\partial Q}{\partial U} \cdot \frac{\mathrm{d}\Delta U}{\mathrm{d}t} = c \frac{\mathrm{d}\Delta U(t)}{\mathrm{d}t} \quad (5.29)$$

Die differentielle Kapazität tritt überall dort auf, wo nichtlineare Ladungs-Spannungs-Relationen bei Kleinsignalaussteuerung betrieben werden. Namentlich in elektronischen Bauelementen werden wir sie in verschiedensten Formen kennenlernen: als Sperrschichtkapazität und Diffusionskapazität in Halbleiterbauelementen, als elektronische oder Raumladekapazität in Elektronenröhren, als Laufzeitkapazität in Höchstfrequenzbauelementen u. a. m.

5.1.3.2 Unabhängig gesteuerte Kapazität

Hängt die Kapazität $C(\gamma)$ von einer unabhängig vorgegebenen Steuergröße γ ab

$$Q(t) = C(\gamma)\, U(t)\,,$$

so heißt sie eine unabhängig gesteuerte lineare Kapazität. Das kann z. B. die Zeit t sein: zeitabhängige lineare Kapazität $C(t)$

$$Q(t) = C(t)\, U(t)\,. \quad (5.30)$$

Der Strom-Spannungs-Zusammenhang liegt durch

$$i(t) = \frac{\mathrm{d}Q}{\mathrm{d}t} = \frac{\mathrm{d}(CU)}{\mathrm{d}t} = C(t)\frac{\mathrm{d}U}{\mathrm{d}t} + U(t)\frac{\mathrm{d}C(t)}{\mathrm{d}t} \quad (5.31)$$

fest. (Anwendung der Produktenregel auf $C(t)\,U(t)$ beim Differenzieren). Bei vorgegebenem Strom $i(t)$ ergibt sich die Spannung gemäß $u(t) = Q(t)/C(t)$

$$u(t) = \frac{1}{C(t)}\, Q(t) = \frac{1}{C(t)} \int_{t}^{t'} i(t'')\, \mathrm{d}t''\,. \quad (5.32)$$

($C(t)$ darf dabei nicht unter das Integralzeichen gesetzt werden!)

Zeitveränderliche lineare Kapazitäten lassen sich sehr einfach realisieren. Läuft beispielsweise der Rotor eines Drehkondensators mit konstanter Umdrehungsgeschwindigkeit um, so liegt eine solche Kapazität vor.

Weitere Beispiele sind

- sog. *kapazitive Geber*, bei denen die zeitveränderliche Abstandsänderung (Meßgröße) der Kapazität zur Gewinnung eines elektrischen Signals benutzt wird;
- das *Kondensatormikrofon*, bei dem auftreffende Schallwellen eine Abstandsänderung von Kondensatorplatten verursachen.

Im Vergleich zur nichtlinearen Kapazität nach Abschn. 2.5.5 sei nochmals der prinzipielle Unterschied hervorgehoben: Die im Kleinsignalbetrieb ausgesteuerte Kapazität ist linear *zeitunabhängig*, die zeitveränderliche Kapazität linear *zeitab-*

hängig. Das kommt besonders in den Energie- und Leistungsbeziehungen (s. Abschn. 5.1.6) zum Ausdruck.

Elektronische Kapazität. Die physikalischen Merkmale des Kondensators waren Ladungsspeicherung, Verschiebungsfluß und Verschiebungsstrom bei Ladungsänderung. Sie ergaben die Klemmenrelation $i_C \sim du/dt$. Hat umgekehrt ein Zweipol die gleiche Klemmenrelation ohne die physikalischen Merkmale der Kapazität, so wollen wir ihn *elektronische Kapazität* nennen. Solche Kapazitäten sind in der Elektronik verbreitet

- z. B. als sog. Diffusionskapazität in Halbleiterdioden und Transistoren;
- durch die Erzeugung von Kapazitäten aus Induktivitäten mit Hilfe elektronischer Schaltungen (z. B. dem sog. Gyrator, Abschn. 7.3.4).

Auch auf elektronische Kapazitäten treffen die vorgenannten Klemmeneigenschaften und Einteilungen voll zu.

5.1.4 Induktivität

Die Verhältnisse der Induktivität mit hysteresefreiem B-H-Zusammenhang entsprechen denen der Kapazität, wenn wir folgende Größen miteinander vertauschen

Ladung Q	$\leftrightarrow$	Fluß Ψ
Kapazität C	$\leftrightarrow$	Induktivität L
Strom	$\leftrightarrow$	Spannung
Spannung	$\leftrightarrow$	Strom

Damit lassen sich sinngemäß die gleichen Netzwerkelemente definieren wie bei der Kapazität. Wir wollen deshalb auf weitere Einzelheiten verzichten.

Auch eine *elektronische Induktivität* läßt sich vereinbaren, wenn ein Klemmenzusammenhang $u \sim di/dt$ vorliegt, ohne daß die physikalischen Merkmale der Induktivität (magnetisches Feld und Selbstinduktivität) zutreffen.

Beispiele solcher elektronischer Induktivitäten sind: Erzeugung induktiver Wirkungen aus Kapazitäten durch spezielle Schaltungen (Gyratoren, Abschn. 7.3.4), induktive Wirkungen durch Elektronenlaufzeiteffekte in elektronischen Bauelementen, induktives Verhalten von Halbleiterbauelementen durch hohe Strombelastung (s. Lehrgebiet Bauelementeelektronik).

5.1.5 Dynamische Kennlinie

Wir nahmen bei der Kennliniendarstellung $U = f(I)$ eines Widerstandes stets an, daß zwischen den Momentanwerten von Strom und Spannung an den Klemmen eines NWE *keine Zeitverschiebung* herrschte. Wie sieht aber der Strom-Spannungs-Zusammenhang aus, wenn Zeitverschiebung herrscht wie z. B. beim Kondensator? Hier stehen Strom und Spannung „auf zeitlich verschiedener Stufe": es war $i_C \sim du_C/dt$, aber nicht $i_C \sim u_C$!

Graphische Darstellungen von Strom-Spannungs-Zusammenhängen auf zeitlich verschiedener Stufe, also mit Relativphasenverschiebung zueinander, heißen allgemein *dynamische Kennlinien*.

Betrachten wir beispielsweise eine zeitunabhängige Kapazität mit aufgeprägtem dreieckförmigem Zeitverlauf der Spannung u_C (Bild 5.18). Der Strom $i_C = C\,du_C/dt$ ist proportional dem Spannungsanstieg von u_C und führt auf einen impulsförmigen Strom. Die zugehörige i_C-u_C-Darstellung, die dynamische Kennlinie, ergibt sich, wenn zu herausgegriffenen Zeitpunkten $t = 0$, $t_1 \dots t_5$ die jeweiligen i_C-u_C-Werte dem linken Diagramm entnommen und rechts mit der Zeit als Parameter eingetragen werden. An den Stromunstetigkeiten ($T/4$ und $3T/4$) springt die i_C-u_C-Kennlinie. Nach Ablauf einer Periode befinden wir uns wieder im Ausgangspunkt.

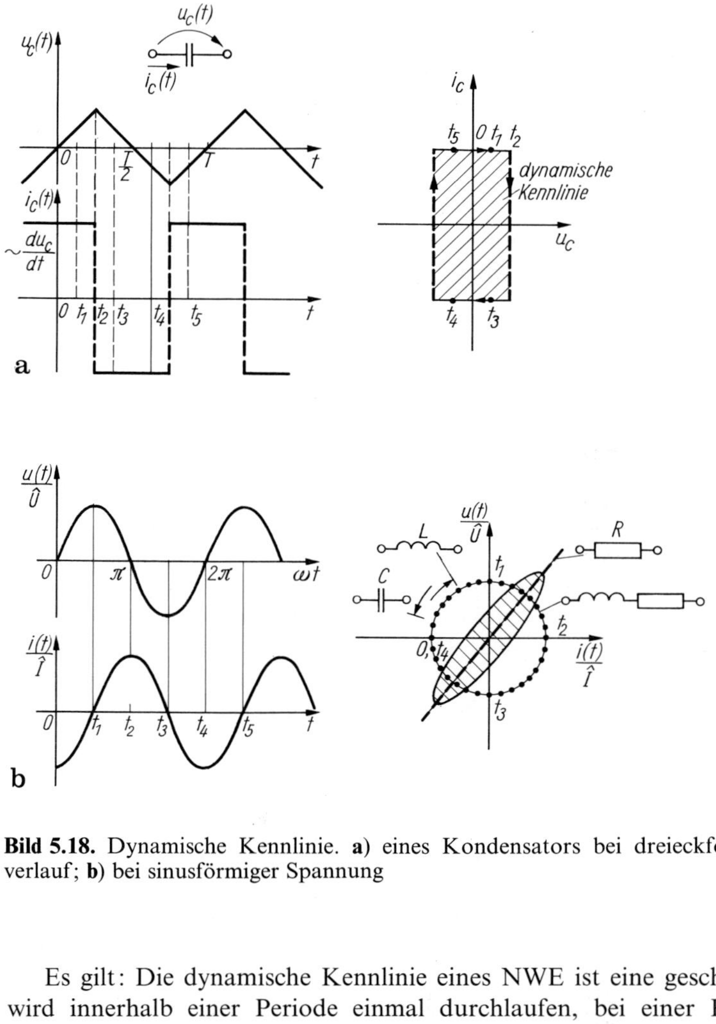

Bild 5.18. Dynamische Kennlinie. **a**) eines Kondensators bei dreieckförmigem Spannungsverlauf; **b**) bei sinusförmiger Spannung

Es gilt: Die dynamische Kennlinie eines NWE ist eine geschlossene Kurve. Sie wird innerhalb einer Periode einmal durchlaufen, bei einer Kapazität im Uhrzeigersinn (bei i-u-Darstellung). Ihre Form und Größe hängt von der Zeitfunktion der Erregergröße und dem NWE ab.

Sinngemäß wird die dynamische Kennlinie der Induktivität in der i-u-Darstellung entgegengesetzt zum Uhrzeugersinn durchlaufen.

Beispiel: Sinusförmige Klemmengröße. Wir nehmen für einen allgemeinen linearen zeitunabhängigen Zweipol sinusförmigen Stromverlauf und Spannungsverlauf an den Klemmen (mit beliebiger Phasenverschiebung φ) an

$$i(t) = \hat{I} \sin(\omega t + \varphi_i), \qquad \varphi_u - \varphi_i = \varphi,$$
$$u(t) = \hat{U} \sin(\omega t + \varphi_u)$$

und fragen nach der zugehörigen dynamischen Kennlinie (Bild 5.18b). Zweckmäßig wird normiert:

$$\frac{i(t)}{\hat{I}} = x(t) = \sin(\omega t + \varphi_i),$$
$$\frac{u(t)}{\hat{U}} = y(t) = \sin(\omega t + \varphi_u) = \sin(\omega t + \varphi_i)\cos(\varphi_u - \varphi_i) - \cos(\omega t + \varphi_i)\sin(\varphi_u - \varphi_i). \tag{5.33}$$

Anschaulich ist dies eine Parameterdarstellung von x und y in ωt, der normierten Zeit. Bei gegebenen Phasenwinkeln φ_u, φ_i (Bauelementeeigenschaft) liegen die Größen x und y für einen angenommenen Zeitpunkt t fest. Dabei gelingt zunächst keine direkte Angabe $x = f(y)$, sondern nur die Parameterdarstellung $x = f(t)$ und $y = g(t)$. Durch Eliminieren des Parameters t folgt daraus der gesuchte Zusammenhang $x = f(y)$ (oder umgekehrt). Mit

$$\cos(\omega t + \varphi_i) = \sqrt{1 - \sin^2(\omega t + \varphi_i)} = \sqrt{1 - x^2}$$

und

$$y = x \cos(\varphi_u - \varphi_i) - \sqrt{1 - x^2} \sin(\varphi_u - \varphi_i)$$

ergibt sich nach Umverlagerung des ersten Gliedes nach links und Quadratur die *Ellipsengleichung*

$$x^2 + y^2 - 2xy\cos(\varphi_u - \varphi_i) = \sin^2(\varphi_u - \varphi_i)$$
$$y = \frac{u(t)}{\hat{U}}, \quad x = \frac{i(t)}{\hat{I}}. \tag{5.34}$$

dynamische Kennlinie eines linearen zeitunabhängigen Zweipols bei Sinussteuerung

Sie hat eine Neigung von $+45°$ im x-y-Koordinatensystem. Innerhalb einer Periode $0 \leqq \omega t \leqq 2\pi$ wird sie einmal durchlaufen. Bezüglich ihrer Form geht sie über

— in eine *Gerade* $x = y$ unter 45° durch den Nullpunkt bei $\varphi_u - \varphi_i = 0$, also für den *ohmschen Widerstand R*:

$$u(t) = \frac{\hat{U}}{\hat{I}} i = Ri(t);$$

— in einen *Kreis* für $\varphi_u - \varphi_i = \pm\pi/2$. Dann liegt ein verlustloser Energiespeicher vor:

$$x^2 + y^2 = 1 \quad \text{oder} \quad \left(\frac{\hat{U}}{\hat{I}}\right)^2 i^2(t) + u^2(t) = \hat{U}^2. \tag{5.35}$$

Die Umlaufrichtung hängt wie erwähnt, vom Element ab: Induktivität im Uhrzeugersinn (u-i-Darstellung!), Kapazität entgegengesetzt.

Wir merken: Die dynamische Kennlinie eines passiven linearen zeitunabhängigen Zweipols ist bei sinusförmiger Aussteuerung eine Ellipse. Sie wird innerhalb einer Periode einmal durchlaufen und schließt die Grenzfälle Gerade (ohmscher Widerstand) und Kreis (Energiespeicher L, C) ein.

Anwendung finden dynamische Kennlinien

— zur graphischen Konstruktion von *Kennlinienfeldern* sowie des Strom-Spannungs-Verlaufes bei der Zusammenschaltung von nichtlinearen Bauelementen (Röhre, Transistor, Diode);

— zur Interpretation von *Schaltvorgängen* mit nichtlinearen Bauelementen,
— in der sog. *Zustandsanalyse*, einer speziellen Berechnungsmethode von Schaltvorgängen in Netzwerken;
— zur *anschaulichen Darstellung* bestimmter Leistungs- und Energiebegriffe. Wir kommen darauf im Abschn. 6.4 zurück.

5.1.6 Energiebeziehungen

Wir untersuchen die Energieverhältnisse in nichtlinearen und/oder zeitveränderlichen Elementen, insbesondere Energiespeichern am Beispiel der Kapazität. Für die Induktivität gelten die Ergebnisse sinngemäß. Eine nichtlineare, zeitunabhängige Kapazität mit der Ladungskennlinie $Q = f(U)$ nimmt vom Generator im Zeitraum $t_0 \ldots t$ die Energie (Tafel 5.5)

$$W(t_0, t) = \int_{t_0}^{t} p(t')\,\mathrm{d}t' = \int_{t_0}^{t} u(t')\,i(t')\,\mathrm{d}t' = \int_{t_0}^{t} u(Q[t'])\,\frac{\mathrm{d}Q'}{\mathrm{d}t'}\,\mathrm{d}t' = \int_{Q(t_0)}^{Q(t)} u(Q')\,\mathrm{d}Q'$$

Energie in nichtlinearer Kapazität im Zeitraum $t_0 \ldots t$ (5.36)

auf. Da Ladungskennlinie $Q(U)$ der nichtlinearen Kapazität (Bild 5.19) nicht explizit von der Zeit t abhängt, wird die Energie W nur von den Ladungen $Q(t_0)$, $Q(t)$ im Anfangs- und Endzeitpunkt bestimmt.

Bei ladungslosem Ausgangszustand ($Q(t_0) = 0$) stellt

$$W[Q(t)] = W(0, t) = \int_{0}^{Q(t)} u(Q')\,\mathrm{d}Q' \qquad (5.37\,\mathrm{a})$$

Speicherenergie in der nichtlinearen zeitunabhängigen Kapazität

die in nichtlinearer zeitunabhängiger Kapazität gespeicherte Energie dar. Sie ist gleich der im Bild 5.19a schraffierten Fläche und unterscheidet sich somit nur durch die nichtlineare Q-U-Relation von der linearen Kapazität.

Für die nichtlineare zeitunabhängige Induktivität gilt analog

$$W(t_0, t) = \int_{t_0}^{t} i[\Phi(t')]\,\frac{\mathrm{d}\Phi}{\mathrm{d}t'}\,\mathrm{d}t = \int_{\Phi(t_0)}^{\Phi(t)} i(\Phi')\,\mathrm{d}\Phi' \qquad (5.37\,\mathrm{b})$$

Speicherenergie in der nichtlinearen zeitunabhängigen Induktivität.

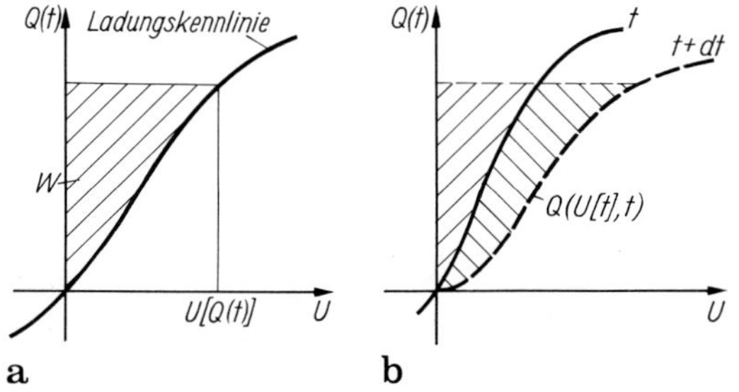

Bild 5.19. Nichtlineare Ladungskennlinie. **a**) zeitunabhängige Kapazität; **b**) zeitabhängige Kapazität

Zeitabhängige Kapazität. Im Unterschied zu oben ändert sich jetzt die Ladungskennlinie zeitabhängig. Im Bild 5.19b ist die Situation für zwei Zeitpunkte t und $t + \mathrm{d}t$ dargestellt. Die gesamte, über die Netzwerkelement-Klemmen im Zeitintervall $t_0 \dots t$ fließende elektrische Energie W_{el} beträgt:

$$\begin{aligned} W_{\mathrm{el}}(t_0, t) &= \int_{t_0}^{t} u(t')\, i(t')\, \mathrm{d}t' = \int_{t_0}^{t} u[Q(t'), t'] \frac{\mathrm{d}Q(t')}{\mathrm{d}t}\, \mathrm{d}t' \\ &= \underbrace{W_{\mathrm{S}}[Q(t), t] - W_{\mathrm{S}}[Q(t_0), t_0]}_{\text{Speicherenergie}} - \underbrace{\int_{t_0}^{t} \frac{\partial}{\partial t'} W_{\mathrm{S}}[Q(t'), t']\, \mathrm{d}t'}_{\text{mechanische Energie}} \\ &= W_{\mathrm{S}} + W_{\mathrm{mech}}\,. \end{aligned} \tag{5.38}$$

Sie dient einerseits zur Erhöhung der Feldenergie (Speicherenergie W_{S}) (bezogen auf diesen Zeitpunkt), zum anderen wird ein Energieanteil zur *Änderung der Netzwerkelemente-Charakteristik* benötigt. Er entspricht der von Kräften (oder einer Hilfsquelle) aufgewandten mechanischen oder elektrischen Energie.

Das Ergebnis läßt sich leicht durch Differenzieren beider Seiten beweisen. Links steht

$$\text{a)}\quad \frac{\mathrm{d}W_{\mathrm{el}}}{\mathrm{d}t} = u[Q(t), t]\, i(t) = u\left[Q(t), t\right] \frac{\mathrm{d}Q(t)}{\mathrm{d}t}\,.$$

Rechts ergibt die Differentiation des ersten Ausdruckes einmal nach der Zeit über $Q(t')$ (da $Q(t')$ eine Zeitfunktion aufgrund der Nichtlinearität ist) und einmal direkt nach der Zeit

$$\text{b)}\quad \frac{\mathrm{d}W_{\mathrm{S}}}{\mathrm{d}t}[Q(t), t] = \frac{\partial W_{\mathrm{S}}}{\partial Q} \frac{\mathrm{d}Q(t)}{\mathrm{d}t} + \frac{\partial W_{\mathrm{S}}[Q(t), t]}{\partial t} = u[Q(t), t] \frac{\mathrm{d}Q}{\mathrm{d}t} + \frac{\partial W_{\mathrm{S}}}{\partial t}[Q(t), t]\,.$$

Der zweite Ausdruck rechts in Gl. (5.38) verschwindet beim Differenzieren. Die Ableitung des dritten Terms in Gl. (5.38) ergibt

$$\text{c)}\quad -\frac{\partial W_{\mathrm{S}}[Q(t), t]}{\partial t}\,.$$

Die Summe von b) und c) ergibt tatsächlich a), wie erwartet.

Diskussion. Bei der zeitunabhängigen Kapazität hängt die gespeicherte Energie nicht von der Zeit ab, folglich verschwindet der letzte Term in Gl. (5.38) ($\mathrm{d}W_{\mathrm{S}}/\mathrm{d}t = 0$). Ein Energieaustausch mit mechanischer Energie ist nicht möglich. Die gespeicherte Energie ist gleich der Differenz der Speicherenergien zu den Zeitpunkten t und t_0.

Eine linear zeitabhängige Kapazität mit

$$U(Q) = \frac{Q}{C(t)}$$

besitzt die Speicherenergie

$$W_{\mathrm{S}}[Q(t), t] = \int_{0}^{Q(t)} \frac{Q\, \mathrm{d}Q}{C(t)} = \frac{Q^2(t)}{2C(t)}\,. \tag{5.39a}$$

Ihre zeitliche Änderung beträgt

$$\frac{\partial W_{\mathrm{S}}[Q(t), t]}{\partial t} = -\frac{1}{2} \frac{Q^2(t)}{C^2(t)} \frac{\mathrm{d}C(t)}{\mathrm{d}t}\,. \tag{5.39b}$$

Tafel 5.5. Energiebeziehungen der Kapazität und Induktivität

Element	Linear		Nichtlinear	
	zeitunabhängig	zeitabhängig	zeitunabhängig	zeitabhängig
Kapazität	$u = \frac{Q}{C}$	$u = \frac{Q(t)}{C(t)}$	$u = u(Q)$	$u = u(Q, t)$
Speicherenergie $W_S[Q(t), t]$	$W_S = \frac{Q^2(t)}{2C} = \frac{C}{2} u^2(t)$	$W_S = \frac{Q^2(t)}{2C(t)} = \frac{C(t)}{2} u^2(t)$	$W_S = \int\limits_0^{Q(t)} u(Q')\,dQ'$	$W_S[Q(t), t] = \int\limits_Q^{Q(t)} u(Q', t)\,dt$ t Festwert
Klemmenenergie W_{el} zwischen t_0 und t	$W_S(t) - W_S(t_0)$	$W_S(t) - W_S(t_0)$ $+ \frac{1}{2} \int\limits_{t_0}^{t} u^2(t') \frac{dC}{dt'}\,dt'$	$W_S(t) - W_S(t_0)$	$W_S[Q(t), t] - W_S[Q(t_0), t_0]$ $- \int\limits_{t_0}^{t} \frac{\partial}{\partial t'} W_S[Q(t'), t']\,dt'$
Induktivität	$i = \frac{\Phi}{L}$	$i = \frac{\Phi}{L(t)}$	$i = i(\Phi)$	$i = i(\Phi, t)$
Speicherenergie $W_S[\Phi(t), t]$	$W_S = \frac{\Phi^2(t)}{2L} = \frac{L}{2} i^2(t)$	$W_S = \frac{\Phi^2(t)}{2L(t)} = \frac{L(t)}{2} i^2(t)$	$W_S = \int\limits_0^{\Phi(t)} i(\Phi')\,d\Phi'$	$W_S[\Phi(t), t] = \int\limits_{\Phi}^{\Phi(t)} i(\Phi')\,d\Phi'$ t Festwert
Klemmenenergie W_{el} zwischen $t_0 \dots t$	$W_S(t) - W_S(t_0)$	$W_S(t) - W_S(t_0)$ $+ \frac{1}{2} \int\limits_{t_0}^{t} i^2(t') \frac{dL}{dt'}\,dt'$	$W_S(t) - W_S(t_0)$	$W_S[\Phi(t), t] - W_S[\Phi(t_0), t_0]$ $- \int\limits_{t_0}^{t} \frac{\partial}{\partial t'} W_S[\Phi(t'), t']\,dt'$

Dabei liefert der Generator über die Klemmen des Elementes die Energie:

$$W_{el}(t_0, t) = \frac{1}{2}\left[\frac{Q^2(t)}{C(t)} - \frac{Q^2(t_0)}{C(t_0)}\right] + \int_{t_0}^{t} \frac{1}{2}\frac{Q^2(t')}{C^2(t')}\frac{dC(t')}{dt'}dt'$$

$$= W_S(t) - W_S(t_0) + \int_{t_0}^{t} \frac{u^2(t')}{2}\frac{dC(t')}{dt'}dt' . \tag{5.40}$$

Im letzten Anteil erkennen wir die durch Kennlinienänderung bedingte Energie.

In Tafel 5.5 wurden die Energiebeziehungen zusammengefaßt.

Die entsprechenden Gleichungen der Induktivität ergeben sich sinngemäß.

Wir wollen die geleistete mechanische Arbeit dW_{mech} anhand der Kennlinie einer linear zeitabhängigen Kapazität veranschaulichen. Ihre Kennlinie $Q(U, t)$ ist eine Gerade (Bild 5.20, Kurve (*1*) zur Zeit t). Bei Anlegen der Spannung wächst die Kapazität entsprechend der Tendenz der Feldlinien, sich zu verkürzen. Es wird mechanische Arbeit geleistet, z. B. die Befestigungsfeder zur Fixierung einer beweglichen Kondensatorplatte gespannt. Zur Zeit $t + \Delta t$ besitzt die Kapazität die Kennlinie (*2*). So ergeben sich bei konstanter Spannung die Punkte A und A'. Es ändert sich die Ladung um ΔQ. Dem Rechteck $AA'BB'$ entspricht die elektrische Energie

$$\Delta W_{el} = UI\,\Delta t = U\,\Delta Q = k_1(a + b) .$$

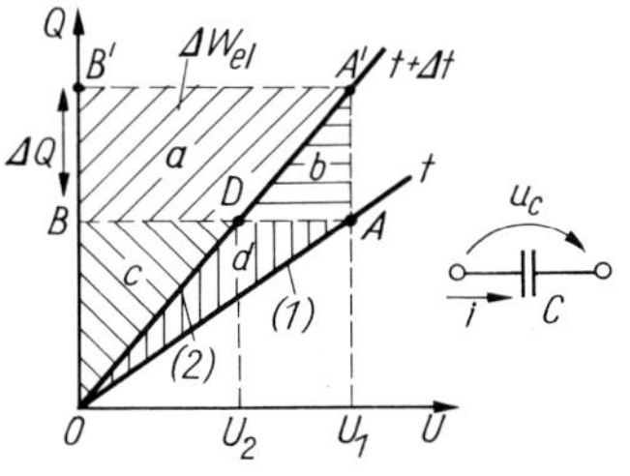

Bild 5.20. Veranschaulichung der geleisteten mechanischen Arbeit einer linear zeitabhängigen Kapazität

Die Änderung der Feldenergie ΔW_S (= Speicherenergie) ist proportional der Differenz der beiden Dreieckflächen $0A'B' = k_1(a + c)$ und $0AB = k_1(c + d)$. Die Energiebilanz lautet nach Gl. (5.38)

$$\Delta W_{el} = \Delta W_S + \Delta W_{mech}$$

$$k_1(a + b) = k_1(a + c) - k_1(c + d) + \Delta W_{mech}$$

oder

$$\Delta W_{mech} = k_1(b + d) .$$

Die Kennlinienänderung drückt somit die elektrisch-mechanische Energieumformung anschaulich aus. Die Fläche zwischen beiden Kennlinien ist proportional der mechanischen Energieumsetzung.

Dieses Ergebnis gilt sinngemäß auch für nichtlineare Kennlinien. Betrachten wir noch den Fall $Q = \text{const} = Q_1$, d. h., $i = dQ/dt = 0$. Jetzt wird keine elektrische Energie umgesetzt ($\Delta W_{el} = 0$) und somit

$$\Delta W_S + \Delta W_{mech} = 0 .$$

Die Abnahme der Feldenergie ΔW_S ist proportional der Differenz der Fläche $0AB = k_1(c + d)$ (= $Q_1 U_1/2$) und der Fläche $0DB = k_1 c$ (= $Q_1 U_2/2$), also der Fläche $k_1 d$. Dies entspricht dem Gewinn an mechanischer Arbeit.

5.2 Netzwerkerregung

Die Zeitfunktion $f(t)$ einer Strom- oder Spannungsquelle (s. Gln. (5.2) (5.3)) wird durch die verschiedenen physikalischen Prinzipien ihrer Erzeugung bestimmt. So erzeugt ein Spulenrähmchen, das im konstanten Magnetfeld mit der Winkelgeschwindigkeit ω gedreht wird, eine *sinusförmig* zeitveränderliche Spannung (s. Abschn. 3.3.3.2). Eine Batterie hat eine zeitlich konstante Spannung (Gleichspannung U_Q). Betrachtet man jedoch den Einschaltaugenblick dieser Batterie, so springt die Spannung vom Ausgangswert 0 auf U_Q. Zeitlich gesehen entsteht ein sog. *Spannungssprung*: Ein besprochenes Mikrofon schließlich erzeugt eine Spannung, die sich aus Schwingungen verschiedener Frequenz und Amplitude zusammensetzt.

5.2.1 Erregungsarten

Die wenigen Beispiele verdeutlichen bereits die Notwendigkeit, die *Zeitfunktionen* zu ordnen. Wir unterscheiden im Rahmen dieser Einführung (Tafel 5.6):

1. Gleichvorgänge. Dazu gehört eine „Zeitfunktion" $f(t)$, die im Zeitbereich $-\infty < t < +\infty$ gleich einer *Konstanten* — der *Amplitude A* — ist (Bild 5.21a).

2. Nichtperiodische Vorgänge. Das sind nichtandauernde und/oder geschaltete Vorgänge (Bild 5.21b). Dabei kann es vorkommen, daß der Funktionswert $f(t)$ zu bestimmten Zeitpunkten (t_1, t_2) nicht erklärt ist. Derartige Stellen werden später durch die sog. *Sprungfunktion* beschrieben. Solche sprungförmigen Erregungen (z. B. Einschalten einer Batteriespannung) haben große Bedeutung für das *Schaltverhalten* von Netzwerken (Abschn. 10). Nichtperiodische Vorgänge sind vornehmlich Gegenstand des Fachgebietes Systemanalyse.

Tafel 5.6. Übersicht der Netzwerkerregungen

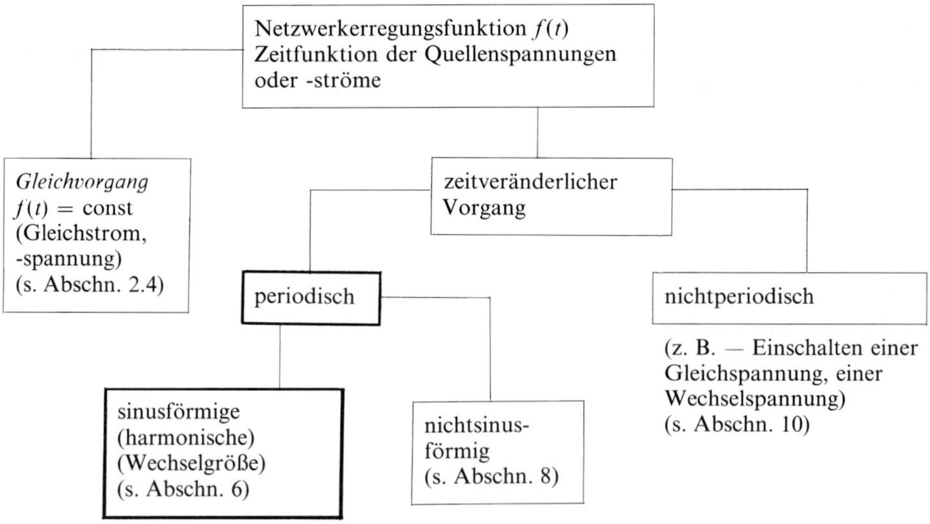

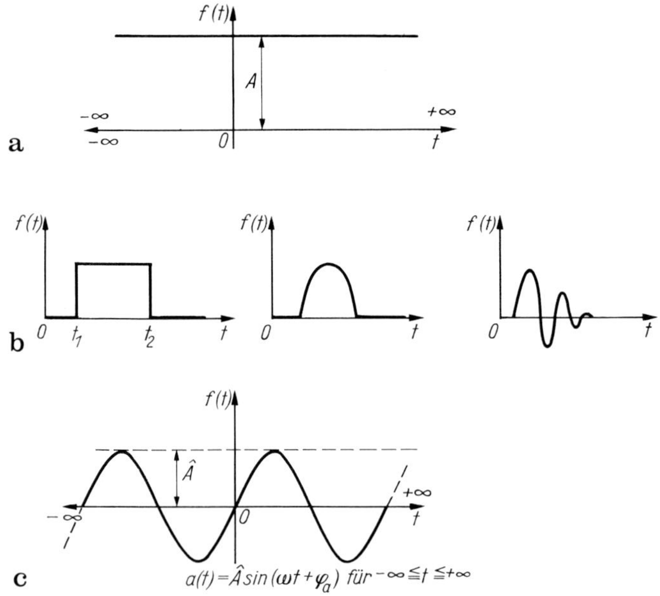

Bild 5.21. Zeitlicher Verlauf der Erregergröße $f(t)$. **a**) Gleichvorgang; **b**) nichtperiodische Vorgänge; **c**) harmonischer Vorgang

3. Periodische Vorgänge. Das sind Vorgänge, die sich nach einer bestimmten Zeit — der Periodendauer T — wiederholen (Bild 5.21c). Als Spezialfall gehören dazu *harmonische* (sinus-, cosinusförmige) Vorgänge.

Hinsichtlich der *Bezeichnungssymbolik* der Ströme und Spannungen im Netzwerk werden vereinbart:

a) Gleichgrößen mit $f(t)$ = const. Gleichgrößen sind zeitlich konstante Größen. Sie werden durch *große lateinische Buchstaben* gekennzeichnet: Gleichspannung U, Gleichstrom I.

b) Zeitveränderliche Größen. Hierbei ändert die Erregergröße $f(t)$ ihren Wert (Amplitude) und/oder die Richtung zeitlich. Der Wert $f(t)$ zu beliebigem, d. h. momentanem Augenblickswert, heißt *Augenblicks-* oder *Momentanwert* $f(t)$ der physikalischen Größe (Strom, Spannung, Leistung) (Bild 5.22a). Momentanwerte erhalten kleine lateinische Buchstaben mit oder ohne Hinweis auf eine funktionelle Abhängigkeit von der Zeit t.

Momentanwert des Stromes i oder $i(t)$
Momentanwert der Spannung u oder $u(t)$
Momentanwert der Leistung p oder $p(t)$

Weil sich diese Vereinbarung nur auf Strom, Spannung und Leistung bezieht, können Momentanwerte anderer physikalischer Größen auch mit großen lateinischen Buchstaben auftreten, z. B. Momentanwert der Ladung $Q(t)$, der Induktion $B(t)$ usw.

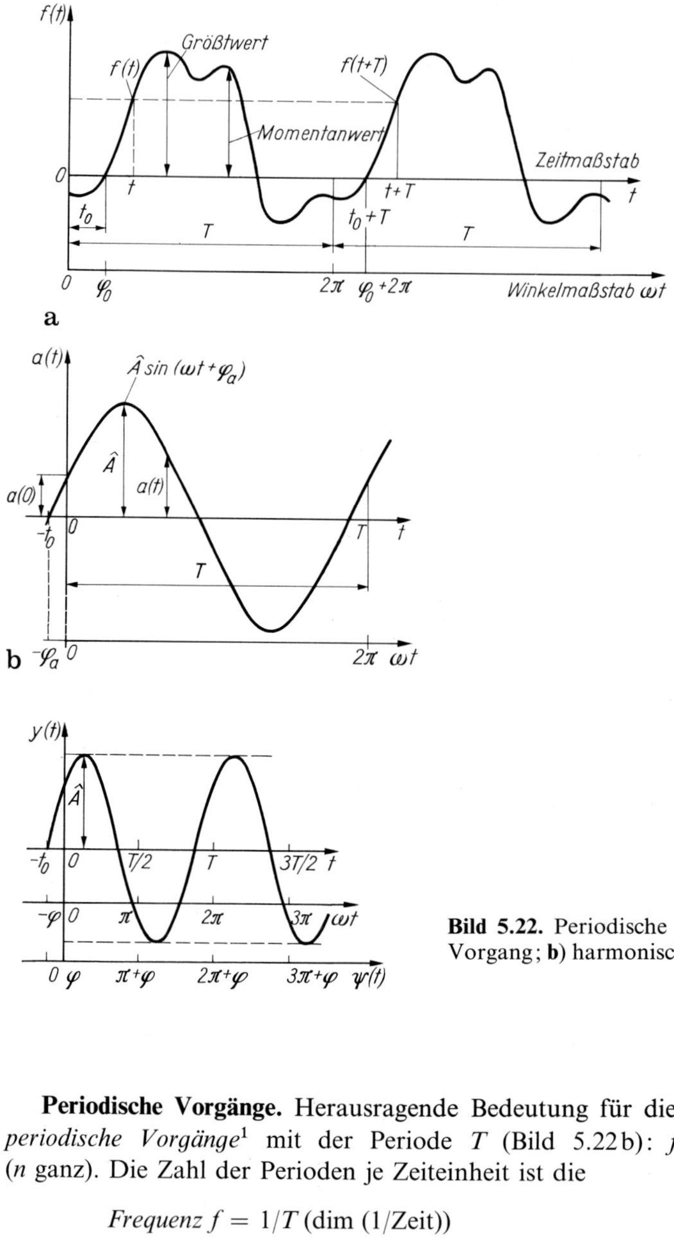

Bild 5.22. Periodische Vorgänge. **a**) allgemeiner Vorgang; **b**) harmonischer Vorgang

Periodische Vorgänge. Herausragende Bedeutung für die Elektrotechnik haben *periodische Vorgänge*[1] mit der Periode T (Bild 5.22b): $f(t) = f(t + nT) \equiv a(t)$ (n ganz). Die Zahl der Perioden je Zeiteinheit ist die

$$\textit{Frequenz}\ f = 1/T\ (\dim\ (1/\text{Zeit})) \tag{5.41}$$

und die Zahl der Perioden je Zeiteinheit multipliziert mit 2π die

$$\textit{Kreisfrequenz}\ \omega = 2\pi f = 2\pi/T\ (\dim\ (1/\text{Zeit}))\,. \tag{5.42}$$

[1] Nichtperiodische Vorgänge können als periodisch mit der Periodenzahl eins aufgefaßt werden. Wir kommen darauf bei der harmonischen Analyse zurück

Größenvorstellung. Richtwerte der Frequenz f:

Mechanische Schwingungen	(0,01 ... 10) Hz
Starkstromtechnik	50 Hz (einige Länder 60 Hz)
Tonfrequenzbereich	10 Hz ... 25 kHz
Rundfunktechnik	$(10^5 \ldots 10^8)$ Hz
Fernsehen	$(10^8 \ldots 10^9)$ Hz
Nachrichtenübertragung	bis 10^{12} Hz

Der Bezugszeitpunkt für die Zeitskala kann willkürlich gewählt werden. Die Zeit vom Nullpunkt der Zeitskala bis zum ersten positiven Nulldurchgang der Zeitfunktion heißt

$$\textit{Nullzeitpunkt}\ t_0\,, \tag{5.43}$$

der zugeordnete Winkel

$$\textit{Nullphasenwinkel}\ \varphi_0 = \omega t_0 = 2\pi t_0/T\,.^1 \tag{5.44}$$

t_0 wird durch einen Zählpfeil gekennzeichnet, der vom ersten (positiven) Nulldurchgang der Funktion (z. B. sin-) zum Koordinatenursprung weist. t_0 ist positiv (negativ) einzusetzen, wenn der Pfeil in die positive (negative) Richtung der t-Achse zeigt.

Periodische Vorgänge können nach Tafel 5.6 weiter unterteilt werden in:

— Vorgänge mit einem von Null verschiedenen arithmetischen *Mittelwert* (s. u.). Sie lassen sich verstehen als eine Überlagerung (Addition) eines *Gleichwertes* (mit einem von Null verschiedenen arithmetischen) Mittelwert). Es sind also *nichtsinusförmige Vorgänge*.

— *Wechselgrößen* mit verschwindendem arithmetischem Mittelwert der Zeitfunktion. Dazu gehören insbesondere die sin- und cos-Funktionen.

5.2.2 Sinusförmige Erregung

Kenngrößen. Die Bedeutung der harmonischen Zeitfunktion (sinus, cosinus) beruht auf folgenden Tatsachen:

— Die meisten *Energieumformer* (Generatoren) großer Leistung liefern sinusförmige Spannungen und Ströme.

— In der *Informationstechnik* lassen sich sinusförmige Größen relativ leicht unter Verwendung von Resonanzsystemen (Schwingkreisen) erzeugen.

— Mathematisch kann jeder periodische nichtharmonische Vorgang durch harmonische Funktionen nachgebildet werden (Fourier-Analyse, Abschn. 8). Deshalb hat die harmonische Funktion die Bedeutung einer *Aufbaufunktion* in der Netzwerktechnik.

Im Sprachgebrauch heißen harmonische Zeitfunktionen *sinusförmige* Wechselgrößen: Man spricht von *Wechselstrom* und *Wechselspannung*.

Sinusförmige Wechselgrößen sind solche, bei denen der Augenblickswert $f(t) \equiv a(t)$ einer physikalischen Größe (Strom, Spannung) sinusförmig (analog cos-förmig) verläuft (Bild 5.22b)

$$f(t) = a(t) = \hat{A} \sin(\omega t + \varphi_a) = \hat{A} \sin(\omega t + \omega t_0)\,. \tag{5.45}$$

---

[1] Der Index 0 wird üblicherweise fortgelassen. Wir schließen uns dieser Gepflogenheit an

Der (absolute) Maximalwert der *Amplitude* $\hat{A} = A_{max}$ ist der Scheitelwert (= max. Augenblickswert). Man symbolisiert ihn durch Index max oder ein Dach am entsprechenden Größenzeichen.

Wir merken: Die drei Bestimmungsstücke *Scheitelwert* $\hat{A}$, *Frequenz* f (bzw. Periodendauer T, resp. Kreisfrequenz ω) und *Nullzeitpunkt* t_0 (oder Nullphasenwinkel φ_a) kennzeichnen die Sinusfunktion eindeutig. Sie sind ihre Kenngrößen.

Eine Netzwerkanalyse, die bei harmonischer Erregung keine Auskunft über diese drei Bestimmungsstücke liefert, ist nicht abgeschlossen!

Aus praktischen Gründen trägt man üblicherweise nicht $a(t)$ über der Zeit t, sondern der dimensionslosen Variablen ωt auf. Dann hat

$$\psi(t) = \omega t + \varphi_a = \omega t + \omega t_0 \tag{5.46}$$

die Bedeutung eines (zeitabhängigen) *Phasenwinkels*. Nach $\psi = 2\pi$ wiederholt sich die Funktion. ψ wird allgemein in *Bogenmaß* (als Bogen des Einheitskreises) angegeben. Man beachte (wird häufig bei Benutzung von Taschenrechnern übersehen)

$$\psi/\text{Bogenmaß} = \frac{2\pi}{360}\,\psi/\text{Grad}\,. \tag{5.47}$$

Liniendiagramm. Eigenschaften der Sinusfunktion. Die Darstellung der Sinusfunktion ergibt sich z. B. aus der Projektion eines Punktes P, der auf einem Kreis mit dem Radius $\hat{A}$ mit konstanter Winkelgeschwindigkeit ω im mathematisch positiven Sinn umläuft (Bild 5.23). Wir betrachten die Projektionen auf die x- und y-Achse bei einer Ausgangslage $t = 0 \rightarrow \beta = \varphi$. Sie lauten

$$x = \hat{A}\cos\beta\,, \qquad y = \hat{A}\sin\beta\,.$$

Bei umlaufendem Punkt P sind x, y und β Funktionen der Zeit. Aus $\omega = \mathrm{d}\varphi/\mathrm{d}t = \text{const} = 2\pi/T$ (T Zeit je Umlauf) wird mit $\mathrm{d}\beta = (2\pi/T)\,\mathrm{d}t$

$$\int_{\varphi}^{\psi} \mathrm{d}\psi = \frac{2\pi}{T}\int_{0}^{t} \mathrm{d}t'\,, \qquad \psi - \varphi = \frac{2\pi}{T}\,t\,,$$

$$\psi(t) = \frac{2\pi t}{T} + \varphi = \omega t + \varphi = \omega(t + t_0)$$

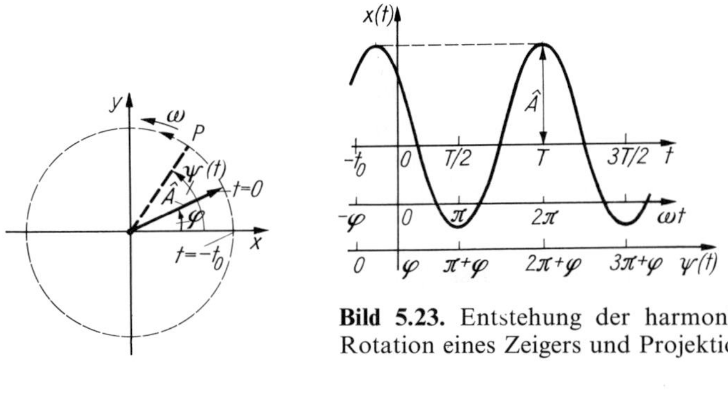

Bild 5.23. Entstehung der harmonischen Schwingung durch Rotation eines Zeigers und Projektion auf die Achsen

und damit

$$\begin{aligned} x(t) &= \hat{A}\cos\psi(t) = \hat{A}\cos\omega(t+t_0) = \hat{A}\cos(\omega t+\varphi)\,, \\ y(t) &= \hat{A}\sin\psi(t) = \hat{A}\sin\omega(t+t_0) = \hat{A}\sin(\omega t+\varphi)\,. \end{aligned} \tag{5.48}$$

Die harmonische Schwingung kann als Projektion eines mit konstanter Winkelgeschwindigkeit ω umlaufenden Punktes auf die x-Achse (Cosinusschwingung) bzw. auf die y-Achse (Sinusschwingung) dargestellt werden.

Bild 5.23 zeigt die Darstellung der Größen $x(t)$ bzw. $y(t)$ über der Zeit t bzw. dem Winkel ωt, das sog. *Liniendiagramm.*

Sucht man beispielsweise die Summe $u = u_1 + u_2$ der beiden Spannungen

$$u_1(t) = \hat{U}_1 \sin\omega t\,, \qquad u_2(t) = \hat{U}_2\cos\omega t \qquad (f = 50\ \text{Hz})$$

in jedem Zeitpunkt, so werden u_1 und u_2 im Liniendiagramm dargestellt (Bild 5.24a) und anschließend in jedem Zeitpunkt addiert. Die Addition zweier Sinusgrößen gleicher Frequenz ergibt wieder eine Sinusschwingung gleicher Frequenz, aber mit veränderter Amplitude und Nullphase. Dies geht aus Bild 5.24a deutlich hervor.

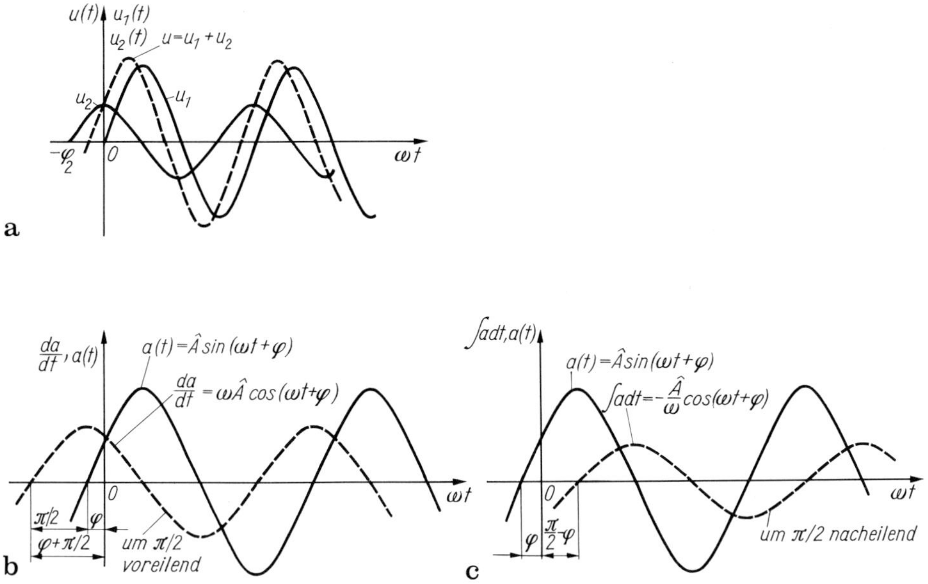

Bild 5.24. Eigenschaften der Sinusfunktion. **a**) Addition (Überlagerung) einer Sinus- und Cosinusfunktion mit verschiedener Amplitude ($\varphi_1 = 0$, $\varphi_2 = -\pi/2$); **b**) Differentiation; **c**) Integration

Betrachten wir noch einige *Eigenschaften der Sinusfunktion* $a(t) = \hat{A}\sin(\omega t + \varphi)$:

a) Differentiation (Bild 5.24b). Es gilt

$$\frac{\mathrm{d}a(t)}{\mathrm{d}t} = \omega\hat{A}\cos(\omega t+\varphi) = \omega\hat{A}\sin\left(\omega t+\varphi+\frac{\pi}{2}\right) \tag{5.49}$$

und damit:

Bei Differentiation einer Sinusfunktion entsteht eine Sinusfunktion gleicher Frequenz, der Amplitude $\omega\hat{A}$ und mit einer um $\pi/2$ größeren Nullphase. (Die differenzierte Sinusfunktion eilt der Ausgangsfunktion um 90° vor).

b) Integration (Bild 5.24c). Es gilt

$$\int a(t)\,\mathrm{d}t = -\frac{\hat{A}}{\omega}\cos(\omega t + \varphi) = \frac{\hat{A}}{\omega}\sin\left(\omega t + \varphi - \frac{\pi}{2}\right). \tag{5.50}$$

Bei Integration einer Sinusfunktion entsteht eine Sinusfunktion gleicher Frequenz, der Amplitude $\hat{A}/\omega$ und mit einer um $\pi/2$ kleineren Nullphase. (Die integrierte Funktion eilt der Ausgangsfunktion um 90° nach).

c) Aufspaltung einer harmonischen Schwingung mit $\varphi \neq 0$. Es gilt.

$$\begin{aligned} a_1(t) &= \hat{A}\sin(\omega t + \varphi) \\ &= \underbrace{\hat{A}\cos\varphi}_{\hat{A}_1}\sin\omega t + \underbrace{\hat{A}\sin\varphi}_{\hat{A}_2}\cos\omega t \end{aligned} \tag{5.51 a}$$

und analog

$$\begin{aligned} a_2(t) &= \hat{A}\cos(\omega t + \varphi) \\ &= \underbrace{\hat{A}\cos\varphi}_{\hat{A}_1}\sin\omega t - \underbrace{\hat{A}\sin\varphi}_{\hat{A}_2}\cos\omega t\,. \end{aligned} \tag{5.51 b}$$

Eine harmonische Schwingung mit Nullphasenwinkel φ kann stets in eine Summe zweier harmonischer Schwingungen ohne Nullphasenwinkel, aber gleicher Kreisfrequenz aufgespalten werden.

d) Die Addition (Subtraktion) der zwei Funktionen

$$a_1(t) = \hat{A}_1\sin(\omega t + \varphi_1)\,, \qquad a_2(t) = \hat{A}_2\sin(\omega t + \varphi_2)$$

gleicher Frequenz ergibt die Sinusfunktion

$$a_{\mathrm{ges}}(t) = a_1(t) + a_2(t) = \hat{A}_{\mathrm{ges}}\sin(\omega t + \varphi_{\mathrm{ges}}) \tag{5.52}$$

gleicher Frequenz mit der Amplitude

$$\hat{A}_{\mathrm{ges}} = \sqrt{\hat{A}_1^2 + \hat{A}_2^2 + 2\hat{A}_1\hat{A}_2\cos(\varphi_1 - \varphi_2)} \tag{5.53}$$

und Phase

$$\varphi_{\mathrm{ges}} = \arctan\frac{\hat{A}_1\sin\varphi_1 + \hat{A}_2\sin\varphi_2}{\hat{A}_1\cos\varphi_1 + \hat{A}_2\cos\varphi_2}\,. \tag{5.54}$$

Bei Subtraktion $a_1(t) - a_2(t)$ ist $\hat{A}_2$ durch $-\hat{A}_2$ zu ersetzen.

Zur Herleitung zerlege man $\sin(\omega t + \beta)$ für die drei Größen $a_1(t)$, $a_2(t)$, $a_{\mathrm{ges}}(t)$ jeweils nach dem Additionstheorem und führe einen Koeffizientenvergleich der Glieder von $\cos\omega t$ und $\sin\omega t$ durch. Nach Bild 5.24a gilt mit $\hat{U}_1 = 1\,\mathrm{V}$, $\hat{U}_2 = 0{,}5\,\mathrm{V}$, $\varphi_1 = 0$, $\varphi_2 = -\pi/2$, $\hat{U}_{1\,\mathrm{ges}} = 1{,}19\,\mathrm{V}$, $\varphi_{\mathrm{ges}} = -\arctan(\hat{U}_2/\hat{U}_1) = -26{,}6°$.

5.2.3 Mittelwerte periodischer Größen

Strom und Spannung erzeugen in Netzwerkelementen Wirkungen, z. B. die Erwärmung eines Widerstandes. Dabei sind die *Mittelwerte* von Energien und Leistungen wichtig, wenn etwa der *Energiefluß* interessiert. Folgende Mittelwerte periodischer Größen wurden vereinbart (Bild 5.25):

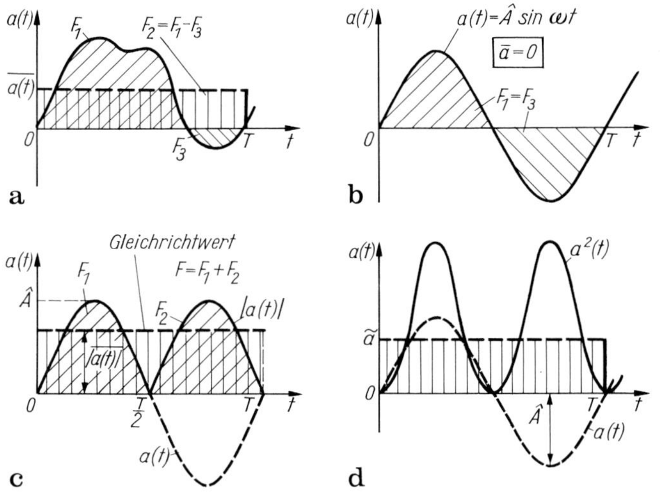

Bild 5.25. Mittelwerte einer periodischen zeitveränderlichen Größe $a(t)$. **a**) arithmetischer (linearer) Mittelwert $\overline{a(t)}$; **b**) arithmetischer Mittelwert einer Wechselgröße verschwindet; **c**) Gleichrichtwert $\overline{|a(t)|}$; **d**) Effektivwert = quadratischer Mittelwert $\overline{a^2(t)}$ der Größe $a(t)$

1. Arithmetischer Mittelwert (= linearer Mittelwert, Gleichwert). Der arithmetrische Mittelwert $\overline{a(t)}$[1] der periodischen Größe $a(t)$ ist der lineare Mittelwert über eine Periodendauer:

$$\overline{a(t)} = \bar{a} = \frac{1}{T}\int_{t}^{t+T} a(t')\,\mathrm{d}t' \qquad (5.55)$$

arithmetischer Mittelwert der Größe $a(t)$ (Definitionsgleichung)

bzw.

$$\overline{a(\omega t)}^{\,1} = \frac{1}{\omega T}\int_{\omega t}^{\omega t+2\pi} a(\omega t')\,\mathrm{d}(\omega t') = \frac{1}{2\pi}\int_{\omega t}^{\omega t+2\pi} a(\omega t')\,\mathrm{d}(\omega t') \qquad (5.56\,\mathrm{a})$$

[1] Arithmetische Mittelwerte werden durch Überstreichen gekennzeichnet

z. B. der Spannung

$$\overline{u(t)} = U = \frac{1}{T} \int_{t}^{t+T} u(t')\,\mathrm{d}t'$$

t beliebiger Anfangswert im Integrationsbereich.

Die Integration ist über die betrachtete Periodendauer geschlossen oder in Teilabschnitten (bei Unstetigkeitsstellen im Verlauf $a(t)$) durchzuführen. Der arithmetische Mittelwert $\overline{u(t)}$ z. B. der Spannung heißt auch *Gleichwert*, *Gleichanteil*, *Gleichspannung* oder *Gleichspannungsanteil* (analog für Ströme).

Periodische Vorgänge, deren arithmetischer Mittelwert verschwindet, waren Wechselvorgänge (s. Abschn. 5.2.2). Durch Umschreiben von Gl. (5.55) folgt

$$0 = \frac{1}{T} \int_{t}^{t+T} [a(t') - \overline{a(t')}]\,\mathrm{d}t'\,. \tag{5.56b}$$

Jeder periodische Vorgang $a(t) - \bar{a}$ ist somit ein *Wechselvorgang* oder anders: Jeder periodische Vorgang besteht allgemein aus der Überlagerung eines Wechselvorganges und eines Gleichvorganges ausgedrückt durch den arithmetischen Mittelwert.

Anschaulich ersetzt man bei der linearen Mittelwertbildung die Gesamtfläche (vorzeichenbehafteter Anteil) unter der Kurve $a(t)$ im Periodenintervall durch eine *Rechteckfläche* der Höhe $\overline{a(t)}$ und Breite T, wie im Bild 5.25a dargestellt. Deshalb verschwindet der Mittelwert einer Wechselgröße (Bild 5.25b): Positive und negative Flächenanteile heben sich gerade auf. Besteht eine periodische Funktion aus überlagerten Gleich- und Wechselvorgängen, so gibt der arithmetische Mittelwert stets den Wert der Gleichgröße an (Gleichspannungs- oder -stromkomponente). Daher zeigt ein *Drehimpulsinstrument* mit dem Zeigerausschlag $\alpha \sim I$ stets den arithmetischen Mittelwert des Stromes (bzw. der Spannung $U = IR \sim I$, R Vorwiderstand) an.

2. Gleichrichtwert. Der Gleichrichtwert $|\overline{a(t)}|$ ist der arithmetische Mittelwert des Betrages einer periodischen Größe $a(t)$ über eine Periodendauer

$$\overline{|a(t)|} = \frac{1}{T} \int_{t}^{t+T} |a(t')|\,\mathrm{d}t' \tag{5.57}$$

Gleichrichtwert (Definitionsgleichung).

Die graphische Betragsbildung der Funktion $a(t)$ entsteht durch „Umklappen" ihrer negativen Anteile: Richtungsvertauschung der physikalischen Größe (Bild 5.25c). Automatisch wird dies durch eine sog. Zweiweggleichrichterschaltung besorgt, wenn deren Gleichrichter (Bauelement mit richtungsabhängigem Stromfluß) im Durchlaßbereich keinen Widerstand, im Sperrbereich einen unendlich hohen besitzt (Name!).

Der Gleichrichtwert von Wechselgrößen verschwindet im Gegensatz zum linearen Mittelwert nicht. Er beträgt vielmehr das Doppelte des Gleichrichtwertes der Funktion einer Halbwelle.

Beispiel: Gleichrichtwert. Für die im Bild 5.25c skizzierte Wechselspannung $u(t) = \hat{U} \sin \omega t$ $(0 \leqq t \leqq \pi)$ mit $\hat{U} = 200$ V, $f = 50$ Hz beträgt der Gleichrichtwert

$$\overline{|u(t)|} = \frac{1}{T}\int_0^T |u(t)|\,\mathrm{d}t = \frac{1}{2\pi}\int_0^{2\pi} |u(\omega t)|\,\mathrm{d}\omega t = \frac{1}{\pi}\int_0^{\pi} |u|\,\mathrm{d}\omega t$$

$$= \frac{\hat{U}}{\pi}\int_0^{\pi} \sin \omega t\,\mathrm{d}\omega t = \frac{\hat{U}}{\pi}(-\cos \omega t)\Big|_0^{\pi} = \frac{\hat{U}}{\pi}(1-(-1))$$

$$= \frac{2\hat{U}}{\pi} = 127\ \text{V}\,.$$

3. Quadratischer Mittelwert: Effektivwert. Der Effektivwert A ist die Wurzel des quadratischen Mittelwertes des Augenblickwertes einer periodischen Größe $a(t)$ über eine Periodendauer:

$$\tilde{a} = A = A_{\text{eff}} = (+)\sqrt{\frac{1}{T}\int_t^{t+T} a(t')^2\,\mathrm{d}t'} \tag{5.58}$$

Effektivwert (Definitionsgleichung)

also z. B. der Spannung bzw. des Stromes

$$\tilde{u} = U = U_{\text{eff}}\,, \qquad \tilde{i} = I = I_{\text{eff}}\,.$$

Effektivwerte elektrischer Größen erhalten große lateinische Buchstaben.

Anschaulich betrachtet ist A^2T gleich dem Flächeninhalt (Rechteckfläche A^2T) in einer Periode, den die *quadrierte* Funktion $a(t)$ mit der Zeitachse innerhalb des Intervalles T einschließt (Bild 5.25d). Man muß das Quadrat von $a(t)$ bilden und darüber einen (linearen) Mittelwert ausführen, also den quadratischen Mittelwert von $a(t)$ bestimmen. Durch das Quadrieren von $a(t)$ ist der Effektivwert auch bei Wechselströmen ($\bar{a} = 0$) stets ein positiver Wert.

Bei zusammengesetzten Funktionen $a(t)$ gilt

$$\tilde{a}^2 = \frac{1}{T}\left[\int_0^{t_1} a^2(t)\,\mathrm{d}t + \int_{t_1}^{t_2} a^2(t)\,\mathrm{d}t + \int_{t_2}^{T} a^2(t)\,\mathrm{d}t\right]. \tag{5.59}$$

Zur physikalischen Deutung des für die Elektrotechnik außerordentlich wichtigen Effektivwertbegriffes bestimmen wir den linearen *Mittelwert* $\overline{p(t)}$ der Leistung $p(t) = u(t)\,i(t) = i^2(t)\,R$ in einem vom Strom $i(t)$ durchflossenen Widerstand R:

$$\overline{p(t)} = \frac{1}{T}\int_0^T p(t)\,\mathrm{d}t = \frac{1}{T}\int_0^T i^2(t)\,R\,\mathrm{d}t = I_=^2 R\,. \tag{5.60}$$

Welcher Gleichstrom $I_=$ erwärmt den Widerstand im gleichen Maße, ergibt den gleichen Mittelwert der Leistung?. Der Vergleich aus Gl. (5.60) führt direkt auf die Effektivwert-Definitionsgleichung (5.58).

Der Effektivwert eines zeitveränderlichen Stromes (Spannung) erzeugt im Widerstand R die gleiche Leistung wie ein Gleichstrom (spannung) gleicher Größe.

Meßtechnisch lassen sich Effektivwerte z. B. mit Instrumenten anzeigen, deren Ausschlag α dem *Quadrat* des *Stromes* (der Spannung) proportional ist $\alpha \sim i^2(t)$ (Dreheisenmeßwerk, s. Abschn. 4.3.2.2, Kondensatorvoltmeter, s. Abschn. 4.3.1.2). Der Zeiger eines solchen Gerätes stellt sich durch seine mechanische Trägheit stets auf den mittleren quadratischen Wert, eben den Effektivwert ein.

Die oben definierten Mittelwerte kennzeichnen die mittleren Wirkungen von Wechselspannungen und -strömen. Zur Kennzeichnung der Kurvenform eignet sich aber besser der

Formfaktor F: Quotient aus Effektivwert und Gleichrichtwert einer Wechselgröße

$$F = \frac{A_{\text{eff}}}{\overline{|a(t)|}},$$

z. B. für eine Sinusgröße

$$F = \frac{\hat{A}}{\sqrt{2}} \frac{\pi}{2\hat{A}} = \frac{\pi}{2\sqrt{2}},$$

Scheitelfaktor: Quotient aus Scheitelwert und Effektivwert einer Wechselgröße.
Beispiele: 1. Sinusfunktion $a(t) = \hat{A} \sin(\omega t + \varphi)$

$$\tilde{a}^2 = \frac{1}{T} \int_0^T [\hat{A} \sin(\omega t + \varphi)]^2 \, \mathrm{d}t = \frac{\hat{A}^2}{2T} \int_0^T (1 - \cos(2\omega t + \varphi)) \, \mathrm{d}t = \frac{\hat{A}^2}{2};$$

$$\tilde{a} = A_{\text{eff}} = \frac{\hat{A}}{\sqrt{2}}.$$

Üblicherweise werden Wechselgrößen stets als Effektivwerte angegeben. Dann beträgt der Augenblickswert

$$a(t) = \hat{A} \sin(\omega t + \varphi) = A_{\text{eff}} \sqrt{2} \sin(\omega t + \varphi).$$

Eine Netzspannung mit $U = 220$ V (Steckdosenangabe), Außen-Nulleiter hat den Augenblickswert

$$u(t) = \sqrt{2} \cdot 220 \text{ V} \sin(\omega t + \varphi)!$$

also den Scheitelwert $\hat{U} = \sqrt{2} \cdot 220 \text{ V} \approx 311$ V. Zwischen den Außenleitern (eines Drehstromnetzes) herrscht eine sinusförmige Spannung mit dem Effektivwert 380 V und dem Scheitelwert $\sqrt{2} \cdot 380 \text{ V} \approx 537$ V!.

2. *Dreieckfunktion* (nach Bild 5.26a). Der Effektivwert folgt aus

$$\tilde{u}^2 = \frac{1}{T} \int_0^{T/n} u^2(t) \, \mathrm{d}t = \frac{1}{T} \int_0^{T/n} \hat{U}^2 \left(\frac{tn}{T}\right)^2 \mathrm{d}t = \frac{\hat{U}^2}{T} \cdot \frac{n^2}{T^2} \cdot \frac{t^3}{3}\bigg|_0^{T/n} = \frac{\hat{U}^2}{3n};$$

$$\tilde{u} = \frac{\hat{U}}{\sqrt{3n}}.$$

Er ist somit größer als der arithmetische Mittelwert.

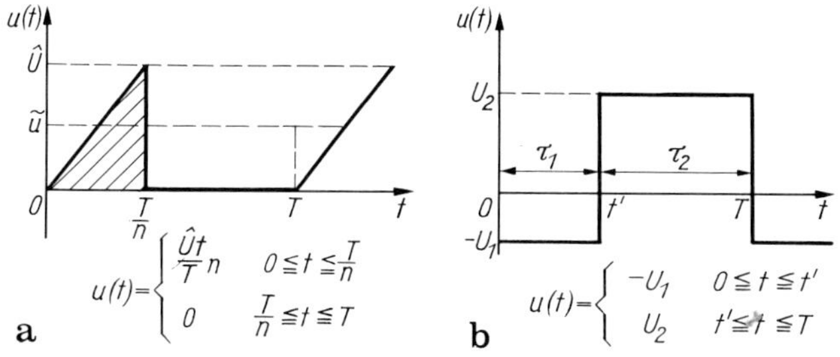

Bild 5.26. Beispiele zum Effektivwert einer Spannung

3. *Rechteckfunktion* (nach Bild 5.26b)

$$\tilde{u}^2 = \frac{1}{T}\left[\int_0^{t'} (-U_1)^2\, dt + \int_{t'}^{T} U_2^2\, dt\right] = U_1^2 \frac{\tau_1}{T} + U_2^2 \frac{\tau_2}{T},$$

$$\tilde{u} = \sqrt{U_1^2 \frac{\tau_1}{T} + U_2^2 \frac{\tau_2}{T}}, \qquad \tau_1 + \tau_2 = T\,.$$

Gegenüber dem arithmetischen Mittelwert verschwindet der Effektivwert für $U_1\tau_1 = U_2\tau_2$ nicht! (Man berechne den arithmetischen Mittelwert).

5.3 Netzwerke

Übersicht. Durch Zusammenschalten von Netzwerkelementen, also unabhängigen und abhängigen Strom- und Spannungsquellen, Widerständen, Kondensatoren und Spulen (mit oder ohne Gegeninduktivität) entstehen *Netzwerke* mit Maschen, Knoten und Zweigen.

Gewöhnlich muß dann folgende Aufgabe gelöst werden: Gegeben ist die Erregung des Netzwerkes durch unabhängige Strom- und Spannungsquellen, gesucht sind die Zweigströme und Zweigspannungen in bestimmten oder allen Zweigen.

Die Lösung erfolgt prinzipiell durch Anwendung der *Kirchhoffschen Gesetze* Gl. (2.27)

$$\text{Knotensatz} \qquad \sum_{\nu\uparrow} i_\nu(t) = \sum_{\mu\downarrow} i_\mu(t)\,, \tag{5.61}$$

$$\text{Maschensatz} \qquad \sum_{\nu} u_\nu(t) = 0 \tag{5.62}$$

sowie den *u*-*i*-Relationen der NWE in den Zweigen für Momentanwerte. Dieses Verfahren gilt unabhängig von der Art der Netzwerkerregung, also für zeitkonstante und zeitveränderliche Ströme und Spannungen, lineare und nichtlineare, zeitabhängige und zeitunabhängige Netzwerkelemente (Tafel 5.7).

Sie sind das Fundament der gesamten Netzwerkanalyse und damit zugleich auch aller abgekürzten Methoden (z. B. Zweipoltheorie im Gleichstromkreis, Abschn. 2.4.4.3).

Tafel 5.7. Übersicht zur Netzwerkberechnung

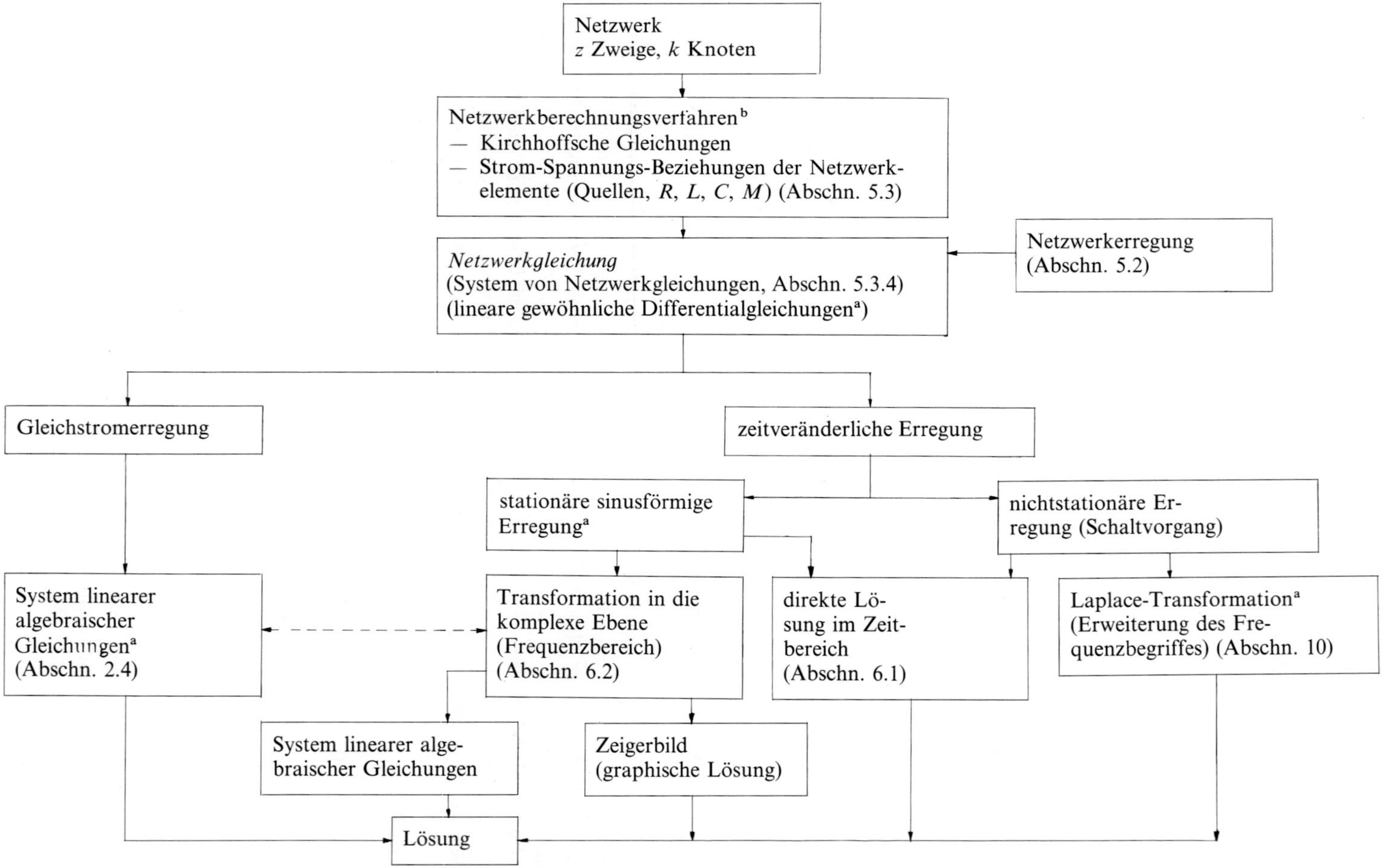

[a] Bei linearen Netzwerkelementen
[b] Siehe Tafel 5.8

Die Aufgabenstellung beinhaltet

— die Aufstellung der notwendigen Gleichungen für ein gegebenes Netzwerk mit z Zweigen, k Knoten und m unabhängigen Maschen. Darüber gilt die *Netzwerkstruktur* (oder Topologie) Auskunft (Abschn. 5.3.1);

— die Auflösung nach den gesuchten Strömen und Spannungen.

Abhängig von der Art der Erregungen lassen sich grundsätzliche Aussagen über das zu erwartende Gleichungssystem treffen:

1. Netzwerke bei zeitkonstanter Erregung, z. B. durch *Gleichspannungen* (sog. *Gleichstromkreise*). Es verschwinden alle *zeitlichen Ableitungen* von u bzw. i der energiespeichernden Elemente (C, L, M). Deshalb treten diese Elemente in den Kirchhoffschen Gleichungen nicht auf und es ergeben sich bei linearen NWE *algebraische Gleichungen*. Wir haben sie bereits im Abschn. 2.4.4 kennengelernt.

2. Netzwerke mit zeitveränderlicher Erregung ($\mathrm{d}/\mathrm{d}t \neq 0$) und *Energiespeichern* (C, L, M) führen allgemein auf Integral-Differentialgleichungen. In ihnen treten Integrale und Differentiale der Veränderlichen auf. Bei linearen, zeitunabhängigen NWE entstehen gewöhnlich Differentialgleichungen mit konstanten Koeffizienten (Abschn. 5.3.3).

3. Speziell bei sinusförmiger stationärer Erregung und linearen zeitunabhängigen NWE in sog. *Wechselstromkreisen* lassen sich aus den Differentialgleichungen nach 2. *vereinfachte Lösungsmethoden* über die *komplexe Rechnung* gewinnen. Dann müssen nur — wie bei Gleichstromkreisen — algebraische Gleichungen gelöst werden.

Weil bei den Kirchhoffschen Gleichungen mit allen Unbekannten gearbeitet werden muß, steigt der Lösungsaufwand bei größeren Netzwerken rasch an. Deshalb wurden im Verlaufe der Zeit abkürzende Analyseverfahren entwickelt, wie *Maschenstrom-* und *Knotenspannungsanalyse* (Abschn. 5.3.2). Auch eine Reihe von Netzwerktheoremen (Abschn. 5.3.3) vereinfacht die Lösung. Sie gelten z. T. unter eingeschränkten Bedingungen.

Entscheidend für die Anwendung der Kirchhoffschen Gesetze ist die Gewinnung der voneinander unabhängigen Größen und damit die Gewinnung der Zahl *notwendiger Gleichungen*. Es besteht nämlich häufig die Gefahr, Gleichungen für abhängige Größen mit aufzustellen. Sehr sichere Kriterien über die richtige Gleichungszahl erhalten wir aus der *Netzwerkstruktur* oder seiner *Topologie* (Abschn. 5.3.1).

5.3.1 Netzwerkstruktur

Bisher fehlt eine sichere Methode zur Gewinnung der unabhängigen Maschengleichungen. Sie ist auch für die später zu besprechende Maschenstrom- und Knotenspannungsanalyse von grundlegender Bedeutung. Zur Bestimmung der unabhängigen Maschengleichungen ist es zunächst unwichtig, welche Schaltelemente in den einzelnen Zweigen vorliegen. Es kommt vielmehr auf den Schaltungsaufbau, ihr „Gerüst" an. Dieser Aufbau heißt Netzwerkstruktur und wird durch den sog. *Streckenkomplex* (engl. *graph*) ausgedrückt:

In der Netzwerkstruktur ersetzen wir die Zweige unabhängig von ihrem physikalischen Inhalt (Netzwerkelement) durch *Linien* oder *Graphen*.

Dabei werden zweipolige Netzwerkelemente durch eine und vierpolige Netzwerkelemente (z. B. zwei gekoppelte Spulen) durch zwei Verbindungslinien gekennzeichnet (Bild 5.27). Die Spannungsquellen werden durch einen kurzgeschlossenen,

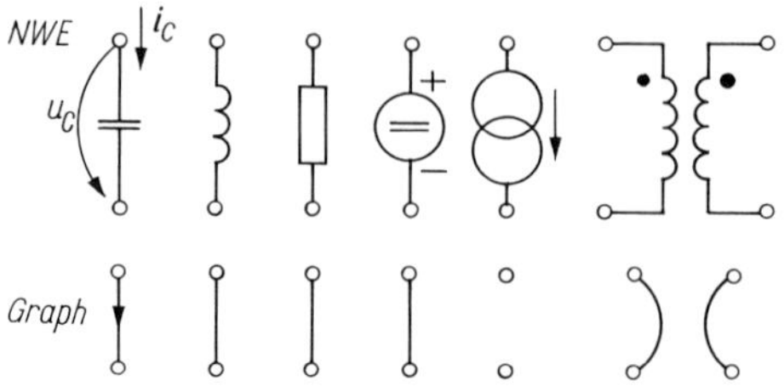

Bild 5.27. Graphen (Streckenkomplexe) wichtiger Netzwerkelemente

die Stromquellen durch einen leerlaufenden Zweig entsprechend den inneren Widerständen ersetzt. Trägt man in den Zweig noch den Bezugssinn positiver Zweigströme und Spannungen (Beziehungen der Netzwerkelemente) ein, so kommt man mit einem Pfeil je Zweig aus. Es entsteht der gerichtete Graph bzw. der *gerichtete* oder *orientierte* Streckenkomplex. Das wurde im Bild am Beispiel des Kondensators gezeigt.

Ein Streckenkomplex enthält stets *geschlossene* Maschen. Sie lassen sich durch Entfernung einiger Zweige beseitigen. Dabei entsteht schließlich ein Streckenkomplex mit folgenden Eigenschaften:

a) Alle Knoten sind direkt oder indirekt miteinander verbunden.

b) Wird ein weiterer Zweig entfernt, so geht Merkmal a) verloren.

c) Es treten keine geschlossenen Maschen auf.

Ein solcher Streckenkomplex heißt *vollständiger Baum*. Er verbindet alle Knoten miteinander, ohne daß ein geschlossener Weg entsteht. Zwangsläufig folgt:
Hat ein Netzwerk k Knoten, so besitzt der vollständige Baum insgesamt $k - 1$ Zweige (= Zweig des vollständigen Baumes). Zweige des Streckenkomplexes, die *nicht* zum vollständigen Baum gehören, bilden das *Baumkomplement* oder den Komplementärbaum (sog. Kobaum). Er umfaßt $m = z - (k - 1)$ Zweige. Sie heißen *Maschen-* oder *unabhängige Zweige*.

Bestimmung des vollständigen Baumes. Den vollständigen Baum gewinnt man wie folgt:

1. Zeichne den Streckenkomplex des Netzwerkes.

2. Greife einen beliebigen Knoten heraus und ziehe eine Verbindungslinie zum Nachbarknoten nach (zweckmäßig farbig). Anschließend zeichnet man von einem Knoten aus, der bereits zum konstruierten Baum gehört, die Verbindungslinie zu einem weiteren Nachbarknoten usw. So werden schließlich alle Knoten erfaßt und der vollständige Baum ist konstruiert. Insgesamt darf jeder Knoten nur über einen Linienzug erreichbar sein, also keine geschlossene Schleife entstehen.

3. Die übrigen nicht nachgezogenen Zweige bilden das Baumkomplement. Bei einiger Übung genügt es, in der Schaltung nur die Knoten zu markieren und den vollständigen Baum (farbig) direkt in das Netzwerk einzutragen.

Für ein Netzwerk existieren allgemein mehrere vollständige Bäume mit stets gleicher Zweigzahl.

Beispiel: Vollständiger Baum. Im Bild 5.28 sind die Knoten $K_1 \dots K_5$ separat herausgezeichnet. Rechts wurden drei vollständige Bäume angegeben. Alle Knoten sind verbunden, ohne daß geschlossene Schleifen entstehen. Der vollständige Baum enthält immer $k - 1 = 4$ Zweige. (Es lassen sich noch weitere Bäume angeben.) Insgesamt hat das Netzwerk $z = 9$ Zweige. Zum Baumkomplement gehören somit jeweils $m = z - (k - 1) = 9 - 4 = 5$ Zweige.

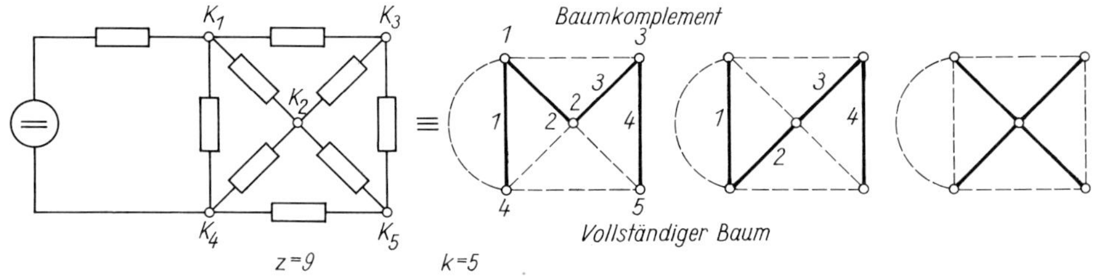

Bild 5.28. Beispiel vollständiger Bäume eines Netzwerkes mit $z = 9$ Zweigen und $k = 5$ Knoten

5.3.2 Maschenstromanalyse

Nach den Kirchhoffschen Gleichungen erfordert ein Netzwerk mit z Zweigen z unabhängige Gleichungen für die Zweigströme und/oder -spannungen zur Lösung. Sie setzen sich zusammen aus

unabhängige Knotengleichungen	unabhängige Maschengleichungen	unabhängige Zweiggleichungen	
$(k - 1)$	$+ z - (k - 1)$	$= z\,.$	(5.63)

Wir wollen den Lösungsaufwand dadurch senken, daß die Zahl der erforderlichen Gleichungen gesenkt wird. Führt man beispielsweise einen neuen Begriff, den *Maschenstrom* als *unabhängigen Kreisstrom* ein (s. u.), so erfüllen m angenommene Maschenströme in m Maschen die $k - 1$ Knotengleichungen automatisch. Bei dieser *Maschenstromanalyse* sind nur die m unbekannten Maschenströme anstelle der z Zweigströme zu bestimmen (Tafel 5.8). Man kann aber auch $(k - 1)$ Zweigspannungen längs der $(k - 1)$ Zweige als „unabhängige" Spannungen, die sog. *Knotenspannungen* als Unbekannte einführen und sie zuerst bestimmen. Dann werden die m Maschengleichungen automatisch erfüllt. Somit sind bei diesem *Knotenspannungsverfahren* (Abschn. 5.3.3, Tafel 5.8) nur noch $(k - 1)$ statt z unbekannte Knotenspannungen zu bestimmen. In beiden Fällen müssen die Zweigströme bzw. Zweigspannungen in einem zweiten Schritt nach Kenntnis der Maschenströme bzw. Knotenpunktspannungen ermittelt werden.

Beide Verfahren basieren auf einer einfachen Transformation der Unbekannten. Sie führen damit im Zeitbereich ebenso auf Differentialgleichungen wie die Kirchhoffschen Gleichungen, wenn Energiespeicher im Netzwerk vorhanden sind.

Prinzip. Ein Netzwerk mit z Zweigen und k Knoten habe voraussetzungsgemäß nur *unabhängige Spannungsquellen*, *keine Stromquellen* und *gekoppelten Spulen*. Die Anzahl unabhängiger Maschen m soll bekannt sein. Bei der Maschenstromanalyse wird für jede unabhängige Masche ein Maschenstrom I_m als Unbekannte eingeführt. Das ist ein Strom, der nur in einer Masche fließt (Bild 5.29). Seine Richtung wird frei gewählt und durch einen Ringpfeil ausgedrückt.[1]

---

[1] Wir unterscheiden in diesem Abschnitt den Zweigstrom I_v vom Maschenstrom I_m (Symbolindex m)

Tafel 5.8. Übersicht von Netzwerkberechnungsverfahren

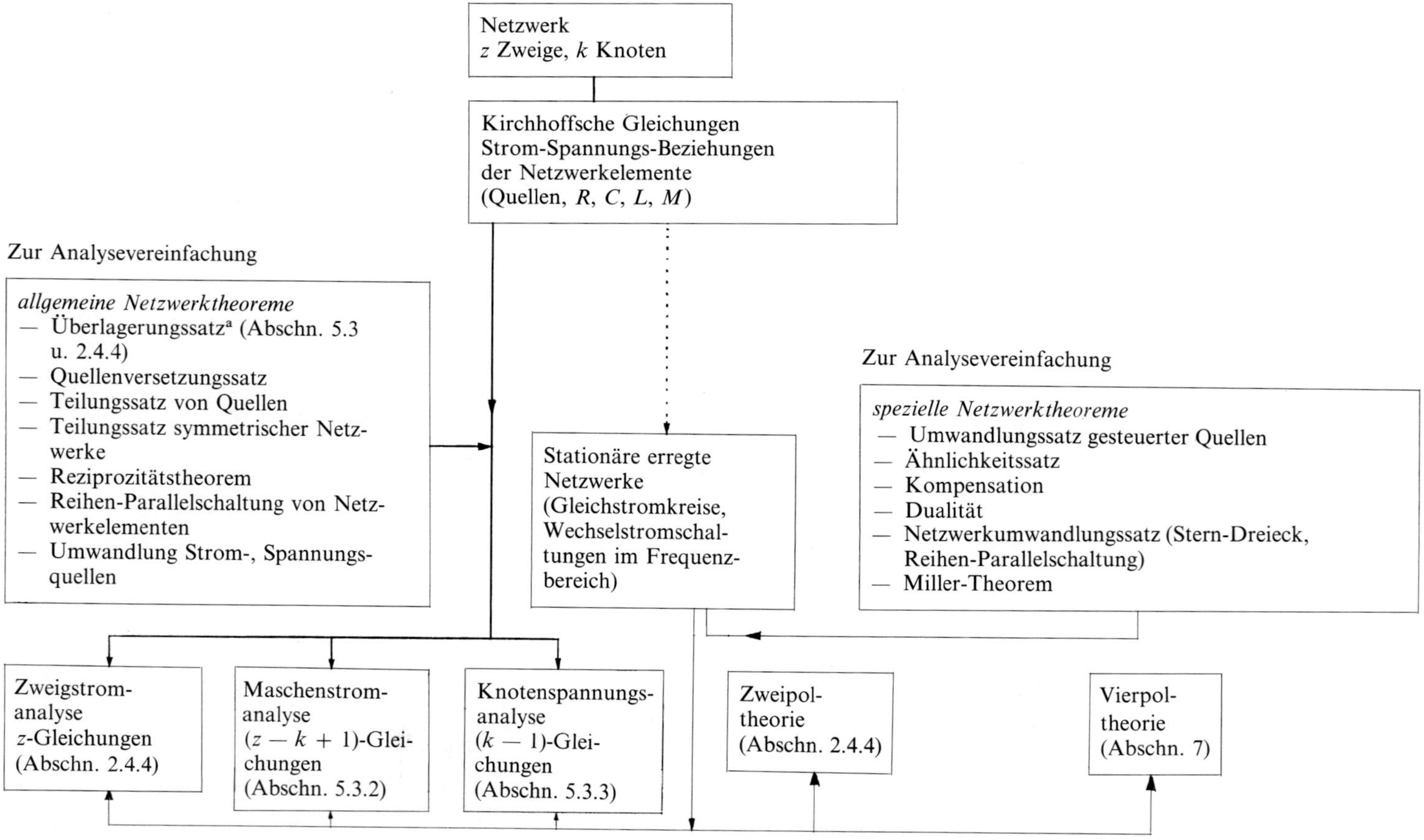

[a] Bei linearen zeitunabhängigen Netzwerkelementen

In einem Netzwerk mit z Zweigen und k Knoten bilden die $m = z - k + 1$ Maschenströme ein vollständiges System unabhängiger Zweigströme.

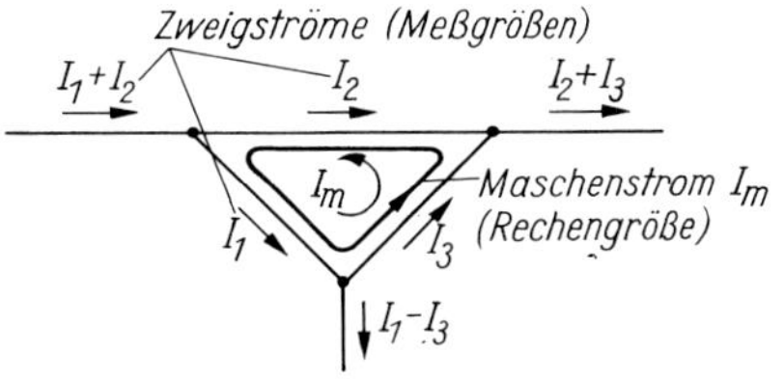

Bild 5.29. Zur Definition des Maschenstromes I_m

Im Bild 5.30a ($z = 6$, $k = 4$) ist der Streckenkomplex einer Schaltung dargestellt. Die Zahl der unabhängigen Ströme — der Maschenströme — folgt aus den unabhängigen Zweigen. Wir erhalten sie als Baumkomplement (s. Abschn. 5.3.1). Jedem unabhängigen Zweig ordnen wir einen Maschenstrom I_m zu (im Bild b I_{m1}, I_{m2}, I_{m3}). Er fließt in der zugehörigen Masche (im Bild als solche eingetragen).

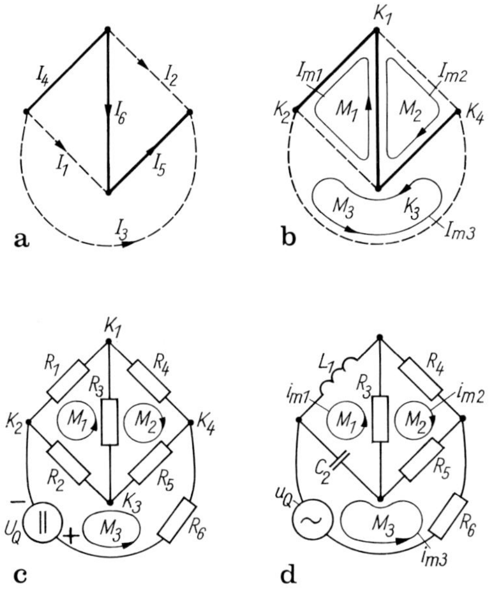

Bild 5.30. Beispiel zur Maschenstromanalyse **a**) Streckenkomplex; **b**) Maschenströme; **c**) Gleichstromnetzwerk zu **a**; **d**) Netzwerk mit gleichem Streckenkomplex aber allgemeinen Netzwerkelementen (Darstellung im Zeitbereich)

Von den 6 Zweigströmen $I_1, \ldots, I_6$ stimmen drei (I_2, I_3, I_4) unmittelbar (u. U. bis auf das Vorzeichen) mit den Maschenströmen I_{m1}, I_{m2}, I_{m3} überein. Die restlichen I_1, I_5, I_6 können durch die Maschenströme ausgedrückt werden:

$$I_1 = I_{m1} - I_{m3}, \quad I_5 = -I_{m3} - I_{m2}, \quad I_6 = -I_{m2} - I_{m1}$$

Zweigstrom I_k ausgedrückt durch Maschenströme.

Damit erfüllen die $m = z - (k - 1) = 6 - 3$ Maschenströme die Knotensätze der Knoten $K_1, \ldots, K_5$ automatisch. (Man stelle versuchsweise die Bilanz für K_3 auf, es kommen nur Maschenströme vor.)

Im nächsten Schritt benötigen wir den Maschensatz für jede unabhängige Masche zur Bestimmung der Maschenströme als Funktion der Quellspannungen.

Von einem Knoten ausgehend wird dabei die Masche in der Richtung des zugehörigen Maschenstromes umlaufen. Dann sind Spannungsabfälle der passiven Netzwerkelemente stets positiv. Mehrere Maschenströme können den gleichen Zweig durchlaufen (z. B. Zweig mit I_6 im Bild 5.30). Der Gesamtstrom in diesem Zweig ist dann die vorzeichenbehaftete Summe der beteiligten Maschenströme.

Die Schaltung Bild 5.30a wurde im Bild 5.30c mit Widerständen und Spannungsquellen, z. B. als Gleichstromnetzwerk, gezeichnet. Man erhält folgende drei Maschengleichungen:

$$\begin{aligned} M_1&: R_1 I_{m1} + R_2(I_{m1} - I_{m3}) + R_3(I_{m1} + I_{m2}) = 0\,,\\ M_2&: R_4 I_{m2} + R_5(I_{m2} + I_{m3}) + R_3(I_{m2} + I_{m1}) = 0\,,\\ M_3&: R_6 I_{m3} + R_5(I_{m3} + I_{m2}) + R_2(I_{m3} - I_{m1}) = U_Q\,. \end{aligned} \tag{5.64a}$$

Ordnet man links nach den Maschenströmen, so folgt

$$\begin{array}{llll} & I_{m1} & I_{m2} & I_{m3} & \\ M_1: & (R_1 + R_2 + R_3)\,I_{m1} & +\,R_3 I_{m2} & -\,R_2 I_{m3} & = 0\\ M_2: & +\,R_3 I_{m1} & (R_3 + R_4 + R_5)\,I_{m2} & +\,R_5 I_{m3} & = 0\\ M_3: & -\,R_2 I_{m1} & R_5 I_{m2} & (R_2 + R_5 + R_6)\,I_{m3} & = U_Q \end{array} \tag{5.64b}$$

Durch Auflösen nach I_{m1}, I_{m2}, I_{m3} ist die Aufgabe prinzipiell gelöst. Die Zweigströme gehen aus den Maschenströmen durch lineare Gleichungen hervor. Gl. (5.64) bietet sich für eine Matrixschreibweise an. Wir kommen darauf später in Gl. (5.66) zurück.

Verallgemeinert ergibt sich das System der m Maschengleichungen eines stationär erregten Netzwerkes in folgender Form:

Maschenströme ⟶

Nummer der Masche ↓

$$\begin{aligned} M_1&: R_{11}I_{m1} + R_{12}I_{m2} + R_{13}I_{m3} + \ldots R_{1n}I_{mn} = U_{Q1}\\ M_2&: R_{21}I_{m1} + R_{22}I_{m2} + R_{23}I_{m3} + \ldots R_{2n}I_{mn} = U_{Q2}\\ &\vdots \qquad \vdots \qquad\qquad \vdots \qquad\qquad \vdots \qquad\qquad \vdots \qquad\quad \vdots\\ M_n&: R_{n1}I_{m1} + R_{n2}I_{m2} + R_{n3}I_{m3} + \ldots R_{nn}I_{mn} = U_{Qn} \end{aligned} \tag{5.65}$$

Die Koeffizienten R_{ii} heißen *Umlauf-, Maschen- oder Ringwiderstände*, $R_{ik} = R_{ki}$ *Koppelwiderstände*. U_{Qi} ist die Summe der unabhängigen Quellspannungen in der Masche i (gegen die Richtung des Maschenstromes positiv gezählt, Erzeugerpfeilrichtung).

In Gl. (5.65) werden die Maschenströme in einer Zeile so geordnet, daß die zugehörige Spaltennummer mit der Zeilennummer dieses Maschenstromes übereinstimmt. Damit entsteht immer ein quadratisches Koeffizientenschema (gleicher Spalten- und Zeilenzahl). Für den einzelnen Maschenstrom tritt der „Umlaufwiderstand" der betreffenden Masche auf (R_{11}, R_{22}). Er steht in der „Hauptdiagonale" der Gleichungsanordnung. An den restlichen Plätzen stehen die Koppelwiderstände als Koeffizienten, z. B. R_{12} zwischen Masche *1* und *2* usw.

Für die Koeffizienten R gelten einfache Bildungsregeln:

1. R_{ii} ist stets gleich der Summe der Zweigwiderstände in Masche i.

2. R_{ik} ist der den Maschen i und k gemeinsame Widerstand = Koppelwiderstand, der sie miteinander verkoppelt (Name!). Er wird von den Maschenströmen I_{mi} und I_{mk} durchflossen. Hinsichtlich der Vorzeichen gilt (Bild 5.31):

Die Koppelwiderstände R_{ik} erhalten negative Zeichen, wenn sie von den Maschenströmen der verkoppelten Maschen in entgegengesetzter Richtung durchflossen werden.

Die Bedingung $R_{ik} = R_{ki}$ gilt dabei für lineare Netzwerke aus nur passiven Netzwerkelementen ohne Stromquellen (und gesteuerten Quellen). Sie kann als Rechenkontrolle beim Aufstellen der Maschengleichungen (5.64a) dienen.

Im nächsten Schritt wird Gl. (5.65) nach den gesuchten Maschenströmen aufgelöst, anschließend werden über die Knotengleichungen die Zweigströme ermittelt.

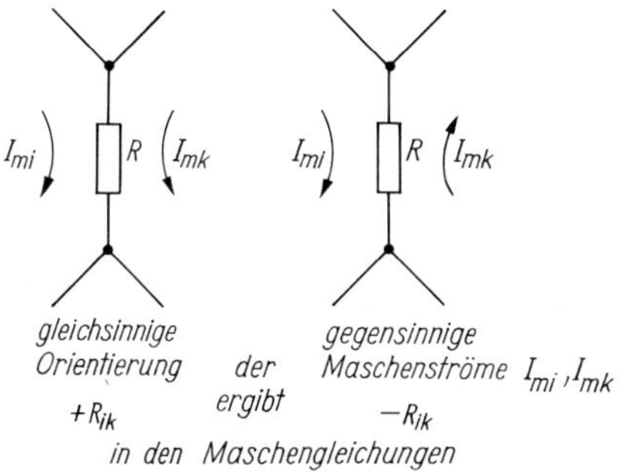

Bild 5.31. Vorzeichenfestlegung der Koppelwiderstände

Gültigkeitsbereich. Die Maschenstromanalyse gilt wie die Kirchhoffschen Gesetze allgemein, also für lineare und nichtlineare zeitunabhängige und zeitabhängige Netzwerke. Während aber die Zweigströme der Kirchhoffschen Gleichungen stets physikalisch reale und damit meßbare Größen sind, treten die Maschenströme allgemein als *Rechengrößen* auf.

Für das im Bild 5.30d dargestellte Netzwerk mit Energiespeichern (ohne Anfangsenergie) und den Maschenströmen i_{m1}, i_{m2}, i_{m3} lautet z. B. die Maschengleichung M_1 im Zeitbereich:

$$M_1: \left(\frac{1}{C_2}\int i_{m1}\,dt + R_3 i_{m1} + L_1 \frac{di_{m1}}{dt}\right) + R_3 i_{m2} - \frac{1}{C_2}\int i_{m3}\,dt = 0$$

(andere Maschen analog, man stelle sie auf!). Im Zeitbereich ergeben sich sog. Integral-Differentialgleichungen.

Lösungsmethodik Maschenstromanalyse. Für ein linear zeitunabhängiges Netzwerk mit nur unabhängigen Spannungsquellen gilt (sonst Punkt 3.2):

1. Ermittle die Anzahl unabhängiger Maschengleichungen m nach der Methode des vollständigen Baumes (Aufzeichnen des Streckenkomplexes, Durchnummerierung der Zweige, Eintragen des Bezugssinnes der Zweigströme und Spannungsquellen mit Richtung). Baum so aufstellen, daß die gesuchten Ströme möglichst in den Zweigen des Komplementärbaumes auftreten.

2. Führe in jeder unabhängigen Masche einen Maschenstrom mit beliebiger Orientierung ein.

3.1 Stelle die m Maschengleichungen ($\Sigma u = 0$) jeder unabhängigen Masche (in Umlaufrichtung des zugehörigen Maschenstromes) auf. Drücke die Spannungsabfälle über den Netzwerkelementen durch die eingeführten Maschenströme aus und ordne die Gleichungen nach ihnen.

Zweckmäßigerweise schreibt man zuerst den Spannungsabfall, hervorgerufen durch den Maschenstrom der betreffenden Masche und dann — geordnet nach den Maschenströmen der Nachbarmaschen — die dadurch erzeugten Spannungsabfälle (Vorzeichen s. Bild 5.31).

3.2 Beachte zusätzlich für Netzwerke *mit unabhängigen Stromquellen*, gesteuerten Quellen und gekoppelten Spulen:

— Transformiere unabhängige Stromquellen in unabhängige Spannungsquellen (evtl. unter Benutzung von Netzwerkelementen).

— Gesteuerte Spannungsquellen betrachte man beim Aufstellen der Gleichungen zunächst als unabhängige Quellen und drücke anschließend ihre Steuergröße durch Maschenströme aus.

— Gesteuerte Stromquellen betrachte man zunächst als unabhängige Quellen, transformiere sie in Spannungsquellen (s. o.) und drücke ihre Steuergröße anschließend durch Maschenströme aus.

— Gekoppelte Spulen werden durch ihre Ersatzschaltung mit gesteuerter Quelle (s. Abschn. 5.2) erfaßt.

4. Stelle den gesuchten *Zweigstrom* durch die Maschenströme dar, die ihn bilden.

5. Löse das Gleichungssystem 3. nach den Maschenströmen auf, die gemäß 4. erforderlich sind.

Dieser Schritt reduziert sich auf die Berechnung eines Maschenstromes, wenn der betreffende Zweig als unabhängiger Zweig gewählt wird. Damit ist der gesuchte Zweigstrom zugleich Maschenstrom.

Beispiel. Gegeben ist die Schaltung (Bild 5.32) mit $k = 2$ Knoten (K_1, K_2), $z = 3$ Zweigen und damit $m = z - (k - 1) = 3 - 1 = 2$ unabhängigen Maschen. Gesucht ist der Zweigstrom I_3. Folgende Lösungsschritte sind durchzuführen:

1. Die Schaltung wird als Streckenkomplex gezeichnet (Bild 5.32b) und der vollständige Baum ermittelt (Bild 5.32c). Er enthält nur einen Zweig, da $k = 2$. Das Baumkomplement (d. h. die Zahl unabhängiger Zweige) gibt mit dem vollständigen Baum gerade den Streckenkomplex. Die $m = 2$ unabhängigen Zweige schließen zwei unabhängige Maschen M_1, M_2.

2. In den unabhängigen Maschen M_1, M_2 werden die Maschenströme I_{m1} und I_{m2} mit willkürlich angesetzter Orientierung eingeführt (Bild 5.32c).

3. Die beiden Maschengleichungen lauten:

$$M_1: I_{m1}R_1 + I_{m1}R_2 - I_{m2}R_2 = U_Q\,,$$
$$M_2: I_{m2}(R_3 + R_2) - I_{m1}R_2 = 0$$

bzw. geordnet nach den Maschenströmen

$$M_1: I_{m1}(R_1 + R_2) - I_{m2}R_2 = U_Q\,, \qquad (1\,\mathrm{a})$$
$$M_2: -I_{m1}R_2 + I_{m2}(R_2 + R_3) = 0\,. \qquad (1\,\mathrm{b})$$

Der erste Term in (1a) stellt den Gesamtspannungsabfall in Masche M_1 zufolge des Maschenstromes I_{m1} dar, der zweite den Spannungsabfall in Masche M_1 durch den Maschenstrom I_{m2} an R_2. Er ist negativ, da I_{m2} durch R_2 entgegengesetzt zur Richtung von I_{m1} fließt (Bild 5.31). Rechts steht die Quellenspannung. In Gl. (1b) stellt der erste Term den Spannungsabfall in M_2 durch den Maschenstrom I_{m1} dar, der zweite den Gesamtspannungsabfall des eigenen Maschen-

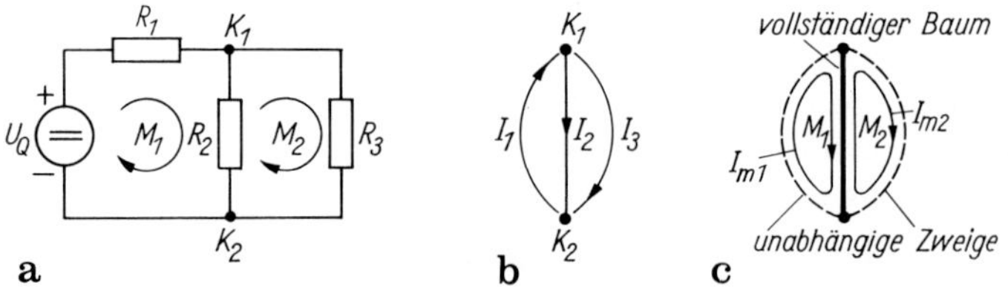

Bild 5.32. Beispiel Maschenstromanalyse

stromes I_{m2} in der Masche. Die rechte Seite verschwindet, da keine Quellenspannung in M_2 wirkt.

Es ist wesentlich, die Maschengleichung von Anfang an in der Form (1 a) und (1 b) zu schreiben. Dadurch wird die Symmetrie deutlich. Sie hilft Fehlerquellen zu reduzieren. Man beachte, daß alle Terme positiv sind, die vom Maschenstrom der eigenen Masche erzeugt werden. Nach Gl. (5.65) erkennt man: $R_{11} = R_1 + R_2$, $R_{22} = R_2 + R_3$, $R_{12} = R_{21} = -R_2$.

4. Der gesuchte Zweigstrom I_3 entspricht dem Maschenstrom I_{m2}. Wir haben daher Gl. (1 a) und (1 b) nach I_{m2} aufzulösen:

$$I_{m2} = \frac{\begin{vmatrix} R_1 + R_2 & U_Q \\ -R_2 & 0 \end{vmatrix}}{\begin{vmatrix} R_1 + R_2 & -R_2 \\ -R_2 & R_2 + R_3 \end{vmatrix}} = \frac{U_Q R_2}{(R_1 + R_2)(R_2 + R_3) - R_2^2}. \tag{2}$$

Sucht man den Zweigstrom $I_2 = I_{m1} - I_{m2}$, so müssen beide Maschenströme bestimmt werden. In diesem Fall wählt man den vollständigen Baum so, daß der von I_2 durchflossene Zweig als unabhängiger Zweig gewählt und somit I_2 mit einem Maschenstrom identisch wird.

Beispiel. Für die Schaltung mit $k = 4$ Knoten ($K_1, \dots, K_4$), $z = 6$ Zweigen (Bild 5.33) ergeben sich $m = 6 - 3 = 3$ unabhängige Maschen. Wir erhalten sie durch Zeichnen des vollständigen Baumes. Gesucht sei der Zweigstrom durch R_2. Die Maschen werden absichtlich unzweckmäßig gewählt, so daß durch R_2 zwei Maschenströme fließen. Wir erhalten nach der Lösungsmethodik:

1. Der vollständige Baum ergibt die $m = 3$ unabhängigen Zweige als Baumkomplement.
2. Es werden drei unabhängige Maschenströme $I_{m1}, \dots, I_{m3}$ in den unabhängigen Maschen $M_1, \dots, M_3$ eingeführt. Sie ergeben
3. die Maschengleichungen

$$\begin{aligned} M_1:&\ I_{m1}(R_1 + R_2) - I_{m2}R_2 - I_{m3}R_1 = U_{Q1} - U_{Q2}\,, \\ M_2:&\ -I_{m1}R_2 + I_{m2}(R_2 + R_3 + R_4) - I_{m3}R_3 = U_{Q2}\,, \\ M_3:&\ -I_{m1}R_1 - I_{m2}R_3 + I_{m3}(R_1 + R_3 + R_5) = -U_{Q3}\,. \end{aligned} \tag{1}$$

Wir ordnen die Koeffizienten des Gleichungssystems als Matrixschema an:

Maschenströme	I_{m1}	I_{m2}	I_{m3}
Masche 1	$R_1 + R_2$	$-R_2$	$-R_1$
Masche 2	$-R_2$	$R_2 + R_3 + R_4$	$-R_3$
Masche 3	$-R_1$	$-R_3$	$R_1 + R_3 + R_5$.

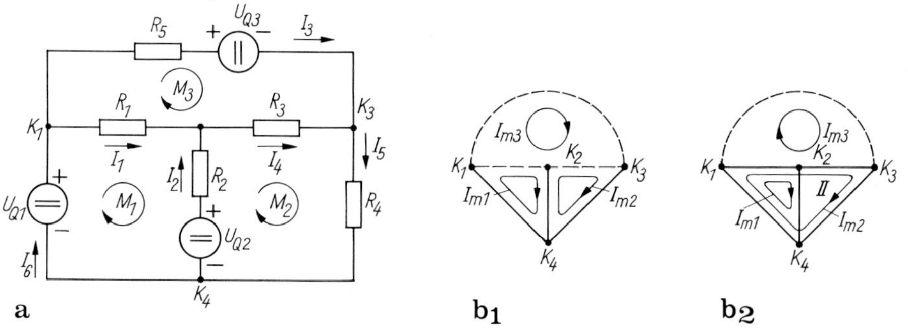

Bild 5.33. Beispiel Maschenstromanalyse

Deutlich geht die Symmetrie zur Hauptdiagonalen hervor. Es ist also $R_{ik} = R_{ki}$ (s. o.). Die Hauptdiagonalglieder stellen die Maschenwiderstände R_{ii} dar. Beispielsweise ergibt ein Umlauf in M_2 die Widerstandssumme $R_2 + R_3 + R_4$, in M_3 die Summe $R_1 + R_3 + R_5$ usw. Von den Nebendiagonalgliedern R_{12}, dem Spannungsabfall, der in Masche *1* (in der Umlaufrichtung von I_{k1}) durch den Maschenstrom I_{m2} aus Masche *2* entsteht. Er ist nach der Vorzeichenfestlegung Bild 5.31 negativ, also $-R_2 I_{m2}$, d. h., $R_{12} = -R_2$.

In Masche M_1 entsteht auch noch ein Spannungsabfall herrührend von I_{m3} an R_1 (letztes Glied der ersten Zeile). Mit Kenntnis der Glieder der ersten Zeile ist zugleich auch die erste Spalte bestimmt.

So kann das Koeffizientenschema bei einiger Übung direkt aus der Schaltung abgelesen werden und das Aufstellen der Maschengleichung entfällt.

4. Da der Zeigstrom durch R_2 gesucht ist, müssen noch die Beziehungen zwischen Zweig- und Maschenströmen aufgestellt werden. Es gibt 6 Zweigströme $I_1, \dots, I_6$ und 3 Maschenströme. Aus der Schaltung folgt:

$$\begin{aligned} I_1 &= I_{m1} - I_{m3}, & I_4 &= I_{m2} - I_{m3}, \\ I_2 &= I_{m2} - I_{m1}, & I_5 &= I_{m2}, \\ I_3 &= I_{m3}, & I_6 &= I_1 + I_3 = I_{m1}. \end{aligned} \tag{2}$$

Die Knotenregel ist dabei durch die Maschenströme von selbst erfüllt, z. B. gilt für Knoten K_2:

$$I_1 + I_2 - I_4 = 0 = I_{m1} - I_{m3} + I_{m2} - I_{m1} - (I_{m2} - I_{m3}).$$

5. Im letzten Schritt lösen wir das Gleichungssystem nach I_{m2} und I_{m1} auf und berechnen den Zweigstrom $I_2 = I_{m2} - I_{m1}$.

Aus den Zweig- und Maschenstromverknüpfungen geht hervor, daß sich besonders einfache Verknüpfungen für die Zweigströme ergeben, die zugleich Maschenströme sind (hier I_3, I_5, I_6). Um den Zweigstrom I_2 zugleich zum Maschenstrom zu machen, müßte man von einer anderen Form des vollständigen Baumes ausgehen, wie im Bild 5.33b2 beispielsweise angedeutet.

Netzwerke mit unabhängigen Stromquellen, gesteuerten Quellen und **gekoppelten Spulen.** Wir entschärfen jetzt die oben getroffenen Voraussetzungen und lassen unabhängige Stromquellen, gesteuerte Quellen und gekoppelte Spulen im Netzwerk zu.

1. Unabhängige Stromquellen lassen sich durch Transformation in Spannungsquellen am besten einbeziehen. Die Strom-Spannungsquellentransformation wird nach Abschn. 5.1.1 durchgeführt. Sie setzt grundsätzlich einen Quelleninnenwiderstand voraus. Ist er nicht vorhanden, so kann ein Netzwerkelement als solches fungieren.

2. Gesteuerte Quellen werden zunächst als unabhängige Spannungs- oder Stromquellen berücksichtigt und im letzten Fall wie vorstehend behandelt. Dabei tritt die entsprechende eingeprägte Größe auf der rechten Seite der Maschengleichungen auf. Anschließend wird die gesteuerte Größe durch die Steuergröße selbst (U, I) ausgedrückt. Eine Stromsteuerung läßt sich stets allgemein als Linearkombination der Maschenströme sowie deren zeitliches Differential und Integral ausdrücken. Deshalb bringt man anschließend alle mit Maschenströmen behafteten Teile auf die linke Seite. Bei spannungsgesteuerten Quellen ist die Steuerspannung durch die Maschenströme im betreffenden Netzwerkzweig auszudrücken.

3. Gekoppelte Spulen. Wir benutzen für gekoppelte Spulen zweckmäßig ihre Ersatzschaltung mit gesteuerter Quelle (s. Abschn. 5.1.2.2) und verfahren nach der unter 2. erläuterten Methode.

Verallgemeinertes Verfahren mit Matrizen. Bei großen Netzwerken wird das Gleichungssystem u. U. recht umfangreich. Wir wollen daher eine übersichtliche Schreibweise unter Verwendung von Matrizen vornehmen und schränken uns wieder auf stationär erregte Netzwerke ein. Den Ausgang bilden die Maschenströme, die für ein Netzwerk festgelegt sein sollen. Mit ihnen kann das Gleichungssystem in Form der Gl. (5.65) aufgestellt werden. Wir schreiben es in der Form

$$\begin{bmatrix} R_{11} & R_{12} \dots R_{1n} \\ R_{21} & \vdots \\ \vdots & \\ R_{m1} & \dots R_{mn} \end{bmatrix} \cdot \begin{bmatrix} I_{m1} \\ I_{m2} \\ \vdots \\ I_{mn} \end{bmatrix} \begin{matrix} = \\ = \\ \\ \\ \end{matrix} \begin{bmatrix} U_{Q1} \\ U_{Q2} \\ \vdots \\ U_{Qn} \end{bmatrix}, \tag{5.66 a}$$

abgekürzt

$$[R] \cdot [I_m] = [U_Q] \tag{5.66 b}$$

Maschengleichung Matrizenform.

Hierin bedeuten

$[R]$ die Maschenwiderstandsmatrix,
$[I_m]$ der Spaltenvektor der Maschenströme,
$[U_Q]$ der Spaltenvektor der unabhängigen Erregerspannungen.

Die Widerstandsmatrix kann direkt gewonnen werden:

1. Führe Maschenströme $I_{m1}, \dots, I_{mn}$ in unabhängige Maschen ein (Umlauf beliebig).
2. Stelle Schema für die n Maschenströme (Spalten) und n Maschen (Zeilen) auf.
3. Füge die Ringwiderstände der zur Zeile gehörigen Masche auf den Hauptdiagonalplätzen ein.
4. Füge die Koppelwiderstände R_{ik} auf den Nebendiagonalplätzen ein (R_{ik} positiv (negativ), wenn beide Maschenströme I_{mi}, I_{mk} den Widerstand in gleicher (entgegengesetzter) Richtung durchfließen (s. Bild 5.31)).
5. Beachte die Symmetrie der Matrix zur Hauptdiagonalen ($R_{ik} = R_{ki}$).

Gl. (5.66) stellt ein lineares algebraisches Gleichungssystem dar. Seine Lösung kann formal durch

$$[I_m] = [R]^{-1}[U_Q] \tag{5.67}$$

ausgedrückt werden. Dabei ist $[R]^{-1}$ die invertierte Matrix von $[R]$ (falls sie existiert).

Aus der Matrixinversion oder der Cramerschen Regel folgt für den Maschenstrom I_{mi}

$$I_{mi} = \frac{\det [R]_i}{\det [R]} = \Delta_{1i} U_{Q1} + \Delta_{2i} U_{Q2} + \dots + \Delta_n U_{Qn} . \tag{5.68}$$

Dabei ist

$$\det[R] = \begin{vmatrix} R_{11} & \dots & R_{1m} \\ \vdots & & \vdots \\ R_{m1} & \dots & R_{mn} \end{vmatrix}$$

Determinante der Maschenimpedanzmatrix,

$$\det[R]_i = \begin{vmatrix} R_{11} & \dots & \overset{\text{Spalte } i}{\overset{\downarrow}{U_{Q1}}} & \dots & R_{1n} \\ \vdots & & & & \vdots \\ R_{m1} & \dots & U_{Qm} & \dots & R_{mn} \end{vmatrix}$$

Determinante des Gleichungssystems, wobei Spalte i durch den Vektor $[U_Q]$ der Quellenspannungen ersetzt wurde.

Δ_{mi} Unterdeterminante von $\Delta = \det[R]$, die aus Δ durch Streichen der m-ten Zeile und i-ten Spalte hervorgeht (Vorzeichen $(-1)^{m+i}$).

Somit ergibt sich der Maschenstrom als Summe der Wirkungen der einzelnen Quellspannungen. Kennt man die Maschenströme I_{mi}, so lassen sich daraus die Zweigströme durch Linearkombination (Addition, Subtraktion) gewinnen. Auch hierfür bietet sich eine Matrixdarstellung an. Wir stellen ein Schema mit den Maschenströmen als Spalten und den Zweigströmen als Zeilen auf. Man betrachtet dazu den einzelnen Zweig. Wird er von einem Maschenstrom durchflossen, so wird der zuhörige Platz mit +1 (gleiche Richtung), —1 (entgegengesetzt) versehen. Alle übrigen Plätze der Zeile werden mit Null versehen:

$$\begin{matrix} & I_{m1} & I_{m2} & \dots & I_{mn} \\ I_1 & 1 & 0 & \dots & 0 \\ I_2 & 0 & -1 & \dots & 0 \\ I_p & 1 & -1 & \dots & 0 \end{matrix} = [A]. \tag{5.69}$$

Abgekürzt geschrieben ergibt sich

$$[I] = [A][I_m] \tag{5.70}$$

Beziehung Zweig-Maschenstrom in Matrixform.

Dabei heißen

$[A]$ die Knoten-Zweig-Inzidenzmatrix,
$[I]$ Zeilenvektor der Zweigströme,
$[I_m]$ Spaltenvektor der Maschenströme.

Die Gesamtlösung der Zweigströme lautet dann mit Gl. (5.68)

$$[I] = [A][R]^{-1}[U_Q] \tag{5.71}$$

Beziehung Zweigströme—Quelle nach dem Maschenstromverfahren.

5.3.3 Knotenspannungsanalyse

Prinzip und Lösungsmethodik. Ein Netzwerk mit z Zweigen und k Knoten enthalte jetzt nur *unabhängige Stromquellen* (im Gegensatz zur Maschenstromanalyse!), keine gesteuerten Quellen und gekoppelten Spulen. Bild 5.34 zeigt einen Ausschnitt daraus.

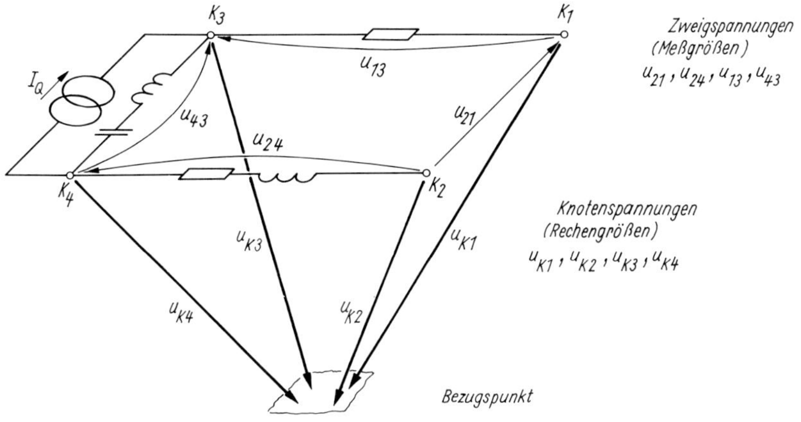

Bild 5.34. Zur Definition der Knotenspannung u_K

Das Konzept der Knotenspannungsanalyse besteht darin, jedem der $k - 1$ Knoten eine unabhängige Spannung als Unbekannte zuzuordnen. Sie heißt *Knotenspannung* u_K und ist definiert als Spannung des Knotens K gegen einen (willkürlichen) Bezugspunkt $0: u_{K0}$ (Symbolindex K und Nummer des Knotens). Die Knotenspannung wird zweckmäßig nach dem Bezugspunkt 0 positiv definiert ($u_{K0} > 0$).

Die $k - 1$ Knotenspannungen bilden ein vollständiges System der unabhängigen Spannungsvariablen (s. auch Tafel 5.8). Aus ihnen ergeben sich die Zweigspannungen $u_{\nu\mu}$ als Differenz der zugehörigen Knotenspannungen

$$u_{\nu\mu} = u_{K_{\nu 0}} - u_{K_{\mu 0}}{}^{1} \tag{5.72}$$

Zweigspannung $u_{\nu\mu}$ ausgedrückt durch Knotenspannungen.

Waren bei der Maschenstromanalyse die $(k - 1)$ Knotengleichungen von selbst erfüllt (so daß nur m unbekannte Maschenströme eingeführt werden mußten), so sind bei der Knotenspannungsanalyse die m Maschengleichungen von selbst erfüllt[2].

Bezüglich der Wahl des Bezugspunktes gilt:

— Fällt er mit einem Netzwerkknoten zusammen, so sind $k - 1$ unabhängige Knotenspannungen für $k - 1$ Knoten einzuführen.

[1] Der Index 0 wird künftig weggelassen

[2] Auf den allgemeinen Beweis wollen wir verzichten

— Fällt er nicht mit einem Netzwerkknoten zusammen, so sind k unabhängige Knotenspannungen für k Knoten einzuführen.

Aus Vereinfachungsgründen wählen wir nachfolgend immer einen Netzwerkknoten als Bezug.

Aus Bild 5.34 geht das unmittelbar hervor. Hier ist ein beliebiger Bezugspunkt gewählt worden, so daß vier unabhängige Knotenspannungen $u_{K1}, \ldots, u_{K4}$ einzuführen sind. Kennt man diese Knotenspannungen, so ergibt z. B. der Maschensatz zwischen den Knotenpunkten K_1, K_2 und K_4 ausgedrückt durch die Zweigspannungen:

$$u_{12} + u_{24} + u_{41} = 0 .$$

Die Verwendung der Knotenspannungen $u_{12} = u_{K1} - u_{K2}$, $u_{24} = u_{K2} - u_{K4}$, $u_{41} = u_{K4} - u_{K1}$ führt auf

$$u_{K1} - u_{K2} + u_{K2} - u_{K4} + u_{K4} - u_{K1} = 0 ,$$

was zu zeigen war.

Im Bild 5.35 wurde eine Schaltung mit $z = 3$ Zweigen und $k = 3$ Knoten dargestellt. Wir benötigen also $k - 1$ unabhängige Knotenspannungen. Zweckmäßig wird der Bezugspunkt auf einen Knoten gelegt (s. u.). Bei Kenntnis von U_{K1} und U_{K2} lassen sich die Zweigspannungen U_{13}, U_{21} und U_{23} über den Maschensatz sofort angeben:

$$U_{13} = U_{K1} , \qquad U_{21} = U_{K2} - U_{K1} , \qquad U_{23} = U_{K2} .$$

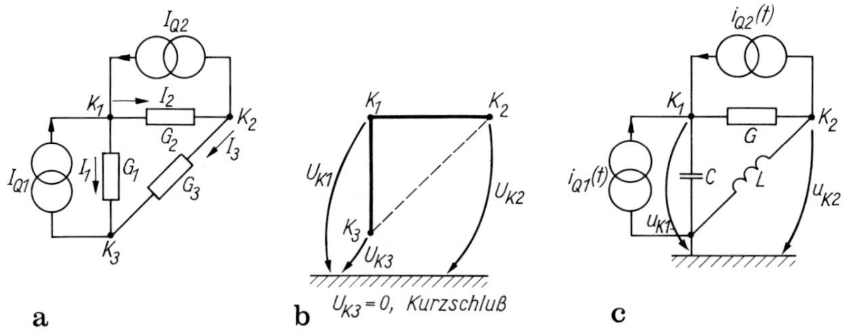

Bild 5.35. Beispiele Knotenspannungsanalyse. **a**) Gleichstromschaltung; **b**) Festlegung der Knotenspannungen; **c**) allgemeines Netzwerk

Die Zweigspannungen (Wirkung) und somit auch die Knotenspannungen entstehen im Netzwerk als Folge der erregenden Stromquellen (Ursache). Deshalb benötigen wir im nächsten Schritt den Knotensatz für jeden der $k - 1$ unabhängigen Knoten zur Bestimmung der Knotenspannung als Funktion der Quellenströme. Dabei treten in jedem Knoten die zugehörigen Zweigströme auf. Sie werden durch den betreffenden Zweigleitwert und die zugehörige Zweigspannung ausgedrückt. Sie wird nach Gl. (5.62) als Differenz der Knotenspannungen geschrieben.

Der Knotensatz lautet für die Schaltung Bild 5.35 b jeweils (abfließende Ströme positiv, zufließende negativ)

$$K_1 \quad - I_{Q1} - I_{Q2} + I_2 + I_1 = 0 ,$$

$$K_2 \quad + I_{Q2} \qquad - I_2 + I_3 = 0 .$$

Die Zweigströme I_2, I_3 ergeben sich dargestellt durch die Knotenspannungen über die zugehörige Netzwerkelementbeziehung ($U_{K3} \equiv 0$) zu:

$$I_1 = G_1 U_{13} = G_1 U_{K1} ,$$
$$I_2 = G_2 U_{12} = G_2(U_{K1} - U_{K2}) ,$$
$$I_3 = G_3 U_{23} = G_3 U_{K2} .$$

Eingesetzt in die beiden Knotengleichungen und nach den Knotenspannungen gelöst wird daraus

$$K_1: \; G_1 U_{K1} + G_2(U_{K1} - U_{K2}) = I_{Q1} + I_{Q2} ,$$
$$K_2: \; G_2(U_{K1} - U_{K2}) - G_3 U_{K2} = -I_{Q2}$$

und geordnet:

$$(G_1 + G_2)\, U_{K1} - G_2 U_{K2} = I_{Q1} + I_{Q2} ,$$
$$-G_2 U_{K1} + (G_2 + G_3)\, U_{K2} = -I_{Q2} .$$

Durch Auflösen nach den Knotenspannungen U_{K1}, U_{K2} ist die Aufgabe prinzipiell gelöst. Die Zweigspannungen U_{13}, U_{23}, U_{12} sind dann nach Gl. (5.72) bestimmt.

Würde man beispielsweise den Bezugspunkt beliebig in den Raum und nicht auf Knoten *3* legen, so wären die drei Knotenspannungen $U_{K1}, \dots, U_{K3}$ durch die drei Knotengleichungen bestimmt (Nachweis!)

$$K_1: \; (G_1 + G_2)\, U_{K1} - G_2 U_{K2} - G_1 U_{K3} = I_{Q2} + I_{Q1} ,$$
$$K_2: \; -G_2 U_{K1} + (G_2 + G_3)\, U_{K2} - G_3 U_{K3} = -I_{Q2} ,$$
$$K_3: \; -G_1 U_{K1} - G_3 U_{K2} + (G_1 + G_3)\, U_{K3} = -I_{Q1} .$$

Für $U_{K3} = 0$ ergibt sich daher obiges Gleichungssystem, weil die Gleichung des Bezugsknotens K_3 gestrichen werden kann. Darin liegt der Vorteil, einen Knoten als Bezug zu wählen und nicht einen beliebigen Punkt außerhalb des Netzwerkes.

Allgemein führt die Knotenspannungsanalyse bei einem stationär erregten Netzwerk auf ein System von $k - 1$ Knotenpunktgleichungen:

Nummer des Knotens	Knotenspannung U_{K1} U_{K2} U_{Kp}	
K_1	$G_{11} U_{K1} + G_{12} U_{K2} + \dots + G_{1p} U_{Kp} = I_{Q1}$	
K_2	$G_{21} U_{K1} + G_{21} U_{K2} +$	(5.73)
.	.	
.	.	
.	.	
K_{K-1}	$G_{p1} U_{K1} + G_{p2} U_{K2} + \dots + G_{pp} U_{Kp} = I_{Qp}$	

Die Matrix der Koeffizienten heißt *Knotenleitwertmatrix* des Netzwerkes, ihre Koeffizienten G_{ii} heißen *Knotenleitwerte* und die $G_{ni} = G_{in}$ die *Koppelleitwerte* (zwischen den Knotenpunkten *i* und *n*). I_{Qi} ist die Summe der (unabhängigen) Quellenströme im Knoten *i*. U_{Ki} ist die Knotenspannung des Knotens *i*.

Für die Koeffizienten gibt es wie bei der Maschenstromanalyse einfache Bildungsregeln:

1. G_{ii} ist stets gleich der (positiven) Summe aller an den Knoten i angeschlossenen Leitwerte.

2. G_{in} ist stets gleich der negativen Summe aller zwischen den Knoten i und n liegenden Leitwerte. Enthält das Netzwerk nur die Elemente R, L, C, M (und fällt der Bezugsknoten mit einem Netzwerkknoten zusammen), so gilt stets $G_{in} = G_{ni}$ (Matrix symmetrisch zur Hauptdiagonale). Daher kann bei der Koeffizientenbestimmung Rechenarbeit gespart werden.

Das negative Vorzeichen gilt immer dann, wenn die Knotenspannungen vom Knoten zum Bezugspunkt 0 positiv eingeführt werden.

Im weiteren Schritt löst man Gl. (5.73) nach den gesuchten Knotenspannungen auf und ermittelt daraus die Zweigspannungen entsprechend Gl. (5.72).

Gültigkeitsbereich. Die Knotenspannungsanalyse gilt — wie die Kirchhoffschen Gesetze — für lineare und nichtlineare zeitunabhängige und zeitabhängige Netzwerke. Knotenspannungen haben durchweg die Bedeutung von Rechengrößen.

Ersetzt man beispielsweise die Schaltung nach Bild 5.35b durch die Schaltung Bild 5.35c mit beliebigem Erregerzeitverlauf $i_{Q1}(t)$, $i_{Q2}(t)$, so folgen bei energielosen Speicherelementen mit den Knotenspannungen u_{K1}, u_{K2} die Knotengleichungen

$$K_1\colon\ Gu_{K1} + C\frac{du_{K1}}{dt} - Gu_{K2} \quad = i_{Q1}(t) + i_{Q2}(t)\,,$$

$$K_2\colon\ Gu_{K1} + Gu_{K2} + \frac{1}{L}\int u_{K2}\,dt = i_{Q2}(t)\,.$$

Dieses System von Integro-Differentialgleichungen ergibt als Lösung die Knotenspannungen u_{K1}, u_{K2}. Man überzeuge sich, daß es der Gl. (5.73) entspricht.

Vergleich zwischen Maschenstrom- und Knotenspannungsanalyse. Bei der Maschenstromanalyse mußten m Gleichungen gelöst werden, bei der Knotenspannungsanalyse hingegen $k - 1$. Für eine gegebene Zweigzahl z wählt man das Verfahren mit der geringeren Zahl von Unbekannten. Also Knotenspannungsanalyse, wenn

$$(k - 1) < m = z - (k - 1)$$

bzw.

$$(k - 1) < \frac{z}{2}\,. \tag{5.74}$$

Hinweise

1. Die Bildungsregeln des Gleichungssystems (5.73) sind denjenigen der Maschenstromanalyse analog.

2. Die Knotenspannungsanalyse wird vorteilhaft bei stromgespeisten Netzwerken angewandt. Da dies hauptsächlich für Transistorschaltungen zutrifft, stellt sie ein weit verbreitetes Analyseverfahren der Elektronik dar.

3. In der Knotenspannungsanalyse vermißt man die explizite Festlegung des vollständigen Baumes. Die genauere Untersuchung ergibt, daß die hier angegebenen Bildungsgesetze einen ganz speziellen (immer wählbaren) Baum zugrunde legen. Er verbindet alle Knoten sternförmig mit dem Bezugsknoten. Letzterer wird bei Aufstellung der Knotengleichungen nicht benutzt. Selbstverständlich kann auch ein beliebiger Baum aufgestellt und ein anderer (wegzulassender) Knoten zum Bezug gewählt werden. Dann geht die Gleichungssymmetrie jedoch verloren.

Die Wahl eines sternförmigen Baumes und die Nichtbenutzung des Bezugsknotens bringt so viele praktische Vorteile, daß dieses Verfahren schlechthin die Knotenspannungsanalyse darstellt und der Baum damit nicht explizit bestimmt werden muß.

4. Gibt man im allgemeineren Fall die Bevorzugung eines Bezugsknotens auf und rechnet nur noch mit Knotenpaaren, so heißt das Verfahren die sog. *Schnittmengenanalyse*. Sie ist allgemeiner als die Knotenspannungsanalyse und stellt das eigentliche Analogon zur Maschenstromanalyse dar. Nur im Sonderfall des sternförmigen vollständigen Baumes stimmt sie mit der Knotenspannungsanalyse überein.

Lösungsmethodik: Knotenspannungsanalyse. Wir fassen die bisherigen Erkenntnisse zu einer Lösungsmethodik für ein lineares, zeitunabhängiges Netzwerk zusammen. Es soll zunächst nur von unabhängigen Stromquellen erregt werden (s. Punkt 3.2).

1. Aus einem Netzwerk mit k Knoten wähle man (nach Durchnumerierung der Zweige, Eintragung des Bezugssinnes der Zweigströme) einen willkürlichen Bezugspunkt 0. Er kann Knoten des Netzwerkes sein oder außerhalb liegen (fiktiver Knoten). Sucht man nur einen Zweigstrom, so wählt man einen zu diesem Zweig gehörigen Knoten als Bezug.

2. Man führe von jedem Knoten i aus die Knotenspannung u_{i0} nach dem gewählten Bezugsknoten ein (Richtung nach 0 somit positiv). Es ergeben sich insgesamt $k - 1$ unabhängige Knotenspannungen. Die Zweigspannung u_{in} zwischen Knoten i und n beträgt $u_{in} = u_{Ki} - u_{Kn}$ (Gl. (5.72)).

3.1 Für jeden der $k - 1$ unabhängigen Knoten werden die *Knotengleichungen* ($\Sigma\, i = 0$) aufgestellt. Dabei erhalten zum Knoten hinfließende Ströme negatives, wegfließende positives Vorzeichen. Jeder Knoten wird nach unabhängigen Quellenströmen und restlichen Zweigströmen geordnet. Die Zweigströme sind durch das zugehörige Netzwerkelement und die zugehörigen Knotenspannungen auszudrücken und nach den Knotenspannungen zu ordnen.

3.2 Beachte zusätzliche für Netzwerke mit unabhängigen Spannungsquellen, gesteuerten Quellen und gekoppelten Spulen:

— Transformiere unabhängige Spannungsquellen in unabhängige Stromquellen (evtl. unter Benutzung von Netzwerkelementen).
— Betrachte gesteuerte Stromquellen beim Aufstellen der Knotengleichungen zunächst als unabhängige Quelle und drücke ihre Steuergröße anschließend durch Knotenspannungen aus.
— Betrachte gesteuerte Spannungsquellen zuerst als unabhängige Quellen, transformiere sie in Stromquellen (s. o.), drücke ihre Steuergröße danach durch Knotenspannungen aus.
— Gekoppelte Spulen werden auf ihre Ersatzschaltung mit gesteuerten Quellen (s. Abschn. 5.1.1.2) zurückgeführt.

4. Stelle die gesuchte Zweigspannung durch die Knotenspannungen dar (Gl. (5.72)).

5. Löse das Gleichungssystem entsprechend Punkt 3 nach den Knotenspannungen, die nach Punkt 4 erforderlich sind. Dieser Schritt reduziert sich auf die Berechnung

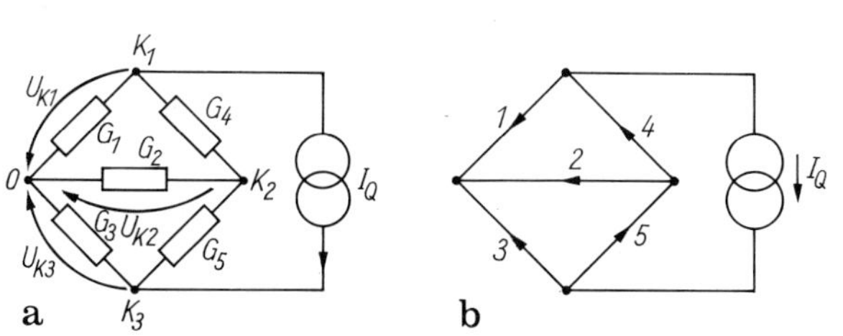

Bild 5.36. Beispiel Knotenspannungsanalyse

einer Knotenspannung, wenn der Bezugsknoten zum Zweig der gesuchten Zweigspannung gehört.

Beispiel: Brückenschaltung. Wir wenden die Lösungsmethodik auf die Wheatstonsche Brücke (Bild 5.36) an. Gesucht sei der Strom durch G_2.

1. und 2. Da der Zweigstrom I_2 (Bild 5.36b) gesucht ist, wird zweckmäßig einer der beiden zugehörigen Knoten als Bezugspunkt gewählt (hier der linke). Die angesetzten Zweigstromrichtungen sind im Streckenkomplex verzeichnet. Es gibt $k = 4$ Knoten, also $k - 1 = 3$ unabhängige Knotenspannungen U_{K1}, U_{K2}, U_{K3}.

3. Die Knotengleichungen lauten

$$K_1: I_1 + I_Q - I_4 = 0\,,$$
$$I_1 - I_4 = -I_Q\,,$$
$$G_1 U_{K1} - G_4 \underbrace{(U_{K2} - U_{K1})}_{U_{21}} = -I_Q\,.$$
$$K_2: I_2 + I_4 - I_5 = 0\,,$$
$$G_2 U_{K2} + G_4 \underbrace{(U_{K2} - U_{K1})}_{U_{21}} - G_5 \underbrace{(U_{K3} - U_{K2})}_{U_{32}} = 0\,.$$
$$K_3: I_3 + I_5 - I_Q = 0\,,$$
$$G_3 U_{K3} + G_5(U_{K3} - U_{K2}) = I_Q\,.$$

Geordnet nach den Knotenspannungen ergibt sich

$$\begin{aligned}
K_1&: (G_1 + G_4)\,U_{K1} - G_4 U_{K2} \quad 0 &&= -I_Q\,,\\
K_2&: -G_4 U_{K1} + (G_2 + G_4 + G_5)\,U_{K2} - G_5 U_{K3} &&= 0\,,\\
K_3&: 0 - G_5 U_{K2} + (G_3 + G_5)\,U_{K3} &&= 0\,.
\end{aligned}$$

Man erkennt die Symmetrie der Gleichungen sowie die Minuszeichen in den Koppelelementen.

4. Der Zweigstrom I_2 hängt mit der zugehörigen Zweigspannung = Knotenspannung U_{K2} über $I_2 = G_2 U_{K2}$ zusammen.

5. Auf die explizite Auflösung des Gleichungssystem nach U_{K2} wollen wir verzichten. Sie ist ohne Mühe durchführbar.

Netzwerke mit Spannungsquellen, gesteuerten Quellen und gekoppelten Spulen. Wir entschärfen die oben getroffenen Voraussetzungen und lassen unabhängige Spannungsquellen, gesteuerte Quellen und gekoppelte Spulen im Netzwerk zu.

1. Unabhängige Spannungsquellen werden in unabhängigen Stromquellen unter Benutzung des eigenen Innenwiderstandes (Abschn. 2.4.3) oder eines Elementes aus dem Netzwerk selbst transformiert. Die Versetzungssätze (Abschn. 2.4.4) können dabei nützlich sein.

Beispiel: Quellentransformation. Im Zweig eines Netzwerkes liege eine ideale unabhängige Quellenspannung (Bild 5.37a). Das Netzwerk soll nach der Knotenspannungsanalyse untersucht werden. Dazu ist die Spannungsquelle in eine Stromquelle zu transformieren.

Die unmittelbare Quellenumwandlung versagt, da der linke Zweig keinen Widerstand besitzt. Man könnte ihn zunächst als Hilfswiderstand R' einfügen, die Transformation durchführen, die Aufgabe lösen und im Ergebnis gegen Null gehen lassen.

Einen anderen Weg bieten die Versetzungssätze (Abschn. 2.4.4). Wir verschieben die Spannungsquelle über den Knoten i', führen also in den Zweigen *4* und *5* die Spannungsquelle U_N ein. Der Maschensatz in Masche M_1 wird dadurch nicht verändert, auch in den übrigen Maschen nicht (Probe!). Anschließend transformiert man die Zweige *4* und *5* in Stromquellen (Bild 5.37c).

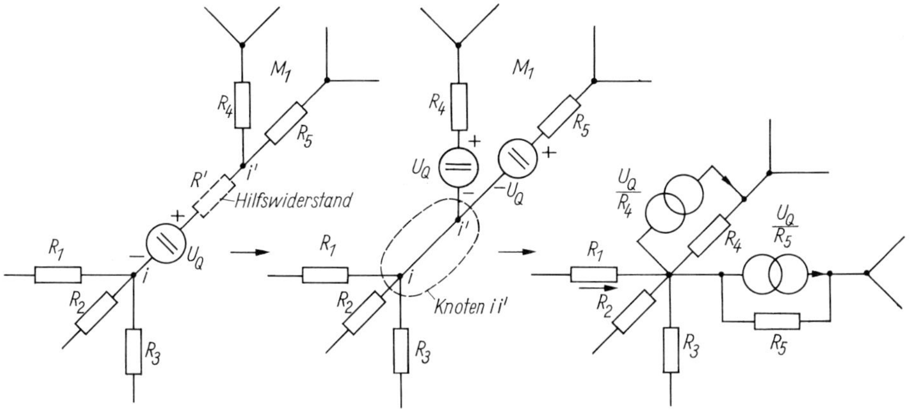

Bild 5.37. Quellentransformation bei der Knotenspannungsanalyse

2. Gesteuerte Quellen. Sie werden zunächst als unabhängige Quellen aufgefaßt. Stromquellen können sofort berücksichtigt werden, bei Spannungsquellen ist Transformation (s. vorheriger Punkt) erforderlich. Im nächsten Schritt ersetzt man bei spannungsgesteuerten Quellen die Zweigsteuerspannung durch die jeweiligen Knotenspannungen. Bei stromgesteuerten Quellen wird der Steuerstrom über die betreffenden Zweignetzwerkelementen durch die Zweigspannung und diese durch die Knotenspannungen ausgedrückt. Anschließend bringt man alle mit Knotenspannungen behafteten Glieder auf die linke Gleichungsseite. Dadurch ändern sich bestimmte Koeffizienten. Die Symmetrie zur Hauptdiagonalen der Koeffizientenmatrix geht verloren.

3. Gekoppelte Spulen werden durch ihre Ersatzschaltung (s. Abschn. 5.1.1.3) mit gesteuerten Quellen dargestellt und nach vorstehendem Schema erfaßt.

Verallgemeinertes Verfahren mit Matrizen. Wir verallgemeinern die bisherigen Ergebnisse für ein stationär erregtes (lineares) Netzwerk. Das Gleichungssystem (5.73) der Knotenspannungsanalyse läßt sich in der Form ($p = k - 1$)

$$\begin{bmatrix} G_{11} & G_{12} \dots & G_{1p} \\ G_{21} & & \\ \vdots & & \vdots \\ G_{p1} & \dots & G_{pp} \end{bmatrix} \cdot \begin{bmatrix} U_{K1} \\ \vdots \\ U_{Kp} \end{bmatrix} = \begin{bmatrix} I_{Q1} \\ \vdots \\ I_{Qp} \end{bmatrix}, \qquad (5.75)$$

abgekürzt

$$[G]\,[U_K] = [I_Q] \qquad (5.76)$$

schreiben. Dabei heißt $[G]$ die Knotenleitwertmatrix, $[U_K]$ der Spaltenvektor der Knotenspannungen und $[I_Q]$ der Spaltenvektor der unabhängigen Quellenströme.

Die Matrixelemente der Knotenleitwertmatrix sind bekannt. Die Leitwertmatrix kann direkt gewonnen werden:

1. Stelle ein Schema für die p-Knotenspannungen (Spalten) und $p = k - 1$ Knoten (Zeilen) nach Einführung der Knotenspannungen auf.
2. Füge die Knotenleitwerte (= Summe der Leitwerte am Knotenpunkt) in die zum Knoten gehörige Zeile als Hauptdiagonalglieder ein.
3. Trage auf den anderen Plätzen die negativen Koppelleitwerte zwischen den Knotenpunkten und Nachbarknoten (z. B. 2. Zeile Knoten *2* → *3*. Spalte Knoten *3*) auf Nebendiagonalplätzen ein.
4. Beachte die Symmetrie der Matrix zur Hauptdiagonale.

Das sind Regeln völlig analog zu denen der Widerstandsmatrixbildung.

Gl. (5.75) stellt ein lineares Gleichungssystem dar mit der Lösung

$$[U_K] = [G]^{-1}\,[I_Q]\,, \tag{5.77}$$

falls die invertierte Matrix $[G]^{-1}$ existiert. Die Auflösung nach einer Knotenspannung U_{Ki} vollzieht man nach dem gleichen Formalismus, der bereits bei der Maschenstromanalyse angegeben wurde. Zu den Zweigspannungen U_i gelangt man aus den Knotenspannungen U_K über ein lineares Gleichungssystem geschrieben in Form einer Matrixgleichung

$$[U] = [B]\,[U_K] \tag{5.78}$$

Beziehung Zweig-Knoten-Spannung in Matrixform.

$[U]$ ist der Vektor der Zweigspannungen, $[U_K]$ der Vektor der Knotenspannungen und $[B]$ die *Inzidenzmatrix* der Schnitte durch die Baumzweige. Sie wird bestimmt, indem die Knotenspannungen die Spalten- und die Zweigspannungen die Zeile bilden

	U_{K1}	U_{K2}	$U_{K3}, \ldots,$	U_{Kp}
U_1	1	−1	0	0
U_2	0	1	−1	0
U_3	0	1	0	0
⋮	⋮			
U_n	0			

$= [B]$

Das sind die Maschengleichungen und damit die Definitionsgleichungen der Knotenspannungen. Leere Plätze werden mit Nullen gefüllt. Insgesamt lauten die Zweigspannungen dann mit Gl. (5.76)

$$[U] = [B]\,[G]^{-1}\,[I_Q] \tag{5.79}$$

Beziehung Zweigspannungen—Quelle nach dem Knotenspannungsverfahren.

5.3.4 Netzwerktheoreme

Überblick. Im Abschn. 2.4.4.2 lernten wir bereits eine Reihe nützlicher Hilfssätze, sog. *Netzwerktheoreme* kennen, die die Netzwerkanalyse meist für *stationär erregte*

Netzwerke (Gleichstromkreise, später auch Wechselstromkreise Abschn. 6.6) erheblich vereinfachen. Dazu gehörten so wichtige Verfahren wie der Überlagerungssatz, Zweipoltheorie, Ähnlichkeitssatz, Quellenversetzungs- und Teilungssätze, aber auch so einfache wie Reihen- und Parallelschaltung von Widerständen und die Stern-Dreieck-Umwandlung.

Wir wollen jetzt einige weitere Netzwerktheoreme kennenlernen, die vor allem für Netzwerke mit gesteuerten Quellen wichtig sind.

5.3.4.1 Reziprozitätstheorem

Reziprozität (Umkehr-, Austauschbarkeit) ist eine verbreitete Eigenschaft physikalischer Systeme. Man versteht darunter als Axiom:

Vertauschen Ursache und Wirkung in einem physikalischen System ihren Ort, so ergibt sich in einem reziproken System bei gleichbleibender Ursache die gleiche Wirkung.

Anwendung auf Netzwerke. Wir setzen ein lineares zeitunabhängiges Netzwerk ohne unabhängige und gesteuerte Quellen mit nur passiven Elementen (Widerstände, Kapazitäten, Induktivitäten) voraus. Als Ursache und Wirkung fungieren Ströme und/oder Spannungen in *zwei beliebig herausgegriffenen* Zweigen. So kann es immer als Anordnung mit vier Klemmen (Vierpol, s. Abschn. 7.2) aufgefaßt werden. Daher finden wir die hier anschaulich zu begründende Reziprozitätsbedingung später als Vierpolaussage wieder (s. Abschn. 7.2.1.3).

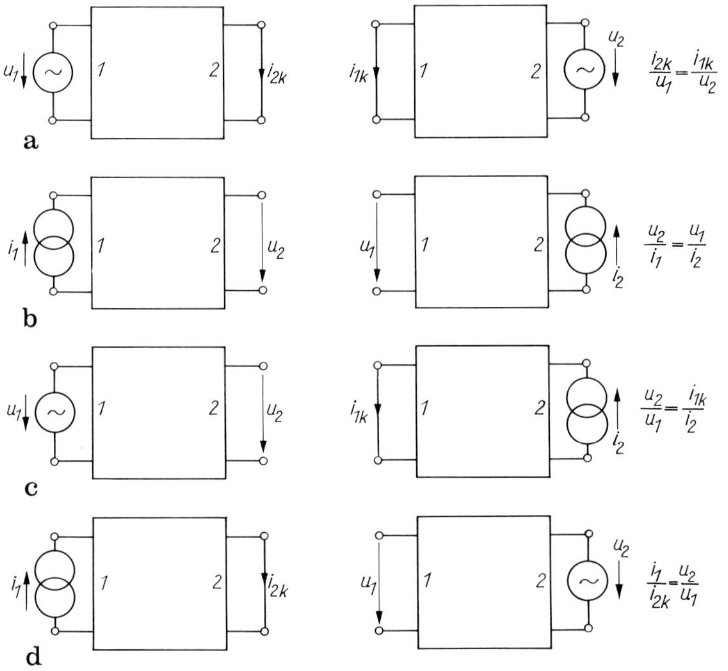

Bild 5.38. Reziprozitätsbeziehungen an Netzwerken

Am Netzwerk wirke jetzt nur eine Quelle (Ursache) im Zweig *1*. Sie verursacht in einem anderen Zweig *2* den Strom $i_2(t)$ oder die Spannung $u_2(t)$ (Wirkung). Dann gilt:

Ein Netzwerk heißt *reziprok* (umkehrbar), wenn die Spannung u_1 (Ursache) im Zweig *1* im Zweig *2* den Strom $i_{2k}(t)$ (bei Kurzschluß), und umgekehrt die Spannung $u_2(t)$ im Zweig *2* (Ursache) im Zweig *1* den Strom i_{1k} (bei Kurzschluß) verursacht (Bild 5.38a) und sich die Kurzschlußströme umgekehrt wie die Spannungen verhalten:

$$\frac{i_{2k}}{i_{1k}} = \frac{u_1}{u_2} \tag{5.80}$$

Reziprozitätsbedingung eines Netzwerkes (in jedem Zeitpunkt).

Für $u_1 = u_2$ folgt daraus $i_{1k} = i_{2k}$ oder in Worten:

Erzeugt eine beliebige Quellenspannung in einem beliebigen Zweig eines reziproken Netzwerkes in einem anderen einen bestimmten Strom, so ruft die gleiche Spannung im anderen Zweig den gleichen Strom im Quellspannungszweig hervor (Austauschprinzip für Spannungsquellen).

Weil als Ursache nicht nur eine Spannungserregung, sondern eine Stromerregung in Frage kommt und am Ausgang auch eine Leerlaufspannung die interessierende Wirkung sein kann, gibt es weitere, zu Gl. (5.80) gleichwertige Formulierungen der Reziprozitätsbedingung. Sie sind im Bild 5.38b bis d angegeben und ohne nähere Erklärung verständlich. Wir kommen später (s. Abschn. 7.2.1.3) darauf zurück.

Hinweise: 1. Das Reziprozitätstheorem unterliegt keiner Beschränkung bezüglich der Zeitfunktionen von Strom und Spannung. Es gilt für Gleichgrößen, stationäre Wechselgrößen und beliebige zeitveränderliche Erregungen.

2. Reziprozität gilt nur für spezielle Netzwerke und nicht so allgemein wie der Überlagerungssatz und die Zweipoltheorie. Es dürfen u. a. weder Quellen (gesteuerte und ungesteuerte), zeitveränderliche Elemente noch Gyratoren vorhanden sein. Die Begründung werden wir bei den Vierpolbetrachtungen (Abschn. 7.2.1.4) finden.

3. Ein reziprokes Netzwerk hat eine symmetrische Maschenwiderstands- bzw. Knotenleitwertsmatrix (s. Gl. (5.66), (5.73)). Man kann nämlich, z. B. bei der Maschenstromanalyse, den von der Quellenspannung U_{Q1} erregten Maschenstrom *2* in den Ausgangskreis legen und den von der Quelle U_{Q2} erregten Maschenstrom *1* in den des Eingangskreises. Dann erfordert Umkehrbarkeit nach Gl. (5.80) $R_{12} = R_{21}$, allgemein $R_{ik} = R_{ki}$: Symmetrie der Matrixelemente zur Hauptdiagonalen.

Beispiel: Reziprozitätssatz. Für Bild 5.39a beträgt der Teilstrom

$$I_{k2} = I_1 \frac{G_3}{G_2 + G_3} \text{ (Stromteilerregel) und } I_1 = \frac{U_{Q1}}{R_1 + R_2 \parallel R_3}, \text{ also}$$

$$I_{k2} = \frac{G_3}{G_2 + G_3} \cdot \frac{U_{Q1}}{R_1 + R_2 \| R_3} = \frac{G_3 U_{Q1}}{1 + R_1(G_2 + G_3)} = \frac{U_{Q1}}{R_3 + R_1(1 + R_3/R_2)}. \tag{1}$$

Für Schaltung Bild 539a2 ergibt sich der Kurzschlußstrom $I_{k1} = I_2 \cdot G_1/(G_1 + G_2)$ und

$$I_2 = \frac{U_{Q1}}{R_3 + R_1 \| R_2}, \text{ also } I_{k1} = \frac{G_1}{G_1 + G_2} \cdot \frac{U_{Q2}}{R_3 + R_1 \| R_2} = \frac{G_1 U_{Q2}}{1 + R_3(G_1 + G_2)}$$

$$= \frac{U_{Q2}}{R_1 + R_3(1 + R_1/R_2)}. \tag{2}$$

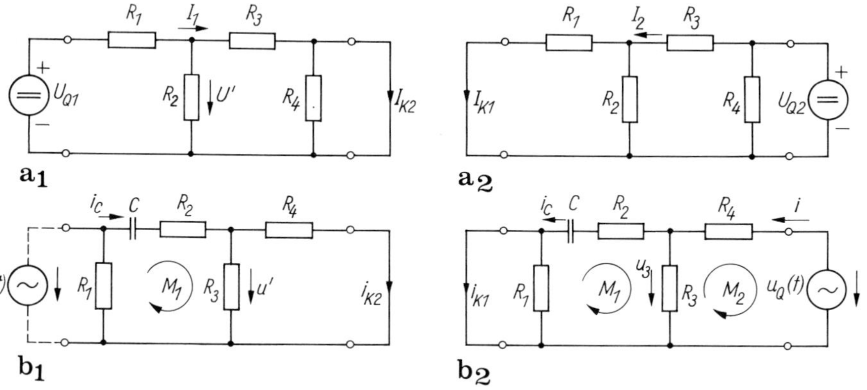

Bild 5.39. Beispiele zum Reziprozitätssatz. **a1**), **a2**) Gleichstromnetzwerk; **b1**), **b2**) Wechselstromnetzwerk

Durch Quotientenbildung der Gl. (1) und (2) folgt (s. Gl. (5.80))

$$\frac{I_{k2}}{I_{k1}} = \frac{U_{Q1}}{U_{Q2}}.$$

Beispiel: Reziprozitätssatz. Die Reziprozitätsbedingung gilt für beliebige Zeitfunktionen. Wir untersuchen dazu die Schaltung Bild 5.39b bei beliebigem $u_Q(t)$. Im Bild 5.39b1 ist der Kurzschlußstrom $i_{k2} \sim u' = i_C/(G_3 + G_4)$. Der Maschensatz ergibt für Masche *1*:

$$u_Q(t) = u_C + i_C R_2 + u' = u_C + i_C\left[R_2 + \frac{1}{G_3 + G_4}\right] = \frac{1}{C}\int i_C\,dt + \left[R_2 + \frac{1}{G_3 + G_4}\right] i_C$$

$$= \frac{1}{C}\left(1 + \frac{R_4}{R_3}\right)\int i_{k2}\,dt + \left[R_4 + R_2\left(1 + \frac{R_4}{R_3}\right)\right] i_{k2}\,.$$

Damit kennt man die DGl. für $i_{k2} = i_C \cdot G_4/(G_3 + G_4)$.

Für Schaltung Bild 5.39b2 gilt mit $i_C = i_{k1}$ in Masche *2* $u_Q(t) = iR_4 + u_3 = u_3 + R_4(i_C + u_3/R_3) = i_C R_4 + u_3(1 + R_4/R_3) = i_C[R_4 + (R_2 i_C + u_C)(1 + R_4/R_3)]$ mit $u_3 = i_C R_2 + u_C$ für Masche *1*.

Das Ergebnis

$$u_Q(t) = \frac{1}{C}\left(1 + \frac{R_4}{R_3}\right)\int i_{k1}\,dt + \left[R_4 + R_2\left(1 + \frac{R_4}{R_3}\right)\right] i_{k1}$$

stimmt mit dem von Bild 5.39b1 überein, daher haben i_{k1} und i_{k2} gleichen Zeitverlauf.

5.3.4.2 Miller-Theorem

In elektronischen Schaltungen werden oft zwei Knoten des Ein- und Ausgangskreises durch einen Widerstand R überbrückt, wie im Bild 5.40a dargestellt. Eine solche Schaltung wirkt als sog. *Rückkopplung* (s. Abschn. 7.2.2.2). Das *Theorem von Miller* besagt dann:

Ein zwischen zwei Knoten *1*, *2* eines Netzwerkes liegender Widerstand R kann in zwei Einzelwiderständen zwischen diesen Knoten und einem dritten Bezugsknoten aufgeteilt werden, wenn das Spannungsverhältnis $v_u = U_2/U_1$ beider Spannungen zwischen dem Ein- und Ausgangsknoten und dem Bezugsknoten bekannt ist.

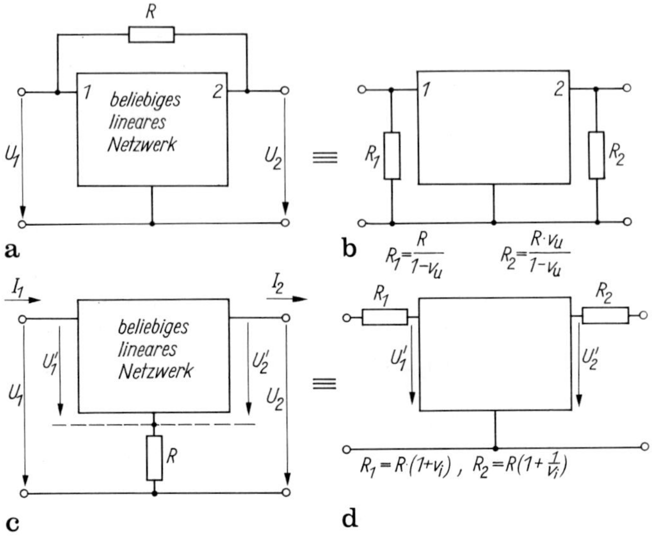

Bild 5.40. Miller-Theorem. **a**), **b**) Widerstand R zwischen den Knoten *1* und *2* eines Netzwerkes mit der Spannungsübersetzung $v_u = U_2/U_1$; **c**), **d**) Widerstand R im gemeinsamen Verbindungszweig zwischen Ausgangs- und Eingangskreis eines Netzwerkes mit der Stromübersetzung $v_i = I_2/I_1$

Bild 5.40b zeigt die Gleichwertigkeit.

Die beiden *Knotenspannungen* U_1, U_2 erzeugen vom Knoten *1* aus den Strom

$$I_1 = \frac{U_1 - U_2}{R} = \frac{U_1}{R_1} \quad \text{mit} \quad R_1 = \frac{R}{1 - v_u} \tag{5.81a}$$

durch den Widerstand R und vom Knoten *2* des entgegengesetzt fließenden Stromes

$$I_2 = -I_1 = \frac{U_2 - U_1}{R} = \frac{U_2}{R_2} \quad \text{mit} \quad R_2 = \frac{Rv_u}{1 - v_u}. \tag{5.81b}$$

So kann der Überbrückungswiderstand R durch die Widerstände R_1, R_2 nach Knoten 0 ersetzt werden, ohne an der Schaltung etwas zu ändern.

Für v reell und >1 wirkt ein reeller Widerstand R wie ein negativer Widerstand zwischen 0 und 1, für v reell und <1 entsteht analog ein negativer Widerstand am Ausgang der Schaltung.

Ein entsprechendes Theorem ergibt sich auch, wenn ein Widerstand R in der gemeinsamen Verbindungsleitung eines Netzwerkes liegt, wie im Bild 5.40c dargestellt:

Ein Widerstand, der zwei Maschen eines Netzes gemeinsam hat, kann in zwei Einzelwiderstände R_1, R_2 zerlegt werden, die in zwei an diesem Knoten angeschlossenen Zweigen liegen, wenn deren Stromverhältnis $v_i = -I_2/I_1$ bekannt ist.

Bild 5.40c und d zeigt die Gleichwertigkeit. Mit den *Strömen* I_2, I_1 ergibt sich die Spannung über den Widerstand

$$U = U_1 - U_1' = R(I_1 - I_2) = R_1 I_1$$

mit

$$R_1 = R(1 + v_i) \tag{5.82a}$$

und

$$U = U_2 - U_2' = R(I_1 - I_2) = -R_2 I_2$$

mit

$$R_2 = R\left(1 + \frac{1}{v_i}\right). \tag{5.82 b}$$

Durch das Miller-Theorem läßt sich besonders die Funktion rückgekoppelter tungen veranschaulichen, insbesondere von Schaltungen mit gesteuerten Quellen (Verstärker, Transistoren). Es wird in der Elektronik vielfältig angewendet.

5.3.4.3 Teilungssatz symmetrischer Netzwerke

Symmetrische Schaltungen kommen besonders in der Elektronik vor (z. B. Differenzverstärker, Gegentaktverstärker). Ihre Berechnung wird durch den Teilungssatz beträchtlich vereinfacht und das Verständnis erleichtert.

Das symmetrische Netzwerk wird dazu in zwei spiegelbildliche Teile zerlegt und alle unabhängigen Quellen aus dem Netzwerk herausgezeichnet, wie im Bild 5.41 dargestellt. Bei *symmetrischer Erregung* (im sog. *Gleichtakt*) des Netzwerkes gilt

$$U_1 = U_2 = U_{ges}.$$

Dann fließen in den Verbindungsleitungen zwischen beiden Teilen keine Ströme ($I_k = 0$). Damit können beide Teile voneinander getrennt und so berechnet werden.

Bei *Gegentakterregung* des Netzwerkes

$$U_1 = -U_2 = U_G$$

liegen zwischen den Verbindungsleitungen keine Spannungen ($U_{ik} = 0$) und beide Teile können durch Kurzschluß zwischen beiden Hälften getrennt werden. Auf diese Weise läßt sich eine komplizierte Schaltung relativ einfach berechnen.

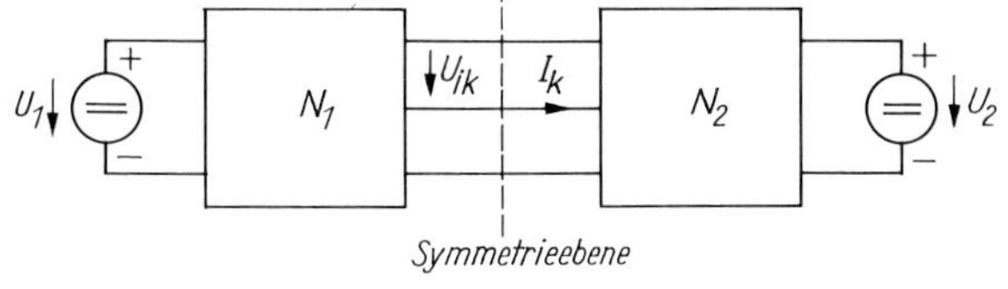

Bild 5.41. Teilungssatz symmetrischer Netzwerke

5.3.5 Netzwerkgleichung

In einem Netzwerk mit Energiespeichern treten in den Kirchhoffschen Gleichungen Integrale und Differentiale der gesuchten Veränderlichen auf, z. B. Zweigströme. Derartige Gleichungen heißen *Integro-Differentialgleichungen*. So, wie z. B. in Netzwerken ohne Energiespeicher aus den Kirchhoffschen Gleichungen durch schrittweises Eliminieren der Unbekannten schließlich nur noch eine Gleichung für die gesuchte Unbekannte (Momentanwert eines Stromes oder Spannung) übrigbleibt, können auch in Netzwerken mit Energiespeichern die Unbekannten schrittweise eliminiert werden. Schließlich bleibt noch eine Integro-Differentialgleichung — die *Netzwerkgleichung* — für die gesuchte Unbekannte als Funktion der Netzwerkerregung übrig. Sie hat konstante Koeffizienten. Der sog. *Grad n* dieser Differentialgleichung, d. h. die höchste vorkommende zeitliche Ableitung, hängt von der Anzahl der im Netzwerk vorhandenen *unabhängigen Energiespeicher* (C, L, M) ab: ein unabhängiger (n unabhängige) Energiespeicher → Netzwerkdifferentialgleichung ersten (n-ten) Grades.

Unabhängig sind Energiespeicher gleicher Art (z. B. L, C), wenn sie nicht durch gleiche Elemente weiter zusammengefaßt werden können (z. B. Parallel- bzw. Reihenschaltung zweier Kondensatoren).

Beispiel: Aufstellen der Differentialgleichung (Bild 5.42). Nach der Lösungsmethodik Abschn. 2.4.4.1 folgen mit $z = 3$, $k = 2$ eine unabhängige Knoten- und zwei unabhängige Maschengleichungen. Sie lauten:

$$\begin{aligned} &(1)\ K_1:\ i_1 - i_2 - i_3 = 0\,,\\ &(2)\ M_1\circlearrowright\ i_1R_1 + i_2R_2 - u_Q(t) = 0\,, \qquad (4)\ i_3 = C\frac{\mathrm{d}u_C}{\mathrm{d}t}\,,\\ &(3)\ M_2\circlearrowright\ -i_2R_2 + u_C = 0\,. \end{aligned}$$

Es folgt aus (4), (1) und (3)

$$(5)\ C\frac{\mathrm{d}u_C}{\mathrm{d}t} = i_1 - i_2 = i_1 - \frac{u_C}{R_2}.$$

Auflösen von (2) nach i_1 und Beachten von (3) ergibt mit (5)

$$(6)\ C\frac{\mathrm{d}u_C}{\mathrm{d}t} = \frac{1}{R_1}(u_Q - u_C) - \frac{u_C}{R_2} = \frac{u_Q}{R_1} - u_C\left(\frac{1}{R_1} + \frac{1}{R_2}\right).$$

Dies ist die gesuchte Netzwerk-Differentialgleichung für die Spannung u_C. Sie ist vom ersten Grad, weil nur eine Kapazität C auftritt. Würde man zu C noch eine Kapazität C_2 parallelschalten, so bliebe der Grad erhalten. C und C_2 sind nämlich nicht unabhängig, sondern können zusammengefaßt werden:

$$C\frac{\mathrm{d}u_C}{\mathrm{d}t} + u_C\left(\frac{1}{R_1} + \frac{1}{R_2}\right) = \frac{u_Q}{R_1}.$$

Allgemein hat die Netzwerk-Differentialgleichung die Form

$$\begin{aligned} a_n\frac{\mathrm{d}^n y(t)}{\mathrm{d}t^n} + a_{n-1}\frac{\mathrm{d}^{n-1}y(t)}{\mathrm{d}t^{n-1}} + \ldots + a_1\frac{\mathrm{d}y(t)}{\mathrm{d}t} + a_0 y(t)\\ = \sum_{i=1}^{m} b_{mi}\frac{\mathrm{d}^m x_i(t)}{\mathrm{d}t^n} + \ldots + b_{1i}\frac{\mathrm{d}x_i(t)}{\mathrm{d}t} + b_{0i}x_i(t). \end{aligned} \tag{5.83}$$

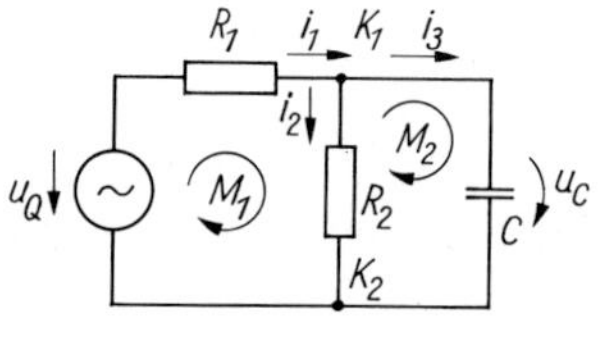

Bild 5.42. Aufstellen der Netzwerk-Differentialgleichung

Allgemeine Form der Netzwerk-Differentialgleichung ist also vom Grade n.

Hierin bedeuten

$y(t)$ die gesuchte Größe (z. B. Zweigstrom, -spannung, Maschenstrom, Knotenspannung).

$x_i(t)$ die Netzwerkerregungen (Ursache: Quellenspannungen, -ströme).

Im eben betrachteten Beispiel betragen also ($n = 1$, $l = 0$)

$$y(t) = u_C, \quad x(t) = u_Q(t),$$

$$a_1 = C, \quad a_0 = \frac{1}{R_1} + \frac{1}{R_2}, \quad b_0 = \frac{1}{R_2}.$$

Die rechte Seite enthält nur bekannte Zeitfunktionen und deren Ableitungen. Deshalb kann sie insgesamt zur *Erregerfunktion* $f(t)$ zusammengefaßt werden.

Zur Netzwerkgleichung (5.83) treten als weitere Bestimmungsgleichungen die n-Anfangsbedingungen. Sie geben Auskunft über die Anfangszustände der n-Speicherelemente (Ströme durch die Induktivitäten, Spannungen über den Kapazitäten) zum Zeitpunkt des Lösungsbeginns.

Die Differentialgleichung (5.83) heißt *homogen*, wenn die rechte Seite verschwindet, also keine Erregergröße vorhanden ist. Dann ist der Zeitverlauf der Lösung $y(t)$ grundsätzlich durch Art, Größe, Anordnung und Anzahl der im Netzwerk vorhandenen Energiespeicher und ihre Anfangsenergie bestimmt. Deshalb können Ströme und Spannungen nur durch die Anfangsenergien der Speicherelemente verursacht werden. Die stets vorhandenen Ohmschen Verluste verwandeln diese Anfangsenergie schließlich in Wärme. Dann verschwinden die Ströme und Spannungen für $t \to \infty$.

Die Differentialgleichung heißt *inhomogen*, wenn die rechte Seite nicht verschwindet, also z. B. Quellen eingeschaltet werden, Gleich- und Wechselgrößen stationär anliegen u. a. m. Dann hängt die Lösung $y(t)$ von der Erregung und den Anfangswerten ab, für $t \to \infty$ nur noch von der Erregung. Dieser Fall heißt *stationärer Zustand*. Er spielt eine wichtige Rolle für Wechselstromkreise.

Die Lösung der Netzwerk-Differentialgleichung ist die zentrale Aufgabenstellung der Netzwerkanalyse (s. Tafel 5.7 und 5.8). Hierfür wurden verschiedene allgemeine Methoden entwickelt, insbesondere für

- *stationäre Lösungen*, z. B. sinusförmige Erregungen lange nach dem Einschalten der Erregerquellen. Wir befassen uns damit im Abschn. 6;
- für das *Übergangsverhalten* (Impuls-Schaltverhalten). Dies ist der Zustand unmittelbar nach einer plötzlichen Anregung (z. B. Einschalten einer Gleich- oder Wechselspannung). Nach genügend langer Zeit geht dieser Zustand in den stationären Fall über. Solche Probleme behandeln wir in Abschn. 10.

Allgemeine Lösungseigenschaften. Wegen der grundsätzlichen Bedeutung der Netzwerk-Differentialgleichungen für die Elektrotechnik erwähnen wir einige ihrer wichtigsten Eigenschaften (soweit sie für diese Einführung Bedeutung haben):

Eine *homogene* DGl. der Form (5.83)

$$a_n \frac{d^n y}{dt^n} + a_{n-1} \frac{d^{n-1} y}{dt^{n-1}} + \ldots + a_1 \frac{dy_1}{dt} + a_0 y = 0 \tag{5.84}$$

hat n verschiedene linear unabhängige Lösungen $y_1(t)$, $y_2(t)$, ... , $y_n(t)$. Sie ergeben die (homogene) Gesamtlösung $y_h(t)$

$$y_h(t) = K_1 y_1(t) + K_2 y_2(t) + \dots + K_n y_n(t)\,. \tag{5.85}$$

Die K_i sind beliebige Konstanten.

Die Gesamtlösung der *inhomogenen* Differentialgleichung

$$y(t) = y_h(t) + y_p(t) \tag{5.86}$$

enthält neben der Lösung y_h der homogenen Differentialgleichung noch die sog. *partikuläre* Lösung $y_p(t)$. Sie muß die inhomogene Gleichung erfüllen und enthält keine beliebigen Konstanten.

Die Konstanten K_i sind durch die n Anfangswerte der Variablen y (einschließlich ihrer Ableitungen) festzulegen.

Lösung der homogenen Differentialgleichung. Wir beschränken uns auf einen Lösungsansatz der Form

$$y(t) = e^{\lambda t}\,.$$

Dabei sei λ eine später noch zu definierende Konstante. Einsetzen in die homogene Differentialgleichung ergibt

$$(a_n \lambda^n + a_{n-1} \lambda^{n-1} + \dots + a_1 \lambda + a_0)\, e^{\lambda t} = 0$$

oder, da die Lösung für alle t gelten muß

$$a_n \lambda^n + a_{n-1} \lambda^{n-1} + a_1 \lambda + a_0 = 0 \tag{5.87}$$

charakteristische Gleichung der Differentialgleichung.

Diese algebraische Gleichung hat n Lösungen (gegeben durch die n Nullstellen oder *Eigenfrequenzen* λ_1, λ_2, λ_3, ... , λ_n). Dann lauten die Lösungen der homogenen DGl.

$$y_1(t) = e^{\lambda_1 t}, \qquad y_2(t) = e^{\lambda_2 t}, \dots,\ y_n(t) = e^{\lambda_n t}\,.$$

Sind alle Nullstellen λ_i verschieden, so sind die n Lösungen voneinander linear unabhängig und ergeben die Gesamtlösung:

$$y_h(t) = K_1 e^{\lambda_1 t} + K_2 e^{\lambda_2 t} + \dots + K_n e^{\lambda_n t}. \tag{5.88}$$

Treten komplexe Lösungen der charakteristischen Gleichung auf, so schreibt man $y_h(t)$ besser in anderer Form. Wegen der reellen Koeffizienten der DGl. treten die Wurzeln paarweise konjugiert-komplex auf. Ist $\lambda_1 = -\alpha + j\beta$ (α, β reell), so muß gelten $\lambda_2 = -\alpha - j\beta$. Mit der Euler-Relation $\exp \pm j\Theta = \cos \Theta \pm j \sin \Theta$ wird dann

$$\begin{aligned} K_1 e^{\lambda_1 t} + K_2 e^{\lambda_2 t} &= e^{-\alpha t}[K_1 e^{j\beta t} + K_2 e^{-j\beta t}] \\ &= e^{-\alpha t}[(K_1 + K_2)\cos \beta t + j(K_1 - K_2)\sin \beta t] \\ &= K_3 e^{-\alpha t} \cos(\beta t + \Phi)\,. \end{aligned} \tag{5.89}$$

Bei den komplexen Wurzeln kann der zugehörige Term in $y_h(t)$ stets in einer der beiden letzten Formen geschrieben werden.

Für Mehrfachwurzeln z. B. k-fach ($\lambda_1 = \lambda_2 = \dots = \lambda_k$) lautet die Lösung

$$y_h(t) = (K_1 + K_2 t + \dots + K_k t^{k-1})\, e^{\lambda_1 t} + \dots + K_n e^{\lambda_n t}. \tag{5.90}$$

Im Beispiel Bild 5.42 lautet die Eigenfrequenz λ_1:

$$a_1 \lambda_1 + a_0 = 0\,,$$

d. h.,

$$\lambda_1 = -\frac{a_0}{a_1} = -\frac{1}{C}\left(\frac{1}{R_1} + \frac{1}{R_2}\right)$$

und damit die Lösung

$$y_h(t) \equiv u_{Ch}(t) = K_1 \exp - \frac{1}{C}\left(\frac{1}{R_1} + \frac{1}{R_2}\right) t .$$

Zur Zeit $t = 0$ möge die Kapazität auf die Spannung $u_C(0) = U_0$ aufgeladen gewesen sein, also

$$u_C(0) = U_0 = u_{Ch}(0) = K_1 e^0 , \quad \text{d. h.,} \quad K_1 = u_C(0) = U_0 .$$

Somit gilt als Lösung

$$u_{Ch}(t) = U_0 \exp - \frac{1}{C}\left(\frac{1}{R_1} + \frac{1}{R_2}\right) t .$$

Sie klingt für $t \to \infty$ erwartungsgemäß nach 0 ab ($e^{-\infty} \to 0$).

Anschaulich dient die in der Kapazität C gespeicherte Energie $Cu_C^2(0)/2$ bei der Entladung zur Erwärmung der Widerstände R_1 und R_2.

Lösung der inhomogenen Differentialgleichung. Die Lösung der inhomogenen DGl. setzt die Kenntnis der homogenen voraus. Zum Auffinden der Partikulärlösung $y_p(t)$ sind zwei Standardverfahren üblich:

— *Variation der Konstanten* und

— Methode der *unbestimmten Koeffizienten.*

Die letztere (weit verbreitete) wird zweckmäßigerweise benutzt, wenn $F(t)$ nur aus einer endlichen Anzahl von unabhängigen Quellen besteht (mit linear unabhängigen Ableitungen). Das Verfahren versagt z. B. bei zeitveränderlichen Netzwerkelementen.

Speziell für die harmonischen Netzwerkerregungen $x(t) = X_m \cos(\omega t + \varphi)$ gewinnt man $y_p(t)$ aus einem Ansatz:

$$y_p(t) = Y_m \cos(\omega t + \varphi_y) \tag{5.91}$$

(mit noch unbekannter Amplitude Y_m und Phase φ_y). Dies ist möglich, weil die Ableitung einer harmonischen Funktion wieder eine solche liefert.

Man setzt $y_p(t)$ in die DGl. ein und erhält stets zwei algebraische Gleichungen, in denen nur noch Y_m und φ_y als Unbekannte auftreten.

Da bei einem stationär erregten Netzwerk die Lösung der homogenen DGl. nicht mehr auftritt (sie klingt ja für $t \to \infty$ stets gegen Null ab), ist in solchen Fällen unmittelbar der Ansatz $y_p(t)$ zugleich ihre Lösung. Auf diesem Ergebnis baut der gesamte Abschn. 6 als Kern der sog. Wechselstromtechnik auf.

Beispiel: Netzwerk-Integro-Differentialgleichung. Für die Schaltungen Bild 5.43 stelle man die Netzwerk-Integro-Differentialgleichung (NDG) in der Form $u(t) = f(i[t])$ auf und bestimme die Konstanten a_n und b_m nach Gl. (5.83). In allen Fällen sei der Strom $i(t)$ als Erregung ($i \equiv x$),

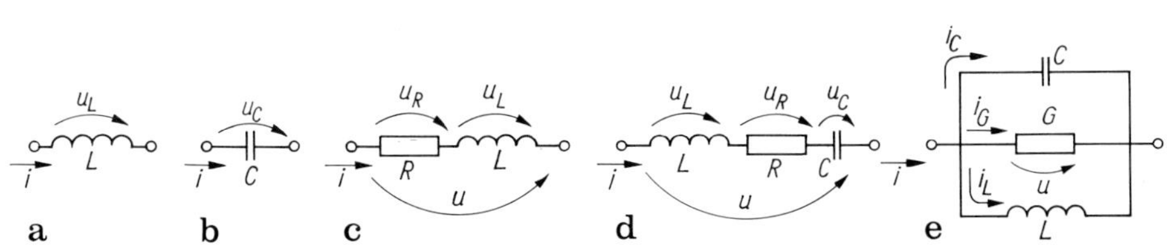

Bild 5.43. Beispiele zur Aufstellung der Netzwerk-Differentialgleichung

die Spannung $u(t)$ als Wirkung ($u \equiv y$) zu betrachten. Man erhält der Reihe nach durch Vergleich mit Gl. (5.83)

a) NDG: $u_L = L\dfrac{di}{dt}$, Konstanten $a_0 = 1$ (a_1 usw. $= 0$), $b_0 = 0$ $b_1 = L$;

b) NDG: $C\dfrac{du_C}{dt} = i$, Konstanten $a_0 = 0$ $a_1 = C$, $b_0 = 1$ $b_1 = 0$;

c) NDG: $u = iR + L\dfrac{di}{dt}$, Konstante $a_0 = 1$, $a_1 = 0$, $b_0 = R$, $b_1 = L$;

d) NDG: $u = L\dfrac{di}{dt} + iR + \dfrac{1}{C}\int i\,dt$.

Wir differenzieren beiderseits, um die Form Gl. (5.83) zu erhalten:

$$\frac{du}{dt} = L\frac{d^2i}{dt^2} + R\frac{di}{dt} + \frac{i}{C},$$ Konstanten: $a_0 = 0$, $a_1 = 1$,

$b_0 = \dfrac{1}{C}$, $b_1 = R$, $b_2 = L$.

e) Der Knotensatz führt auf

$i_L + i_R + i_C = i$ bzw. mit den Netzwerkelementbeziehungen

$$\frac{1}{L}\int u\,dt + Gu + C\frac{du}{dt} = i.$$

Beiderseitige Differentiation ergibt

$$\frac{1}{L}u + G\frac{du}{dt} + C\frac{d^2u}{dt^2} = \frac{di}{dt}$$

Konstanten: $a_0 = \dfrac{1}{L}$, $a_1 = G$,
$a_2 = C$,
$b_0 = 0$, $b_1 = 1$.

In allen Fällen hängen die Koeffizienten a_n, b_m eines linearen, zeitunabhängigen Netzwerkes nur von den Netzwerkelementen ab.

Zur Selbstkontrolle: Abschnitt 5

5.1 Wie lauten die linear zeitunabhängigen (zeitabhängigen) bzw. differentiellen Strom-Spannungs-Beziehungen für die Schaltelemente R, L, C?

5.2 Was ist ein passives Netzwerk?

5.3 Wie lauten die Strom-Spannungs-Beziehungen der vier abhängigen Quellen? Wie können sie veranschaulicht werden? Wo treten solche Quellen z. B. in einer Transistorersatzschaltung auf?

5.4 Man veranschauliche an der Diodenkennlinie $I = I_S[\exp(U/U_T) - 1]$ den Begriff „differentieller Widerstand“! Wie groß ist er im Nullpunkt?

5.5 Erklären Sie physikalisch folgende Zusammenhänge einer zeitunabhängigen linearen Kapazität: $Q = CU$, $i = C(du/dt)$! Was kann als statische Kennlinie dargestellt werden?

5.6 Es sei die dynamische Kennlinie eines passiven Zweipolelementes bekannt (z. B. ein Kreis). Wie kann daraus der Zeitverlauf von Strom und Spannung gewonnen werden?

5.7 Veranschaulichen Sie die Energiebilanz einer zeitabhängigen Kapazität!

5.8 Erklären Sie folgende Begriffe: Momentan-, Scheitelwert, Nullphasenwinkel, Liniendiagramm!

5.9 Wodurch wird eine Wechselgröße, wodurch eine sinusförmige Spannung gekennzeichnet?

5.10 Welche Spannung ergibt sich, wenn zwei sinusförmige Teilspannungen $u_1(t)$, $u_2(t)$ mit unterschiedlichen Phasenwinkeln addiert werden?

5.11 Erläutern Sie die Begriffe: arithmetischer Mittelwert, Effektivwert, Gleichrichtwert (physikalisch-anschauliche Begründung geben)! Warum ist der Effektivwert nie negativ?

5.12 Welche Meßinstrumente zeigen den arithmetischen Mittelwert bzw. den Effektivwert an? (Begründung geben.)

5.13 Erläutern Sie die Begriffe: vollständiger Baum, Baumkomplement! Welche Aussage gestatten sie?

5.14 Welche Gleichungen sind zur Analyse eines Netzwerkes erforderlich? (Beispiele angeben.)

5.15 Erläutern Sie die Maschenstrom- und Knotenspannungsanalyse (Methodik, Vorteile, Aufstellung der Gleichungen, Gewinnung der Netzwerkmatrix)! Was bedeuten die Begriffe Koppelwiderstand und Koppelleitwert? Hängen beide zusammen?

5.16 Können Maschenstrom- und Knotenspannungsanalyse auf folgende Netzwerke angewendet werden
— mit Energiespeichern,
— mit nichtlinearen Elementen?

5.17 Erläutern Sie das Reziprozitätstheorem!

5.18 Was besagen die Teilungs- und Versetzungssätze?

5.19 Was besagt der Begriff „Netzwerk-Differentialgleichung"? Wie wird sie gewonnen, welche prinzipiellen Aussagen gestattet sie? Welche Gleichung entsteht daraus
— für ein Gleichstromnetzwerk ohne Energiespeicher
— für ein stationär sinusförmig erregtes Netzwerk?

6 Netzwerke bei stationärer harmonischer Erregung

Ziel. Nach Durcharbeit des Abschnittes 6 sollen beherrscht werden:
Abschnitt 6.1
- die Strom-Spannungs-Beziehungen der Netzwerkelemente bei sinusförmiger Erregung;
- die Begriffe Wirk-, Blind-, Scheinwiderstand (Leitwert);
- die Aufstellung der Netzwerk-Differentialgleichung für lineare Netzwerke und Gewinnung der stationären Lösung für die gesuchte Zweiggröße durch Ansatz einer harmonischen Funktion.

Abschnitt 6.2
- die Rechenregeln für komplexe Größen;
- die Darstellung reeller harmonischer Zeitfunktionen durch rotierende Zeiger und deren Eigenschaften, Unterschied rotierender-ruhender Zeiger;
- die Begriffe komplexer Momentanwert, komplexer Effektivwert;
- die Vorteile der komplexen Rechnung (Transformation in den Frequenzbereich) bei der Netzwerkanalyse;
- die Gewinnung des Momentanwertes einer gesuchten Zweiggröße über die Hin- und Rücktransformation der Netzwerk-Differentialgleichung;
- die Begriffe Widerstands- und Leitwertoperator der Grundschaltelemente, Zeigerdiagramme der Ströme und Spannungen;
- die Transformation der Schaltung in den Frequenzbereich und die rationelle Gewinnung einer gesuchten Zweiggröße;
- die Erweiterung der Gleichstromanalyseverfahren auf Wechselstromnetzwerke im Frequenzbereich;
- der Begriff Frequenzgang und seine Anwendung sowie der Zusammenhang mit der Netzwerk-Differentialgleichung.

Abschnitt 6.3
- die Entwicklung der Ortskurve passiver Zweipole;
- die Inversion einer Ortskurve, Inversionsgesetze;
- die Anwendung des Inversionsdiagramms;
- das Betrags-, Phasenwinkeldiagramm.

Abschnitt 6.4
- der Leistungsbegriff bei Wechselstrom, Wirk-, Blind- und Scheinleistung;
- die Leistungsanpassung im Wechselstromkreis.

Übersicht. Besondere Bedeutung für die Elektrotechnik haben Netzwerke mit harmonischer (sinusförmiger) Erregung im *stationären* oder *eingeschwungenen* Zustand. Man spricht hier von *Wechselstromschaltungen* oder der *Theorie der Wechselströme*. Ausgang der Analyse von Wechselstromschaltungen ist zunächst die Netzwerk-Differentialgleichung (s. Abschn. 5.3.5). Sie kann auf zwei Wegen gelöst werden:

a) Durch einen *Lösungsansatz* mit einer Sinus-(Cosinus-)Funktion. Dabei tritt die Zeit als veränderliche Größe auf. Das ist eine Darstellung der Lösung im *Zeitbereich* (Abschn. 6.1);

b) durch Benutzung der Rechenregeln *komplexer Zahlen* als sog. *symbolische* oder *komplexe Methode*. Dieses Verfahren heißt *Methode des Frequenzbereiches* (Abschn.

6.2). Es ist wesentlich einfacher als die Methodik a) und stellt deshalb das Grundverfahren der Wechselstromtechnik dar.

6.1 Analyse im Zeitbereich

Die Momentanwerte aller Ströme und Spannungen im Netzwerk liegen *zu jedem Zeitpunkt* durch die Kirchhoffschen Gleichungen fest. Deshalb wird eine beliebige gesuchte Größe, z. B. ein Zweigstrom, allein durch seine *Zeitfunktion* bestimmt. Sie umfaßt bei sinusförmiger Erregung Amplitude, Frequenz und Phase als Kenngrößen (s. Abschn. 5.2.2). Die Frequenz ist durch die Erregung gegeben (s. Abschn. 5.2). Nach Abschn. 5.3.5 erhalten wir die gesuchte Größe direkt aus der Netzwerk-Differentialgleichung mit einem *Lösungsansatz für die unbekannte Amplitude und Phase*, z. B. eines gesuchten Zweigstromes.

Die Bestimmung der gesuchten Größe im Zeitbereich heißt allgemein *Darstellung im Zeitbereich*. Gleichwertige Bezeichnungen sind *Zeitebene*, *Originalbereich* u. a. m. (Tafel 6.1).

Merke: Im Zeitbereich ist jede physikalische Größe (Strom, Spannung) mit einem Oszillograph meßbar.

Tafel 6.1. Netzwerkberechnung eines stationär sinus- oder cosinusförmig erregten Netzwerkes im Zeitbereich. (Die Netzwerkgleichung ist von der Form (5.83))

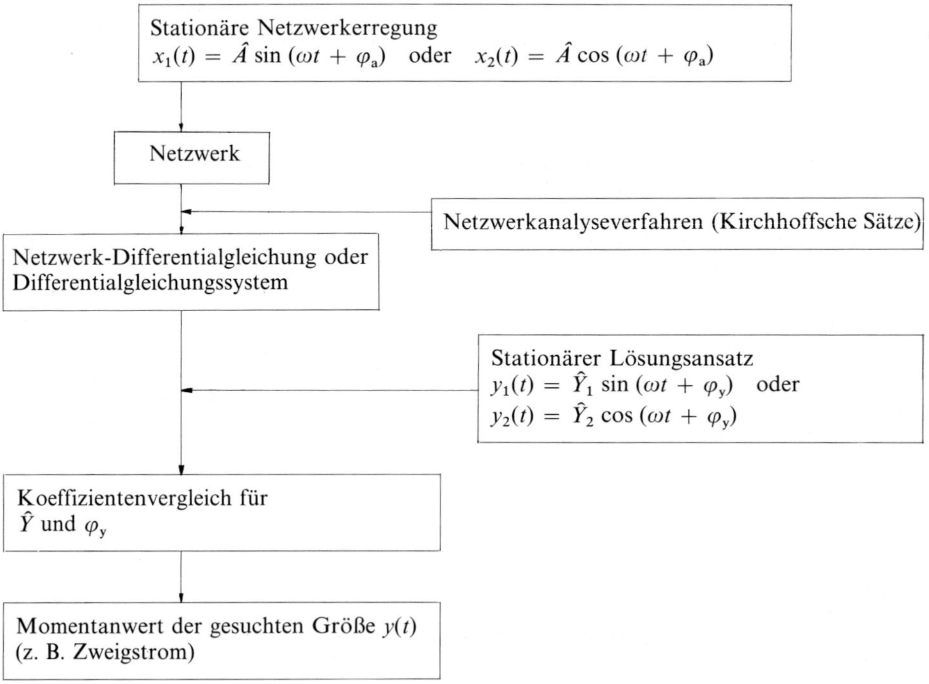

Die Netzwerkanalyse im Zeitbereich lernen wir in zwei Teilschritten kennen:
- Berechnung der Strom-Spannungs-Relation der Grundelemente R, L, C (Abschn. 6.1.1);
- Anwendung der Ergebnisse auf einfache Netzwerke (Abschn. 6.1.2).

6.1.1 Verhalten der Netzwerkelemente *R*, *L*, *C*

Fließt durch ein Netzwerkelement ein Strom $i(t)$ als Ursache, so stellt sich die Spannung $u(t)$ als Wirkung ein (und umgekehrt). Der Zusammenhang hängt von der jeweiligen Strom-Spannungs-Relation des Elementes ab. Sie lautet[1]

Kondensator $u = \frac{1}{C}\int i\,dt$ Integralgleichung[2] bzw. $i = C\frac{du}{dt}$,

Spule $u = L\frac{di}{dt}$ Differentialgleichung bzw. $i = \frac{1}{L}\int u\,dt$.

Beides sind einfache Sonderfälle der allgemeinen Netzwerk-Differentialgleichung (5.83). Für eine angelegte Sinusspannung $x_1(t) = u(t) = \hat{U}\sin(\omega t + \varphi_u)$ wurden die wichtigsten Ergebnisse in Tafel 6.2 zusammengestellt. Wir entnehmen:

Ohmscher Widerstand. Am ohmschen Widerstand sind Strom und Spannung in jedem Zeitpunkt in Phase. Der Quotient $\hat{U}/\hat{I}$ der Amplituden ist gleich dem ohmschen Widerstand R.

Kondensator. Der Momentanwert des Stromes $i(t)$ ergibt sich durch Differentation der Spannung $u(t)$. Deshalb ist der Quotient $\hat{U}/\hat{I}$ gleich dem Reziprokwert des Produktes ωC.

Beachte: Der Maximalwert der Spannung tritt eine Viertelperiode später als der des Stromes auf. Die *Kondensatorspannung eilt dem Kondensatorstrom um 90° nach*:

$$\varphi_u = \varphi_i - \frac{\pi}{2}.$$

Im *Liniendiagramm* ist deshalb die u-Kurve gegenüber der i-Kurve nach *rechts* verschoben.

Am Kondensator wird das Verfahren des Lösungsansatzes besonders deutlich. Man vergleicht die Unbekannten $\hat{I}$ und φ_u (Zeile 4 in Tafel 6.2) einfach mit dem Ergebnis des Differentials $C(du/dt)$ nach Amplitude und Phase (Zeile 5 in Tafel 6.2).

Induktivität. Der Momentanwert des Stromes ergibt sich durch Integration der Spannung. Daher ist der Quotient $\hat{U}/\hat{I}$ gleich dem Produkt ωL.

Beachte: Der Maximalwert der Spannung[3] tritt um eine Viertelperiode früher als der des Stromes auf. Die Spulenspannung eilt dem Spulenstrom um 90° voraus:

$$\varphi_u = \varphi_i + \frac{\pi}{2}.$$

[1] Lineare zeitunabhängige Netzwerkelemente
[2] Anfangsspannung $u_C(0)$ spielt hierbei keine Rolle
[3] = Spannungsabfall, nichtinduzierte Spannung

Tafel 6.2. Strom-Spannungs-Beziehungen an den Schaltelementen R, L, C bei sinusförmiger Erregung (vgl. Tafel 6.1). Die Strom-Spannungs-Beziehungen stellen die einfachste Form der Netzwerkgleichung (5.83) dar. Erregergröße $x(t) = u(t)$, Wirkungsgröße $y(t) = i(t)$, Strom durch das Netzwerkelement

Netzwerkelement	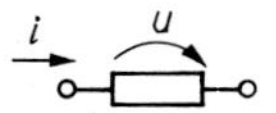	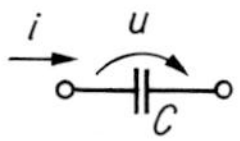	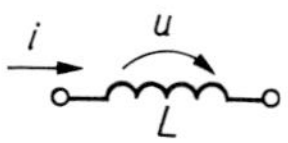
Strom-Spannungs-Beziehung (1)	$i = \frac{u}{R}$	$i = C\frac{\mathrm{d}u}{\mathrm{d}t}$	$i = \frac{1}{L}\int u\,\mathrm{d}t$
Ursache Erregergröße $x(t)$ (2)	angelegte Spannung $u(t) = \hat{U}\sin(\omega t + \varphi_u)$		
Wirkung (Strom durch Netzwerkelement) (3)	$i = \frac{\hat{U}}{R}\sin(\omega t + \varphi_u)$	$i = \omega C\hat{U}\cos(\omega t + \varphi_u)$ $= \omega C\hat{U}\sin\left(\omega t + \varphi_u + \frac{\pi}{2}\right)$	$i = -\frac{\hat{U}}{\omega L}\cos(\omega t + \varphi_u)$ $= \frac{\hat{U}}{\omega L}\sin\left(\omega t + \varphi_u - \frac{\pi}{2}\right)$
Ansatz für Wirkung (4)	$i = \hat{I}\sin(\omega t + \varphi_i)$		
Vergleich Ansatz — Wirkung (3), (4)	*Amplitude:* $\hat{I} = \frac{\hat{U}}{R}$ *Phase:* $\varphi_i = \varphi_u$	*Amplitude:* $\hat{I} = \omega C\hat{U}$ *Phase:* $\varphi_i = \varphi_u + \frac{\pi}{2}$	*Amplitude:* $\hat{I} = \frac{\hat{U}}{\omega L}$ *Phase:* $\varphi_i = \varphi_u - \frac{\pi}{2}$
Zeitverlauf (Liniendiagramm) Aussage (5)	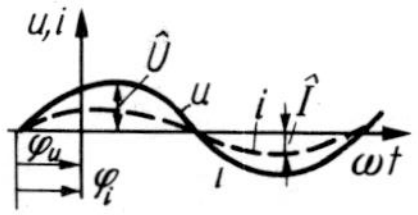 u, i gleiche Phase	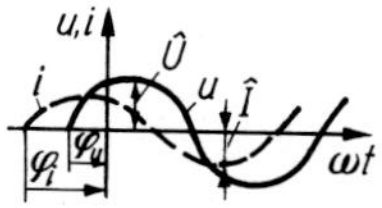 i eilt $\frac{\pi}{2}$ vor	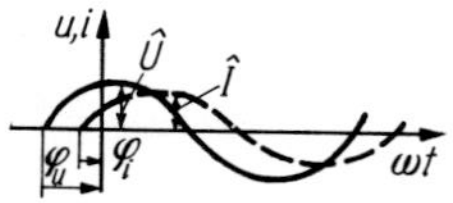 i eilt $\frac{\pi}{2}$ nach

Scheinwiderstand Z (Definition)	$Z = \frac{\hat{U}}{\hat{I}} = \frac{U}{I} = R$	$Z = \frac{\hat{U}}{\hat{I}} = \frac{1}{\omega C} = \lvert X_C \rvert$	$Z = \frac{\hat{U}}{\hat{I}} = \omega L = X_L$
Phase φ_z zwischen Strom und Spannung (6)	$\varphi_z = \varphi_u - \varphi_i = 0$	$\varphi_z = \varphi_u - \varphi_i = -\frac{\pi}{2}$	$\varphi_z = \varphi_u - \varphi_i = +\frac{\pi}{2}$
Scheinleitwert Y (Definition)	$Y = \frac{1}{G} = \frac{\hat{I}}{\hat{U}} = \frac{I}{U}$	$Y = \frac{\hat{I}}{\hat{U}} = \omega C = B_C$	$Y = \frac{\hat{I}}{\hat{U}} = \frac{1}{\omega L} = \lvert B_L \rvert$
Phase φ_y zwischen Strom und Spannung (7)	$\varphi_y = \varphi_i - \varphi_u = 0$	$\varphi_y = \varphi_i - \varphi_u + \frac{\pi}{2}$	$\varphi_y = \varphi_i - \varphi_u = -\frac{\pi}{2}$

Scheinwiderstand. Wirk- und Blindwiderstand. Scheinleitwert. Wirk- und Blindleitwert. Aus Vorangegangenem folgt:
Ein sinusförmiger Strom durch die Netzwerkelemente R, L, C erzeugt eine sinusförmig, u. U. phasenverschobene Klemmenspannung gleicher Frequenz. Die Netzwerkelemente vermitteln dabei einen bestimmten Zusammenhang zwischen den Amplituden und Phasen der Ursache und Wirkung (Strom und Spannung). Er wird durch zwei Größen eindeutig beschrieben:

1. Den *Quotienten* von $\hat{U}/\hat{I}$ analog zum Widerstandsbegriff im Gleichstromkreis. Er heißt *Scheinwiderstand* Z (oder *Impedanz* Z), Tafel 6.3

$$Z = \frac{\hat{U}}{\hat{I}} = \frac{U}{I} \qquad (6.1\,\mathrm{a})$$

Scheinwiderstand eines Zweipols (Definitionsgleichung),

Beachte: $Z = \dfrac{\hat{U}}{\hat{I}} \left(\neq \dfrac{u(t_0)}{i(t_0)} ! \right)$, Einheit $[Z] = \dfrac{1\,\mathrm{V}}{1\,\mathrm{A}} = 1\,\Omega$.

Der Scheinwiderstand hat wohl die Dimension eines Widerstands, *aber keine physikalische Bedeutung*: Die zu dividierenden Spitzenwerte $\hat{U}$, $\hat{I}$ treten durch die Phasenverschiebung nicht zu gleichen, sondern *verschiedenen Zeitpunkten* auf. Deshalb ist der Scheinwiderstand eine *Rechengröße* des Zweipols vereinbart mit dem Ziel, für Wechselgrößen zu einem formal gleichen Widerstandsbegriff wie für Gleichstromgrößen zu gelangen. Er läßt sich auch auf Zweipole mit mehr als einem Schaltelement anwenden.

2. Die *Phasenverschiebung* φ_z oder den Phasenwinkel zwischen Spannung und Strom:

Die Phasenverschiebung zwischen Spannung und Strom drückt die zeitliche Verschiebung zwischen den zugehörigen Maximalwerten von Strom und Spannung aus:

$$\varphi_z = \varphi_u - \varphi_i \qquad (6.1\,\mathrm{b})$$

Phasenverschiebung zwischen Spannung und Strom am Zweipol (Definitionsgleichung).

In den Tafeln 6.2 und 6.3 sind diese Vereinbarungen enthalten. Durch Gl. (6.1) können die Ergebnisse stets in der Form

$$u(t) = \hat{U} \sin(\omega t + \varphi_u) = Z\hat{I} \sin(\omega t + \varphi_z + \varphi_i)$$

geschrieben werden.

Zur näheren Kennzeichnung des Scheinwiderstandes der Grundelemente werden vereinbart:

Wirkwiderstand (Resistanz): Scheinwiderstand mit Phasenwinkel $\varphi_z = 0$. Er wird durch den Ohmschen Widerstand repräsentiert. Nur in diesem Sonderfall enthält der Begriff Scheinwiderstand physikalische Realität.

Blindwiderstand (Reaktanz): Scheinwiderstand eines Netzwerkelementes mit einem Phasenwinkel $\varphi_z = \pm 90°$: Induktivität (Kapazität):

kapazitiver Blindwiderstand $|X_C| = \dfrac{1}{\omega C}$, Strom eilt der Spannung um 90° vor;

induktiver Blindwiderstand $X_L = \omega L$, Strom eilt der Spannung um 90° nach.

Tafel 6.3. Definition von Scheinwiderstand Z und Scheinleitwert Y

Zweipolverhalten dargestellt durch Rechengrößen

Scheinwiderstand		Scheinleitwert	
$Z = \frac{\hat{U}}{\hat{I}} = \frac{\text{Spannungsamplitude}}{\text{Stromamplitude}}$ $= \frac{U_{eff}}{I_{eff}} = \frac{\text{Spannungseffektivwert}}{\text{Stromeffektivwert}}$		$Y = \frac{\hat{I}}{\hat{U}} = \frac{\text{Stromamplitude}}{\text{Spannungsamplitude}}$ $= \frac{I_{eff}}{U_{eff}} = \frac{\text{Stromeffektivwert}}{\text{Spannungseffektivwert}}$	
Winkel $\varphi_z = \varphi_u - \varphi_i$		Winkel $\varphi_y = \varphi_i - \varphi_u$	
Sonderfälle		*Sonderfälle*	
Benennung	Beispiel	Benennung	Beispiel
$\varphi_z = 0$: Wirkwiderstand R	ohmscher Widerstand	$\varphi_y = 0$: Wirkleitwert G	ohmscher Leitwert
$\varphi_z = \pm \frac{\pi}{2}$: Blindwiderstand X	kapazitiver Blindwiderstand $Z = \lvert X_C \rvert = \frac{1}{\omega C}$, $\varphi_z = -\frac{\pi}{2}$	$\varphi_y = \pm \frac{\pi}{2}$: Blindleitwert B	kapazitiver Blindleitwert $Y = B_C = C$, $\varphi_y = \frac{\pi}{2}$
	induktiver Blindwiderstand $Z = X_L = \omega L$, $\varphi_z = \frac{\pi}{2}$		induktiver Blindleitwert $Y = \lvert B_L \rvert = \frac{1}{\omega L}$, $\varphi_y = -\frac{\pi}{2}$

Beachte allgemein:

$$Z = \frac{1}{Y}, \qquad \varphi_z = -\varphi_y$$

Analoge Größen lassen sich auch für den Strom als Erregergröße definieren. Man verwendet dann besser die Begriffe *Scheinleitwert (Admittanz)*, *Wirk- und Blindleitwert (Suszeptanz)*. Sie sind in den Tafeln 6.2 und 6.3 mit enthalten und gehören zum festen Bestandteil unserer Grundkenntnisse.

Beachte: Blindwiderstände hängen stets von der Frequenz ab:

$X_L = \omega L$. Für Gleichstrom ist $\omega = 0$. Dort verschwindet der induktive Blindwiderstand (Kurzschlußwirkung der Spule). Mit steigender Frequenz wächst X_L linear an, für $\omega \to \infty$ wird auch $X_L \to \infty$. Eine Spule hat für hohe Frequenzen einen hohen Widerstand.

$|X_C| = \frac{1}{\omega C}$. Für Gleichstrom ($\omega = 0$) wird $|X_C| \to \infty$: Gleichstrom bedeutet für den Kondensator einen unendlich großen Widerstand, für hohe Frequenzen ($\omega \to \infty$, $X_C \to 0$) hingegen einen Kurzschluß.

Zusammengefaßt: Die Frequenzabhängigkeiten der Scheinwiderstände und -leitwerte enthält Bild 6.1. Man präge sich die Verläufe fest ein.

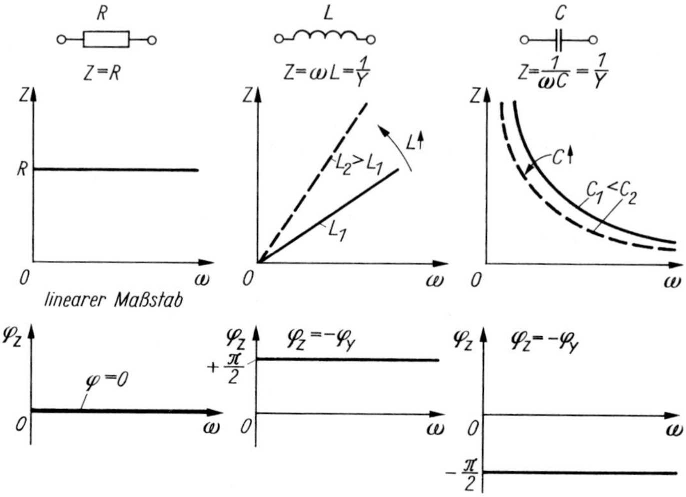

Bild 6.1. Frequenzabhängigkeit des Scheinwiderstandes Z und Leitwertes Y sowie des Phasenwinkels φ_z, φ_y der Netzwerkelemente R, L, C

Das Ohmsche Gesetz gilt auch für Sinusgrößen, wenn man die Rechengrößen *Scheinwiderstand* Z bzw. *Scheinleitwert* Y einführt und beachtet, daß die in Z bzw. Y auftretenden Strom- und Spannungsgrößen allgemein *nicht* zum gleichen Zeitpunkt auftreten, sondern zwischen ihnen eine Phasenverschiebung herrscht.

Durch einen Kondensator $C = 1\ \mu F$ fließt bei einer anliegenden Spannung $U = 220$ V und $f = 50$ Hz ein Wechselstrom (Effektivwert!)

$$I = \frac{U}{Z} = \frac{U}{|X_C|} = \omega C U = 2\pi \cdot 50\ \mathrm{s}^{-1} \cdot 1 \cdot 10^{-6}\ \frac{\mathrm{As}}{\mathrm{V}} \cdot 220\ \mathrm{V} = 69{,}1\ \mathrm{mA}\ ,$$

bei $f = 5$ kHz hingegen 6,9 A! Der Blindwiderstand des Kondensators sinkt mit wachsender Frequenz. Dies ist verständlich: Bei sinusförmiger Spannung ändert sich auch die Ladung $Q(t) = Cu(t)$ sinusförmig. Sie muß daher bei doppelter Frequenz in der halben Zeit zu den Kondensatorplatten an- oder abtransportiert werden. Dazu wird ein doppelt so großer Strom benötigt.

Größenvorstellung:
Blindwiderstände $|X_C|$ von Kondensatoren

	$f = 50$ Hz	5 kHz	500 kHz
$C = 10$ pF	$3{,}2 \cdot 10^8\ \Omega$	3,2 MΩ	32 kΩ
$C = 1\ \mu$F	3,18 kΩ	32 Ω	0,32 Ω

Blindwiderstand X_L von Spulen:

	$f = 50$ Hz	5 kHz	500 kHz
$L = 1$ mH	0,31 Ω	31,4 Ω	3,14 kΩ
$L = 1$ H	314 Ω	31,4 kΩ	3,14 MΩ

6.1.2 Berechnung einfacher Netzwerke

Wir wenden das eben praktizierte Ansatzverfahren zur Lösung der Netzwerk-Differentialgleichungen auf kompliziertere Netzwerke an und beginnen mit der Zusammenschaltung eines Wirk- und Blindwiderstandes. Wie wird in solchen Fällen der Scheinwiderstand gebildet?

Tafel 6.4. Scheinwiderstand Z und Scheinleitwert Y des RC-Zweipols

	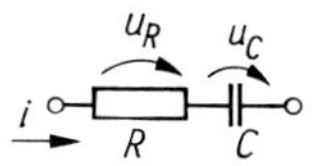	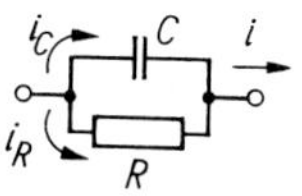
Vorgabe (Erregung)	$i(t) = \hat{I} \sin(\omega t)$	$u(t) = \hat{U} \sin(\omega t)$
Netzwerkbeziehungen	$u = u_R + u_C$ $= iR + \frac{1}{C}\int i\,\mathrm{d}t$	$i = i_R + i_C$ $= \frac{u}{R} + C\frac{\mathrm{d}u}{\mathrm{d}t}$
Wirkung (Ansatz) unbekannt	$u = \hat{U}\sin(\omega t + \varphi_u)$ $\hat{U}, \varphi_u$	$i = \hat{I}\sin(\omega t + \varphi_i)$ $\hat{I}, \varphi_i$
Eingesetzt in (2)	$\hat{U}[\sin\omega t\cos\varphi_u + \cos\omega t\sin\varphi_u]$ $= \hat{I}R\sin(\omega t) - \frac{\hat{I}}{\omega C}\cos(\omega t)$	$\hat{I}[\sin\omega t\cos\varphi_i + \cos\omega t\sin\varphi_i]$ $= \frac{\hat{U}}{R}\sin\omega t + \omega C\hat{U}\cos\omega t$
Koeffizienten-vergleich	$\hat{U}\cos\varphi_u = \hat{I}R$ $\sin\varphi_u = -\frac{\hat{I}}{\omega C}$	$\hat{I}\cos\varphi_i = \frac{\hat{U}}{R}$ $\hat{I}\sin\varphi_i = \omega C\hat{U}$
Phasenwinkel	$\varphi_u = \arctan -\frac{1}{\omega CR}$ $= \arctan\frac{X}{R}$; $X = -\frac{1}{\omega C}$	$\varphi_i = \arctan\omega CR$ $= \arctan\frac{B}{G}$; $B = \omega C$
Betrag	$\hat{U} = \hat{I}\sqrt{R^2 + \left(\frac{1}{\omega C}\right)^2} = \hat{I}Z$ $Z = \sqrt{R^2 + X^2}$; $\lvert X\rvert = \frac{1}{\omega C}$	$\hat{I} = \hat{U}\sqrt{\left(\frac{1}{R}\right)^2 + (\omega C)^2} = \hat{U}Y$ $Y = \sqrt{G^2 + B^2}$; $G = \frac{1}{R}$, $B = \omega C$
Lösung allgemein	$u(t) = \hat{I}Z\sin(\omega t + \varphi_u)$	$i(t) = \hat{U}Y\sin(\omega t + \varphi_i)$

6.1.2.1 Zusammenschaltung von Wirk- und Blindschaltelementen

Wir wählen als Ausgang die Stromerregung bei der Reihenschaltung, Spannungserregung bei der Parallelschaltung von Wirk- und Blindwiderstand. Tafel 6.4 enthält die Ergebnisse in zusammengefaßter Form. Sie sind leicht zu bestätigen, z. B. an der Reihenschaltung von Widerstand und Kapazität (Bild 6.2a). Den Ausgang bilden der Maschensatz und die Netzwerkelemente-Beziehungen. Wird ein Strom $i_R(t) = i(t)$ eingeprägt, so kann die Gesamtspannung

$$u = u_C + u_R = \frac{1}{C}\int i\,dt + iR$$

aus der Netzwerk-Differentialgleichung (5.83) leicht gewonnen werden. Rechts steht die Erregergröße, links steht die gesuchte Wirkung. Man erkennt, daß z. B. bei der Vorgabe der Spannung $u(t)$ als Erregung der Strom $i(t)$ ebenfalls aus dieser DGl. hervorgeht.

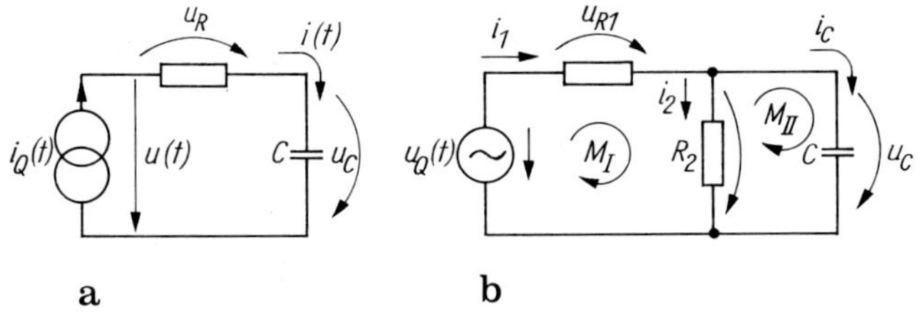

Bild 6.2. Lösung der Netzwerkgleichung im Zeitbereich. **a**) Berechnung einer Zweigspannung; **b**) Berechnung eines Zweigstromes

Die Ausführung der Rechnung ergibt zunächst mit dem Strom $i(t) = \hat{I}\sin(\omega t + \varphi_i)$ (Tafel 6.4)

$$\begin{aligned}\hat{U}\sin(\omega t + \varphi_u) &= \frac{-\hat{I}}{\omega C}\cos(\omega t + \varphi_i) + \hat{I}R\sin(\omega t + \varphi_i)\\ &= \frac{\hat{I}}{\omega C}\sin\left(\omega t + \varphi_i - \frac{\pi}{2}\right) + \hat{I}R\sin(\omega t + \varphi_i)\,.\end{aligned}$$

$$\underline{\hat{U}}\sin(\omega t + \underline{\underline{\varphi_u}}) = \underline{\hat{I}\sqrt{R^2 + \left(\frac{1}{\omega C}\right)^2 + \frac{2R}{\omega C}\cos\left(\frac{\pi}{2}\right)}}\sin(\omega t + \underline{\underline{\varphi_i + \varphi_{ges}}})$$

mit $\varphi_R = 0$; $\varphi_C = -\pi/2$ und

$$\tan\varphi_{ges} = \frac{\hat{I}R\sin 0 + \dfrac{\hat{I}}{\omega C}\sin\left(-\dfrac{\pi}{2}\right)}{\hat{I}R\cos 0 + \dfrac{\hat{I}}{\omega C}\cos\left(-\dfrac{\pi}{2}\right)} = -\frac{1}{\omega CR}\,.$$

Die rechts stehenden Sinusfunktionen lassen sich nach dem Additionstheorem zweier Sinusfunktionen (Gl. (5.53), (5.54)) zu einer Funktion zusammenfassen.

Wir vergleichen jetzt die Amplituden (unterstrichene Faktoren) und Phasen (doppelt unterstrichene Glieder) links und rechts und erhalten:

$$\hat{U} = \hat{I}\sqrt{R^2 + \left(\frac{1}{\omega C}\right)^2} = \hat{I}Z\,,$$

$$\varphi_u = \varphi_i + \varphi_{ges}\,; \qquad \varphi_{ges} = \varphi_u - \varphi_i = \varphi_z\,.$$

Das Ergebnis lautet verallgemeinert:

$$Z = \sqrt{R^2 + X^2}\,, \qquad Y = \sqrt{G^2 + B^2}\,,$$

$$\tan\varphi_z = \frac{X}{R}\,, \qquad \tan\varphi_y = \frac{B}{G} \tag{6.2}$$

Reihenschaltung von Wirk- und Blindwiderstand — Parallelschaltung von Wirk- und Blindleitwert.

Bei der Reihenschaltung (Parallelschaltung) eines Blind- und Wirkwiderstandes (Wirk- und Blindleitwertes) addieren sich beide Komponenten nicht arithmetisch, sondern geometrisch (rechtwinklig) zum Scheinwiderstand(-leitwert).

Beispiel: Scheinleitwert. Scheinwiderstand. Die Parallelschaltung eines Kondensators der Kapazität $C = 2\,\mu F$ mit einem Ohmschen Widerstand $R = 200\,\Omega$ sei von einem Gesamtstrom $I = 0{,}5$ A durchflossen. ($f = 50$ Hz). Man berechne die Amplituden I_R, I_C der Teilströme durch R und C, den Scheinleitwert, die Gesamtspannung und den Phasenwinkel.

Zwischen den Teilströmen i_R, i_C herrscht eine Phasenverschiebung von 90°. Deshalb gilt

$$I = \sqrt{I_R^2 + I_C^2} \tag{1}$$

sowie

$$U = I_R R = \frac{I_C}{\omega C}\,, \quad \text{folglich} \quad \frac{I_R}{I_C} = \frac{1}{\omega CR}\,.$$

Wir eliminieren aus (1) den Strom I_R und erhalten aufgelöst nach I_C

$$I_C = \frac{I}{\sqrt{1 + \left(\frac{1}{\omega CR}\right)^2}} \approx 6{,}23 \cdot 10^{-2}\ \text{A}\,, \qquad I_R = 4{,}96 \cdot 10^{-1}\ \text{A}\,.$$

Der Scheinleitwert beträgt

$$Y = \sqrt{G_p^2 + B_p^2} = \sqrt{\left(\frac{1}{R}\right)^2 + (\omega C)^2} = \sqrt{\left(\frac{1}{200}\right)^2 + (0{,}63 \cdot 10^{-3})^2}\ \text{S} = 5{,}04 \cdot 10^{-3}\ \text{S}$$

die Gesamtspannung (Gl. (1))

$$U = \frac{I}{Y} = \frac{\sqrt{(6{,}23 \cdot 10^{-2})^2 + (4{,}9 \cdot 10^{-1})^2}\ \text{A}}{5{,}04 \cdot 10^{-3}\ \text{S}} = 98{,}0\ \text{V}$$

und der Phasenwinkel zwischen $U \sim I_R$ und I

$$\tan\varphi_y = \frac{I_C}{I_R} = \omega CR\,, \qquad \varphi_y = \arctan \omega CR = 7{,}16^\circ\,.$$

6.1.2.2 Allgemeines Lösungsverfahren

Bisher war die Netzwerkerregung stets so gewählt, daß die Wirkung unmittelbar als Funktion der Erregung auftrat. So läßt sich z. B. die Gesamtspannung der Reihenschaltung von Widerstand und Kondensator direkt durch den Erregerstrom ausdrücken. Umgekehrt muß bei gegebener Gesamtspannung und gesuchtem Erregerstrom eine Integro-Differentialgleichung gelöst werden. Wegen der sinusförmigen Netzwerkerregung führt auch hier das Ansatzverfahren zum Ziel.

Beispielsweise ergibt der Maschensatz für die Erregung $u(t) = \hat{U} \sin(\omega t + \varphi_u)$ der Reihenschaltung von Widerstand und Kondensator (Bild 6.2a)

$$iR + \frac{1}{C}\int i\,\mathrm{d}t = U \sin(\omega t + \varphi_u)\,. \tag{1}$$

Wir setzen

$$i(t) = \hat{I} \sin(\omega t + \varphi_i)$$

mit unbekannter Amplitude $\hat{I}$ und Phase φ_i als Lösung an. Dieser Lösungsansatz muß die Netzwerkgleichung (1) erfüllen (s. Tafel 6.4). Eingesetzt folgt

$$\hat{I}R \sin(\omega t + \varphi_i) + \frac{\hat{I}}{\omega C} \sin\left(\omega t + \varphi_i - \frac{\pi}{2}\right) = \hat{U} \sin(\omega t + \varphi_u)\,.$$

Dieses Ergebnis entspricht dem in Tafel 6.4 mit vorgegebenem Erregerstrom völlig, es gilt also

$$i(t) = \frac{\hat{U}}{Z} \sin(\omega t + \varphi_u - \varphi_z)\,.$$

Unabhängig davon, welche Größe im Netzwerk als Erregung vorgegeben ist, wollen wir jetzt das Lösungsverfahren der Netzwerk-Differentialgleichung zu einer speziellen Lösungsmethodik im Zeitbereich verallgemeinern. Zur Aufstellung der Netzwerk-Differentialgleichung greifen wir dabei auf die allgemeine Lösungsmethodik für Zweigströme und -spannungen (Abschn. 2.5.3) zurück.

Lösungsmethodik. Stationär sinusförmig erregtes Netzwerk im Zeitbereich

1. Aufstellung der Netzwerk-Differentialgleichungen (für Momentanwerte (s. Tafel 5.8, Zweigstrom-, Knotenspannungs-, Maschenstromverfahren):

a) Man erhält allgemein ein Differentialgleichungssystem für mehrere Unbekannte.

b) Ist nur eine Unbekannte gesucht und handelt es sich nicht um ein allzugroßes Netzwerk, so werden die nicht gesuchten Variablen eliminiert. Der Grad der sich ergebenden Integro-Differentialgleichung für die Unbekannte (Zweigstrom, Zweigspannung) ist dabei höchstens gleich der Anzahl der unabhängigen Energiespeicherelemente.

2. a) Ermittlung der stationären Lösung der DGl. durch Lösungsansatz 1b) (bzw. Ansätze 1a)) für die gesuchte Größe, z. B. einen Zweigstrom:

$$i(t) = \hat{I} \sin(\omega t + \varphi_i)$$

mit den Unbekannten $\hat{I}$ und φ_i (ω = Erregung).

b) Einsetzen des Ansatzes 2a) (bzw. der Ansätze) in das Ergebnis 1a) bzw. 1b).

c) Amplituden- und Phasenvergleich zwischen der Erregergröße und den Funktionen der Unbekannten (Bestimmung von $\hat{I}$ und φ_i nach 2a)).

d) Rückeinsetzen der ermittelten Unbekannten gemäß 2c) in den Ansatz 2a).

Beispiel: Zweigstromanalyse im Zeitbereich. Gegeben sei die Schaltung nach Bild 6.2b, gesucht der Strom $i_C(t) = f(u_Q)$. Wir erhalten mit $z = 3$, $k = 2$, $m = 2$ insgesamt eine unabhängige Knoten- und zwei unabhängige Maschengleichungen. Anwendung der Lösungsmethodik ergibt *Punkt 1a) Aufstellung der Netzwerkgleichungen.*

Knotengleichung K_1: $i_1(t) = i_2(t) + i_C(t)$,

Maschengleichungen

M_I: $\Sigma u = 0$: $\quad u_{R1}(t) + u_{R2}(t) - u_Q(t) = 0$,

M_{II}: $\Sigma u = 0$: $\quad u_C(t) - u_2(t) = 0$.

Wir führen die Netzwerkelemente ein ($u_{R2} = u_C$), belassen aber

$$K_1: \frac{u_1(t)}{R_1} = \frac{u_C(t)}{R_2} + C\frac{du_C}{dt}, \tag{1}$$

$$M_I: u_1(t) + u_C(t) = u_Q(t). \tag{2}$$

Gesucht ist der Strom $i_C = C(du_C/dt)$, mithin die Spannung u_C. Dazu wird Gl. (2) nach u_1 aufgelöst und in (1) gesetzt

$$\frac{u_Q(t)}{R_1} - \frac{u_C}{R_1} = \frac{u_C}{R_2} + C\frac{du_C}{dt},$$

Ordnen nach u_C und Einsetzen des Stromes $i_C = C(du_C/dt)$ ergibt

$$R_1\left[\frac{u_C(t)}{R_2} + i_C\right] + \frac{1}{C}\int i\,dt = u_Q(t)$$

oder

$$\frac{1}{C}\left(1 + \frac{R_1}{R_2}\right)\int i_C\,dt + R_1 i_C = u_Q(t) = \hat{U}_Q \sin(\omega t + \varphi_u). \tag{3a}$$

Das ist die Netzwerkgleichung für die Unbekannte i_C. Sie kann auf beiden Seiten differenziert werden (zur Lösung nicht erforderlich!) und ergibt:

$$\frac{1}{C}\left(1 + \frac{R_1}{R_2}\right) i_C + R_1\frac{di_C}{dt} = \omega\hat{U}_Q \cos(\omega t + \varphi_u). \tag{3b}$$

Diese Netzwerkdifferentialgleichung ist vom ersten Grad (es tritt nur die erste zeitliche Ableitung auf!), weil die Schaltung nur einen Energiespeicher enthält.

Punkt 2a, b*) Lösungsansatz.* Wir wählen den Lösungsansatz $i_C = \hat{I}_C \sin(\omega t + \varphi_i)$ und setzen ihn in Gl. (3a) ein:

$$\frac{1}{C}\left(1 + \frac{R_1}{R_2}\right)\hat{I}_C\int \sin(\omega t + \varphi_i)\,dt + R_1\hat{I}_C \sin(\omega t + \varphi_i) = \hat{U}_Q \sin(\omega t + \varphi_u),$$

$$-\frac{\hat{I}_C}{\omega C}\left(1 + \frac{R_1}{R_2}\right)\cos(\omega t + \varphi_i) + R_1\hat{I}_C \sin(\omega t + \varphi_i) = \hat{U}_Q \sin(\omega t + \varphi_u).$$

Punkt 2c) Koeffizientenvergleich. Der Koeffizientenvergleich kann (wegen des unterschiedlichen Argumentes links und rechts) auf verschiedene Weise geführt werden:

— Durch Aufspaltung der Funktionen $\cos(\alpha + \beta)$, $\sin(\alpha + \beta)$ nach dem trigonometrischen Additionstheorem in $\cos\alpha\cos\beta - \sin\alpha\sin\beta$ bzw. $\sin(\alpha + \beta) = \sin\alpha\cos\beta + \cos\alpha\sin\beta$;

— oder durch Umwandlung der cos-Funktion in eine sin-Funktion ($\cos(\omega t + \varphi_i) = \sin(\omega t + \varphi_i + \pi/2)$) und Anwendung der Summation zweier Sinusfunktionen verschiedener Amplitude und Phase Gl. (5.53), (5.54).

Wir wählen den ersten Weg (aus didaktischen Gründen) und erhalten mit der Abkürzung $m = \omega t + \varphi_i$ sowie Zerlegung der Erregerfunktion

$$-\frac{\hat{I}_C}{\omega C}\left(1 + \frac{R_1}{R_2}\right)\underline{\cos m} + \underline{\underline{R_1 \hat{I}_C \sin m}} = \hat{U}_Q \sin(m - \varphi_i)$$

$$= \hat{U}_Q\left[\underline{\underline{\sin m \cos \varphi_i}} - \underline{\cos m \sin \varphi_i}\right]. \qquad (4\,a)$$

Der Koeffizientenvergleich der jeweils gleich unterstrichenen Terme (Faktoren $\cos m$, $\sin m$) ergibt

$$-\frac{\hat{I}_C}{C}\left(1 + \frac{R_1}{R_2}\right) = -\hat{U}_Q \sin \varphi_i \quad \underline{\underline{\qquad\qquad}} \qquad (4\,b)$$

$$R_1 \hat{I}_C = \hat{U}_Q \cos \varphi_i \quad \underline{\qquad\qquad}\,, \qquad (4\,c)$$

also den *Phasenwinkel* aus Gl. (4b), (4c)

$$\tan \varphi_i = \frac{\sin \varphi_i}{\cos \varphi_i} = \frac{1}{\omega C R_1}\left(1 + \frac{R_1}{R_2}\right); \qquad \varphi_i = \arctan \frac{1}{\omega C R_1}\left(1 + \frac{R_1}{R_2}\right) \qquad (5\,a)$$

und die *Amplitude* mit Gl. (5a)

$$\hat{I}_C = \frac{\hat{U}_Q}{R_1} \cos \varphi_i = \frac{\hat{U}_Q}{R_1} \frac{1}{\sqrt{1 + \tan^2 \varphi_i}} = \frac{\hat{U}_Q}{\sqrt{R_1^2 + \left(\frac{1}{\omega C}\right)^2 \left(1 + \frac{R_1}{R_2}\right)^2}}. \qquad (5\,b)$$

Punkt 2d) Rückeinsetzen der Lösungen in den Ansatz. Mit Kenntnis von Gl. (5a) und (5b) ist die Aufgabe gelöst. Wir setzen die Lösungen in die Ansatzfunktion (s. Pkt. 2a, 2b) ein und erhalten

$$i_C(t) = \frac{\hat{U}_Q}{\sqrt{R_1^2 + \left(\frac{1}{\omega C}\right)^2 \left(1 + \frac{R_1}{R_2}\right)^2}} \sin\left[\omega t + \arctan \frac{1}{\omega C R_1}\left(1 + \frac{R_1}{R_2}\right)\right]. \qquad (6)$$

Den bisherigen Beispielen zur direkten Lösung der Netzwerkgleichung im Zeitbereich entnehmen wir zwei Erkenntnisse:

— Der Rechengang, vor allem das Aufstellen der Differentialgleichung, ist relativ kompliziert und aufwendig (er steigt mit Zweigzahl des Netzwerkes). Wir werden uns daher nach einem Verfahren bemühen, das die Aufstellung der Netzwerk-Differentialgleichung umgeht (s. Abschn. 6.2). Wir werden es in der Einführung der sog. *komplexen Rechnung* (oder des *Frequenzbereiches*) finden.

— Der Scheinwiderstand Z muß nach Gl. (6)

$$Z = \sqrt{R_1^2 + \left(\frac{1}{\omega C}\right)^2 \left(1 + \frac{R_1}{R_2}\right)^2}$$

betragen. Im Vergleich zum Bildungsgesetz bei Reihen- und Parallelschaltung von Wirk- und Blindwiderstand (Tafel 6.4) liegt hier ein weniger durchsichtiger Zusammenhang vor. Es ergibt sich aber zwangslos über die Netzwerkgleichung. Zweckmäßigerweise sucht man auch hier nach einem einfachen Verfahren. Wir werden es ebenfalls über den Frequenzbereich gewinnen. Dort ist der Scheinwiderstand im sog. *komplexen Widerstandsoperator* (s. Abschn. 6.2) enthalten.

6.2 Analyse im Frequenzbereich

Wir vereinfachen die Netzwerkberechnung nach Abschn. 6.1, insbesondere seine *stets wiederkehrenden Schritte* (Einsetzen des Lösungsansatzes, Durchführung der Integration und Differentiation, Koeffizientenvergleich für jede explizite Gleichung) durch Anwendung einer neuen Methode. Sie beruht auf einer *Transformation* der Vorgänge vom *Zeitbereich* in den *Frequenzbereich* (und zurück). Man nennt dies *komplexe* oder *symbolische Methode*. Ihr liegt die gleichwertige Darstellung der harmonischen Funktionen durch komplexe zeitveränderliche Größen — die sog. *Zeiger* — zugrunde. Die *gleichwertige Behandlung der Vorgänge im Frequenzbereich* (mit der Frequenz als der wesentlichen Größe) und *Zeitbereich* (mit der Zeit als wesentlicher Größe) *stellt das Fundament der gesamten Behandlung sinusförmiger Vorgänge im Netzwerk dar*. Dabei ist jedoch zu beachten:

Während die Vorgänge im Zeitbereich stets physikalische Realität sind, haben die zugeordneten Größen im Frequenzbereich nur mathematisch-formale Bedeutung. Deswegen muß ein im Frequenzbereich gewonnenes Ergebnis am Ende stets in den Zeitbereich zurücktransformiert werden.

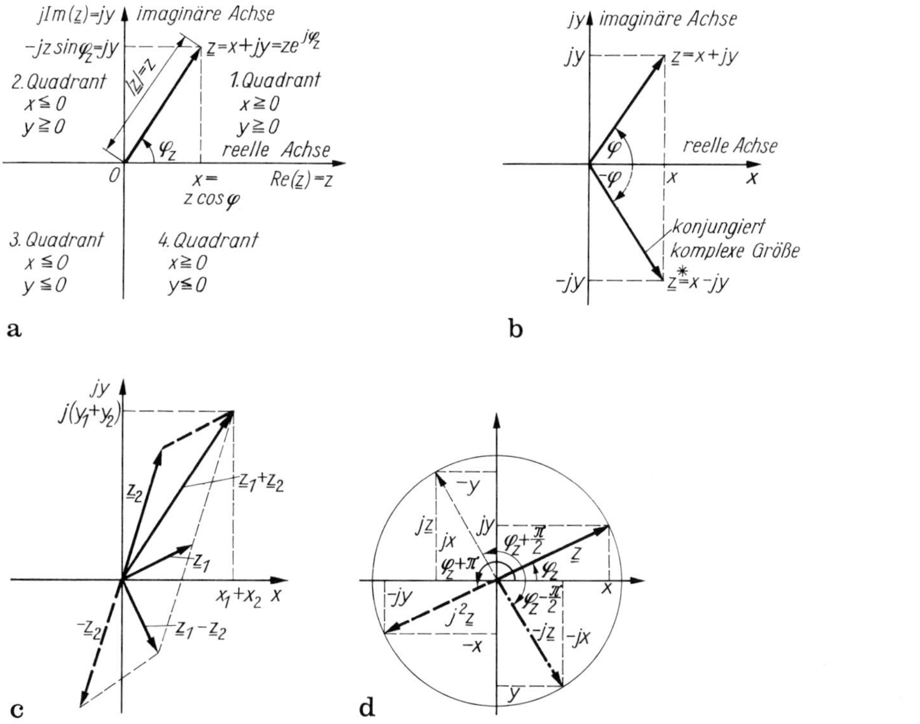

Bild 6.3. Darstellung komplexer Größen in der Gaußschen Zahlenebene. **a**) Darstellung der komplexen Größe $\underline{z}$ gleichwertig durch Real- und Imaginärteil oder Betrag und Phase; **b**) komplexe Größe $\underline{z}$ und ihr konjugiert komplexer Wert; **c**) Drehung einer komplexen Größe um 90°, 180° bzw. 270° (= Multiplikation mit j, j^2, j^3); **d**) Addition (Subtraktion) zweier komplexer Größen

Die komplexe Methode bringt drei wichtige *Anwendungsvorteile*:

1. Die zeitliche Differentiation und Integration wird durch Multiplikation und Division mit $j\omega$ ersetzt.

2. Den Übergang von den *u-i*-Zusammenhängen der Netzwerkelemente im Zeitbereich in eine „ohmsche Form" im Frequenzbereich unter Verwendung eines *komplexen Widerstandsbegriffes* (bzw. *Leitwertbegriffes*).

3. Übergang von der Netzwerk-Differentialgleichung auf eine einfache algebraische Gleichung. Sie läßt sich im Frequenzbereich leicht lösen und ergibt die Wirkung im Frequenzbereich. Zum Ergebnis im Zeitbereich gelangen wir durch anschließende *Rücktransformation.*

Fürs erste benötigen wir gleichwertige Darstellungen harmonischer Funktionen durch komplexe Größen.

6.2.1 Darstellung harmonischer Funktionen durch komplexe Größen

6.2.1.1 Komplexe Größen

Eine komplexe Größe besteht aus einer komplexen Zahl und einer Einheit. Sie wird durch Unterstreichen des jeweiligen Symbols gekennzeichnet:

$$\underline{u},\ \underline{U},\ \underline{\hat{U}},\ \underline{Z}\,, \qquad (u^<,\ \hat{U}^<,\ U^<,\ Z^<)\,.$$ [1]

Komplexe Größen lassen sich in der *Gaußschen Ebene* darstellen. Das ist ein rechtwinkliges Koordinatensystem (Bild 6.3). Es enthält als Abszisse die reelle, als Ordinate die imaginäre Größe. Die Einheit der imaginären Zahlen ist j. Beachte: $j^2 = -1$.[2]

Für den Umgang mit komplexen Größen gelten einige *Grundregeln.* So hat eine komplexe Zahl $\underline{z}$ drei *gleichwertige Darstellungsformen* (Tafel 6.5):

1. Kartesische Form (Rechteckkoordinaten, Komponentendarstellung, arithmetische Form)

$$\underline{z} = \mathrm{Re}\,(\underline{z}) + \mathrm{j}\,\mathrm{Im}\,(\underline{z}) = x + \mathrm{j}y\,, \tag{6.3a}$$

$x = \mathrm{Re}\,(\underline{z})$ heißt *Realteil* (oder reelle Komponente) von $\underline{z}$,
$y = \mathrm{Im}\,(\underline{z})$ heißt *Imaginärteil* (oder imaginäre Komponente) von $\underline{z}$.

In der komplexen Ebene (Bild 6.3a) wird $\underline{z}$ durch einen Punkt oder eine Verbindungsgerade vom Ursprung zu diesem Punkt dargestellt. Daher heißt diese Ebene die $\underline{z}$-Ebene.

Die karthesische Form ist besonders für die Addition (Subtraktion) komplexer Größen günstig.

Das vor den Imaginärteil gesetzte j bedeutet geometrisch eine Drehung um $+90°$ (s. Bild 6.3a). So ist trotz des plus-Zeichens keine *skalare* Addition möglich: *Glieder ohne und mit j dürfen nicht auf übliche Weise addiert (subtrahiert) werden.*

---

[1] Schreibweise mit Winkel heute nicht mehr üblich

[2] Imaginäre Einheit in der mathematischen Literatur mit i bezeichnet, in der Elektrotechnik mit j, um eine Verwechslung mit dem Symbol *i* (Strom) zu vermeiden. Auf *F. Gauß* (1831) zurückgehend

Tafel 6.5. Darstellungsformen einer komplexen Zahl $\underline{z}$

Komplexe Zahl

darstellbar durch

arithmetische (karthesische) Form	Exponentialform	trigonometrische (goniometrische) Form
$\underline{z} = x + \mathrm{j}y$ x: Realteil $= \lvert\underline{z}\rvert \cos\varphi_z$ y: Imaginärteil $= \lvert\underline{z}\rvert \sin\varphi_z$ $z = \lvert\underline{z}\rvert = \sqrt{x^2 + y^2}$ $\varphi_z = \arctan\frac{y}{x}$	$\underline{z} = \lvert\underline{z}\rvert\, \mathrm{e}^{\mathrm{j}\varphi_z} = \lvert\underline{z}\, \angle\varphi_z$ $\lvert\underline{z}\rvert$: Betrag von $\underline{z}$ Modul φ_z: Winkel, Phase, Argument	$\underline{z} = \lvert\underline{z}\rvert(\cos\varphi_z + \mathrm{j}\sin\varphi_z)$
konjugiert komplexe Zahl $\underline{z}^*$		
$\underline{z}^* = x - \mathrm{j}y$	$\underline{z}^* = \lvert\underline{z}\rvert\, \mathrm{e}^{-\mathrm{j}\varphi_z}$	$\underline{z}^* = \lvert\underline{z}\rvert(\cos\varphi_z - \mathrm{j}\sin\varphi_z)$

2. *Exponentialform* (Polarform). Sie lautet

$$\underline{z} = \lvert\underline{z}\rvert\, \mathrm{e}^{\mathrm{j}\varphi_z}, \qquad \text{abgekürzt } \underline{z} = \lvert\underline{z}\rvert\, \angle\varphi_z\,. \tag{6.3b}$$

Die Bestimmungsstücke sind *Betrag* (Modul) oder *Amplitude* $z = \lvert\underline{z}\rvert$ von $\underline{z}$

$$z = \sqrt{x^2 + y^2} = \sqrt{(\mathrm{Re}(\underline{z}))^2 + (\mathrm{Im}(\underline{z}))^2}$$

und Winkel φ_z, *Phase* oder *Argument* von $\underline{z}$ mit

$$\tan\varphi_z = \frac{y}{x} = \frac{\text{Imaginärteil }(\underline{z})\text{ (vorzeichenbehaftet)}}{\text{Realteil }(\underline{z})\text{ (vorzeichenbehaftet)}} = \frac{\mathrm{Im}\,(\underline{z})}{\mathrm{Re}\,(\underline{z})}\,.$$

Die zugehörige *Umkehrfunktion* lautet

$$\varphi_z = \arctan\left(\frac{y}{x}\right),$$

$\angle\varphi_z$ heißt „Versor φ_z“.

Die Exponentialform ist besonders für die Multiplikation (Division) komplexer Größen geeignet.

3. *Trigonometrische oder Polarform.* Eine komplexe Zahl vom Betrag 1 heißt Einheitszeiger mit der Phase φ_z:

$$\mathrm{e}^{\mathrm{j}\varphi_z} = \cos\varphi_z + \mathrm{j}\sin\varphi_z = \exp\mathrm{j}\,\varphi_z \qquad \text{(Euler-Beziehung)}\,.$$

Der Betrag lautet

$$|e^{j\varphi_z}| = 1 = \sqrt{[\mathrm{Re}\,(e^{j\varphi_z})]^2 + [\mathrm{Im}\,(e^{j\varphi_z})]^2} = \sqrt{\cos^2\varphi_z + \sin^2\varphi_z}$$

Der zu $e^{j\varphi_z}$ gehörige Punkt liegt auf dem Einheitskreis mit dem Mittelpunkt im Ursprung unter dem Winkel φ_z gegen die reelle Achse. Daraus folgt die allgemeine trigonometrische Form

$$\underline{z} = |\underline{z}|\,[\cos\varphi_z + \mathrm{j}\sin\varphi_z] \equiv x + \mathrm{j}y \tag{6.3d}$$

mit

$$x = |\underline{z}|\cos\varphi_z\,, \qquad y = |\underline{z}|\sin\varphi_z\,,$$

$$\cos\varphi_z = \frac{\mathrm{Re}\,(\underline{z})\ \text{(vorzeichenbehaftet)}}{|\underline{z}|} = \mathrm{Re}\,(e^{j\varphi_z})\,,$$

$$\sin\varphi_z = \frac{\mathrm{Im}\,(\underline{z})\ \text{(vorzeichenbehaftet)}}{|\underline{z}|} = \mathrm{Im}\,(e^{j\varphi_z})\,. \tag{6.3e}$$

Die gleichwertige Darstellung der komplexen Zahl $\underline{z}$ und ihre Umwandlungsformen (Tafel 6.5) stellen eine wichtige Grundlage der komplexen Wechselstromrechnung dar.

Konjugiert komplexe Größe $\underline{z}^*$ (Bild 6.3b). Die zu $\underline{z} = x + jy$ konjugiert komplexe Größe $\underline{z}^*$ (Symbol mit * versehen) lautet

$$\underline{z}^* = x - \mathrm{j}y = |\underline{z}|\,e^{-j\varphi_z}\,. \tag{6.4a}$$

Sie ergibt sich aus $\underline{z}$ durch Umkehr des Vorzeichens des Imaginärteiles: Es wird $(\pm)$ j durch $(\mp)$ j ersetzt. Deshalb haben $\underline{z}$ und $\underline{z}^*$ stets gleiche Realteile.

Anschaulich entsteht $\underline{z}^*$ damit durch *Spiegelung* von $\underline{z}$ an der reellen Achse (Bild 6.3b). So sind auch die folgenden wichtigen Ergebnisse leicht verständlich:

$$x = \frac{\underline{z} + \underline{z}^*}{2} = \mathrm{Re}\,(\underline{z})\,, \qquad \mathrm{j}y = \frac{\underline{z} - \underline{z}^*}{2} = \mathrm{j}\,\mathrm{Im}\,(\underline{z})\,, \tag{6.4b}$$

$$\underline{z}\underline{z}^* = |\underline{z}|^2 = z^2$$

Die Multiplikation zweier zueinander konjugiert komplexer Größen ergibt stets das (reelle) Betragsquadrat der Größe.

Rechenregeln für komplexe Zahlen. Wir wollen zunächst den Einheitszeiger $e^{j\varphi_z}$ speziell für die Fälle näher betrachten, in denen er auf einer Achse liegt (Bild 6.3c):

a) $\varphi_z = 0$: $\quad e^{j0} = 1$

Zeiger längs der positiven reellen Achse,

b) $\varphi_z = +\frac{\pi}{2}$: $\quad e^{j\frac{\pi}{2}} = \cos\frac{\pi}{2} + \mathrm{j}\sin\frac{\pi}{2} = \mathrm{j}$

Zeiger längs der positiven imaginären Achse.

Die Multiplikation einer komplexen Größe $\underline{z}$ mit $+\mathrm{j}$ bedeutet ihre Drehung um $+\pi/2$ im mathematisch-positiven Sinn.

c) $\varphi_z = -\frac{\pi}{2}$: $\mathrm{e}^{-\mathrm{j}\frac{\pi}{2}} = \cos\frac{\pi}{2} - \mathrm{j}\sin\frac{\pi}{2} = -\mathrm{j} = \frac{\mathrm{j}}{\mathrm{j}^2} = \frac{1}{\mathrm{j}}$

Zeiger längs der negativ imaginären Achse.

Division einer komplexen Größe $\underline{z}$ durch j (= Multiplikation mit —j) bedeutet ihre Drehung um $-\pi/2$ im mathematisch positiven Sinn (Rückdrehung).

d) $\varphi_z = \pm\pi$: $\mathrm{e}^{\pm\mathrm{j}\pi} = \mathrm{j}^2 = -1$ ferner $\mathrm{j}^{-3} = -\mathrm{j}$, $\mathrm{j}^{-4} = +1$ usw.

Mit diesen wichtigen Ergebnissen werden dann die folgenden *Rechenregeln* für *zwei komplexe Größen* $\underline{z}_1 = x_1 + \mathrm{j}y_1$, $\underline{z}_2 = x_2 + \mathrm{j}y_2$ (Tafel 6.6) verständlich:

e) Gleichheit zweier komplexer Größen $\underline{z}_1$, $\underline{z}_2$.

Zwei komplexe Größen $\underline{z}_1$, $\underline{z}_2$ sind nur dann gleich, wenn

— ihre *Real-* und *Imaginärteile* jeweils übereinstimmen

$$x_1 = x_2 \quad \text{und} \quad y_1 = y_2\,,$$

$$\mathrm{Re}\,(\underline{z}_1) = \mathrm{Re}\,(\underline{z}_2) \quad \text{und} \quad \mathrm{Im}\,(\underline{z}_1) = \mathrm{Im}\,(\underline{z}_2)\,, \tag{6.5a}$$

Tafel 6.6. Rechenregeln komplexer Größen

	$\underline{z}_1 = x_1 + \mathrm{j}y_1 = z_1\,\mathrm{e}^{\mathrm{j}\varphi_1}$; $\underline{z}_2 = x_2 + \mathrm{j}y_2 = z_2\,\mathrm{e}^{\mathrm{j}\varphi_2}$	Bemerkung
Gleichheit	$\underline{z}_1 = \underline{z}_2 \qquad x_1 = x_2$ und $y_1 = y_2$	Real- und Imaginärteil müssen übereinstimmen
Addition (Subtraktion)	$\underline{z}_1 \overset{+}{(-)} \underline{z}_2 = x_1 \overset{+}{(-)} x_2 + \mathrm{j}\left(y_1 \overset{+}{(-)} y_2\right)$	kartesische Form, besonders zweckmäßig
Betrag	$\lvert\underline{z}_1 \pm \underline{z}_2\rvert = \sqrt{(x_1 \pm x_2)^2 + (y_1 \pm y_2)^2}$ $= \sqrt{x_1^2 + x_2^2 + y_1^2 + y_2^2 \pm 2(x_1x_2 + y_1y_2)}$ $= \sqrt{z_1^2 + z_2^2 \pm 2z_1z_2\cos(\varphi_1 - \varphi_2)}$	
Multiplikation	$\underline{z}_1\underline{z}_2 = (x_1 + \mathrm{j}y_1)(x_2 + \mathrm{j}y_2) = z_1z_2\,\mathrm{e}^{\mathrm{j}(\varphi_1+\varphi_2)}$ $= (x_1x_2 - y_1y_2) + \mathrm{j}(x_1y_2 + x_2y_1)$ $= z_1z_2[\cos(\varphi_1 + \varphi_2) + \mathrm{j}\sin(\varphi_1 + \varphi_2)]$	günstig in Exponentialform: Multiplikation (Division) der Beträge, Addition der Phasen (Subtraktion)
Division	$\frac{\underline{z}_1}{\underline{z}_2} = \frac{z_1}{z_2}\,\mathrm{e}^{\mathrm{j}(\varphi_1-\varphi_2)}$ $= \frac{(x_1x_2 + y_1y_2) + \mathrm{j}(x_2y_1 - x_1y_2)}{x_2^2 + y_2^2}$ $\left\lvert\frac{\underline{z}_1}{\underline{z}_2}\right\rvert = \frac{z_1}{z_2}$	

— oder ihre *Beträge* und *Phasen* übereinstimmen

$$z_1 = z_2 \quad \text{und} \quad \varphi_{z1} = \varphi_{z2} \,. \tag{6.5b}$$

Stets müssen ihre *beiden* Bestimmungsstücke übereinstimmen.

f) Addition (Subtraktion) zweier komplexer Größen $\underline{z}_1$, $\underline{z}_2$:

$$\underline{z} = \underline{z}_1 \underset{(-)}{+} \underline{z}_2 = x_1 + \mathrm{j}y_1 \underset{(-)}{+} \{x_2 + \mathrm{j}y_2\} = \left(x_1 \underset{(-)}{+} x_2\right) + \mathrm{j}\left(y_1 \underset{(-)}{+} y_2\right),$$

oder

$$\mathrm{Re}\,(\underline{z}) = \mathrm{Re}\,(\underline{z}_1) \underset{(-)}{+} \mathrm{Re}\,(\underline{z}_2)\,, \tag{6.5 c}$$

$$\mathrm{Im}\,(\underline{z}) = \mathrm{Im}\,(\underline{z}_1) \underset{(-)}{+} \mathrm{Im}\,(\underline{z}_2)\,.$$

Komplexe Größen werden addiert (subtrahiert), indem man je die Real- und Imaginärteile der Einzelgrößen addiert (subtrahiert) (Bild 6.3c).

Die Addition z. B. veranschaulicht geometrisch, was wir bereits in Gl. (5.53ff.) bei der Addition von Sinusgrößen kennenlernten.

So ergeben zwei komplexe Größen $\underline{z}_1 = 3 + 4\mathrm{j}$, $\underline{z}_2 = 5 + 3\mathrm{j}$ eine resultierende Größe $\underline{z}_{\text{ges}} = \underline{z}_1 + \underline{z}_2 = (3 + 5) + \mathrm{j}(4 + 3) = 8 + 7\mathrm{j}$ mit dem Betrag $z_{\text{ges}} = \sqrt{8^2 + 7^2} = \sqrt{113} = 10{,}63$. Die zugehörigen Winkel lauten $\varphi_1 = \arctan {}^4/_3 = 53{,}1°$, $\varphi_2 = \arctan ({}^3/_5) = 31°$. Nach Gl. (5.53)ff. folgt auch

$$z_{\text{ges}} = \sqrt{z_1^2 + z_2^2 + 2z_1z_2 \cos(\varphi_2 - \varphi_1)} = \sqrt{25 + 34 + 2 \cdot 5 \cdot 5{,}53 \cos(31° - 53°)} = 10{,}63\,.$$

Das Beispiel zeigt, daß die Gesamtgröße über die komplexe Ebene einfacher berechnet werden kann als über Beträge und Winkel.

g) Multiplikation (Division). Es ergibt sich z. B. für die Multiplikation

$$\underline{z} = \underline{z}_1\underline{z}_2 = (x_1 + \mathrm{j}y_1)(x_2 + \mathrm{j}y_2) = |\underline{z}_1|\,\mathrm{e}^{\mathrm{j}\varphi_{z1}}\,|\underline{z}_2|\,\mathrm{e}^{\mathrm{j}\varphi_{z2}} = |\underline{z}|\,\mathrm{e}^{\mathrm{j}\varphi_z}$$

durch Vergleich

$$\text{Betrag } |\underline{z}| = |\underline{z}_1|\,|\underline{z}_2|\,, \quad \text{d. h.,} \quad z = z_1z_2\,, \tag{6.5d}$$
$$\text{Phase } \varphi_z = \varphi_{z1} + \varphi_{z2}\,.$$

Bei Multiplikation (Division) zweier komplexer Größen werden die Beträge multipliziert (dividiert) und die Phasenwinkel addiert (subtrahiert). Das Ergebnis der Multiplikation ist anschaulich eine Drehstreckung des Zeigers $\underline{z}_1$.

Es gilt nämlich auch

$$\underline{z} = \frac{\underline{z}_1}{\underline{z}_2} = \frac{z_1\,\mathrm{e}^{\mathrm{j}\varphi_{z1}}}{z_2\,\mathrm{e}^{\mathrm{j}\varphi_{z2}}} = \frac{z_1}{z_2}\,\mathrm{e}^{\mathrm{j}(\varphi_{z1} - \varphi_{z2})}, \quad \text{d. h.,}$$

$$z = \frac{z_1}{z_2}, \quad \varphi_z = \varphi_{z1} - \varphi_{z2}\,.$$

Hier zeigt sich, daß für die Multiplikation (Division) die Exponentialform der Darstellung besonders vorteilhaft ist.

In kartesischer Form erhält man bei der Multiplikation

$$\underline{z}_1\underline{z}_2 = (x_1 + \mathrm{j}y_1)(x_2 + \mathrm{j}y_2) = (x_1x_2 - y_1y_2) + \mathrm{j}(x_1y_2 + x_2y_1)$$

und bei der Division

$$\frac{\underline{z}_1}{\underline{z}_2} = \frac{\underline{z}_1\underline{z}_2^*}{\underline{z}_2\underline{z}_2^*} = \frac{\underline{z}_1\underline{z}_2^*}{z_2^2} = \frac{x_1 + \mathrm{j}y_1}{x_2 + \mathrm{j}y_2} = \frac{(x_1 + \mathrm{j}y_1)(x_2 - \mathrm{j}y_2)}{(x_2 + \mathrm{j}y_2)(x_2 - \mathrm{j}y_2)}$$

$$= \frac{(x_1x_2 + y_1y_2) + \mathrm{j}(x_2y_1 - x_1y_2)}{x_2^2 + y_2^2} = \underline{z} = x + \mathrm{j}y\,.$$

Dabei wurde der Nenner durch Multiplikation mit der konjugiert komplexen Größe reell gemacht, damit der Real- und Imaginärteil von $\underline{z}$ leicht abgelesen werden kann.

Veranschaulicht man die Multiplikation (Division) der komplexen Größen $\underline{z}_1$, $\underline{z}_2$ in der komplexen Ebene, so bedeutet:

Multiplikation: An den Zeiger $\underline{z}_1$ wird der Winkel φ_{z2} angetragen (Drehung) und der so erhaltenen Fahrstrahl mit der Länge $z = z_1 z_2$ festgelegt (Streckung).

Division: An den Zeiger $\underline{z}_1$ wird der Winkel φ_{z2} rückdrehend angetragen und der so erhaltene Fahrstrahl mit der Länge z_1/z_2 festgelegt.

Speziell bedeutet

— Multiplikation (Division) mit $\mathrm{e}^{\mathrm{j}\varphi_z}$ (Einheitszeiger) eine Drehung ohne Streckung,

— Multiplikation (Division) mit $\mathrm{e}^{\pm \mathrm{j}\frac{\pi}{2}}$ eine Vor- bzw. Rückdrehung um $\pm 90°$.

Beispiel: Komplexe Zahl. Wir stellen die komplexen Zahlen

$$\underline{z}_1 = 4 + 3\mathrm{j}\,, \qquad \underline{z}_2 = -4 - 3\mathrm{j}\,, \qquad \underline{z}_1 = -4 + 3\mathrm{j}$$

als Zeiger dar (Bild 6.4) und geben ihre Exponential- und trigonometrische Form an:

1. Betrag $z_1 = |\underline{z}_1| = \sqrt{4^2 + 3^2} = 5$,
Phase $\tan \varphi_z = \mathrm{Im}\,(\underline{z})/\mathrm{Re}\,(\underline{z}) = {}^3/_4$, $\varphi_z = \arctan {}^3/_4 = 36{,}9°$ (1. Quadrant bzw. $\varphi_z = 36{,}9° \pm$ $\pm$ k 180°) (k = 0, 1, 2),
trigonometrische Form:

$$\underline{z}_1 = 5(\cos 36{,}9° + \mathrm{j} \sin 36{,}9°)$$

Exponentialform:

$$\underline{z}_1 = 5\,\mathrm{e}^{\mathrm{j}(36{,}9° \pm \mathrm{k} \cdot 180°)}\,.$$

2. Betrag $z_2 = |\underline{z}_2| = \sqrt{(-4)^2 + (-3)^2} = 5$,
Phase $\tan \varphi_z = (-3)/(-4)$, $\arctan {}^3/_4 = 36{,}9 + 1 \cdot 180° = 216{,}9°$ (3. Quadrat),
trigonometrische Form, Exponentialform:

$$\underline{z}_2 = 5(\cos 216{,}9° + \mathrm{j} \sin 216{,}9°) = 5\,\mathrm{e}^{\mathrm{j}216{,}9°}$$

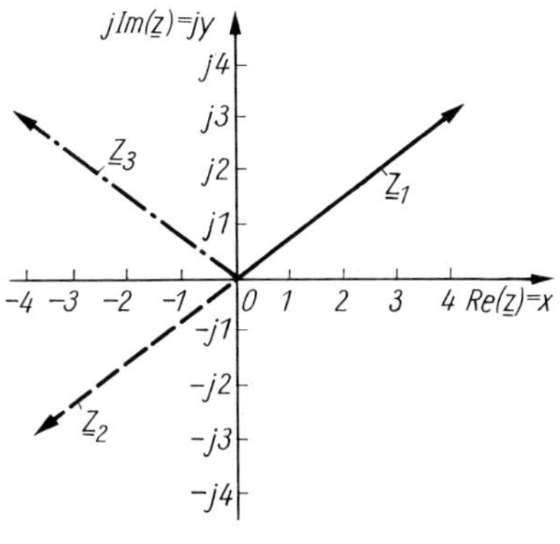

Bild 6.4. Komplexe Zahlen in der Gaußschen Zahlenebene

3. Betrag $z_3 = \sqrt{(-4)^2 + (3)^2} = 5$
Phase $\tan \varphi_z = (+3)/(-4) = -3/4$, $\varphi_z = -\arctan 3/4 = 126{,}9°$ (2. Quadrant), trigonometrische, Exponentialform:

$$\underline{z}_3 = 5(\cos 126{,}9° + \mathrm{j} \sin 126{,}9°) = 5\,\mathrm{e}^{\mathrm{j}126{,}9°}$$

Beispiel. Die folgende Größe $\underline{z}_1$ soll in Polarform ausgedrückt werden:

$$\underline{z}_1 = \frac{\mathrm{j}100(1-\mathrm{j}2)^2}{(-3+\mathrm{j}4)(-1-\mathrm{j})} = \frac{(100\,\mathrm{e}^{\mathrm{j}90°})(\sqrt{5}\,\mathrm{e}^{-\mathrm{j}63{,}4°})^2}{(5\,\mathrm{e}^{\mathrm{j}126{,}9°})(2\,\mathrm{e}^{-\mathrm{j}135°})} = 70{,}7\,\mathrm{e}^{-\mathrm{j}28{,}7°}$$
$$= 62 - \mathrm{j}34\,.$$

Das Ergebnis kann auch durch Reellmachen des Nenners gewonnen werden:

$$\underline{z}_1 = \frac{100(4-\mathrm{j}3)}{(7-\mathrm{j}1)}\,\frac{(7+\mathrm{j})}{(7+\mathrm{j})} = \frac{100(31-17\mathrm{j})}{49+1} = 62 - \mathrm{j}34\,.$$

6.2.1.2 *Zeitveränderliche komplexe Größen. Zeigerdarstellungen*

Zusammenhang: Zeitfunktion — komplexe Größe. Eine harmonische Zeitfunktion $a(t)$, z. B. der Momentanwert einer Spannung $u(t)$, läßt sich nach Tafel 6.5 stets durch den Real- oder Imaginärteil einer *komplexen zeitabhängigen Größe* $\underline{a}(t)$ darstellen

$$a(t) = \hat{A} \cos \psi_a(t) = \hat{A} \cos(\omega t + \varphi_a) = \mathrm{Re}\,(\underline{a}(t)) = \mathrm{Re}\,(\hat{A}\,\mathrm{e}^{\mathrm{j}\psi_a(t)}) \quad (6.6\mathrm{a})$$

bzw.

$$a(t) = \hat{A} \sin \psi_a(t) = \hat{A} \sin(\omega t + \varphi_a) = \mathrm{Im}\,(\underline{a}(t)) = \mathrm{Im}\,(\hat{A}\,\mathrm{e}^{\mathrm{j}\psi_a(t)})\,. \quad (6.6\mathrm{b})$$

Wir haben dabei eine komplexe Größe $\underline{a}$ mit gleichem Argument, einen sog. *Zeiger* $\underline{a}(t)$ gewählt. Er ist in allen Punkten ein genaues „Abbild" der harmonischen Funktion. Seine Zeitabhängigkeit ist durch die Zeitabhängigkeit des Phasenwinkels $\psi_a(t)$ gegeben.

Somit finden sich alle Bestimmungsstücke der Zeitfunktion $a(t)$ (Amplitude $\hat{A}$, Phase φ_a, Frequenz ω (s. Abschn. 5.2.2)) in der komplexen Funktion $\underline{a}(t)$ wieder (und damit zwangsläufig auch in zwei zueinander konjugiert komplexen Größen $\underline{a}$ und $\underline{a}^*$).

Der Zeiger $\underline{a}(t)$

$$\underline{a}(t) = \hat{A}\,\mathrm{e}^{\mathrm{j}\psi_a(t)} = \hat{A}\,\mathrm{e}^{\mathrm{j}(\omega t + \varphi_a)}$$

ist eine komplexe Größe darstellbar nur in der komplexen Ebene (Bild 6.3a) (Zeigerlänge $\hat{A}$). Sein Phasenwinkel $\psi_a(t)$ wächst mit der Zeit t, der Zeiger *rotiert* mit der Winkelgeschwindigkeit ω, er heißt deshalb *rotierender Zeiger*. Wir haben deshalb nach Gl. (6.6) *streng zwischen zwei Beschreibungen* zu unterscheiden (und wollen das sogleich für eine Spannung $u(t) \equiv a(t)$ vorführen):

1. Darstellung im Zeitbereich

$$a(t) = \hat{A} \cos(\omega t + \varphi_a) = \mathrm{Re}\,(\underline{a}(t))$$

bzw. für eine Spannung $u(t) = a(t)$ geschrieben (6.6c)

$$u(t) = \hat{U} \cos(\omega t + \varphi_u) = \mathrm{Re}\,(\underline{u}(t))$$

Kennzeichen: (reeller) *Momentanwert* $u(t)$ mit der (reellen) Amplitude $\hat{U}$ (Scheitelwert).

2. *Darstellung im Frequenzbereich* (in der komplexen Ebene, Bild 6.3a)

$$\underline{a}(t) = \hat{A}\,\mathrm{e}^{\mathrm{j}(\omega t + \varphi_\mathrm{a})} = \hat{A}\,\mathrm{e}^{\mathrm{j}\varphi_\mathrm{a}}\,\mathrm{e}^{\mathrm{j}\omega t} = \underline{\hat{A}}\,\mathrm{e}^{\mathrm{j}\omega t}\,,$$
$$\underline{u}(t) = \hat{U}\,\mathrm{e}^{\mathrm{j}(\omega t + \varphi_\mathrm{u})} = \hat{U}\,\mathrm{e}^{\mathrm{j}\varphi_\mathrm{u}}\,\mathrm{e}^{\mathrm{j}\omega t} = \underline{\hat{U}}\,\mathrm{e}^{\mathrm{j}\omega t}\,. \tag{6.6d}$$

Kennzeichen: komplexer Momentanwert $\underline{u}(t)$ mit der *komplexen Amplitude* $\underline{\hat{U}}$ (bestehend aus Betrag $\hat{U}$ und Nullphasenwinkel φ_u).

Zusammengefaßt: Eine harmonische Größe $a(t)$ (Momentanwert eines Stromes $i(t)$ oder eine Spannung $u(t)$ im Zeitbereich (veranschaulicht durch das Liniendiagramm, Tafel 6.2) ist stets darstellbar durch den Real- bzw. Imaginärteil einer zugeordneten komplexen Größe $\underline{a}(t)$ (komplexer Momentanwert des Stromes $\underline{i}(t)$ oder der Spannung $\underline{u}(t)$). Die komplexe Größe $\underline{a}(t)$ ist dem Frequenzbereich oder

Tafel 6.7. Darstellung harmonischer Funktionen durch rotierende Zeiger

cos-Funktion

$$a(t) = \hat{A}\cos(\omega t + \varphi_\mathrm{a}) = \left(\frac{\hat{A}}{2}\,\mathrm{e}^{\mathrm{j}(\omega t + \varphi_\mathrm{a})} + \frac{\hat{A}}{2}\,\mathrm{e}^{-\mathrm{j}(\omega t + \varphi_\mathrm{a})}\right)$$

Form I	Form II
$= \mathrm{Re}\{\hat{A}\,\mathrm{e}^{\mathrm{j}(\omega t + \varphi_\mathrm{a})}\}$	$= \dfrac{\hat{A}}{2}\,\mathrm{e}^{\mathrm{j}\varphi_\mathrm{a}}\,\mathrm{e}^{\mathrm{j}\omega t} + \dfrac{\hat{A}}{2}\,\mathrm{e}^{-\mathrm{j}\varphi_\mathrm{a}}\,\mathrm{e}^{-\mathrm{j}\omega t}$
$= \mathrm{Re}\{\underbrace{\hat{A}\,\mathrm{e}^{\mathrm{j}\varphi_\mathrm{a}}}_{\underline{\hat{A}}}\,\mathrm{e}^{\mathrm{j}\omega t}\}$	$= \dfrac{\underline{\hat{A}}}{2}\,\mathrm{e}^{\mathrm{j}\omega t} + \dfrac{\underline{\hat{A}}^*}{2}\,\mathrm{e}^{-\mathrm{j}\omega t}$
$= \mathrm{Re}\{\underline{a}\mathrm{e}^{\mathrm{j}\omega t}\}$	

Bestimmungsstücke

Form I	Form II
$\hat{A}$, φ_a, ω	$\underline{\hat{A}}$, $\underline{\hat{A}}^*$, ω

sin-Funktion

$$a(t) = \hat{A}\sin(\omega t + \varphi_\mathrm{a}) = \left(\frac{\hat{A}}{2}\,\mathrm{e}^{\mathrm{j}(\omega t + \varphi_\mathrm{a})} - \frac{\hat{A}}{2}\,\mathrm{e}^{-\mathrm{j}(\omega t + \varphi_\mathrm{a})}\right)$$

Form I	Form II
$= \mathrm{Im}\{\hat{A}\,\mathrm{e}^{\mathrm{j}(\omega t + \varphi_\mathrm{a})}\}$	$= \dfrac{\hat{A}}{2}\,\mathrm{e}^{\mathrm{j}\varphi_\mathrm{a}}\,\mathrm{e}^{\mathrm{j}\omega t} - \dfrac{\hat{A}}{2}\,\mathrm{e}^{-\mathrm{j}\varphi_\mathrm{a}}\,\mathrm{e}^{-\mathrm{j}\omega t}$
$= \mathrm{Im}\{\underbrace{\hat{A}\,\mathrm{e}^{\mathrm{j}\varphi_\mathrm{a}}}_{\underline{\hat{A}}}\,\mathrm{e}^{\mathrm{j}\omega t}\}$	$= \dfrac{\underline{\hat{A}}}{2}\,\mathrm{e}^{\mathrm{j}\omega t} - \dfrac{\underline{\hat{A}}^*}{2}\,\mathrm{e}^{-\mathrm{j}\omega t}$
$= \mathrm{Im}\{\underline{\hat{A}}\,\mathrm{e}^{\mathrm{j}\omega t}\}$	

Bestimmungsstücke

Form I	Form II
$\hat{A}$, φ_a, ω	$\underline{\hat{A}}$, $\underline{\hat{A}}^*$, ω

der komplexen Ebene (Bild 6.3a) zugeordnet und wird dort durch einen mit der Kreisfrequenz ω rotierenden Zeiger dargestellt. Sie ist eine *Rechengröße* (ohne physikalisch direkt interpretierbar zu sein). Tafel 6.7 enthält Gl. (6.6) in zusammengefaßter Form.

Zeigerdarstellung. Rotierender und ruhender Zeige. Der rotierende Zeiger $\underline{u}(t)$ (komplexer Momentanwert) kann nach Gl. (6.6d) folgendermaßen interpretiert werden:

$$\underbrace{\underline{u}(t)}_{\text{komplexer Momentanwert}} = \begin{cases} \underbrace{\hat{U}\,\mathrm{e}^{\mathrm{j}\psi_{\mathrm{u}}(t)}}_{\text{rotierender Zeiger zeitabhängig}} = \underbrace{\hat{U}}_{\text{Amplitude (reell)}} \; \underbrace{\mathrm{e}^{\mathrm{j}\psi_{\mathrm{u}}(t)}}_{\text{rotierender Einheitszeiger}} \\ \hat{U}\,\mathrm{e}^{\mathrm{j}(\varphi_{\mathrm{u}}+\omega t)} = \hat{U}\,\mathrm{e}^{\mathrm{j}\varphi_{\mathrm{u}}}\,\mathrm{e}^{\mathrm{j}\omega t} = \underbrace{\hat{\underline{U}}}_{\text{ruhender Zeiger (komplexe Amplitude)}} \; \underbrace{\mathrm{e}^{\mathrm{j}\omega t}}_{\text{rotierender Einheitszeiger}} \end{cases} \tag{6.7a}$$

Dabei werden definiert:

1. Der *rotierende* oder *umlaufende Zeiger* (auch *komplexer Momentanwert*)

$$\underline{u}(t) = \hat{\underline{U}}\,\mathrm{e}^{\mathrm{j}\omega t} \tag{6.7b}$$

rotierender Zeiger (komplexer Momentanwert).

Sein Real- (oder Imaginärteil) kennzeichnet den (zeitlichen) Momentanwert $u(t)$.

2. Der *ruhende Zeiger* (auch *komplexer Scheitelwert*)

$$\hat{\underline{U}} = \hat{U}\,\mathrm{e}^{\mathrm{j}\varphi_{\mathrm{u}}} \tag{6.7c}$$

ruhender Zeiger (zeitunabhängig) komplexer Scheitelwert

(gekennzeichnet durch Amplitude und Nullphasenwinkel). Üblich ist auch die Verwendung des *Effektivwertes* anstelle von $\hat{U}$ ($U = \hat{U}/\sqrt{2}$) (s. Abschn. 5.2.3). Man spricht dann vom *komplexen Effektivwert*

$$\underline{U} = U\,\mathrm{e}^{\mathrm{j}\varphi_{\mathrm{u}}} \quad \text{komplexer Effektivwert (der Spannung)}\,. \tag{6.7d}$$

Beachte:

a) Der ruhende Zeiger geht stets aus dem rotierenden hervor. Man betrachtet ihn dazu zum Zeitpunkt $t = 0$ oder läßt seinen Zeitfaktor $\mathrm{e}^{\mathrm{j}\omega t}$ weg.

b) Ruhende Zeiger symbolisieren zeitlich konstante Größen (z. B. die Relativlage von Strömen und Spannungen in einem Netzwerk, Scheinwiderstände). Sie müssen daher in der zeichnerischen Darstellung als stillstehend, d. h. mit *zeitunabhängigem* Winkel $\psi = \varphi$, zur reellen Achse angesetzt werden.

Formen der Zeigerdarstellungen. Wir benutzen jetzt den rotierenden Zeiger zur Darstellung der Zeitfunktion $a(t)$ (Tafel 6.7, Bild 6.5).

Form I. Die Darstellung der Zeitfunktion $a(t)$ durch einen um den Ursprung rotierenden Zeiger heißt *Zeigermodell* oder *Zeigerdarstellung*. Ein vom Mittelpunkt 0 (Bild 6.5a) ausgehender Strahl mit der Länge des Scheitelwertes $\hat{A}$ rotiert in einem Polardiagramm mit der Winkelgeschwindigkeit $\omega = \mathrm{d}\psi_{\mathrm{a}}/\mathrm{d}t$ im mathematisch-positiven Sinn. Das eingezeichnete Achsenkreuz der komplexen Ebene ruht. Greift man verschiedene Zeitpunkte heraus und betrachtet jeweils die *Projektion* des rotierenden Zeigers auf die x- und y-Achse, so gilt (vgl. auch Bild 5.23):

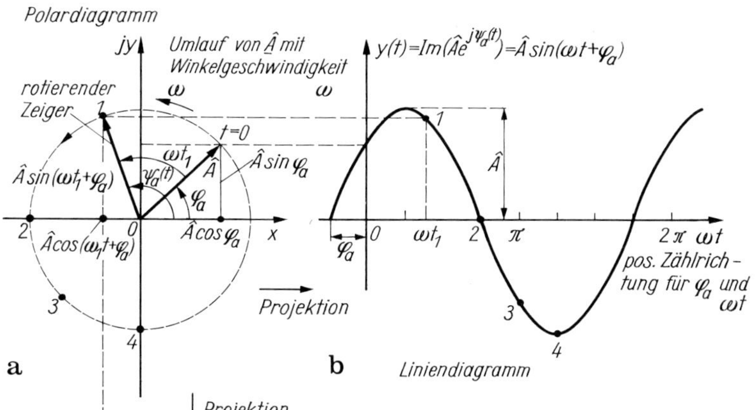

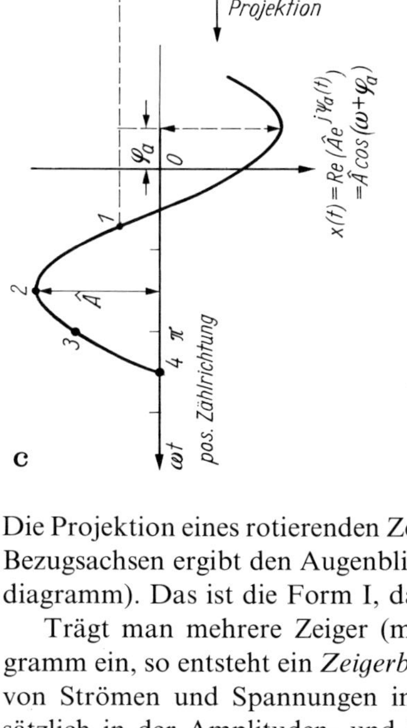

Bild 6.5. Darstellung der Zeitfunktion $a(t)$ durch Projektion eines rotierenden Zeigers $\underline{a}\, e^{j\omega t} = \hat{\underline{A}}\, e^{j\psi_a(t)}$. **a)** Zeiger $\hat{\underline{A}}\, e^{j\omega t}$, der mit der Winkelgeschwindigkeit ω im positiven Umlaufsinn rotiert; **b)** Liniendiagramm: Projektion von $\underline{a}(t)$ auf die y-Achse; **c)** Liniendiagramm: Projektion von $\underline{a}(t)$ auf die x-Achse

Die Projektion eines rotierenden Zeigers $\underline{a}(t)$ im Zeigerdiagramm auf die feststehenden Bezugsachsen ergibt den Augenblickswert $a(t)$ der sin- bzw. cos-Schwingung (Liniendiagramm). Das ist die Form I, das *Einzeigermodell* (Tafel 6.7).

Trägt man mehrere Zeiger (mit gleicher Winkelgeschwindigkeit ω) in ein Diagramm ein, so entsteht ein *Zeigerbild* oder *Zeigerdiagramm*. Das Ziel der Berechnung von Strömen und Spannungen im sinusförmig erregten Netzwerk bestand grundsätzlich in der Amplituden- und Phasenbestimmung dieser Größen. Die Frequenz stimmt von vornherein mit der Erregerfrequenz überein. Deshalb genügt im Prinzip die Kenntnis des ruhenden Zeigers der Lösung. Damit ist der Übergang zum Zeigerdiagramm ruhender Zeiger gerechtfertigt.

Form II. Darstellung durch ein *gegenläufig rotierendes Zeigerpaar* (Zeigermodell, Bild 6.6). Die Zeitfunktion $a(t)$ läßt sich auch durch die Summe bzw. Differenz (nicht dargestellt) *zweier* rotierender Zeiger ausdrücken, die in entgegengesetzten Richtungen mit der Winkelgeschwindigkeit ω umlaufen (Tafel 6.7). Dies folgt direkt über Gl. (6.4b):

$$a(t) = \hat{A}\cos(\omega t + \varphi_a) = \mathrm{Re}\,(\underline{a}(t)) = \frac{\underline{a}(t) + \underline{a}^*(t)}{2} = \frac{\hat{\underline{A}}\, e^{j\omega t} + \hat{\underline{A}}^*\, e^{-j\omega t}}{2} \qquad (6.8)$$

bzw.

$$a(t) = \hat{A}\sin(\omega t + \varphi_a) = \mathrm{Im}\,(\underline{a}(t)) = \frac{\underline{a}(t) - \underline{a}^*(t)}{2} = \frac{\hat{\underline{A}}\, e^{j\omega t} - \hat{\underline{A}}^*\, e^{-j\omega t}}{2}$$

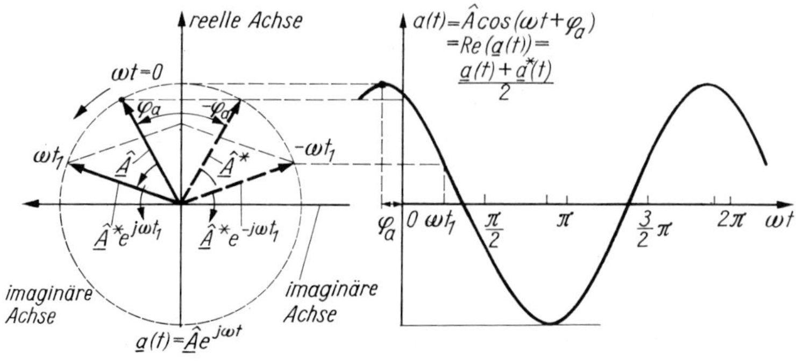

Bild 6.6. Darstellung der Zeitfunktion $y(t)$ durch Projektion zweier rotierender Zeiger. Es wurde nur die Projektion auf die reelle Achse dargestellt

Diese Schreibweise beinhaltet
- einen Zeiger der Länge $a/2$ mit dem Nullphasenwinkel φ_a, der mit ω im mathematisch-positiven Sinn rotiert;
- einen Zeiger gleicher Länge mit dem Nullphasenwinkel $-\varphi_a$, der im mathematisch-negativen Sinn rotiert.

Zu jedem Zeitpunkt ergibt die halbe Summe beider Zeiger den Realteil von $\underline{a}$, d. h. den Augenblickswert $a(t)$. Die Imaginärteile heben sich auf. Genauso kann man zeigen, daß für die Differenz beider Zeiger die Realteile verschwinden und die Sinusfunktion ergeben.

Diskussion
- Die Verwendung des Einzeigermodells (Form I) ist die üblichere und findet sich in vielen Lehrbüchern, soweit nur Grundlagen der Netzwerkanalyse vermittelt werden. Baut man die Transformation Zeit → Frequenzbereich auf dem Einzeigermodell auf, so entstehen bei der Transformation von Produkten (Quotienten) zeitabhängiger Größen Fehler.
- Das Zeigerpaarmodell bringt erhebliche Vorteile bei Fourier-Reihen, beim Fourier-Integral, bei der Laplace-Transformation, also der fortgeschrittenen Netzwerkanalyse. Auch entfallen Vorsichtsmaßnahmen bei der Zeigermultiplikation.
  Offen bleibt für dieses Modell noch der Begriff *negative Frequenz*. Was bedeutet er? Der Definition nach ist die Frequenz als physikalische Größe stets positiv: $f = 1/T$. Deshalb verständigen wir uns so: Es gibt physikalisch keine negative Frequenz, nur negative Werte von ω. Sie können durch eine methodische Darstellung formal auftreten. Dann ist es müßig, eine physikalische Interpretation zu suchen.

Eigenschaften rotierender Zeiger $\underline{a}(t) = \hat{A}\,e^{j\omega t} = \hat{A}\,e^{j(\omega t + \varphi_a)}$. Wir stellen nun wichtige Eigenschaften rotierender Zeiger zusammen. Darauf beruht ihre Anwendung zur Analyse linearer zeitunabhängiger Netzwerke bei harmonischer Erregung.

Satz 1. $\mathrm{Re}\,(\underline{a}(t)) = \mathrm{Re}\,(\hat{\underline{A}}\,e^{j\omega t})$ ist additiv und homogen. Sind $\underline{a}_1(t)$ und $\underline{a}_2(t)$ Funktionen der reellen Variablen t (der Zeit) und α eine reelle Konstante, so bedeutet *Additivität*

$$\mathrm{Re}\,(\underline{a}_1(t) + \underline{a}_2(t)) = \mathrm{Re}\,(\underline{a}_1(t)) + \mathrm{Re}\,(\underline{a}_2(t)) \tag{6.9}$$

und *Homogenität*

$$\mathrm{Re}\,(\alpha\underline{a}_1(t)) = \alpha\,\mathrm{Re}\,(\underline{a}_1(t))$$

für beliebige $\underline{a}_1(t)$, $\underline{a}_2(t)$ und reelle Werte α. Auf den Beweis wollen wir verzichten.

Addition (Subtraktion) rotierender Zeiger ist somit erlaubt.

Satz 2. Sind $\underline{A}_1$ und $\underline{A}_2$ komplexe Konstanten, so bedingt Gleichheit der Realteile zweier Zeiger die Gleichheit der komplexen Konstanten $\underline{A}_1$, $\underline{A}_2$:

$$\mathrm{Re}\,(\underline{a}_1(t)) = \mathrm{Re}\,(\underline{A}_1\,\mathrm{e}^{\mathrm{j}\omega t}) = \mathrm{Re}\,(\underline{a}_2(t)) = \mathrm{Re}\,(\underline{A}_2\,\mathrm{e}^{\mathrm{j}\omega t})\,. \tag{6.10}$$

Satz 3. Differentiation. Das Differential des rotierenden Zeigers $\underline{a}(t) = \underline{A}\,\mathrm{e}^{\mathrm{j}\omega t}$ nach der Zeit

$$\frac{\mathrm{d}\underline{a}(t)}{\mathrm{d}t} = \frac{\mathrm{d}}{\mathrm{d}t}|\underline{A}|\,\mathrm{e}^{\mathrm{j}(\omega t+\varphi_{\mathrm{a}})} = \mathrm{j}\omega|\underline{A}|\,\mathrm{e}^{\mathrm{j}(\omega t+\varphi_{\mathrm{a}})} = \mathrm{j}\omega\underline{a}(t) \tag{6.11 a}$$

geht über in eine Multiplikation des gleichen rotierenden Zeigers $\underline{a}(t)$ mit $\mathrm{j}\omega$! Dies ist ein entscheidender Vorteil für die Anwendung rotierender Zeiger (Bild 6.7).

Verallgemeinert erhält man dann für eine n-fache Differentiation

$$\frac{\mathrm{d}^n\underline{a}(t)}{\mathrm{d}t^n} = (\mathrm{j}\omega)^n\,\underline{a}(t)\,. \tag{6.11 b}$$

Anschaulich bedeutet einmalige Differentiation eine Vorwärtsdrehung um $\pi/2$ (Multiplikation mit j) und Änderung seines Betrages um den Faktor ω (Drehstreckung). Die n-fache Differentiation ergibt dann wegen $(\mathrm{j}\omega)^n$ eine Vordrehung um $n(\pi/2)$ und Betragsänderung um den Faktor ω^n.

Satz 4. Integration. Das (unbestimmte) Integral des rotierenden Zeigers $\underline{a}(t)$ über die Zeit t

$$\int \underline{a}(t)\,\mathrm{d}t = \int |\underline{A}|\,\mathrm{e}^{\mathrm{j}(\omega t+\varphi_{\mathrm{a}})}\,\mathrm{d}t = \frac{1}{\mathrm{j}\omega}\,|\underline{A}|\,\mathrm{e}^{\mathrm{j}(\omega t+\varphi)} = \frac{\underline{a}(t)}{\mathrm{j}\omega} \tag{6.12 a}$$

geht über in eine Division des gleichen rotierenden Zeigers durch $\mathrm{j}\omega$. Auch dies ist ein entscheidender Vorteil.

Verallgemeinert erhält man dann für eine n-fache Integration

$$\int_n \ldots \left\{\int \underline{a}(t)\,\mathrm{d}t\right\} \ldots \mathrm{d}t = \frac{1}{(\mathrm{j}\omega)^n}\,\underline{a}(t)\,. \tag{6.12 b}$$

Anschaulich betrachtet bedeutet dann einmalige Integration eine Division von $\underline{a}(t)$ durch $\mathrm{j}\omega$ (Multiplikation mit $1/(\mathrm{j}\omega) = \mathrm{j}/(\mathrm{j}^2\omega) = -\mathrm{j}/\omega$) und somit eine *Rückdrehung um* $\pi/2$ und Multiplikation des Betrages mit $1/\omega$ (Bild 6.7). Entsprechend verfährt man bei n-facher Integration.

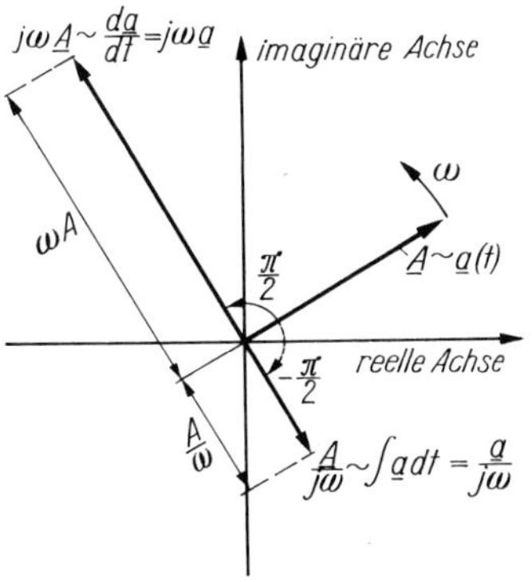

Bild 6.7. Differential und Integral eines rotierenden Zeigers $\underline{a}(t)$ (dargestellt zu einem festen Zeitpunkt)

Satz 5. Aus Satz 3 und 4 folgt bei Anwendung auf die Real- und Imaginärteile von rotierenden Zeigern:

$$\frac{\mathrm{d}}{\mathrm{d}t}\,\mathrm{Re}\,\{\underline{A}\,\mathrm{e}^{\mathrm{j}\omega t}\} = \mathrm{Re}\left\{\frac{\mathrm{d}}{\mathrm{d}t}\,\underline{A}\,\mathrm{e}^{\mathrm{j}\omega t}\right\} = \mathrm{Re}\,\{\mathrm{j}\omega\underline{A}\,\mathrm{e}^{\mathrm{j}\omega t}\}\,, \tag{6.13 a}$$

$$\frac{\mathrm{d}}{\mathrm{d}t}\,\mathrm{Im}\,\{\underline{A}\,\mathrm{e}^{\mathrm{j}\omega t}\} = \mathrm{Im}\left\{\frac{\mathrm{d}}{\mathrm{d}t}\,\underline{A}\,\mathrm{e}^{\mathrm{j}\omega t}\right\} = \mathrm{Im}\,\{\mathrm{j}\omega\underline{A}\,\mathrm{e}^{\mathrm{j}\omega t}\}\,, \tag{6.13 b}$$

$$\int \mathrm{Re}\,\{\underline{A}\,\mathrm{e}^{\mathrm{j}\omega t}\}\,\mathrm{d}t = \mathrm{Re}\,\{\underline{A}\,\mathrm{e}^{\mathrm{j}\omega t}\,\mathrm{d}t\} = \mathrm{Re}\left\{\frac{\underline{A}\,\mathrm{e}^{\mathrm{j}\omega t}}{\mathrm{j}\omega}\right\}, \tag{6.13 c}$$

$$\int \mathrm{Im}\,\{\underline{A}\,\mathrm{e}^{\mathrm{j}\omega t}\}\,\mathrm{d}t = \mathrm{Im}\,\{\underline{A}\,\mathrm{e}^{\mathrm{j}\omega t}\,\mathrm{d}t\} = \mathrm{Im}\left\{\frac{\underline{A}\,\mathrm{e}^{\mathrm{j}\omega t}}{\mathrm{j}\omega}\right\}. \tag{6.13 d}$$

Real- bzw. Imaginärteilbildung und Differentiation bzw. Integration sind kommutativ. Auch hier wollen wir auf den Beweis verzichten, er kann leicht geführt werden.

Beispiel: Rotierender und ruhender Zeiger. In der Schaltung Bild 6.8 lautet die Maschengleichung

$$u_\mathrm{R} + u_\mathrm{C} - u_\mathrm{Q} = 0 \quad \text{bzw.} \quad iR + \frac{1}{C}\int i\,\mathrm{d}t = u_\mathrm{Q}\,. \tag{1}$$

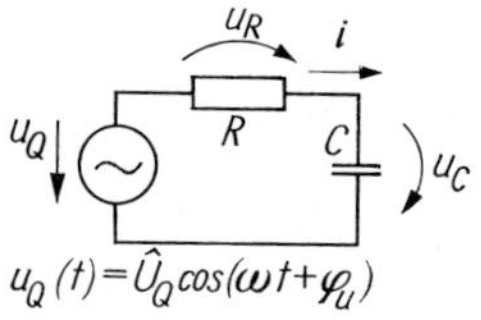

Bild 6.8. *RC*-Schaltung

Wir wollen den Strom $i(t)$ unter Benutzung der ruhenden und rotierenden Zeiger (Form II) bestimmen und den Vorteil gegenüber der Ermittlung der stationären Lösung über die DGl. zeigen. Ausgang sind die Darstellungen

$$u_\mathrm{Q}(t) = \hat{U}_\mathrm{Q}\cos(\omega t + \varphi_\mathrm{u}) = \frac{1}{2}\,[\hat{U}_\mathrm{Q}\,\mathrm{e}^{\mathrm{j}(\omega t+\varphi_\mathrm{u})} + \hat{U}_\mathrm{Q}\,\mathrm{e}^{-\mathrm{j}(\omega t+\varphi_\mathrm{u})}]$$

$$= \frac{1}{2}\,(\hat{\underline{U}}_\mathrm{Q}\,\mathrm{e}^{\mathrm{j}\omega t} + \hat{\underline{U}}^*_\mathrm{Q}\,\mathrm{e}^{-\mathrm{j}\omega t})$$

und analog für den Strom als gesuchte Größe

$$i(t) = \frac{1}{2}\,(\hat{\underline{I}}\,\mathrm{e}^{\mathrm{j}\omega t} + \hat{\underline{I}}^*\,\mathrm{e}^{-\mathrm{j}\omega t})\,, \qquad \hat{\underline{I}} = \hat{I}\,\mathrm{e}^{\mathrm{j}\varphi_\mathrm{i}}\,.$$

Einsetzen von $u_\mathrm{Q}(t)$ und $i(t)$ in die Netzwerkgleichung (1) und Durchführen der Integration

$$\underline{U}_\mathrm{Q}\,\mathrm{e}^{\mathrm{j}\omega t} + \underline{U}^*_\mathrm{Q}\,\mathrm{e}^{-\mathrm{j}\omega t} = R(\hat{\underline{I}}\,\mathrm{e}^{\mathrm{j}\omega t} + \hat{\underline{I}}^*\,\mathrm{e}^{-\mathrm{j}\omega t}) + \frac{1}{\mathrm{j}\omega C}\,(\hat{\underline{I}}\,\mathrm{e}^{\mathrm{j}\omega t} - \hat{\underline{I}}^*\,\mathrm{e}^{-\mathrm{j}\omega t}) \tag{2}$$

oder geordnet nach den Faktoren von $\mathrm{e}^{\mathrm{j}\omega t}$ und $\mathrm{e}^{-\mathrm{j}\omega t}$ ergibt

$$\left[\hat{\underline{U}}_\mathrm{Q} - \left(R + \frac{1}{\mathrm{j}\omega C}\right)\hat{\underline{I}}\right]\mathrm{e}^{\mathrm{j}\omega t} + \left[\hat{\underline{U}}^*_\mathrm{Q} - \left(R - \frac{1}{\mathrm{j}\omega C}\right)\hat{\underline{I}}^*\right]\mathrm{e}^{-\mathrm{j}\omega t} = 0\,. \tag{3}$$

Die rechte Seite verlangt, daß jede Klammer verschwindet. Es ergeben sich als Lösung die ruhenden Zeiger

$$\hat{\underline{I}} = \frac{\hat{\underline{U}}_Q}{R + \frac{1}{j\omega C}}, \quad \hat{\underline{I}}^* = \frac{\hat{\underline{U}}_Q^*}{\left(R + \frac{1}{j\omega C}\right)^*}. \tag{4}$$

Beide Bestimmungsgleichungen für $\hat{\underline{I}}$ sind gleichwertig (jede geht aus der anderen hervor, indem man konjugiert komplexe Größen einsetzt). Daher genügt die Lösung einer Gleichung zur $\hat{\underline{I}}$- und φ_i-Bestimmung:

$$\begin{aligned}\hat{\underline{I}} = \hat{I}\,e^{j\varphi_i} &= \frac{\hat{U}_Q\,e^{j\varphi_u}}{R + 1/(j\omega C)} = \frac{\hat{U}_Q}{|R + 1/(j\omega C)|}\,e^{j\left(\varphi_u + \arctan\frac{1}{\omega CR}\right)} \\ &= \frac{\hat{U}_Q\,e^{j\left(\varphi_u + \arctan\frac{1}{\omega CR}\right)}}{\sqrt{R^2 + (1/(\omega C))^2}},\end{aligned} \tag{5}$$

also

$$\hat{I} = \frac{\hat{U}_Q}{\sqrt{R^2 + (1/(\omega C))^2}} \quad \text{und} \quad \varphi_i = \varphi_u + \arctan\frac{1}{\omega CR} \tag{6}$$

und damit $i(t) = \hat{I}\cos(\omega t + \varphi_i)$.

Das Ergebnis ist wesentlich einfacher gewonnen worden als etwa nach der Methode von Abschn. 6.1. Im Grunde waren nur drei Schritte erforderlich:

1. Benutzung der zu den Größen $u_Q(t)$, $i(t)$ im Zeitbereich gehörenden komplexen Amplitude $\underline{u}_Q$, $\underline{i}$ im Frequenzbereich.

2. Lösung einer linearen algebraischen Gleichung (3) für komplexe Amplituden. (Die Integration $\int i\,dt$ geht in eine Division mit $j\omega$ über).

3. Bestimmung der Amplitude und Phase von $\hat{\underline{I}}$ (Gl. (5) bzw. (6)) und Niederschrift der Lösung $i(t)$.

Das Verfahren mit zwei Zeigern (Form II) zeigt weiter:

4. Alle Zwischenschritte laufen im Zeitbereich ab: Ersetzt wurde ja nur die harmonische Funktion durch eine völlig gleichwertige Summe aus zwei konjugiert komplexen Größen. Wir sind also während der ganzen Rechnung „im Zeitbereich" verblieben!

5. Vom Ergebnis Gl. (4) her beurteilt, genügt es, nur einen ruhenden Zeiger zu kennen, denn $\underline{I}^*$ ergibt sich daraus automatisch. Zur Lösung der Aufgabe genügt deshalb auch das Einzeigermodell (Form I). Dafür muß jedoch der Transformation Zeitbereich—Frequenzbereich (sog. Hin- und Rücktransformation) mehr Aufmerksamkeit geschenkt werden.

6.2.2 Netzwerkberechnung über den Frequenzbereich

Überblick. Die Darstellung zeitveränderlicher Größen durch rotierende Zeiger ermöglicht durch Übergang der zeitlichen Differentiation (Integration) in eine Multiplikation mit $j\omega$ (Division durch $j\omega$) grundsätzlich die Überführung der Netzwerk-Differentialgleichung in eine algebraische Gleichung. Wir bauen diesen Vorteil aus durch

1. Transformationsverfahren der Netzwerk-Differentialgleichung (Abschn. 6.2.2.1).

2. Anwendung rotierender Zeiger auf die Grundelemente R, C, L, M und den passiven Zweipol allgemein unter Einführung des *Widerstandsoperators.* Im Prinzip handelt es sich dabei um einen Sonderfall von 1). Dieses Verfahren heißt *Transformation* eines Netzwerkes in den *Frequenzbereich* (Abschn. 6.2.2.2, Bild 6.9). Erst

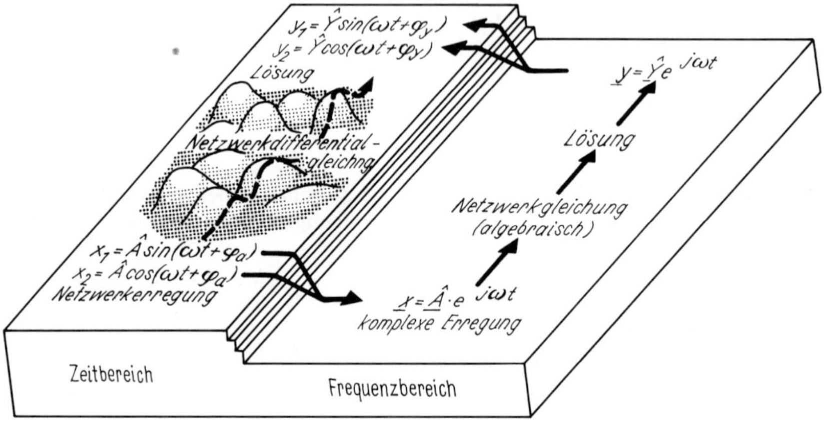

Bild 6.9. Vorteile Zeit — Frequenzbereich

dadurch wird der Vorteil der Netzwerkanalyse über den Frequenzbereich voll wirksam.

3. Die graphische Interpretation dieser Vorgänge durch Zeigerdiagramme (Abschnitt 6.2.3).

Tafel 6.8 enthält die einzelnen Lösungsverfahren übersichtsartig.

6.2.2.1 Transformation der Netzwerk-Differentialgleichung

Von einem Netzwerk sei durch Anwendung der Kirchhoffschen Gesetze (oder abgewandelter Methoden, s. Abschn. 5.3) die Netzwerk-Differentialgleichung (5.83) zwischen Ursache und Wirkung bekannt.

Es habe die Erregung $x(t) = \hat{X}_{\mathrm{m}} \cos(\omega t + \varphi_{\mathrm{x}}) = \mathrm{Re}\,(\underline{x}(t)) = \mathrm{Re}\,(\hat{\underline{X}}\,\mathrm{e}^{\mathrm{j}\omega t})$ (ferner sei $b_0, \ldots, b_{\mathrm{m}} = 0$, $b_{\mathrm{m}+1} \neq 0$). Im stationären Zustand stellt sich dann die (unbekannte) Lösung

$$y_{\mathrm{p}}(t) = \hat{Y}_{\mathrm{m}} \cos(\omega t + \varphi_{\mathrm{y}}) = \mathrm{Re}\,(\underline{y}(t)) = \mathrm{Re}\,(\hat{\underline{Y}}\,\mathrm{e}^{\mathrm{j}\omega t})$$

ein. Wir ermitteln sie durch Anwendung rotierender Zeiger. Nach Abschn. 6.2.1.2 sind folgende Schritte unter Anwendung der dort erläuterten Sätze durchzuführen:

1. Einsetzen des Lösungsansatzes in die Differentialgleichung

$$a_0 \frac{\mathrm{d}^n}{\mathrm{d}t^n} \mathrm{Re}\,(\underline{Y}\,\mathrm{e}^{\mathrm{j}\omega t}) + \ldots + a_n \mathrm{Re}\,(\underline{Y}\,\mathrm{e}^{\mathrm{j}\omega t}) = \mathrm{Re}\,(\underline{X}\,\mathrm{e}^{\mathrm{j}\omega t}) = X \cos(\omega t + \varphi_{\mathrm{x}})\,. \tag{6.14a}$$

2. Vertauschung von Realteilbildung und Differenzieren (Satz 5 und Satz 1)

$$\mathrm{Re}\left\{a_0 \frac{\mathrm{d}^n}{\mathrm{d}t^n} \underline{Y}\ \mathrm{e}^{\mathrm{j}\omega t} + \ldots + a_n \underline{Y}\ \mathrm{e}^{\mathrm{j}\omega t}\right\} = \mathrm{Re}\,(\underline{X}\ \mathrm{e}^{\mathrm{j}\omega t})\,. \tag{6.14b}$$

3. Durchführung der Differentiation (bzw. Integration, sofern erforderlich) durch Anwendung von Satz 3 bzw. 4

$$\mathrm{Re}\,\{a_0 (\mathrm{j}\omega)^n\, \underline{Y}\,\mathrm{e}^{\mathrm{j}\omega t} + \ldots + a_n \underline{Y}\,\mathrm{e}^{\mathrm{j}\omega t}\} = \mathrm{Re}\,(\underline{X}\,\mathrm{e}^{\mathrm{j}\omega t})\,. \tag{6.14c}$$

Dabei wird der Vorteil des Überganges Differentiation → Multiplikation deutlich.

Tafel 6.8. Übersicht der Analyseverfahren von linearen Netzwerken bei stationärer harmonischer Erregung. Hervorgehobene Abläufe sind besonders vorteilhaft. (Die Schrittangaben beziehen sich auf den Text, Abschn. 6.2.2.1; Lösungsmethodik, Abschn. 6.2.2.1; abgekürztes Verfahren s. Abschn. 6.2.2.2.3)

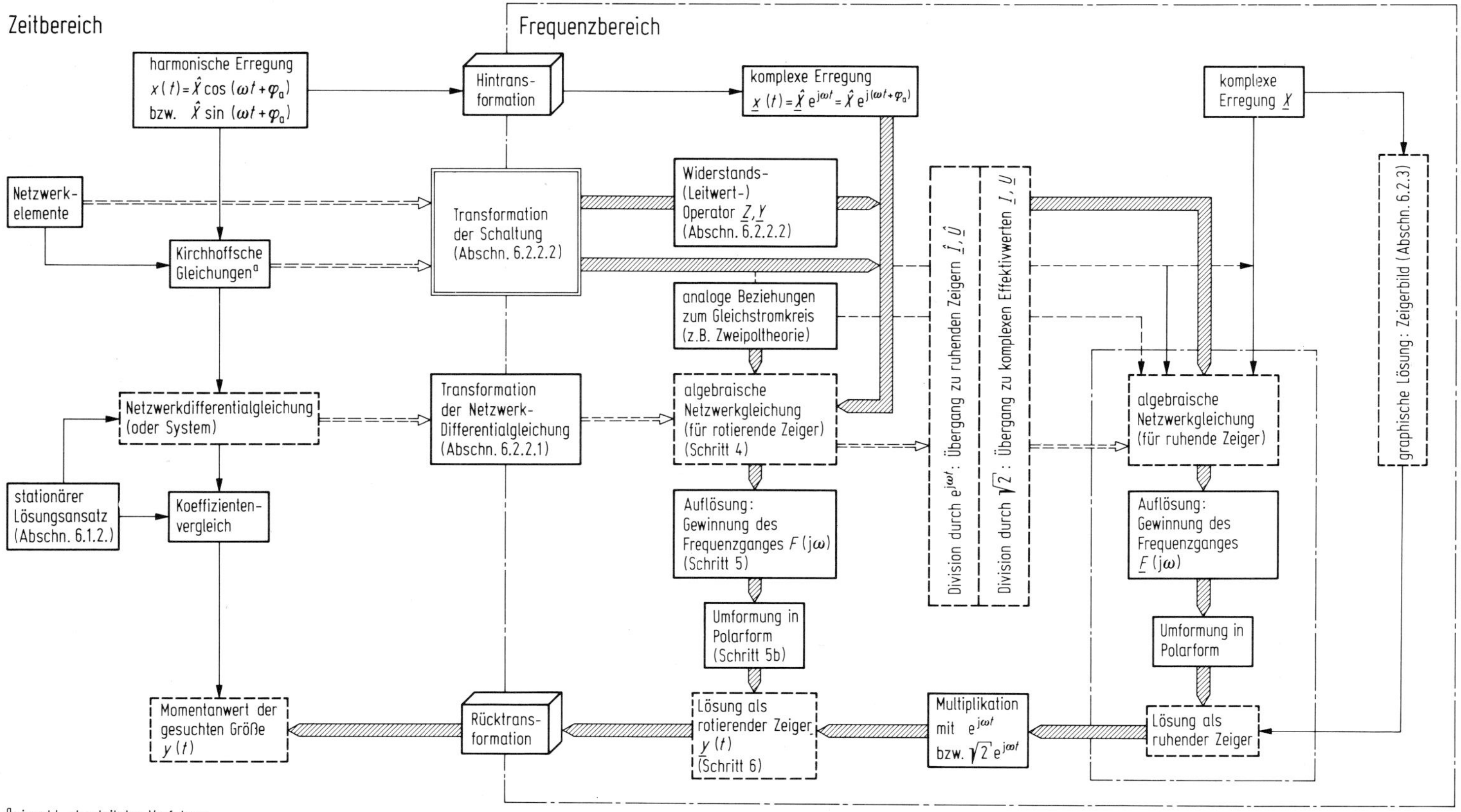

[a] einschl. abgeleiteter Verfahren

Mit den Schritten 1 bis 3 befinden wir uns noch im Zeitbereich. An die Stelle des Realteiles tritt der Imaginärteil, wenn die Erregerfunktion in der Form $x(t) = X \sin(\omega t + \varphi_x) = \mathrm{Im}(\underline{x}(t))$ gegeben ist (Satz 5). Die übrigen Operationen sind die gleichen.

4. Nach Satz 2 kann die Realteilbildung auf beiden Seiten entfallen:

$$[a_0(\mathrm{j}\omega)^n + \ldots + a_n]\,\underline{Y}\,\cancel{\mathrm{e}^{\mathrm{j}\omega t}} = \underline{X}\,\cancel{\mathrm{e}^{\mathrm{j}\omega t}}.$$

Die dabei vollzogenen Einzelschritte bedeuten:

— Weglassen der Realteilbildung: Übergang aus dem Zeitbereich in den Frequenzbereich mit rotierenden Zeigern.

— Herausheben von $\mathrm{e}^{\mathrm{j}\omega t}$: Übergang von rotierenden zu ruhenden Zeigern in der Frequenzebene (Schritt 5a s. Tafel 6.8).

5. Im Frequenzbereich erfolgen jetzt:

a) Die Lösung der algebraischen Gleichung für $\underline{Y}$ (Schritt 5a, s. Tafel 6.8)

$$\underline{Y} = |\underline{Y}|\,\mathrm{e}^{\mathrm{j}\varphi_y} = \frac{\underline{X}}{a_0(\mathrm{j}\omega)^n + a_1(\mathrm{j}\omega)^{n-1} + \ldots + a_{n-1}(\mathrm{j}\omega) + a_n} = \underline{F}\,\underline{X} = |\underline{F}|\,\mathrm{e}^{\mathrm{j}\varphi_f}\,\underline{X}. \tag{6.14 d}$$

Annahme: Nenner ≠ 0

Dabei wurde der Frequenzgang $\underline{F}$

$$\underline{F}(\mathrm{j}\omega) = \frac{1}{a_0(\mathrm{j}\omega)^n + a_1(\mathrm{j}\omega)^{n-1} + \ldots + a_n}$$

des gesuchten Ursache-Wirkungs-Zusammenhanges eingeführt. Wir diskutieren ihn später (s. Abschn. 6.2.4).

b) Die Umwandlung dieser Lösung in die *Exponentialform* (Darstellung durch Betrag und Phase) als notwendige Bedingung der Rücktransformation (Schritt 5b, s. Tafel 6.8):

$$Y = |\underline{Y}| = FX = \frac{X}{\left\{\underbrace{(a_n - a_{n-2}\omega^2 + \ldots)^2}_{\substack{\textbf{Realteil}^2 \\ \textbf{(gerade Potenzen von } \omega)}} + \underbrace{(a_{n-1}\omega - a_{n-3}\omega^3 + \ldots)^2}_{\substack{\textbf{Imaginärteil}^2 \\ \textbf{(ungerade Potenzen von } \omega)}}\right\}^{1/2}} \tag{6.14 e}$$

und die Phase

$$\varphi_f = -\arctan\left\{\frac{\text{Im (Nenner) vorzeichenbehaftet}}{\text{Re (Nenner) vorzeichenbehaftet}}\right\} = $$

$$= -\arctan\left\{\frac{a_{n-1}\omega - a_{n-3}\omega^3 + \ldots}{a_n - a_{n-2}\omega^2 + \ldots}\right\}. \tag{6.14 f}$$

c) Ergänzung des Faktors $\mathrm{e}^{\mathrm{j}\omega t}$ auf beiden Seiten: Übergang vom ruhenden Zeiger der Lösung zum rotierenden (Schritt 5c):

$$y(t) = |\underline{Y}|\,\mathrm{e}^{\mathrm{j}\varphi_y}\,\mathrm{e}^{\mathrm{j}\omega t} = |\underline{X}|\,\mathrm{e}^{\mathrm{j}(\omega t + \varphi_x)}\,|\underline{F}|\,\mathrm{e}^{\mathrm{j}\varphi_f} = |\underline{X}|\,|\underline{F}|\,\mathrm{e}^{\mathrm{j}(\omega t + \varphi_x + \varphi_f)} \tag{6.14 g}$$

6. *Rücktransformation* des Ergebnisses 5: *Übergang* aus dem *Frequenz-* in den *Zeitbereich.* Dazu wird beiderseits der Real- bzw. Imaginärteil gebildet je nach der Vorgabe der Ursache:

Vorgabe:

$$x(t) = \hat{X}\cos(\omega t + \varphi_x) = \mathrm{Re}(\underline{x}(t)),$$

$$y(t) = \mathrm{Re}(\underline{y}(t)) = \mathrm{Re}\{|\underline{\hat{X}}||\underline{F}|\,e^{j(\omega t+\varphi_x+\varphi_f)}\},$$

$$= |\underline{\hat{X}}||\underline{F}|\,\mathrm{Re}\{e^{j(\omega t+\varphi_x+\varphi_f)}\}$$

$$= |\underline{\hat{X}}||\underline{F}|\cos(\omega t + \varphi_x + \varphi_f)$$

Vorgabe:

$$x(t) = \hat{X}\sin(\omega t + \varphi_x) = \mathrm{Im}(\underline{x}(t)),$$

$$y(t) = \mathrm{Im}(\underline{y}(t)) = \mathrm{Im}\{|\underline{\hat{X}}||\underline{F}|\,e^{j(\omega t+\varphi_x+\varphi_f)}\}$$

$$= |\underline{\hat{X}}||\underline{F}|\,\mathrm{Im}\{e^{j(\omega t+\varphi_x+\varphi_f)}\} \qquad (6.14\mathrm{h})$$

$$= |\underline{\hat{X}}||\underline{F}|\sin(\omega t + \varphi_x + \varphi_f).$$

Zusammenfassung. Die so ermittelte stationäre Lösung $y(t)$ der Netzwerk-Differentialgleichung macht zusammenfassend deutlich:

1. Liegt die Netzwerkgleichung vor, so gewinnt man ihre stationäre Lösung auf einfachem Wege durch Einführung rotierender Zeiger. Dieser Schritt heißt Transformation vom Zeit- in den Frequenzbereich. Dabei fällt die Lösung zwangsläufig in Form eines ruhenden Zeigers mit an. Die umständliche Lösung der Differentialgleichung bzw. der Koeffizientenvergleich zur Bestimmung der Lösung werden umgangen. Es muß vielmehr nur eine algebraische Gleichung gelöst werden.

2. Die Rücktransformation aus dem Frequenz- in den Zeitbereich erfolgt, indem man den rotierenden Zeiger der Lösung wieder in diejenige harmonische Zeitfunktion überführt, von der ausgegangen wurde (also z. B. eine cos-Funktion, wenn von einer Erregung $x \sim \cos\omega t$ ausgegangen wurde).

3. Die Transformation der Netzwerk-Differentialgleichung umgeht das umständliche Aufstellen der Differentialgleichung im Zeitbereich nicht. Sie vereinfacht nur die Lösung. Die Aufstellung der Gleichung wird erst durch Einführung des Widerstandsoperators durch sog. Transformation der Schaltung in den Frequenzbereich umgangen (s. Abschn. 6.2.2.2.3).

4. Der Zusammenhang zwischen Ursache und Wirkung liegt allein durch den *Frequenzgang* $\underline{F}(j\omega)$ fest. Er ist eine *reine Netzwerkeigenschaft*, denn die Koeffizienten $a_0, \dots, a_n$ hängen nur von den Netzwerkelementen der Schaltung ab.

5. Die Lösung $y(t)$ kann auch gewonnen werden, wenn der Frequenzgang $\underline{F}$ auf andere (einfachere) Weise bestimmt wird. Dazu dient später der Begriff Widerstandsoperator.

Beispiel. Wir zeigen die Vorteile dieses Verfahrens am Beispiel (s. Abschn. 6.1.2.1, Bild 6.2b) mit der Netzwerkgleichung

$$\frac{1}{C}\left(1 + \frac{R_1}{R_2}\right)\int i_C\,dt + R_1 i_C = u_Q(t) = \hat{U}_Q\sin(\omega t + \varphi_u).$$

Der Lösungsansatz laute (entsprechend der vorgegebenen Sinusfunktion der Quellenspannung)

$$i_C(t) = \hat{I}_C\sin(\omega t + \varphi_i) = \mathrm{Im}(\underline{\hat{I}}_C\,e^{j\omega t}).$$

Die Einzelschritte lauten:

1. Einsetzen des Ansatzes in die Netzwerkgleichung

$$\frac{1}{C}\left(1 + \frac{R_1}{R_2}\right)\int \mathrm{Im}(\underline{\hat{I}}_C\,e^{j\omega t})\,dt + R_1\,\mathrm{Im}(\underline{\hat{I}}_C\,e^{j\omega t}) = \mathrm{Im}(\underline{\hat{U}}_Q\,e^{j\omega t}).$$

2. Vertauschen von Imaginärteilbildung und Integration

$$\mathrm{Im}\left\{\frac{1}{C}\left(1+\frac{R_1}{R_2}\right)\int \underline{\hat{I}}_C\, e^{j\omega t}\,dt + R_1\underline{\hat{I}}_C\, e^{j\omega t}\right\} = \mathrm{Im}\,(\underline{U}_Q\, e^{j\omega t})\,.$$

3. und 4. Durchführung der Differentiation und Integration sowie beiderseitiges Weglassen des Imaginärteiles

$$\left(\frac{1}{j\omega C}\left(1+\frac{R_1}{R_2}\right)\underline{\hat{I}}_C + R_1\underline{\hat{I}}_C\right) e^{j\omega t} = \underline{\hat{U}}_Q\, e^{j\omega t}\,.$$

Dies ist die Darstellung durch rotierende Zeiger im Frequenzbereich. Wir gehen zu den ruhenden Zeigern (durch Herausheben von $e^{j\omega t}$) über und erhalten

5a. und b. im Frequenzbereich die Lösung

$$\underline{\hat{I}}_C = \frac{\underline{\hat{U}}_Q}{R_1 + \dfrac{1}{j\omega C}\left(1+\dfrac{R_1}{R_2}\right)} = \underline{F}(j\omega)\,\underline{\hat{U}}_Q\,. \tag{1}$$

Der Frequenzgang $\underline{F}(j\omega)$ wird in die Exponentialform überführt. Wir multiplizieren dazu Zähler und Nenner mit dem konjugiert komplexen Wert (Reellmachen des Nenners)

$$\underline{F}(j\omega) = \frac{1}{R_1 - \dfrac{j}{\omega C}\left(1+\dfrac{R_1}{R_2}\right)}\cdot\frac{R_1 + \dfrac{j}{\omega C}\left(1+\dfrac{R_1}{R_2}\right)}{R_1 + \dfrac{j}{\omega C}\left(1+\dfrac{R_1}{R_2}\right)} = \frac{R_1 + \dfrac{j}{\omega C}\left(1+\dfrac{R_1}{R_2}\right)}{R_1^2 + \left[\dfrac{1}{\omega C}\left(1+\dfrac{R_1}{R_2}\right)\right]^2}$$

und erhalten

$$\varphi_f = \arctan\frac{1+\dfrac{R_1}{R_2}}{\omega C R_1}$$

sowie

$$F = |\underline{F}| = \frac{1}{\sqrt{R_1^2 + \left[\dfrac{1}{\omega C}\left(1+\dfrac{R_1}{R_2}\right)\right]^2}}\,.$$

5c. Zur Rücktransformation multiplizieren wir Gl. (1) beiderseits mit $e^{j\omega t}$ und bekommen

$$\underline{i}_C(t) = \underline{\hat{I}}_C\, e^{j\omega t} = F\, e^{j\varphi_f}\underline{\hat{U}}_Q\,.$$

6. Die Rücktransformation führt entsprechend der Vorgabe einer Sinusfunktion auf

$$i_C(t) = \mathrm{Im}\,(\underline{i}_C(t)) = F\hat{U}_Q \sin(\omega t + \varphi_u + \varphi_f)\,.$$

Das Verfahren ist wesentlich einfacher als die direkte Lösung über den Zeitbereich, wie wir sie in Abschn. 6.1.2.1 herleiteten. Für den praktischen Gebrauch werden wir die Transformation über den Frequenzbereich später durch Einführung des Widerstandsopator weiter vereinfachen.

Lösungsmethodik: Netzwerkanalyse über Frequenzbereich mit Zeigerform I. Zusammengefaßt gilt folgende *Lösungsmethodik* bei Analyse von Netzwerkströmen und -spannungen über die Frequenzebene mit der Zeigerdarstellung Form I, wenn die Netzwerk-Differentialgleichung vorliegt:

1. Hintransformation der Netzwerk-Differentialgleichungen in die Frequenzebene. Ersetzen der Momentanwerte $i(t)$, $u(t)$ durch die zugeordneten rotierenden Zeiger $\underline{i}(t)$, $\underline{u}(t)$ und Anwendung der Sätze 1 bis 5 dieses Abschnittes.

2. Berechnung der gesuchten rotierenden (ruhenden Zeiger) z. B. Zweigstrom $\underline{i}_v(t)$, Zweigspannung $\underline{u}(t)$ als Funktion der Erregung und Darstellung der Ergebnisse als komplexer Momentanwert in Polarform. (Dabei fällt der Frequenzgang $\underline{F}$ an).

3. Rücktransformation des Ergebnisses Punkt 2 in den Zeitbereich (z. B. für $\underline{i}$), Überführung des komplexen Momentanwertes in den (reellen) Momentanwert

$$i_v(t) = \mathrm{Re}\,(\underline{i}_v(t)) \quad \text{bei cos-förmiger Erregung},$$
$$i_v(t) = \mathrm{Im}\,(\underline{i}_v(t)) \quad \text{bei sin-förmiger Erregung}.$$

Lösungskontrolle: Im Ergebnis Punkt 3 darf die imaginäre Einheit nicht mehr enthalten sein!

4. Unter Umständen Berechnung numerischer Werte, Diskussion (z. B. Grenzfälle $\omega \to 0$, $\omega \to \infty$, Einfluß spezieller Netzwerkelemente).

Wegen der grundlegenden Bedeutung dieses Verfahrens wurde es in Tafel 6.9 in Kurzform zusammengefaßt. Es stellt einen wichtigen Teil der Analyse linearer Wechselstromschaltungen dar.

Tafel 6.9. Analyse einer Wechselstromschaltung über den Frequenzbereich (Transformation der Netzwerk-Differentialgleichung)

Zeitbereich	Bemerkung
Erregergröße $x(t) = \hat{X}\cos(\omega t + \varphi_x)$ $\quad x(t) = \hat{X}\sin(\omega t + \varphi_x)$	
Frequenzbereich 1. Hintransformation: Ersetze $x(t)$ durch $\underline{x}(t) = \hat{X}\,e^{j(\omega t + \varphi_x)}$ a) Einsetzen rotierender Zeiger in Netzwerk-Differentialgleichung b) Überführung in algebraische Gleichung [Differentiale, (Integrale) → Multiplikation (Division) mit $j\omega$] 2. Berechnung der Lösung $\underline{y}(t)$ als rotierender Zeiger a) Auflösung der Netzwerkgleichung b) Überführung des Ergebnisses in Polarform Lösung: $\underline{y}(t) = \underline{F}\underline{x}(t)$	Gewinnung der Netzwerkgleichung im Frequenzbereich bei Division durch $e^{j\omega t}$ Übergang zu ruhendem Zeiger
3. Rücktransformation (Zeitbereich)	nur für rotierenden Zeiger möglich

$$y(t) = \mathrm{Re}(\underline{y}) = F\hat{X}\cos(\omega t + \varphi_x + \varphi_f) \quad \text{oder} \quad y(t) = \mathrm{Im}(\underline{y}) = F\hat{X}\sin(\omega t + \varphi_x + \varphi_f)$$

Vertiefung. Hin- und Rücktransformation. Das Grundverständnis der Transformation liegt zweifelsohne im Übergang Zeitbereich↔Frequenzbereich (Schritte 4, 6). Wir wollen sie unter Anwendung eines (Form I wie eben, (s. Tafel 6.7)) oder zweier gegenläufig rotierender Zeiger (Form II) diskutieren. Kriterium für die Richtigkeit der Berechnung einer Lösung $y(t)$ über die Frequenzebene ist, ob zwei oder mehrere harmonische Ausgangsfunktionen

$x_1(t) = \hat{X}_1 \cos(\omega t + \varphi_{x1})$, $x_2(t) = \hat{X}_2 \cos(\omega t + \varphi_{x2})$ nach beliebigen Operationen (Addition, Subtraktion, Differentiation, Integration, Multiplikation, Division) der zugehörigen Zeiger $\underline{x}_1(t)$ und $\underline{x}_2(t)$ bei der Rücktransformation das gleiche Ergebnis liefern, wie die Durchführung der entsprechenden Operationen im Zeitbereich.

a) Hin- und Rücktransformation, Form I. Nach Schritt 4 besteht zwischen der Zeitfunktion $x(t) = \hat{X} \cos(\omega t + \varphi_x)$ (Sinusfunktion analog) und dem rotierenden Zeiger $\underline{x}$ die Zuordnung

$$x(t) = \hat{X} \cos(\omega t + \varphi_x) \rightarrow \underline{x}(t) = \hat{X}\, e^{j(\omega t + \varphi_x)} = \hat{X}[\cos(\omega t + \varphi_x) + j \sin(\omega t + \varphi_x)] .$$

Wir nehmen somit beim Übergang von $x(t) = \text{Re}\,(\underline{x}(t))$ zu $\underline{x}(t)$ im Schritt 4 (= Weglassen des Realteiles (cos-Funktion) bzw. im anderen Falle (sin-Funktion, Weglassen des Imaginärteiles), also der Hintransformation zur reellen Zeitfunktion stets eine zweite hinzu, um in der Frequenzebene mit der Summe $e^{jx} = \cos x + j \sin x$ rechnen zu können. Bei der Rücktransformation wird diese (stillschweigende) Ergänzung durch Real- bzw. Imaginärteilbildung wieder weggenommen. Dann sind nach Satz 5 in der Frequenzebene nur die Operationen *Addition, Subtraktion, Differentiation, Integration* erlaubt, *nicht Multiplikation und Division*!

Man versuche z. B. das Produkt $a(t)\, b(t) = \text{Re}\,\{\underline{a}\}\, \text{Re}\,\{\underline{b}\} = AB[\cos(\varphi_a - \varphi_b) - \cos(2\omega t + \varphi_a + \varphi_b)$ aus den geordneten rotierenden Zeigern

$$\underline{a}(t)\, \underline{b}(t) = AB\, e^{j(2\omega t + \varphi_a + \varphi_b)}$$

durch Rücktransformation zu gewinnen:

$$a(t)\, b(t) = \text{Re}\,\{\underline{a}(t)\, \underline{b}(t)\} = AB \cos(2\omega t + \varphi_a + \varphi_b) \neq a(t)\, b(t)/\text{Ausgang} .$$

Das Ergebnis stimmt nicht mit dem Ausgang überein, es ist falsch! Deshalb ist Multiplikation rotierender Zeiger bei Benutzung der Form I verboten.

Die Ursache dafür liegt in der „Zuordnung", ausgedrückt z. B. durch eine Schreibweise

$$\cos x = \text{Re}\,(e^{jx}) \xrightarrow[\text{(„wird abgebildet")}]{\text{geht über}} e^{jx} .$$

Das ist keine Gleichung, deshalb muß sie nicht bei allen Operationen zum richtigen Ergebnis führen.

In Netzwerken mit linearen zeitunabhängigen Elementen treten bei harmonischer stationärer Erregung bei der Ermittlung der Ströme und Spannungen nur die erlaubten Operationen auf. Deshalb ist Form I auf diese Größen anwendbar. Sie gilt nicht bei der Produktbildung, etwa Leistungsberechnungen ($p = iu$!) über die Frequenzebene (s. Abschn. 6.4, Hinweis).

b) Hin- und Rücktransformation Form II. Im Unterschied zu oben werden jetzt die zeitveränderlichen Größen in der Ausgangs-Differentialgleichung (Schritt 1) als Summe ($\cos \omega t$) bzw. Differenz ($\sin \omega t$) zweier zueinander konjugiert komplexer Zeiger angesetzt (vgl. Beispiel Abschn. 6.2.1.2) (Wir sind damit noch im Zeitbereich!). Anschließend erfolgt eine Trennung der Differentialgleichung in die mit $e^{j\omega t}$ und $e^{-j\omega t}$ behafteten Glieder. Beide Gleichungen werden getrennt gelöst (das entspricht dem Übergang in den Frequenzbereich) unter Anwendung der Sätze 1 bis 5. Aus den Lösungen (z. B. $\underline{i}_v, \underline{i}_v^*$) bildet man die Rücktransformation entsprechend Tafel 6.7 als Summe bzw. Differenz der rotierenden Zeiger, z. B. als

$$i(t) = \frac{\underline{i}_v + \underline{i}_v^*}{2} ;$$

So lange im Verlaufe der Lösung nur Addition, Subtraktion, Differentiation und Integration auftreten (also z. B. der Berechnung von Strom und Spannung im Netzwerk mit linearen zeitunabhängigen Elementen), liefern die Transformationen mit Form I und II das gleiche.

Da bei Anwendung der Form II Multiplikation und Division im Zeitbereich zu gleichwertigen Ausdrücken im Frequenzbereich führen, beweist sie ihre Leistungsfähigkeit erst in Aufgabenstellungen, die mit der Form I nicht durchführbar sind: z. B. die Analyse von Netzwerken mit zeitveränderlichen Elementen, gesteuerte Elemente, Leistungsbetrachtungen, nichtlineare Probleme. Auch bei der Fourier-Analyse (Abschn. 8) bietet sie Vorteile.

6.2.2.2 *Transformation des Netzwerkes*

Wir umgehen jetzt die bisher noch erforderliche Aufstellung der Netzwerk-Differentialgleichung durch Anwendung der Transformation in den Frequenzbereich auf die Strom-Spannungs-Beziehungen der Netzwerkelemente R, L, C. Sie müssen dann nach den Sätzen 1 bis 6 (Abschn. 6.2.2.1) in algebraische Gleichungen übergehen, sich also durch „Ohmsche Gesetze" im Frequenzbereich darstellen lassen. Für diesen Zusammenhang wird der formale Begriff *Widerstandsoperator* eingeführt. So entsteht ein Netzwerk, in dem sämtliche Größen, Ströme, Spannungen, Strom-Spannungs-Relationen der Netzwerkelemente, also die ganze Schaltung, bereits in den Frequenzbereich transformiert sind. Dieses Verfahren heißt Transformation der Schaltung in den Frequenzbereich (s. Tafel 6.8).

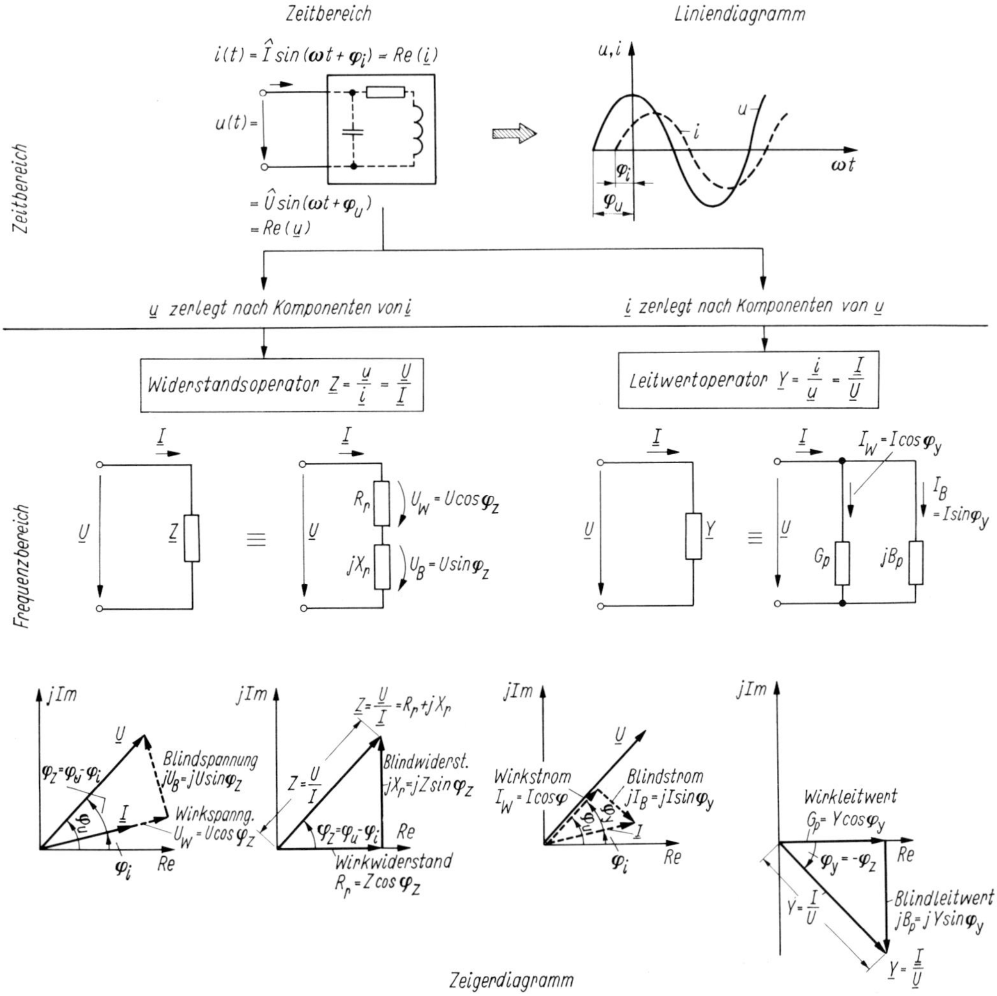

Bild 6.10. Darstellung des Widerstandes ($\underline{Z}$) und Leitwertoperators ($\underline{Y}$) eines passiven Zweipols

Zeitliche Operationen treten nicht mehr auf (wie in Gleichstromkreisen). In diesem transformierten Netzwerk sind sämtliche Ströme und Spannungen durch algebraische Gleichungen miteinander verknüpft. Deshalb können auch andere Rechenverfahren, die auf dem Widerstandsbegriff basieren (z. B. Spannungsteiler-, Stromteilerregel, Zweipoltheorie u. a. m., Tafel 5.7 und 5.8) angewandt werden. Dies ist der Vorteil dieser Methode.

6.2.2.2.1 Widerstands- und Leitwertoperator

Widerstandsoperator. Wir betrachten einen beliebigen Netzwerkzweig mit den Grundelementen R, L, C. Wird er von einem stationären cosinus-förmigen Strom $i(t) = \hat{I} \cos(\omega t + \varphi_i)$ durchflossen, so entsteht über ihm die Spannung $u(t) = \hat{U} \cos(\omega t + \varphi_u)$. Als passiver Zweipol (Bild 6.10) betrachtet liegt dann ein Zusammenhang der Art

$$\text{Wirkung} = f(\text{Erregung}),$$
$$u(t) = \hat{U} \cos(\omega t + \varphi_u) = f(i(t) \ldots \varphi_i)$$

bzw. umgekehrt über eine Netzwerk-Differentialgleichung vor. Beim Übergang in den Frequenzbereich sind die zugeordneten rotierenden Zeiger $\underline{u}(t)$ und $\underline{i}(t)$ einander proportional. Daher gilt für ihren Quotienten

$$\frac{\underline{u}(t)}{\underline{i}(t)} = \frac{\underline{U}\,e^{j\omega t}}{\underline{I}\,e^{j\omega t}} = \frac{\hat{U}}{\hat{I}}\,e^{j(\varphi_u - \varphi_i)} = \underline{Z} = Z\,e^{j\varphi_z} = Z(\cos\varphi_z + j\sin\varphi_z) \qquad (6.15\,a)$$

$$= \mathrm{Re}\,(\underline{Z}) + j\,\mathrm{Im}\,(\underline{Z}) = R_r + jX_s$$

Widerstandsoperator (Definitionsgleichung)
(komplexer Widerstand $\underline{Z}$, Impedanz).

Man beachte: Einheit $[Z] = \frac{[U]}{[I]} = \frac{1\,\mathrm{V}}{1\,\mathrm{A}} = 1\,\Omega$ mit (s. Abschn. 6.1.1)

$Z = \sqrt{R_r^2 + X_r^2}$ Scheinwiderstand,

$R_r = \mathrm{Re}(\underline{Z})$ ohmscher Widerstand, Wirkwiderstand (Resistanz),

$X_r = \mathrm{Im}(\underline{Z})$ Blindwiderstand (Reaktanz),

$$\tan\varphi_z = \frac{\mathrm{Im}(\underline{Z}),\ \text{(vorzeichenbehaftet)}}{\mathrm{Re}(\underline{Z}),\ \text{(vorzeichenbehaftet)}} = \frac{X_r}{R_r}. \qquad (6.15\,b)$$

$$\varphi_z = \varphi_u - \varphi_i = \arctan\frac{X_r}{R_r}.$$

Die (komplexe) Größe $\underline{Z}$ heißt Widerstandsoperator. Er hängt nicht von der Zeit ab Wir bringen dies durch den Begriff „Operator" zum Ausdruck.
Der *Widerstandsoperator* $\underline{Z}$ ist eine nützliche mathematische Hilfsgröße (definitorische Rechengröße), gebunden an den Frequenzbereich. Er hat die gleiche Dimension wie der physikalische Begriff Widerstand, hat aber inhaltlich (dort: irreversible Umwandlung von elektrischer in Wärmeenergie) mit ihm *nichts* zu tun. Stets besteht der Widerstandsoperator $\underline{Z}$ aus *zwei Bestimmungsstücken*, entweder (Bild 6.10):

1. Aus *Betrag* (Quotient der Effektivwerte bzw. Maximalwerte von Strom und Spannung), dem *Scheinwiderstand* Z, und Phasenwinkel φ_z (als Differenz der Nullphasenwinkel von Spannung und Strom) oder

2. *Real- und Imaginärteil: Wirk-*R_r (Resistanz) und *Blindwiderstand* X_r (Reaktanz) (s. Abschn. 6.1). Letzterer hat stets ein Vorzeichen (abhängig vom Phasenwinkel zwischen Spannung und Strom).

Ersatzschaltung und Zeigerdiagramm des Widerstandsoperators. Allgemein besteht $\underline{Z}$ stets aus der *Reihenschaltung* von *Wirk-* und *Blindwiderstand* (Bild 6.10). Diese nützliche Ersatzschaltung folgt aus der Darstellung von $\underline{Z}$ als komplexe Größe. Um Verwechslungen mit der Parallelschaltung vorzubeugen, bekommen Wirk- und Blindwiderstand dieser Reihenschaltung (in diesem Abschnitt) den Index r (Reihe).

Durchfließt den Widerstandsoperator der Strom $\underline{i}(t)$, so zerfällt die Klemmenspannung

$$\underline{u}(t) = \underline{Z}\underline{i}(t) = |\underline{Z}|\,[\cos\varphi_z + \mathrm{j}\sin\varphi_z]\,|\hat{\underline{I}}|\;\mathrm{e}^{\mathrm{j}\omega t + \mathrm{j}\varphi_i}\,, \tag{6.16 a}$$

$$\underline{U}\mathrm{e}^{\mathrm{j}\omega t} = |\underline{U}|\,[\cos\varphi_z + \mathrm{j}\sin\varphi_z]\,\mathrm{e}^{\mathrm{j}\omega t + \mathrm{j}\varphi_i} = (U_w + \mathrm{j}U_B)\,\mathrm{e}^{\mathrm{j}\omega t + \mathrm{j}\varphi_i}$$

in

— *Wirkspannung* U_W über dem *Wirkwiderstand* (in Phase mit dem Strom)

$$U_W = |\underline{U}|\cos\varphi_z = |\underline{I}|\,R_r = I\,\mathrm{Re}(\underline{Z})\,; \tag{6.16b}$$

— *Blindspannung* U_B über dem *Blindwiderstand* (um $\pm 90°$ phasenverschoben zum Strom, abhängig vom Vorzeichen von X_r)

$$U_B = |\underline{U}|\sin\varphi_z = |\underline{I}|\,X_r = I\,\mathrm{Im}(\underline{Z})\,. \tag{6.16c}$$

Insgesamt gilt

$$\underline{Z} = R_r + \mathrm{j}X_r = \frac{U}{I}\,\mathrm{e}^{\mathrm{j}\varphi_z} = \frac{U(\cos\varphi_z + \mathrm{j}\sin\varphi_z)}{I} = \frac{U_W + \mathrm{j}U_B}{I}\,.$$

Damit liegt zugleich das *Zeigerdiagramm* von Spannung und Strom am komplexen Widerstand $\underline{Z}$ fest (Bild 6.10). Man erhält es, indem jeder Zeiger des Zeigerdiagramms von $\underline{U}$ und $\underline{I}$ durch den Maßstabfaktor $|\underline{I}|$ und die Stromdimension dividiert wird.

Beachte: Während die Zeiger $\underline{u}$, $\underline{i}$ rotieren und nur ihre Relativlage zueinander bleibt (auch die ruhenden Zeiger $\underline{U}$, $\underline{I}$ stellen ja nur eine Verstümmelung des tatsächlichen Sachverhaltes dar!), steht das Koordinatensystem für die $\underline{Z}$-Darstellung stets fest!

Leitwertoperator. Vertauscht man die Rolle von Strom und Spannung im Widerstandsoperator, so entsteht der *Leitwertoperator* $\underline{Y}$ (komplexer Leitwert) (Bild 6.10)

$$\frac{\underline{i}(t)}{\underline{u}(t)} = \frac{\underline{I}\;\mathrm{e}^{\mathrm{j}\omega t}}{\underline{U}\;\mathrm{e}^{\mathrm{j}\omega t}} = \frac{\hat{I}\,\mathrm{e}^{\mathrm{j}(\varphi_i - \varphi_u)}}{\hat{U}} = \underline{Y} = Y\,\mathrm{e}^{\mathrm{j}\varphi_y} = \frac{1}{\underline{Z}} = \frac{\mathrm{e}^{-\mathrm{j}\varphi_z}}{Z} = Y(\cos\varphi_y + \mathrm{j}\sin\varphi_y) \tag{6.17a}$$

$$= \mathrm{Re}(\underline{Y}) + \mathrm{j}\,\mathrm{Im}(\underline{Y}) = G_p + \mathrm{j}B_p$$

Leitwertoperator (Definitionsgleichung) (komplexer Leitwert, Admittanz).

Man beachte: Einheit $[Y] = \frac{[I]}{[U]} = \frac{1\,\text{A}}{1\,\text{V}} = 1\,\text{S}$,

$$Y = \sqrt{G_p^2 + B_p^2}, \quad \text{Scheinleitwert},$$
$$G_p = \text{Re}\,(\underline{Y}) \quad \text{Wirkleitwert (Konduktanz)},$$
$$B_p = \text{Im}\,(\underline{Y}) \quad \text{Blindleitwert (Suszeptanz)},$$
$$\tan\varphi_y = \frac{\text{Im}\,(\underline{Y}),\ \text{(vorzeichenbehaftet)}}{\text{Re}\,(\underline{Y}),\ \text{(vorzeichenbehaftet)}} = \frac{B_p}{G_p}, \tag{6.17b}$$

$$\varphi_y = \varphi_i - \varphi_u = \arctan\frac{B_p}{G_p} = -\varphi_z\,.$$

Merke: Aus $\underline{Z} = 1/\underline{Y}$ folgt nicht $R_r = 1/G_p$ oder $X_r = 1/B_p$ (s. u.) als Kehrwert des Widerstandsoperators! Auf ihn treffen prinzipiell die gleichen Überlegungen zu wie für $\underline{Z}$. Zu beachten ist lediglich, daß sein Phasenwinkel $\varphi_y = \varphi_i - \varphi_u = -(\varphi_u - \varphi_i) = -\varphi_z$ dem des Widerstandsoperators mit umgekehrten Vorzeichen entspricht. Dieses Verhalten werden wir später (Abschn. 6.3) bei der Inversion komplexer Größen als Spiegelung an der reellen Achse erkennen.

Die Bestimmungsstücke sind:

— Betrag: der *Scheinleitwert* Y und *Phasenwinkel* φ_y oder

— *Real-* und *Imaginärteil: Wirkleitwert* G_p (Konduktanz) und *Blindleitwert* B_p (Suszeptanz).

Ersatzschaltung und Zeigerdiagramm des Leitwertoperators. Allgemein besteht $\underline{Y}$ entsprechend der Vorgabe der Spannung als Erregergröße (Summenausdruck des Stromes) aus der *Parallelschaltung* von *Wirk-* G_p und *Blindleitwert* B_p (Bild 6.10). Diese natürliche Ersatzschaltung bringen wir durch Parallelindex p an G und B zum Ausdruck. Der Strom

$$\underline{i}(t) = \underline{Y}\underline{u}(t) = |\underline{Y}|\,(\cos\varphi_y + \text{j}\sin\varphi_y)\,|\underline{U}|\,\text{e}^{\text{j}\varphi_u}\,\text{e}^{\text{j}\omega t} \tag{6.18a}$$
$$= \underline{I}\text{e}^{\text{j}\omega t} = |\underline{I}|\,(\cos\varphi_y + \text{j}\sin\varphi_y)\,\text{e}^{\text{j}\omega t + \text{j}\varphi_u} = (I_W + \text{j}I_B)\,\text{e}^{\text{j}\omega t + \text{j}\varphi_u}$$

teilt sich auf in

— den *Wirkstrom* I_W durch den *Wirkleitwert* (in Phase mit der Spannung)

$$I_W = |\underline{I}|\cos\varphi_y = |\underline{U}|\,G_p = |\underline{U}|\,\text{Re}\,(\underline{Y})\,; \tag{6.18b}$$

— den *Blindstrom* I_B durch den *Blindleitwert* (um $\pm 90°$ phasenverschoben zur Spannung)

$$I_B = |\underline{I}|\sin\varphi_y = |\underline{U}|\,B_p = U\,\text{Im}\,(\underline{Y})\,. \tag{6.18c}$$

Insgesamt gilt

$$\underline{Y} = G_p + \text{j}B_p = \frac{I}{U}\,\text{e}^{\text{j}\varphi_y} = \frac{I(\cos\varphi_y + \text{j}\sin\varphi_y)}{U} = \frac{I_W + \text{j}I_B}{U}\,.$$

Damit liegen die *Zeigerdiagramme* von Strom und Spannung an $\underline{Y}$ und auch das von $\underline{Y}$ selbst fest (Bild 6.10).

Hinweis. Sorgfalt muß den Phasenwinkeln φ_y, φ_z geschenkt werden. Ein positiver Phasenwinkel φ_z (z. B. $+90°$, Spannung eilt Strom vor [Induktivität]) heißt also: Bei Vorgabe des Stromes eilt die Wirkung (Spannung) um 90° vor. Dann liegt $\underline{U}$ in der $\underline{Z}$-Ebene ($\underline{I}$-Zeiger in reeller Achse) in der positiven imaginären Achse. In der Leitwertbetrachtung wäre $\varphi_y = -\varphi_z = -90°$, d. h., bei Vorgabe der Spannung eilt der Strom um 90° (Wirkung) nach. In der $\underline{Y}$-Ebene ($\underline{U}$-Zeiger in reeller Achse) zeigt der $\underline{I}$-Zeiger in die negative imaginäre Achse.

Beispiel: Widerstands-Leitwertoperator. Durch einen Zweipol fließe der Strom $i = \hat{I}\sin(\omega t + \varphi_i)$ ($\hat{I} = 1$ A, $f = 50$ Hz, $\varphi_i = 30°$) und erzeuge die Klemmenspannung $u = \hat{U}\sin\omega t$ ($\hat{U} = 10$ V).

Berechne: a) den komplexen Widerstand, Wirk- und Blindwiderstand sowie die Wirk- und Blindspannung;

b) den komplexen Leitwert, Wirk- und Blindleitwert sowie den Wirk- und Blindstrom.

a) Die Transformation von $u(t)$ in $i(t)$ aus dem Zeit- in den Frequenzbereich führt auf

$$\underline{u}(t) = \hat{U}\,e^{j(\omega t + \varphi_u)}, \qquad \underline{i}(t) = \hat{I}\,e^{j(\omega t + \varphi_i)}$$

und damit zu dem komplexen Widerstand ($\varphi_u = 0$, $\varphi_i = 30°$, $\varphi_z = \varphi_u - \varphi_i$)

$$\underline{Z} = \frac{\underline{u}(t)}{\underline{i}(t)} = \frac{\hat{U}}{\hat{I}}\,e^{j(\varphi_u - \varphi_i)} = \frac{10\text{ V}}{1\text{ A}}\,e^{-j30°} = 10\,\Omega[\cos(-30°) + j\sin(-30°)]$$

$$= 10\,\Omega\left(\frac{1}{2}\sqrt{3} - \frac{j}{2}\right) = R_r + jX_r\,.$$

Der Vergleich der Real- und Imaginärteile ergibt die Reihenschaltung von Wirkwiderstand $R_r = 10\,\Omega\,\frac{1}{2}\sqrt{3} = 8{,}66\,\Omega$ und Blindwiderstand $X_r = -5\,\Omega$ (negativ).

Wir erhalten weiter mit $\underline{\hat{U}} = \hat{U}_W + j\hat{U}_B = \underline{\hat{I}\underline{Z}}$

— die Wirkspannung $\hat{U}_W = \hat{I}Z\cos\varphi_z = \hat{I}R_r = 1\text{ A}\cdot 8{,}66\,\Omega = 8{,}66\text{ V}$,

— die Blindspannung $\hat{U}_B = \hat{I}Z\sin\varphi_z = \hat{I}X_r = -1\text{ A}\cdot 5\,\Omega = -5\text{ V}$.

Probe:

$$Z = \sqrt{R_r^2 + X_r^2} = \sqrt{8{,}66^2 + 5^2}\,\Omega = 10\,\Omega\,,$$

$$\hat{U} = \sqrt{\hat{U}_W^2 + \hat{U}_B^2} = \sqrt{8{,}66^2 + 5^2}\,\Omega = 10\text{ V}\,.$$

Winkel:

$$\tan\varphi_z = \frac{\text{Im}(\underline{Z})}{\text{Re}(\underline{Z})} = \frac{X_r}{R_r} = \frac{-5\,\Omega}{8{,}66\,\Omega}; \qquad \varphi_z = \arctan(-0{,}577) = -30°\,.$$

b) Wir gehen von den gleichen transformierten Größen aus und erhalten im Frequenzbereich .

$$\underline{Y} = \frac{\underline{i}(t)}{\underline{u}(t)} = \frac{1}{\underline{Z}} = \frac{\hat{I}}{\hat{U}}\,e^{j(\varphi_i - \varphi_u)} = \frac{1\text{ A}}{10\text{ V}}\,e^{j30°} = 0{,}15\text{ S}\,e^{j30°}$$

$$= 0{,}1\text{ S}(\cos 30° + j\sin 30°) = 0{,}0866\text{ S} + j\,0{,}05\text{ S}$$

mit

$$G_p = 0{,}0866\text{ S}\,, \qquad B_p = 0{,}05\text{ S}\,.$$

Der positive Blindleitwert bedeutet kapazitiven Leitwert. Beide Leitwerte sind parallel zu schalten.

Wirk- und Blindstrom ergeben sich aus $\underline{\hat{I}} = \hat{I}_W + j\hat{I}_B = \underline{Y}\underline{\hat{U}} = (G_p + jB_p)\,\underline{\hat{U}}$ zu

$$\hat{I}_W = \hat{U}Y\cos\varphi_y = \hat{U}G_p = 10\text{ V}\cdot 0{,}0866\text{ S} = 0{,}866\text{ A}\,,$$
$$\hat{I}_B = \hat{U}Y\sin\varphi_y = \hat{U}B_p = 10\text{ V}\cdot 0{,}05\text{ S} = 0{,}5\text{ A}\,.$$

Probe:

$$Y = \sqrt{G_p^2 + B_p^2} = \sqrt{0{,}0866^2 + 0{,}05^2}\ \mathrm{S} = 0{,}1\ \mathrm{S}\,,$$

$$\hat{I} = \sqrt{\hat{I}_W^2 + \hat{I}_B^2} = \sqrt{0{,}866^2 + 0{,}5^2}\ \mathrm{A} = 1\ \mathrm{A}\,.$$

Gleichwertigkeit des Widerstands- und Leitwertoperators. Reihen-Parallelumwandlung. Da jeder

— Widerstandsoperator durch die Reihenschaltung eines Wirk- und Blindwiderstandes (Ersatzgrößen),
— Leitwertoperator durch die Parallelschaltung eines Wirk- und Blindleitwertes (Ersatzgrößen)

darstellbar ist (Bild 6.10) und beide gleichwertig sind ($\underline{Z} = 1/\underline{Y}$), kann man auch die Ersatzgrößen der Reihenschaltung in eine Parallelschaltung umrechnen und umgekehrt.

Tafel 6.10. Widerstands-(Leitwert-)operator, ausgedrückt durch gleichwertige Reihen- und Parallelschaltung von Wirk- und Blindschaltelement. (Index r: Reihe, p: parallel)

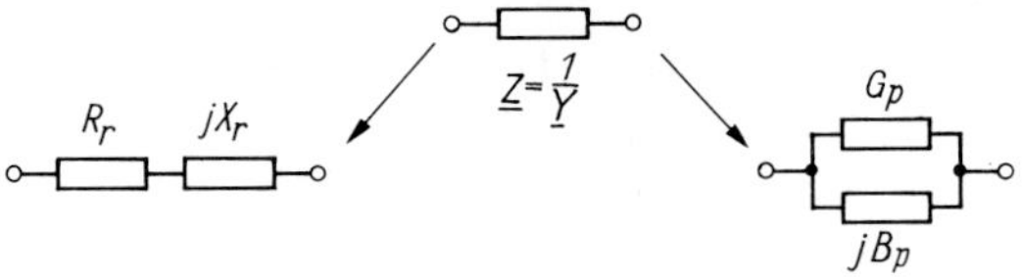

$$\underline{Z} = R_r + jX_r \qquad\qquad \underline{Y} = G_p + jB_p$$

$$\underline{Z} = \frac{1}{\underline{Y}} = R_r + jX_r = \frac{1}{G_p + jB_p} = \frac{G_p - jB_p}{G_p^2 + B_p^2} \qquad \underline{Y} = \frac{1}{\underline{Z}} = G_p + jB_p = \frac{1}{R_r + jX_r} = \frac{R_r - jX_r}{R_r^2 + X_r^2}$$

$$\boxed{R_r = \frac{G_p}{|\underline{Y}|^2}\,, \qquad X_r = -\frac{B_p}{|\underline{Y}|^2}} \qquad \boxed{G_p = \frac{R_r}{|\underline{Z}|^2}\,, \qquad B_p = -\frac{X_r}{|\underline{Z}|^2}}$$

Tafel 6.10 enthält die Beziehungen. Sie lassen sich durch konjugiert komplexe Multiplikation des Nenners jeweils begründen. Man beachte die Vorzeichenumkehr beim Übergang vom Blindleitwert zum Blindwiderstand und umgekehrt.

In Worten: Eine Reihenschaltung von Wirk- und Blindwiderstand läßt sich stets in die gleichwertige Parallelschaltung von Wirk- und Blindleitwert umwandeln, wenn man die Elemente der Reihenschaltung durch das Betragsquadrat des gesamten Scheinwiderstandes dividiert und das Vorzeichen des Imaginärteiles vertauscht (Umwandlung Parallel- → Reihenschaltung analog).

Gleichwertig heißt dabei, daß am Zweipol gleiche Strom-Spannungsverhältnisse herrschen. Bei Zweipolen mit Blindkomponenten gilt diese Gleichwertigkeit nur für eine Frequenz.

Wir werden dieses rechnerisch etwas umständliche Verfahren später (Abschn. 6.3) auch graphisch als sog. *Inversion* kennenlernen.

Diskussion. Wenn Wirk- und Blindkomponenten größenordnungsmäßig sehr verschieden sind, bieten sich Näherungslösungen an. Wir gehen aus:

1. Von gegebener *Reihenschaltung* (R_r, X_r) und erhalten für die Komponenten der Parallelschaltung

a) für $R_r \gg |X_r|$ (z. B. $R_r > 10|X_r|$)

$$G_p = \frac{R_r}{R_r^2 + X_r^2} \approx \frac{1}{R_r}; \qquad B_p \approx -\frac{X_r}{R_r^2} \tag{6.19a}$$

bzw. ihre Reziprokwerte

$$R_p = \frac{1}{G_p} \approx R_r; \qquad X_p = -\frac{1}{B_p} \approx \frac{R_r^2}{X_r}; \tag{6.19b}$$

bei der Umwandlung der Reihenschaltung mit dominierendem Wirkwiderstand in eine äquivalente Parallelschaltung bleibt der Widerstand etwa erhalten, während der (Parallel-)Blindwiderstand wesentlich ansteigt;

b) für $R_r \ll |X_r|$

$$G_p \approx \frac{R_r}{X_r^2}, \qquad B_p \approx -\frac{1}{X_r} \quad \text{bzw. die Reziprokwerte} \tag{6.19c}$$

$$R_p = \frac{1}{G_p} \approx \frac{X_r^2}{R_r}, \qquad X_p = -\frac{1}{B_p} \approx X_r .$$

Bei der Umwandlung der Reihenschaltung mit dominierendem Blindwiderstand in eine äquivalente Parallelschaltung bleibt der Blindwiderstand etwa erhalten, während der (Parallel)-Wirkwiderstand wesentlich ansteigt.

2. Von gegebener *Parallelschaltung* (G_p, B_p) und erhalten für die Komponenten der Reihenschaltung

a) für $G_p \gg |B_p|$ (z. B. $G_p \gg 10\,|B_p|$)

$$R_r = \frac{G_p}{G_p^2 + B_p^2} \approx \frac{1}{G_p}, \qquad X_r \approx -\frac{B_p}{G_p^2}; \tag{6.19d}$$

b) für $G_p \ll |B_p|$

$$R_r \approx \frac{G_p}{B_r^2}, \qquad X_r \approx -\frac{1}{B_p}. \tag{6.19e}$$

Umwandlungen dieser Art werden in der Elektronik sehr häufig zur „Widerstandstransformation" benutzt. Besonders gut eignen sich dazu Resonanzkreise (Abschn. 7.1.4).

Beispiel: Umwandlung Reihen-Parallel-Schaltung. Gegeben ist die Reihenschaltung von Widerstand $R_r = 1\,\text{k}\Omega$ und einer Spule mit $X_r = +10\,\text{k}\Omega = \omega L$ ($f = 10\,\text{kHz}$). Gesucht sind die Komponenten G_p, B_p, R_p und X_p der gleichwertigen Parallelschaltung.

Es gilt $X_r \gg R_r$ und daher mit Gl. (6.19c)

$$G_p \approx \frac{R_r}{X_r^2} \approx \frac{1\,\text{k}\Omega}{100\,\text{k}\Omega^2} \approx 10^{-2}\,\text{k}\Omega^{-1} \approx 10\,\mu\text{S},$$

$$B_p \approx -\frac{1}{X_r} = -\frac{1}{10\,\text{k}\Omega} = -10^{-4}\,\text{S} \qquad \text{(induktiv)},$$

$$R_p = \frac{1}{G_p} = \frac{1}{10\,\mu\text{S}} = 100\,\text{k}\Omega, \quad X_p \approx X_r = 10\,\text{k}\Omega .$$

Die gleichwertige Parallelschaltung besteht aus einem Wirkwiderstand $R_p = 100\,\text{k}\Omega$ und einem induktiven Widerstand $\omega L = 10\,\text{k}\Omega$.

Beispiel: Frequenzabhängigkeit der Reihen-Parallel-Umwandlung. Zu einer Parallelschaltung von Wirkleitwert G_p und Kapazität C_p ($B_p = \omega C$) sei die gleichwertige Reihenschaltung gesucht (R_r, C_r) sowie die Frequenzabhängigkeit der Ersatzelemente.

Aus

$$\underline{Y} = G_p + j\omega C_p \quad \text{folgt} \quad \text{(mit Tafel 6.12)}$$

$$\underline{Z} = R_r + jX_r = R_r - \frac{j}{\omega C_r} = \frac{1}{G_p + j\omega C_p} = \frac{G_p - j\omega C_p}{G_p^2 + (\omega C_p)^2},$$

also durch Vergleich

$$R_r = \frac{G_p}{G_p^2 + (\omega C_p)^2}, \qquad C_r = \frac{G_p^2 + (\omega C_p)^2}{\omega^2 C_p} = C_p\left[1 + \left(\frac{G_p}{\omega C_p}\right)^2\right].$$

Man erkennt deutlich die Frequenzabhängigkeit der Ersatzelemente, die bei den Ausgangsgrößen G_p, C_p nicht vorhanden war! Deshalb gilt die Gleichwertigkeit der Reihen- und Parallelschaltung nur für eine Frequenz.

6.2.2.2.2 Widerstands-(Leitwert-)operatoren der Netzwerkelemente *R*, *L*, *C* und ihrer Zusammenschaltungen

Wir bestimmen die Widerstands-(Leitwert-)operatoren der Netzwerkelemente R, L, C (Tafel 6.11). Das ist zugleich ein Übungsbeispiel für die Netzwerkberechnung über den Frequenzbereich.

Widerstand R: Mit der Erregung $i(t) = \hat{I}\cos(\omega t + \varphi_i) = \mathrm{Re}\,(\hat{\underline{I}}\,e^{j\omega t})$ ergibt sich:

$$u(t) = \mathrm{Re}\,(\underline{u}(t)) = \mathrm{Re}\,(\hat{\underline{U}}\,e^{j\omega t}) = Ri(t) = \mathrm{Re}\,(R\underline{i}) = R\,\mathrm{Re}\,(\hat{\underline{I}}\,e^{j\omega t}).$$

Die Transformation in den Frequenzbereich führt mit Satz 2 Abschn. 6.2.2.1 auf

$$\begin{aligned} &\underline{u}(t) = R\underline{i}(t) && \text{rotierender Zeiger,} \\ &\underline{U} = R\underline{I} = \underline{Z}_R\underline{I} && \text{ruhender Zeiger im Frequenzbereich.} \end{aligned} \tag{6.20}$$

Am Wirkwiderstand R sind die Zeiger $\underline{I}$ und $\underline{U}$ stets in Phase. Im Zeigerbild verhalten sich die Zeigerlängen von $|\underline{U}|$ und $|\underline{I}|$ wie U/I.

Kapazität C: Mit der Erregung $u(t) = \mathrm{Re}\,(\underline{u}(t)) = |\hat{\underline{U}}|\cos(\omega t + \varphi_u)$ erhalten wir unter Benutzung der Strom-Spannungs-Beziehung im Zeitbereich:

$$i(t) = \mathrm{Re}\,[\underline{i}(t)] = \mathrm{Re}\,(\hat{\underline{I}}\,e^{j\omega t}) = C\frac{du}{dt} = C\frac{d[\mathrm{Re}\,\underline{u}(t)]}{dt}$$

$$= \mathrm{Re}\left(C\frac{d\underline{u}}{dt}\right) = \mathrm{Re}\left(C\frac{d\hat{\underline{U}}\,e^{j\omega t}}{dt}\right) = \mathrm{Re}\,(j\omega C\underline{u})$$

(mit Ersetzung $d/dt \to j\omega$),

also bei Übergang in den Frequenzbereich

$$\begin{aligned} &\underline{i}(t) = j\omega C\underline{u}(t) && \text{rotierender Zeiger,} \\ &\underline{I} = j\omega C\underline{U} = \underline{Y}_C\underline{U} = \frac{\underline{U}}{\underline{Z}_C} && \text{ruhender Zeiger im Frequenzbereich.} \end{aligned} \tag{6.21}$$

Der Kondensator hat einen negativen Blindwiderstand bzw. positiven Blindleitwert (s. Tafel 6.11).

Tafel 6.11. Widerstands-(Leitwert-)operatoren der Grundelemente R, C, L, einiger Zusammenschaltungen und Zeigerbilder. Beachte: negativer (positiver) Blindwiderstand $X_C = -\frac{1}{\omega C}$ ($X_L = \omega L$); negativer (positiver) Blindleitwert $B_L = -\frac{1}{\omega L}$ ($B_C = \omega C$)

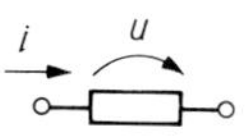	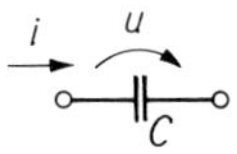	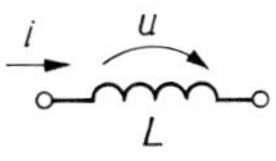	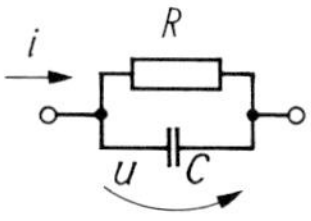	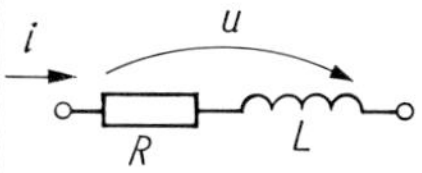
Zeitbereich $u = iR$ Frequenzbereich $\underline{u} = \underline{i}R$	$u = \frac{1}{C}\int i\,\mathrm{d}t$ $\underline{u} = \frac{\underline{i}}{\mathrm{j}\omega C}$	$u = L\frac{\mathrm{d}i}{\mathrm{d}t}$ $\underline{u} = \mathrm{j}\omega L\underline{i}$	$i = \frac{u}{R} + C\frac{\mathrm{d}u}{\mathrm{d}t}$ $\underline{i} = \frac{\underline{u}}{R} + \mathrm{j}\omega C\underline{u}$	$u = iR + L\frac{\mathrm{d}i}{\mathrm{d}t}$ $\underline{u} = \underline{i}R + \mathrm{j}\omega L\underline{i}$
Widerstands-operator $\underline{Z}$ $\underline{Z} = R$	$\underline{Z} = \mathrm{j}X_C = -\frac{\mathrm{j}}{\omega C}$	$\underline{Z} = \mathrm{j}X_L = \mathrm{j}\omega L$	$\underline{Z} = \frac{1}{\frac{1}{R} + \mathrm{j}\omega C}$	$\underline{Z} = R + \mathrm{j}\omega L$
$Z = R$	$X_C = -\frac{1}{\omega C}$	$X_L = \omega L$	$Z = \frac{1}{\sqrt{\left(\frac{1}{R}\right)^2 + (\omega C)^2}}$	$Z = \sqrt{R^2 + (\omega L)^2}$
$\varphi_z = 0$	$\varphi_z = -\frac{\pi}{2}$	$\varphi_z = +\frac{\pi}{2}$	$\varphi_z = -\arctan \omega CR$	$\varphi_z = \arctan \frac{\omega L}{R}$
Zeigerbild $\underline{Z}$-Ebene 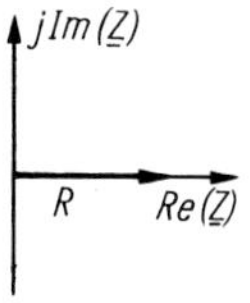	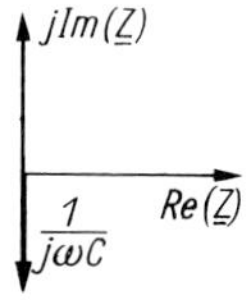	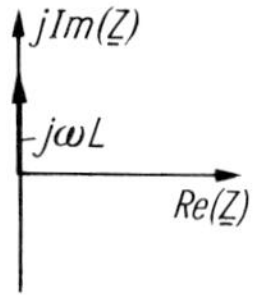	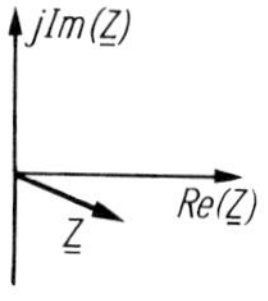	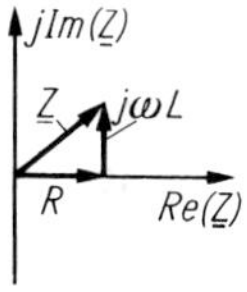
Leitwert-operator $\underline{Y}$ $\underline{Y} = \frac{1}{R}$	$\underline{Y} = \mathrm{j}B_C = \mathrm{j}\omega C$	$\underline{Y} = \mathrm{j}B_L = -\frac{\mathrm{j}}{\omega L}$	$\underline{Y} = \frac{1}{R} + \mathrm{j}\omega C$	$\underline{Y} = \frac{1}{R + \mathrm{j}\omega L}$
$Y = \frac{1}{R}$	$B_C = \omega C$	$B_L = -\frac{1}{\omega L}$	$Y = \sqrt{\left(\frac{1}{R}\right)^2 + (\omega C)^2}$	$Y = \sqrt{R^2 + (\omega L)^2}$
$\varphi_y = 0$	$\varphi_y = +\frac{\pi}{2}$	$\varphi_y = -\frac{\pi}{2}$	$\varphi_y = \arctan \omega CR$	$\varphi_y = -\arctan \frac{\omega L}{R}$
Zeigerbild $\underline{Y}$-Ebene 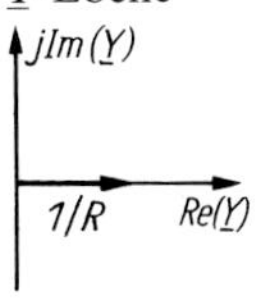	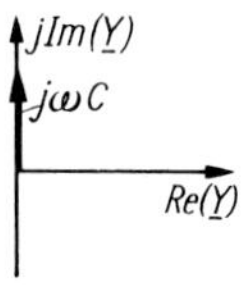	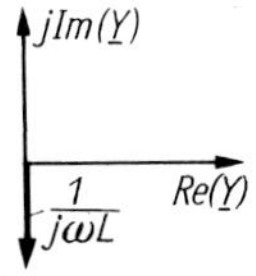	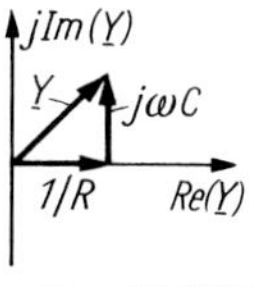	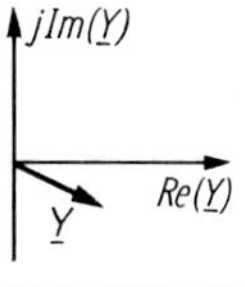

Durch den Faktor j eilt der Zeiger $\underline{I}$ dem Zeiger $\underline{U}$ um 90° voraus ($i \sim \mathrm{d}u/\mathrm{d}t$) (bzw. $\underline{U}$ dem Zeiger $\underline{I}$ um 90° nach ($u \sim \int i\,\mathrm{d}t$)). Die Längen U, I der Zeiger stehen im Verhältnis $U/I = 1/(\omega C)$. Außerdem hängt der Zusammenhang $\underline{I} = f(\underline{U})$ von der Frequenz ab (s. Bild 6.1).

Induktivität L: Mit der Erregung $i(t) = \hat{I}\cos(\omega t + \varphi_i)$ erfolgt im Zeitbereich für die Spannung

$$u(t) = \mathrm{Re}\,(\underline{u}) = \mathrm{Re}\,(\underline{\hat{U}}\,\mathrm{e}^{\mathrm{j}\omega t}) = \mathrm{Re}\left(L\,\frac{\mathrm{d}\underline{i}}{\mathrm{d}t}\right) = \mathrm{Re}\left\{L\,\frac{\mathrm{d}\underline{\hat{I}}\,\mathrm{e}^{\mathrm{j}\omega t}}{\mathrm{d}t}\right\} = \mathrm{Re}\,\{\mathrm{j}\omega L\underline{i}\}$$

also bei Übergang in den Frequenzbereich

$$\underline{u}(t) = \mathrm{j}\omega L\underline{i} \qquad \text{rotierender Zeiger,}$$

$$\underline{U} = \mathrm{j}\omega L\underline{I} = \underline{Z}_\mathrm{L}\underline{I} = \frac{1}{\underline{Y}_\mathrm{L}}\underline{I} \qquad \text{ruhender Zeiger im Frequenzbereich.} \tag{6.22}$$

Die Spule stellt einen positiven Blindwiderstand bzw. negativen Blindleitwert dar (s. Tafel 6.11).

Durch den Faktor j eilt der Zeiger $\underline{U}$ gegen $\underline{I}$ um 90° vor ($u \sim \mathrm{d}i/\mathrm{d}t$) (bzw. $\underline{I}$ gegen $\underline{U}$ nach ($i \sim \int u\,\mathrm{d}t$)). Die Längen U, I der Zeiger stehen im Verhältnis $U/I = \omega L$.

Wir finden beim Vergleich der Blindwiderstände X und -leitwerte B von Spule und Kondensator (s. Gl. (6.15), (6.17)) bestätigt: Blindwiderstand und -leitwert ein- und desselben Schaltelementes unterscheiden sich stets durch das Vorzeichen!

Zusammenfassendes Ergebnis. Durch Einführung des Widerstands-(Leitwert-)-operators $\underline{Z}$ ($\underline{Y}$) für lineare zeitunabhängige Netzwerkelemente bei stationärer harmonischer Erregung kann das Ohmsche Gesetz *formal* auch im Frequenzbereich als *Rechenhilfe* verwendet werden. Eine physikalische Bedeutung kommt ihm nicht zu.

Im Zeitbereich existiert der Begriff Widerstandsoperator *nicht*. Dort treten von seinen beiden Bestimmungsstücken nur Betrag und Phase auf, nicht Real- und Imaginärteil!

Anwendung des Widerstandsoperators. Der Widerstandsoperator $\underline{Z}$ wurde nach Gl. (6.15) sehr allgemein für einen Netzwerkzweig begründet. Stets besteht ein solcher Netzwerkzweig aus einer Reihen- und/oder Parallelschaltung einzelner Netzwerkelemente. Wir stellen die Bildungsregeln dieser Operatorbeziehungen zusammen und knüpfen dabei an die Kenntnisse des Gleichstromkreises an (Abschn. 2.4.2).

Reihenschaltung. Die Maschengleichung $u(t) = \sum_{i=1}^{n} u_\mathrm{v}(t)$ eines vom gleichen Strom $i(t)$ durchflossenen Zweiges (mit n Netzwerkelementen) geht bei Transformation in den Frequenzbereich über in $\underline{U} = \sum_{i=1}^{n} \underline{U}_\mathrm{v}$. Jedes Netzwerkelement erhält seinen *Widerstandsoperator* $\underline{Z}_\mathrm{i}$. Da sie alle vom gleichen Strom $\underline{I}$ durchflossen werden, gilt für den Gesamtwiderstandsoperator $\underline{Z}_\mathrm{ges}$ (Bild 6.11)

$$\underline{Z}_\mathrm{ges} = \frac{\underline{U}}{\underline{I}} = \frac{\sum_{i=1}^{n}\underline{U}_\mathrm{i}}{\underline{I}} = \frac{\underline{U}_1}{\underline{I}} + \frac{\underline{U}_2}{\underline{I}} + \ldots + \frac{\underline{U}_\mathrm{n}}{\underline{I}} = \underline{Z}_1 + \underline{Z}_2 + \ldots + \underline{Z}_\mathrm{n} = \sum_{i=1}^{n}\underline{Z}_\mathrm{i}$$

$$= R_\mathrm{ges} + \mathrm{j}X_\mathrm{ges} = \sum_{i=1}^{n} R_\mathrm{i} + \mathrm{j}\sum_{i=1}^{n} X_\mathrm{i}\,. \tag{6.23 a}$$

Bei der Reihenschaltung von Widerstandsoperatoren setzt sich der gesamte Operator $\underline{Z}$ aus der Summe der Einzeloperatoren zusammen Dies ist formal das vom Gleichstromkreis her bekannte Ergebnis (s. Abschn. 2.4.2.2). Der Unterschied besteht — abgesehen von der physikalischen Deutbarkeit von $\underline{Z}$ — nur darin, daß Gl. (6.23 a) für die *Real-* und *Imaginärteile auf beiden Seiten gilt.* (Das folgt aus den Rechenregeln für komplexe Zahlen, s. Abschn. 6.2.1.1).

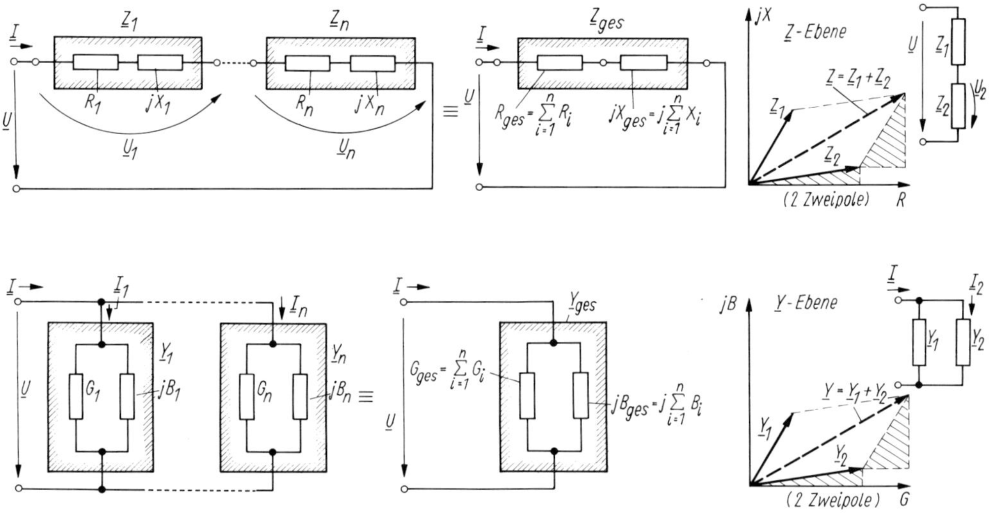

Bild 6.11. Reihenschaltung von Widerstandsoperatoren bzw. Parallelschaltung von Leitwertoperatoren

Zwangsläufig ergibt sich für den Betrag:

$$Z_{\text{ges}} = \sqrt{\left(\sum_{i=1}^{n} R_i\right)^2 + \left(\sum_{i=1}^{n} X_i\right)^2}\,. \tag{6.23 b}$$

Für zwei komplexe Widerstände $\underline{Z}_1 = R_1 + jX_1$, $\underline{Z}_2 = R_2 + jX_2$ lautet der komplexe Gesamtwiderstand also

$$\underline{Z}_1 = (R_1 + R_2) + j(X_1 + X_2)$$

mit dem Betrag

$$Z_{\text{ges}} = \sqrt{(R_1 + R_2)^2 + (X_1 + X_2)^2} \tag{6.23 c}$$

und der Phase

$$\tan \varphi_{\text{ges}} = \frac{X_1 + X_2}{R_1 + R_2}\,. \tag{6.23 d}$$

Es ist also nicht $Z_{\text{ges}} = |\underline{Z}_1| + |\underline{Z}_2|$ und vielleicht $\varphi_{\text{ges}} = \varphi_1 + \varphi_2$!

Parallelschaltung. So, wie die Transformation des Menschensatzes in den Frequenzbereich die Bildungsregel der Reihenschaltung der Widerstandsoperatoren begründete, führt der Knotensatz auf die Bildungsregel des resultierenden Leitwertoperators $\underline{Y}_{\text{ges}}$ (s. Gl. (6.17)). n parallelgeschaltete Einzelleitwerte $\underline{Y}_{\text{i}}$ ergeben den Gesamtleitwert (Bild 6.11)

$$\underline{Y}_{\text{ges}} = \underline{Y}_1 + \underline{Y}_2 + \ldots + \underline{Y}_{\text{n}} = \sum_{i=1}^{n} \underline{Y} = G_{\text{ges}} + \text{j}B_{\text{ges}} = \sum_{i=1}^{n} G_{\text{i}} + \text{j} \sum_{i=1}^{n} B_{\text{i}} \,. \tag{6.24 a}$$

Alle beim Widerstandsoperator (Gl. (6.23)) gezogenen Folgerungen treffen sinngemäß auch hier zu.

Beispielsweise lautet der Ersatzwiderstand $\underline{Z}_{\text{ers}}$ der Parallelschaltung von $\underline{Z}_1$ und $\underline{Z}_2$

$$\underline{Z}_{\text{ers}} = \frac{1}{\underline{Y}_{\text{ers}}} = \frac{1}{\underline{Y}_1 + \underline{Y}_2} = \frac{1}{\dfrac{1}{\underline{Z}_1} + \dfrac{1}{\underline{Z}_2}} = \frac{\underline{Z}_1 \underline{Z}_2}{\underline{Z}_1 + \underline{Z}_2} \tag{6.24 b}$$

oder der Ersatzleitwert $\underline{Y}_{\text{ers}}$ der Reihenschaltung von $\underline{Y}_1$ und $\underline{Y}_2$

$$\underline{Y}_{\text{ers}} = \frac{1}{\underline{Z}_{\text{ers}}} = \frac{1}{\underline{Z}_1 + \underline{Z}_2} = \frac{1}{\dfrac{1}{\underline{Y}_1} + \dfrac{1}{\underline{Y}_2}} = \frac{\underline{Y}_1 \underline{Y}_2}{\underline{Y}_1 + \underline{Y}_2} \,. \tag{6.24 c}$$

Beispiel: Zweipolersatzschaltung. Die Widerstandsoperatoren und deren Ersatzelemente R_{r}, C_{r} bzw. L_{r} lauten für die im Bild 6.12 dargestellten Zweipole:

Schaltung a). Nach Einführung der Einzeloperatoren $\underline{Z}_{\text{R1}} = R_1$, $\underline{Z}_{\text{R2}} = R_2$, $\underline{Z}_{\text{C1}} = -\dfrac{\text{j}}{\omega C_1}$, $\underline{Z}_{\text{C2}} = -\dfrac{\text{j}}{\omega C_2}$ ergibt sich

$$\underline{Z}_{\text{ges}} = \underline{Z}_{\text{R1}} + \underline{Z}_{\text{R2}} + \underline{Z}_{\text{C1}} + \underline{Z}_{\text{C2}} = R_1 + R_2 - \text{j}\left(\frac{1}{\omega C_1} + \frac{1}{\omega C_2}\right) = R_{\text{r}} + \text{j}X_{\text{r}}$$

mit

$$R_{\text{r}} = R_1 + R_2 \,, \qquad X_{\text{r}} = -\frac{1}{\omega C_{\text{r}}} \,, \qquad \frac{1}{C_{\text{r}}} = \frac{1}{C_1} + \frac{1}{C_2} \,.$$

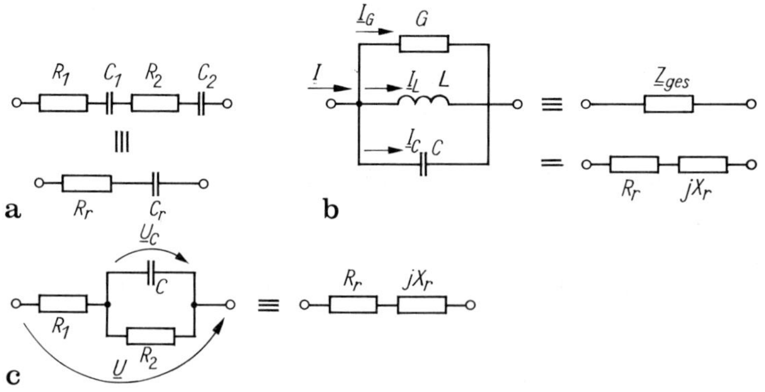

Bild 6.12. Zweipolersatzschaltungen und gleichwertige Vereinfachungen

Schaltung b). Wegen der Parallelschaltung wird von den Leitwertformen ausgegangen mit $\underline{Y}_G = G$, $\underline{Y}_L = -j/(\omega L)$, $\underline{Y}_C = j\omega C$

$$\underline{Z}_{ges} = \frac{1}{\underline{Y}_{ges}} = \frac{1}{\underline{Y}_G + \underline{Y}_L + \underline{Y}_C} = \frac{1}{G + j\left(\omega C - \frac{1}{\omega L}\right)} = \frac{G - j\left(\omega C - \frac{1}{\omega L}\right)}{G^2 + \left(\omega C - \frac{1}{\omega L}\right)^2},$$

$$R_r = \frac{G}{G^2 + \left(\omega C - \frac{1}{\omega L}\right)^2}, \qquad X_r = \frac{-\left(\omega C - \frac{1}{\omega L}\right)}{G^2 + \left(\omega C - \frac{1}{\omega L}\right)^2}$$

(das Vorzeichen der Klammer im Nenner von X_r entscheidet, ob X_r kapazitiv oder induktiv ist).

Schaltung c)

$$\underline{Z}_{ges} = R_1 + \frac{1}{\frac{1}{R_2} + j\omega C} = R_1 + \frac{\frac{1}{R_2} - j\omega C}{\left(\frac{1}{R_2}\right)^2 + (\omega C)^2} = R_r - \frac{j}{\omega C_r} = R_r + jX_r,$$

$$R_r = R_1 + \frac{R_2}{1 + (\omega C R_2)^2}, \qquad \frac{1}{C_r} = \frac{\omega^2 C R_2^2}{1 + (\omega C R_2)^2}.$$

Spannungs- und Stromteilerregel. Weitere Beispiele für die Anwendung des Widerstands- bzw. Leitwertoperators sind Strom- und Spannungsteilerregel (Bild 6.11).

Spannungsteilerregel. Es verhalten sich die komplexen Teilspannungen über Widerstandsoperatoren $\underline{Z}_i$, die vom gleichen komplexen Strom durchflossen werden wie die zugehörigen Widerstandsoperatoren nach Bild 6.11, also

$$\frac{\underline{U}_1}{\underline{U}} = \frac{\underline{Z}_1}{\underline{Z}_{ges}} = \frac{\underline{Z}_1}{\underline{Z}_1 + \underline{Z}_2 + \ldots + \underline{Z}_n} \quad \text{bzw.} \quad \frac{\underline{U}_2}{\underline{U}} = \frac{\underline{Z}_2}{\underline{Z}_1 + \underline{Z}_2}. \tag{6.25 a}$$

Stromteilerregel. Es verhalten sich die komplexen Teilströme durch die Leitwertoperatoren $\underline{Y}_i$, die an der gleichen komplexen Spannung liegen, wie die zugehörigen Leitwertoperatoren, nach Bild 6.11, also

$$\frac{\underline{I}_1}{\underline{I}} = \frac{\underline{Y}_1}{\underline{Y}_{ges}} = \frac{\underline{Y}_1}{\underline{Y}_1 + \underline{Y}_2 + \ldots + \underline{Y}_n} \quad \text{bzw.} \quad \frac{\underline{I}_2}{\underline{I}} = \frac{\underline{Y}_2}{\underline{Y}_1 + \underline{Y}_2}. \tag{6.25 b}$$

Diese Ergebnisse gelten auch in Gleichstromnetzwerken für $\underline{Z} \to R$, $\underline{Y} \to G$ und reelle Amplituden.

Beispiel. Wir wenden diese Regeln auf Schaltungen des Bildes 6.12 an.

Stromteilerregel. Der Teilstrom $\underline{I}_G$ (Bild 6.12b) beträgt ausgedrückt durch den Gesamtstrom $\underline{I}$

$$\frac{\underline{I}_G}{\underline{I}} = \frac{\underline{Y}_G}{\underline{Y}_G + \underline{Y}_C + \underline{Y}_L} = \frac{G}{G + j\left(\omega C - \frac{1}{\omega L}\right)} = \underline{F}(j\omega) = F(j\omega)\, e^{j\varphi_f}.$$

Ist z. B. $i(t) = \hat{I}\cos(\omega t + \varphi_i)$ als Ursache gegeben, so ergibt sich der Strom

$$i_G(t) = \mathrm{Re}\,(\hat{\underline{I}}_G\,\mathrm{e}^{\mathrm{j}\omega t}) = \hat{I}_G\cos(\omega t + \varphi_i + \varphi_f)$$

im Zeitbereich mit

$$I_G = |\underline{F}|\,I\,, \qquad |\underline{F}| = \frac{G}{\sqrt{G^2 + \left(\omega C - \dfrac{1}{\omega L}\right)^2}}$$

Auf so einfache Weise kann z. B. der Momentanwert des Stromes ermittelt werden, was über die Netzwerk-Differentialgleichung viel umständlicher wäre.

Spannungsteilerregel. Die Teilspannung $\underline{U}_C$ (Bild 6.12c) lautet ausgedrückt durch die Gesamtspannung $\underline{U}$:

$$\frac{\underline{U}_C}{\underline{U}} = \frac{\underline{Z}_{ges}}{\underline{Z}_{ges} + R_1} = \frac{1}{1 + R_1/\underline{Z}_{ges}} = \frac{1}{1 + R_1/R_2 + \mathrm{j}R_1\omega C}$$

mit $\underline{Z}_{ges} = \dfrac{1}{1/R_2 + \mathrm{j}\omega C}$.

6.2.2.2.3 Netzwerktransformation

Durch Anwendung des Widerstands-(Leitwert-)operators auf die Netzwerkelemente eines Netzwerkes und der Transformationsregeln für Ströme und Spannungen in den Frequenzbereich, läßt sich zu einem linearen zeitunabhängigen Netzwerk bei harmonischer Erregung im Zeitbereich stets das gleichwertige im Frequenzbereich angeben. Dieses Verfahren heißt *Transformation der Schaltung in den Frequenzbereich.*

Man ersetzt dazu in allen Zweigen (s. Tafel 6.8)

Zeitbereich	durch →	*Frequenzbereich*
Momentanwerte von Strom und Spannung		rotierender Zeiger $\underline{i}$, $\underline{u}$ (bzw. abgekürzt ruhende Zeiger $\underline{I}$, $\underline{U}$)
Strom-Spannungs-Beziehung der Grundelemente R, L, C, M		Strom-Spannungs-Beziehung ($\underline{i}$, $\underline{u}$ bzw. $\underline{I}$, $\underline{U}$) des zugehörigen Widerstands-(Leitwert-)operators $\underline{Z}$, $\underline{Y}$

Diese und weitere Beziehungen sind in Tafel 6.12 zusammengestellt. Wir erkennen als grundlegendes Ergebnis:

Im Frequenzbereich läßt sich die gesuchte Größe (Strom $\underline{i}$, Spannung $\underline{u}$) eines Netzwerkes durch Anwendung der Kirchhoffschen Gesetze und solcher Netzwerkbeziehungen (Strom-, Spannungsteilerregel, Reihen-Parallel-Schaltung, Zweipoltheorie u. a. m.), die auf dem Widerstands- bzw. Leitwertbegriff wie im Gleichstromkreis aufbauen, leicht ermitteln. Die Momentanwerte $i(t)$ und Spannungen $u(t)$ im Zeitbereich ergeben sich durch Rücktransformation der komplexen Momentanwerte $\underline{i}$, $\underline{u}$ usw. Eingebürgert hat sich dabei, direkt von den ruhenden Zeigern (und speziell den komplexen Effektivwerten) auszugehen[1].

[1] Beachte (s. Abschn. 6.2.1.2): $\underline{i} = \hat{\underline{I}}\,\mathrm{e}^{\mathrm{j}\omega t} = \sqrt{2}\,\underline{I}\,\mathrm{e}^{\mathrm{j}\omega t}$

Tafel 6.12. Vergleich der Analyseverfahren im Zeit- und Frequenzbereich mit denen der Gleichstromtechnik

Zeitbereich	Frequenzbereich[a] (Wechselstromnetzwerk)	Gleichstromnetzwerk
Kirchhoffsche Gleichungen[a]		
Maschensatz $\sum_{\nu} u_{\nu}(t) = 0$	$\sum_{\nu} \underline{u}_{\nu}(t) = 0$ bzw. $\sum_{\nu} \underline{U}_{\nu} = 0$	$\sum_{\nu} U_{\nu} = 0$
Knotensatz $\sum_{\nu} i_{\mu}(t) = 0$	$\sum_{\mu} \underline{i}_{\mu}(t) = 0$ bzw. $\sum_{\mu} \underline{I}_{\mu} = 0$	$\sum_{\mu} I_{\mu} = 0$
Netzwerkelementbeziehungen		
$u = iR,\ i = C\dfrac{\mathrm{d}u}{\mathrm{d}t},\ u = L\dfrac{\mathrm{d}i}{\mathrm{d}t}$	$\underline{u} = \underline{i}R,\ \underline{i} = \mathrm{j}\omega C\underline{u} = \dfrac{\underline{u}}{\underline{Z}_C}$, $\underline{u} = \mathrm{j}\omega L\underline{i} = \underline{Z}_L\underline{i}$	$U = IR$
	Anwendungen: „Gleichstromverfahren" für Netzwerke unter Nutzung der Widerstands-(Leitwert-)operatoren und komplexer Amplituden	*Anwendungen*: „Gleichstromanalyseverfahren" unter Nutzung des Widerstandsbegriffes
nur über Lösung einer Netzwerk-Differentialgleichung möglich	Reihenschaltung $\underline{Z} = \Sigma\, \underline{Z}_{\nu}$	$R = \Sigma\, R_{\nu}$
	Parallelschaltung $\underline{Y} = \Sigma\, \underline{Y}_{\mu}$	$G = \Sigma\, G_{\mu}$
	Spannungsteilerregel $\dfrac{\underline{u}_1}{\underline{u}_2} = \dfrac{\underline{Z}_1}{\underline{Z}_2}$	$\dfrac{U_1}{U_2} = \dfrac{R_1}{R_2}$
	Stromteilerregel $\dfrac{\underline{i}_1}{\underline{i}_2} = \dfrac{\underline{Y}_1}{\underline{Y}_2} = \dfrac{\underline{Z}_2}{\underline{Z}_1}$	$\dfrac{I_1}{I_2} = \dfrac{G_1}{G_2}$
	— Zweipoltheorie — Ersatzschaltungen beliebiger Zweipole — Netzwerktheoreme (Stern-Dreieck-Schaltung, Miller-Theorem u. a. m.)	

[a] Eingeschlossen sind abgeleitete Verfahren wie Maschenstrom-, Knotenspannungsanalyse und Überlagerungssatz

Anhand der Schaltung Bild 6.13 soll das Verfahren erläutert werden. Gesucht sei $u_L(t)$, gegeben $u_Q(t) = \hat{U}_Q \cos(\omega t + \varphi_u)$. Die Kirchhoffschen Gesetze und die Strom-Spannungs-Relation der Netzwerkelemente ergeben a) im *Zeitbereich* (Bild 6.13a)

$$u_Q(t) = u_R + u_L = iR + u_L\,.$$

Mit $u_L = L\,\mathrm{d}i/\mathrm{d}t$ nach i aufgelöst und in vorstehende Gleichung eingesetzt, erhält man

$$u_a(t) = \frac{R}{L}\int u_L\,\mathrm{d}t + u_L\,. \tag{1}$$

Das ist die Netzwerk-Differentialgleichung.

b) Die Transformation dieser Gleichung in den *Frequenzbereich* führt nach Abschn. 6.2.2.1 auf

$$\underline{u}_Q = \frac{R}{\mathrm{j}\omega L}\underline{u}_L + \underline{u}_L \quad \text{bzw.} \quad \underline{U}_Q = \underline{U}_L\left(1 + \frac{R}{\mathrm{j}\omega L}\right). \tag{2}$$

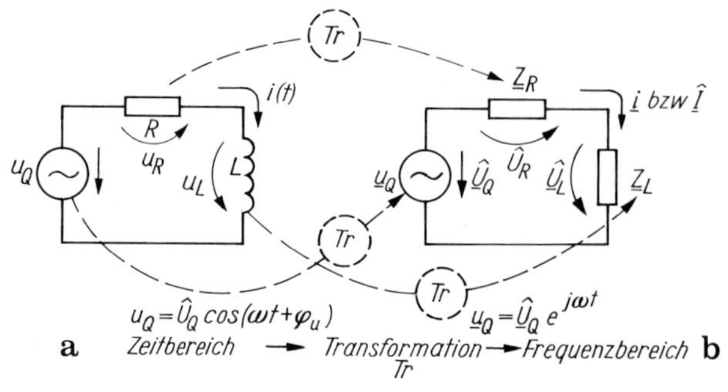

Bild 6.13. Transformation einer Schaltung vom Zeit- in den Frequenzbereich (*Tr* bedeutet Hintransformation)

Wir wollen jetzt dieses Teilergebnis gewinnen, ohne die Netzwerkgleichung (1) aufzustellen.

c) *Abgekürzter Weg. Ausgang von der in den Frequenzbereich transformierten Schaltung.* In der Schaltung Bild 6.13b sind eingeführt die
Spannungen und Ströme $\underline{U}_R$, $\underline{U}_L$, $\underline{U}_Q$, $\underline{I}$ (anstelle von u_R, u, u_Q, $i(t)$),
Strom-Spannungs-Relationen der Netzwerkelemente (Widerstandsoperator) $\underline{U}_R = \underline{Z}_R\underline{I}$, $\underline{U}_L = \underline{Z}_L\underline{I}$ (anstelle von $u_R(t) = Ri(t)$, $u_L = L\,\mathrm{d}i/\mathrm{d}t$, $u_Q = \hat{U}_Q \cos \omega t$).

Das ergibt die

Maschengleichung

$$\underline{U}_Q = \underline{U}_R + \underline{U}_L = \underline{Z}_R\underline{I} + \underline{Z}_L\underline{I} = \frac{\underline{Z}_R + \underline{Z}_L}{\underline{Z}_L}\,\underline{U}_L\,,$$

Netzwerkelement-Beziehungen

$$\underline{U}_R = \underline{Z}_R\underline{I}\,, \qquad \underline{U}_L = \underline{Z}_L\underline{I}\,.$$

Aufgelöst nach $\underline{U}_L$ folgt daraus

$$\frac{\underline{U}_L}{\underline{U}_Q} = \frac{\underline{Z}_L}{\underline{Z}_L + \underline{Z}_R} = \frac{\mathrm{j}\omega L}{\mathrm{j}\omega L + R} = \left|\frac{\mathrm{j}\omega L}{R + \mathrm{j}\omega L}\right| \mathrm{e}^{\mathrm{j}\varphi_f} = F(\mathrm{j}\omega)\,\mathrm{e}^{\mathrm{j}\varphi_f} \tag{3}$$

$$= \frac{\omega L}{\sqrt{R^2 + (\omega L)^2}}\,\mathrm{e}^{\mathrm{j}\varphi_f}\,; \qquad \varphi_f = \arctan\frac{\mathrm{Im\,(Zähler)}}{\mathrm{Re\,(Zähler)}} = \arctan\frac{R}{\omega L}\,.$$

Dieses Ergebnis im Frequenzbereich stimmt mit Gl. (2) überein. Man hätte es auch durch sofortige Anwendung der Spannungsteilerregel Gl. (6.25a) erhalten können.

d) Meist begnügt man sich bei der Analyse von Wechselstromschaltungen mit dem Ergebnis im Frequenzbereich (Tafel 6.8). Wird dennoch die Rücktransformation in den Zeitbereich gefordert, so beachten wir (wie bisher)

— den Zusammenhang zwischen komplexem Effektiv- und Spitzenwert (Multiplikation mit $\sqrt{2}$)

$$\underline{\hat{U}}_L = \sqrt{2}\,\underline{U}_L\,;$$

— den Übergang zum komplexen Momentanwert durch beiderseitige Multiplikation mit $\mathrm{e}^{\mathrm{j}\omega t}$

$$\underline{u}_L(t) = \underline{\hat{U}}_L\,\mathrm{e}^{\mathrm{j}\omega t} = \sqrt{2}\,\underline{U}_L\,\mathrm{e}^{\mathrm{j}\omega t}$$

und erhalten aus

$$\underline{u}_L = \sqrt{2}\,\underline{U}_L\,\mathrm{e}^{\mathrm{j}\omega t} = \frac{\omega L\,\mathrm{e}^{\mathrm{j}\varphi_f}}{\sqrt{R^2 + (\omega L)^2}}\,\sqrt{2}\,\underline{U}_Q\,\mathrm{e}^{\mathrm{j}\omega t} = \hat{U}_L\,\mathrm{e}^{\mathrm{j}(\omega t + \varphi_{uL})}$$

nach Rücktransformation

$$u_L(t) = \mathrm{Re}\,(\underline{u}_L(t)) = \frac{\hat{U}_Q \omega L}{\sqrt{R^2 + (\omega L)^2}} \mathrm{Re}\,\{e^{j\varphi_f}\, e^{j(\omega t + \varphi_{uL})}\}$$

$$= \frac{\omega L \hat{U}_Q}{\sqrt{R^2 + (\omega L)^2}} \cos(\omega t + \varphi_u + \varphi_f)\,.$$

Wir wollen das sehr einfache Verfahren in einer Lösungsmethode zusammenfassen.

Lösungsmethodik: Transformation der Schaltung in den Frequenzbereich. Die Transformation der Schaltung in den Frequenzbereich umfaßt:

1. Überführen des Netzwerkes in den Frequenzbereich durch:
   a) Ersetzen aller Ströme und Spannungen durch ihre ruhenden Zeiger;
   b) Ersatz der Netzwerkelemente durch ihre Widerstands-(Leitwert-)operatoren.
2. Aufstellung der Gleichungen für die gesuchte Netzwerkgröße, z. B. durch
   a) die Kirchhoffschen Gesetze und Strom-Spannungs-Relation der Netzwerkelemente (mittels ihrer Widerstandsoperatoren);
   b) abgekürzte Verfahren, die auf a) für stationäre Erregungen basieren: z. B. Zweipoltheorie, Reihen-Parallel-Schaltung, Stern-Dreieck-Schaltung, Maschenstrom-, Knotenspannungsanalyse u. a. m.
3. Auflösung nach der gesuchten Größe im Frequenzbereich.
4. Rücktransformation dieser Lösung in den Zeitbereich.

Meist wird dieser Weg noch weiter verkürzt:

Man zeichnet in die Schaltung sofort die ruhenden Zeiger der Ströme und Spannungen sowie die Widerstandsoperatoren ein, berechnet die gesuchte Größe als ruhenden Zeiger und beendet damit die Aufgabe gemäß Punkt 3.

Die Rücktransformation in den Zeitbereich ist dann — falls gewünscht — jederzeit möglich.

In Tafel 6.12 wurden die bisher kennengelernten Analyseverfahren im Zeitbereich und Frequenzbereich gegenübergestellt. Man erkennt ihre formale Gleichheit und so die Bedeutung der Transformation eines Netzwerkes in den Frequenzbereich.

Durch Einführung des Widerstands-(Leitwert-)operators können die Gesetze des Gleichstromkreises formal für den Frequenzbereich des Wechselstromnetzwerkes übernommen werden.

Umgekehrt läßt sich auch aus einem Netzwerk im Frequenzbereich die Gleichstromlösung herleiten. Sie ist im Sonderfall

$\omega \to 0$ Übergang Wechselstrom- $\to$ Gleichstromnetzwerk

enthalten. Daraus folgt

$\varphi_u \to 0$ die komplexen Effektivwerte $\underline{U}$, $\underline{I}$ gehen über in

$\varphi_i \to 0$ Gleichspannung und -strom (U, I).

Bekanntlich wird aus $u(t) = \hat{U}\cos(\omega t + \varphi_u)$ eine Gleichspannung für $\omega \to 0$ und $\varphi_u = 0$.
Weiter vereinfacht sich:

$\underline{Z}_L \to 0$ (wegen $\underline{Z}_L = j\omega L \to 0$),

$\underline{Y}_C \to 0$ (wegen $\underline{Y}_C = j\omega C \to 0$),

$\underline{Z}_R \to R$.

Anschaulich entsteht bei zeitlich konstantem Strom kein Spannungsabfall über der Spule ($\mathrm{d}I/\mathrm{d}t = 0 \to u_L = 0$) und ebenso bei zeitlich konstanter Spannung ($\mathrm{d}U/\mathrm{d}t \to 0 \to i_C = 0$) kein Strom durch den Kondensator.

Beispiel: Übergang Wechselspannungsnetzwerk → Gleichspannungsnetzwerk. Für die Schaltung Bild 6.14 soll die Spannung $\underline{U}_2$ nach der Spannungsteilerregel bestimmt werden. Im Frequenzbereich liest man ab:

$$\frac{\underline{U}_2}{\underline{U}_Q} = \frac{R_2 \| \underline{Z}_C}{R_1 + R_2 \| \underline{Z}_C} = \frac{\dfrac{1}{G_2 + \mathrm{j}\omega C}}{R_1 + \dfrac{1}{(G_2 + \mathrm{j}\omega C)}} = \frac{1}{1 + R_1(G_2 + \mathrm{j}\omega C)}$$

$$= \frac{1}{1 + R_1 G_2 + \mathrm{j}\omega C R_1 G_2} .$$

Das Gleichstromergebnis folgt mit $\underline{U}_2 \to U_2$, $\underline{U}_Q \to U_Q$ und $\omega \to 0$ zu

$$\frac{U_2}{U_Q} = \frac{1}{1 + R_1 G_2} = \frac{R_2}{R_1 + R_2} .$$

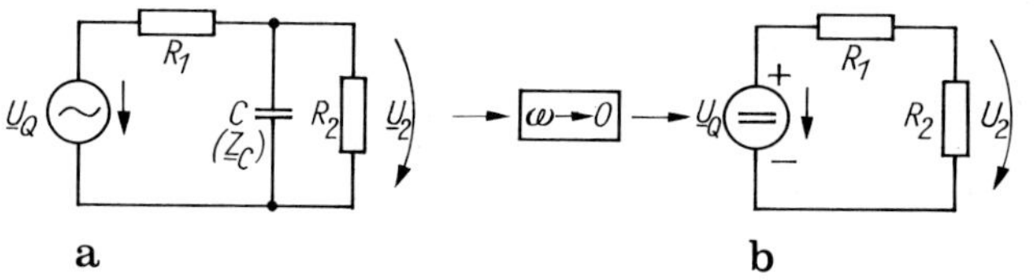

Bild 6.14. Übergang eines sinusförmig erregten Netzwerkes in ein Gleichstromnetzwerk

6.2.2.3 Anwendungen der Netzwerktransformation

1. Gekoppelte Spulen. Wie erwähnt, erlaubt die Transformation der Schaltung in den Frequenzbereich mit der Einführung des Widerstands-(Leitwert-)operators alle bisher kennengelernten (linearen) Gleichstromanalyseverfahren anzuwenden. Wir wollen dies nachfolgend erläutern. Neu hinzu tritt nur die *magnetische Kopplung* von Stromkreisen über die Gegeninduktivität M (s. Abschn. 3.4.2). Ihre Strom-Spannungs-Gleichung (3.64) lautet nach Transformation in den Frequenzbereich (Bild 6.15):

$$\begin{aligned} \underline{U}_1 &= \mathrm{j}\omega L_1 \underline{I}_1 + \mathrm{j}\omega M \underline{I}_2 , \\ \underline{U}_2 &= \mathrm{j}\omega M \underline{I}_1 + \mathrm{j}\omega L_2 \underline{I}_2 . \end{aligned} \qquad (6.26\,\mathrm{a})$$

Dabei wurde ausgangsseitig die Verbraucherzählpfeilrichtung benutzt (Spulenorientierung durch Punkt markiert). Das Vorzeichen von $\mathrm{j}\omega M$ in Gl. (6.26a) gilt, wenn beide Ströme auf die Punkte zu oder von ihnen wegfließen.

Für die Netzwerkanalyse bietet sich die ersatzschaltbildmäßige Darstellung von Gl. (6.26a) durch *gesteuerte Quellen* an (Gl. (5.12)ff., Bild 5.9). Beispielsweise hat die Reihenschaltung beider gekoppelter Induktivitäten L_1, L_2 nach Schaltung Bild 6.15b den Spannungsabfall ($\underline{I}_1 = -\underline{I}_2 = \underline{I}$)

$$\begin{aligned} \underline{U}_{AB} &= \mathrm{j}\omega L_1 \underline{I}_1 + \mathrm{j}\omega M \underline{I}_2 - \mathrm{j}\omega M \underline{I}_1 - \mathrm{j}\omega L_2 \underline{I}_2 \\ &= \mathrm{j}\omega (L_1 + L_2 - 2M)\, \underline{I} \end{aligned} \qquad (6.26\,\mathrm{b})$$

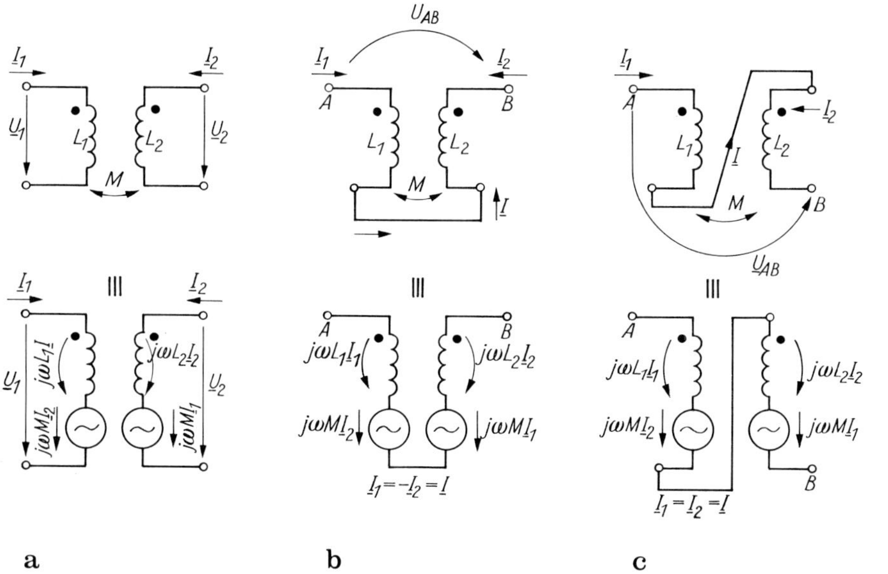

Bild 6.15. Magnetische Kopplung zweier Induktivitäten L_1, L_2 im Frequenzbereich. **a**) Ersatzschaltung mit stromgesteuerten Spannungsquellen; **b**), **c**) Ersatzschaltung bei Reihen- (**c**) bzw. Antireihenschaltung (**b**) beider Spulen

zur Folge, für die Schaltung Bild 6.15c gilt bei gleicher Stromorientierung ($\underline{I}_1 = \underline{I}_2 = \underline{I}$)

$$\begin{aligned} \underline{U}_{\mathrm{AB}} &= \mathrm{j}\omega L_1 \underline{I}_1 + \mathrm{j}\omega M \underline{I}_2 + \mathrm{j}\omega M \underline{I}_1 + \mathrm{j}\omega L_2 \underline{I}_2 \\ &= \mathrm{j}\omega (L_1 + L_2 + 2M)\, \underline{I}\,. \end{aligned} \tag{6.26c}$$

Wir wollen den Einbezug gekoppelter Spulen in die Stromkreisberechnung an einigen Beispielen im Zusammenhang mit den Analyseverfahren im Frequenzbereich selbst diskutieren.

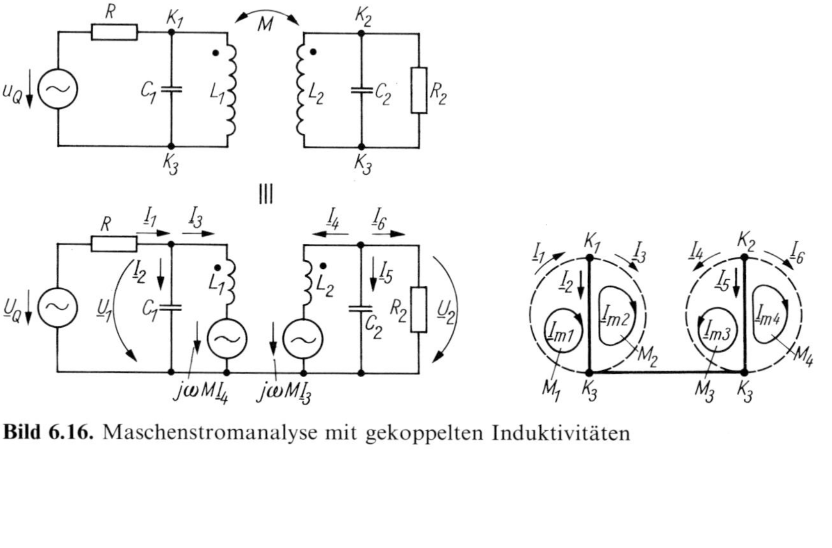

Bild 6.16. Maschenstromanalyse mit gekoppelten Induktivitäten

Maschenstromanalyse. Bei der Maschenstromanalyse (Abschn. 5.3.2) werden im Frequenzbereich die Ring- und Koppelwiderstände R_{ii} bzw. R_{ik} (Gl. (5.65)) durch die entsprechenden *Impedanzen* $\underline{Z}_{ii}$, $\underline{Z}_{ik}$ ersetzt. Die Vorzeichenzuordnungen der Koppelimpedanzen in Bezug auf die Ströme bleiben erhalten.

Im verallgemeinerten Verfahren Gl. (5.65) heißt es dann sinngemäß *Maschinenimpedanzmatrix* usw. Auch für das Aufstellen der Impedanzmatrix gelten die gleichen Regeln, die wir bereits in Abschn. 5.3.2 erläuterten.

Wir wollen jetzt gekoppelte Spulen in Form (maschen)stromgesteuerter Spannungsquellen einführen, was vom Maschenstromverfahren her leicht möglich ist.

Bild 6.16 zeigt die stationär erregte Schaltung. Alle Anfangsenergien seien Null. Mit den Knoten ($k = 3$), Zweigen ($z = 6$) (ein Übertrager hat zwei Zweige!) ergeben sich $m = 4$ unabhängige Maschen und ebenso viele Maschenströme $i_{m1}, \ldots, i_{m4}$. Die Maschengleichungen lauten:

$$
\begin{array}{lllll}
M_1\colon\ \underline{I}_{m1}\left(R_1 + \dfrac{1}{j\omega C_1}\right) - \underline{I}_{m2}\dfrac{1}{j\omega C_1} & & 0 & 0 & = \underline{U}_Q\,, \\[2ex]
M_2\colon\ -\underline{I}_{m1}\dfrac{1}{j\omega C_1} & +\underline{I}_{m2}\left(j\omega L_1 + \dfrac{1}{j\omega C_1}\right) & 0 & 0 & = -jM\underline{I}_{m3}\,, \\[2ex]
M_3\colon\ 0 & 0 & +\underline{I}_{m3}\left(\dfrac{1}{j\omega C_2} + j\omega L_2\right) & \underline{I}_{m4}\dfrac{1}{j\omega C_2} & = -jM\underline{I}_{m2}\,, \\[2ex]
M_4\colon\ 0 & 0 & +\underline{I}_{m3}\dfrac{1}{j\omega C_2} + & \underline{I}_{m4}\left(R_2 + \dfrac{1}{j\omega C_2}\right) & = 0\,.
\end{array}
$$

In M_2 tritt rechts die Quelle $-\,j\omega M\underline{I}_{m3}$ als Rückwirkung des Ausgangskreises auf den Primärkreis über die magnetische Kopplung auf. Das Vorzeichen resultiert aus der VZR in Masche M_2 für die Quelle (analog in M_3). Wir bringen die von $\underline{I}_{m3}$ und $\underline{I}_{m2}$ rechts abhängigen Glieder nach links und können die Gleichung lösen. Durch die magnetische Kopplung treten zusätzliche Nebendiagonalglieder im Koeffizientenschema auf.

Das vorstehende Gleichungssystem zeigt durch die vielen Nullen, daß das Verfahren hier recht aufwendig wird. Tatsächlich führt das Knotenspannungsverfahren wegen der sehr kleinen Zahl unabhängiger Knoten ($k - 1 = 2$) schneller zum Ziel.

Beispiel. In der Schaltung Bild 6.17a sind L_1 und L_2 magnetisch miteinander verkoppelt ($M_{12} = M_{21} \neq 0$). Wir suchen die Gleichungen der Maschenstromanalyse und ersetzen zunächst die Kopplung durch stromgesteuerte Spannungsquellen. Fließt der Zweigstrom auf den Punkt zu, so gelten die eingetragenen Richtungen der gesteuerten Quellen. Bild 6.17b zeigt die transformierte Schaltung. Gleichzeitig werden die beiden Maschenströme $\underline{I}_{m1}$, $\underline{I}_{m2}$ eingeführt. Zu den Zweigströmen bestehen die Beziehungen:

$$\underline{I}_1 = \underline{I}_{m1}\,, \qquad \underline{I}_2 = \underline{I}_{m2} - \underline{I}_{m1}\,, \qquad \underline{I}_3 = \underline{I}_{m2}\,.$$

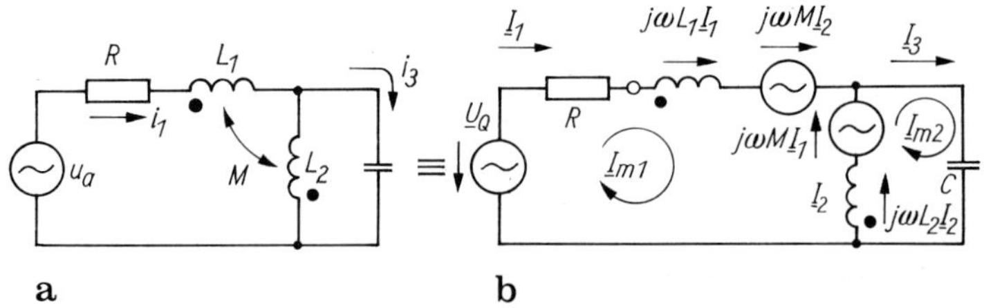

Bild 6.17. Maschenstromanalyse mit gekoppelten Induktivitäten

Damit lassen sich die Maschengleichungen für jede Masche aufschreiben:

$$
\begin{array}{llll}
 & \underline{I}_{m1} & \underline{I}_{m2} & \\
M_1: & (R + j\omega L_1 + j\omega L_2)\,\underline{I}_{m1} & -j\omega L_2 \underline{I}_{m2} & = \underline{U}_Q + j\omega M(\underline{I}_1 - \underline{I}_2)\,, \\
M_2: & -j\omega L_2 \underline{I}_{m1} & \left(\dfrac{1}{j\omega C} + j\omega L_2\right)\underline{I}_{m2} & = -j\omega M \underline{I}_1\,.
\end{array}
$$

Rechts stehen die gesteuerten Quellen, zunächst als unabhängige Spannungen aufgefaßt. Die Vorzeichen liegen in Beziehungen zum Maschenstrom fest. Wir bringen die gesteuerten Quellen nach links, führen dort die Maschenströme ein und erhalten

$$
\begin{array}{llll}
 & \underline{I}_{m1} & \underline{I}_{m2} & \\
M_1: & [R + j\omega(L_1 + L_2 - 2M)]\,\underline{I}_{m1} & +\, j\omega(M - L_2)\,\underline{I}_{m2} & = \underline{U}_Q\,, \\
M_2: & j\omega(M - L_2)\,\underline{I}_{m1} & +\, j\omega\left(L_2 - \dfrac{1}{\omega^2 C}\right)\underline{I}_{m2} & = 0\,.
\end{array}
$$

Dieses Gleichungssystem kann leicht gelöst werden. Betrachten wir noch den physikalischen Inhalt der Impedanzen $\underline{Z}_{11}$ und $\underline{Z}_{12}$.

Die Ringimpedanz $\underline{Z}_{11}$ der Masche 1 besteht aus der Reihenschaltung von R und $j\omega(L_1 + L_2 - 2M)$ (vgl. Bild 6.15b), weil der Maschenstrom $\underline{I}_{m1}$ aus Punkt B herausfließt und daher ein negatives Vorzeichen von M entsteht. (Beiträge von Gegeninduktivitäten in Hauptdiagonalgliedern haben somit stets einen Faktor 2.)

Die Koppelimpedanz $\underline{Z}_{12}$ wird von beiden Maschenströmen mit entgegengesetzten Richtungen durchflossen:

$$\underline{Z}_{12} = j\omega(M - L_2)$$

└ $\underline{I}_{m1}$ und $\underline{I}_{m2}$ durch L_2 entgegengesetzt fließend (−) (zu L_2)

└ $\underline{I}_{m1}$ unf $\underline{I}_{m2}$ fließen in gleicher Richtung auf die Punkte zu (+). (zu M)

Knotenspannungsanalyse. Auch die Knotenspannungsanalyse kann mühelos auf eine in den Frequenzbereich transformierte Schaltung angewendet werden. Dabei treten z. B. anstelle der Begriffe Knoten- und Koppelleitwert G_{ii}, G_{ik} (Gl. (5.73)) die entsprechenden Knoten- und Koppeladmittanzen $\underline{Y}_{ii}$, $\underline{Y}_{ik}$ auf, und es gibt allgemein eine Knotenadmittanzmatrix (Gl. (5.76)).

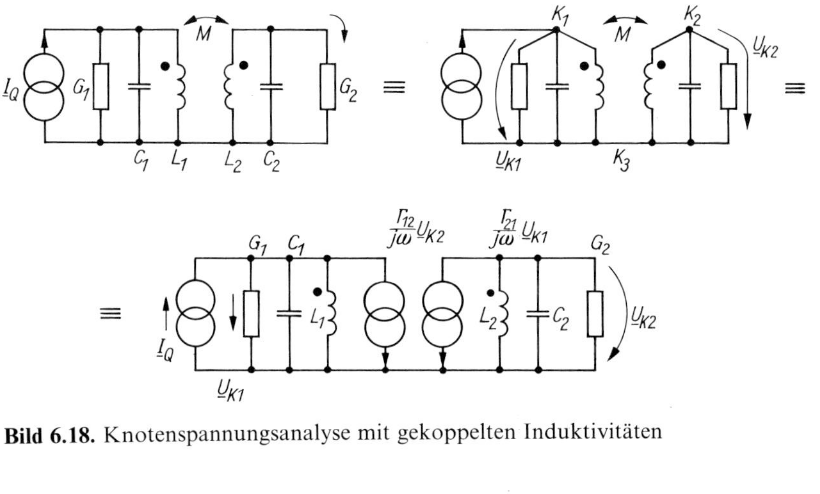

Bild 6.18. Knotenspannungsanalyse mit gekoppelten Induktivitäten

Zu beachten ist weiter, daß gesteuerte Quellen als Stromquellen einzuführen sind. Damit lassen sich auch gekoppelte Spulen einbeziehen, wenn wir von der Strom-Spannungs-Relation Gl. (3.66) bzw. (5.73) mit spannungsgesteuerten Stromquellen ausgehen (Bild 5.9b):

$$\begin{aligned} \underline{I}_1 &= \frac{\Gamma_{11}}{\mathrm{j}\omega}\underline{U}_1 + \frac{\Gamma_{12}}{\mathrm{j}\omega}\underline{U}_2 , \\ \underline{I}_2 &= \frac{\Gamma_{21}}{\mathrm{j}\omega}\underline{U}_1 + \frac{\Gamma_{22}}{\mathrm{j}\omega}\underline{U}_2 , \qquad \Gamma_{12} = \Gamma_{21} . \end{aligned} \tag{6.27}$$

Betrachten wir als Beispiel Bild 6.18. Das Netzwerk (entspricht Bild 6.16, nur wurde die Spannungsquelle in eine Stromquelle umgeformt) bietet sich mit $z = 6$, $k = 3$ für die Knotenspannungsanalyse geradezu an. Erforderlich sind zwei Knotenspannungen $\underline{U}_{k1} = \underline{U}_1$ und $\underline{U}_{k2} = \underline{U}_2$, während nach der Maschenstromanalyse $m = 4$ Maschenströme eingeführt werden mußten. Wir wählen Knoten 3 als Bezug. Der Übertrager wird durch die Stromquellenersatzschaltung und Gl. (6.27) berücksichtigt. Dann lauten die Knotengleichungen

$$-\underline{I}_Q + \left(G_1 + \mathrm{j}\omega C_1 + \frac{\Gamma_{11}}{\mathrm{j}\omega}\right)\underline{U}_{K1} + \underline{I}_{Q1} = 0$$

oder

$$\begin{aligned} K_1\colon &\quad \left(G_1 + \mathrm{j}\omega C_1 + \frac{\Gamma_{11}}{\mathrm{j}\omega}\right)\underline{U}_{K2} + \frac{\Gamma_{12}}{\mathrm{j}\omega}\underline{U}_{K2} = \underline{I}_Q , \\ K_2\colon &\quad \frac{\Gamma_{21}}{\mathrm{j}\omega}\underline{U}_{K1} + \left(G_2 + \mathrm{j}\omega C_2 + \frac{\Gamma_{22}}{\mathrm{j}\omega}\right)\underline{U}_{K2} = 0 . \end{aligned}$$

Sie lassen sich wesentlich schneller nach $\underline{U}_{K2}$ auflösen.

Beispiel. Für die Schaltung Bild 6.19 soll die Knotenadmittanzmatrix nach den Bildungsregeln ihrer Elemente (s. Abschn. 5.3.3) unmittelbar aus der Schaltung abgelesen werden. Wir wählen K_4 als Bezugspunkt. Dann führen K_1, K_2, K_3 die Knotenspannungen $\underline{U}_{K1}$, $\underline{U}_{K2}$, $\underline{U}_{K2}$. Die Knotenadmittanzen $\underline{Y}_{ii}$ ergeben sich aus den am Knoten i zusammengeschlossenen Leitwerten, also z. B. für Knoten K_2: $\underline{Y}_{22} = G_2 + \mathrm{j}\omega C_2 + \dfrac{1}{R_3 + \mathrm{j}\omega L_2}$, für K_3: $\underline{Y}_{33} = \mathrm{j}\omega C_1 + {}$ $+ \mathrm{j}\omega C_2 + \dfrac{1}{\mathrm{j}\omega L_1}$ und insgesamt

Knotenspannung →	$\underline{U}_{K1}$	$\underline{U}_{K2}$	$\underline{U}_{K3}$	
Knoten				
K_1	$\left(G_1 + \mathrm{j}\omega C_1 + \dfrac{1}{R_3 + \mathrm{j}\omega L_2}\right)\underline{U}_{K1}$	$-\dfrac{1}{\mathrm{j}\omega L_2 + R_3}\underline{U}_{K2}$.	$-\mathrm{j}\omega C_1\underline{U}_{K3}$	$= \underline{I}_{Q1}$
$K_2(\underline{Y})$	$-\dfrac{1}{\mathrm{j}\omega L_2 + R_3}\underline{U}_{K1}$	$\left(G_2 + \mathrm{j}\omega C_2 + \dfrac{1}{\mathrm{j}\omega L_2 + R_3}\right)\underline{U}_{K2}$	$-\mathrm{j}\omega C_2\underline{U}_{K3}$	$= \underline{I}_{Q2}$
K_3	$-\mathrm{j}\omega C_1\underline{U}_{K1}$	$-\mathrm{j}\omega C_2\underline{U}_{K2}$	$\left(\mathrm{j}\omega C_1 + \mathrm{j}\omega C_2 + \dfrac{1}{\mathrm{j}\omega L_1}\right)\underline{U}_{K3}$	$= 0$

Der Koppelleitwert $\underline{Y}_{13}$ zwischen K_1 und K_3 lautet $\underline{Y}_{13} = -\mathrm{j}\omega C_1$ (nicht vorhandene Kopplungen haben den Leitwert Null!). Auf diese Weise können alle Koeffizienten hingeschrieben werden. Man beachte die Symmetrie zur Hauptdiagonalen. Sie liegt vor, weil ein Netzwerkknoten (K_4) zum Bezugspunkt erhoben wurde und keine gesteuerten Quellen entstehen.

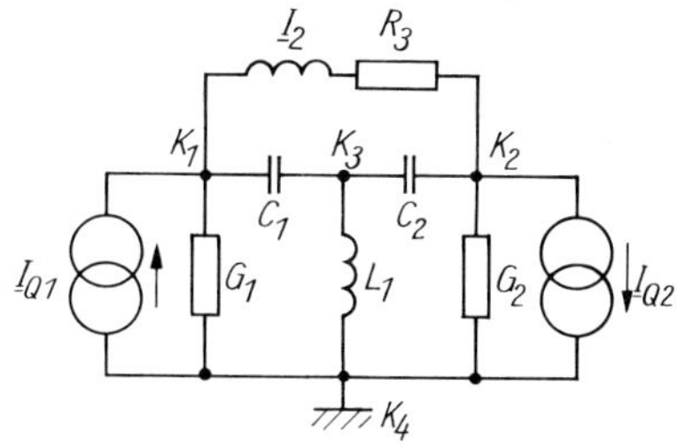

Bild 6.19. Knotenspannungsanalyse

2. Zweipoltheorie. Der Grundgedanke der Zweipoltheorie, ein Netzwerk aufzuteilen in einen von der *unabhängigen Quelle freien* Zweig — den passiven Zweipol — und einen übrigen Teil, der alle unabhängigen Quellen enthält (s. Abschn. 2.4.4.3), gilt auch für Schaltungen im Frequenzbereich. Wichtig ist dabei besonders die Entkopplung des passiven vom aktiven Zweipol (Bild 6.20): Beide dürfen nur über die Klemmen in Verbindung stehen (also z. B. nicht über magnetische Kopplung oder gesteuerte Quellen). Dann treten auf

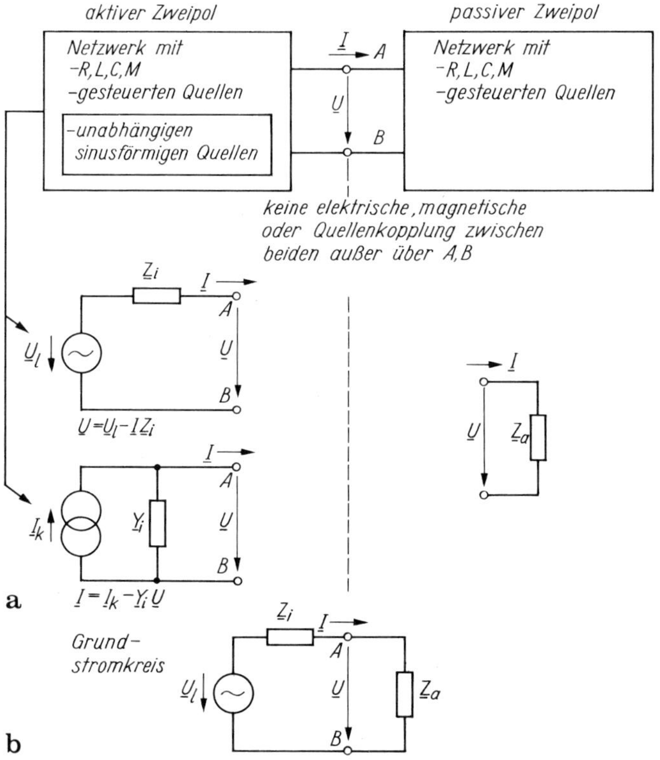

Bild 6.20. Aktiver und passiver Zweipol im Frequenzbereich sowie zugehörige Ersatzschaltungen. **a**), **b**) Grundstromkreis

a) der *passive Zweipol*, gekennzeichnet durch die Impedanz $\underline{Z}_{AB} = \underline{Z}_a$;

b) der *aktive Zweipol* gekennzeichnet durch Leerlaufspannung $\underline{U}_l$, Kurzschlußstrom $\underline{I}_k$ und Innenimpedanz $\underline{Z}_i$ bzw. die Innenadmittanz $\underline{Y}_i = 1/\underline{Z}_i$. Er kann gleichwertig durch eine Spannungs- oder Stromquellenersatzschaltung beschrieben werden (Bild 6.20):

Aus dem Stromquellenersatzschaltbild folgt:

$$\underline{I} = \underline{I}_k - \underline{Y}_i \underline{U} .$$

Aufgelöst nach $\underline{U}$ ergibt sich

$$\underline{U} = \underline{I}_k \underline{Z}_i - \underline{I} \underline{Z}_i .$$

Aus dem Spannungsquellenersatzschaltbild folgt:

$$\underline{U} = \underline{U}_l - \underline{I} \underline{Z}_i .$$

Durch Vergleich ergibt sich:

$$\underline{U}_l = \underline{I}_k \underline{Z}_i = \underline{I}_k / \underline{Y}_i .$$

Der Grundstromkreis wird dann durch folgende Gleichungen beschrieben:

$$\underline{U} = \underline{U}_1 \frac{\underline{Z}_a}{\underline{Z}_i + \underline{Z}_a}, \qquad \underline{I} = \underline{I}_k \frac{\underline{Y}_a}{\underline{Y}_a + \underline{Y}_i}, \tag{6.28}$$

$$\underline{U} = \underline{Z}_a \underline{I}, \qquad \underline{U}_l = \underline{I}_k \underline{Z}_i$$

Grundgleichung der Zweipoltheorie im Frequenzbereich.

Gewissermaßen als Zusammenfassung der Zweipoltheorie für Netzwerke mit gesteuerten Quellen im Frequenzbereich gilt (s. Abschn. 2.4.3 und 5.1.1) dann als

Lösungsmethodik: Allgemeine Zweipoltheorie im Frequenzbereich

1. Teile das Netzwerk in aktiven und passiven Zweipol auf.

2. *Passiver Zweipol.* Berechne den Ersatzwiderstand $\underline{Z}_{AB} = \underline{Z}_a$

2.1 für Netzwerke *ohne gesteuerte Quellen*, durch Anwendung der Regeln für Reihen- und Parallelschaltung von Widerständen. Überbrückte Netzwerkteile können durch Stern-Dreiecks-Umwandlung in Reihen- und Parallelschaltungen verwandelt werden.

2.2 für Netzwerke *mit gesteuerten Quellen* mit der Methode des Teststromes $\underline{I}_{AB}$ (Testspannung $\underline{U}_{AB}$) an den Klemmen *AB* und Berechnung der Spannung $\underline{U}_{AB}$ (des Stromes $\underline{I}_{AB}$, Zweigstrom-, Maschenstrom- oder Knotenspannungsanalyse u. a. m. s. Abschn. 5.3). Es gilt (s. Gl. (5.15))

$$\underline{Z}_a = \frac{\underline{U}_{AB}}{\underline{I}_{AB}} .$$

3. *Aktiver Zweipol* (Zweipolkenngrößen, *Leerlaufspannung* $\underline{U}_l$, *Kurzschlußstrom* $\underline{I}_k$ und *Innenwiderstand* $\underline{Z}_i$).

3.1 *Leerlaufspannung:* Berechne die Spannung $\underline{U}_{AB}|_{\underline{I}=0} = \underline{U}_1$ an den Klemmen AB bei Leerlauf des Zweipols.

3.2 *Kurzschlußstrom:* Beachte den Kurzschlußstrom $\underline{I}_{AB}|_{\underline{U}=0} = \underline{I}_k$ zwischen den Klemmen *AB* (Verfahren für 3.1, 3.2: Zweigstrom-, Maschenstrom-, Knotenspannungsanalyse, Überlagerungssatz, Versetzungssatz, Quellentransformation u. a. m.).

3.3 *Innenwiderstand:*

— Bestimme $\underline{Z}_i$ aus $\underline{U}_1$ und $\underline{I}_1$. Verfahren bei unabhängigen und gesteuerten Quellen gültig.

— Enthält das Netzwek *nur ungesteuerte Quellen*, so setze man alle außer Betrieb (Spannungsquelle kurzschließen, Stromquelle auftrennen) und berechne $\underline{Z}_i$ nach Punkt 2.1.

— Enthält das Netzwerk *gesteuerte Quellen*, so setze man alle unabhängigen Quellen außer Betrieb und benutze die Methode des Teststromes $\underline{I}_{AB}$ bzw. der Testspannung $\underline{U}_{AB}$ (s. Punkt 2.1).

Beispiele: Zweipoltheorie. Für die Schaltung Bild 6.21a ergibt sich der Reihe nach

$$\underline{U}_1 = \underline{U}_Q \cdot \frac{\dfrac{1}{\underline{Y}_2}}{\underline{Z}_1 + \dfrac{1}{\underline{Y}_2}} = \frac{\underline{U}_Q}{1 + \underline{Z}_1\underline{Y}_2} = \frac{\underline{U}_Q}{1 + j\omega L(G + j\omega C)}$$

und

$$\underline{I}_k = \frac{\underline{U}_Q}{j\omega L} \qquad \underline{Z}_i = \frac{1}{G + j\omega C - \dfrac{j}{\omega L}}.$$

Die Ergebnisse sind mühelos herzuleiten.

Schaltung Bild 6.21b1 hat eine spannungsgesteuerte Stromquelle. Wir wollen die Ersatzgrößen bestimmen. Zur Emittlung der Leerlaufspannung $\underline{U}_1$ wird die Stromquelle über den

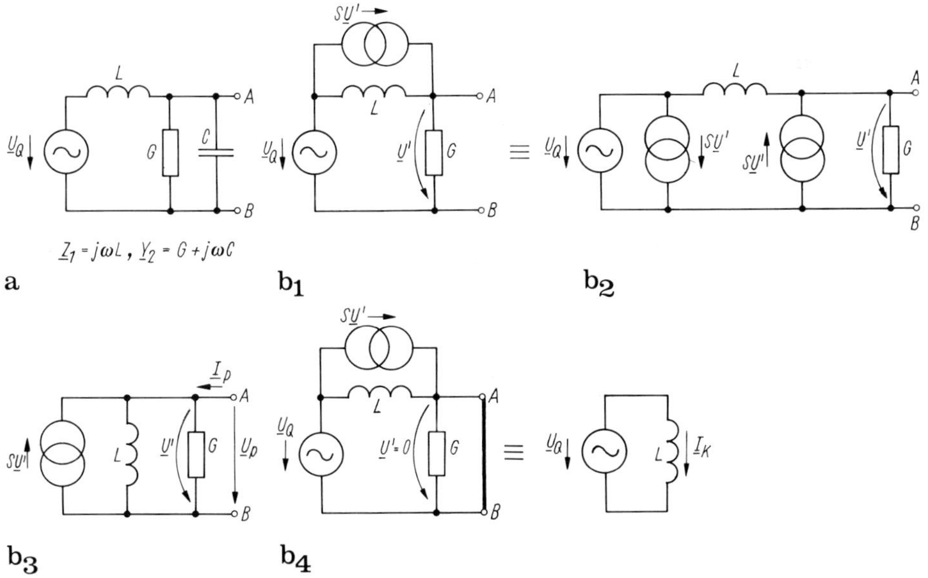

Bild 6.21. Beispiele zur Zweipoltheorie (s. Text)

Teilungssatz (s. Abschn. 2.4.4) aufgeteilt (Bild 6.21 b2). Der Strom der linken Quelle fließt nur durch ideale Spannungsquellen $\underline{U}_Q$ (innenwiderstandslos!), mithin kann diese Quelle zum Ergebnis nicht beitragen. Die rechte wirkt direkt parallel zu G und wird von dieser Klemmenspannung U' gesteuert (wir könnten sie daher zum Leitwert G hinzuschlagen!) Aus dem Maschensatz folgt bei Leerlauf:

$$\underline{U}_Q = \underline{I}\,\mathrm{j}\omega L + \underline{U}' \quad \text{mit} \quad \underline{I} = \underline{U}'G - S\underline{U}'$$

oder zusammengefaßt

$$\underline{U}_1 \equiv \underline{U}' = \frac{\underline{U}_Q}{1 + \mathrm{j}\omega L(G - S)}\,.$$

Zur Innenwiderstandsbestimmung schließen wir $\underline{U}_Q$ kurz (die gesteuerte Stromquelle bleibt in der Schaltung, Bild 6.21 b3) und legen die Prüfspannung $\underline{U}_P$ and die Schaltung. Dann fließt der Strom

$$\underline{I}_P = \underline{U}_P G + \frac{\underline{U}_P}{\mathrm{j}\omega L} - S\underline{U}_P\,,$$

somit gilt

$$\underline{Y}_{\text{iers}} = \frac{1}{\underline{Z}_{\text{iers}}} = \frac{\underline{I}_P}{\underline{U}_P} = G - S + \frac{1}{\mathrm{j}\omega L}\,.$$

Der Kurzschlußstrom (Schaltung Bild 6.21 b4)

$$\underline{I}_k = \underline{U}_1\underline{Y}_{\text{iers}} = \frac{\underline{U}_Q}{\mathrm{j}\omega L}\cdot\frac{1 + \mathrm{j}\omega L(G - S)}{1 + \mathrm{j}\omega L(G - S)} \equiv \frac{\underline{U}_Q}{\mathrm{j}\omega L}$$

ist unabhängig von der gesteuerten Stromquelle: Bei Klemmenkurzschluß wird auch ihre Steuergröße kurzgeschlossen, folglich bleibt sie wirkungslos. Der Kurzschlußstrom fließt nur durch die Induktivität L und wird von $\underline{U}_Q$ angetrieben.

6.2.3 Zeigerdiagramm

Übersicht. Da dem Strom- und Spannungsverhalten eines Netzwerkelementes im Frequenzbereich ein *Zeigerbild* zugeordnet werden konnte (s. Abschn. 6.2.3) und damit auch Maschen- und Knotensätze *graphisch* darstellbar sein müssen, gilt:

Die systematische (graphische) Zusammensetzung der Zeigerdarstellungen der Netzwerkströme und -spannungen (bzw. Widerstandsoperatoren) entsprechend der Netzwerkstruktur im Frequenzbereich heißt *Zeigerdiagramm*. Es ist die *graphische Lösung* der (stationären) Netzwerkgleichungen.

Zur Konstruktion des Zeigerdiagramms benötigt man

— die Zeigerdiagramme der Netzwerkelemente R, L, C (s. Tafel 6.11), sie bilden die Grundlage des Zeigerdiagramms der Schaltung;
— die Addition, Subtraktion und Drehstreckung zweier Zeiger (s. Tafel 6.6);
— eine allgemeine Lösungsmethodik.

Zeigerdarstellungen können maßstabsgerecht, also quantitativ aufgestellt werden. Dabei ist für Strom und Spannung je ein Maßstabsfaktor festzulegen. Meist genügt zur Veranschaulichung von Lösungen die *qualitative* (nicht maßstäbliche) Darstellung.

Addition (Subtraktion) zweier Zeiger. Zwei Sinusgrößen gleicher Frequenz, aber mit verschiedenen Amplituden (A_1, A_2) und Phasen (φ_1, φ_2) ergaben bei der Addition im Zeitbereich eine resultierende Sinusgröße mit der Amplitude A_{ges} und der Phase φ_{ges} entsprechend Gl. (5.53). Im Frequenzbereich sind dementsprechend die beiden Zeiger $\underline{A}_1$, $\underline{A}_2$ *gerichtet*, d. h. gemäß der Beträge und Phasen zu addieren (Subtraktion analog). Wir kennen dieses Ergebnis bereits aus Tafel 6.6.

Der neue Zeiger $\underline{A}_{\text{ges}} = A_{\text{ges}} \exp \mathrm{j}\varphi_{\text{ges}}$ hat die Länge

$$A_{\text{ges}} = \sqrt{A_1^2 + A_2^2 (\pm) 2A_1A_2 \cos(\varphi_1 - \varphi_2)} \tag{6.29a}$$

Konstruktionsregel für Addition (Subtraktion) zweier Zeiger

und die Phase

$$\varphi_{\text{ges}} = \arctan \frac{A_1 \sin \varphi_1 + A_2 \sin \varphi_2}{A_1 \cos \varphi_1 + A_2 \cos \varphi_2}. \tag{6.29b}$$

Bild 6.22 veranschaulicht diese Addition. Die Drehstreckung kennen wir ebenfalls. Damit läßt sich die Lösungsmethodik aufstellen.

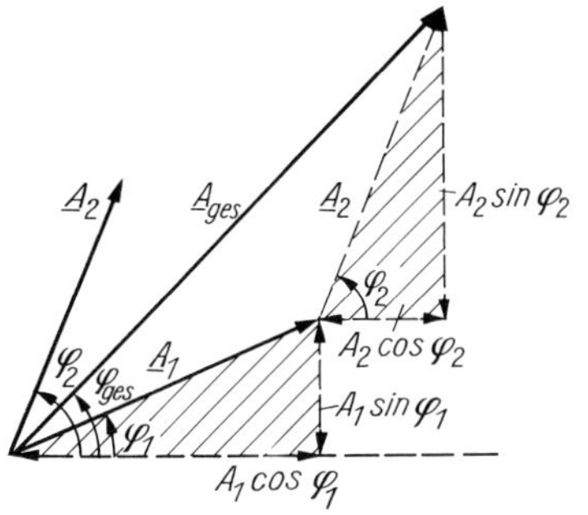

Bild 6.22. Addition zweier Zeiger $\underline{A}_1$, $\underline{A}_2$

Lösungsmethodik: Zeigerdiagramm. Das Zeigerdiagramm der Ströme und Spannungen einer Schaltung ergibt sich wie folgt:

1. Transformation des Netzwerkes in den Frequenzbereich. Eintragung der Zählpfeile für Strom- und Spannungszeiger in das gegebene Netzwerk, Benennung derselben, Kennzeichnung der Knoten und Maschen

— Zuordnung des Bezugssinnes zu den Netzwerkelementen entsprechend dem Verbraucherzählsystem (VZS). Dadurch gelten für sie die Zeigerbilder Tafel 6.11.

2. Aufstellung aller unabhängigen Knoten- und Maschengleichungen (im Frequenzbereich).

Dieser Punkt kann bei einiger Übung entfallen, weil der Aufbau eines Zeigerdiagrammes ohnehin auf der schrittweisen Anwendung der Kirchhoffschen Gleichungen beruht.

3. Nur bei maßstabsgerechter Darstellung:

— Festlegung der Darstellungsmaßstäbe (V/cm und A/cm);
— numerische Bestimmung der Größen R, ωL, $1/(\omega C)$ usw.;
— Annahme eines willkürlichen Betrages für die Bezugsgröße, mit der das Zeigerdiagramm begonnen wird.

4. Festlegung von Bezugsgrößen. Zweckmäßigerweise wird die mehreren Netzwerkelementen *gemeinsame Größe* ($\underline{U}$, $\underline{I}$) in die reelle Achse gelegt, also

— bei Reihenschaltung der Strom $\underline{I}$;
— bei Parallelschaltung die Spannung $\underline{U}$.

Grundsätzlich soll die gemeinsame Größe im „Schaltungsinnern" liegen; das Zeigerdiagramm wird von „innen" heraus in Richtung auf die „Erregung" hin aufgebaut. Man beginnt also nie mit der Darstellung der Erregung, sondern derjenigen Größe, die der gesuchten Wirkung schaltungsmäßig am nächsten liegt.

5. Graphische Addition (Subtraktion) und Drehstreckung der Einzelzeiger (Ströme, Spannungen, Impedanzen) entsprechend ihren Konstruktionsregeln und der Netzwerkgesetze nach Punkt 2. Im Ergebnis entsteht das Zeigerbild qualitativ (ohne Schritt 3).

6. Bei maßstabsgerechter Darstellung (s. Punkt 3) entnimmt man aus 5. die Lösungen als Funktion der *angenommenen Bezugsgröße*. Die tatsächliche Wirkungsgröße $\underline{W}_{\text{tat}}$ als Funktion der tatsächlichen Erregergröße $\underline{E}_{\text{tat}}$ (gegeben) ergibt sich mit

$$\frac{\underline{E}_{\text{tat}}}{\underline{W}_{\text{tat}}} = \frac{\underline{E}_{\text{dia}}}{\underline{W}_{\text{dia}}} \tag{6.30}$$

aus den Größen $\underline{E}_{\text{dia}}$, $\underline{W}_{\text{dia}}$ des Diagramms über den Ähnlichkeitssatz (Abschn. 2.4.4.2). Die Winkel können direkt entnommen werden.

Beachte: Jede Größe im Diagramm ist nur durch Angabe zweier Stücke (z. B. Betrag und Phase) bestimmt.

Das Zeigerdiagramm wird nur für Schaltungen mit wenigen Zweigen und Knoten schnell gewonnen. Seine Genauigkeit ist — wie bei allen graphischen Verfahren — nicht groß. Man verwendet deshalb das Zeigerdiagramm vorwiegend zur Veranschaulichung. Sehr instruktiv lassen sich dabei Parameteränderungen (z. B. Verdopplung eines Operators, Einfluß der Frequenz) übersehen. Das führt direkt zur Ortskurve (s. Abschn. 6.3).

Beispiel: Zeigerdiagramm

1. Für die im Bild 6.23a gegebene Schaltung sei das qualitative Zeigerdiagramm aller Ströme und Spannungen gesucht. Entsprechend der Lösungsmethodik (Punkt 1) transformieren wir die Schaltung in den Frequenzbereich und benennen ihre Größen. Das ist im Bild bereits geschehen.

Nach Punkt 2 lautet die Maschengleichung

$$\begin{aligned}\underline{U}_{\text{Q}} &= \underline{U}_{\text{R}} + \underline{U}_{\text{L}} + \underline{U}_{\text{C}}\\ &= \underline{I}R + \underline{I}\,\text{j}\omega L + \frac{\underline{I}}{\text{j}\omega C}\,.\end{aligned}$$

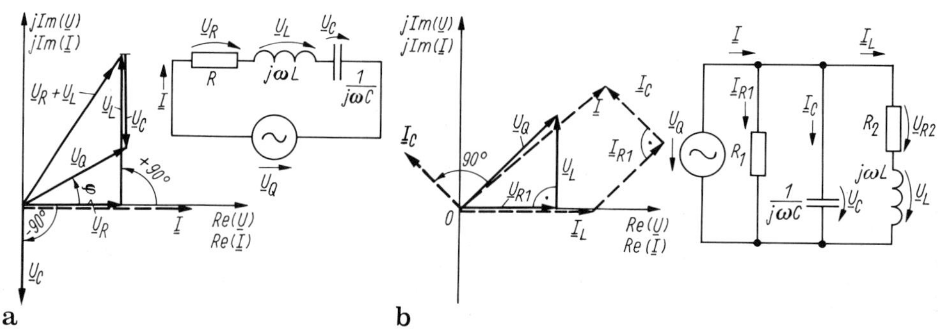

Bild 6.23. Zeigerbilder (s. Text)

Nach Punkt 4: Allen Elementen ist der Strom $\underline{I}$ gemeinsam. Wir legen ihn in die reelle Achse des Diagramms (diese Festlegung erfolgt unabhängig vom Phasenwinkel φ_i).

Punkt 5: In Verbindung mit den Zeigerbildern der Netzwerkelemente (s. Tafel 6.6) folgt jetzt

— der Spannungsabfall $\underline{U} = \underline{I}R$ in Phase zu $\underline{I}$. Aus Zweckmäßigkeitsgründen wird $\underline{U}_R$ ins gleiche Diagramm gezeichnet;
— der Spannungsabfall $\underline{U}_L = \underline{Z}_L\underline{I} = j\omega L\underline{I}$. Er eilt gegen $\underline{I}$ um 90° vor;
— die Summe $\underline{U}_L$ und $\underline{U}_R$ wird graphisch ermittelt;
— der Spannungsabfall $\underline{U}_C = \underline{Z}_C\underline{I} = \frac{\underline{I}}{j\omega C} = -j\frac{\underline{I}}{\omega C}$. Er eilt gegen $\underline{I}$ (Bezugsgröße!) um 90° nach. Nach dem Maschensatz ist $\underline{U}_C$ zu $\underline{U}_L + \underline{U}_R$ zu addieren.

Die Gesamtspannung $\underline{U}_Q$ ist dann die Summe der Teilspannungen. Der Phasenwinkel $\varphi = \varphi_{u_Q} - \varphi_i$ der Spannung $\underline{U}_Q$ gegen $\underline{I}$ kann man dem Bild sofort entnommen werden. Da die Größen $\underline{U}_C$ und $\underline{U}_L$ beliebig gewählt wurden, kann $|\underline{U}_L| \geqq |\underline{U}_C|$ oder auch $|\underline{U}_L| \leqq |\underline{U}_C|$ gelten.

2. Für Schaltung (Bild 6.23b) sei ebenfalls das Zeigerdiagramm aller Ströme und Spannungen gesucht.

Nach Schaltungstransformation und Benennung (Punkt 1) lauten die Maschen- und Knotengleichungen (Punkt 2)

$$\underline{U}_Q = \underline{U}_L + \underline{U}_{R2} = \underline{U}_C = \underline{U}_{R1},$$

$$\underline{I} = \underline{I}_{R2} + \underline{I}_C + \underline{I}_L = G_1\underline{U}_Q + j\omega C\underline{U}_Q + \underline{I}_L .$$

Punkt 4: Wir beginnen mit der Darstellung von $\underline{I}_L$. In Phase zu $\underline{I}_L$ liegt der Spannungsabfall $\underline{U}_1$, gegen $\underline{I}_L$ eilt $\underline{U}_L$ 90° vor. Beide ergeben nach dem Maschensatz die Spannung $\underline{U}_Q = \underline{U}_{R1} + \underline{U}_L$. Sie liegt als vorgegebene Größe für die Ströme $\underline{I}_{R1}$, $\underline{I}_C$ fest.

Der Strom durch R_1 liegt in Phase zu $\underline{U}_Q$, $\underline{I}_C$ eilt gegen $\underline{U}_Q$ 90° vor ($\underline{I}_C = j\omega\underline{U}_Q$). Dementsprechend ergeben sich die drei Stromzeiger. Ihre Summe ist graphisch zu bilden: $\underline{I} = \underline{I}_{R1} + \underline{I}_C + \underline{I}_L$.

6.2.4 Frequenzgang $\underline{F}(j\omega)$

Die Einführung des Widerstandsoperators (→ Transformation der Schaltung in den Frequenzbereich) verkürzte die Lösung einer Netzwerkanalyse, verallgemeinerte also die Bestimmung des *Frequenzganges* $\underline{F}(j\omega)$ (s. Abschn. 6.2.2.1)

$$\underline{F}(j\omega) = \frac{\underline{Y}(j\omega)}{\underline{X}(j\omega)} = \frac{b_m(j\omega)^m + \ldots b_1(j\omega) + b_0}{a_n(j\omega)^n + \ldots a_1(j\omega) + a_0} = \frac{\underline{Y}(\omega)}{\underline{X}(\omega)}\, e^{j(\varphi_y - \varphi_x)} = F\, e^{j\varphi_f} \tag{6.31 a}$$

$m \leqq n$

komplexer Frequenzgang (Definitionsgleichung)

ganz beträchtlich. Er hat offensichtlich größere Bedeutung, als bisher erwähnt wurde. Ist $\underline{F}(j\omega)$ bekannt, so kann die Lösung einer Netzwerkanalyse im Zeitbereich sofort angegeben werden (s. Gl. (6.14)), z. B. in der Form

$$y(t) = |\underline{F}|\,|\hat{\underline{X}}| \cos(\omega t + \varphi_f + \varphi_x) .$$

Damit gilt: Die Übertragungseigenschaften des linearen zeitabhängigen Netzwerkes werden für Sinuserregung durch den Operator — *komplexer Frequenzgang* $\underline{F}(j\omega)$ — vollständig bestimmt. Der Betrag $|\underline{F}(\omega)|$ heißt *Amplitudengang*, die Phase $\varphi_f(\omega)$ *Phasengang*.

Das Ziel aller Netzwerkanalyseverfahren besteht nun darin, den Frequenzgang $\underline{F}(j\omega)$ auf möglichst rationelle Weise zu bestimmen.

Wir lernten den Frequenzgang (ohne besonderen Hinweis) in verschiedenen Formen kennen, je nachdem, welcher Ursache-Wirkungs-Zusammenhang gesucht war:

— Als *Impedanz* eines allgemeinen Zweipols bei *eingeprägtem Strom*:

$$\underline{F}(\mathrm{j}\omega) = \frac{\underline{U}(\mathrm{j}\omega)}{\underline{I}(\mathrm{j}\omega)} = \underline{Z}(\mathrm{j}\omega) \qquad \text{(s. Gl. (6.15))}; \tag{6.31 b}$$

— als *Admittanz* des Zweipols bei *eingeprägter Spannung*:

$$\underline{F}(\mathrm{j}\omega) = \frac{\underline{I}(\mathrm{j}\omega)}{\underline{U}(\mathrm{j}\omega)} = \underline{Y}(\mathrm{j}\omega) \quad \text{(s. Gl. (6.17))}; \tag{6.31 c}$$

— als *dimensionslose* Größe, z. B. bei der Spannungs- und Stromteilerregel

$$\underline{F}(\mathrm{j}\omega) = \frac{\underline{U}_{\mathrm{aus}}(\mathrm{j}\omega)}{\underline{U}_{\mathrm{ein}}(\mathrm{j}\omega)} \quad \text{oder} \quad \underline{F}(\mathrm{j}\omega) = \frac{\underline{I}_{\mathrm{aus}}(\mathrm{j}\omega)}{\underline{I}_{\mathrm{ein}}(\mathrm{j}\omega)}. \tag{6.31 d}$$

Stets hing er nur von den Netzwerkeigenschaften ab, den Netzwerkelementen (R, L, C), ihrer Zusammenschaltung (der Netzwerkstruktur) und der Frequenz ω.

Einige beliebige Beispiele belegen das: Wir erhalten für die Schaltung Bild 6.21a z. B.

$$\underline{F}(\mathrm{j}\omega) = \frac{\underline{U}_1}{\underline{U}_{\mathrm{Q}}} = \frac{1}{1 + \mathrm{j}\omega L(G + \mathrm{j}\omega C)} = \frac{1}{1 + \mathrm{j}\omega LG + (\mathrm{j}\omega)^2 LC}.$$

Hier ist der Frequenzgang ein Spannungsverhältnis. Die Konstanten a_0, a_1, a_2 (Gl. (6.31a) lauten: $a_0 = 1$, $a_1 = LG$, $a_2 = LC$.

Stets ergeben sich reelle Faktoren, die nur von den Netzwerkelementen R, L, C abhängen.

Die grundlegende Bedeutung des Frequenzganges $\underline{F}$ besteht in folgendem:

1. Es gibt offenbar keine Vorschrift, durch welche Methode er zu ermitteln ist. So führte die Transformation der Netzwerk-Differentialgleichung auf $\underline{F}$ (Gl. (6.14)), ebenso wie die Transformation der Schaltung mit dem Widerstandsoperator.

2. Man kann $\underline{F}$ durch ein Zeigerdiagramm veranschaulichen (Abschn. 6.2.3). Ändert sich in dieser Darstellung eine Größe, z. B. die Frequenz kontinuierlich, so spricht man von einer *Ortskurve*. Sie wird im Abschn. 6.3 eingeführt.

3. $\underline{F}$ ist meßbar. Man benutzt einen Sinusgenerator als Erregungsursache (z. B. Spannung am Zweipol) und mißt die Wirkung — den Strom durch den Zweipol — nach Betrag und Phase.

4. Die wichtigste Eigenschaft von $\underline{F}$ erkennen wir allerdings erst später (Abschn. 10): Durch eine Erweiterung des Frequenzbegriffes auf sog. *komplexe Frequenzen p* und ein besonderes Rücktransformationsverfahren (die Laplace-Transformation) aus dem (komplexen) Frequenzbereich in den Zeitbereich, kann aus der Kenntnis von $\underline{F}$ und der Erregerfunktion die *Wirkung bei beliebiger zeitveränderlicher (stationärer und nichtstationärer) Erregung bestimmt werden!* Dabei genügt die Kenntnis von $\underline{F}$ für sinusförmige Erregung. Dieser Vorteil wird bei der Berechnung von Schaltvorgängen genutzt. Es besteht zwischen der Behandlung stationärer Vorgänge in linearen, zeitabhängigen Netzwerken — schlechthin der Wechselstromtechnik — und dem allgemeinen Zeitverhalten ein inniger Zusammenhang. Deshalb gehört die gediegene Beherrschung der Netzwerkanalyse im Frequenzbereich zum Fundament des Elektrotechnikers.

6.3 Darstellung von Netzwerkfunktionen durch Ortskurven. Inversion komplexer Größen

Übersicht. Das Zeigerdiagramm (Abschn. 6.2.3) vermittelte ein anschauliches Bild des Zusammenwirkens der Netzwerkgrößen (Strom, Spannung, Widerstands-, Leitwertoperator) im Frequenzbereich. Da es nur für konstante Parameter (Frequenz, Ströme, Spannungen) aufgestellt werden kann, enthält es keine Aussage über Auswirkung von *Änderungen* z. B. der Frequenz oder der Schaltelemente. Andererseits läßt sich für jeden Einstellzustand ein neues Zeigerdiagramm angeben (z. B. Bild 6.24 für verschiedene Frequenzen ω). Verbindet man jeweils die Endpunkte (Spitzen) der einzelnen Zeiger (Bild 6.24b) und vermerkt die zugehörige veränderte Parametergröße, so entsteht eine Kurve, die *Ortskurve* (Bild 6.24c). Sie hat für das Netz-

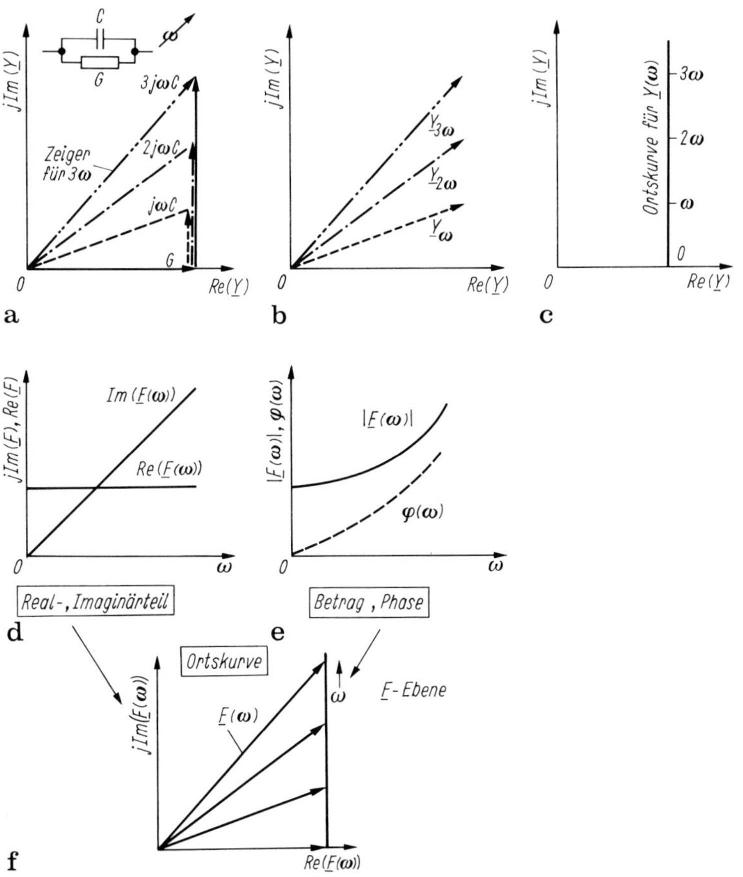

Bild 6.24. Ortskurvendarstellung. **a**) Zeigerdiagramme eines Leitwertoperators für verschiedene Frequenzen; **b**) gleichwertige Darstellung durch verschiedene Zeiger; **c**) Darstellung durch eine Ortskurve; **d**) Frequenzgang $\underline{F}(j\omega)$ in getrennter Darstellung von Real- und Imaginärteil; **e**) getrennte Darstellung von Betrag und Phase; **f**) Ortskurve eines Frequenzganges $\underline{F}(j\omega)$

werk bei veränderlichen Parametern die gleiche Bedeutung wie das Zeigerbild für einen Satz fester Parameter.

Ortskurven lassen sich für alle Zeigergrößen zeichnen: Spannung, Strom, komplexer Widerstand, Leitwert, Spannungsverhältnis, allgemein den *Frequenzgang* $\underline{F}(j\omega)$. Da eine Ortskurve stets Real- und Imaginärteil (bzw. Betrag und Phase) hat, kann sie z. B. durch zwei Diagramme Re $[\underline{F}(\omega)]$, Im $[\underline{F}(\omega)]$ über ω dargestellt werden (Bild 6.24d und e, Abschn. 6.3.3). Die Überlegenheit der Ortskurvendarstellung besteht aber gerade in der *Vereinigung* beider Darstellungen Re $[\underline{F}(\omega)]$ und Im $[\underline{F}(\omega)]$ in einer Kurve, eben der Ortskurve $\underline{F}(\omega)$ in der komplexen Ebene als Funktion einer reellen Veränderlichen. Im Beispiel der Parallelschaltung vom Wirkleitwert und Kondensator ist $\underline{F} = \underline{Y} = G + j\omega C$. Die Darstellungen Re $(\underline{F})$ und Re $(\underline{Y}) = G$ und Im $(\underline{F}) =$ Im $(\underline{Y}) = \omega C$ über ω entsprechen dann Bild 6.24d, Betrag $F = Y = \sqrt{G^2 + (\omega C)^2}$, und Phase $\varphi_y = \arctan \omega C/G$ Bild 6.24c.

Häufig gelingt die sofortige Darstellung der Ortskurve wie im Beispiel des komplexen Leitwertes $\underline{Y}(\omega) = G + j\omega C$ in der $\underline{Y}$-Ebene. Schwieriger ist die Darstellung des zu $\underline{Y}$ inversen Widerstandsoperators $\underline{Z} = 1/\underline{Y}$. Der Entwurf der *inversen* oder *invertierten* Ortskurve zu einem gegebenen Verlauf $\underline{F}(j\omega)$ kann entweder *graphisch* erfolgen (wie dies bei experimentell ermittelten Kurven immer notwendig sein wird) oder *analytisch-rechnerisch*. Besonders zweckmäßig ist dabei die Benutzung der *konformen Abbildung*. So läßt sich beispielsweise die $\underline{Y}$-Ebene durch eine sog. *Abbildungsfunktion* der Form $\underline{Z} = 1/\underline{Y}$ in die Z-Ebene überführen. Diese Abbildung ausgewählter Werte der $\underline{Y}$-Ebene in die $\underline{Z}$-Ebene ergibt ein spezielles Diagramm (Abschn. 6.3.2).

6.3.1 Ortskurven

Begriff. Ändert sich in einer komplexen Größe $\underline{F}(p)$ (Strom, Spannung, Widerstandsoperator, Frequenzgang) ein Parameter p zur Darstellung von $\underline{F}(p)$, so ist die Ortskurvendarstellung $\underline{F}(p)$ der geometrische Ort aller Werte der komplexen Größe $\underline{F}$ (Spitze der Zeiger) in Abhängigkeit von einem reellen veränderlichen Parameter p (Frequenz, Wert eines Netzwerkelementes u. a. m. (Bild 6.24f.)).

Bei der Ortskurvendarstellung haben reelle und imaginäre Achse stets gleiche Maßstäbe. Sonst würden die Winkelwerte der Zeiger falsch abgelesen. Zweckmäßig ist dabei die normierte Darstellung auf einen Bezugswert dieser Größe, z. B. einen Wirkwiderstand, einen Leitwert oder eine bestimmte Frequenz (45°-Gradfrequenz u. a. m.). Die Ortskurve selbst trägt eine *Parameterteilung*, z. B. linear ($\sim p$), reziprok ($\sim 1/p$) oder gemischt quadratisch (p — $1/p$).

Beispiel. Im Bild 6.25a wurde die Ortskurve des Widerstandsoperators $\underline{Z} = R + j\omega L$ bei veränderlicher Frequenz dargestellt. Sie liegt für alle ω im 1. Quadranten, schwankt also zwischen $\underline{Z}(\omega = 0) = R$ und $\underline{Z}(\omega \to \infty) = j\omega L$. Zur normierten Darstellung (Bild 6.25b) dividiert man Real- und Imaginärteil durch eine reelle Konstante, hier den Festwert R. Weil für eine bestimmte Frequenz ω_{45} Real- und Imaginärteil übereinstimmen: $R = \omega_{45} L$, wählt man diese Frequenz als Normierungsfrequenz und schreibt (Bild 6.25b)

$$\frac{\underline{Z}(\omega)}{R} = \frac{R + j\omega L}{R} = 1 + j\frac{\omega L}{R} = 1 + j\frac{\omega}{\omega_{45}} = 1 + jp\,.$$

Die Ortskurve hat eine lineare Teilung. Für jeden Parameterwert p läßt sich aus Bild 6.25b z. B. Betrag und Phase von $\underline{Z}/R$ entnehmen. Wird nicht die Frequenz ω, sondern der Wirk-

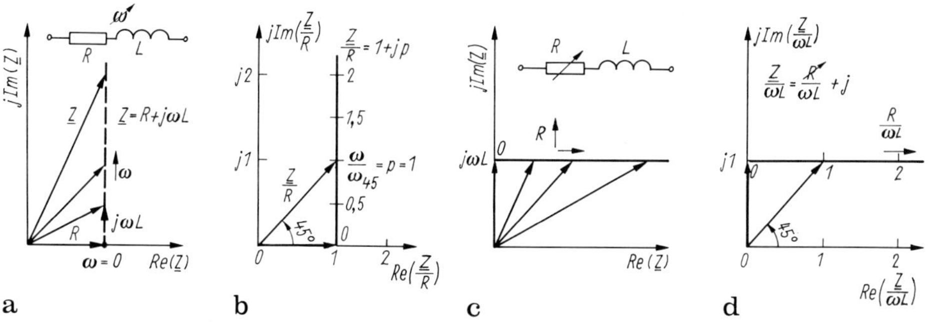

Bild 6.25. Ortskurvendarstellung eines Widerstandsoperators. **a**) veränderlicher Frequenzgang; **b**) normierte Darstellung; **c**) veränderlicher Wirkwiderstand R; **d**) normierte Darstellung

widerstand R als Parameter verändert, so ergibt sich die Ortskurve nach Bild 6.25c: eine Gerade parallel zur reellen Achse. Für alle möglichen Werte R $(0 \leqq R \leqq \infty)$ bleibt $\mathrm{Im}\,(\underline{Z}) = \omega L$ konstant. Zur normierten Darstellung wählen wir die konstante Größe ωL als Bezug (Bild 6.25d)

$$\frac{\underline{Z}}{\omega L} = \frac{R(p) + \mathrm{j}\omega L}{\omega L} = \frac{R(p)}{\omega L} + \mathrm{j} = p + \mathrm{j}\,.$$

Allgemeine Ortskurve. Der allgemeine Ursache-Wirkungszusammenhang war durch den Frequenzgang $\underline{F}$ (Gl. (6.31)) mit reellen Konstanten $a_0, \ldots, a_\mathrm{n}, b_0, \ldots, b_\mathrm{m}$ gegeben. Denkt man sich die Potenzen von j mit in diesen Faktoren enthalten, so werden sie komplex ($\underline{a}_0, \ldots, \underline{a}_\mathrm{n}$ usw.). Damit lautet die allgemeine Form der Ortskurve

$$\underline{F}(p) = \frac{\underline{b}_0 + \underline{b}_1 p + \ldots + \underline{b}_\mathrm{m} p^m}{\underline{a}_0 + \underline{a}_1 p + \ldots + \underline{a}_\mathrm{n} p^n} \tag{6.32}$$

Ortskurvenfunktion (allgemein), $\underline{a}$, $\underline{b}$ komplex, p reell.

Sie enthält folgende häufig vorkommende Sonderfälle:

- *Gerade* durch oder nicht durch den Nullpunkt;
- *Kreis* durch oder nicht durch den Nullpunkt.

Wir wollen uns speziell mit diesen Ortskurven näher befassen. Sie wurden in Tafel 6.13 mit ihren mathematischen Formulierungen zusammengestellt.

Spezielle Ortskurven

1. Gerade nicht durch den Nullpunkt. Sie hat die Form

$$\underline{F}(p) = \underline{b}_0 + \underline{b}_1 p \tag{6.33a}$$

$\underline{b}_0$, $\underline{b}_1$ sind gegebene komplexe Konstanten. Der Endpunkt des Zeigers $\underline{b}_0$ ist der Ortskurvenpunkt $p = 0$. Dazu addiert man den Zeiger $\underline{b}_1$ p-mal; es ergeben sich

Tafel 6.13. Ortskurvenfunktionen $\underline{F}(p)$ Gl. (6.32) wichtiger Spezialfälle

Funktion $\underline{F}(p)$	Ortskurve	Bild-Nr.
$\underline{b}_0 + \underline{b}_1 p$	Gerade nicht durch den Nullpunkt	6.26a
$\underline{b}_1\, e^{j\varphi(p)}$	Kreis um den Nullpunkt	6.26b
$\underline{b}_1(1 + e^{j\varphi(p)}) = \dfrac{1}{\underline{a}_0 + \underline{a}_1 p}$	Kreis durch den Nullpunkt	6.26c
$\dfrac{\underline{b}_0 + \underline{b}_1 p}{\underline{a}_0 + \underline{a}_1 p} = \underline{A} + \underline{B}\, e^{j\varphi(p)}$	Kreis in allgemeiner Lage	6.26d
Operationen		
$\underline{F}(p) + \underline{B}$	Parallelverschiebung von $\underline{F}(p)$ um $\underline{B}$	
$\underline{F}(p)\, e^{j\varphi}$	Drehung von $\underline{F}(p)$ im Ursprung um den Winkel	
$\underline{F}(p)\, B$	Streckung von $\underline{F}(p)$ um den Faktor B	
$\underline{F}(p)\, \underline{B}$	Drehstreckung von $\underline{F}(p)$	

die Ortskurvenpunkte p (Bild 6.26a). Speziell für $\underline{b}_0 = 0$ verläuft die Gerade durch den Nullpunkt.

2. Kreis um den Nullpunkt

$$\underline{F}(p) = \underline{b}_1\, e^{j\omega(p)}\,. \tag{6.33b}$$

Hierbei ist $\underline{b}_1$ eine feste komplexe Größe mit dem Betrag b_1 (Kreisradius). Der zugehörige Nullphasenwinkel liegt durch $\underline{b}_1$ fest. Mit $\varphi(p)$ ändert dieser Zeiger seine Winkellage (Bild 6.26). Beispiel: Rotierender Zeiger $\underline{a}(t) = \hat{\underline{A}}\, e^{j\omega t} = \hat{\underline{A}}\, e^{jp}$ mit $p = \omega t$.

3. Kreis durch den Nullpunkt. Seine Ortskurve ergibt sich durch Verschiebung des Kreises um den Nullpunkt um seinen Radius $|\underline{b}_1|$, also

$$\underline{F}(p) = \underline{b}_1(1 + e^{j\varphi(p)}) \mathrel{\hat{=}} \frac{1}{\underline{a}_0 + p\underline{a}_1}\,. \tag{6.33c}$$

Man konstruiert zunächst den Kreis $\underline{b}_1\, e^{j\omega(p)}$ um den Nullpunkt und verschiebt anschließend seinen Mittelpunkt um $\underline{b}_1$ (bzw. den Koordinatenursprung um $-\underline{b}_1$ (Bild 6.26c)). Die in Gl. (6.33c) angegebene zweite Schreibweise ist der ersten identisch. Wir verzichten auf den Nachweis.

4. Kreis nicht durch den Nullpunkt. Er ergibt sich durch Verschiebung eines Kreises $\underline{b}_1\, e^{j\omega(p)}$ um den Nullpunkt um einen beliebigen Wert $\underline{b}_0 \neq \underline{b}_1$ entsprechend Typ 3 (Bild 6.26d).

6.3.2 Inversion von komplexen Größen und Ortskurven

Wir stellen in diesem Abschnitt die Grundgesetze der Inversion komplexer Größen und später ganzer Ortskurven zusammen, sowohl auf graphischem Wege als auch analytisch unter Benutzung der konformen Abbildung.

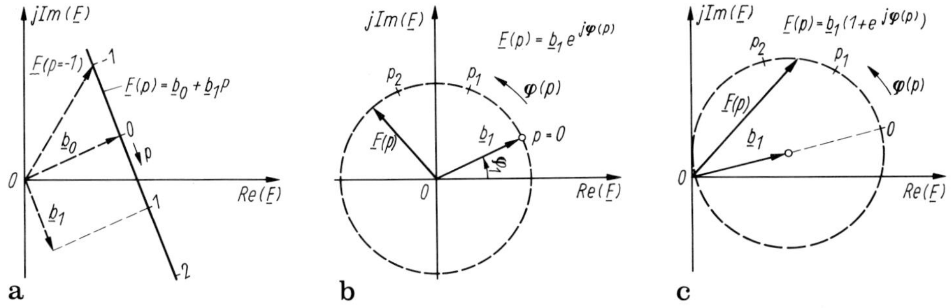

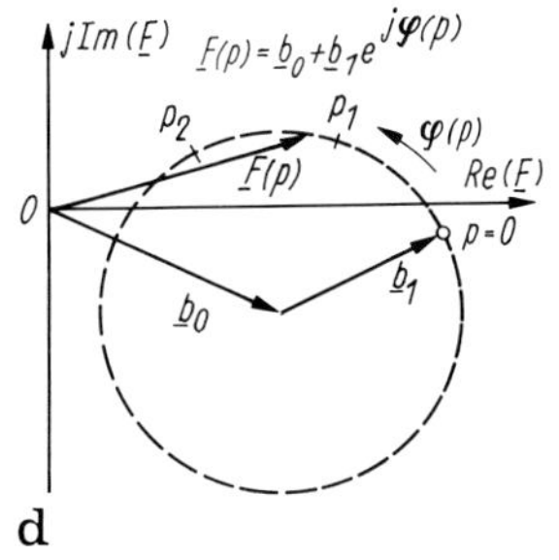

Bild 6.26. Grundtypen von Ortskurven. **a**) Gerade nicht durch den Nullpunkt; **b**) Kreis um den Nullpunkt; **c**) Kreis durch den Nullpunkt; **d**) Kreis nicht durch den Nullpunkt

6.3.2.1 Inversion einer komplexen Größe

Wesen. *Inversion* (Spiegelung) einer komplexen Größe bedeutet die Bildung ihres Reziprokwertes. So gehört zur Impedanz $\underline{Z}$ die inverse Größe $\underline{Y}$, die Admittanz. Die Inversion erfolgt zweckmäßig mit der Exponentialdarstellung (Bild 6.27)

$$\underline{Y} = \frac{1}{\underline{Z}} = \frac{1}{|\underline{Z}|\,e^{j\varphi_z}} = \frac{1}{|\underline{Z}|}\,e^{-j\varphi_z} = |\underline{Y}|\,e^{j\varphi_y} \quad \text{Inversion.} \tag{6.34}$$

Die invertierte komplexe Größe liegt spiegelbildlich zur reellen Achse (Vertauschung des Vorzeichens des Phasenwinkels), ihr Betrag ist gleich dem Kehrwert des Betrages der Ausgangsgröße. Dieses Ergebnis heißt *Spiegelung eines Zeigers am Inversionskreis oder graphische Inversion* eines Zeigers.

Bei der Inversion einer physikalischen Größe ändert sich ihre Dimension.

Wir wenden die Inversion auf Ortskurven an, suchen also z. B. zu einer gegebenen Kurve $\underline{Z}(\omega)$ die invertierte Ortskurve $\underline{Y}(\omega)$. Dies kann auf verschiedene Weise geschehen.

1. Man *berechnet* den zu $\underline{Z}$ inversen Wert $\underline{Y}$ *Punkt für Punkt*, d. h. für jede Frequenz (oder jeden Parameter). Diese an sich zeitaufwendige Methode kann mit besseren Taschenrechnern sehr rationell durchgeführt werden.

2. Man invertiert die Ortskurve *graphisch*. Dazu wird die Inversion auf jeden Zeiger $\underline{Z}(\omega)$ Punkt für Punkt angewendet. Für charakteristische Ortskurventypen (Gerade, Kreise) ergeben sich bestimmte Verfahrensweisen, die *Inversionsregeln* (s. Abschn. 6.3.2.2).

3. *Analytisch-mathematisch* gesehen bedeutet Inversion beliebige Punkte einer gegebenen *komplexen* $\underline{z}$-Ebene (allgemein $\underline{z}$-Ebene mit $\underline{z} = x + \mathrm{j}y$) in zugeordnete

Punkte $\underline{w} = u + jv$ einer anderen, der $\underline{w}$-Ebene mittels einer vereinbarten *Abbildungsfunktion* hier $\underline{z} = 1/\underline{w}$) *konform* abzubilden.

Graphische Inversion. Graphisch erfolgt die Inversion von $\underline{Z}$ in $\underline{Y} = 1/\underline{Z}$ durch sog. „*Spiegelung am Einheitskreis*“. Er hat den Radius $r_0 = 1$. Die Spiegelung von $\underline{Z}$ an diesem Kreis umfaßt folgende Schritte (Bild 6.27b):

1. Zeichne von der Spitze von $\underline{Z}$ ausgehend die beiden Tangenten T_1, T_2 an den Einheitskreis. Sie ergeben die Berührungspunkte P_1 und P_2.
2. Verbinde beide Berührungspunkte durch die Kreissehne. Sie ergibt als Schnittpunkt $\underline{Z}$ die Größe $\underline{Y}^* = 1/\underline{Z}^*$ (invertierte konjugiert komplexe Größe).
3. Spiegelung von $\underline{Y}^*$ an der reellen Achse ($\underline{Y}^* \rightarrow \underline{Y}$) ergibt die zu $\underline{Z}$ inverse Größe $\underline{Y} = 1/\underline{Z}$.

Die Schritte können auch in anderer Folge gewählt werden, z. B. erst Spiegelungen von $\underline{Z} \rightarrow \underline{Z}^*$ und anschließend Inversion.

Merke: Bei der Inversion wird der kürzeste Zeiger zum längsten und umgekehrt.

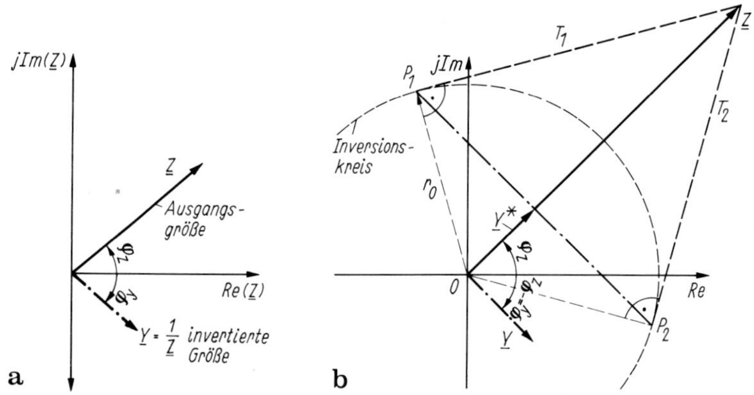

Bild 6.27. Inversion. Konstruktion durch Spiegelung am Einheitskreis. **a**) Inversion eines Zeigers $\underline{Z}$; **b**) Inversion eines Zeigers $\underline{Z}$ durch Spiegelung am Einheitskreis

Hinweis. Liegt $\underline{Z}$ innerhalb des Einheitskreises, so ist die Schrittfolge 1 und 2 zu vertauschen. Man errichtet im Endpunkt von $\underline{z}$ die Senkrechte und erhält P_1, P_2.

Geometrisch liegt der Spiegelung am Inversionskreis der Kathetensatz zugrunde: im rechtwinkligen Dreieck ist das Quadrat über einer Kathete gleich dem Rechteck aus anliegendem Hypothenusenabschnitt und Hypothenuse. Daraus folgt für das Dreieck 0, P_1, $\underline{Z}$

$$r_0^2 = |\underline{Z}|\,|\underline{Y}^*| = |\underline{Z}|\,|\underline{Y}|$$

also für $r_0 = 1$ obige Vorschrift.

Schwierigkeiten bereitet häufig die maßstäbliche Zuordnung der Einheiten beim Übergang von der Widerstands- in die Leitwertebene (also die Frage, welcher Ω- bzw. S-Wert einer bestimmten Länge entspricht). Darüber entscheidet allein die Festlegung des Inversionskreises. Entspricht die Radiuslänge r_0 im Z-Maßstab z. B. 100 Ω, so legt die gleiche Radiuslänge im Y-Maßstab den Leitwert $Y = 1/Z = 1/100\ \Omega = 0{,}01$ S fest. Dabei entstehen u. U. Darstellungsprobleme, wenn Z-Wert und Inversionsradius stark verschieden sind.

Die Darstellungsmaßstäbe werden automatisch erfaßt, wenn der Inversionskreisradius folgendermaßen gewählt wird:

Es soll $|\underline{Z}|$ durch eine Länge l, also mit dem Maßstab

$$m_z = \frac{|\underline{Z}|}{l} = \frac{\text{Betrag } \underline{Z}}{\text{Länge } l} \tag{6.35a}$$

und $|\underline{Y}|$ mit dem Maßstab

$$m_y = \frac{|\underline{Y}|}{l} \tag{6.35b}$$

dargestellt werden. Dann beträgt der Inversionsradius

$$r_0^2 = \frac{1}{m_y m_z}\,. \tag{6.35c}$$

Er wird erst nach Festlegung der beiden Darstellungsmaßstäbe gewählt. Anschließend führt man die Inversion durch.

Beispiel. Es soll die Ortskurve $\underline{Z} = R(1 + jp)$ invertiert werden für $p = 0;\ 0{,}5;\ 1;\ 2$, ($R = 10\ \Omega$) (Bild 6.28). Wir wählen einen zeichnerisch zweckmäßigen Maßstab m_z der $\underline{Z}$-Ebene, z. B. $m_z = \dfrac{10\ \Omega}{5\ \text{cm}} = \dfrac{2\ \Omega}{\text{cm}}$, desgleichen einen ebensolchen der $\underline{Y}$-Ebene, z. B. $m_y = \dfrac{0{,}1\ \text{S}}{5\ \text{cm}} = \dfrac{0{,}02\ \text{S}}{\text{cm}}$. Der Einheitskreis wird mit dem Radius

$$r_0^2 = \frac{1}{m_z m_y} = \frac{1}{\dfrac{2\Omega}{\text{cm}}\ \dfrac{0{,}02\ \text{S}}{\text{cm}}} = 25\ \text{cm}^2, \qquad r_0 = 5\ \text{cm}\,.$$

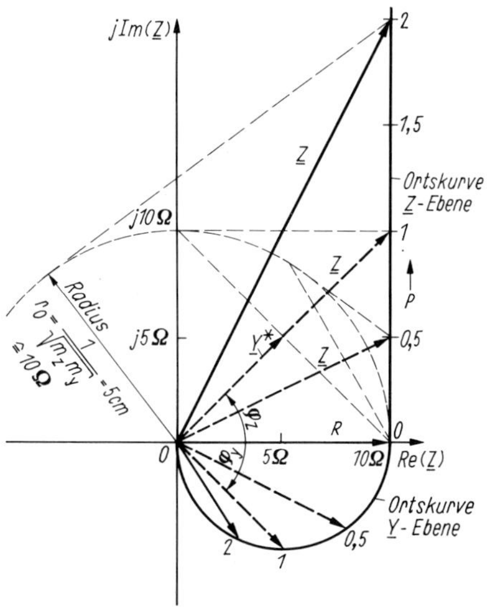

Bild 6.28. Ortskurveninversion

gezeichnet. Anschließend erfolgt die Spiegelung der einzelnen Zeiger $\underline{Z}$ ($p = 0, 1, 2$) an ihm (s. Bild 6.27b). Im Bild ist dies für die Parameterwerte $p = 0{,}5$, $p = 1$ und $p = 2$ eingetragen. Man entnimmt als Länge der $\underline{Y}$-Zeiger:

$$p = 0{,}5\,;\ l \approx 4{,}4\ \text{cm} \qquad p = 1\,;\ l \approx 3{,}5\ \text{cm} \qquad p = 2\,;\ l \approx 2{,}2\ \text{cm}\,.$$

Damit gilt $Y(0{,}5) = lm_y = 4{,}4\ \text{cm}\ \dfrac{0{,}02\ \text{S}}{\text{cm}} = 0{,}088\ \text{S}$, $Y(2) = 2{,}2\ \text{cm}\ \dfrac{0{,}02\ \text{S}}{\text{cm}} = 0{,}044\ \text{S}$ usw. Die Winkel betragen

$$\varphi_y(0{,}5) \approx -26^\circ\,, \qquad \varphi_y(2) = -63^\circ\,.$$

Als $\underline{Y}$-Ortskurve ergibt sich (bei Konstruktion mehrerer p-Werte) ein Halbkreis im 4. Quadranten.

6.3.2.2 Inversion von Ortskurven

Die Anwendung der graphischen Inversion auf die Ortskurve $\underline{F}(p)$ ergibt folgende ***Lösungsmethodik: Ortskurveninversion:***

1. Spiegele die Ortskurve $\underline{F}(p)$ (d. h. ausgewählter, genügend dicht liegender Punkte von $\underline{F}(p)$) an der reellen Achse: Es entsteht $\underline{F}^*(p)$. Damit liegen die Phasen aller Zeiger der inversen Kurve $1/\underline{F}(p)$ als Fahrstrahlen durch die jweiligen Punkte von $\underline{F}(p)$ fest.
2. Lege den Inversionsradius nach Gl. (6.32c) fest (Maßstäbe beachten!).
3. Spiegele ausgewählte Zeiger von $\underline{F}^*(p)$ am Inversionskreis (s. o.) und verbinde die Endpunkte der so erhaltenen invertierten Zeiger zur invertierten Ortskurve.

Dabei beachten wir die drei

Inversionsregeln[1] für Geraden und Kreise. Sie gehen unmittelbar aus der Lösungsmethodik hervor:

1. Die Inversion einer *Geraden durch den Nullpunkt* ergibt wieder eine *Gerade durch den Nullpunkt*.
2. Die Inversion einer *Geraden nicht durch den Nullpunkt* ergibt einen *Kreis durch den Nullpunkt* (und umgekehrt).
3. Die Inversion eines *Kreises nicht durch den Nullpunkt* ergibt einen *Kreis nicht durch den Nullpunkt*.

Wir wollen diese Regeln zunächst zusammen mit Beispielen von Ortskurven erläutern und sie später analytisch darstellen.

1. Gerade durch den Nullpunkt. Die Gerade

$$\underline{F}(p) = p\underline{b}_1 \quad \text{bzw.} \quad f(p)\,\underline{b}_1\,,$$ [2]

$\underline{b}_1$ gegebene komplexe Konstante,

durch den Nullpunkt stellt die einfachste Form einer Ortskurve dar. Ihre Inversion $\underline{F}'(p) = 1/\underline{F}(p)$ ergibt dann laut Regel 1 wieder eine Gerade durch den Nullpunkt (Bild 6.29). Für ausgewählte Punkte folgt dabei:

---

[1] Auf Beweise wollen wir hier verzichten, sie sind leicht zu führen

[2] Wird die Änderung der komplexen Variablen $p\underline{b}_1$ nicht durch den Linearfaktor p, sondern durch die Funktion $f(p)$ beschrieben $\underline{F} = \underline{b}_0 + f(p)\,\underline{b}_1$, so ist die Gerade gemäß $f(p)$ zu beziffern

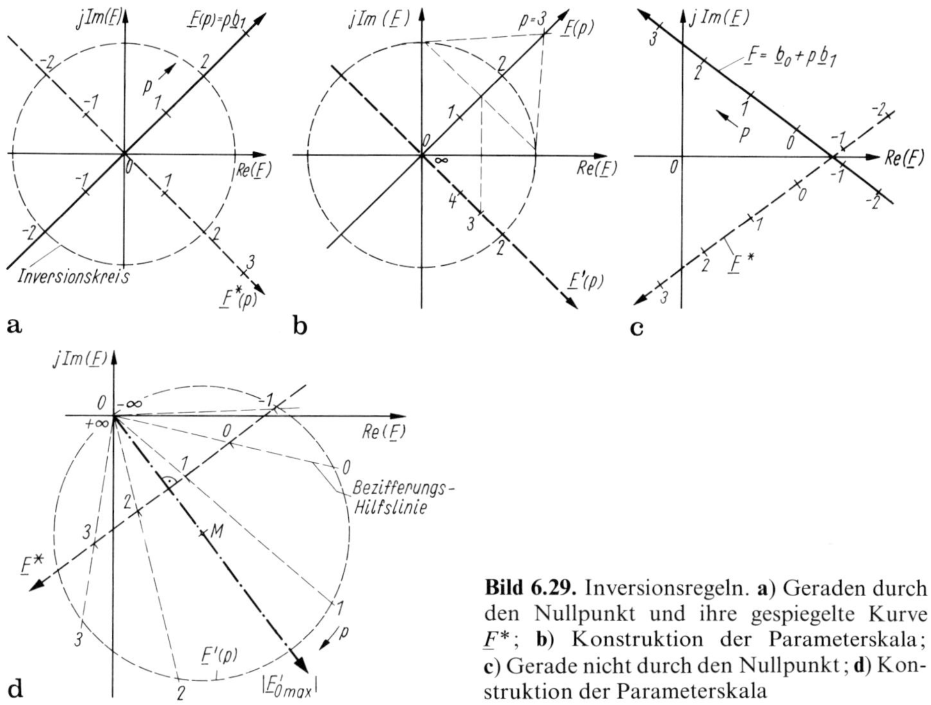

Bild 6.29. Inversionsregeln. **a**) Geraden durch den Nullpunkt und ihre gespiegelte Kurve $\underline{F}^*$; **b**) Konstruktion der Parameterskala; **c**) Gerade nicht durch den Nullpunkt; **d**) Konstruktion der Parameterskala

a) Die Richtung der invertierten Kurve $\underline{F}'(p)$ ergibt sich durch Spiegelung von $\underline{F}(p)$ an der reellen Achse (Bildung von $\underline{F}^*(p)$ (Bild 6.29a)).

b) Die p-Teilung erhält man durch Spiegelung einzelner p-Werte am Inversionskreis (Bild 6.29b, z. B. für $p = 3$). Damit verläuft die Parameterskala gemäß $1/p$ nach einer reziproken Funktion wie im Bild 6.29 zu erkennen. Der Radius des Inversionskreises wird mit dem gewünschten Maßstäben für $\underline{F}'(p)$ und $\underline{F}(p)$ nach Gl. (6.35c) bestimmt.

2. Gerade nicht durch den Nullpunkt (ergibt Kreis durch Nullpunkt). Die allgemeine Lage einer Geraden liegt durch Gl. (6.29) fest:

$$\underline{F} = \underline{b}_0 + p\underline{b}_1 \qquad (-\infty \leqq p \leqq \infty)\,.$$

Ihre Inversion ergibt nach Regel 2 einen Kreis durch den Nullpunkt. Wegen der Umkehrbarkeit des Satzes entsprechen sich die Konstruktionsvorschriften für die Inversion der Geraden $\underline{F} = \underline{b}_0 + p\underline{b}_1$ und Darstellung eines Kreises durch den Nullpunkt. Daher lautet die Gleichung dieses Kreises (s. Gl. (6.33c))

$$\underline{F}'_0 = \frac{1}{\underline{b}_0 + p\underline{b}_1} = \frac{1}{\underline{F}}\,.$$

Der Index 0 an $\underline{F}$ besagt, daß der Kreis durch den Nullpunkt verläuft. Für den Kreis gelten folgende Überlegungen (Bild 6.29b):

Der Kleinstwert von $\underline{F}$, d. h., der senkrechte Abstand $|\underline{F}_{\min}|$ der Ortskurve $\underline{F}$ bis zum Nullpunkt ist gleich dem größten Kehrwert, also dem Kreisdurchmesser

$$|\underline{F}'_{0\,\max}| = \frac{1}{|\underline{F}_{\min}|}$$

und umgekehrt.

Der Kreismittelpunkt M liegt auf einer Geraden, die senkrecht auf der invertierten Geraden $\underline{F}^*_{\min}$ steht. Die Parameterwerte $p \to \pm\infty$ ergeben bei der Geradeninversion den Ursprung.

Zur Konstruktion:

1. Man lege geeignete Maßstäbe Gl. (6.35c) für die Gerade (m_F) und Kreisdarstellung (m'_F) fest.
2. Konstruiere die Ortskurve $\underline{F}$ und spiegele sie an der reellen Achse ($\to \underline{F}^*$) (Bild 6.29c).
3. Man errichte die Senkrechte ON auf $\underline{F}^*$ durch den Ursprung. Sie ergibt den geometrischen Ort des Kreismittelpunktes $\underline{M}$. Sein Betrag folgt aus

$$|\underline{\mathrm{M}}| = \frac{1}{2\,\overline{\mathrm{ON}}}\,\frac{1}{m_F m'_F}\,.$$

4. Man zeichne den Kreis durch den Ursprung mit dem Mittelpunkt $|\underline{M}|$.
5. Trage Bezifferungshilfeslinien für p vom Nullpunkt aus auf die jeweiligen Punkte auf $\underline{F}^*$ ein und übertrage die Bezifferung auf die Kreispunkte (Bild 6.29d).

Als wichtige Sonderfälle dieser allgemeinen Geraden untersuchen wir noch (Bild 6.30).

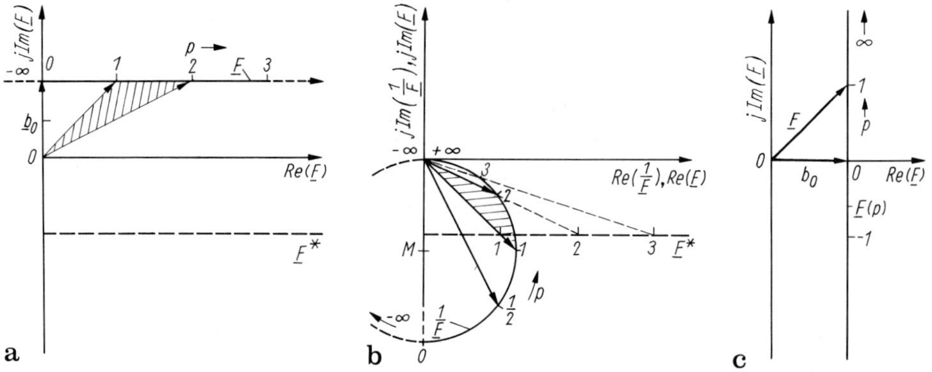

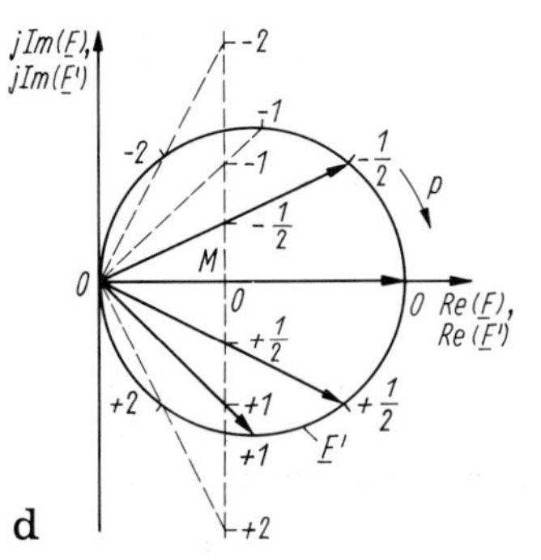

Bild 6.30. Inversionsbeispiel. **a**) Gerade parallel zur reellen Achse ergibt: **b**) einen Kreis mit dem Mittelpunkt auf der imaginären Achse; **c**) Gerade parallel zur imaginären Achse; **d**) Konstruktion der inversen Ortskurve von **c**

a) Gerade parallel zur reellen Achse. Eine Gerade mit dem Zeiger $\underline{b}_1$ in Richtung der reellen Achse (Bild 6.30 a)

$$\underline{F} = \underline{b}_0 + p b_1 \qquad (\underline{b}_1 = \pm b_1)$$

ergibt einen Kreis mit dem Mittelpunkt auf der imaginären Achse (Bild 6.30 b). Die Konstruktion erfolgt analog zu Bild 6.29 c.

b) Gerade parallel zur imaginären Achse. Eine Gerade (Bild 6.30 c) bei der der Zeiger $\underline{b}_1$ in die imaginäre Achse fällt

$$\underline{F} = \underline{b}_0 + \mathrm{j} p b_1 \qquad (\underline{b}_1 = \pm \mathrm{j} b_1)$$

ergibt einen Kreis mit dem Mittelpunkt auf der reellen Achse (Bild 6.30 d).

Auf diese Weise läßt sich eine komplexe Ebene $\underline{z} = x + \mathrm{j}y$ für jeweils x bzw. $y = \mathrm{const}$ in eine Schar von Kreisen durch den Nullpunkt abbilden: *Kreisverwandtschaft der Abbildung*. Wir greifen auf dieses wichtige Ergebnis in Abschn. 6.4.2.3 zurück.

3. Kreis in allgemeiner Lage. Addiert man zu allen Punkten eines Kreises

$$\underline{F}' = \frac{1}{\underline{b}_0 + p\underline{b}_1} \quad \text{einen Zeiger} \quad \underline{c}_0$$

$$\underline{F}'' = \underline{c}_0 + \frac{1}{\underline{b}_0 + p b_1},$$

so ergibt sich ein Kreis in allgemeiner Lage. Seine allgemeine Gleichung lautet

$$\underline{F}'' = \frac{\underline{b}_0 + p\underline{b}_1}{\underline{c}_0 + p\underline{c}_1} = \frac{\underline{b}_1}{\underline{c}_1} + \underbrace{\left(\underline{b}_0 - \frac{\underline{c}_0\underline{b}_1}{\underline{c}_1}\right)} \cdot \underbrace{\frac{1}{\underline{c}_0 + p\underline{c}_1}}. \tag{6.36}$$

- $\frac{1}{\underline{c}_0 + p\underline{c}_1}$: **invertierte Gerade (Kreis F_0 durch Null)**
- $\frac{\underline{b}_1}{\underline{c}_1}$: **Addition einer komplexen Größe (Verschiebung des drehgestreckten Kreises)**
- $\left(\underline{b}_0 - \frac{\underline{c}_0\underline{b}_1}{\underline{c}_1}\right)$: **Multiplikation von F_0 mit komplexer Konstante (Drehstreckung des Kreises durch Null)**

Die Gleichwertigkeit beider Darstellungen läßt sich durch Ausführung der Division leicht beweisen. Die Konstruktion des Kreises ist somit sehr einfach (Bild 6.31 a):

1. Man konstruiere den Kreis $\underline{F}_0 = \dfrac{1}{\underline{c}_0 + p\underline{c}_1}$ durch Inversion der Geraden $\underline{F} = \underline{c}_0 + p\underline{c}_1$.

2. Man führe die Drehstreckung des Kreises $\underline{F}_0$ mit dem Faktor

$$\left(\underline{b}_0 - \frac{\underline{c}_0\underline{b}_1}{\underline{c}_1}\right) = \underline{A} \text{ durch.}$$

a) Drehe den Kreismittelpunkt $\underline{M}$ von $\underline{F}_0$ um den Phasenwinkel von $\underline{A}$ und

b) verlängere ihn um den Faktor $|\underline{A}|$. Das ergibt den Kreismittelpunkt $\underline{M}'$. Bei dem Schnittpunkt S ist die Bezifferungsgerade $\underline{F}^*$ um den Phasenwinkel von $\underline{A}$ zu drehen und auf den transformierten Kreis zu übertragen.

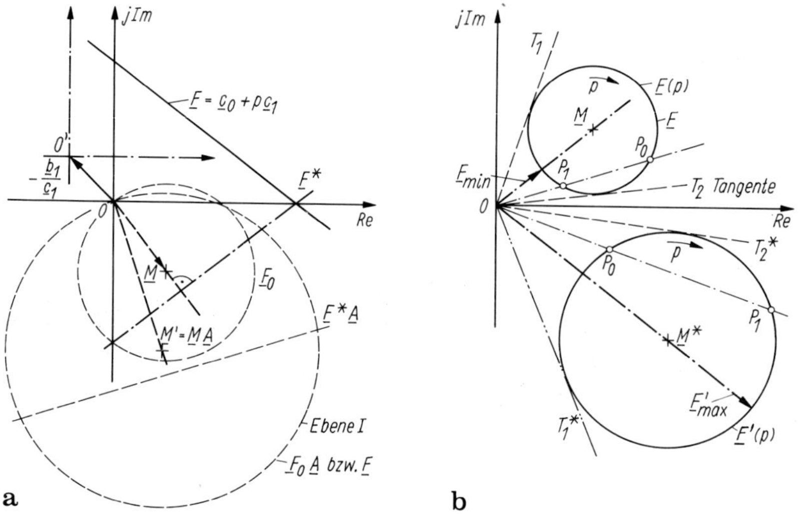

Bild 6.31. Inversion eines Kreises. **a**) Inversion einer Geraden nicht durch den Nullpunkt; **b**) Inversion eines Kreises nicht durch den Nullpunkt

3. Abschließend addiere man zu allen Kreispunkten nach 2. den Faktor $\underline{b}_1/\underline{c}_1$, verschiebe also die komplexe Ebene um $-\underline{b}_1/\underline{c}_1$ (→ Ebene *I* → *II*). Sie hat den Ursprung 0′.

Die Inversion des allgemeinen Kreises ergibt wieder einen Kreis in allgemeiner Lage. Dies folgt unmittelbar aus Gl. (6.36). Die Konstruktion ist leicht möglich (Bild 6.31 b):

1. Man lege an den zu invertierenden Kreis zwei Tangenten T_1 und T_2 vom Nullpunkt aus und spiegele sie an der reellen Achse, desgleichen spiegele man den Fahrstrahl von 0 zum Kreismittelpunkt *M*.
2. Der invertierte Kreis $\underline{F}' = 1/\underline{F}$ liegt zwischen den gespiegelten Tangenten, sein Mittelpunkt auf dem gespiegelten Mittelpunktfahrstrahl.
3. Die Durchmesser von $\underline{F}'$ (d. h. der Minimal- und Maximalwert von $\underline{F}'$) ergeben sich aus dem Maximal- und Minimalwert von $\underline{F}$ dividiert durch das Produkt der Maßstabsfaktoren

$$\underline{F}'_{\max} = \frac{1}{|\underline{F}_{\min}|\, m_{\mathrm{F}} m'_{\mathrm{F}}}, \qquad |\underline{F}_{\min}| = \frac{1}{|\underline{F}_{\max}|\, m_{\mathrm{F}} m'_{\mathrm{F}}}.$$

4. Zur Bezifferung von $\underline{F}'$ trage man vom Nullpunkt aus Hilfsgeraden zu einzelnen *p*-Punkten des $\underline{F}$-Kreises ein, spiegele sie an der reellen Achse und trage die Parameterwerte auf den $\underline{F}'$-Kreis ab. Es gilt: Kürzester Zeiger wird zum längsten usw.

Anwendungen. Ortskurven und ihre Inversion werden vielfältig angewendet. Beispiele:

- Darstellung der Frequenzgänge von Zweipolfunktionen, Strom- und Spannungsverhältnisse;
- Darstellung der Widerstands-, Strom- und Spannungsübersetzungseigenschaften von Vierpolen (Abschn. 7.2). So kann man beispielsweise untersuchen, wie sich die Veränderung des Abschlußwiderstandes (*R*, *C*, *L*) eines Vierpols auf den Eingangswiderstand auswirkt. In diesem Fall hängt die Abbildungsfunktion von den

Vierpoleigenschaften ab. Bestimmung von Transformationsschaltungen zur Widerstandstransformation z. B. für Anpaßschaltungen u. a. m.;

— Darstellung der Anpaßverhältnisse am Zweipol (Wirkleistungsanpassung des Reflexionsfaktors).

Beispiel: Inversion. Für die Reihenschaltung aus R und C (Bild 6.32a) ist der Verlauf $\underline{Z}(\omega)$ und $\underline{Y}(\omega)$ als Ortskurve zu bestimmen. Es gilt:

$$\underline{Z} = R - \frac{\mathrm{j}}{\omega C}, \qquad \underline{Y} = \frac{1}{\underline{Z}} = \frac{1}{R - \dfrac{\mathrm{j}}{\omega C}}, \qquad \omega_{45} = \frac{1}{RC}.$$

In der $\underline{Z}$-Ebene ergibt sich für verschiedene $\omega = p\omega_{45}$ eine Gerade parallel zur imaginären Achse. Sie geht bei der Inversion (Bestimmung von $\underline{Y} = 1/\underline{Z}$) in einen Halbkreis mit dem Durchmesser $1/R$ über. Der Mittelpunkt liegt auf der reellen Achse.

Mit steigender Frequenz ω wird die Ortskurve im mathematisch negativen Sinn (Uhrzeigersinn) durchlaufen:

Für $\omega \to 0$ ist $\underline{Z}(0) \to -\mathrm{j}\infty$, $\underline{Y}(0) = 0$,

für $\omega \to \infty$ ist $\underline{Z}(\infty) \to R$, $\underline{Y}(\infty) = \dfrac{1}{R}$.

Beispiel: Inversion. Für die Schaltung Bild 6.32b ist die Ortskurve des Leitwertes $\underline{Y}$ gesucht.

Es gilt für die Impedanz

$$\underline{Z} = R_1 + \frac{1}{G + \mathrm{j}\omega C} = R_1 + \underline{Z}_{\mathrm{p}}, \qquad \omega_{45} = \frac{G}{C}.$$

Wir konstruieren zunächst die Ortskurve $\underline{Z}_{\mathrm{p}}$. Ausgang ist der Leitwert $\underline{Y}_{\mathrm{p}} = G + \mathrm{j}\omega C$: Geradengleichung parallel zur imaginären Achse. Im Punkt P_0 ist $\omega = 0$. Die Inversion ergibt einen Halbkreis mit dem Radius $1/(2G)$ und Mittelpunkt auf der reellen Achse. Er geht durch den Nullpunkt 0′. Verschiebung des Ursprunges 0′ um $-R_1$ ergibt die gesuchte Ortskurve z (und den neuen Ursprung 0). Für $\omega \to 0$ ist $\underline{Z}(0) = R_1 + R$ für $\omega \to \infty$ $\underline{Z}(\infty) = R_1$.

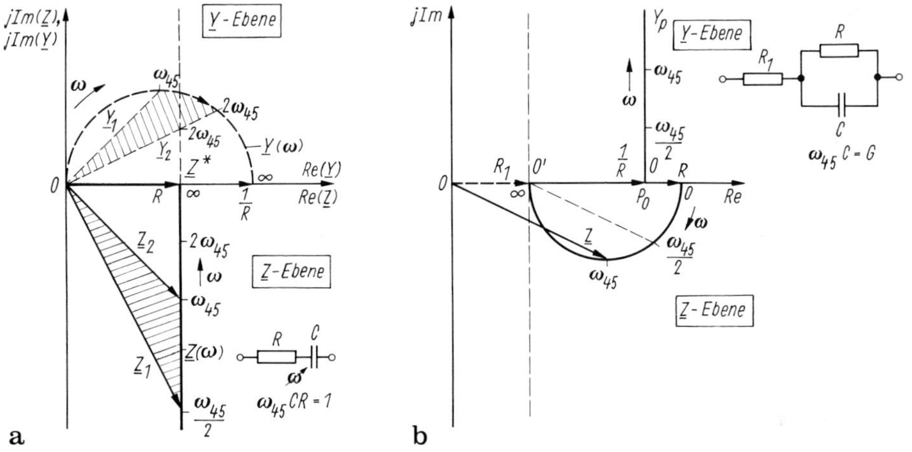

Bild 6.32. Inversion des Widerstandes $\underline{Z} = R + 1/\mathrm{j}\omega C$. **a**) Impedanz und Admittanz der Reihenschaltung von Widerstand und Kondensator; **b**) Reihenschaltung von R_1 zum komplexen Widerstand $\underline{Z}_{\mathrm{p}}$

6.3.2.3 Frequenzgang $\underline{F}(\mathrm{j}\omega)$ und Ortskurve

Wir betrachten den Frequenzgang $\underline{F}(\mathrm{j}\omega)$ von der mathematischen Seite her. Bisher wurde $\underline{F}$ als Funktion einer reellen Veränderlichen p untersucht. Zunächst ändern wird die Veränderliche p in x um:

$$\begin{aligned}\underline{F}(x) &= u(x) + \mathrm{j}v(x) \\ &= F(x)\,\mathrm{e}^{\mathrm{j}\varphi(x)}\,.\end{aligned}$$

Die Ortskurve wird dann wie bisher durch ein reelles Kurvenpaar $u(x)$ und $v(x)$ (Real- und Imaginärteil) oder $F(x)$ und $\varphi(x)$ (Betrag und Phase) beschrieben. Im nächsten Schritt soll x als *Realteil* einer *komplexen Veränderlichen* $\underline{z}$ verstanden werden

$$\underline{z} = x + \mathrm{j}y \quad \text{mit} \quad x = \mathrm{Re}\,(\underline{z})\,.$$

Auch y sei eine noch verfügbare reelle Veränderliche. Ersetzt man in $\underline{F}(x)$ die Variable x durch $\underline{z}$, so entsteht eine komplexe Funktion $\underline{F}(\underline{z})$ der komplexen Veränderlichen $\underline{z}$

$$\underline{w}(\underline{z}) \equiv \underline{F}(\underline{z}) = u(x, y) + \mathrm{j}v(x, y) \qquad (6.37)$$

Abbildung der $\underline{z}$-Ebene in die $\underline{F}(z)$- bzw. $\underline{w}(z)$-Ebene.

$\underline{F}$ werde gleichwertig durch eine komplexe Funktion $\underline{w}(\underline{z})$ ersetzt. Zu jedem Punkt (x, y) der $\underline{z}$-Ebene gehört somit ein Punkt (u, v)- der w-Ebene. Deshalb geht eine Ortskurve in der $\underline{z}$-Ebene über in eine „abgebildete“ Ortskurve der $\underline{w}$-Ebene (Bild 6.33). Insgesamt wird die $\underline{z}$-Ebene in die $\underline{w}$-Ebene abgebildet. Der Zusammenhang $\underline{w}(\underline{z})$ heißt *Abbildungsfunktion*.

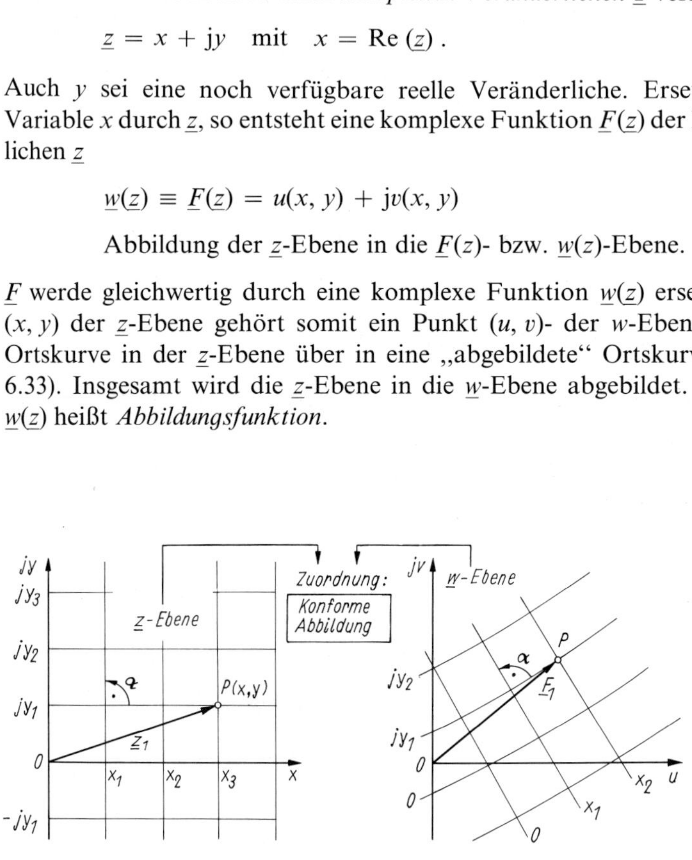

Bild 6.33. Abbildung der z-Ebene in die $\underline{w}$-Ebene durch konforme Abbildung

Für die Elektrotechnik/Elektronik haben *analytische* Abbildungsfunktionen Bedeutung. Sie sind (außer in singulären Punkten) überall stetig und differenzierbar und bilden kleine Bereiche der $\underline{z}$-Ebene in kleine *geometrisch ähnliche Bereiche* der $\underline{w}$-Ebene ab. Deshalb ist die Abbildung *winkeltreu* wie im Bild angedeutet. Eine solche Abbildung der $\underline{z}$- in die $\underline{w}$-Ebene durch eine analytische Funktion heißt auch *konforme Abbildung.* Aus der Menge denkbarer Abbildungsfunktionen hat die *lineare gebrochene Abbildung*

$$\underline{w}(u, v) = \frac{a\underline{z} + b}{c\underline{z} + d} \quad (a, b, c, d \text{ const}, ad - bc \neq 0) \tag{6.38}$$

besondere Bedeutung. Ihr hervorstehendes Merkmal ist die *Kreisverwandtschaft*:

Ein allgemeiner Kreis der $\underline{z}$-Ebene wird durch die *linear gebrochene Abbildung* Gl. (6.38) in einen Kreis (mit endlichem oder unendlichem Radius) der $\underline{w}$-Ebene transformiert. Dies läßt sich durch Gl. (6.36) leicht beweisen, wir wollen darauf verzichten.

Anwendung findet die Abbildungsfunktion $\underline{w} = f(\underline{z})$ beim Entwurf der sog. *Kreisdiagramme.*

6.3.2.4 Inversionsdiagramm

Inversionsfunktion. Durch die Abbildung $\underline{w}(\underline{z})$ geht die Ortskurvenschar

y variabel, $x = \text{const}$

und

x variabel, $y = \text{const}$

der $\underline{z}$-Ebene in eine Ortskurvenschar (u, v) der $\underline{w}$-Ebene über. Ihr Aussehen (z. B. Bild 6.33) hängt von der verwendeten Abbildungsfunktion $\underline{w}(\underline{z})$ ab. Einen einfachen, aber wichtigen Fall kennen wir bereits, die *Inversion*:

$$\underline{w}(\underline{z}) = u(x, y) + \mathrm{j}v(x, y) = \frac{1}{\underline{z}} = \frac{1}{x + \mathrm{j}y}. \tag{6.39}$$

Die zugehörige graphische Darstellung $\underline{w} = u(x, y) + \mathrm{j}v(x, y) = f(x, y)$ für veränderliche x, y in der $\underline{z}$-Ebene heißt *Inversionsdiagramm.*[1]

Aus den bisherigen Beispielen wissen wir: Punkte (x, y) der rechten Halbebene (1. und 4. Quadrant der $\underline{z}$-Ebene) werden in andere Punkte (im 4. und 1. Quadranten) der rechten $\underline{w}$-Ebene abgebildet sowie das Innengebiet des Einheitskreises der $\underline{z}$-Ebene in das Außengebiet des Einheitskreises der $\underline{w}$-Ebene (und umgekehrt). Der Ursprung der $\underline{z}$-Ebene geht in den Punkt unendlich der $\underline{w}$-Ebene über und umgekehrt. Bild 6.34 veranschaulicht dies.

Dieses Ergebnis kann anhand der bisherigen Beispiele leicht überprüft werden, wenn z. B. $\underline{z}$-Ebene der Leitwertebene ($\underline{Y}$) und die $\underline{w}$-Ebene der Widerstandsebene $\underline{Z}$ zugeordnet werden oder umgekehrt.

Für die Elektrotechnik sind noch andere Abbildungsfunktionen wichtig, z. B. die Form

$$\underline{w} = \frac{\underline{z} - 1}{\underline{z} + 1} \quad \text{sog. Smith-Diagramm}.$$

Das ist ebenfalls ein Kreisdiagramm, das die (nach drei Richtungen unendliche) rechte Halbebene in das Innere des Einheitskreises abbildet. Sein Vorteil ist die Darstellung auf begrenztem Raum.

---

[1] In der Literatur ist der Begriff Kreisdiagramm üblich

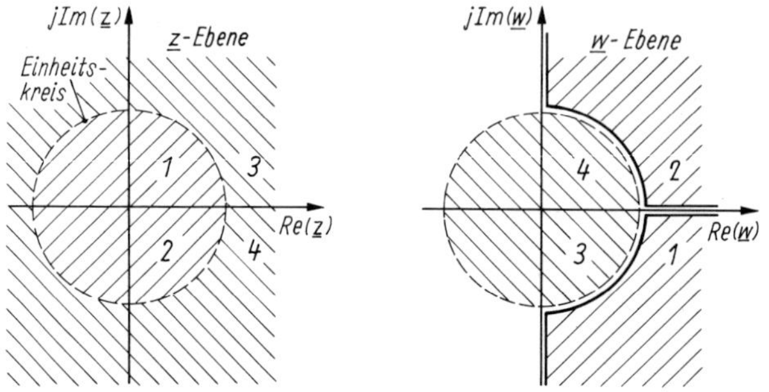

Bild 6.34. Zur Entstehung des Inversionsdiagramms durch konforme Abbildung der $\underline{z}$-Ebene in die $\underline{w}$-Ebene mittels $\underline{w} = 1/\underline{z}$

Inversionsdiagramm. Es basiert auf der Inversionsfunktion Gl. (6.39). Dabei interessieren besonders die Abbildungen der Geraden

a) parallel zur imaginären Achse

$$x = \text{const}\,, \qquad y \text{ variabel}\,;$$

b) parallel zur reellen Achse

$$y = \text{const}\,, \qquad x \text{ variabel}\,,$$

also allgemein Geraden nicht durch den Ursprung. Nach den Inversionsregeln (Abschn. 6.3.2.2) erwarten wir Kreise in der $\underline{w}$-Ebene.

a) Gerade $\underline{z} = \text{const} + \text{j}y$ (Bild 6.35a).

Wir betrachten zunächst die Abbildung der Geraden

$$\underline{z} = x + \text{j}y \qquad x = \text{const}: \rightarrow x\text{-Kreise}$$

parallel zur imaginären Achse im Abstand $x = \text{const}$. Sie gehen nach den Inversionsregeln in *Kreise* durch den Nullpunkt der $\underline{w}$-Ebene über mit dem Mittelpunkt auf der u-Achse. Ein solcher Kreis ist die Ortskurve aller z-Werte mit konstantem x in der $\underline{w}$-Ebene. Er heißt *Kreis* $x = \textit{const}$ oder x-*Kreis in der* $\underline{w}$-*Ebene*. Man beschriftet ihn mit $x_1 = {}^1/_2$, $x = 1$, $x = 2$ usw. Sein Durchmesser ergibt sich aus dem Schnittpunkt $(x, 0)$ der Kurve $\underline{z}$ mit der reellen Achse. Zu diesem Punkt gehört in der w-Ebene

$$u + \text{j}v = \frac{1}{x + \text{j}0}\,, \quad \text{d. h.,} \quad v = 0\,, \quad u = \frac{1}{x}\,. \tag{6.40a}$$

Schnittpunkte der Kreise $x = \text{const}$ mit der u-Achse.

Sie sind im Bild 6.35a angedeutet. Wiederholt man die Inversion für andere x-Werte (z. B. $x = {}^1/_2$), so ergibt sich ein Kreis mit doppeltem Durchmesser usw., $x = 2$ Kreis mit halbem Durchmesser:

Die Schar der Geraden $x = \text{const}$ parallel zur imaginären Achse der $\underline{z}$-Ebene wird in ein Büschel von Kreisen in der $\underline{w}$-Ebene durch den Nullpunkt mit dem Mittelpunkt auf der reellen Achse abgebildet. Dieses Ergebnis hatten wir bereits im Abschn. 6.3.2.2 durch die geometrische Konstruktion erkannt.

Speziell die imaginäre Achse $\underline{z} = \text{j}y$ ($x = 0$) ergibt einen Kreis mit unendlichem Radius, geht also in die v-Achse über.

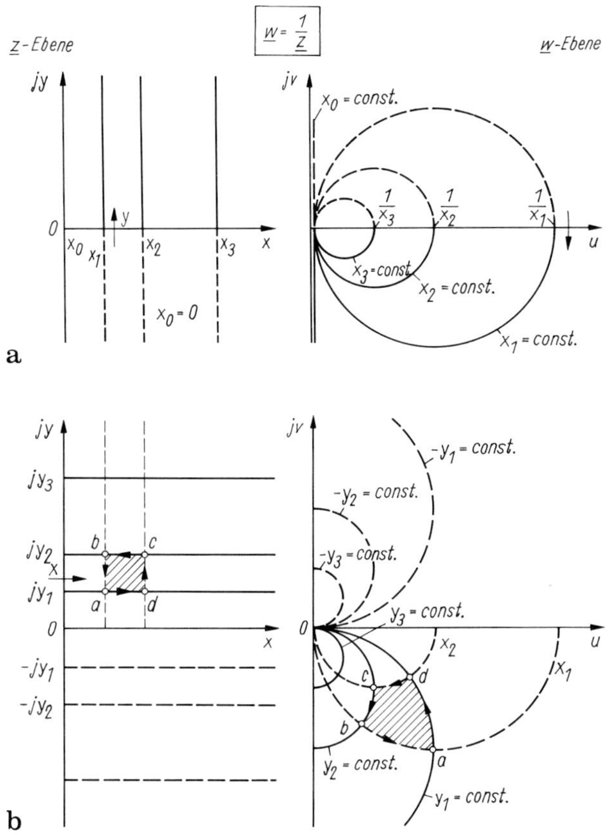

Bild 6.35. Abbildung von parallelen Geraden der $\underline{z}$-Ebene in Kreisbüschel der $\underline{w}$-Ebene

b) Gerade $\underline{z} = x + \mathrm{j}\,\mathrm{const}$ (Bild 6.35 b).

Die Abbildung der Geraden $\underline{z} = x + \mathrm{j}\,\mathrm{const}$ (d. h., $y = \mathrm{const} \gtreqless 0$)

$$\underline{z} = x + \mathrm{j}y\,, \qquad y = \mathrm{const} \rightarrow y\text{-Kreise}\,,$$

also von Parallelen zur x-Achse, ergibt in der $\underline{w}$-Ebene *Kreise* deren Mittelpunkt auf der imaginären v-Achse liegt (Bild 6.35 b). Sie heißen *Kreis* $y = \mathrm{const}$ oder *y-Kreis* in der $\underline{w}$-Ebene. Auch sie werden mit $y = {}^1/_2$, 1, 2 und dem Vorzeichen von y beschriftet.

Der Kreisdurchmesser folgt aus den Schnittpunkten $(0, \pm y)$ der Geraden mit der imaginären Achse der $\underline{z}$-Ebene. Dazu gehört in der $\underline{w}$-Ebene

$$\underline{w} = u + \mathrm{j}v = \frac{1}{0 \pm \mathrm{j}y}\,, \quad \text{d. h.,} \quad u = 0\,, \qquad v = \mp\frac{1}{y} \tag{6.40 b}$$

Schnittpunkte der Kreise $y = \mathrm{const}$ mit v-Achse.

Sie sind im Bild angedeutet. Man erkennt wie schon aus Bild 6.34 ersichtlich:

— Geraden im 1. und 2. Quadranten der $\underline{z}$-Ebene ergeben bei der Inversion Kreise im 3. und 4. Quadranten der $\underline{w}$-Ebene;

— Geraden im 3. und 4. Quadranten der $\underline{z}$-Ebene ergeben sinngemäß Kreise im 1. und 2. Quadranten.

Üblicherweise genügt die Angabe der Ortskurve für nur positive x-Werte, weil wir bei der Anwendung des Inversionsdiagramms auf den Widerstands- und Leitwertoperator nur mit positiven Wirkwiderständen Re $\underline{Z}$, Re $\underline{Y} > 0$) arbeiten wollen.

Zusammengefaßt gilt: Das Inversionsdiagramm (Bild 6.35) veranschaulicht die Abbildung $\underline{w} = 1/\underline{z}$ (Inversion). Es bildet eine Schar orthogonaler Geraden $\underline{z} = x + \mathrm{j}y$ der z-Ebene in eine Schar *orthogonaler Kreise* der $\underline{w}$-Ebene ab (und umgekehrt).

Im Bild 6.35b wurde die Abbildung einzelner Punkte und Gebiete noch einmal veranschaulicht. Insbesondere treten die Bewegungen von einem Punkt zum anderen deutlich hervor. So bedeutet der Übergang von Punkt b der $\underline{z}$-Ebene nach Punkt a, also die Bewegung längs einer Kurve $x = \text{const}$ auch in der $\underline{w}$-Ebene einen Übergang von b nach a längs des zugeordneten Kreises $x = \text{const}$.

Bei Übergang von c und b (Bewegung längs einer Kurve $y = \text{const}$) bewegt man sich in der $\underline{w}$-Ebene längs des Kreises $y = \text{const}$ zwischen c und l usw. Diese „Bewegungen" im Kreisdiagramm spielen bei seiner Anwendung eine wichtige Rolle.

Anwendung des Inversionsdiagramms. Wir ordnen jetzt der bisherigen $\underline{z}$- und $\underline{w}$-Ebene die *Widerstands*- und *Leitwertebene* zu

	$\underline{w}$-Ebene ↔ Leitwertebene $\underline{Y}$	$\underline{Z}$-Ebene
oder	oder	
	$\underline{z}$-Ebene ↔ Widerstandsebene $\underline{Z}$	$\underline{Y}$-Ebene

und wählen den Maßstab so, daß jeder Punkt einem Widerstandswert $\underline{Z}$ und dem zugehörigen Leitwert $\underline{Y}$ entspricht (Bild 6.36). In der normierten Darstellung des Bildes bedeutet $R_0 = 1/G_0$ eine beliebig wählbare Bezugsgröße (Maßstabsfaktor). Deutlich erkennt man im Diagramm die Kreisschar $G/G_0 = \text{const}$ sowie $B/G_0 = \text{const}$.

Das Inversionsdiagramm findet hauptsächlich Anwendung zur Widerstands-Leitwert-Umrechnung und Widerstandstransformation

1. Widerstands-Leitwert-Umrechnung. Gegeben sei eine $\underline{Z}$-Ebene mit den karthesischen Koordinaten $R_\mathrm{r} \pm \mathrm{j}X_\mathrm{r}$. In der $\underline{Z}$-Ebene tritt dann die Leitwertebene durch die Schar orthogonaler Kreise auf: Kreise G_p bzw. $B_\mathrm{p} = \text{const}$ (Bild 6.37a). Wir erläutern die einzelnen Operationen.

a) Umrechnung Widerstand in Leitwert. Zu einer gegebenen Impedanz $\underline{Z}$ gehört eine Admittanz $\underline{Y} = G_\mathrm{p} \pm \mathrm{j}B_\mathrm{p} = 1/\underline{Z}$. G_p und B_p werden aus dem Diagramm abgelesen. Beispiel: zu $\underline{Z} = (1{,}5 + \mathrm{j}0{,}5)\ \Omega$ gehören $G = (0{,}6 - \mathrm{j}0{,}2)$ S (Schnittpunkt der Kreise $G_\mathrm{p} = 0{,}6$ S = const, $B_\mathrm{p} = -0{,}2$ S = const. Die Nachrechnung über Tafel 6.10 bestätigt das Ergebnis.

b) Umrechnung Leitwert in Widerstand. Ist eine Admittanz $\underline{Y}$ gegeben und die Impedanz $\underline{Z}$ gesucht, so wird der Punkt $\underline{Y}$ als Schnittpunkt der entsprechenden G- und B-Kreise aufgesucht und der zugehörige Widerstand $\underline{Z}$ von den Koordinatenachsen abgelesen.

Zum gegebenen Leitwert $\underline{Y} = (1 - \mathrm{j}1)$ mS $= G_\mathrm{p} + \mathrm{j}B_\mathrm{p}$ (Schnittpunkt der entsprechenden liest man von den Koordinatenachsen $\underline{Z} = R_\mathrm{r} + \mathrm{j}X_\mathrm{r} = (0{,}5 + \mathrm{j}0{,}5)\ \Omega$ ab.

Die gleichen Umwandlungen können sinngemäß auch erfolgen, wenn das Leitwertdiagramm in karthesischen Koordinaten dargestellt und die Kreise R_r, $X_\mathrm{r} = \text{const}$ eingetragen werden (Bild 6.37b, vgl. die komplizierte analytische Umrechnung).

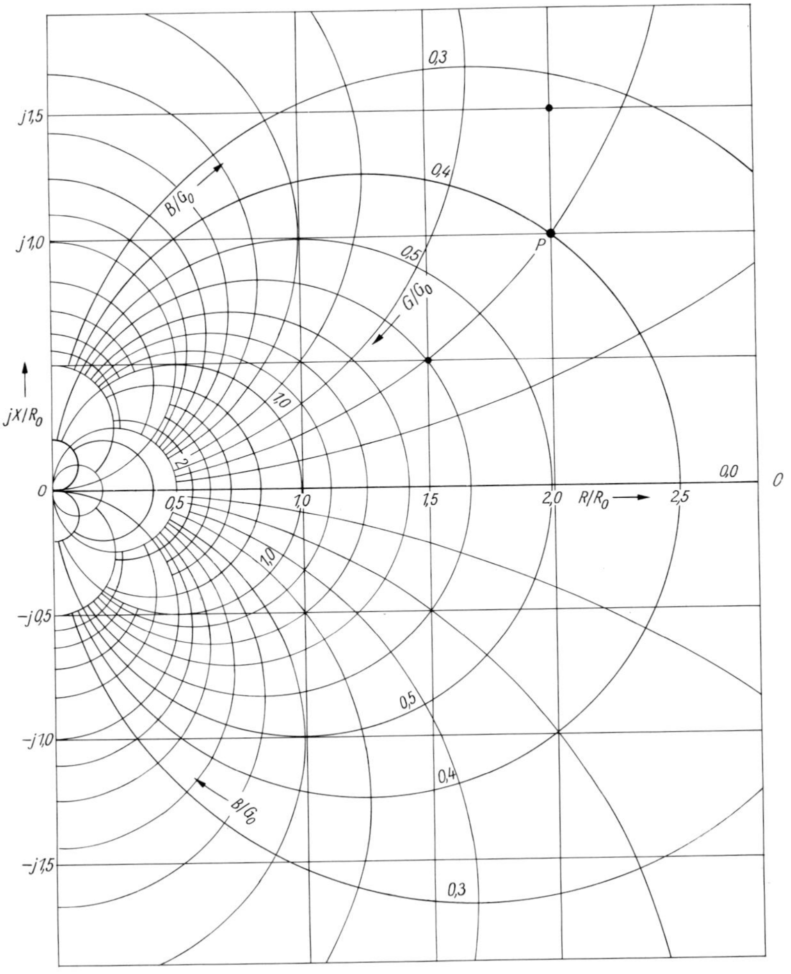

Bild 6.36. Inversionsdiagramm $R_0 = 1/G_0$ ist willkürliche Bezugsgröße (Maßstabsfaktor)

c) Maßstabsänderungen. Häufig fällt der Wert des zu transformierenden Elementes $\underline{Z}$ nicht in den Diagrammbereich. Wir dividieren dann durch eine Bezugsgröße N (Zehnerpotenz, Faktor 2 usw.) und erhalten

$$\frac{\underline{Z}}{N} = \frac{R_r}{N} + j\frac{X_r}{N} = \underline{Z}' = R_r' + jX_r' . \tag{6.41 a}$$

Dem Diagramm entnimmt man mit $\underline{Z}'$ den Wert

$$Y' = \frac{1}{\underline{Z}'} = G_p' + jB_p' = \frac{N}{\underline{Z}} = N(G_p + jB_p) . \tag{6.41 b}$$

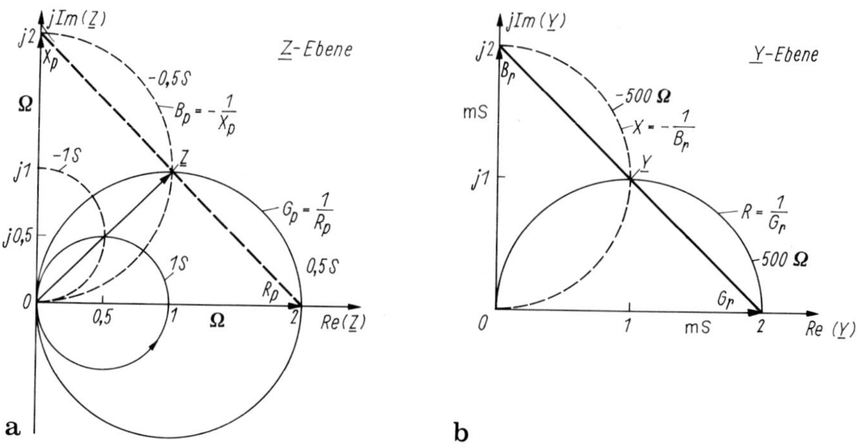

Bild 6.37. Widerstands-Leitwert-Umwandlung. **a**) Impedanzdiagramm; **b**) Admittanzdiagramm

Die endgültigen Werte betragen

$$G_p = \frac{G'_p}{N}, \qquad B_p = \frac{B'_p}{N}. \tag{6.41 c}$$

In N kann man sich den Normierungswiderstand R_0 einbezogen denken.

Es soll beispielsweise der Widerstand $\underline{Z} = (350 - j190)\,\Omega$ transformiert werden. Dafür reicht das Diagramm (Bild 6.36) nicht aus. Wir wählen $N = 200$ und erhalten

$$\underline{Z}' = \underline{Z}/N = (1{,}75 - j0{,}95)\,\Omega$$

und aus dem Diagramm

$$\underline{Y}' = (0{,}44 + j0{,}24)\,\mathrm{S} = G'_p + jB'_p$$

also

$$G_p = G'_p/N = 2{,}2\,\mathrm{mS}\,, \qquad B'_p = 1{,}2\,\mathrm{mS}\,.$$

Zum gleichen Ergebnis gelangt man auch mit $R_0 = N\,1\,\Omega = 200\,\Omega$.

2. Widerstands-(Leitwert-)transformation. Häufig besteht die Aufgabe, eine Impedanz $\underline{Z}$ in eine ebensolche $\underline{Z}'$ möglichst verlustlos zu ändern. Sofern das Verhältnis $\underline{Z}/\underline{Z}'$ reell ist (der Winkel also erhalten bleibt), gelingt diese Transformation mit einem Transformator (Abschn. 7.3.4). Bei der Wirkleistungsanpassung (s. Abschn. 6.4.4), z. B. muß aber der Phasenwinkel geändert werden. In solchen Fällen führt man die Transformation mit Reihen- und Parallelschaltung von Kapazitäten und Induktivitäten durch. Dieses Verfahren heißt Transformation durch ein Netzwerk. Weil die Blindwiderstände von der Frequenz abhängen, hängt auch die Transformationswirkung von der Frequenz ab. Sehr anschaulich läßt sich diese Transformation mit dem Inversionsdiagramm durchführen. Wir wollen dabei unterscheiden nach der Anzahl der zur Transformation zugeschalteten Netzwerkelemente.

3. Transformation mit einem Zusatzelement.

a) Reihenschaltung. Gegeben sei eine Impedanz $\underline{Z}$ (Bild 6.38). Wir tragen sie in die $\underline{Z}$-Ebene ein. Folgende Verschiebungen im Diagramm ergeben sich

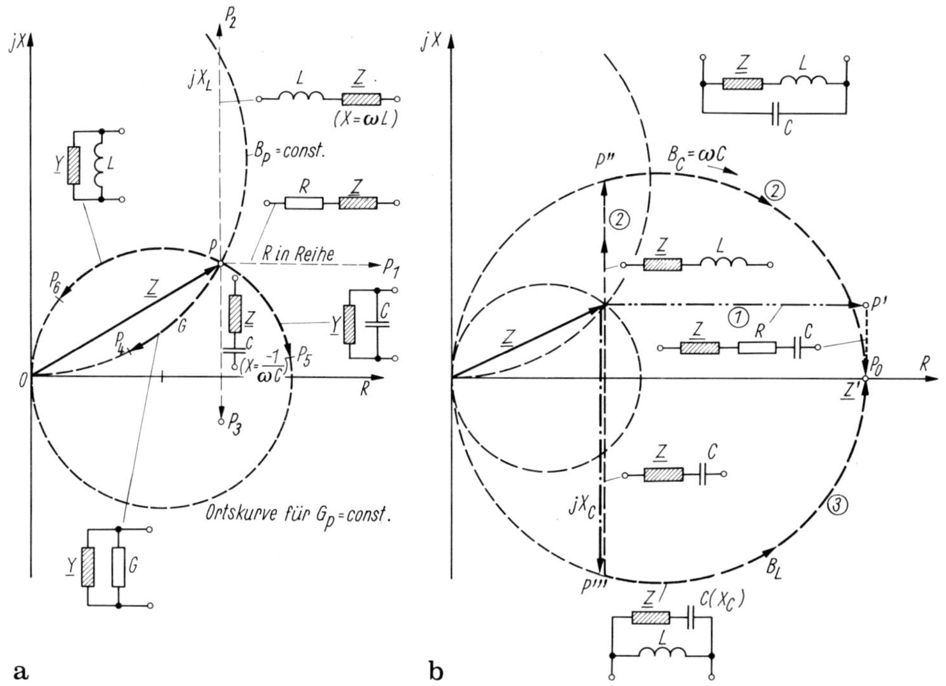

Bild 6.38. Transformation einer Impedanz mit zusätzlichen Schaltelementen. a) Zusammenschaltung mit einem Schaltelement; b) Zusammenschaltung mit zwei Schaltelementen

— Reihenschaltung des *Wirkwiderstandes* R. Da der Blindwiderstand $\mathrm{j}X_r$ unverändert bleibt, wird der Punkt P nach P_1 um das Stück R nach rechts verschoben.

— Reihenschaltung des *Blindwiderstandes* $\mathrm{j}X$. Hier bleibt der Wirkwiderstand von $\underline{Z}$ konstant und die Verschiebung erfolgt nach P_2 (induktiv, $X_L = \omega L$) oder P_3 (kapazitiv, $X_C = -1/\omega C$).

In der $\underline{Z}$-Ebene ergibt die Reihenschaltung von Wirkwiderständen eine Verschiebung des Punktes in der reellen Achse und die Zuschaltung eines Blindwiderstandes in Reihe eine Verschiebung in der imaginären Achse.

b) Parallelschaltung. Hier gehen wir zweckmäßig vom Leitwert

$$\underline{Y} = \frac{1}{\underline{Z}} = G_p + \mathrm{j}B_p$$

als gegeben aus. Parallelschaltung von Schaltelementen bedeutet damit „Wegrichtungen" längs

— der Kurven $G_p = \text{const}$, wenn der Blindleitwert B geändert wird;

— der Kurven $B_p = \text{const}$, wenn der Wirkleitwert um G vergrößert wird;

— Zuschalten von G ergibt den Punkt P_4 (auf dem Kreis $B_p = \text{const}$)

P_4: $\underline{Y}' = G_p + \mathrm{j}B_p + G$;

— Zuschalten von $+B$ (kapazitiv) ergibt den Punkt P_5

P_5: $\underline{Y}' = Y + \mathrm{j}B$

(Verschiebung zu größeren B-Werten im Uhrzeigersinn, da $B = \omega C$);

— Zuschalten von $-B$ (induktiv) ergibt P_6

P_6: $Y' = Y - j|B|$.

Ergebnis: Die Parallelschaltung von Wirk- und Blindleitwerten bedeutet eine Wegverschiebung längs des jeweils konstant gehaltenen Leitwertkreises.

In allen Fällen kann die Impedanz $\underline{Z}$ bei Zuschalten lediglich eines Schaltelementes *nur auf bestimmten Wegen*, nicht aber in einem *beliebigen Punkt* der Impedanzebene transformiert werden.

4. Transformation durch zwei Zusatzelemente. Um eine beliebige $\underline{Z}$-Transformation durchzuführen, benötigt man mindestens 2 Blindwiderstände. Davon muß einer in Reihe und einer parallel zu $\underline{Z}$ geschaltet werden. Es gibt mehrere Möglichkeiten (Bild 6.38b). Beispielsweise soll die Impedanz $\underline{Z}$ nach $\underline{Z}'$ (hier reell angenommen; Punkt P_0) transformiert werden. Wir zeigen drei verschiedene Möglichkeiten (Wege):

(1) Reihenschaltung des Widerstandes R und des kapazitiven Blindwiderstandes X_C. Im Punkt P' ist der gewünschte Realteil Re $(\underline{Z}')$ erreicht, der Imaginärteil X_C hebt den induktiven Wert von $\underline{Z}$ auf (Resonanz). In diesem Fall wird zur Transformation nur ein Blindwiderstand verwendet, dafür ist ein relativ großer Wirkwiderstand erforderlich (ungünstige Variante),

(2) Man addiert einen induktiven Blindwiderstand $X_L = \mathrm{j}\omega L$ (Reihenschaltung von L) bis Punkt P''. Das ist der Punkt, dessen Wirkleitwert G (G-Kreis) gleich $1/\mathrm{Re}\,(\underline{Z}')$, also gleich dem gewünschten Wert Re $(\underline{Z}')$ ist. Von P'' nach P_0 geht man längs des Kreises $G = \mathrm{const}$ im Uhrzeigersinn, schaltet also eine Kapazität B_C ($B_C = \omega C$) parallel.

(3) Hier wird zunächst eine Kapazität ($X_C = -\dfrac{1}{\omega C}$) reihengeschaltet (bis zu P''', G-Kreis durch P_0), anschließend eine Induktivität L parallelgeschaltet.

Die Wege (2) und (3) benötigen je zwei Blindwiderstände, dafür aber keinen Wirkwiderstand. Sie sind gegenüber (1) vorzuziehen.

Allgemein soll der Transformationsweg zum Zielpunkt möglichst kurz sein und ohne Wirkwiderstände auskommen. Es ist leicht einzusehen, daß die Transformationen mit drei Schaltelementen noch vielgestaltiger werden.

6.3.3 Betrags- und Phasendiagramm

Bode-Diagramm. Bei komplizierten Schaltungen wird die Ortskurvenkonstruktion von $\underline{F}(\mathrm{j}\omega)$ aufwendig. Hinzu kommt, daß in der Informations- und Regelungstechnik meist die Frequenz ω die veränderliche Größe ist und Änderungen um mehrere Größenordnungen üblich sind. Dann treten zusätzlich Darstellungsprobleme auf. In solchen Fällen geht man besser zur getrennten Angabe von $\underline{F}(\mathrm{j}\omega)$ im

— *Betrags-* oder *Amplitudendiagramm* $|\underline{F}(\omega)|$ und

— *Phasendiagramm* $\varphi_f(\omega)$

über. Zweckmäßig wird dabei der einfache oder doppelte logarithmische Maßstab gewählt. Diese Darstellung geht auf *Bode* zurück und heißt *Bode-Diagramm.* Ihr Vorteil besteht im Einbezug eines großen Frequenzwertebereiches (durch die logarithmische Darstellung) und der leichten Bestimmung von sog. *Grenz-* oder *Knickfrequenzen* (s. u.). Bekanntlich können nur dimensionslose Größen logarithmiert werden. Dazu gehen wir von einer normierten Frequenzgangdarstellung

$$\frac{\underline{F}\left(\mathrm{j}\frac{\omega}{\omega_0}\right)}{F_0} = \frac{F\left(\mathrm{j}\frac{\omega}{\omega_0}\right)}{F_0} \exp \mathrm{j}\varphi_\mathrm{f}\left(\frac{\omega}{\omega_0}\right)$$

aus (F_0, ω_0 beliebige Bezugsgrößen). Beiderseitiges Logarithmieren ergibt

$$\ln \frac{\underline{F}}{F_0} = \ln \left\{\frac{F\left(\mathrm{j}\frac{\omega}{\omega_0}\right)}{F_0}\right\} + \mathrm{j}\varphi_\mathrm{f}\left(\frac{\omega}{\omega_0}\right) \underbrace{\ln \mathrm{e}}_{=1}. \qquad (6.42)$$

Wir diskutieren jetzt die Betrags- und Phasenkennlinien.

Betragsdiagramm. Der Betrag wird üblicherweise im logarithmischen Amplitudenmaß „Dezibel" angegeben. Es kennzeichnet das Verhältnis der Leistungen P_1, P_2 am Zweipol (z. B. bei verschiedenen Frequenzen) und ist definiert durch

$$\frac{F}{\mathrm{dB}} = 10 \lg \frac{P_1}{P_2}. \qquad (6.43)$$

Da man üblicherweise Spannungen oder Ströme bestimmt und auch der Frequenzgang $\underline{F}$ als Strom- und/oder Spannungsverhältnis festgelegt sein kann, gilt wegen $P = U^2/Z$ (bzw. $P = I^2Z$)

$$\frac{F}{\mathrm{d}B} = 10 \lg \frac{P_1}{P_2} = 10 \lg \frac{U_1^2}{U_2^2} = 20 \lg \frac{U_1}{U_2},$$

allgemein

$$\frac{F}{\mathrm{dB}} = 20 \lg |\underline{F}|. \qquad (6.44)$$

Charakteristische Wertepaare sind

F	10^{-2}	10^{-1}	$10^{-1/2}$	$\frac{1}{2}$	$\frac{1}{\sqrt{2}}$	1	$\sqrt{2}$	2	$10^{1/2}$	10^1	10^2
F/dB	−40	−20	−10	−6	−3	0	3	6	10	20	40

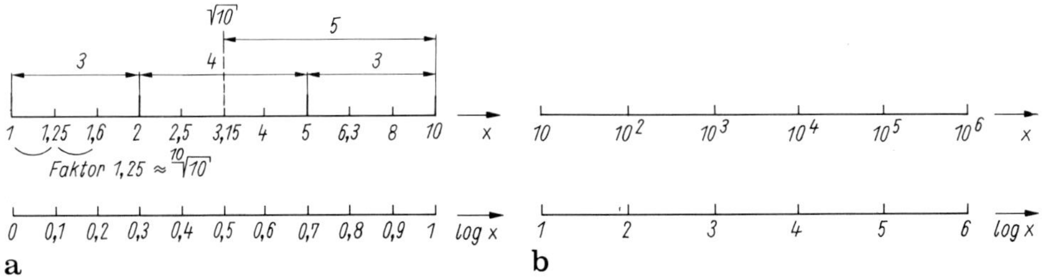

Bild 6.39. Darstellung von x und $\log x$. **a**) eine Dekade; **b**) mehrere Dekaden

Damit lassen sich leicht Zwischenwerte bilden, z. B.

$$20 \lg 40 = 20 \lg (2 \cdot 2 \cdot 10) = 20 \lg 10 + 20 \lg 2 + 20 \lg 2$$
$$= 20\ \mathrm{dB} + 6\ \mathrm{dB} + 6\ \mathrm{dB} = 32\ \mathrm{dB}\,.$$

Für den raschen Entwurf einer logarithmischen Skala beachte man die logarithmische Zahlenfolge mit 10 Intervallen je Dekade (Bild 6.39).

Multiplikationsfaktor												
$\sqrt[10]{10} = 1{,}26$	1	1,26	1,6	2	2,5	3,2	4	5	6,3	8	10	12,6
$\sqrt{10}$	0,1	0,316	1	3,16	10	31,6						
10	0,01	0,1	1	10	100							
2	$\frac{1}{8}$	$\frac{1}{4}$	$\frac{1}{2}$	1	2	4						

Bild 6.39 zeigt die zugehörigen Maßstäbe. Besonders verbreitet ist die erste Darstellung. Hier ändert sich die Größe x von Teilstrich zu Teilstrich um 25%. Merke:

$$\lg 2 \approx 0{,}301 \qquad \lg 7 \approx 0{,}77$$
$$\lg 3 \approx 0{,}48 \qquad \lg 8 \approx 0{,}9$$
$$\lg 5 \approx 0{,}7$$

Es tritt somit innerhalb der Dekade der Bereich unmittelbar nach 1 wesentlich gedehnter, der vor 10 gedrängter auf.

Mit der Wahl des Faktors 10 umfaßt jeder Teilstrich eine Dekade. Daher erlaubt die logarithmische Darstellung die Angabe großer Wertbereiche.

Beispiel. Wir betrachten die Impedanzen der Reihenschaltung R und L sowie der Parallelschaltung $R = 1/G$ und C:

$$\underline{Z} = R + \mathrm{j}\omega L \qquad \underline{Z} = \frac{1}{G + \mathrm{j}\omega C}\,.$$

Durch Normierung ergibt sich in beiden Fällen der dimensionslose Frequenzgang

$$\underline{F}_1 = \frac{\underline{Z}}{R} = 1 + \mathrm{j}\frac{\omega}{\omega_{45}}, \qquad \underline{F}_2 = \underline{Z}G = \frac{1}{1 + \mathrm{j}\dfrac{\omega}{\omega_{45}}},$$

$$\omega_{45} = \frac{R}{L}, \qquad \omega_{45} = \frac{G}{C}\,.$$

Daraus folgt

$$F_1 = \sqrt{1 + \left(\frac{\omega}{\omega_{45}}\right)^2}, \qquad F_2 = \frac{1}{\sqrt{1 + \left(\dfrac{\omega}{\omega_{45}}\right)^2}}$$

oder mit Gl. (6.41)

$$\frac{F_1}{\mathrm{dB}} = 20 \lg \sqrt{1 + \left(\frac{\omega}{\omega_{45}}\right)^2}, \qquad \frac{F_2}{\mathrm{dB}} = 20 \lg \frac{1}{\sqrt{1 + \left(\dfrac{\omega}{\omega_{45}}\right)^2}} = -20 \lg \sqrt{1 + \left(\frac{\omega}{\omega_{45}}\right)^2} \tag{6.45 a}$$

$$\varphi_1 = \arctan \frac{\omega}{\omega_{45}}, \qquad \varphi_2 = -\arctan \frac{\omega}{\omega_{45}}\,. \tag{6.45 b}$$

Bild 6.40 zeigt die zugehörigen Bode-Diagramme.

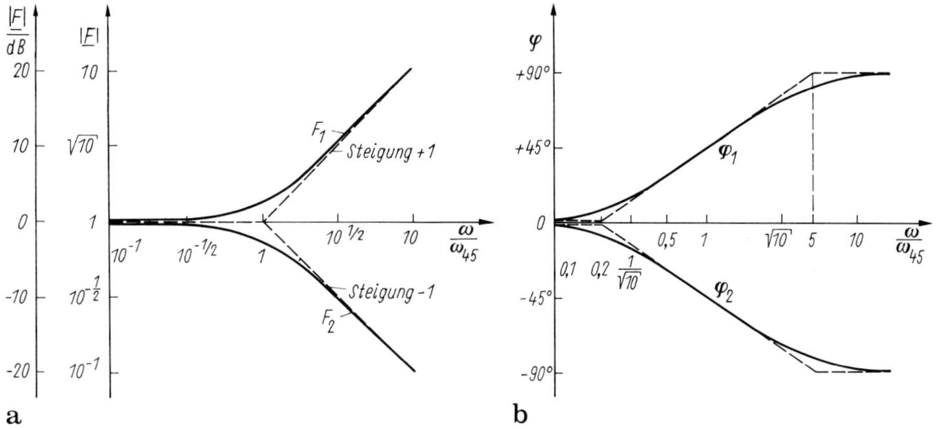

Bild 6.40. Bode-Diagramm. **a**) Betragsverlauf; **b**) Phasenverlauf

Näherungsweise kann der Amplitudengang durch die eingetragenen Asymptoten der Betragskurven ersetzt werden: Annäherung der Betragskurven durch Geraden. Sie haben die Steigungen

$$\frac{\mathrm{d}F_{1,2}}{\mathrm{d}\left(\dfrac{\omega}{\omega_{45}}\right)} \to 0 \quad \text{bei} \quad \frac{\omega}{\omega_{45}} \ll 1$$

$$\to \pm 1 \quad \text{bei} \quad \frac{\omega}{\omega_{45}} \gg 1\,. \tag{6.46}$$

Beispielsweise folgt für F_1 mit $\omega \gg \omega_{45}$

$$\frac{F_1}{\mathrm{d}B} \approx 20 \lg \sqrt{\left(\frac{\omega}{\omega_{45}}\right)^2} = 20 \lg \frac{\omega}{\omega_{45}}$$

bzw.

$$F_1 \approx \frac{\omega}{\omega_{45}}\,.$$

Merke: Verzehnfachung von ω: Zunahme von F um 20 dB: 20 lg · 10 = 20 dB/Dekade, Verdoppelung von ω: Zunahme von F um 6 dB: 20 lg 2 = 6 dB/Oktave.

Die beiden Asymptoten mit der Steigerung ± 1 schneiden sich bei der Knick- oder *Grenzfrequenz*, auch *3 dB*- oder *45°-Grenzfrequenz*

$$\omega = \omega_{45}\,.$$

Im Bild sind diese Verläufe eingetragen. Somit reichen für Frequenzverhältnisse $\omega/\omega_0 < 0{,}3$ bzw. > 3 die Asymptotenkonstruktionen meist aus. Die größte Abweichung ΔF

$$|\Delta F| = |\underline{F}| - |\underline{F}|_{\mathrm{appr}} \tag{6.47}$$

zur Asymptotennäherung $|\underline{F}|_{\text{appr}}$ beträgt 3 dB bei $\omega = \omega_{45}$, weitere Werte sind

$$\frac{\omega}{\omega_{45}} = 0{,}5 \qquad \Delta|\underline{F}| = \pm 1\ \text{dB}\,.$$

Dies geht aus Bild 6.40 deutlich hervor.

Phasengang. Der Phasengang von $\underline{F}$ bewegt sich in den beiden Beispielen zwischen 0 und $+90°$ bzw. $-90°$, wie im Bild dargestellt. Er läßt sich durch diese beiden Asymptoten und eine Wendetangente ersetzen. Sie verläuft durch die Punkte

$$\begin{aligned} \frac{\omega}{\omega_{45}} &= 0{,}2 \quad \text{und die } 0°\text{-Asymptote sowie} \\ \frac{\omega}{\omega_{45}} &= 5 \quad \text{und die } 90°\text{-Asymptote}\,. \end{aligned} \tag{6.48}$$

Auf diese Weise kann man sich einen raschen Überblick des Verlaufs verschaffen. Die Zwischenwerte sind im Bild 6.40 eingetragen.

Spezielle Anwendung. Scheinwiderstandsdiagramm. Die Scheinwiderstände Z bzw. Scheinleitwerte der Netzwerkelemente R, L, C wurden im Abschn. 6.1 diskutiert, auch hinsichtlich ihrer Frequenzabhängigkeit im linearen Maßstab (Bild 6.1). Die relativ gedrängte Darstellung des Scheinwiderstandes $Z_C(\omega)$ eines Kondensators bei niedriger und sehr hoher Frequenz läßt sich durch Darstellung im *doppelt logarithmischen Maßstab* umgehen. Dies ist ein einfaches Bode-Diagramm. Weil nur Zahlen, nicht physikalische Größen logarithmisch dargestellt werden können, geht man von der zugeschnittenen Größengleichung (s. Abschn. 6.2.3) aus:

$$Z_{\text{L}/\Omega} = 2\pi f_{/\text{Hz}} L_{/\text{H}}\,, \qquad Z_{\text{C}/\Omega} = \frac{1}{2\pi f_{/\text{Hz}} C_{/\text{F}}}\,.$$

Durch Logarithmieren folgt

$$\begin{aligned} \lg(Z_{\text{L}/\Omega}) &= \lg(f_{/\text{Hz}}) + \lg(2\pi L_{/\text{H}})\,, & \lg(Z_{\text{C}/\Omega}) &= -\lg f_{/\text{Hz}} - \lg(2\pi C_{/\text{F}})\,, \\ y &= x + n & y &= -x - n\,. \end{aligned}$$

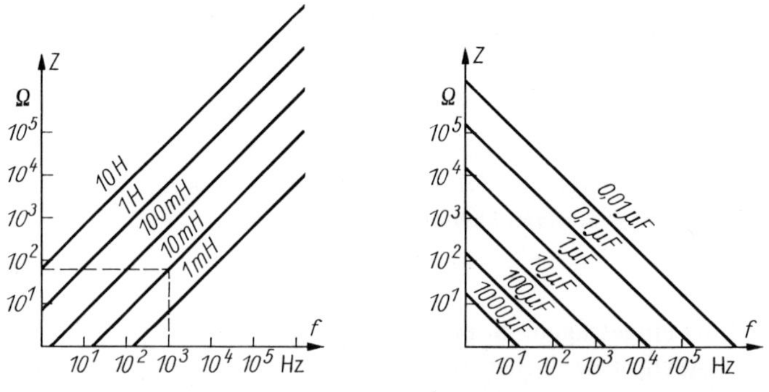

a b

Bild 6.41. Scheinwiderstand im doppelt-logarithmischen Maßstab. **a)** $Z = \omega L$; **b)** $Z = 1/(\omega C)$

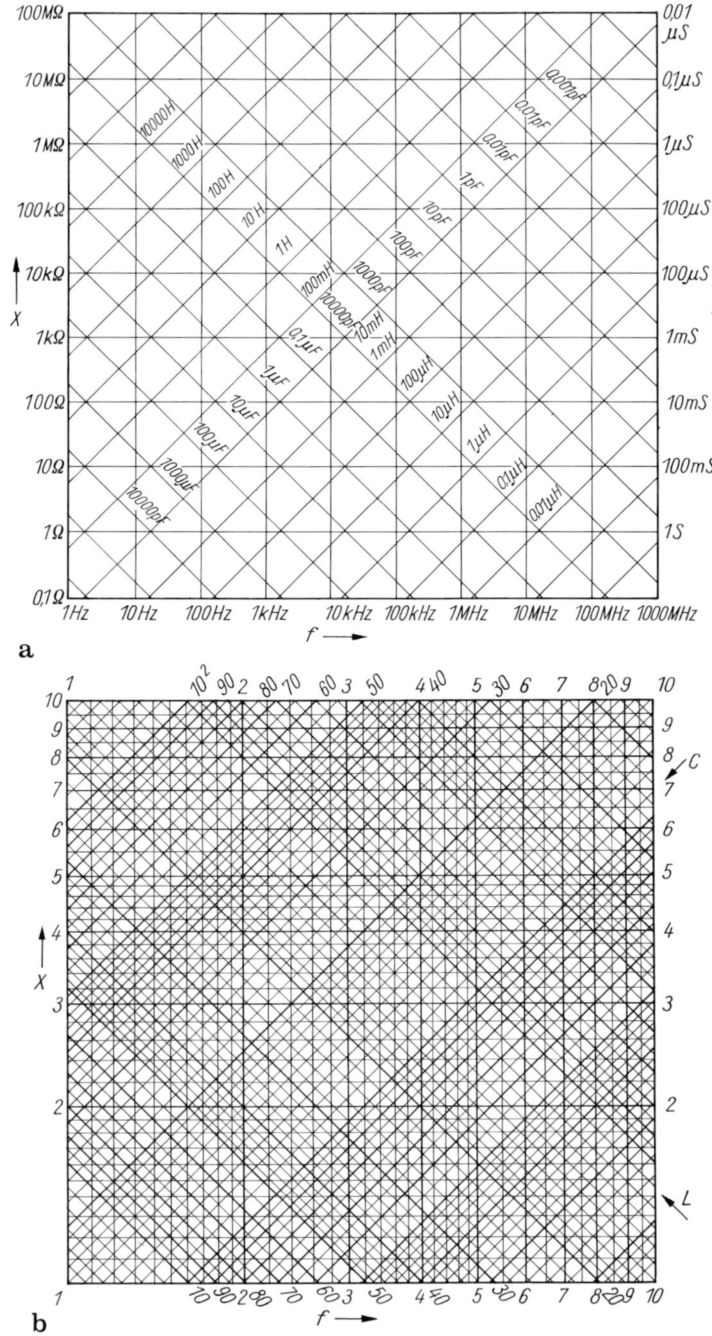

a

b

Bild 6.42. Scheinwiderstandsdiagramm. **a**) Darstellung für mehrere Dekaden; **b**) Auszug einer Dekade

Somit ist $Z_L = f(\omega)$, ($Z_C = f(\omega)$) in logarithmischer Darstellung eine steigende (fallende) Gerade mit der Steigung 1 (—1), die bei Änderung von L (C) parallel verschoben wird (Bild 6.41). Das entspricht genau dem Ergebnis Gl. (6.46)ff.

Bild 6.42 enthält die entsprechende Darstellung. Sie heißt *Scheinwiderstandsdiagramm*. Zur Erhöhung der Genauigkeit gibt man noch die Darstellung nur einer Dekade an. Um beispielsweise den Widerstand Z_C eines Kondensators $C = 260$ pF bei $f = 250$ kHz zu ermitteln, entnimmt man dem Bild 6.42a die Größenordnung $1\ \text{k}\Omega < Z_C < 10\ \text{k}\Omega$ und dem Bild 6.42b den genauen Wert $Z_C = 2460\ \Omega$.

Das Diagramm ist wegen $Y_C = \omega C$, $Y_L = 1/\omega L$ zugleich ein *Scheinleitwertsdiagramm* (rechter Maßstab).

6.4 Energie und Leistung im Wechselstromkreis

In diesem Abschnitt wenden wir den Energie- und Leistungsbegriff (Abschn. 4)
- auf periodische Ströme und Spannungen allgemein (Abschn. 6.4.1),
- auf sinusförmige Größen (Abschn. 6.4.2) im Zeit- und Frequenzbereich (Abschn. 6.4.3) an
- und übertragen die Ergebnisse auf das Zusammenspiel von aktivem und passivem Zweipol im Grundstromkreis (Abschn. 6.4.4).

6.4.1 Leistung und Energie für periodische Ströme und Spannungen

Bei zeitveränderlichen Strömen und Spannungen am Zweipol heißt das Produkt der *Momentanwerte* die *Momentanleistung* $p(t)$

$$p(t) = u(t)\, i(t) \tag{6.49}$$

Momentanleistung (Definitionsgleichung) .

Sie hängt in jedem Zeitpunkt gleichberechtigt vom Produkt der Momentanwerte von Spannung $u(t)$ und Strom $i(t)$ ab und ändert sich deshalb für zeitveränderliche Größen dauernd.

Vom Energietransport her gesehen interessiert nun weniger die Momentanleistung, sondern die (mittlere) Energie W, die je Periodendauer T vom Netzwerkelement aufgenommen (oder von ihm abgegeben) wird. Dieser Quotient W/T heißt *mittlere Leistung* $\overline{p(t)}$ oder *Wirkleistung* P

$$\overline{p(t)} = P = \frac{W}{T} = \frac{1}{T}\int_t^{t+T} p(t')\,\mathrm{d}t' = \overline{u(t)\, i(t)} \tag{6.50}$$

Wirkleistung, (mittlere) Leistung (Definitionsgleichung) .

Einheit: $[P] = [U]\,[I] = 1\ \text{V} \cdot 1\ \text{A} = 1\ \text{W}$.

In Worten: Die Wirkleistung P ist der arithmetische Mittelwert der Momentanleistung $p(t)$ und gleich der im Netzwerkelement umgesetzten Energie W je Periodendauer T.

Die Wirkleistung P Gl. (6.50) beträgt für *beliebig zeitveränderliche*, aber periodische Ströme und Spannungen:

1. Am *Wirkwiderstand* R (mit $u(t) = Ri(t)$, $\tilde{u} = R\tilde{i}$)

$$P = \frac{1}{T}\int_t^{t+T} u(t')\,\frac{u(t')}{R}\,\mathrm{d}t' = \frac{1}{R}\underbrace{\frac{1}{T}\int_t^{t+T} u^2(t')\,\mathrm{d}t'}_{\tilde{u}^2} = \frac{\tilde{u}^2}{R} = \tilde{u}\tilde{i}\,. \tag{6.51}$$

Merke: Die dem Wirkwiderstand R je Periodendauer T zugeführte (und dort vollständig in Wärme[1] umgewandelte) Energie — die Wirkleistung — ist gleich dem Produkt der Effektivwerte von Strom und Spannung.

Die Wirkleistung kann in ganz verschiedener Weise in eine andere Energieform umgewandelt werden, z. B.

- Energieabstrahlung in Form von Wärme beim ohmschen Widerstand,
- Energieabstrahlung einer Sendeantenne, z. B. eines UKW-Dipols. Er hat bei Gleichstrom einen vernachlässigbar kleinen Widerstand. Deshalb ist die umgesetzte Wärmeenergie hier gering. Speist man ihn aus einem Rundfunksender (= Generator von Wechselspannung sehr hoher Frequenz) und erhöht die Frequenz immer mehr, so strahlt die Antenne mehr und mehr Energie in Form elektromagnetischer Wellen in den Raum ab. Dadurch steigt der Energiedurchsatz.
  Die Angabe Antennenwiderstand $Z = 300\ \Omega$ heißt dann nicht, daß sie einen Gleichstromwiderstand $300\ \Omega$ besitzt (er beträgt nur Bruchteile eines Ω). Die Antenne verhält sich für die betreffende Sendefrequenz (z. B. 100 MHz) von der Wirkleistungsaufnahme her wie ein Ohmscher Widerstand von $R = 300\ \Omega$. Der Unterschied zu diesem besteht darin, daß die aufgenommene Energie als elektromagnetische Welle in den Raum strahlt und nicht als Wärme abgegeben wird.

2. Am *Energiespeicher*, z. B. dem Kondensator mit der Kapazität C

$$P = \frac{W_C}{T} = \frac{1}{T}\int_0^T u(t')\,i(t')\,\mathrm{d}t' = \frac{C}{T}\int_0^T u(t')\,\frac{\mathrm{d}u}{\mathrm{d}t'}\,\mathrm{d}t' = \frac{C}{T}\int_{u(0)}^{u(T)} u\,\mathrm{d}u = \frac{C}{T}\,\frac{u^2}{2}\Bigg|_{u(0)}^{u(T)} = 0\,, \tag{6.52}$$

da für die periodische Funktion $u(0) = u(T)$ gilt.

Beim *Energiespeicher* (C, L) wird *innerhalb einer Periodendauer* keine Energie zu- oder abgeführt, keine Wirkleistung verbraucht. Trotzdem muß Energie während eines Perioden*teiles zu-* und im anderen *ab*transportiert werden. Sie pendelt hin und her und wird zum Feldaufbau benötigt bzw. aus dem Feldabbau gewonnen.

Gerade diese Energiependelung ist das Charakteristikum der Energiespeicher im Wechselstromkreis. Ständig ändert sich die „Verbraucher"- und „Generatorrolle": Während einer bestimmten Zeit ist der passive Zweipol „Energielieferant" für den Generator (der dann als Verbraucher wirkt), während einer anderen „Energieverbraucher".

In Schaltungen mit ohmschen Widerständen und Energiespeichern haben wir somit zwischen Quelle und Verbraucher zwei Energieströmungen zu unterscheiden (Bild 6.43):

- Dem *zeitunabhängigen (mittleren) Energiestrom* von der Quelle zum Verbraucher. Er wird dort *irreversibel* in eine andere Energieform (Wärme, elektromagnetische Strahlung u. a. m.) umgesetzt und durch die Wirkleistung $P \equiv P_W$ charakterisiert;

[1] Oder eine andere Energieform bei Wandlern

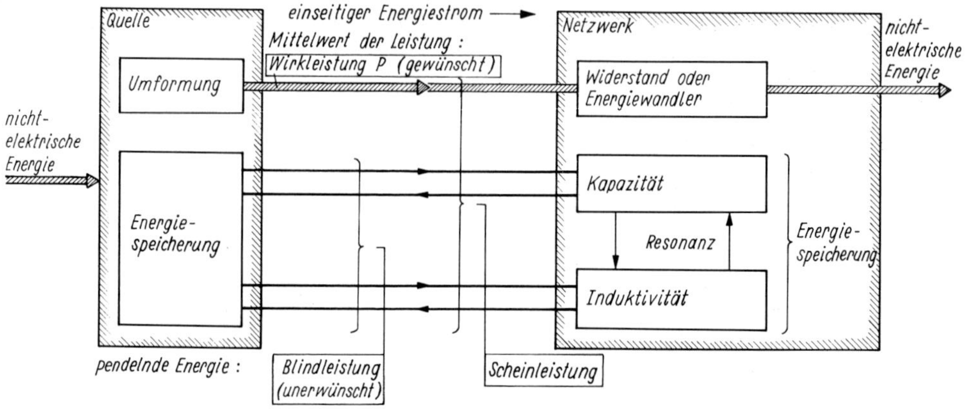

Bild 6.43. Energieströmungen zwischen Quelle und Verbraucher

— dem *zeitabhängigen Energiestrom*, der zwischen Quelle und Verbraucher ständig hin- und herpendelt (reversibler Leistungsumsatz). Wir erfassen ihn später durch den Begriff *Blindleistung* $Q \equiv P_B$. Wirk- und Blindleistung lassen sich mit getrennten Instrumenten messen.

Dazu kommt noch die Energiependelung zwischen Speichern elektrischer und magnetischer Energie selbst. Sie ist die physikalische Grundlage der Resonanzerscheinung (s. Abschn. 7.1.4).

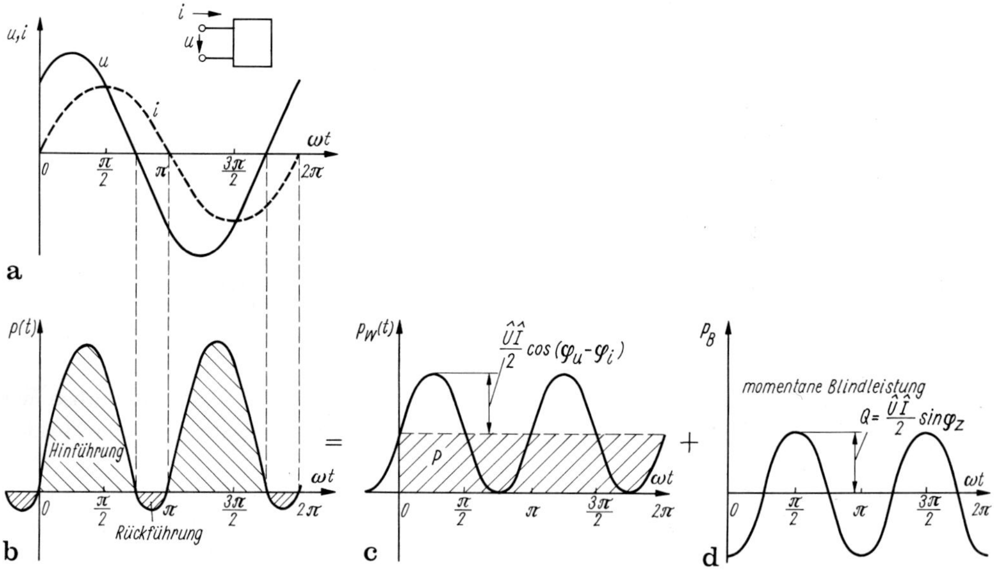

Bild 6.44. Momentanwerte von Spannung, Strom und Leistung über der Zeit für festen Phasenwinkel. **a)** Strom und Spannung; **b)** Momentanleistung; **c)** Verlauf der Wirkleistung; **d)** momentane Blindleistung

6.4.2 Leistungsdarstellung für sinusförmige Ströme und Spannungen im Zeitbereich

Momentanleistung. Liegt an einem Zweipol die Spannung $u(t) = \hat{U} \sin(\omega t + \varphi_u)$ und wird er vom Strom $i(t) = \hat{I} \sin(\omega t + \varphi_i)$ durchflossen, so beträgt die Momentanleistung Gl. (6.49) (Bild 6.44):

$$p(t) = u(t)\, i(t) = \hat{U}\hat{I} \sin(\omega t + \varphi_u) \sin(\omega t + \varphi_i)$$

$$= \frac{\hat{U}\hat{I}}{2}\Big[\underbrace{\cos(\varphi_u - \varphi_i)}_{\text{zeitlich konstant}} - \underbrace{\cos(2\omega t + \varphi_u + \varphi_i)}_{\text{mit doppelter Frequenz schwankend}}\Big].$$

Nach Zerlegung von

$$\cos(2\omega t + \varphi_u + \varphi_i) = \cos 2(\omega t + \varphi_u) \cos(\varphi_i - \varphi_u)$$
$$- \sin(2\omega t + \varphi_u) \sin(\varphi_i - \varphi_u)$$
$$= \cos 2(\omega t + \varphi_u) \cos \varphi + \sin(2\omega t + \varphi_u) \sin \varphi$$

wird daraus (mit $\sin \varphi = -\sin(-\varphi)$)

$$p(t) = \frac{\hat{U}\hat{I}}{2}[\cos(\varphi_u - \varphi_i) - \cos 2(\omega t + \varphi_u) \cos(\varphi_u - \varphi_i) -$$
$$- \sin 2(\omega t + \varphi_u) \sin(\varphi_u - \varphi_i)]$$
$$= \underset{(1)}{P} - \underset{(2)}{P \cos 2(\omega t + \varphi_u)} - \underset{(3)}{Q \sin 2(\omega t + \varphi_u)}. \qquad (6.53)$$

(1) **Wirkleistung, zeitunabhängig**
(2) **sog. schwingende Leistung (periodisch schwankende Wirkleistung)**
(3) **momentane Blindleistung (periodisch schwankend, $\pi/2$ phasenverschoben zu (2))**

Dabei wurden gesetzt:

$$P = \frac{\hat{U}\hat{I}}{\sqrt{2}\sqrt{2}} \cos(\varphi_u - \varphi_i) = UI \cos(\varphi_u - \varphi_i);$$

$$Q = \frac{\hat{U}\hat{I}}{\sqrt{2}\sqrt{2}} \sin(\varphi_u - \varphi_i) = UI \sin(\varphi_u - \varphi_i).$$

Im Bild 6.44 sind diese Einzelanteile dargestellt worden. Aus dem Verlauf $i(t)$, $u(t)$ ergibt sich zunächst die Momentanleistung (Bild 6.44b) durch Multiplikation von i und u in jedem Zeitpunkt. Im Bild 6.44c und d wurde dieses Produkt nach Gl. (6.53) zerlegt. Vom Standpunkt der irreversiblen und reversiblen Energieumwandlung enthält $p(t)$ zwei Anteile:

1. Wirkleistung. Anteile (1) und (2). Diese Leistungskomponente pendelt mit der doppelten Frequenz um den *Mittelwert P*, wechselt *aber nie* ihr *Vorzeichen* (Bild 6.44c). Deshalb fließt der zugeordnete Energiestrom stets in eine Richtung und stellt die kontinuierliche Energieaufnahme (VZS) oder -abgabe (EZS) des Netzwerkelementes dar. Die Anteile (1) und (2) heißen momentane Wirkleistung[1, 2]

$$p_W(t) = \frac{\hat{U}\hat{I}}{2}\cos(\varphi_u - \varphi_i)\,[1 - \cos 2(\omega t + \varphi_u)]\,.$$

Ihr arithmetischer Mittelwert ist die Wirkleistung nach Gl. (6.51)

$$P = \overline{p_W(t)} = \overline{p(t)} = \frac{1}{T}\int_t^{t+T} p_W(t')\,dt' = \frac{\hat{U}\hat{I}}{\sqrt{2}\sqrt{2}}\cos\varphi_z = UI\cos\varphi_z \qquad (6.54\,a)$$

$$\text{mit}\quad \varphi_z = \varphi_u - \varphi_i = -\varphi_y$$

Wirkleistung am Zweipol bei sinusförmigem Strom und Spannung.

Allgemein: Die in einem Zweipol bei Sinuserregung umgesetzte Wirkleistung ist gleich dem Produkt der Effektivwerte von Strom und Spannung und dem *Leistungsfaktor* $\cos\varphi$ (φ: Differenz der Nullphasenwinkel von Spannung und Strom, $\varphi \equiv \varphi_z$ bzw. $\varphi \equiv -\varphi_y$.

Da $\cos\varphi_z$ eine gerade Funktion ist, wird die Angabe des Leistungsfaktors erst durch eine Zusatzangabe darüber eindeutig, ob der Strom vor- oder nacheilt, der Verbraucher kapazitiv oder induktiv wirkt.

Wir greifen auf die im Abschn. 6.2.2.2 eingeführten Begriffe Wirkstrom I_W und Wirkspannung U_W (Bild 6.10) zurück und erkennen: Die Wirkleistung P läßt sich stets als Produkt der Effektivwerte von Spannung U oder Strom I und der jeweils zugeordneten, *mit ihr in Phase liegenden* Strom- oder Spannungskomponente, dem Wirkstrom I_W bzw. der Wirkspannung U_W schreiben:

$$P = \frac{\hat{U}}{\sqrt{2}}\underbrace{\left(\frac{\hat{I}}{\sqrt{2}}\cos\varphi_y\right)}_{\text{Wirkstom } I_W} = \frac{\hat{I}}{\sqrt{2}}\underbrace{\left(\frac{\hat{U}}{\sqrt{2}}\cos\varphi_z\right)}_{\text{Wirkspannung } U_W} \qquad (6.54\,b)$$

$$= UI_W = U^2 G_p = IU_W = I^2 R_r\,.$$

Deshalb wird die Wirkleistung im Wirkwiderstand $R_r = Z\cos\varphi_z$ (eines Scheinwiderstandes $\underline{Z}$) (Bild 6.10) bzw. im Wirkleitwert $G_p = Y\cos\varphi_y$ (eines Scheinleitwertes $\underline{Y}$) irreversibel umgesetzt.

Diskussion. Man erhält für den passiven Zweipol (Verbraucherzählpfeilsystem) bei verschiedenen Phasenwinkeln die folgenden Fälle:

$\varphi_z = 0$: Zweipol als *Verbraucher* (ohmscher Widerstand $\cos\varphi = \cos 0 = 1$). Die Wirkleistung ist stets positiv ($P > 0$) und erreicht ihren Maximalwert

$$P = UI = \frac{\hat{U}\hat{I}}{2}\,.$$

---

[1] Momentane Wirkleistung, weil unter der Wirkleistung der Mittelwert P verstanden wird (s. Gl. (6.51))

[2] Beachte: Die Momentanleistung $p(t)$ Gl. (6.53) enthält noch den Anteil (3). Er liefert bei der Mittelwertbildung keinen Beitrag. Deshalb gilt Gl. (6.51 a)

$\varphi_z = \pi$: Zweipol als *Generator* (Richtungsumkehr des Stromes gegen Verbraucherzuordnung, $\cos \pi = -1$). Jetzt liefert der Zweipol wegen $P < 0$ ständig Energie.

$\varphi_z = \pm \frac{\pi}{2}$: Zweipol als *Energiespeicher*. Hier gilt $P = 0$, kein Wirkleistungsumsatz.

$0 < \varphi_z < \frac{\pi}{2}$: Die Momentanleistung ist zeitweise negativ, überwiegend aber positiv, daher Nettoleistungsaufnahme: ohmscher Widerstand zusammengeschaltet mit einem Energiespeicher (hier Induktivität, da $\varphi_z > 0$).

Im Bild 6.45 wurden diese Verhältnisse näher dargestellt.

Beim Übergang zum Erzeugerzählsystem vertauschen sich die hier angegebenen Verhältnisse wegen der Richtungsumkehr des Stromes.

Der in Gl. (6.53) noch auftretende Term (2)

$$P \cos 2(\omega t + \varphi_u)$$

heißt *schwingende Leistung* (der Amplitude P mit der Frequenz 2ω). Sie kennzeichnet die Schwankungen der Wirkleistungen um den Mittelwert P (Bild 6.44c). Dabei wird die Wirkleistung

$$p_W = P[1 - \cos 2(\omega t + \varphi_u)]$$

beim passiven Zweipol nie negativ.

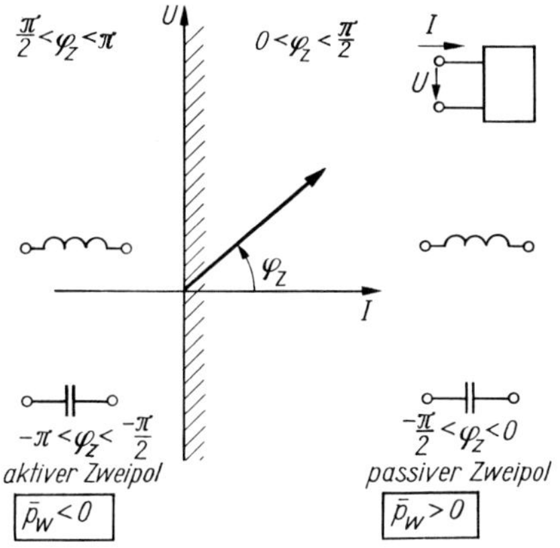

Bild 6.45. Leistungsverhältnisse und Phasenwinkel am Zweipol (Verbraucherzählpfeilrichtung)

2. Blindleistung. Die Leistungskomponente (3) in Gl. (6.53) heißt *momentane Blindleistung*

$$p_B = -\frac{\hat{U}\hat{I}}{\sqrt{2}\sqrt{2}} \sin(\varphi_u - \varphi_i) \sin 2(\omega t + \varphi_u)$$
$$= -UI \sin(\varphi_u - \varphi_i) \sin 2(\omega t + \varphi_u) = -Q \sin 2(\omega t + \varphi_u)\,.$$

Sie schwankt stets mit der doppelten Frequenz (2ω) um die Nullinie (Bild 6.44d), zeitlich um $\pi/2$ phasenverschoben zur schwingenden Leistung. Ihre Ursache ist die zwischen aktivem und passivem Zweipol hin und her pendelnde Energie. Zwischenzeitlich wird sie im elektrischen bzw. magnetischen Feld des Zweipols gespeichert.

Der *zeitliche Mittelwert*

$$\bar{p}_B \equiv Q = \frac{1}{T} \int_t^{t+T} p_B(t')\, dt' = 0$$

der momentanen Blindleistung p_B verschwindet. Deshalb wird durch diese Leistungskomponente im Mittel keine Energie irreversibel umgesetzt.

Das Energiependeln zwischen Generator und Verbraucher ist jedoch mit einem Stromfluß durch die Verbindungsleitungen verknüpft. Es entsteht im Leitungswiderstand eine Verlustleistung (thermische Belastung). Blindleistung belastet also die Leitungen zusätzlich! Zur besseren Darstellung des Zusammenhanges zwischen dieser Strombelastung der Verbindungsleitungen und der Energieumspeicherung im passiven Zweipol wurde die Amplitude der momentanen Blindleistung (der sog. scheinbare Mittelwert) als *Blindleistung* $Q = P_B$ vereinbart

$$Q = P_B = \frac{\hat{U}\hat{I}}{\sqrt{2}\sqrt{2}} \sin \varphi_z = UI \sin \varphi_z \tag{6.55 a}$$

Blindleistung (Definitionsgleichung)
Einheit: 1 var.

Mit den im Abschn. 6.2.2.2 eingeführten Begriffen Blindstrom I_B und Blindspannung U_B erkennt man:
Wie die Wirkleistung, so läßt sich auch die Blindleistung als Produkt aus Spannung oder Strom und der gegenüber dieser Größe um $\pm\pi/2$ phasenverschobenen Strom- oder Spannungskomponente darstellen [Blindstrom $I_B = -I \sin \varphi_z = UB_p$ (Bild 6.44), Blindspannung $U_B = U \sin \varphi_z = IX_r$]

$$\begin{aligned} Q = P_B &= \frac{\hat{U}}{\sqrt{2}} \underbrace{\frac{\hat{I}}{\sqrt{2}} \sin \varphi_z}_{\text{Blindstrom } I_B} = -UI_B = -U^2 B_p \\ &= \frac{\hat{I}}{\sqrt{2}} \underbrace{\frac{\hat{U}}{\sqrt{2}} \sin \varphi_z}_{\text{Blindspannung } U_B} = IU_B = I^2 X_r\,. \end{aligned} \tag{6.55 b}$$

So ist die Blindleistung die im Blindwiderstand $X_r = Z \sin \varphi_z$ eines Scheinwiderstandes Z (Bild 6.45) bzw. im Blindleitwert $B_p = Y \sin \varphi_y$ eines Scheinleitwertes Y auftretende Leistung.

Das Vorzeichen von P_B ist willkürlich festlegbar, weil bei der Herleitung sowohl die Spannung als auch der Strom in zwei Anteile zerlegt werden kann. Dadurch würde in Gl. (6.55b) φ_u mit φ_i vertauscht. Üblicherweise geht man von Gl. (6.55b) aus. Dann hat die von den Spulen aufgenommene Blindleistung einen positiven ($X_r > 0$), die vom Kondensator aufgenommene ($X_r < 0$) einen negativen Wert:

a) Induktive Blindleistung: $\varphi_z = \varphi_u - \varphi_i > 0$. Die Spannung eilt dem Strom voraus (induktives Verbraucherverhalten): Blindleistung positiv.

b) Kapazitive Blindleistung: $\varphi_z < 0$. Die Spannung eilt dem Strom nach (kapazitives Verbraucherverhalten): Blindleistung negativ.

Diskussion: Blindleistung und Energie. Wir untersuchen den physikalischen Inhalt der Blindleistung näher. Im Bild 6.46 wurden für beide Energiespeicher Momentanleistung $p(t)$ und Momentanenergie $W_L(t)$ bzw. $W_C(t)$ dargestellt. Liegt an einer Induktivität die Spannung $u(t) = \hat{U}\cos\omega t$, so fließt der Strom $i(t) = \hat{I}\sin\omega t$. Das ergibt eine um die Nullinie symmetrisch pendelnde Momentanleistung mit dem Mittelwert Null: im Mittel keinen Wirkleistungsverbrauch (Bild 6.46a). Während einer Viertelperiode fließt Energie in die Spule (→ positive Leistung), während der nächsten wieder zurück (→ negative Leistung). Die momentane Blindleistung (Gl. (6.53), Anteil (3))

$$p_B(t) = -UI\sin\varphi_z \sin 2(\omega t + \varphi_u)$$

pendelt (wobei $\varphi_z = +\pi/2$, Induktivität). Die momentane Energie $W_L(t)$ der Spule beträgt

$$W_L(t) = \frac{Li^2(t)}{2} = \frac{L\hat{I}^2}{2}\sin^2\omega t = \frac{L\hat{I}^2}{4}(1 - \cos 2\omega t) \tag{6.56a}$$

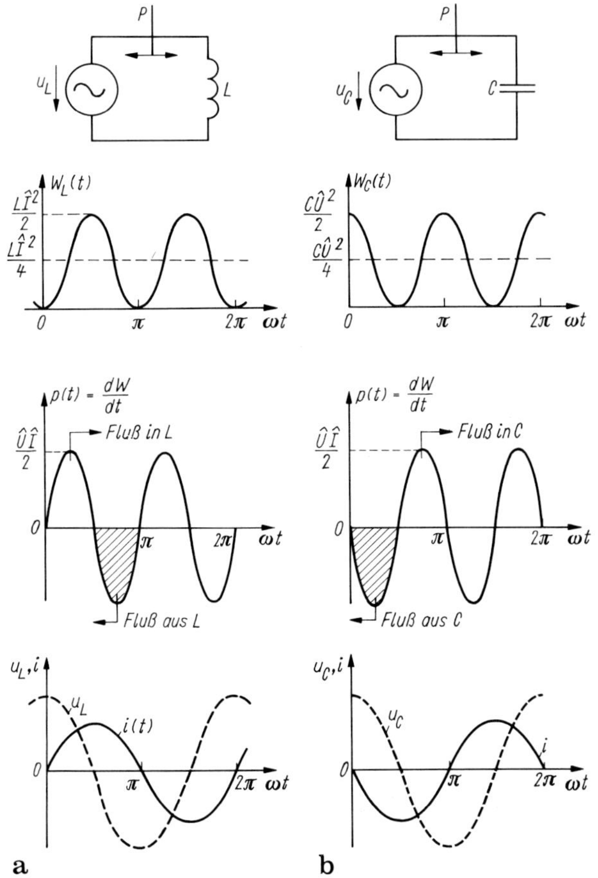

Bild 6.46. Leistung und Energie in den Energiespeichern. **a)** Induktivität; **b)** Kapazität

mit dem Mittelwert — der mittleren gespeicherten Energie —

$$\overline{W}_{\mathrm{L}} = \int_0^T W_{\mathrm{L}}(t')\,\mathrm{d}t' = \frac{L\hat{I}^2}{4T}\int_0^T (1 - \cos 2\omega t)\,\mathrm{d}t = \frac{L\hat{I}^2}{4} = \frac{LI^2}{2}\,. \tag{6.56 b}$$

Aus Bild a wird dieser Mittelwert deutlich sichtbar.

Die Blindleistung beträgt nach Gl. (6.53) und mit Gl. (6.56b)

$$Q = P_{\mathrm{B}} = I^2 X_{\mathrm{r}} = I^2\omega L = 2\omega\overline{W}_{\mathrm{L}}\,. \tag{6.57}$$

In Worten: Die von der Induktivität verursachte Blindleistung Q ist gleich dem 2ω-fachen Wert ihrer mittleren gespeicherten Energie.

Ein analoges Ergebnis ergibt sich für die Kapazität (Bild 6.46b). Nach diesen Betrachtungen ist es keinesfalls berechtigt, die Blindleistung als ,,Rechengröße" ohne physikalische Bedeutung zu betrachten, wie es mitunter geschieht. Sie stellt vielmehr ein (physikalisch meßbares) Maß für den Energieaustausch im Zusammenhang mit Speicherelementen dar.

Scheinleistung (Rechengröße). Es liegt nahe, die geometrische Addition von Strömen oder Spannungen bei der Zusammenschaltung von Wirkwiderständen (R) und Energiespeichern (L, C) auch durch eine Leistungsgröße ausdrücken zu können. Dazu wird die *Scheinleistung* $S = P_{\mathrm{S}}$ vereinbart:

$$S \equiv P_{\mathrm{S}} = UI = \frac{\hat{U}\hat{I}}{\sqrt{2}\sqrt{2}} = UI\sqrt{\cos^2\varphi + \sin^2\varphi}$$

$$= \sqrt{(UI\cos\varphi)^2 + (UI\sin\varphi)^2} = \sqrt{P_{\mathrm{W}}^2 + P_{\mathrm{B}}^2} \tag{6.58 a}$$

Scheinleistung (Definitionsgleichung)
Einheit: 1 VA (Voltampere).

Die Scheinleistung S ist das Produkt der Effektivwerte von Strom I und Spannung U am Scheinwiderstand Z bzw. Scheinleitwert Y deshalb eine Rechengröße ohne physikalische Bedeutung. Sie läßt sich gleichwertig durch die geometrische Summe von Wirk- (P) und Blindleistung (Q) ausdrücken (Bilder 6.10 und später 6.49).

Reihenschaltung
von Wirk- und Blindwiderstand

$$U = \sqrt{U_{\mathrm{W}}^2 + U_{\mathrm{B}}^2}\,,$$

$$Z = \sqrt{R_{\mathrm{r}}^2 + X_{\mathrm{r}}^2}\,,$$

$$P_{\mathrm{S}} = \sqrt{P_{\mathrm{W}}^2 + P_{\mathrm{B}}^2} = I\sqrt{U_{\mathrm{W}}^2 + U_{\mathrm{B}}^2} = I^2\sqrt{R_{\mathrm{r}}^2 + X_{\mathrm{r}}^2} = I^2 Z\,,$$

Parallelschaltung
von Wirk- und Blindleitwert

$$I = \sqrt{I_{\mathrm{W}}^2 + I_{\mathrm{B}}^2}\,,$$

$$Y = \sqrt{G_{\mathrm{p}}^2 + B_{\mathrm{p}}^2}\,,$$

$$P_{\mathrm{S}} = \sqrt{P_{\mathrm{W}}^2 + P_{\mathrm{B}}^2} = U\sqrt{I_{\mathrm{W}}^2 + I_{\mathrm{B}}^2} = U^2\sqrt{G_{\mathrm{p}}^2 + B_{\mathrm{p}}^2} = U^2 Y\,. \tag{6.58b}$$

Beispiel: Wirk-, Blind-, Scheinleistung. An einem passiven Zweipol liege $u(t) = U\sin\omega t$, $i(t) = I\sin(\omega t + \varphi_{\mathrm{i}})$ ($U = 100$ V, $I = 10$ A, der Strom eile 10° nach, $f = 50$ Hz).

Gesucht sind

a) die Zweipolersatzschaltungen (Reihen- und Parallelschaltung);
b) die Größe der Schaltelemente;
c) die Leistungen S, P, Q.

a), b) Es gilt im Frequenzbereich $\underline{u}(t) = \hat{\underline{U}}\, e^{j\omega t}$ ($\varphi_u = 0$), $\underline{i}(t) = \hat{\underline{I}}\, e^{j(\omega t - 10°)}$ (da Strom nacheilend).

Daraus folgt für die

— Reihenschaltung

$$\underline{Z} = \frac{\underline{U}}{\underline{I}\, e^{-j10°}} = \frac{U}{I}(\cos 10° + j \sin 10°) = \frac{100\ \text{V}}{10\ \text{A}}(0{,}98 + j\,0{,}17) = (98 + j\,17)\,\Omega$$

$$= R_r + jX_r = R_r + j\omega L_r \qquad R_r = 98\,\Omega, \qquad L_r = 0{,}054\ \text{H},$$

— Parallelschaltung

$$\underline{Y} = \frac{\hat{\underline{I}}\, e^{-j\,10°}}{\hat{\underline{U}}} = \frac{U}{I}[\cos(-10°) + j \sin(-10°)] = 0{,}1(0{,}98 - j\,0{,}17)\ \text{S}$$

$$= G_p + jB_p = G_p - \frac{j}{\omega L_p}; \qquad G_p = 0{,}098\ \text{S}, \qquad L_p = 0{,}18\ \text{H}.$$

c) Die Leistungen betragen

$$S = UI = 1\ \text{kVA}; \qquad P = UI\cos\varphi_z = I^2 R_r = U^2 G_p = 980\ \text{W},$$

$$Q = UI \sin\varphi_z = I^2 X_r = -U^2 B_p = 170\ \text{var}.$$

Blindleistungskompensation. Bei der Energieumformung, z. B. in mechanische Arbeit ($P_{mech} = \eta P_W$, η Wirkungsgrad des Verbrauchers), wird möglichst hohe Wirkleistung P am Verbraucher angestrebt. Liegt die Verbraucherspannung (z. B. Netzspannung) fest, so beträgt der (Zu-)Leitungsstrom zum Zweipol

$$I = \frac{P}{U\cos\varphi}.$$

Er ist für $\varphi = 0$ (reeller Verbraucher) am kleinsten und damit auch die Leistungsverluste I^2R im Leitungswiderstand R: Man strebt bei der Leistungsübertragung annähernd blindstromfreie Verhältnisse ($\cos\varphi \approx 1$, $\varphi \approx 0$) an. Schaltungstechnisch dienen dazu sog. „*Phasenschieber*". Das sind Blindschaltelemente (Energiespeicher) parallel oder in Reihe zum Verbraucherzweipol. Sie werden so bemessen, daß insgesamt $\cos\varphi \approx 1$ erreicht wird. Physikalisch nutzt man den sog. *Resonanzeffekt* (s. Abschn. 7.1.4).

Viele Verbraucher — z. B. Motoren, Transformatoren — haben induktiven Phasenwinkel. Ihnen müssen deshalb Kondensatoren („Phasenschieber-Kondensatoren") unmittelbar am „Erzeugungsort der Blindleistung" zugeschaltet werden. Im anderen Fall würden in der Verbindungsleitung zwischen Motor und Phasenschieber-Kondensator zu große Wirkleistungsverluste auftreten.

Beispiel: Blindleistungskompensation. Gegeben sei ein Verbraucherzweipol, an dem die Spannung U liegt mit den Wirk- und Blindleistungen P, Q und dem Phasenwinkel φ_y ($\cos\varphi_y$). Durch Parallelschalten eines Phasenschieberelementes (Blindleistung Q) soll ein Phasenwinkel φ_y' eingestellt werden. Wie ist das Element zu bemessen?

Wir gehen von der Parallelschaltung der Einzelleitwerte G_p, B_p aus (Bild 6.47) und ermitteln für beide Fälle zunächst die Phasenwinkel

ohne Kompensation $\qquad$ mit Kompensation

$$\tan\varphi_y = \frac{B_p}{G_p}, \qquad \tan\varphi_y' = \frac{B_p + B_p'}{G_p}.$$

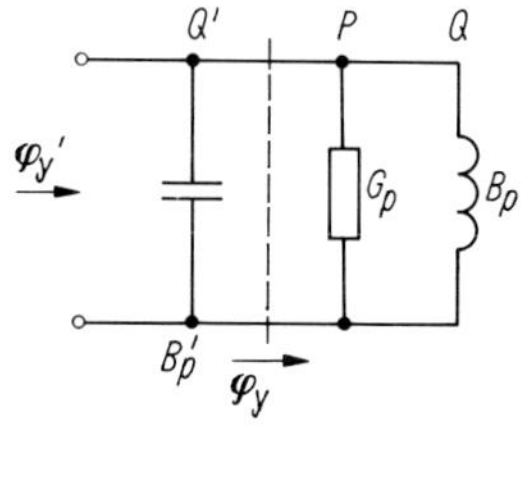

Bild 6.47. Prinzip der Phasenkompensation (Phasenverschiebung)

Daraus folgt durch Auflösen nach B'_p (mit $P = U^2 G_p$)

$$B'_p = \frac{P}{U^2}(\tan\varphi'_y - \tan\varphi_y)\,.$$

Diskussion. Für induktive Phasenwinkel ($B_p = -1/(\omega L)$) wird $\tan\varphi_y$ negativ, deshalb muß B'_p positiv sein (Kapazität)

$$C'_p = \frac{P}{\omega U^2}(\tan\varphi'_y - \tan\varphi_y)\,. \tag{6.59}$$

Für kapazitiven Phasenwinkel ist $\tan\varphi_y$ positiv und die Kompensation erfolgt durch eine Induktivität. Das Kompensationselement ist für eine Blindleistung (Gl. (6.55))

$$P'_B = -U^2 B'_p = -P(\tan\varphi'_y - \tan\varphi_y)$$

auszulegen.

Zahlenwerte: Der $\cos\varphi$ eines Motors ($P = 800$ W, $U = 220$ V, $f = 50$ Hz) soll von $\varphi = 0{,}8$ (induktiv) auf $\varphi' = 0{,}95$ durch einen parallelgeschalteten Phasenschieber-Kondensator verbessert werden. Wie groß muß die Kapazität sein?

Es gilt hier $\varphi = \varphi_u - \varphi_i \equiv \varphi_z = -\varphi_y$, also wegen $\varphi_z = \arccos 0{,}8 = 36{,}86°$, $\varphi_y = -36{,}86°$. Entsprechend wird $\varphi'_y = -\arccos 0{,}95 = -25{,}8°$. Nach Gl. (6.59) ergibt sich die Kapazität

$$C'_p = \frac{800\ \text{W}}{2\pi\ 50\ \text{Hz}\ 220^2\ \text{V}^2}[\tan(-25{,}8°) - \tan(-36{,}8°)] = 13{,}9\ \mu\text{F}\,.$$

Die Blindleistung beträgt $P'_B = 211$ W.

Soll der Phasenwinkel φ'_y verschwinden ($\cos\varphi'_y = 1$), so ist dazu die Kapazität

$$\omega C'_p = -G_p \tan\varphi_y = -G_p\frac{B_p}{G_p} = -B_p = \frac{1}{\omega L_p}$$

(bei induktivem Verbraucher) erforderlich. Diese Bedingung lernen wir im Abschn. 8 als *Resonanzbedingung* kennen. Die Kapazität beträgt

$$C'_p = -\frac{P}{\omega U^2}\tan\varphi_y = 47{,}6\ \mu\text{F}\,.$$

Da Kondensatoren großer Kapazität und Spannung ($\hat{U} = \sqrt{2}\cdot 220\ \text{V} = 311\ \text{V}$!) teuer sind, wird der Resonanzzustand bzw. $\cos\varphi'_y = 1$ in der Leistungselektronik meist nicht exakt angestrebt.

Leistungsbegriff und dynamische Kennlinie. Wir untersuchen den Zusammenhang zwischen Leistung und der dynamischen Kennlinie eines passiven Zweipols speziell

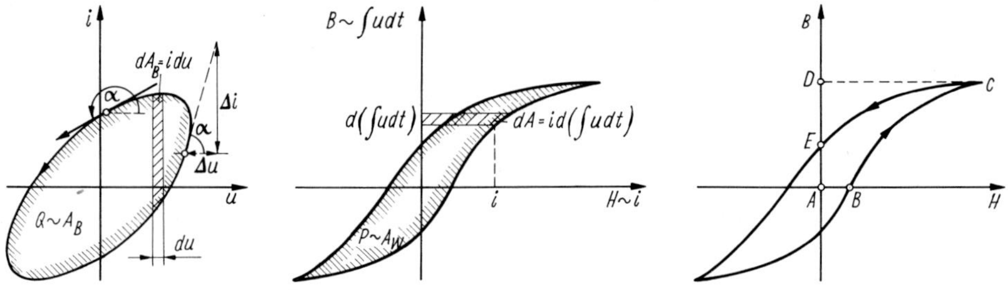

Bild 6.48. Dynamische Kennlinie

bei Sinuserregung (Abschn. 5.1.5). In der Darstellung i über u mit der Zeit als Parameter ergab sich eine Ellipse mit den Grenzfällen Kreis (Energiespeicher) und Gerade (Ohmscher Widerstand). Deshalb vermuten wir einen Zusammenhang zwischen der je Periode zu umfahrenden *Kennlinienfläche* A_B und der Leistung (Bild 6.48). Liegen am passiven Zweipol die Spannungen $u(t) = \hat{U} \sin(\omega t + \varphi_u)$ und der Strom $i(t) = \hat{I} \sin(\omega t + \varphi_i)$, so beträgt der Flächeninhalt A_B der i-u-Kennlinie bei einem Umlauf[1]

$$A_B = \oint i \, du = \int_0^T i \left(\frac{du}{dt}\right) dt = \omega \int_0^T \hat{U}\hat{I} \sin(\omega t + \varphi_i) \cos(\omega t + \varphi_u) \, dt$$

$$= -\pi \hat{U}\hat{I} \sin \varphi_z \,. \qquad (6.60\,a)$$

In diese Beziehung kann die Blindleistung nach Gl. (6.55a) eingeführt werden und führt auf das Ergebnis

$$A_B = -2\pi Q \qquad (6.60\,b)$$

Zusammenhang zwischen Blindleistung und Fläche der dynamischen Kennlinie.

Allgemein gilt: Die während einer Periodendauer (Umlauf) von einer passiven dynamischen Zweipolkennlinie i über u eingeschlossene Fläche ist ein Maß für die Blindleistung Q des Zweipols (abhängig von der Umlaufrichtung, also vom Winkel φ_z positiv oder negativ).

Die Wirkleistung P läßt sich analog veranschaulichen. Wir benutzen dazu als eine der Koordinaten nicht i oder u, sondern das Zeitintegral $\int_0^t i \, dt'$ bzw. $\int_0^t u \, dt'$ der Größe (Bild (6.48b). Dann gilt mit dem Flächenelement $dA_W = i \, d\left[\int_0^t u \, dt'\right]$

$$A_W = \oint i d\left[\int_0^t u \, dt'\right] = \int_0^T i \frac{d}{dt}\left[\int_0^t u \, dt'\right] dt = \int_0^T iu \, dt = TP \,. \qquad (6.61)$$

Im zweiten Schritt wurde beachtet, daß sich Differentiation und Integration gegenseitig „aufheben".

Merke: In der Darstellung i über $\int u \, dt$ (bzw. u über $\int i \, dt$) eines Zweipols ist die umlaufende Fläche A_W ein Maß für die je Umlauf umgesetzte Energie: die Wirkleistung P.

Ein Beispiel hierfür stellt die Hysteresekurve dar (s. Abschn. 3.1.4). Dort gilt $B \sim \int u \, dt$, $H \sim i$. In einer Halbperiode ist dann
- die gespeicherte Energie proportional der Fläche $ABCDE$;
- die wieder abgegebene Energie proportional der Fläche $ECDE$ (Bild 6.48).

[1] Flächeninhalt dA_B eines schmalen Rechteckstreifens $dA_B = i \, du$, Gesamtfläche innerhalb eines Umlaufes $A_B = \oint dA_B$

6.4.3 Leistungsberechnung mit rotierenden Zeigern. Komplexe Leistung

Alle bisher eingeführten Leistungen lassen sich auch durch rotierende Zeiger (schlüssig nur durch Form II: s. Abschn. 6.2.1.2) ausdrücken. Bisweilen ist dies sogar zweckmäßiger. Wir gehen dazu von den Darstellungen

$$u(t) = \frac{1}{2}(\hat{\underline{U}}\,\mathrm{e}^{\mathrm{j}\omega t} + \hat{\underline{U}}^*\,\mathrm{e}^{-\mathrm{j}\omega t})\,; \qquad i(t) = \frac{1}{2}(\hat{\underline{I}}\,\mathrm{e}^{\mathrm{j}\omega t} + \hat{\underline{I}}^*\,\mathrm{e}^{-\mathrm{j}\omega t})$$

aus und erhalten als Momentanleistung (Gl. (6.49))

$$p(t) = u(t)\,i(t) = \frac{1}{4}\,[\underbrace{\hat{\underline{U}}\hat{\underline{I}}^* + \hat{\underline{U}}^*\hat{\underline{I}}}_{(1)} + \underbrace{\hat{\underline{U}}\hat{\underline{I}}\,\mathrm{e}^{\mathrm{j}2\omega t} + \hat{\underline{U}}^*\hat{\underline{I}}^*\,\mathrm{e}^{-\mathrm{j}2\omega t}}_{(2)}]\,.$$

Der erste Anteil ist zeitunabhängig, der zweite stellt zwei mit doppelter Frequenz gegenläufig rotierende Zeiger dar. Durch Mittelwertbildung (wobei die periodischen Anteile keinen Beitrag liefern) folgt die *Wirkleistung* entsprechend Gl. (6.54a):

$$\bar{p}(t) = P = \frac{1}{4}(\hat{\underline{U}}\hat{\underline{I}}^* + \hat{\underline{U}}^*\hat{\underline{I}}) = \frac{1}{2}\,\mathrm{Re}\,(\hat{\underline{U}}\hat{\underline{I}}^*) = \frac{1}{2}\,\mathrm{Re}\,(\hat{\underline{U}}^*\hat{\underline{I}}) = \mathrm{Re}\,(\underline{U}\,\underline{I}^*) = \mathrm{Re}\,(\underline{S})\,,$$

$$\overline{p(t)} = UI\cos(\varphi_\mathrm{u} - \varphi_\mathrm{i}) = \mathrm{Re}\,(\underline{U}\underline{I}^*) = \mathrm{Re}\,(\underline{S}) \qquad (6.62\,\mathrm{a})$$

Wirkleistung.

Die Größe

$$\underline{S} = \underline{U}\underline{I}^{*} \qquad (6.62\,\mathrm{b})$$

[1]

komplexe Scheinleistung (Definitionsgleichung)

heißt *komplexe Scheinleistung*. Sie ist das Produkt der komplexen Spannung und des *konjugiert* komplexen Stromes (ruhender Zeiger) und deshalb eine Rechengröße.

Ihr Betrag ergibt die *Scheinleistung* S (Gl. (6.58a))

$$S = |\underline{S}| = |\underline{U}\underline{I}^*| = |\underline{U}|\,|\underline{I}^*| = UI\,, \qquad (6.63\,\mathrm{a})$$

ihr *Realteil* die *Wirkleistung* P

$$P = \mathrm{Re}\,(\underline{S}) = \frac{1}{2}(\underline{S} + \underline{S}^*) = \frac{1}{4}\,[\hat{\underline{U}}\hat{\underline{I}}^* + \hat{\underline{U}}^*\hat{I}] \qquad (6.63\,\mathrm{b})$$

und ihr *Imaginärteil* die *Blindleistung* Q

$$Q = P_\mathrm{B} = \mathrm{Im}\,(\underline{S}) = \frac{1}{2}(\underline{S} - \underline{S}^*) = \frac{1}{4}(\hat{\underline{U}}\hat{\underline{I}}^* - \hat{\underline{U}}^*\hat{\underline{I}})$$

$$= \mathrm{Im}\,(\underline{U}\underline{I}^*) = -\,\mathrm{Im}\,(\underline{U}^*\underline{I})\,. \qquad (6.63\,\mathrm{c})$$

Mit diesen Vereinbarungen gilt schließlich (Bild 6.49)

$$\underline{S} = P + \mathrm{j}Q \quad \text{sowie} \quad S = \sqrt{P^2 + Q^2}\,. \qquad (6.63\,\mathrm{d})$$

---

[1] Beachte: Es ist nicht etwa $\underline{S}$ die zu $p(t)$ im Zeitbereich zugeordnete Größe im Frequenzbereich! Bei Gl. (6.63) handelt es sich um eine Definitionsgleichung. Deshalb ist die Darstellung von $\underline{S}$ in einer Frequenzebene nicht identisch mit der Gaußschen Zahlenebene zur Darstellung von $\underline{I}$ und $\underline{U}$

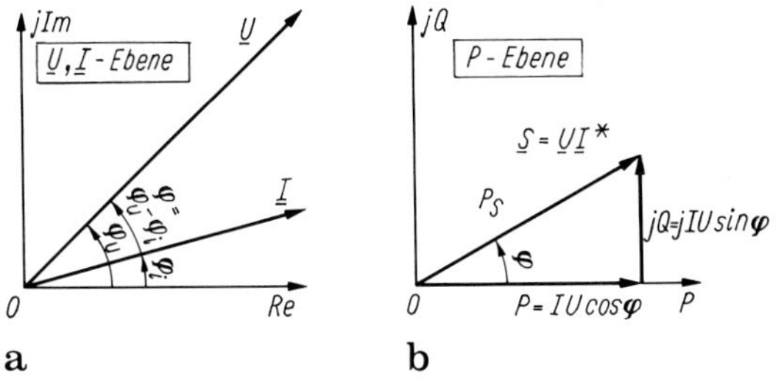

Bild 6.49. Zeigerdiagramme von Strom und Spannung sowie der komplexen Leistung. **a**) $\underline{U}$-, $\underline{I}$-Ebene; **b**) Ebene der komplexen Leistung

Für das Vorzeichen des Imaginärteiles von $\underline{S} = \underline{U}\underline{I}^*$ wird vereinbart: Induktive Blindleistung ergibt am passiven Zweipol ein positives Vorzeichen (vgl. Tafel 6.14).

Der Vorteil der eingeführten komplexen Leistung $\underline{S}$ besteht u. a. darin, daß sie dem Widerstandsoperator $\underline{Z}$ (bzw. Leitwertoperator $\underline{Y}$) des passiven Zweipols proportional ist:

$$\underline{S} = \underline{U}\underline{I}^* = \underline{Z}\underline{I}\underline{I}^* = \underline{Z}\,|\underline{I}|^2 = \underline{Z}I^2 = \frac{U^2}{\underline{Z}^*} = \underline{Y}^*\,|\underline{U}|^2 = \underline{Y}^*U^2 = \frac{I^2}{\underline{Y}}, \tag{6.64}$$

$$P = \mathrm{Re}\,(\underline{S}) = I^2\,\mathrm{Re}\,(\underline{Z}) = I^2 R_\mathrm{r} = U^2\,\mathrm{Re}\,(\underline{Y}^*) = U^2\,\mathrm{Re}\,(\underline{Y}) = U^2 G_\mathrm{p}\,,$$

$$Q = \mathrm{Im}\,(\underline{S}) = I^2\,\mathrm{Im}\,(\underline{Z}) = I^2 X_\mathrm{r} = U^2\,\mathrm{Im}\,(\underline{Y}^*) = -U^2\,\mathrm{Im}\,(\underline{Y}) = -U^2 B_\mathrm{p}\,.$$

Hinweis: Die Anwendung der Einzeigerdarstellung (Form I, s. Abschn. 6.2.1.2) muß aus schon genannten Gründen versagen. Baut man die Wechselstromlehre nur auf dieser Darstellung auf, so ist $\underline{S}$ einzuführen. Mit der Doppelzeigerdarstellung ergibt sich diese Zuordnung jedoch logisch.

Beispiel: Wirk-, Blind-, Scheinleistung. An der Parallelschaltung einer Kapazität ($C = 5\,\mu\mathrm{F}$) mit einer Reihenschaltung von Spule ($L = 0{,}5$ H) und Widerstand ($R = 200\,\Omega$) liegt eine Sinusspannung ($U = 200$ V, $f = 50$ Hz). Berechne die Leistungen P, S, Q über den Frequenzbereich. Für welche Kapazität verschwindet die Blindleistung? Wir bestimmen zunächst die Admittanz $\underline{Y}$ der Schaltung

$$\underline{Y} = \mathrm{j}\omega C + \frac{1}{R + \mathrm{j}\omega L} = \mathrm{j}\omega C + \frac{R - \mathrm{j}\omega L}{R^2 + (\omega L)^2}\,.$$

Daraus geht der Real- und Imaginärteil hervor. Die Leistungen betragen nach Gl. (6.61): Wirkleistung

$$P = U^2\,\mathrm{Re}\,(\underline{Y}^*) = U^2\,\frac{R}{R^2 + (\omega L)^2} = 200^2\,\mathrm{V}^2\,\frac{200\,\Omega}{((200)^2 + (157)^2)\,\Omega^2} = 123\,\mathrm{W}\,,$$

Blindleistung

$$Q = U^2\,\mathrm{Im}\,(\underline{Y}^*) = U^2\left\{-\omega C + \frac{\omega L}{R^2 + (\omega L)^2}\right\} = 34{,}34\,\mathrm{W}\,.$$

Das Vorzeichen kehrt sich durch den konjugiert komplexen Wert um. Die Blindleistung ist positiv, weil der Einfluß der Induktivität überwiegt.

Die Scheinleistung beträgt

$$S = \sqrt{P^2 + Q^2} = 127{,}7\,\mathrm{W}\,.$$

Die Blindleistung verschwindet für $\mathrm{Im}\,(\underline{Y}^*) = 0$ bzw.

$$C = \frac{L}{R^2 + (\omega L)^2} = 7{,}7\,\mu\mathrm{F}\,.$$

Tafel 6.14. Übersicht der Leistungsgrößen in der Wechselstromtechnik

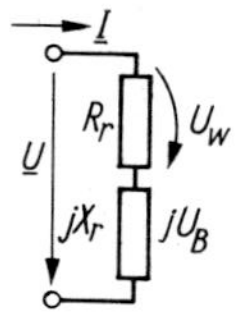

a)

$U_W = IR_r = U\cos\varphi_z$
$jU_B = jIX_r = jU\sin\varphi_z$

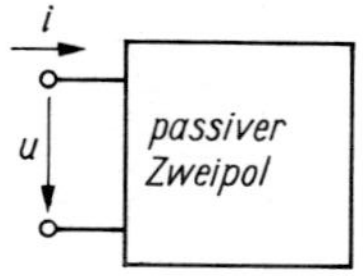

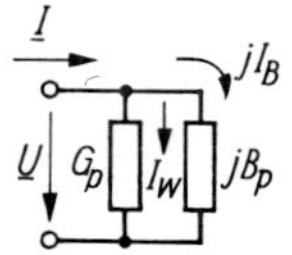

b)

$I_W = UG_p = I\cos\varphi_z$
$I_B = -UB_p = I\sin\varphi_z$

Darstellung im Zeitbereich

Wirkleistung P

$$P = \frac{W_P}{T} = \frac{1}{T}\int ui\,dt \qquad (6.50)$$

$$\boxed{P = P_W = UI\cos\varphi_z} \qquad (6.54\text{a})$$

a) $U\cos\varphi_z = IR_r$

$P = I^2 R_r$

b) $I\cos\varphi_z = UB_p$

$P = U^2 G_p$

Blindleistung Q

$$\boxed{Q = P_B = UI\sin\varphi_z} \qquad (6.55\text{a})$$

a) $U\sin\varphi_z = IX_r$

$Q = I^2 X_r$

C: $Q_C = -\frac{I^2}{\omega C_r}$ L: $Q_L = I^2\omega L_r$

b) $-I\sin\varphi_z = UB_p$

$Q = -U^2 B_p$ (6.55b)

C: $Q_C = -U^2\omega C_p$ L: $Q_L = \frac{U^2}{\omega L_p}$

allgemein $|Q| = 2\omega\,|W_{C,L}|$

Scheinleistung S

$$\boxed{S = UI = \sqrt{P^2 + Q^2}} \qquad (6.58\text{a})$$

a) $I^2 \cdot Z$

b) $U^2 \cdot Y$ (6.58b)

Darstellung im Frequenzbereich

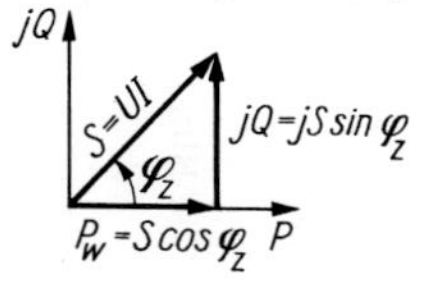

Leistungsebene

komplexe Leistung $\underline{S}$ (Gl. (6.23d))

$\underline{S} = \underline{U}\underline{I}^* = UI\cos\varphi_z + jUI\sin\varphi_z = P_W + jQ\,,$

$S = \sqrt{P_W^2 + Q^2}$

6.4.4 Leistungsübertragung im Grundstromkreis

Im Zusammenspiel zwischen aktivem und passivem Zweipol stehen gewöhnlich die Leistungsbetrachtungen im Vordergrund. Im Gleichstromfall (Abschn. 2.4.3.5) erhielt der passive Zweipol bei *Anpassung* ($R_i = R_a$) ein Maximum der Leistung (bei konstanter Quellenspannung). Wir untersuchen diese Verhältnisse jetzt für sinusförmige Ströme und Spannungen und gehen dabei vom Frequenzbereich aus. Dann besitzt der Grundstromkreis den komplexen Innen- und Außenwiderstand $\underline{Z}_i$, $\underline{Z}_a$ (Bild 6.50).

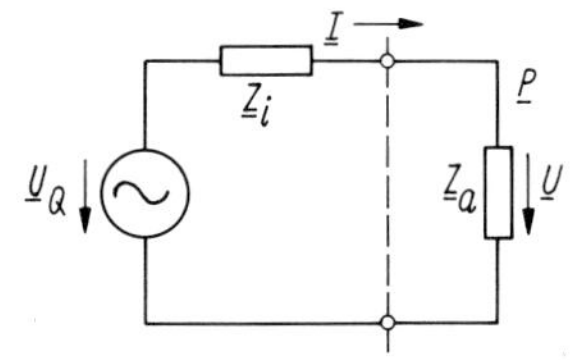

Bild 6.50. Grundstromkreis

Wirkleistungsanpassung. Wir untersuchen zunächst die Wirkleistung P am Außenwiderstand $\underline{Z}_a$. Sie beträgt nach Gl. (6.64):

$$P = \mathrm{Re}\,(\underline{S}) = \mathrm{Re}\,(\underline{U}\,\underline{I}^*) \quad \text{und mit} \quad \underline{I} = \frac{\underline{U}_Q}{\underline{Z}_i + \underline{Z}_a},$$

$$P = \mathrm{Re}\left[\frac{\underline{U}_Q \underline{Z}_a}{\underline{Z}_i + \underline{Z}_a} \cdot \frac{\underline{U}_Q^*}{(\underline{Z}_i + \underline{Z}_a)^*}\right] = \frac{|\underline{U}_Q^2|}{|\underline{Z}_i + \underline{Z}_a|^2}\,\mathrm{Re}\,(\underline{Z}_a)$$

$$= \frac{U_Q^2 R_a}{(R_i + R_a)^2 + (X_i + X_a)^2}. \tag{6.65}$$

Die im passiven Zweipol umgesetzte Wirkleistung hängt von den Wirk- und Blindwiderständen des gesamten Grundstromkreises ab. Sie wird in Abhängigkeit von Wirk- und Blindaußenwiderstand (R_a, X_a) am größten, wenn der Nenner den kleinstmöglichen Wert annimmt. Das ist zunächst für

$$X_i + X_a = 0\,, \quad \text{d. h.,} \quad X_i = -X_a\,,$$

der Fall. Im Gesamtstromkreis muß die Summe aller Blindwiderstände verschwinden, entweder

— aktiver und passiver Zweipol *reell* sein (vgl. Gleichstromkreis)

$$X_i = 0 \qquad X_a = 0$$

— oder

$$X_i = -X_a \tag{6.66a}$$

Bedingung für Wirkleistungsanpassung

gelten. Anschaulich werden wir diese letzte Bedingung im Abschn. 7. als *Resonanz* zwischen Innen- und Außenblindwiderstand erkennen. Der noch verbleibende Term

$$P = \frac{U_Q^2 R_a}{(R_i + R_a)^2}$$

besitzt für

$$R_i = R_a \tag{6.66b}$$

Anpaßbedingung für maximale Wirkleistung bei Resonanzbestimmung oder reellem $\underline{Z}_i$, $\underline{Z}_a$

ein Extremum.[1]

Die Anpaßbedingung des Grundstromkreises lautet somit durch Zusammenfassen der Gl. (6.66a und b)

$$\underline{Z}_i = \underline{Z}_a^* \tag{6.66c}$$

konjugiert komplexe Anpassung für maximale Wirkleistung am passiven Zweipol.

Sie heißt konjugiert *komplexe Anpassung* oder *Anpassung eines Zweipols nach maximaler Wirkleistung*. Letztere beträgt

$$P|_{\max} = \frac{U_Q^2}{4R_i} = \frac{U_Q^2}{4\,\mathrm{Re}\,(\underline{Z}_i)}\,. \tag{6.66d}$$

Für die Stromquellenersatzschaltung (Bild 6.20) des Grundstromkreises gilt analog als konjugiert komplexe Anpassung

$$\underline{Y}_i = \underline{Y}_a^* \quad \text{mit} \quad P|_{\max} = \frac{I_Q^2}{4G_i} = \frac{I_Q^2}{4\,\mathrm{Re}\,(\underline{Y}_i)}\,. \tag{6.66e}$$

Scheinleistungsanpassung. Von der Anpassung nach maximaler Wirkleistung Gl. (6.66c) ist die Scheinleistungsanpassung zu unterscheiden. Die Scheinleistung

$$S = \frac{|\underline{U}_Q|^2\,|\underline{Z}_a|}{|(\underline{Z}_i + \underline{Z}_a)^2|} = \frac{U_Q^2\sqrt{R_a^2 + X_a^2}}{(R_i + R_a)^2 + (X_i + X_a)^2} \tag{6.67}$$

des passiven Zweipols wird für

$$R_a = R_i \quad \text{und} \quad X_a = X_i$$

oder zusammengefaßt

$$\underline{Z}_a = \underline{Z}_i \tag{6.68}$$

Scheinleistungsanpassung

erreicht (das folgt durch Nullsetzen der ersten partiellen Ableitungen $\partial S/\partial R_a$, $\partial S/\partial X_a$). An den Verbraucher gelangt bei Scheinleistungsanpassung die Wirkleistung

$$P|_{\underline{Z}_a = \underline{Z}_i} = \frac{U_Q^2 R_a}{4|\underline{Z}_a|^2}\,. \tag{6.69}$$

Sie ist stets kleiner als bei Wirkleistungsanpassung. Im Extremfall reiner Blindwiderstände ($\underline{Z}_i = \mathrm{j}X_i$, $\underline{Z}_a = \mathrm{j}X_a$) läßt sich wohl eine Scheinleistungsanpassung durchführen, der passive Zweipol erhält aber keine Wirkleistung.

---

[1] Der Beweis, daß ein Maximum vorliegt, folgt aus der zweiten Ableitung. Wir verzichten darauf

Die Scheinleistungsanpassung ist später bei Vierpolen mit der Anpassung nach dem sog. *Wellenwiderstand* identisch. Sie spielt in der Informationstechnik eine große Rolle.

Merke also: Sowohl bei Wirk- als auch bei Scheinleistungsanpassung gilt

$$|\underline{Z}_i| = |\underline{Z}_a|\,,$$

beide Fälle unterscheiden sich aber durch die Wahl der Blindwiderstände:

Wirkleistungsanpassung: Kompensation der Blindwiderstände

$$X_i + X_a = 0\,,$$

Scheinleistungsanpassung: Gleichheit der Blindwiderstände

$$X_i = X_a\,.$$

Beispiel: Anpassung. Eine Wechselspannungsquelle habe $U_Q = 10\,\text{V}$, $R_i = 20\,\Omega$, $L = 0{,}5\,\text{mH}$ bei $f = 10\,\text{kHz}$ (d. h., $\underline{Z}_i = (20 + \text{j}\,31{,}4)\,\Omega$). Der Außenwiderstand betrage $\underline{Z}_a = (50 + \text{j}\,15)\,\Omega = R_a + \text{j}X_a$. Gesucht sind:

a) Strom und Spannung am Außenwiderstand sowie die Wirkleistung;
b) die Phasenwinkel des Außenwiderstandes zwischen Quellenspannung und Strom;
c) für welches $\underline{Z}_a$ tritt Wirkleistungsanpassung auf, wie groß ist die Wirkleistung?
d) die Wirkleistung bei Scheinleistungsanpassung.

a) Es gilt: $\underline{I} = \dfrac{\underline{U}_Q}{\underline{Z}_i + \underline{Z}_a}$, also $I = \dfrac{U_Q}{|\underline{Z}_i + \underline{Z}_a|} = \dfrac{10\,\text{V}}{\sqrt{(20+50)^2 + (15+31{,}4)^2}\,\Omega} = 0{,}12\,\text{A}$

und $\underline{U} = \underline{I}\underline{Z}_a$, also $U = 0{,}12\,\text{A}\sqrt{50^2 + 15^2}\,\Omega = 0{,}12\,\text{A}\cdot\sqrt{2725}\,\Omega = 6{,}26\,\text{V}$.

Die übertragene Wirkleistung beträgt

$$P = I^2 R_a = 0{,}12^2\,\text{A}^2\,50\,\Omega = 0{,}72\,\text{W}\,.$$

b) Der Außenwiderstand hat den Phasenwinkel $\varphi_{za} = \arctan(X_a/R_a) = \arctan(15/50) = 16{,}7°$. Der Phasenwinkel φ' zwischen Quellenspannung und Strom beträgt

$$\varphi' = \arctan\frac{X_i + X_a}{R_i + R_a} = \arctan\frac{46{,}4}{70} = 33{,}3°\,.$$

c) Wirkleistungsanpassung erfolgt für

$$R_a = R_i = 20\,\Omega\,, \qquad X_a = -X_i = -31{,}4\,\Omega\,,$$

z. B. dargestellt durch einen Kondensator der Kapazität

$$C = -\frac{1}{\omega X_a} = \frac{1}{(2\pi\cdot 10^4\,\text{s}^{-1}\cdot 31{,}4\,\Omega)} = 0{,}51\,\mu\text{F}\,.$$

Die Wirkleistung beträgt bei Leistungsanpassung

$$P = \frac{U_Q^2}{4R_i} = \frac{10^2\,\text{V}^2}{4\cdot 20\,\Omega} = 1{,}25\,\text{W}\,.$$

Dazu gehört ein Strom

$$I = \frac{U_Q}{|\underline{Z}_i + \underline{Z}_a|} = \frac{U_Q}{2R_i} = \frac{10\,\text{V}}{40\,\Omega} = 0{,}25\,\text{A}\,.$$

d) Bei Scheinleistungsanpassung ist

$$R_a = R_i = 20\,\Omega\,, \quad \text{aber} \quad X_a = X_i = \text{j}\,31{,}4\,\Omega$$

zu wählen. Dann tritt eine Wirkleistung (Gl. (6.66d))

$$P = \frac{U_{\rm Q}^2}{4R_{\rm i}}\left(\frac{R_{\rm a}}{|\underline{Z}_{\rm a}|}\right)^2 = 1{,}25\ \mathrm{W}\ (0{,}53)^2 = 0{,}36\ \mathrm{W}$$

auf.

Zur Selbstkontrolle: Abschnitt 6

6.1 Welche Strom-Spannungs-Beziehungen bestehen zwischen Strom und Spannung an den Schaltelementen R, L, C, wenn jeweils eine Spannung $u(t) = \hat{U}\cos(\omega t + \varphi_{\rm u})$ anliegt? (Phasenlage, Amplitude, physikalische Erklärung der Vorgänge.)

6.2 Was bedeutet „kapazitiver Blindwiderstand“ (Größe, Einordnung, Frequenzabhängigkeit)?

6.3 Geben Sie den Scheinwiderstand der Reihenschaltung folgender Elemente an
— Widerstand $R = 10\ \Omega$, kapazitiver Blindwiderstand $10\ \Omega$
— Widerstand $R = 10\ \Omega$, induktiver Blindwiderstand $10\ \Omega$
— kapazitiver Blindwiderstand $10\ \Omega$, induktiver Blindwiderstand $10\ \Omega$!

6.4 Wie groß ist der Blindwiderstand folgender Schaltelemente (bei $f = 50$ Hz, $f = 800$ Hz): $C = 1\ \mu$F, $C = 100\ \mu$F, $L = 0{,}1$ H?

6.5 Ein Zweipol besteht nur aus idealen reaktiven Elementen (Kondensatoren, Spulen). Welche Werte kann der Gleichstromwiderstand nur haben? Beispiel: Parallelschwingkreis.

6.6 In welchen Formen kann eine komplexe Zahl $\underline{z}$ dargestellt werden?

6.7 Erläutern Sie folgende Begriffe (dargestellt am Beispiel einer Spannung $u(t) = \hat{U}\sin(\omega t + \varphi_{\rm u})$): Scheitelwert, Effektivwert, komplexer Momentanwert, komplexer Effektivwert, rotierender Zeiger, ruhender Zeiger!

6.8 Läßt sich ein komplexer Effektivwert einer Impulsspannung (z. B. Rechteckimpuls) definieren?

6.9 Welche Rechenregeln gelten für rotierende Zeiger?

6.10 Auf welche Weise kann z. B. eine Zweiggröße in einem Netzwerk über den Frequenzbereich gewonnen werden? Man nenne drei Wege und erkläre sie ausführlich!

6.11 Veranschaulichen Sie die Begriffe „Hin- und Rücktransformation!

6.12 Geben Sie an, wo die folgenden Beziehungen einzuordnen sind (Zeit-, Frequenzbereich, ruhende, rotierende Zeiger):
a) $\mathrm{Re}\,[\underline{i}R + \mathrm{j}\omega L\underline{i}] = \hat{U}\cos[\omega t + \varphi_{\rm u}] = \mathrm{Re}\,[\underline{u}_{\rm Q}(t)]$;
b) $\underline{i}[R + \mathrm{j}\omega L] = \underline{u}_{\rm Q}$, c) $\underline{I} = \dfrac{\underline{U}_{\rm Q}}{R + \mathrm{j}\omega L}$, d) $i = \mathrm{Re}\left\{\dfrac{\underline{u}_{\rm Q}(t)}{R + \mathrm{j}\omega L}\right\}$.

6.13 Erläutern Sie die Begriffe „Widerstands-(Leitwert-)operator“ anhand der Grundelemente R, L, C! Wie groß ist die Suszeptanz folgender Schaltelemente: Widerstand R, Kapazität C, Induktivität L?

6.14 Auf welchen Teil der Frequenzebene ist die Impedanz eines passiven linearen Zweipols beschränkt?

6.15 Erläutern Sie die Methodik „Transformation einer Schaltung im Frequenzbereich“!

6.15 Wie lauten die Regeln für Strom- und Spannungsteilung, Reihen- und Parallelschaltung von Widerstandsoperatoren im Frequenzbereich?

6.16 Repetieren Sie das Maschenstrom- und Knotenspannungsanalyseverfahren für den Frequenzbereich. Welche Unterschiede zum Gleichstromkreis treten auf?

6.17 Skizzieren Sie eine Lösungsmethodik zur Lösung einer Netzwerkaufgabe im Frequenzbereich, wenn das Netzwerk (sowohl aktiver als auch passiver Zweipol) gesteuerte Quellen enthält. Was ist bei der Trennung in aktiven und passiven Zweipol zu beachten?

6.18 Was ist ein Zeigerdiagramm (Veranschaulichung an einfachen Beispielen)? Gibt es ein Zeigerdiagramm im Zeitbereich?

6.19 Wie wird das Zeigerdiagramm einer Schaltung gewonnen?
a) nur qualitativ; b) quantitativ.

6.20 Was versteht man unter dem Begriff „Frequenzgang“? Wie kann er gewonnen werden?

6.21 Was ist eine Ortskurve (Beispiele angeben)? Wie unterscheidet sie sich vom Zeigerdiagramm?

6.22 Was versteht man unter Inversion einer Ortskurve? Welche Regeln gelten? (Beispiele angeben). Wie ist der Radius des Inversionskreises festzulegen?

6.23 Welche konforme Abbildungsfunktion liegt dem Inversionsdiagramm zugrunde? (Erläuterung, Beispiele ausgewählter Ortskurven.)

6.24 Erläutern Sie den Gebrauch des Inversionsdiagramms durch einige Beispiele.

6.25 Erläutern Sie das Bode-Diagramm: Welche Vorteile hat es? Skizzieren Sie das Bode-Diagramm für den Widerstandsoperator $\underline{Z} = R - \mathrm{j}/(\omega C)$ ($R = 100\ \Omega$, $\omega_{45} = 5000\ \mathrm{s}^{-1}$).

6.26 Was versteht man unter dem Scheinwiderstandsdiagramm? Wie wird es gewonnen? Welcher Zusammenhang besteht zum Bode-Diagramm?

6.27 Wie lauten die Definitionen der Wirk-, Blind- und Scheinleistung? (Physikalische Erläuterung.)

6.28 Wie kann die Scheinleistung über den Frequenzbereich berechnet werden? Was ist zu beachten, in welcher Einheit wird die komplexe Scheinleistung angegeben?

6.29 Erläutern Sie die Anpassungsmöglichkeiten im Wechselstromgrundkreis. Was bedeuten Wirkleistungs-, Scheinleistungsanpassung?

6.30 Warum soll die Blindleistung eines Verbraucherzweipols möglichst klein sein?

7 Eigenschaften und Verhalten wichtiger Netzwerke

Ziel. Nach Durcharbeit des Abschnittes 7 sollen beherrscht werden:

Abschnitt 7.1

- die Zusammenschaltung von Wirk- und Blindschaltelementen (45°-Frequenz, Bode-Diagramm);
- die Ersatzschaltungen technischer Schaltelemente;
- die Resonanzphänomene, der Unterschied zwischen freien und erzwungenen Schwingungen, physikalische Vorgänge im Schwingkreis;
- die typischen Eigenschaften des Reihen- und Parallelschwingkreises und seine wichtigsten Kennwerte;
- die Anwendung der Schwingkreise;

Abschnitt 7.2

- die wichtigsten Vierpolgleichungen (Leitwert-, Widerstands-, Hybrid- und Kettenform);
- die Bestimmung der Vierpolkoeffizienten, Umrechnungsbeziehungen zwischen den Darstellungsarten;
- die Darstellung eines Vierpols durch Kennlinienfelder;
- die Interpretation eines Vierpolgleichungssystems durch eine Ersatzschaltung (speziell Π- und T-Schaltung);
- die Vierpolersatzschaltungen gesteuerter Quellen;
- die Grundregeln der Zusammenschaltung zweier Vierpole und typische Anwendungen;
- die Betriebsgrößen eines Vierpols (Ein- und Ausgangswiderstände, Strom-Spannungs-Übersetzungen, Begriff Wellenwiderstand);

Abschnitt 7.3

- die Abgleichbedingung der Wechselstrombrücken und Kompensationsschaltungen;
- die Eigenschaften typischer Übersetzervierpole: Verstärker, Transformator, Operationsverstärker und ihre Anwendungen;
- die Eigenschaften und Ersatzschaltungen des idealen und realen Transformators (Streufluß, Magnetisierungsdurchflutung).

Wir stellen in diesem Abschnitt Eigenschaften typischer Zwei- und Vierpolschaltungen (z. B. Schwingkreise, Brückenschaltungen, Phasendrehglieder, Verstärkervierpole) zusammen. Sie spielen in der Elektrotechnik/Elektronik eine wichtige Rolle.

7.1 Zusammenschaltung von Netzwerkelementen

Zusammenschaltungen von je einem Wirk- und Blindschaltelement, z. B. eine sog. *RC*-Reihenschaltung, sind für die Schaltungstechnik von größter Bedeutung. Sie können sowohl als Zweipol als auch als Vierpol (Spannungsteiler!) betrieben werden. Betrachten wir zunächst die Zweipoleigenschaften.

7.1.1 Wirk- und Blindschaltelemente

Reihenschaltung (Parallelschaltung). Wir untersuchen als Beispiel die Reihenschaltung von Widerstand $R \equiv R_r$ und Induktivität L_r bzw. Parallelschaltung von Leitwert G und Kapazität C (duale Schaltung zu R und L). Es betragen der

komplexe Widerstand (Impedanz) *komplexe Leitwert* (Admittanz)

$$\underline{Z} = R + j\omega L = R_r + jX_r\,, \qquad \underline{Y} = G + j\omega C = G_p + jB_p\,. \tag{7.1 a}$$

Die Frequenz, bei der jeweils Real- und Imaginärteil übereinstimmen, heißt *45°-Frequenz* $\omega_{\pm 45}$ (Phase φ_z bzw. $\varphi_y = 45°$ bzw. $-45°$)

$$\tan\varphi_z = \pm 1 = \frac{X_r(\omega_{45})}{R_r}, \qquad \tan\varphi_y = \pm 1 = \frac{B_p(\omega_{45})}{G_p} \tag{7.1 b}$$

45°-Frequenz (Definitionsgleichung).

Daraus folgt für die Reihenschaltung (Parallelschaltung)

$$R_r = \omega_{45} L_r\,, \qquad G_p = \omega_{45} C_p\,,$$

und die *normierte Darstellung* von $\underline{Z}$ und von $\underline{Y}$ lautet

$$\frac{\underline{Z}}{R_r} = 1 + j\frac{\omega}{\omega_{45}} = \frac{\underline{Y}}{G_p} \tag{7.2 a}$$

mit Betrag und Phase (Bild 7.1a, Kurve *1*)

$$\frac{|\underline{Z}|}{R_r} = \frac{|\underline{Y}|}{G_p} = \sqrt{1 + \left(\frac{\omega}{\omega_{45}}\right)^2}\,, \tag{7.2 b}$$

$$\varphi_z = \arctan\frac{\omega}{\omega_{45}} = \varphi_y\,. \tag{7.2 c}$$

Wir erkennen (übereinstimmend mit Abschn. 6.3.3):

Die 45°-Frequenz ist diejenige Frequenz, für die (gleichwertig)

- Real- und Imaginärteile der Impedanz (Admittanz) übereinstimmen;
- der Betrag der Impedanz auf den $\sqrt{2}$-fachen Wert seines frequenzunabhängigen Wirkanteiles gestiegen ist:

$$\omega = \omega_{45}: \quad \frac{Z(\omega_{45})}{R_r} = \sqrt{2} = \frac{Y(\omega_{45})}{G_p}\,; \tag{7.3}$$

- der Betrag der Impedanz um 3 dB gegen den frequenzunabhängigen Wirkwiderstand $Z(0) = R_r$ angewachsen ist (deshalb heißt sie häufig 3-dB-Grenzfrequenz, s. Abschn. 6.3.3.

Nach dem Betrags-Phasendiagramm (Bild 6.40) übernehmen wir bei der besonders anschaulichen Darstellung von Z/R im doppelt-logarithmischen Maßstab (Bild 7.1b, Kurve *1*)

- für $\omega < \omega_{45}/3$ wird Z bzw. Y noch allein durch das Wirkelement gebildet, da

$$\sqrt{1 + \left(\frac{\omega}{\omega_{45}}\right)^2} \approx 1 + \frac{1}{2}\left(\frac{1}{9}\right) \approx 1{,}055 \text{ (Abweichung} \approx 5\,\%\text{)}\,;$$

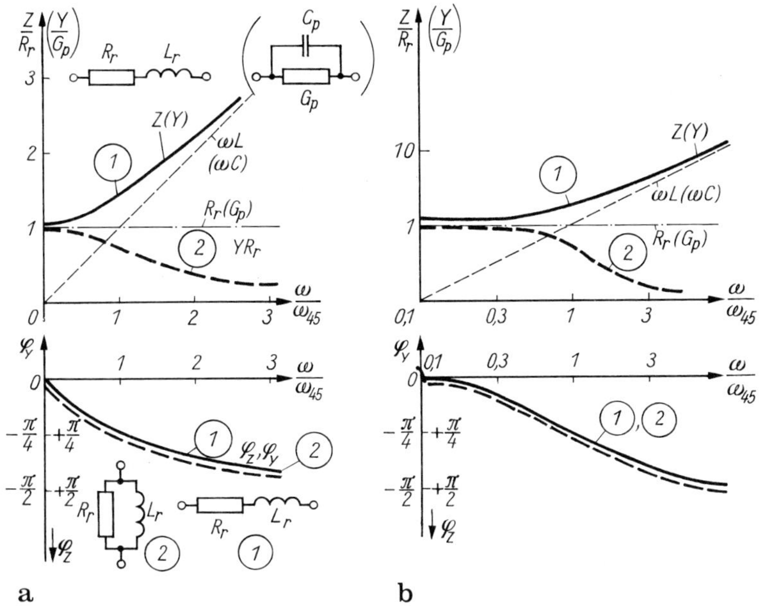

Bild 7.1. Frequenzabhängigkeit von Betrag und Phase der Impedanz der Zusammenschaltung von Widerstand und Induktivität. **a**) linearer Maßstab ——— Reihenschaltung, – – – Parallelschaltung; **b**) logarithmischer Maßstab

— für $\omega > 3\omega_{45}$ wird Z bzw. Y allein durch das Blindelement gebildet (Abweichung $\approx 5\,\%$). Der Phasenwinkel weicht dabei um etwa 20° von 0 bzw. $\pi/2$ ab.

Die *Ortskurve* von $\underline{Z}$ ($\underline{Y}$) (Bild 6.25) ist eine Parallele im Abstand R_r (G_p) zur imaginären Achse. Den Leitwert von $\underline{Z}$ (Widerstand von $\underline{Y}$) erhält man aus Gl. (7.2a) durch Inversion zu $\underline{Y} = 1/\underline{Z}$, also in normierter Darstellung

$$\underline{Y}R_r = \frac{1}{1 + j\omega/\omega_{45}} = \underline{Z}G_p \tag{7.4a}$$

mit

$$|\underline{Y}|\,R_r = \frac{1}{\sqrt{1 + (\omega/\omega_{45})^2}} = |\underline{Z}|\,G_p\,, \tag{7.4b}$$

$$\varphi_y = -\arctan\frac{\omega}{\omega_{45}} = -\varphi_z\,. \tag{7.4c}$$

Die entsprechenden Verläufe wurden im Bild 7.1a als Kurve *2* mit eingetragen. In doppelt logarithmischer Darstellung (Bild 7.1) umfaßt der Frequenzbereich $0{,}3 \leqq \omega/\omega_{45} \leqq 3$ wieder das Gebiet stärkster Änderung.

Die *Parallelschaltung* von R_r und L_r (bzw. Reihenschaltung von G_p und C_p) führt mit Tafel 7.1 auf

$$\underline{Y} = \frac{1}{R_r} - \frac{j}{\omega L_r}\,, \qquad \underline{Z} = \frac{1}{G_p} - \frac{j}{\omega C_p}\,,$$

Tafel 7.1. Impedanz und Admittanzfunktion der Reihen- bzw. Parallelschaltung von Widerstand und Induktivität

Schaltung	Normierung	$\underline{Z}\,(\underline{Y})$	Z, φ_z (φ, φ_y)	$\underline{Y}\,(\underline{Z})$	Y, φ_y (Z, φ_z)
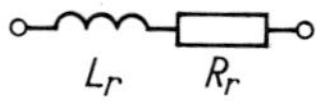	$\Omega = \frac{\omega}{\omega_{45}}$ $\omega_{45} = \frac{R_r}{L_r}$	$\frac{\underline{Z}}{R_r} = 1 + j\Omega$	$\frac{Z}{R_r} = \sqrt{1+\Omega^2}$ $\varphi_z = \arctan \Omega$ Kurve *1*, Bild 7.1a(b)	$\underline{Y}R_r = \frac{1}{1 + j\Omega}$	$YR_r = \frac{1}{\sqrt{1+\Omega^2}}$ $\varphi_y = -\arctan \Omega$ Kurve *2*, Bild 7.1a(b)
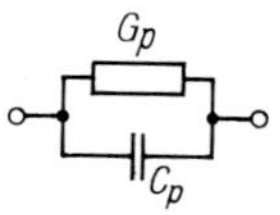	$\Omega = \frac{\omega}{\omega_{45}}$ $\omega_{45} = \frac{G_p}{C_p}$	$\frac{\underline{Y}}{G_p} = 1 + j\Omega$	$\frac{Y}{G_p} = \sqrt{1+\Omega^2}$ $\varphi_y = \arctan \Omega$	$\underline{Z}G_p = \frac{1}{1 + j\Omega}$	$ZG_p = \frac{1}{\sqrt{1+\Omega^2}}$ $\varphi_z = -\arctan \Omega$
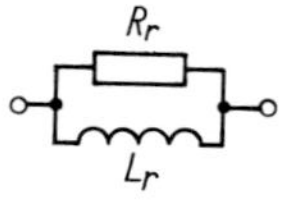	$\Omega = \frac{\omega_{45}}{\omega}$ $\omega_{45} = \frac{R_r}{L_r}$	$\frac{\underline{Z}}{R_r} = \frac{1}{1 - j\Omega}$	$\frac{Z}{R_r} = \frac{1}{\sqrt{1+\Omega^2}}$	$\underline{Y}R_r = 1 - j\Omega$	$YR_r = \sqrt{1+\Omega^2}$ $\varphi_y = -\arctan \Omega$
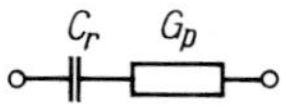	$\Omega = \frac{\omega_{45}}{\omega}$ $\omega_{45} = \frac{G_p}{C_p}$	$\underline{Z}G_p = 1 - j\Omega$	$ZG_p = \sqrt{1+\Omega^2}$ $\varphi_z = -\arctan \Omega$	$\frac{\underline{Y}}{G_p} = \frac{1}{1 - j\Omega}$	$\frac{Y}{G_p} = \frac{1}{\sqrt{1+\Omega^2}}$ $\varphi_y = \arctan \Omega$

bzw. normiert unter Benutzung der jeweiligen 45°-Frequenz, die aus

$$\tan \varphi_y = -1 = \frac{B_p(\omega_{45})}{G_p}, \qquad \tan \varphi_z = -1 = \frac{X_r(\omega_{45})}{R_r}$$

$$= -\frac{R_r}{\omega_{-45} L_r}, \qquad = -\frac{G_p}{\omega_{-45} C_p}$$

hervorgehen

$$\omega_{-45} = \frac{R_r}{L_r}, \qquad \omega_{-45} = \frac{G_p}{C_p},$$

in normierter Form also:

$$\underline{Y} R_r = \left(1 - \mathrm{j}\,\frac{\omega_{-45}}{\omega}\right) = \underline{Z} G_p \tag{7.5 a}$$

mit

$$Y R_r = Z G_p = \sqrt{1 + \left(\frac{\omega_{-45}}{\omega}\right)^2}, \tag{7.5 b}$$

$$\varphi_z = -\arctan \frac{\omega_{-45}}{\omega}. \tag{7.5 c}$$

Für die Darstellung können nach Tafel 7.1 die Verläufe von Bild 7.1 benutzt werden, wenn der Frequenzmaßstab ω/ω_{45} gegen den Reziprokwert ausgetauscht wird. Technisch wichtige Anwendungen der Zusammenschaltungen von Wirk- und Blindschaltelement sind die Ersatzschaltungen technischer Bauelemente (Abschn. 7.1.2) sowie einfache Siebschaltungen (Abschn. 7.1.3).

7.1.2 Klemmenverhalten technischer Bauelemente

Im Abschn. 5.1 verwiesen wir auf die Unterschiede zwischen Netzwerkelement und (technischem) Bauelement. Deshalb weicht die Klemmenimpedanz eines technischen Bauelementes von der des Netzwerkelementes ab. Diese Abweichung wird in erster Näherung durch den *Fehlwinkel* δ oder den *Verlustfaktor* d gleichwertig gekennzeichnet.

Technischer Widerstand. Nach Abschn. 5.1.2 besteht die Ersatzschaltung eines technischen Widerstandes etwa aus folgenden Netzwerkelementen (Bild 7.2):
— Dem *Widerstand* R (gewünschte Wirkung);
— der *Längsinduktivität* L (verursacht durch die induzierte Spannung in den Widerstandswendeln als Folge der zeitlichen Stromänderung, Größenordnung nH)-
— die *Parallelkapazität* C (zwischen den Anschlußkappen, Verschiebungsstrom durch den Widerstandskörper, Größenordnung einige pF).

Für Widerstände $R \leqq 1\,\mathrm{k\Omega}$ muß meist nur die induktive (Zusatzkomponente), für $R \geqq 10\,\mathrm{k\Omega}$ nur die kapazitive beachtet werden. Die Elemente hängen u. U. noch von der Frequenz selbst ab. Resonanzerscheinungen zwischen L und C sind bei

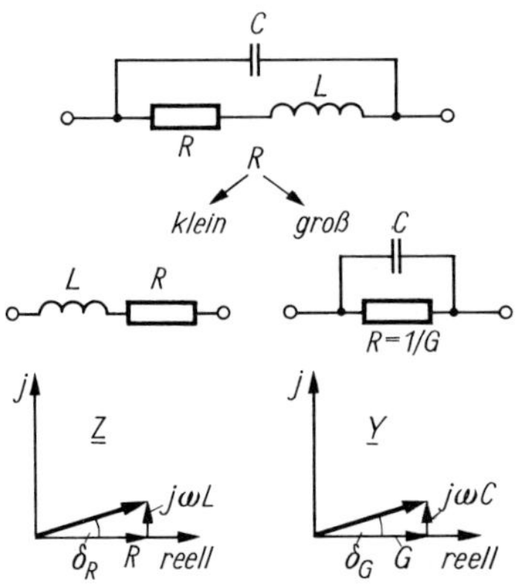

Bild 7.2. Technischer Widerstand. Ersatzschaltungen

hohen Frequenzen möglich, wenn sie auch durch den Widerstand R selbst meist stark gedämpft werden.

In beiden Fällen kennzeichnet der *Fehlwinkel* des Widerstandes R (Leitwertes G)

$$\tan \delta_R = \frac{X_r}{R_r} \quad \text{bzw.} \quad \tan \delta_G = \frac{B_p}{G_p} \tag{7.6}$$

Fehlwinkel (Definitionsgleichung).

die Abweichung seiner Impedanz (Admittanz) vom gewünschten reellen Widerstand R. Beispielsweise hat ein Widerstand $R = 100\ \text{k}\Omega$ mit der Kapazität $C = 2\ \text{pF}$ bei $f = 100\ \text{kHz}$ bereits den Fehlwinkel $\delta = \arctan \omega CR \approx \arctan 0{,}12 \approx 7{,}1°$.

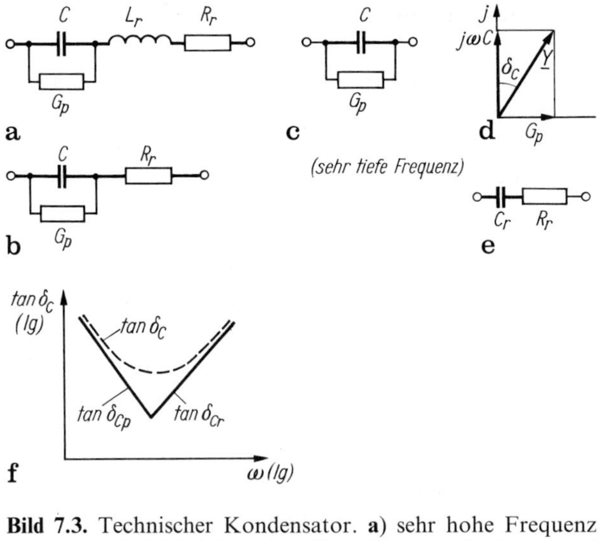

Bild 7.3. Technischer Kondensator. **a**) sehr hohe Frequenz; **b**) tiefe Frequenz; **c**) sehr tiefe Frequenz; **d**) Fehlwinkel; **e**) Reihenschaltung; **f**) Gesamtverlustwinkel für **b**

Technischer Kondensator. Die Ersatzschaltung besteht nach Abschn. 5.1.2 aus (Bild 7.3)

— der *Kapazität* C (gewünschte Wirkung);
— einem *Parallelleitwert* G_p. Seine Ursachen sind Leckströme durch das Dielektrikum (bei realen Isolatoren), Umelektrisierungsverluste (bei Spannungsänderungen). G_p hängt allgemein von der Frequenz ab (Größenordnung μS);
— einem *Reihenwiderstand* R_r durch Zuleitungs- und Plattenbelegungswiderstände (Größenordnung mΩ bis Ω);
— einer *Zuleitungsinduktivität* L_r, weil die Ströme im Kondensator von einem Magnetfeld umgeben sind (Größenordnung nH).

Auch diese Ersatzschaltung wirkt bei sehr hoher Frequenz als Schwingkreis (s. Abschn. 7.1.4). Nur unterhalb der Resonanzfrequenz $\omega_0 \approx 1/\sqrt{L_r C}$ (z. B. $C = 10$ nF, $L_r = 10$ nH $\rightarrow f_0 \approx 16$ MHz) kann sie durch Bild 7.3b bzw. für noch tiefere Frequenzen durch Bild 7.3c ersetzt werden.

Die Abweichung der Klemmenadmittanz $\underline{Y}$ des technischen Kondensators vom Netzwerkelement ($\underline{Y}_C = j\omega C$) wird durch seinen Fehl- oder *Verlustwinkel* δ_C bzw. den *Verlustfaktor* d_C beschrieben (Bild 7.3d):

$$d_C = \tan\delta_C = \frac{\text{Wirkleistung}}{\text{Blindleistung}} = \frac{P}{Q} = \frac{U^2 G_p}{U^2 B_p} = \frac{G_p}{\omega C} \equiv \tan\delta_{Cp} \tag{7.7a}$$

Fehlwinkel δ_C des Kondensators (Definitionsgleichung).

Die letzte Schreibweise gilt für die vereinfachte Ersatzschaltung, Bild 7.3c. Der Reziprokwert des Verlustfaktors heißt *Kondensatorgüte* Q_C

$$Q_C = \frac{1}{\tan\delta_C}. \tag{7.7b}$$

Schlechte Kondensatoren haben große Verlustfaktoren bzw. kleine Güte. Der Verlustfaktor sinkt nach Gl. (7.7a) mit steigender Frequenz. Deshalb verschlechtern Parallelwiderstände den Kondensator besonders bei tiefen Frequenzen.

Verwendet man die Reihenersatzschaltung (Bild 7.3e z. B. bei großem Zuleitungswiderstand), so gilt für den Verlustfaktor

$$\tan\delta_{Cr} = \frac{R_r}{X_r} = R_r \omega C_r. \tag{7.7c}$$

Meist werden die Kondensatorverluste ersatzschaltmäßig sowohl durch einen Reihen- (R_r) als auch durch einen Parallelwiderstand $1/G_p$ erfaßt (Bild 7.3b). Dann addieren sich beide Verlustfaktoren (für $\tan\delta \ll 1$) entsprechend Gl. (7.7a) und (7.7c) zu

$$\tan\delta_C \approx \tan\delta_{Cr} + \tan\delta_{Cp}. \tag{7.8}$$

Bild 7.3f zeigt den prinzipiellen Frequenzgang von $\tan\delta_C$. Er wird durch die unterschiedlichen Frequenzgänge beider Komponenten verursacht:

$$\tan\delta_{Cr} \sim \omega, \qquad \tan\delta_{Cp} \sim 1/\omega.$$

Größenvorstellung. Die Verlustfaktoren üblicher Kondensatoren liegen in der Größenordnung 10^{-2} bis 10^{-4}:

Glimmerkondensator	10^{-3}
Papierkondensator	10^{-2}
Styroflexkondensator	10^{-4}
Keramikkondensator	10^{-3}
Elektrolytkondensator	0,01 ... 1

Es gilt deshalb die Näherung $\delta_C \approx d_C$ recht genau.

Als Richtwerte für typische Isolatormaterialien mögen folgende Verlustfaktoren $\tan \delta_C$ (bei 20 °C) gelten:

Stoff	$10^3 \tan \delta$	
	1 kHz	1 MHz
Condensa (Keramik)	0,5 ... 1	0,2 ... 0,5
Glas	1 ... 20	0,5 ... 10
Glimmer	0,1 ... 1	0,1 ... 1
Mikanit	0,1 ... 1	
Papier	1 ... 10	
Pertinax	10 ... 30	
Styroflex	<0,1	0,1

Zusammenschaltung verlustbehafteter Kondensatoren. Werden verlustbehaftete Kondensatoren parallel- oder in Reihe geschaltet (Bild 7.4), so gilt für den Gesamtverlustfaktor:

Parallelschaltung (Bild 7.4a)

$$\tan \delta_{C\,ges} = \frac{C_1 \tan \delta_{C1} + C_2 \tan \delta_{C2} + \ldots + C_n \tan \delta_{Cn}}{C_1 + C_2 + \ldots + C_n}. \tag{7.9}$$

Reihenschaltung (Bild 7.4b)

$$\tan \delta_{Cges} = \frac{\dfrac{\tan \delta_{C1}}{C_1} + \dfrac{\tan \delta_{C2}}{C_2} + \ldots + \dfrac{\tan \delta_{Cn}}{C_n}}{\dfrac{1}{C_1} + \dfrac{1}{C_2} + \ldots + \dfrac{1}{C_n}}. \tag{7.10}$$

Beide Beziehungen sind aus den Definitionsgleichungen Gl. (7.7a, c)

$$\tan \delta_{Cges} = \frac{G_{p\,ges}}{\omega C_{p\,ges}}, \qquad \tan \delta_{C\,ges} = R_{r\,ges} \omega C_{r\,ges}$$

unter Verwendung der Reihen- und Parallelschaltung von Schaltelementen leicht zu bestätigen.

Technische Spule. Nach Abschn. 3.4 besteht die Ersatzschaltung einer Spule mit Ferromagnetikum (Bild 7.5a) aus

— der *Induktivität* L_{Fe}. Sie ist mit dem Induktionsfluß Ψ_{Fe} verkoppelt, der sich über den ferromagnetischen Kreis schließt;

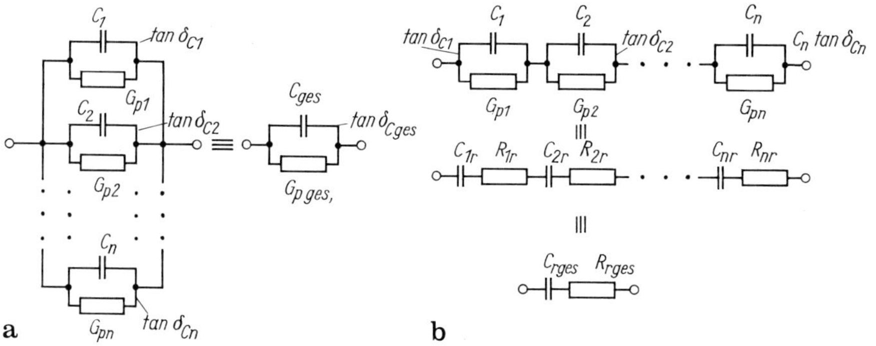

Bild 7.4. Parallel- und Reihenschaltung verlustbehafteter Kondensatoren (bei tiefen Frequenzen). **a**) Parallelschaltung; **b**) Reihenschaltung

— der *Streuinduktivität* L_σ. Sie ist mit dem Streufluß Ψ_σ verkoppelt, der sich über den umgebenden Luftraum schließt. Bei hochpermeablen, magnetisch geschlossenen Kernen kann sie meist vernachlässigt werden.

Der Strom I erzeugt den gesamten Induktionsfluß $\Psi = \Psi_\sigma + \Psi_{Fe}$. Der Quotient Ψ/I ergibt die (gewünschte) *Gesamtinduktivität* $L = L_{Fe} + L_\sigma$.

In der Ersatzschaltung sind weiter enthalten:

— Der *Reihenwiderstand* R_r (sog. Kupferverluste), verursacht durch den Widerstand der Spulenwicklung (Größenordnung einige Ω);

— der *Parallelleitwert* G_p durch Eisenverluste. Dazu gehören *Hystereseverluste* (s. Abschn. 4.1.4) (G_{Hyst}) und *Wirbelstromverluste* (G_W, s. Abschn. 3.3.2.2). Da beide mit dem Eisenfluß Ψ_{Fe} verknüpft sind, liegen sie parallel zu L_{Fe}. Die zugehörigen Verlustleistungen hängen von der Frequenz ab. Die Hystereseverluste $P_{Hyst} = c_1\omega$ steigen frequenzproportional, die Wirbelstromverluste mit dem Quadrat der Frequenz $P_W = c_2\omega^2$;

— der *Parallelkapazität* C (Spulenkapazität). Sie setzt sich aus Teilkapazitäten zwischen den einzelnen Spulenwicklungen zusammen und hängt stark vom Spulenaufbau ab. Die Spulenkapazität verursacht bei hohen Frequenzen einen Resonanzeffekt mit der Induktivität. In erster Näherung beschreibt die stark vereinfachte Ersatzschaltung (Bild 7.5 b) die technische Ersatzschaltung.

Die Abweichung der Klemmenimpedanz $\underline{Z}$ der technischen Spule (Bild 7.5 b) vom Netzwerkelement mit $\underline{Z}_L = j\omega L$ beschreiben wir durch den *Fehl-* bzw. *Verlustwinkel* δ_L bzw. *Verlustfaktor* d_L

$$\tan \delta_L = \frac{R_L}{\omega_L} \qquad (7.11\,a)$$

Fehlwinkel δ_L der Spule (Definitionsgleichung).

Hierbei erfaßt R_L den Reihenwiderstand R_r sowie die Eisenverluste (Umrechnung $G_p \parallel j\omega L$ in Reihenschaltung).

Die *Spulengüte*

$$Q_L = \frac{\omega L}{R_L} = \frac{1}{\tan \delta_L} \qquad (7.11\,b)$$

steigt bei Einsetzen eines ferromagnetischen Kernes, weil die Induktivität dadurch stärker wächst als der Wirkwiderstand.

Für Spulen ohne Eisenkern entfallen die Eisenverluste. Erfaßt man die einzelnen Verlustanteile (Kupferverluste, Eisenverluste) in einzelnen Schaltelementen R_r, G_p getrennt, so bildet sich der Gesamtverlustfaktor angenähert aus

$$\tan \delta_L \approx \tan \delta_{Cu} + \tan \delta_{Fe}$$

$$= \frac{R_r}{\omega L} + G_p \omega L \,. \tag{7.11c}$$

Das ergibt im Prinzip einen Frequenzgang des Verlustfaktors (s. Gl. (8.8)), der dem des Kondensators entspricht (Bild 7.3f).

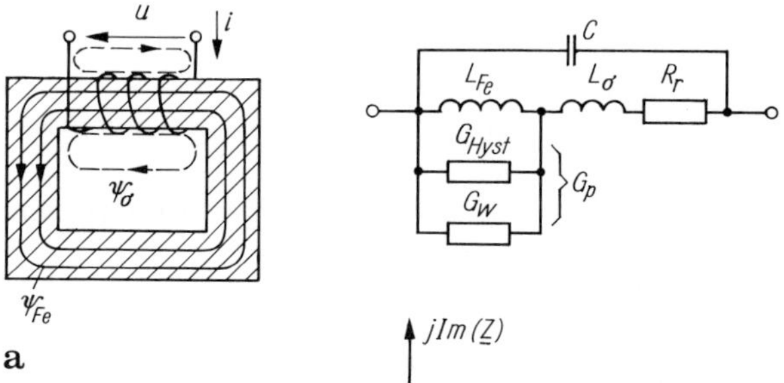

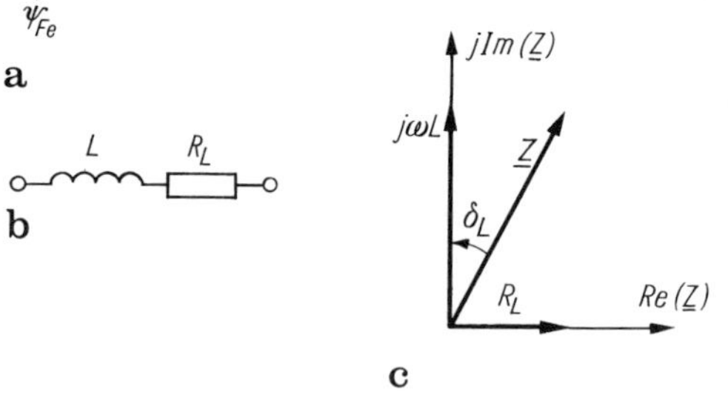

Bild 7.5. Technische Spule. Ersatzschaltung. **a**) Anordnung mit Eisenkreis und zugehörige Ersatzschaltung; **b**) stark vereinfachte Ersatzschaltung; **c**) Zeigerbild zur Veranschaulichung des Fehlwinkels δ_L

7.1.3 *RC*-Netzwerke

Breite Anwendung finden in der Elektrotechnik Siebglieder. Das sind Schaltungen, die Schwingungen eines bestimmten Frequenzbereiches besonders gut übertragen oder unterdrücken. Schaltungen dieser Art gibt es sehr zahlreich, angefangen von einfachen *RC*-Gliedern über Schwingkreise bis zu Schaltungen mit vielen Bauelementen und Verstärkern. Wir behandeln hier *RC*-Glieder[1] geschaltet als

— *Tiefpaß*: Er überträgt tiefe Frequenzen unverändert und schwächt hohe ab (Bild 7.6a).
— *Hochpaß*: Er überträgt hohe Frequenzen unverändert und schwächt tiefe ab (Bild 7.6b).

[1] Mit *RL*-Gliedern können ganz entsprechende Schaltungen aufgebaut werden, wegen der schlechten Verwendbarkeit der Induktivität in der Mikroelektronik haben sie jedoch kaum noch Bedeutung

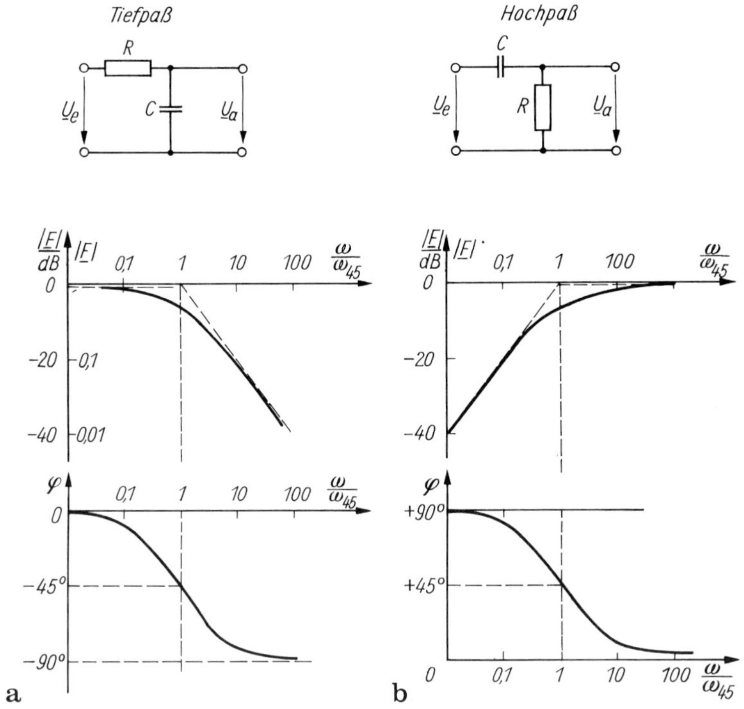

Bild 7.6. *RC*-Schaltungen (Tief- und Hochpaß) mit Bode-Diagramm

Den Frequenzgang $\underline{F}(\mathrm{j}\omega) = \underline{U}_a/\underline{U}_e$ erhalten wir über die Spannungsteilerregel zu

Tiefpaß

$$\underline{F}(\mathrm{j}\omega) = \frac{\frac{1}{\mathrm{j}\omega C}}{R + \frac{1}{\mathrm{j}\omega C}} = \frac{1}{1 + \mathrm{j}\omega RC}, \quad (7.12\,\mathrm{a})$$

Hochpaß

$$\underline{F} = \frac{R}{R + \frac{1}{\mathrm{j}\omega C}} = \frac{1}{1 + \frac{1}{\mathrm{j}\omega RC}} \quad (7.12\,\mathrm{b})$$

oder zerlegt nach Betrag und Phase

$$|\underline{F}| = \frac{1}{\sqrt{1 + (\omega RC)^2}}, \quad (7.13\,\mathrm{a})$$

$$\varphi = -\arctan \omega RC,$$

$$|\underline{F}| = \frac{1}{\sqrt{1 + \left(\frac{1}{\omega CR}\right)^2}}, \quad (7.13\,\mathrm{b})$$

$$\varphi = \arctan \frac{1}{\omega RC}.$$

Beide Verläufe wurden im Bode-Diagramm (Bild 7.6) dargestellt. Die 3-dB-Grenzfrequenz ergibt sich (übereinstimmend mit Gl. (7.1)) aus

$$|\underline{F}(\omega_g)| = \frac{1}{\sqrt{2}} \quad \text{zu} \quad (7.13\,\mathrm{c})$$

$$f_g = \frac{\omega_g}{2\pi} = \frac{1}{2\pi RC}.$$

Dabei beträgt die Phasenverschiebung —45° bzw. +45°. Nach Bild 7.6 läßt sich der Amplitudenfrequenzgang mit zwei Asymptoten einfach konstruieren

— bei tiefen Frequenzen $f \ll f_g$ gilt

$$|\underline{F}| = 1 \mathrel{\hat{=}} 0\,\mathrm{dB}\,,$$

— bei hohen Frequenzen $f \gg f_g$ gilt nach Gl. (7.13a)

$$|\underline{F}| \approx \frac{1}{\omega RC}\,,$$

d. h., die Übertragung sinkt umgekehrt zur Frequenz ab, nämlich um 20 dB/Dekade bzw. 6 dB/Oktave.

— bei hohen Frequenzen $f \gg f_g$ ist

$$|\underline{F}| = 1 \mathrel{\hat{=}} 0\,\mathrm{dB}\,.$$

— bei tiefen Frequenzen $f \ll f_a$ gilt nach Gl. (7.13b)

$$|\underline{F}| \approx \omega RC\,,$$

d. h., die Übertragung steigt mit der Frequenz an mit 20 dB/Dekade bzw. 6 dB/Oktave.

— Bei $f = f_g$ ist $|\underline{F}| = \frac{1}{\sqrt{2}} \mathrel{\hat{=}} -3\,\mathrm{dB}$.

Anwendung findet der *RC*-Tiefpaß z. B.

— als *Integrierglied*. Für hohe Frequenzen $f \gg f_a$ wird die Ausgangsspannung $\underline{U}_a$ klein gegen die Eingangsspannung $\underline{U}_e \approx \underline{I}R$ (Bild 7.6). Dem entspricht im Zeitbereich die Näherungsgleichung

$$u_a(t) = \frac{1}{C}\int i(t)\,\mathrm{d}t + U_A(0) \approx \frac{1}{RC}\int u_e(t)\,\mathrm{d}t + U_A(0)\,. \tag{7.14}$$

Die Ausgangsspannung ist das Integral der Eingangsspannung. Wir werden das Zeitverhalten später (Abschn. 10) diskutieren.

— als *Mittelwertbildner*. Ist die Eingangsspannung $u_e(t)$ eine unsymmetrische Wechselspannung (z. B. eine gleichgerichtete Spannung, s. Abschn. 5.2.3), so läßt sich aus ihr stets der arithmetische Mittelwert Gl. (5.56) abspalten

$$u_e(t) = \overline{u_e(t)} + u_e'(t)\,.$$

Für den ersten Anteil $u_e(t)$ ist die Forderung $f \gg f_g$ sicher nicht erfüllt. Für ihn trifft die normale Mittelwertbildung zu

$$\overline{u_e(t)} = \frac{1}{T}\int_0^T u_e(t)\,\mathrm{d}t\,.$$

Die Restspannung $u_e'(t)$ umfaßt dagegen die höherfrequenten Anteile, so daß

$$U_A \approx \underbrace{\overline{u_e(t)}}_{\text{Mittelwert}} + \underbrace{\frac{1}{RC}\int_0^t u_e'(t')\,\mathrm{d}t'}_{\text{Restwelligkeit}}$$

gilt. Bei ausreichend großer Zeitkonstante *RC* verschwindet die Restwelligkeit. Der Hochpaß wird angewendet als

— *Koppel-RC-Glied* zur Abtrennung einer Gleichspannung. Hat die Eingangsspannung $u_e(t)$ eine Gleichkomponente (arithmetischer Mittelwert), so wird er nicht übertragen, da über dem Kondensator kein Gleichstrom fließen kann. Darauf beruht die Anwendung des Hochpasses als Koppel-*RC*-Glied z. B. in Verstärkern (Bild 7.7a), wo die Gleichspannung einer Vorstufe (Transistorstufe) unabhängig von der einer Folgestufe einstellbar sein muß.

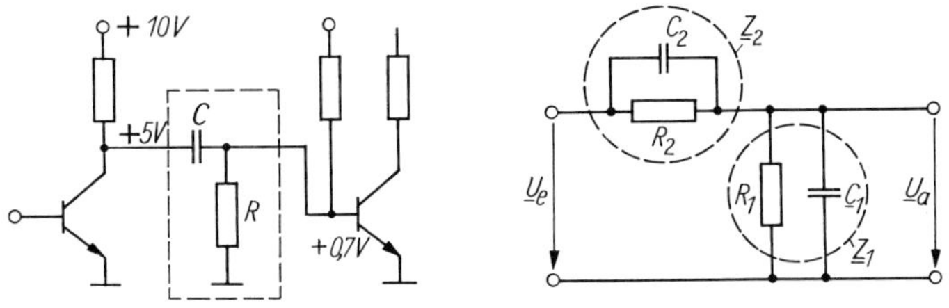

a **b**

Bild 7.7. Anwendungsbeispiele des *RC*-Gliedes. **a**) *RC*-Kopplungsvierpol zur Abtrennung einer Gleichspannung; **b**) kompensierter Spannungsteiler

— *Differenzierglied.* Für Frequenzen $f \ll f_g$ ist $|\underline{U}_a| \ll |\underline{U}_e|$ und damit ($\underline{I} \approx \underline{U}_a/R$) gilt

$$u_a \approx iR = RC\frac{\mathrm{d}u_e}{\mathrm{d}t}.$$

Die Ausgangsspannung ist das Differential der Eingangsspannung.

— *Kompensierter Spannungsteiler.* Ohmsche Spannungsteiler sind oft kapazitiv belastet. Dadurch verhalten sie sich wie ein Tiefpaß und die Grenzfrequenz sinkt ab. Das kann mit einem Hochpaß „kompensiert" (verhindert) werden. Bild 7.7b zeigt die Schaltung. Der zugeschaltete Kondensator C_2 wird so dimensioniert, daß die Spannungsteilung frequenzunabhängig wird

$$\underline{F} = \frac{\underline{U}_a}{\underline{U}_e} = \frac{\underline{Z}_1}{\underline{Z}_1 + \underline{Z}_2} = \frac{1}{1 + \dfrac{\underline{Y}_1}{\underline{Y}_2}} = \frac{1}{1 + \dfrac{G_1\left(1 + \mathrm{j}\dfrac{\omega}{\omega_1}\right)}{G_2\left(1 + \mathrm{j}\dfrac{\omega}{\omega_2}\right)}} \tag{7.15a}$$

$$= \frac{1}{1 + G_1/G_2}$$

für

$$\omega_1 = \frac{1}{R_1 C_1} = \omega_2 = \frac{1}{R_2 C_2}. \tag{7.15b}$$

Bei Übereinstimmung beider Zeitkonstanten ist die Spannungsteilung frequenzunabhängig.

7.1.4 Resonanzkreise

7.1.4.1 Resonanzphänomene

Wesen. Freie Schwingung. Die Resonanzerscheinung stellt eines der Grundphänomene der Elektrotechnik dar, das in vielfältigster Weise angewendet wird. Deshalb befassen wir uns mit ihr ausführlicher. Auch in Physik und Technik tritt das Resonanzphänomen vielfältig auf, z. B. in der bekannten Feder-Masse-Anordnung. Spannt man eine einseitig befestigte und mit einer Masse belastete Feder (Bild 7.8a), so wird die zugeführte Arbeit in ihr als potentielle Energie W_{pot} gespeichert. Beim plötzlichen Loslassen erfolgt eine Beschleunigung in Richtung der Nullage. Dort verschwindet die Federenergie und die potentielle Energie ist nach dem Erhaltungssatz voll in kinetische Energie der Masse überführt. Da sich die Energie nur stetig ändern kann, bewegt sich die Masse über die Nullage hinaus: Die potentielle Energie der Feder steigt wieder. Auf diese Weise entsteht eine Schwingung mit der Eigenfrequenz ω_0. Ohne Energieverluste (etwa durch Reibung) würde die Schwingung beliebig lange anhalten. Man erkennt:

Das Merkmal einer (freien) Schwingung ist ein periodisch ablaufender Energieaustausch zwischen zwei (oder mehreren) Speichern verschiedener Energie formen, nämlich einem statischen Speicher (für potentielle Energie, z. B. die Feder) und einem dynamischen Speicher (für kinetische Energie, z. B. die Masse).

Nach dem Verhalten des Maximalausschlages über der Zeit unterscheidet man *ungedämpfte Schwingungen* (Maximalamplitude über der Zeit konstant, weil keine irreversiblen Energieverluste auftreten) und *gedämpfte Schwingungen* (Maximalamplitude sinkt durch irreversible Energieverluste).

Wir übertragen diese Vorgänge auf die Zusammenschaltung von Spule und Kondensator, den *Schwing-* oder *Resonanzkreis* (in Reihen- oder Parallelschaltung).

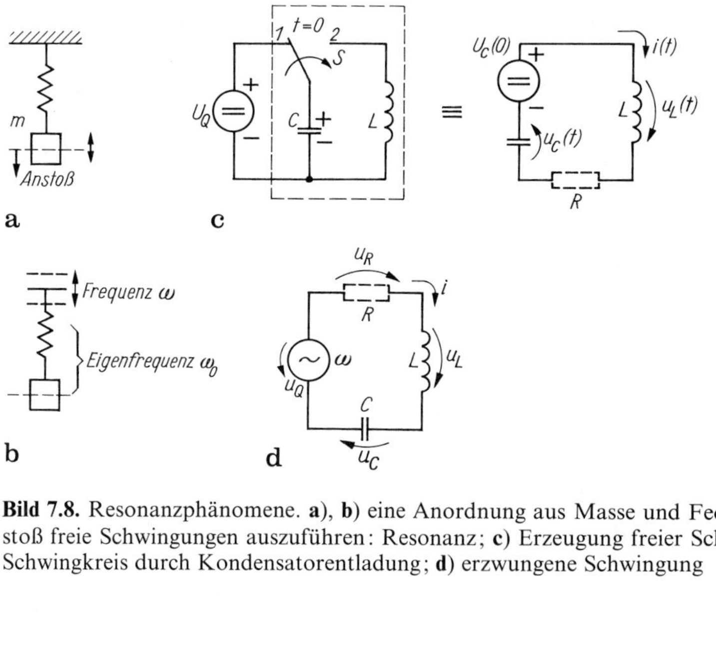

Bild 7.8. Resonanzphänomene. **a**), **b**) eine Anordnung aus Masse und Feder vermag nach Anstoß freie Schwingungen auszuführen: Resonanz; **c**) Erzeugung freier Schwingungen in einem Schwingkreis durch Kondensatorentladung; **d**) erzwungene Schwingung

Dem statischen Energiespeicher entspricht der Kondensator, dem dynamischen die Induktivität.

Freie und erzwungene Schwingungen. Ein auf eine Gleichspannung $U_C(0)$ geladener Kondensator mit der Energie $W_{pot} = CU_C^2/2$ (Bild 7.8c) werde zur Zeit $t = 0$ an eine Induktivität L geschaltet und damit der Schwingkreis „angestoßen". Folgende Schritte laufen dann qualitativ ab:

— Die Gleichspannung $U_C(0)$ verursacht einen Strom i durch die Induktivität. Er steigt durch den Trägheitscharakter der Induktivität nur langsam an. Dabei beginnt $u_C(t)$ zu sinken, denn Feldenergie wird zum Aufbau des Magnetfeldes benötigt.

— Im Nulldurchgang von u_C erreicht i sein Maximum: Die Kondensatorenergie ist voll in das Magnetfeld der Spule gewandert.

— Der Trägheitscharakter des Stromes verleiht ihm die Tendenz des Weiterfließens. Dadurch wechselt das Vorzeichen der induzierten Spannung und die Kapazität wird mit umgekehrter Spannungsrichtung geladen: Abbau der magnetischen Feldenergie, Aufbau der Kondensatorenergie.

— Die steigende Kondensatorspannung bremst den Stromfluß schließlich auf Null, und der Vorgang beginnt von neuem.

Quantitativ ergibt der Maschensatz bei geschlossenem Schalter S (Bild 7.8c)

$$u_L + u_C = U_C(0)\,,$$

$$L\frac{\mathrm{d}i}{\mathrm{d}t} + \frac{1}{C}\int i\,\mathrm{d}t = U_C(0)$$

bzw. einmal differenziert ($\mathrm{d}U_C(0)/\mathrm{d}t = 0$, zeitlich konstante Anfangsspannung)

$$\frac{\mathrm{d}^2 i}{\mathrm{d}t^2} + \frac{i}{LC} = 0\,.$$

Dies ist die Netzwerk-Differentialgleichung des idealen Schwingkreises. Sie hat als Lösung $\hat{I}\sin\omega_0 t$, eine harmonische Schwingung.

Der Strom i (und auch $u_C = (1/C)\int i\,\mathrm{d}t$ sowie $u_L = (\mathrm{d}i/\mathrm{d}t)$) pendelt im angestoßenen Schwingkreis gemäß

$$i(t) = \hat{I}\sin\omega_0 t\,, \qquad u_C = \frac{\hat{I}\cos\omega_0 t}{\omega_0 C} \tag{7.16a}$$

als *ungedämpfte Sinusschwingung* mit der Kreisfrequenz

$$\omega_0 = \frac{1}{\sqrt{CL}} \tag{7.16b}$$

Eigenfrequenz (Resonanz einer freien Schwingung).

Seine Amplitude $\hat{I}$ liegt durch die Ladung $Q_C = CU_C(0)$ im Anfangspunkt fest: $\hat{I} = \omega_0 CU_C(0) = \omega_0 Q_C(0)$.

Bei einem einmalig „angestoßenen" verlustlosen Schwingkreis verläuft die Energiependelung eigenständig (also nicht von außen beeinflußt) mit der Eigenfrequenz ω_0

(der freien Schwingung) ab. Sie liegt allein durch die Schwingkreisparameter C, L fest.

Energiespiel. Wir betrachten den Energieaustausch näher und greifen auf Abschn. 4.1 zurück. Die eingebrachte Energie $W_C = CU_C^2(0)/2 = \text{const}$ muß nach dem Energiesatz im System erhalten bleiben. Sie teilt sich aber zu jedem Zeitpunkt auf beide Energiespeicher auf

$$W_L(t) + W_C(t) = \frac{Li^2}{2} + \frac{Cu^2}{2} = \frac{CU_C^2(0)}{2} = W_{ges} = \text{const}\,.$$

Die Zeitverläufe W_L und W_C ergeben sich zu

$$W_L(t) = L\frac{i^2}{2} = \frac{L\hat{I}^2}{2}\sin^2\omega_0 t = W_{kin}\,,$$

$$W_C(t) = \frac{Cu^2}{2} = \frac{C}{2}\frac{\hat{I}^2}{(\omega_0 C)^2}\cos^2\omega_0 t = W_{pot}\,.$$

Kinetische und potentielle Energie pulsieren je mit der *doppelten* Resonanzfrequenz ω_0 (durch $\cos^2\omega_0 t$ usw.) um einen zeitlichen Mittelwert (s. Bild 6.46). Beide Anteile sind gleich groß und gleich der halben Gesamtenergie:

$$\overline{W_{pot}} = \overline{W_C(t)} = \overline{W_{kin}} = \overline{W_L(t)} = \frac{W_{ges}}{2} \qquad (7.17\,\text{a})$$

physikalische Resonanzbedingung.

Dies ist die physikalische Bedingung der Resonanz. Wir erkannten sie bereits im Abschn. 6.4.2 bei der Diskussion des Begriffes Blindleistung.

Freie gedämpfte Schwingungen. In praktischen Schwingkreisen treten stets Verluste (z. B. ohmsche Widerstände, Abstrahlung durch Wellenausbreitung) auf. Wir wollen sie durch einen kleinen reihengeschalteten Widerstand R (Bild 7.8c) erfassen. Wie ändert sich die Eigenfrequenz der Schwingung?

Die Maschengleichung führt auf

$$u_L + u_C + u_R = U_C(0)\,,$$

$$L\frac{\mathrm{d}i}{\mathrm{d}t} + iR + \frac{1}{C}\int i\,\mathrm{d}t = U_C(0)$$

bzw. durch Differenzieren und Division mit L auf

$$\frac{\mathrm{d}^2 i}{\mathrm{d}t^2} + \frac{R}{L}\frac{\mathrm{d}i}{\mathrm{d}t} + \frac{1}{LC}\,i = 0\,.$$

Die Lösung dieser Netzwerk-Integro-Differentialgleichung lautet im Gegensatz zum ungedämpften Kreis Gl. (7.16a)

$$i(t) = \underbrace{I_0\,\mathrm{e}^{-d\omega_0 t}}_{\text{Dämpfung}}\;\underbrace{\sin\left(\sqrt{1-\mathrm{d}^2}\,\omega_0 t\right)}_{\text{harmonische Schwingung}}\,. \qquad (7.16\,\text{c})$$

Zwei Merkmale treten auf[1]

— die Dämpfung $d = \frac{R}{2\omega_0 L}$ der Amplitude,

— die veränderte Eigenfrequenz $\omega_0 \sqrt{1 - d^2}$.

Im Schwingkreis mit Verlusten klingt die Amplitude der Eigenschwingung (bei schwacher Dämpfung) exponentiell ab, gleichzeitig sinkt die Eigenfrequenz etwas.

Umgekehrt wird dann in einem Schwingkreis mit *negativer* Dämpfung ($d \sim R$, $R < 0$), d. h. *negativem Widerstand* R (zur Überkompensation eines vorhandenen positiven Widerstandes), eine ungedämpfte bzw. gar *anwachsende* freie Schwingung erzeugt. Auf diesem Prinzip basieren die elektronischen Schwingungserzeuger (Sinusgeneratoren, Oszillatoren, wir verwiesen darauf bereits in Abschn. 5.1.2.1).

Freie Schwingungen treten besonders bei Ausgleichs- und Übergangsvorgängen auf. Wir gehen darauf im Abschn. 10 näher ein.

Erzwungene Schwingung. Im Gegensatz zur einmaligen Anregung werde der Schwingkreis jetzt durch eine harmonische Erregergröße (der Frequenz ω) stationär angeregt (z. B. durch die Quellenspannung $u_Q(t)$, Bild 7.8d).

Die als Folge der periodischen Erregung auftretende Schwingung heißt *erzwungene Schwingung*. Ihre Frequenz ω ist die der Erregergröße. Ströme und Spannungen im Schwingkreis hängen ab von

— der Erregergröße selbst (Amplitude, Frequenz),

— den Eigenschaften des Schwingkreises und des Generators.

Energiebilanz. Aus dem Maschensatz

$$u_L + u_R + u_C = u_Q(t)\,,$$

$$L\frac{di}{dt} + iR + u_C = u_Q(t)$$

folgt nach Multiplikation mit i und Umformung ($i\,di/dt = di^2/2\,dt$, analog u_C)

$$\frac{d}{dt}\left(\frac{Li^2}{2}\right) + i^2R + \frac{d}{dt}\left(\frac{Cu_C^2}{2}\right) = u_Q(t)\ i(t) \tag{7.18a}$$

oder

$$\frac{d}{dt}\{(W_L(t) + W_C(t))\} + p_R(t) = p_Q(t)\,. \tag{7.18b}$$

Die von der Spannungsquelle gelieferte Momentanleistung p_Q teilt sich auf in die momentane, im Widerstand R umgesetzte Leistung $p_R(t)$ und die zeitliche Änderung der gesamten Speicherenergie. Das ist die bereits im Bild 6.43 geschilderte energetische Wechselwirkung zwischen Quelle und Verbraucher.

Betrachten wir die gesamte Speicherenergie $W_{ges}(t)$ näher. Der Kreisstrom $i = \hat{I}\sin\omega t$ erzeugt die Kondensatorspannung

$$u_C = \frac{\hat{I}}{\omega C}\cos\omega t\,.$$

[1] Aperiodischer Grenzfall ausgeschlossen

Damit beträgt die Gesamtenergie

$$W_{\text{ges}}(t) = W_{\text{L}}(t) + W_{\text{C}}(t) = \frac{L\hat{I}^2}{2}\sin^2\omega t + \frac{C\hat{I}^2}{2(\omega C)^2}\cos^2\omega t$$

$$= \frac{L\hat{I}^2}{2}\left(\sin^2\omega t + \left(\frac{\omega_0}{\omega}\right)^2\cos^2\omega t\right). \tag{7.19}$$

Im Unterschied zur freien Schwingung hängt die Speicherenergie von der Zeit ab. Deshalb pendelt Energie fortwährend zwischen Quelle und Verbraucher, tritt also *Blindleistung* zwischen beiden auf.

Nur für die physikalische Resonanzbedingung $W_{\text{ges}} = \text{const}$, d. h. $\omega = \omega_0$ ($\sin^2 x + \cos^2 x = 1$), unterbleibt das Energiependeln zwischen Quelle und Verbraucher. Es tritt dann nur noch zwischen Spule und Kondensator auf (Bild 6.46). Die von der Quelle aufgebrachte Wirkleistung (Gl. (7.18b)) wird voll zur Deckung der ohmschen Verluste (R) benötigt. Wir erkennen damit:

Resonanz = Erregung eines schwingungsfähigen Systems mit der gleichen Frequenz, mit der es selbst schwingen kann.

Aus der zeitlichen Konstanz der gesamten Speicherenergie $W_{\text{ges}} = W_{\text{C}} + W_{\text{L}}$ bei Resonanz folgt

$$\frac{\mathrm{d}W_{\text{C}}}{\mathrm{d}t} + \frac{\mathrm{d}W_{\text{L}}}{\mathrm{d}t} = 0, \quad \text{also} \quad \frac{\mathrm{d}}{\mathrm{d}t}\left\{\frac{Cu_2(t)}{2}\right\} = -\frac{\mathrm{d}}{\mathrm{d}t}\left\{\frac{Li^2(t)}{\mathrm{d}t}\right\}.$$

Daraus ergibt sich mit den Strom-Spannungs-Relationen von Spule und Kondensator

$$Cu_{\text{C}}\frac{\mathrm{d}u_{\text{C}}}{2\,\mathrm{d}t} = \frac{1}{2}u_{\text{C}}i = -\frac{Li}{2}\frac{\mathrm{d}i}{\mathrm{d}t} = -\frac{i}{2}u_{\text{L}}$$

die Resonanzbedingung

a) im Zeitbereich

$u_{\text{C}} = -u_{\text{L}}$: verschwindende *Gesamtspannung* $u_{\text{C}} + u_{\text{L}}$ (Reihenschwingkreis) bzw. verschwindender *Gesamtstrom* $i_{\text{C}} + i_{\text{L}} = 0$ (Parallelschwingkreis) in jedem Zeitpunkt;

b) im Frequenzbereich (aus den Bedingungen $\underline{U}_{\text{C}} = \underline{U}_{\text{L}} = 0$ bzw $\underline{I}_{\text{C}} + \underline{I}_{\text{L}} = 0$), *Reihenresonanz*

$$\text{Im}\,(\underline{Z}) = 0, \quad \text{da} \quad \underline{Z} = \underline{Z}_{\text{L}} + \underline{Z}_{\text{C}} = \mathrm{j}\left(\omega_0 L - \frac{1}{\omega_0 C}\right) = 0, \tag{7.17 b}$$

Verschwinden des Imaginärteiles der Impedanz $\underline{Z}$ der Reihenschaltung von Spule und Kondensator,

Parallelresonanz

$$\text{Im}\,(\underline{Y}) = 0, \quad \text{da} \quad \underline{Y} = \underline{Y}_{\text{C}} + \underline{Y}_{\text{L}} = \mathrm{j}\left(\omega_0 C - \frac{1}{\omega_0 L}\right) = 0, \tag{7.17 c}$$

Verschwinden des Imaginärteiles der Admittanz $\underline{Y}$ der Parallelschaltung von Spule und Kondensator.

Zwangsläufig treten im Resonanzkreis Extrema (Maxima, Minima) von Scheinwiderständen (-leitwerten), Strömen und Spannungen, abhängig von der jeweiligen Art der Einspeisung (Konstantstrom- oder Spannungsquelle) auf.

Gütemaß ϱ (Kreisgüte, Resonanzschärfe). Zur Kennzeichnung der Verluste, die in technischen Schwingkreisen stets auftreten, ist das Verhältnis der gesamten Speicherenergie (bei Resonanz) zur Verlustenergie je Periode geeignet. Wir definieren als Gütemaß die *Kreisgüte* ϱ (auch als *Resonanzschärfe* bezeichnet)

$$\varrho = \left.\frac{2\pi \text{ gesamte Speicherenergie}}{\text{Verlustenergie je Periode}}\right|_{\text{bei } \omega_0} = \frac{\omega_0 \cdot \text{gesamte Speicherenergie}}{\text{Verlustleistung}}$$

Kreisgüte (Definitionsgleichung). (7.20 a)

Daraus folgt mit Gl. (7.17a) und $\omega_0 = 2\pi/T$ für Reihen- und Parallelkreis

Reihenkreis *Parallelkreis*

$$\varrho = \frac{2\pi W_{\text{ges}}}{TP} \cdot \left.\frac{2\pi L I^2}{TRI^2}\right|_{\omega_0} = \frac{\omega_0 L}{R} = \frac{1}{R}\sqrt{\frac{L}{C}}, \qquad \varrho = \frac{2\pi C U^2}{TGU^2} = \frac{\omega_0 C}{G} = \frac{1}{G}\sqrt{\frac{C}{L}}. \tag{7.20 b}$$

Die Kreisgüte gibt an, in welchem Maße Energie im Schwingkreis gespeichert werden kann, verglichen mit der in ihm verbrauchten Energie. Sie ist um so größer, je kleiner die Verlustleistung eines Kreises in Beziehung zur Speicherenergie ist. Deshalb steht die Kreisgüte ϱ mit der oben eingeführten Dämpfung d in umgekehrter Beziehung: $d = 1/(2\varrho)$: große Dämpfung, kleine Güte und umgekehrt.

Später werden wir die Kreisgüte noch anders deuten, ihr eigentlicher physikalischer Inhalt ist aber Gl. (7.20a).

7.1.4.2 Reihen- und Parallelschwingkreis

Grundeigenschaften. Wir betrachten den aus einer Konstantspannungsquelle erregten Reihenschwingkreis (Bild 7.9) und gleichzeitig den aus einer Konstantstromquelle erregten Parallelschwingkreis. Das sind dem Aufbau nach sog. *duale* Schaltungen.

Reihenkreis *Parallelkreis*

Impedanz Admittanz

$$\underline{Z} = R_r + \mathrm{j}\left(\omega L_r - \frac{1}{\omega C_r}\right) = R_r + \mathrm{j}X(\omega), \qquad \underline{Y} = G_p + \mathrm{j}\left(\omega C_p - \frac{1}{\omega L_p}\right) = G_p + \mathrm{j}B(\omega). \tag{7.21 a}$$

Die Wirkanteile hängen nicht von der Frequenz ab (Bild 7.9b), jedoch der

Scheinwiderstand Scheinleitwert

$$Z = \sqrt{R_r^2 + X^2(\omega)}, \qquad Y = \sqrt{G_p^2 + B^2(\omega)} \tag{7.21 b}$$

und der Phasenwinkel

$$\varphi_z = \arctan\frac{\omega L_r - \frac{1}{\omega C_r}}{R_r}, \qquad \varphi_y = \arctan\frac{\omega C_p - \frac{1}{\omega L_p}}{G_p}. \tag{7.21 c}$$

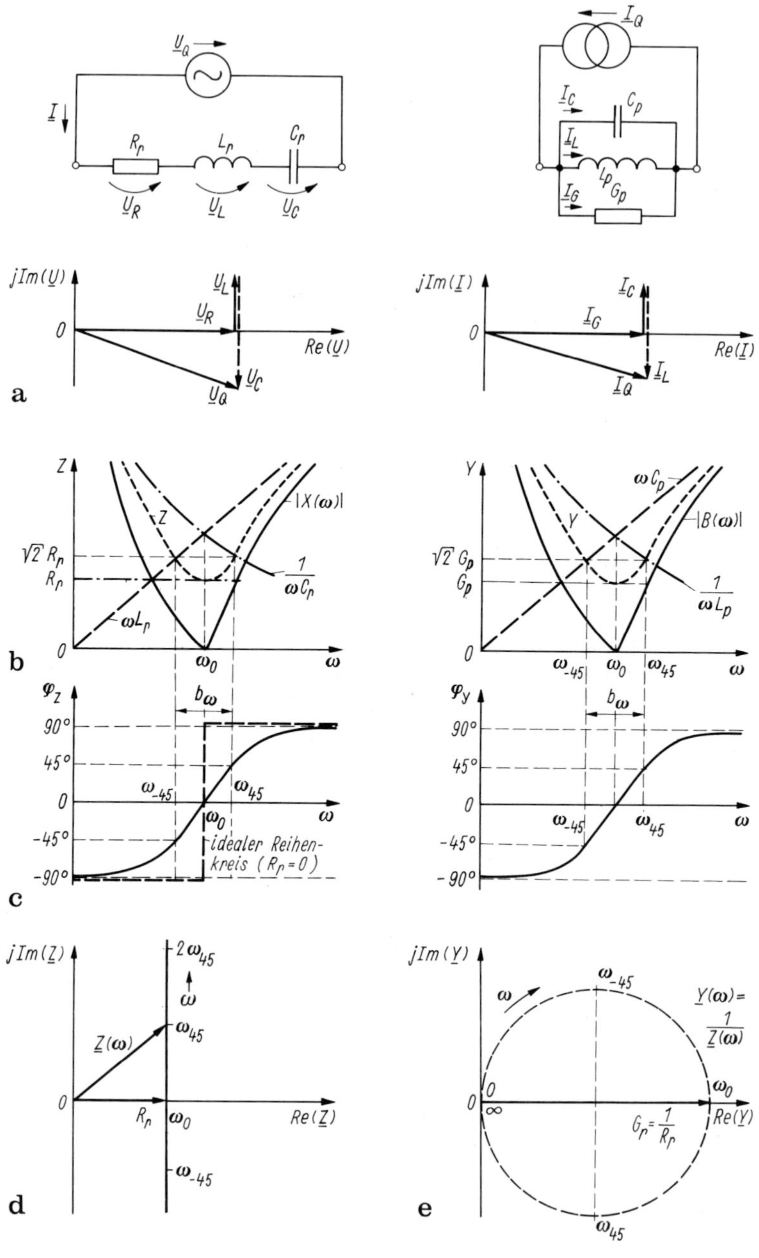

Bild 7.9. Resonanzkreise (Reihen- und Parallelresonanz). **a**) Schaltung und Zeigerbild der Teilgrößen; **b**) Scheinwiderstand (Scheinleitwert) der Teilkomponenten und der Gesamtschaltung über der Frequenz; **c**) Phasenwinkel des Reihen- und Parallelschwingkreises über der Frequenz; **d**) Ortskurve der Impedanz $\underline{Z}$ des Reihenkreises (Admittanz $\underline{Y}$ des Parallelkreises); **e**) invertierte Ortskurve von **d**

Dies geht aus Bild 7.9b und c deutlich hervor. Bei der Resonanzfrequenz

$$\omega_0 = \frac{1}{\sqrt{C_r L_r}} = \frac{1}{\sqrt{L_p C_p}} \tag{7.16 d}$$

verschwindet jeweils der Imaginärteil, und es erreichen die Beträge der Impedanz Z (Admittanz Y) ein *Minimum* (Bild 7.9b)

$$Z|_{\omega_0} = |\underline{Z}| = R_r, \qquad Y|_{\omega_0} = |\underline{Y}| = G_p \tag{7.21 d}$$

Um einen Resonanzkreis auf Resonanz abzustimmen, können Frequenz, Induktivität oder Kapazität verändert werden.

Der Verlauf $X(\omega)$ bzw. $B(\omega)$ ergibt weiter (Bild 7.9b)

$\omega < \omega_0$	kapazitiv	induktiv ,
$\omega > \omega_0$	induktiv	kapazitiv .

Diskussion. Die Bilder 7.9b und c zeigen die Darstellung von Z und φ für den Reihenkreis (analog für Parallelkreis). Eingetragen sind die Frequenzabhängigkeiten der Scheinwiderstände ωL_r und $1/(\omega C_r)$, der Betrag ihrer Differenz ($|X(\omega)|$, voll ausgezogen) sowie R_r. Die geometrische Addition von R_r und X (auch Zeigerbild 7.9a) ergibt den dick ausgezogenen Verlauf Z mit einem Minimum bei $\omega = \omega_0$. Wegen $Z \sim 1/I$ (U_Q = const) hat der Strom im spannungsgespeisten Reihenkreis bei Resonanz seinen Höchstwert (s. u.). Je kleiner R_r, um so größer der Strom.

Aus dem Phasenverlauf $\varphi_z(\omega)$ erkennt man kapazitives Verhalten für $\omega < \omega_0$, weil dann wegen $1/(\omega C_r) > \omega L_r$ die Kapazität den dominierenden Blindwiderstand liefert. Sinngemäß ergibt $\omega > \omega_0$ induktives Verhalten. Man beachte: Beim verlustfreien Schwingkreis springt die Phase bei der Resonanzfrequenz um 180° (Bild 7.9c). Für den Parallelschwingkreis lauten die Ergebnisse analog.

Die *Ortskurve* von $\underline{Z}$ ($\underline{Y}$ analog, Bild 7.9d) ist eine Gerade parallel zur imaginären Achse. Als Frequenzmaßstab wurden zwei Frequenzen ω_{+45} und ω_{-45} gewählt (s. u.). Die invertierte Ortskurve (Bild 7.9e) ergibt einen Kreis durch den Nullpunkt mit dem Durchmesser $1/R_r$ bzw. $1/G_p$.

Wir vereinheitlichen jetzt die Kennzeichnung beider Schwingkreise und führen dazu die *Verstimmung* v, *Kreisgüte* ϱ_r, $\pm$*45-Frequenzen* und *Bandbreite* b_ω ein (Bild 7.10a).

1. Verstimmung v

$$v = \frac{\omega}{\omega_0} - \frac{\omega_0}{\omega} \tag{7.22a}$$

Verstimmung (Definitionsgleichung).

Sie kennzeichnet die *relative Frequenzabweichung* von der Resonanzfrequenz. Merke:

$\omega = \omega_0$	$v = 0$,	
$\omega > \omega_0$	$v > 0$	v positiv ,
$\omega < \omega_0$	$v < 0$	v negativ .

Die Verstimmung v beseitigt eine gewisse Unsymmetrie in der Resonanzkurvendarstellung über ω in Nähe der Resonanzfrequenz, z. B. im Bild 7.9b sichtbar.

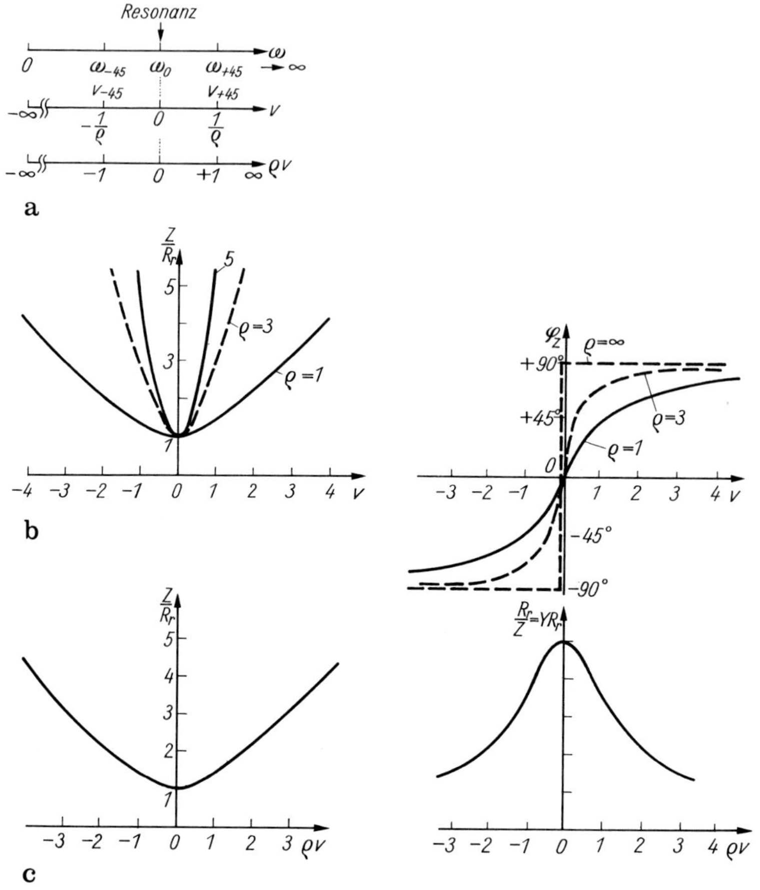

Bild 7.10. Schwingkreis in normierter Darstellung. **a**) Zuordnung von Frequenz, Verstimmung v und Produkt ϱv; **b**) Einfluß der Kreisgüte auf den Verlauf Z/R_r und den Phasenwinkel über der Verstimmung v; **c**) Verlauf von Z/R_r bzw. R_r/Z in Abhängigkeit von v. Das Verhalten aller Schwingkreise wird durch eine Kurve beschrieben

2. *Kreisgüte* ϱ. Aus Gl. (7.20 b) ergibt sich

Reihenkreis | Parallelkreis

$$\varrho = \frac{1}{R_r}\sqrt{\frac{L_r}{C_r}}, \qquad \varrho = \frac{1}{G_p}\sqrt{\frac{C_p}{L_p}}. \tag{7.22 b}$$

Damit folgt als *normierte Darstellung* des Schwingkreises (Gl. (7.21 a))

$$\underline{Z} = R_r\left[1 + \mathrm{j}\,\frac{1}{R_r}\left(\frac{\omega\omega_0 L}{\omega_0} - \frac{\omega_0}{\omega C\omega_0}\right)\right];$$

$$= R_r[1 + \mathrm{j}\varrho v]$$

bzw.

$$\frac{\underline{Z}}{R_\mathrm{r}} = 1 + \mathrm{j}\varrho v = \frac{\underline{Y}}{G_\mathrm{p}} \tag{7.23 a}$$

gemeinsame normierte Darstellung des Schwingkreises. Betrag und Phasen lauten

$$\frac{Z}{R_\mathrm{r}} = \frac{Y}{G_\mathrm{p}} = \sqrt{1 + (\varrho v)^2}\,, \qquad \varphi_\mathrm{z} = \varphi_\mathrm{y} = \arctan \varrho v\,.^{1} \tag{7.23 b, c}$$

Die Bilder 7.10b und c enthalten die Darstellung von $\underline{Z}$ und ϱ_z über v bzw. ϱv. Besonders gut ist der symmetrische Verlauf zu erkennen. Eingetragen ist auch der Verlauf Z bzw. φ_z über v. Dann tritt die Kreisgüte ϱ als Parameter auf. Mit steigender Kreisgüte wird der Verlauf $Z(v)$ „schlanker" und der Phasenübergang in Umgebung der Resonanzfrequenz steiler. Man erkennt aus diesem Bild die Zweckmäßigkeit der Darstellung über ϱv. Es genügt eine Kurve gemäß Gl. (7.23).

3. Die 45°-Frequenz $f_{\pm 45}$ (3-dB-Grenzfrequenzen) sind diejenigen Frequenzen, für die der Phasenwinkel $\varphi = \pm 45°$ beträgt und damit der Betrag der Blindkomponente gleich der Wirkkomponente ist. Aus

Reihenkreis Parallelkreis

$$\omega_{\pm 45} L - \frac{1}{\omega_{\pm 45} C} = \pm R_\mathrm{r} \quad \text{bzw.} \quad \omega_{\pm 45} C - \frac{1}{\omega_{\pm 45} L} = \pm G_\mathrm{p} \tag{7.24 a}$$

±45°-Frequenzen (Definitionsgleichung)

folgt unter Verwendung der jeweiligen Kreisgüte durch Lösung einer quadratischen Gleichung[2]

$$\omega_{\pm 45} = \omega_0 \left(\sqrt{1 + \left(\frac{1}{2\varrho}\right)^2} \pm \frac{1}{2\varrho} \right) \approx \omega_0 \left(1 \pm \frac{1}{2\varrho} \right). \tag{7.24 b}$$

Die 45°-Frequenzen $\omega_{\pm 45}$ unterscheiden sich um so weniger von der Resonanzfrequenz ω_0, je höher die Kreisgüte ist, also je kleiner die Verluste des Schwingkreises sind.

In normierter Darstellung gilt entsprechend

$$v_{\pm 45} = \pm \frac{1}{\varrho} \quad \text{normierte 45°-Verstimmung}\,. \tag{7.25}$$

Real- und Imaginärteil stimmen (definitionsgemäß) überein, und es gilt

$$|\underline{Z}|_{\omega_{\pm 45}} = R_\mathrm{r}\sqrt{2}\,, \qquad |\underline{Y}|_{\omega_{\pm 45}} = G_\mathrm{p}\sqrt{2}\,. \tag{7.26}$$

Der Betrag Z bzw. Y steigt auf den $\sqrt{2}$fachen Wert desjenigen bei Resonanz. Bild 7.10a enthält die Zuordnung von Frequenz, Verstimmung v und des Produktes ϱv mit den eingetragenen Frequenzen $\omega_{\pm 45}$.

---

[1] Beachte: Es ist nicht $\varphi_\mathrm{z} = -\varphi_\mathrm{y}$, da nicht $\underline{Z} = \underline{Y}^{-1}$ vorliegt, sondern duale Schaltungen

[2] Beachte: $\sqrt{1 + x^2} \approx 1 + x^2/2$ für $x < 1$

4. Die Bandbreite b_ω (3-dB-Bandbreite). Darunter versteht man die Differenz zwischen oberer und unterer 45°-Frequenz

$$b_\omega = \omega_{+45} - \omega_{-45} \tag{7.27a}$$

Bandbreite b_ω (3-dB-Bandbreite) (Definitionsgleichung)

bzw.

$$b_f = f_{+45} - f_{-45}\,, \tag{7.27b}$$

also mit Gl. (7.17b)

$$b_\omega = \frac{\omega_0}{\varrho} \quad \text{bzw.} \quad b_f = \frac{f_0}{\varrho}\,. \tag{7.27c}$$

Aus Bild 7.9b geht die Definition dieser Bandbreite anschaulich hervor.

Bandbreite, Verstimmung und 3-dB-Grenzfrequenzen kennzeichnen die grundsätzlichen Qualitätsmerkmale eines Schwingkreises:

— Je größer die Kreisgüte (je kleiner die ohmschen Verluste), desto kleiner die Bandbreite.

Große Bandbreite und hohe Kreisgüte (gute Selektivität, s. u.) schließen sich gegenseitig aus. Man verwendet bei großen Bandbreiten deshalb mehrere induktiv oder kapazitiv gekoppelte Kreise. Sie sind schwach gegeneinander verstimmt. Dadurch ergeben sich mehrere dicht nebeneinander liegende Resonanzkurven und bei entsprechender Kreisgüte und Kopplung eine Kurve mit annäherndem Rechteckverlauf.

— Bei Abweichung der Frequenz ω gegenüber ω_0 ändert sich Z bzw. Y um so stärker, je größer die Kreisgüte ist (vgl. Verlauf Bild 7.10b).

Größenvorstellung. Die in der Elektrotechnik eingesetzten Schwingkreise besitzen etwa folgende typische Gütewerte:

	ϱ	f_0
Schwingkreise im NF-Bereich (mit Eisenspule)	10 ... 50	(1 ... 30) kHz
Schwingkreise im Rundfunkempfänger	100 ... 300	450 kHz
	50 ... 150	6 MHz
	50 ... 100	10,7 MHz
UKW-Bereich, Fernsehbereich	10 ... 50	(100 ... 800) MHz
Höchstfrequenztechnik (sog. Topfkreise)	10^4	>1 GHz

Technisch interessant sind nur Schwingkreise mit möglichst hoher Güte.

Verlustbehaftete Schaltelemente. Spulen und Kondensatoren sind nie verlustfrei. Während man den Verlustleitwert des Kondensators beim Parallelkreis leicht als dessen Wirkleitwert G (Bild 7.9) ausdeuten bzw. ihn dort berücksichtigen kann, muß der in Reihe zu L liegende Verlustwiderstand R_r (Bild 7.11) zunächst in eine

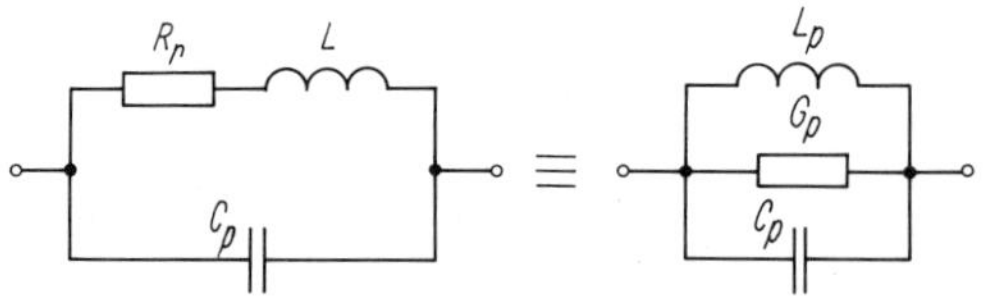

Bild 7.11. Resonanzkreis mit technischer Spule und gleichwertiger Ersatzschaltung als Parallelkreis

äquivalente Parallelschaltung umgeformt werden (zweckmäßig mit Benutzung der Spulengüte, Q_L, Gl. (7.11 b))

$$\underline{Y}_p = \frac{1}{R_r + j\omega L} = \frac{1}{R_r(1 + jQ_L)} = \frac{(1 - jQ_L)}{R_r(1 + Q_L^2)}, \quad Q_L = \frac{\omega L}{R_r} = f(\omega).$$

Damit lautet der Schwingkreisleitwert

$$\underline{Y} = G + \frac{1}{R_r(1 + Q_L^2)} + j\left[\omega C - \frac{\omega L}{R_r^2(1 + Q_L^2)}\right] = G_p(\omega) + j\left(\omega C - \frac{1}{\omega L(\omega)}\right).$$

Die Resonanzfrequenz folgt entsprechend aus Gl. (7.17b)

$$\text{Im}\,(\underline{Y}(\omega_0')) = 0 \rightarrow C = \frac{L}{R_r^2(1 + Q_L^2(\omega))}$$

und ergibt ausgerechnet mit $Q_L = \dfrac{\omega_0 L}{R_r}$ bei Resonanz

$$\frac{\omega_0^2 L^2}{R_r} = \frac{L}{CR_r^2} - 1,$$

d. h.,

$$\omega_0' = \sqrt{\frac{1}{LC} - \left(\frac{R_r}{L}\right)^2} \approx \omega_0\left(1 - \frac{1}{2Q_L^2(\omega_0)}\right) \tag{7.28a}$$

Resonanzfrequenz eines Parallelkreises mit verlustbehafteter Spule.

Die Resonanzfrequenz ω_0' ist etwas kleiner als $\omega_0 = \dfrac{1}{\sqrt{LC}}$; für $Q_L > 5$ beträgt der Fehler weniger als 2%.

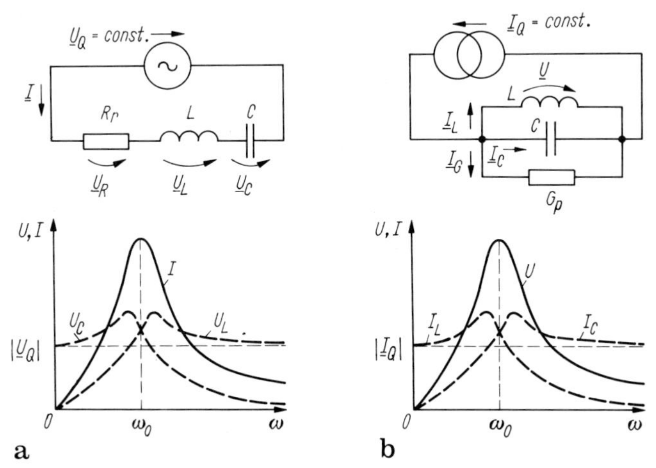

Bild 7.12. Reihen- und Parallelschwingkreis bei Spannungs- bzw. Stromquelleneinspeisung. **a**) Reihenkreis; **b**) Parallelkreis

Bei Resonanz hat der Kreis den (reellen) Leitwert

$$\underline{Y}(\omega_0') = G + \frac{1}{R_r(1 + Q_L^2)} \approx G + \frac{1}{R_r Q_L^2}\,. \tag{7.28 b}$$

Im Resonanzfall transformiert sich der (relativ kleine) Reihenwiderstand R_r durch den Resonanzkreis in einen sehr kleinen Leitwert $G' = 1/(R_r Q_L^2)$ bzw. sehr großen Widerstand $R' = 1/G' = R_r Q_L^2$ (s. u.).

7.1.4.3 Zusammenspiel Schwingkreis — aktiver Zweipol

Das charakteristische Verhalten des Schwingkreises tritt besonders beim Zusammenschalten mit dem Generator in Erscheinung. Dort läßt es sich auch experimentell leicht überprüfen. Dabei begnügt man sich aus praktischen Gründen mit der Beurteilung der Beträge (Effektivwerte) von Strom und Spannung. Wir wollen dieses Verhalten untersuchen.

Das Zusammenspiel Generator-Schwingkreis tritt in typischer Weise zutage beim (Bild 7.12).

Reihenkreis	Parallelkreis
durch den *Strom I* bei *konstanter Quellenspannung* U_Q (Gl. (7.23 a))	durch die *Spannung U* bei *konstantem Quellenstrom* I_Q (Gl. (7.23 b))
$I(\omega) = \frac{U_Q}{Z(\omega)} = \frac{U_Q}{R_r\sqrt{1 + (\varrho v)^2}}$	$U(\omega) = \frac{I_Q}{Y(\omega)} = \frac{I_Q}{G_p\sqrt{1 + (\varrho v)^2}}$

mit dem *Maximalwert bei Resonanz* ($\varrho v = 0$) (s. Gl. (7.21 d))

$$I(\omega_0)|_{\text{Res}} = \frac{U_Q}{R_r}\,. \qquad U(\omega_0)|_{\text{Res}} = \frac{I_Q}{G_p}\,. \tag{7.29 a}$$

Im Resonanzfall besteht deshalb die Gefahr der

*Strom*überlastung | *Spannungs*überlastung

der Bauelemente. Der Kreis verhält sich so, als wären die Blindschaltelemente durch

Kurzschluß | *Leerlauf*

ersetzt und nur R_r bzw. G_p im Kreis vorhanden.

Die Spannungen U_C, U_L über den Blindwiderständen X_L, X_C lauten	Die Ströme I_C, I_L durch die Blindleitwerte B_L, B_C lauten

$$U_C(\omega) = \frac{I(\omega)}{\omega C}\,, \quad U_L(\omega) = \omega L I(\omega)\,. \qquad I_L(\omega) = \frac{U(\omega)}{\omega L}\,, \quad I_C(\omega) = \omega C U(\omega)\,. \tag{7.29 b}$$

Ihre Frequenzgänge unterscheiden sich vom Verlauf $I(\omega)$ bzw. $U(\omega)$ Gl. (7.23 b) nur durch den noch überlagerten $1/\omega$ bzw. ω-Gang. Dadurch liegt das Spannungs-

(Strom-)Maximum nicht genau bei der Resonanz, sondern bei etwas niedrigeren (U_C, I_L) bzw. höheren (U_L, I_C) Frequenzen (s. Bild 7.12):

$$U_C(\omega) = \frac{1}{\omega C R_r} \frac{U_Q}{\sqrt{1+(\varrho v)^2}} = \frac{\omega_0 \varrho U_Q}{\omega \sqrt{1+(\varrho v)^2}}, \qquad I_L(\omega) = \frac{1}{\omega L G_p} \frac{I_Q}{\sqrt{1+(\varrho v)^2}} = \frac{\omega_0}{\omega} \frac{\varrho I_Q}{\sqrt{1+(\varrho v)^2}},$$

$$U_L(\omega) = \frac{\omega L}{R_r} \frac{U_Q}{\sqrt{1+(\varrho v)^2}} = \frac{\omega U_Q}{\omega_0 \sqrt{1+(\varrho v)^2}}, \qquad I_C(\omega) = \frac{\omega C}{G_p} \frac{I_Q}{\sqrt{1+(\varrho v)^2}} = \frac{\omega}{\omega_0} \frac{\varrho I_Q}{\sqrt{1+(\varrho v)^2}}. \tag{7.29c}$$

Der Unterschied ist für Güten $\varrho > 10$ vernachlässigbar. Dann gilt bei Resonanz

$$U_C(\omega_0) = U_L(\omega_0) = U_Q \varrho , \qquad I_C(\omega_0) = I_L(\omega_0) = I_Q \varrho . \tag{7.29d}$$

Im Resonanzfall erreicht

die Spannung über den Blindschaltelementen ein Maximum (Spannungsgefährdung durch ϱ-fache Generatorspannung),	der Strom durch die Blindschaltelemente ein Maximum (Stromgefährdung durch ϱ-fachen Generatorstrom),
z. B. $U_Q = 100$ V $\rightarrow \varrho = 200$	z. B. $I_Q = 0{,}1$ A $\rightarrow \varrho = 200$
$\rightarrow U_C = U_L = 20$ kV!	$\rightarrow I_C = I_L = 20$ A!

Die Blindleistung in den Blindschaltelementen beträgt dann das ϱ-fache der im Wirkwiderstand R_r (Leitwert G_p) umgesetzten Wirkleistung! Die besonders starke Beanspruchung der Blindschaltelemente im Resonanzpunkt muß bei ihrer Bemessung beachtet werden.

Hinweise:

1. Besitzt der Generator einen Innenwiderstand R_i | Innenleitwert G_i, so kann man ihn mit in die Kreisgüte ϱ' einbeziehen (Verschlechterung der Kreisgüte) und anschließend vorstehende Beziehungen benutzen: z. B.

$$\varrho' = \frac{\omega_0 L}{R_i + R_r} = \frac{\varrho}{1 + \dfrac{R_i}{R_r}}, \qquad \varrho' = \frac{\omega_0 C}{G_i + G_p} = \frac{\varrho}{1 + \dfrac{G_i}{G}}. \tag{7.29e}$$

2. Die Betriebsart

Stromeinspeisung		Spannungseinspeisung
$U = IZ(\omega) \sim Z(\omega)$	ergibt	$I = Y(\omega)\, U \sim Y(\omega)$
ein Minimum der Gesamtspannung bei Resonanz usw.		ein Minimum des Gesamtstromes bei Resonanz.

7.1.4.4 Anwendungen

Resonanzphänomene treten in der Elektrotechnik/Elektronik sehr vielfältig auf. Sie werden beispielsweise angewendet:

1. Zur Kompensation von Blindkomponenten eines Verbrauchers durch Serien- oder Parallelschaltung von Blindwiderständen entgegengesetzten Vorzeichens (s. Abschn. 6.3).

2. Zur Selektion als frequenzabhängige Verbindung zwischen Quelle und Verbraucher. Die Verbindung besteht dann

a) nur bei der Resonanzfrequenz, bei anderen Frequenzen nicht oder nur unvollkommen. Der Fall heißt *Resonanzdurchlaß*. Dabei liegt z. B. ein Reihenkreis zwischen Spannungsquelle und Verbraucher (Saugkreiswirkung) bzw. ein Parallelkreis parallel zur Stromquelle und zum Verbraucher. Der Reihenkreis z. B. wirkt bei Resonanzfrequenz wie ein Kurzschluß und siebt diese Frequenz aus einem Frequenzgemisch aus. Um dabei Ströme benachbarter Frequenzen möglichst stark zu dämpfen, muß er eine hohe Selektivität, d. h. kleine Bandbreite bzw. hohe Kreisgüte haben;

b) bei der Resonanzfrequenz nicht: *Resonanzsperre* (Sperrkreiswirkung: Parallelkreis zwischen Spannungsquelle und Verbraucher bzw. Reihenkreis parallel zur Stromquelle und zum Verbraucher). In dieser Form werden Resonanzkreise in vielfältiger Form in der Informationstechnik eingesetzt: z. B. als Abstimmkreis in Rundfunk- und Fernsehempfängern, in Filtern, in Selektionsschaltungen. Weil die meisten schwachstromtechnischen Generatoren sehr hochohmig sind ($R_i > 10\ \text{k}\Omega$), werden meist Stromquellenersatzschaltungen mit Parallelkreisen eingesetzt.

Technische Spulen haben ein verhältnismäßig großes Volumen. Dies steht dem Einsatz in der Mikroelektronik nachteilig im Wege. Deshalb gibt es seit einiger Zeit erfolgreiche Bemühungen, die Selektivwirkung von Schwingkreisen durch spulenlose Schaltungen, sog. *aktive RC-Filter* unter Verwendung von Kondensatoren und Verstärkerelementen zu realisieren (s. Abschn. 7.3.1). Erwähnt sei in diesem Rahmen auch der Einsatz mechanischer Filter. Man nutzt die mechanische Eigenresonanz bestimmter Körper aus, die unter Verwendung elektromechanischer Wandler (Umformorgan elektrisches Signal ↔ mechanische Schwingung) in den Stromkreis geschaltet werden.

3. Transformation von Widerständen durch Resonanzkreise. Wir lernten im Abschn. 6.3.2.4 die Widerstandstransformation durch Blindschaltelemente kennen. Auch die Behandlung des Schwingkreises mit verlustbehafteter Spule ergab in Gl. (7.28b) eine solche Widerstandstransformation. Wir wollen sie jetzt genauer untersuchen.

Häufig ist der Wirkwiderstand eines Verbrauchers zu klein, um an einen Resonanzkreis oder Generator direkt angeschlossen werden zu können. Er muß transformiert werden. Hier benutzt man Spannungsteilerschaltungen der Blindschaltelemente.

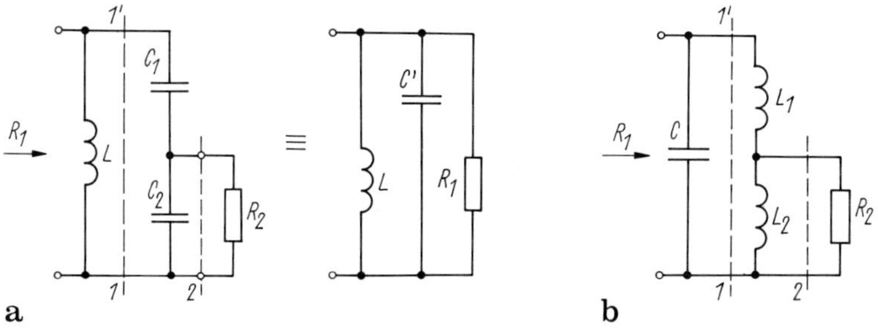

Bild 7.13. Widerstandstransformation mit Schwingkreis. **a**) kapazitive Teilankopplung; **b**) induktive Teilankopplung

Zur Transformation eines Widerstandes R_2 bei Resonanz sind zwei Schaltungen üblich (Bild 7.13):

a) Kapazitive Teilankopplung: Für $R_2 > 10\,|X_{C2}|$ gilt angenähert an den Eingangsklemmen des Schwingkreises für den Ersatzwiderstand R_1

$$R_1 \approx R_2\left(1 + \frac{C_2}{C_1}\right)^2, \qquad \omega_0 = \frac{1}{\sqrt{LC}} \approx \frac{1}{\sqrt{L\dfrac{C_1 C_2}{C_1 + C_2}}}. \tag{7.30 a}$$

b) Induktive Teilankopplung: $R_2 > 10\,X_{L2}$ (Schaltung Bild 7.13 b). Hier ergibt sich

$$R_1 \approx R_2\left(1 + \frac{L_1 \pm M}{L_2 \pm M}\right)^2 \tag{7.30 b}$$

bzw. $M = 0$, wenn die Spulen nicht gekoppelt sind.

Beide Schaltungen eignen sich umgekehrt auch zur Transformation eines hochohmigen Widerstandes R_1 in einen niederohmigen R_2, wenn man R_1 an Klemmenpaar *1 — 1'* schaltet und an den Klemmen *2* den Widerstand R_2 mißt.

7.2 Vierpole

Wir führten bisher die Grundaufgabe der Elektrotechnik/Elektronik (s. Abschn. 0.1) auf das Zusammenspiel zwischen Quelle und Verbraucher im Grundstromkreis zurück (Abschn. 2.4.3), also auf Zweipole. Es gibt aber eine Reihe von Bauelementen und Schaltungen, die *Vierpole* sind und demnach zwischen Quelle und Verbraucher geschaltet werden. Sie haben somit *Übertragungseigenschaften.* Beispiele sind Transformator, gesteuerte Quellen (Abschn. 5.1.2), Röhre, Transistor, Verstärker ganz allgemein, Dämpfungsglieder u. a. m. Die wichtigsten Eigenschaften dieser Vierpole werden nun näher betrachtet.

7.2.1 Grundeigenschaften des Vierpols

7.2.1.1 Vierpolbegriff

Ein Netzwerk mit vier Klemmen heißt Vierpol. Er wird zwischen Quelle und Verbraucher geschaltet (Bild 7.14a). Das quellenseitige Klemmenpaar ist der Vierpoleingang, das verbraucherseitige der Vierpolausgang. Zwischen den vier Vierpolklemmen treten vier allgemeine Spannungen $u_{ik}(t)$ und vier Ströme i_1, i_1', i_2, i_2' auf. Von ihnen sind nach dem Knoten- und Maschensatz nur je drei unabhängig.

Für alle praktisch wichtigen *Übertragungsvierpole* gilt noch folgende Einschränkung: Die Quelle sei nur über den Vierpol mit dem Verbraucher (nicht auf anderem Wege) verbunden. Dann tritt der Strom i_1 an Klemme *1* ein und *1'* aus, gleichermaßen der Strom i_2 bei *2* aus und bei *2'* wieder ein:

Übertragungsvierpole werden stets durch zwei unabhängige Ströme i_1, i_2 beschrieben.

Für das Zusammenspiel Quelle—Verbraucher interessieren von den drei unabhängigen Spannungen nur die beiden *Querspannungen* u_1 und u_2 zwischen den

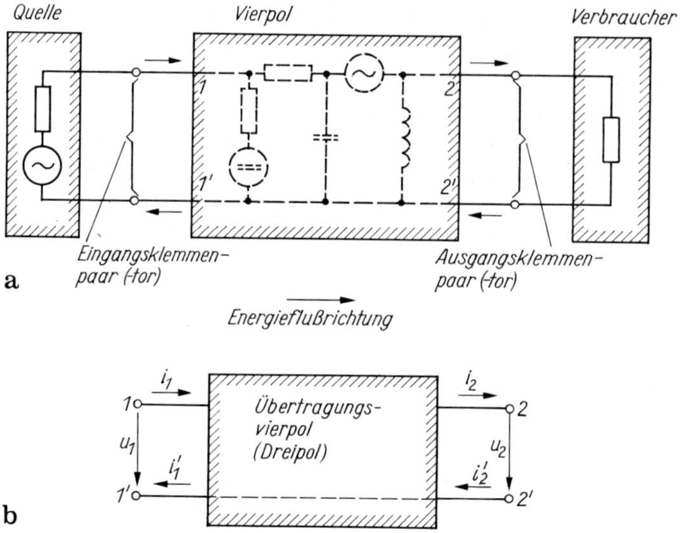

Bild 7.14. Vierpolbegriff. **a**) Anordnung eines Vierpolnetzwerkes zwischen aktiven und passivem Zweipol; **b**) allgemeiner Vierpol

Klemmen *11'* und *22'*. Dann wird ein Übertragungsvierpol durch die beiden Gleichungen

$$i_1 = f(u_1, u_2)\,, \qquad (7.31)$$

$$i_2 = g(u_1, u_2)$$

Vierpolzusammenhang eines Übertragungsvierpols

(oder beliebig vertauschten Beziehungen im Zeitbereich zwischen abhängigen und unabhängigen Variablen) beschrieben. Dabei sind *Dreipole* (d. h. Vierpole mit durchgehender Erdverbindung zwischen zwei Klemmen, (Bild 7.14b)) zwangsläufig eingeschlossen.

Nach den im Vierpol enthaltenen Netzwerkelementen gibt es (s. Abschn. 5.1) *linear zeitunabhängige*, *linear zeitabhängige* und *nichtlineare Vierpole*. Wir beschränken uns auf erstgenannte.

Strom-Spannungs-Beziehungen. Der Strom-Spannungs-Zusammenhang Gl. (7.31) kann dargestellt werden entweder graphisch in Form *statischer Kennlinienfelder*[1] (s. Abschn. 7.2.1) oder analytisch durch *Vierpolgleichungen*. Das sind bei linearen zeitunabhängigen Vierpolen im Frequenzbereich lineare Beziehungen zwischen den Klemmengrößen $\underline{I}_1$, $\underline{I}_2$ und $\underline{U}_1$, $\underline{U}_2$ (ruhende oder rotierende Zeiger).

---

[1] Statische Kennlinie im Unterschied zur dynamischen (Abschn. 5.1.5)

Bezugssinn. Die allgemeine Vierpolgleichung (7.31) erfordert wie beim Zweipol eine Richtungsfestlegung der Klemmenströme und -spannungen. Zwei Darstellungen sind üblich (und aus verschiedenen Gründen auch zweckmäßig, Bild 7.15):

1. Kettenpfeilsystem (auch *technische Vorzeichenrichtung* genannt). Hier fließt $\underline{I}_1$ in den Vierpol, $\underline{I}_2$ aus ihm heraus. Die Spannungen liegen durch die Spannungsabfälle $\underline{U}_1$, $\underline{U}_2$ fest (Bild 7.15a). Der besondere Vorteil des Kettenpfeilsystems besteht darin, daß eingangsseitig ein Verbraucher-, ausgangsseitig ein Erzeugerpfeilsystem vorliegt. Deshalb wird die aus dem Vierpol herausfließende Leistung positiv gerechnet.

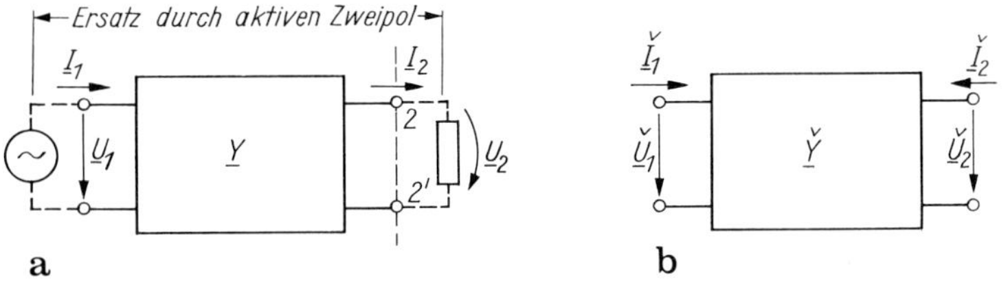

Bild 7.15. Richtung der Ströme und Spannungen am allgemeinen Vierpol. **a**) Kettenpfeilsystem (Ausgangsseite: Erzeugerpfeilsystem); **b**) symmetrisches Pfeilsystem (Ausgangsseite: Verbraucherpfeilsystem)

Das ist die physikalisch natürliche Festlegung. Beispielsweise treibt die Quellspannung einen Strom positiv in den Vierpoleingang und ein Zweigstrom fließt aus dem Vierpol in den Verbraucher. Von den Klemmen *2-2'* her gesehen (Bild 7.14) wirkt die Gesamtanordnung Quelle—Vierpol wie ein aktiver Zweipol.

2. Symmetrisches Pfeilsystem (auch *mathematische Vorzeichenrichtung* genannt, Bild 7.15b). Hier wird die Richtung von $\underline{I}_2$ vertauscht: $\underline{I}_2$ fließt in den Vierpol in positiver Richtung.

Diese Darstellung ist für verschiedene Grundsatzuntersuchungen (z. B. Stabilitätsbetrachtungen) zweckmäßig. Dort stört das Mitschleppen von negativen Vorzeichen, die sich z. T. beim Kettenpfeilsystem ergeben. Wir sind daher bei Vierpolbetrachtungen gehalten

— den Umgang mit beiden Vorzeichenfestlegungen von $\underline{I}_2$ zu erlernen
— und sorgsam darauf zu achten, welches der beiden Systeme jeweils benutzt wird. Optisch wird dies am einfachsten durch Eintragung des Zählpfeiles $\underline{I}$ am entsprechenden Vierpol ausgedrückt.

Da beim Übergang vom Ketten- zum symmetrischen Pfeilsystem und zurück häufig Vorzeichenfehler auftreten, wird das gewählte symmetrische Pfeilsystem durch einen auf dem Kopf stehenden Akzent (Zirkumflex ($\check{\ }$)) auf den Größen (Ströme, Spannungen, Vierpolparameter) zum Ausdruck gebracht. Dann gelten folgende Zuordnungen

Kettenpfeilsystem (Vierpolparameter $\underline{Z}_{ik}$, $\underline{Y}_{ik}$ usw.)		*symmetrisches Pfeilsystem* (Vierpolparameter $\check{\underline{Z}}_{ik}$, $\check{\underline{Y}}_{ik}$ usw.)
$\underline{U}_1$	$=$	$\check{\underline{U}}_1$,
$\underline{I}_1$	$=$	$\check{\underline{I}}_1$,
$\underline{U}_2$	$=$	$\check{\underline{U}}_2$,
$\underline{I}_2$	$=$	$-\check{\underline{I}}_2$.

Tafel 7.2. Zusammenstellung der Vierpolgleichungen
Man beachte die Richtungsfestlegungen des Stromes $\underline{I}_2$, (s. Bild 7.15). Die Begriffe Widerstand, Leitwert und Übersetzung sind jeweils als komplexe Größe zu verstehen

Schaltung, Name	Vierpolgleichungen	Matrixform	Definition, Bedeutung und Messung der Matrixelemente	
Admittanz (Leitwertform)	$\underline{I}_1 = \underline{Y}_{11}\underline{U}_1 + \underline{Y}_{12}\underline{U}_2$	$\begin{bmatrix}\underline{I}_1\\ \underline{I}_2\end{bmatrix} = [\underline{Y}]\cdot\begin{bmatrix}\underline{U}_1\\ \underline{U}_2\end{bmatrix}$	$\underline{Y}_{11} = \left.\frac{\underline{I}_1}{\underline{U}_1}\right\vert_{\underline{U}_2=0}$	Kurzschluß-Eingangsleitwert
	$\underline{I}_2 = \underline{Y}_{21}\underline{U}_1 + \underline{Y}_{22}\underline{U}_2$	$[\underline{Y}] = \begin{bmatrix}\underline{Y}_{11} & \underline{Y}_{12}\\ \underline{Y}_{21} & \underline{Y}_{22}\end{bmatrix}$	$\underline{Y}_{21} = \left.\frac{\underline{I}_2}{\underline{U}_1}\right\vert_{\underline{U}_2=0}$	Kurzschluß-Übertragungsleitwert vorwärts
			$\underline{Y}_{12} = \left.\frac{\underline{I}_1}{\underline{U}_2}\right\vert_{\underline{U}_1=0}$	negativer Kurzschlußübertragungs-leitwert rückwärts
			$\underline{Y}_{22} = \left.\frac{\underline{I}_2}{\underline{U}_2}\right\vert_{\underline{U}_1=0}$	negativer Kurzschluß-Ausgangs-leitwert
Impedanzmatrix (Widerstandsform)	$\underline{U}_1 = \underline{Z}_{11}\underline{I}_1 + \underline{Z}_{12}\underline{I}_2$	$\begin{bmatrix}\underline{U}_1\\ \underline{U}_2\end{bmatrix} = [\underline{Z}]\cdot\begin{bmatrix}\underline{I}_1\\ \underline{I}_2\end{bmatrix}$	$\underline{Z}_{11} = \left.\frac{\underline{U}_1}{\underline{I}_1}\right\vert_{\underline{I}_2=0}$	Leerlauf-Eingangswiderstand
	$\underline{U}_2 = \underline{Z}_{21}\underline{I}_1 + \underline{Z}_{22}\underline{I}_2$	$[\underline{Z}] = \begin{bmatrix}\underline{Z}_{11} & \underline{Z}_{12}\\ \underline{Z}_{21} & \underline{Z}_{22}\end{bmatrix}$	$\underline{Z}_{21} = \left.\frac{\underline{U}_2}{\underline{I}_1}\right\vert_{\underline{I}_2=0}$	Leerlauf-Übertragungswiderstand vorwärts
			$\underline{Z}_{12} = \left.\frac{\underline{U}_1}{\underline{I}_2}\right\vert_{\underline{I}_1=0}$	negativer Leerlauf-Übertragungs-widerstand rückwärts
			$\underline{Z}_{22} = \left.\frac{\underline{U}_2}{\underline{I}_2}\right\vert_{\underline{I}_1=0}$	negativer Leerlauf-Ausgangs-widerstand

Tafel 7.2. (Fortsetzung)

Schaltung, Name	Vierpolgleichungen	Matrixform	Definition, Bedeutung und Messung der Matrixelemente	
Reihen-Parallel-Matrix (Hybridmatrix)	$\underline{U}_1 = \underline{H}_{11}\underline{I}_1 + \underline{H}_{12}\underline{U}_2$	$\begin{bmatrix}\underline{U}_1\\ \underline{I}_2\end{bmatrix} = [\underline{H}]\cdot\begin{bmatrix}\underline{I}_1\\ \underline{U}_2\end{bmatrix}$	$\underline{H}_{11} = \left.\frac{\underline{U}_1}{\underline{I}_1}\right\|_{\underline{U}_2=0}$	Kurzschluß-Eingangswiderstand
	$\underline{I}_2 = \underline{H}_{21}\underline{I}_1 + \underline{H}_{22}\underline{U}_2$	$[\underline{H}] = \begin{bmatrix}\underline{H}_{11} & \underline{H}_{12}\\ \underline{H}_{21} & \underline{H}_{22}\end{bmatrix}$	$\underline{H}_{12} = \left.\frac{\underline{U}_1}{\underline{U}_2}\right\|_{\underline{I}_1=0}$	Leerlauf-Spannungsübersetzung rückwärts
			$\underline{H}_{21} = \left.\frac{\underline{I}_2}{\underline{I}_1}\right\|_{\underline{U}_2=0}$	Kurzschluß-Stromübersetzung vorwärts
			$\underline{H}_{22} = \left.\frac{\underline{I}_2}{\underline{U}_2}\right\|_{\underline{I}_1=0}$	negativer Leerlauf-Ausgangsleitwert
Parallel-Reihen-Matrix (Hybridmatrix)	$\underline{I}_1 = \underline{C}_{11}\underline{U}_1 + \underline{C}_{12}\underline{I}_2$	$\begin{bmatrix}\underline{I}_1\\ \underline{U}_2\end{bmatrix} = [\underline{G}]\cdot\begin{bmatrix}\underline{U}_1\\ \underline{I}_2\end{bmatrix}$	$\underline{C}_{11} = \left.\frac{\underline{I}_1}{\underline{U}_1}\right\|_{\underline{I}_2=0}$	Leerlauf-Eingangsleitwert
	$\underline{U}_2 = \underline{C}_{21}\underline{U}_1 + \underline{C}_{22}\underline{I}_2$		$\underline{C}_{12} = \left.\frac{\underline{I}_1}{\underline{I}_2}\right\|_{\underline{U}_1=0}$	Kurzschluß-Stromübersetzung rückwärts
			$\underline{C}_{21} = \left.\frac{\underline{U}_2}{\underline{U}_1}\right\|_{\underline{I}_2=0}$	Leerlauf-Spannungsübersetzung vorwärts
			$\underline{C}_{22} = \left.\frac{\underline{U}_2}{\underline{I}_2}\right\|_{\underline{U}_1=0}$	negativer Kurzschluß-Ausgangswiderstand

Tafel 7.2. (Fortsetzung)

Schaltung, Name	Vierpolgleichungen	Matrixform	Definition, Bedeutung und Messung der Matrixelemente	
Kettenmatrix	$\underline{U}_1 = \underline{A}_{11}\underline{U}_2 + \underline{A}_{12}\underline{I}_2$	$\begin{bmatrix}\underline{U}_1\\ \underline{I}_1\end{bmatrix} = [\underline{A}]\cdot\begin{bmatrix}\underline{U}_2\\ \underline{I}_2\end{bmatrix}$	$\underline{A}_{11} = \left.\frac{\underline{U}_1}{\underline{U}_2}\right\|_{\underline{I}_2=0}$	reziproke Leerlauf-(Eingangs-) Spannungsübersetzung vorwärts
	$\underline{I}_1 = \underline{A}_{21}\underline{U}_2 + \underline{A}_{22}\underline{I}_2$		$\underline{A}_{21} = \left.\frac{\underline{I}_1}{\underline{U}_2}\right\|_{\underline{I}_2=0}$	reziproker Leerlauf-Übertragungs-widerstand vorwärts
			$\underline{A}_{12} = \left.\frac{\underline{U}_1}{\underline{I}_2}\right\|_{\underline{U}_2=0}$	reziproker Kurzschluß-Übertragungsleitwert vorwärts
			$\underline{A}_{22} = \left.\frac{\underline{I}_1}{\underline{I}_2}\right\|_{\underline{U}_2=0}$	reziproke Kurzschluß-(Eingangs-) Stromübersetzung vorwärts
inverse Kettenmatrix	$\underline{U}_2 = \underline{B}_{11}\underline{U}_1 + \underline{B}_{12}\underline{I}_1$	$\begin{bmatrix}\underline{U}_2\\ \underline{I}_2\end{bmatrix} = [\underline{B}]\cdot\begin{bmatrix}\underline{U}_1\\ \underline{I}_1\end{bmatrix}$	$\underline{B}_{11} = \left.\frac{\underline{U}_2}{\underline{U}_1}\right\|_{\underline{I}_1=0}$	reziproke Leerlauf-Spannungs-übersetzung rückwärts
	$\underline{I}_2 = \underline{B}_{21}\underline{U}_1 + \underline{B}_{22}\underline{I}_1$		$\underline{B}_{12} = \left.\frac{\underline{U}_2}{\underline{I}_1}\right\|_{\underline{U}_1=0}$	reziproker Kurzschluß-Über-tragungsleitwert rückwärts
			$\underline{B}_{21} = \left.\frac{\underline{I}_2}{\underline{U}_1}\right\|_{\underline{I}_1=0}$	reziproker Leerlauf-Übertragungs-widerstand rückwärts
			$\underline{B}_{22} = \left.\frac{\underline{I}_2}{\underline{I}_1}\right\|_{\underline{U}_1=0}$	reziproke Kurzschluß-Strom-übersetzung rückwärts

Vierpolarten. Vierpole können nach bestimmten Klemmeneigenschaften näher unterteilt werden. Wichtige Vierpolgruppen sind

— *passive* Vierpole. Sie enthalten keine ungesteuerten Quellen. Dazu gehören Vierpole aus zusammengeschalteten passiven Zweipolen (R, L, C, M);
— *aktive* Vierpole mit gesteuerten und/oder ungesteuerten Quellen.

Vierpole mit ungesteuerten Quellen liefern (analog zum aktiven Zweipol) an ihren Klemmen Kurzschlußströme und Leerlaufspannungen.

Das ist z. B. bei der Schaltung nach Bild 7.18a der Fall.

Vierpole mit *gesteuerten Quellen.* Das sind in erster Linie die gesteuerten Quellen selbst (Abschn. 5.1.1) sowie Vierpolnetzwerke mit gesteuerten Quellen. Im Gegensatz zu den unabhängigen Quellen verschwinden die Steuerquellen bei verschwindenden Vierpolklemmenströmen und -spannungen.

7.2.1.2 Vierpolgleichungen

7.2.1.2.1 Darstellungsarten

Vierpolgleichungen. Für einen linear zeitunabhängigen Vierpol lassen sich — wie für jedes Netzwerk — die Netzwerk-Differentialgleichungen analog zu Gl. (5.83) aufstellen, mit dem Vierpolzusammenhang Gl. (7.31) als Lösung. Wird ein Vierpol in den Frequenzbereich transformiert (s. Abschn. 6.2.2), so entstehen die Vierpolgleichungen

$$\begin{aligned} \underline{I}_1 &= \underline{Y}_{11}\,\underline{U}_1 + \underline{Y}_{12}\,\underline{U}_2 \\ \underline{I}_2 &= \underline{Y}_{21}\,\underline{U}_2 + \underline{Y}_{22}\,\underline{U}_2 \end{aligned} \qquad (7.32\,\text{a})$$

Vierpolgleichungen in Admittanzform (Definitionsgleichung)

oder in *Matrixschreibweise* (s. auch Tafel 7.2)

$$\begin{bmatrix} \underline{I}_1 \\ \underline{I}_2 \end{bmatrix} = \begin{bmatrix} \underline{Y}_{11} & \underline{Y}_{12} \\ \underline{Y}_{21} & \underline{Y}_{22} \end{bmatrix} \cdot \begin{bmatrix} \underline{U}_1 \\ \underline{U}_2 \end{bmatrix} \quad \text{bzw. abgekürzt} \quad [\underline{I}] = [\underline{Y}]\,[\underline{U}] \qquad (7.32\,\text{b})$$

Die letzte Darstellung ist das *verallgemeinerte Ohmsche Gesetz* in *Matrixform.* Dabei ist $[\underline{U}]$ der Spaltenvektor der unabhängigen Spannungen, $[\underline{I}]$ der Spaltenvektor der abhängigen Ströme und $[\underline{Y}]$ die *Vierpoladmittanzmatrix.*

Im Gleichungssystem stehen links die Ein- und Ausgangsströme als abhängige, rechts die Ein- und Ausgangsspannungen als unabhängige Variable. Die bei den Spannungen auftretenden Koeffizienten haben die Dimension eines Leitwertes. Sie heißen *Admittanzparameter*, *Admittanzoperatoren* oder *Leitwertparameter*.

Die Anordnung im Gleichungssystem geht aus den Doppelindices hervor:
11 heißt: erste Gleichung, erster Koeffizient;
12 heißt: erste Gleichung, zweiter Koeffizient usw.

Häufig wählt man abkürzend:
i (Eingang, *i*nput) anstelle von 11;
r (rückwärts, *r*everse) anstelle von 12;
f (vorwärts, *f*orward) anstelle von 21;
o (Ausgang, *o*utput) anstelle von 22.

Die Bedeutung der Leitwertparameter folgt aus ihrer Definitionsgleichung (Bild 7.16). Dazu wird jeweils eine der beiden unabhängigen Variablen $\underline{U}_1$ oder $\underline{U}_2$ gleich

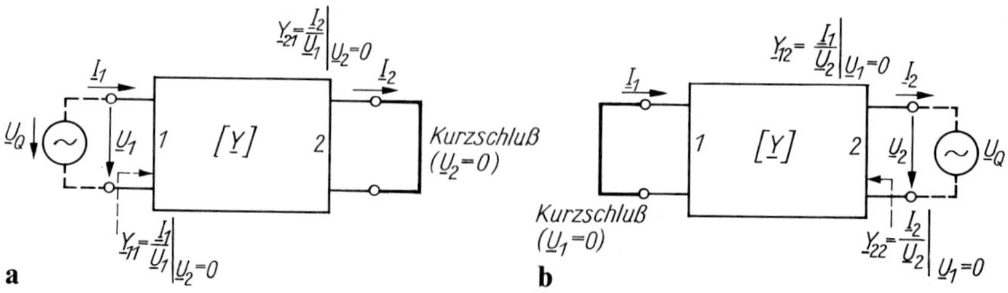

Bild 7.16. Bedeutung der Leitwertparameter. **a**) ausgangsseitiger Kurzschluß, Bestimmung von $\underline{Y}_{11}$ und $\underline{Y}_{12}$; **b**) eingangsseitiger Kurzschluß, Bestimmung von $\underline{Y}_{22}$ und $\underline{Y}_{21}$

Null gesetzt (dem entspricht schaltungstechnisch ein Kurzschluß $\underline{U} = 0$) und der restliche Quotient von Strom und Spannung bestimmt (s. u.). So folgen die Definitionen:

Betriebszustand $\underline{U}_2 = 0$ (ausgangsseitiger Kurzschluß)

$$\underline{Y}_{11} = \left.\frac{\underline{I}_1}{\underline{U}_1}\right|_{\underline{U}_2=0}$$ [1] Kurzschluß-Eingangsadmittanz (Kurzschlußleitwert vorwärts)

$$\underline{Y}_{21} = \left.\frac{\underline{I}_2}{\underline{U}_1}\right|_{\underline{U}_2=0}$$ Kurzschluß-Übertragungsadmittanz vorwärts, auch Vorwärtssteilheit (Röhre, Transistor); Transmittanz; Kernadmittanz vorwärts (s. Abschn. 5.2.2)

Mit diesem Vierpolparameter besitzen wir eine netzwerktechnische Darstellung des im Abschn. 5.1.1.2 kennengelernten Begriffes „spannungsgesteuerte Stromquelle".

Betriebszustand $\underline{U}_1 = 0$ (eingangsseitiger Kurzschluß)

$$\underline{Y}_{12} = \left.\frac{\underline{I}_1}{\underline{U}_2}\right|_{\underline{U}_1=0}$$ negative Kurzschluß-Übertragungsadmittanz rückwärts (häufig: Rückwärtssteilheit, Kurzschlußrückadmittanz),

$$\underline{Y}_{22} = \left.\frac{\underline{I}_2}{\underline{U}_2}\right|_{\underline{U}_1=0}$$ negative[2] Kurzschlußadmittanz rückwärts (häufig: negative Ausgangskurzschluß-Admittanz).

Die Angabe „vorwärts" bzw. „rückwärts" bezieht sich auf den Energie- bzw. Signalfluß von Vierpolseite 1 nach 2 resp. umgekehrt. Im Kettenpfeilsystem stimmen die Richtungen der Ströme mit dem Leistungsfluß im Vorwärtsbetrieb überein.

Die Vierpolleitwertparameter zerfallen in:

— *Zweipolgrößen* (Leitwert-, Widerstandsoperatoren, Admittanz, Immittanzen) bei Übereinstimmung beider Indizes. Physikalisch gesehen liegt eine Widerstandsbestimmung an einem Klemmenpaar unter spezifischer Abschlußbedingung (z. B. Kurzschluß (Bild 7.16), Leerlauf, siehe die folgenden Ausführungen) des anderen vor.

— *Übertragungs-* oder *Transfergrößen*. Sie verknüpfen eine Strom- und/oder Spannungsgröße einer Vierpolseite mit Strom und/oder Spannung auf der anderen unter bestimmten Nebenbedingungen, also z. B. Bild 7.16

$$\text{Ausgangskurzschlußstrom} = \underline{Y}_{21} \cdot \text{Eingangsspannung}\,.$$

[1] Gelesen: $\underline{I}_1$ dividiert durch $\underline{U}_1$ bei $\underline{U}_2 = 0$ als Nebenbedingung

[2] Bei $\check{Y}$-Größe positiv

Derartige Koeffizienten können schaltungstechnisch im einfachsten Fall durch *gesteuerte Quellen* realisiert werden (Abschn. 5.1.1.2).

Die Leitwertform wird angewendet, wenn die Quelle als Stromquelle und der Verbraucherzweipol als Parallelschaltung mehrerer Leitwerte (z. B. Parallelschwingkreis) gegeben sind. Daraus resultiert ihre Verbreitung in Transistorschaltungen.
Der Begriff „Vorwärtssteilheit" stammt aus diesem Bereich. Hinzu kommt, daß man den zur Parameterbestimmung nötigen Kurzschluß ($\underline{U}_1$ oder $\underline{U}_2 = 0$) bei hohen Frequenzen leicht durch Parallelschaltung einer großen Kapazität herstellen kann, wohingegen Leerlauf (s. u.) infolge der unvermeidlichen Streukapazitäten relativ schlecht zu verwirklichen ist.

Beispiel: Leitwertparameter. Für den im Bild 7.17a gegebenen Vierpolaufbau sollen die Leitwertparameter Y_{ik} bestimmt werden.

Y_{11}: Aus der Definition $Y_{11} = \left.\frac{I_1}{U_1}\right|_{\underline{U}_2=0}$ folgt bei ausgangsseitigem Kurzschluß für eine ausgelegte Spannung U_1 der Strom:

$$I_1 = U_1\left(\frac{1}{R_1} + \frac{1}{R_2}\right), \quad \text{also} \quad Y_{11} = \frac{1}{R_1} + \frac{1}{R_2}.$$

Y_{21}: Die Spannung U_1 am Eingang erzeugt den Strom

$$I_2 = \left.\frac{U_1}{R_2}\right|_{\underline{U}_2=0}$$

in der ausgangsseitigen Kurzschlußbrücke. Daraus folgt

$$Y_{21} = \left.\frac{I_2}{U_1}\right|_{\underline{U}_2=0} = \frac{1}{R_2}.$$

Y_{12}: Die gleiche Berechnung wie für Y_{21} aber im Rückwärtsbetrieb (Spannung U_2, Kurzschluß am Eingang $U_1 = 0$) ergibt

$$-I_1\big|_{U_1=0} = \frac{U_2}{R_2}, \quad \text{also} \quad Y_{12} = -\frac{1}{R_2}.$$

Durch den Kurzschluß wird R_1 wirkungslos.

Y_{22} für den Ausgangsstrom (in den Vierpol hinein) ergibt sich

$$Y_{22} = \left.\frac{I_2}{U_2}\right|_{\underline{U}_1=0} = -\frac{1}{R_2}, \quad \text{da} \quad -I_2 = \frac{U_2}{R_2}.$$

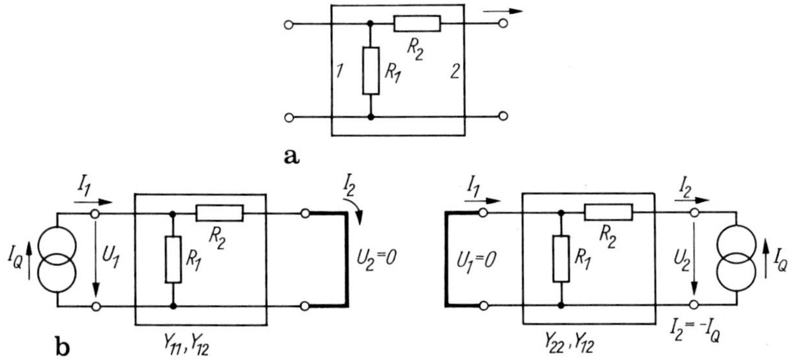

Bild 7.17. Beispiel Vierpolparameterbestimmung (vgl. Bild 7.16)

Weitere Vierpolgleichungen. Die Leitwertform beruht auf den Beziehungen $\underline{I}_1 = f(\underline{U}_1, \underline{U}_2)$ und $\underline{I}_2 = f(\underline{U}_1, \underline{U}_2)$ zwischen abhängigen und unabhängigen Variablen. Andere Zuordnungen ergeben sich durch systematischen Variablentausch der Ströme und Spannungen. Insgesamt gibt es $\binom{4}{2} = 6$ Möglichkeiten und somit 6 Gleichungssysteme zur Beschreibung eines Vierpols. Tafel 7.2 enthält sie systematisch zusammengestellt. Applikativ wichtig sind davon neben der Admittanzform die *Impedanz-*, *Ketten-* und *Hybridformen*, weniger die *Parallel-Reihen-Form* und die *Kehrform* (Kettenform rückwärts). Dabei gibt es keine Vorrangstellung bestimmter Gleichungen. Je nach Aufgabe und Anwendung kann die eine oder andere Form zweckmäßig sein, jedoch haben sich für bestimmte Anwendungsbereiche bestimmte Formen als besonders günstig herausgestellt. Wir müssen uns deshalb mit allen Formen mehr oder weniger intensiv befassen. Dabei kommen uns vielfach Symmetrieeigenschaften und eine gewisse Systematik in der Bezeichnung zugute, die bereits erläutert wurden.

Die *Impedanzform* mit den Klemmenströmen als unabhängige und den Klemmenspannungen als abhängige Veränderliche verwendet man, wenn die Quelle in Spannungsquellenersatzschaltung vorliegt und der Verbraucher eine Impedanz-Reihenschaltung ist bzw. Einzelvierpole in Reihe geschaltet werden (s. u.). Für Transistorschaltungen kommt sie wegen der unbequemen Parameterbestimmung nicht in Frage. Bei passiven Vierpolen ist sie sehr verbreitet (Beispiel: Transformator, Abschn. 7.3.5, Filterschaltungen u. a. m.).

Die *Hybridform* (Reihen-Parallel-Form) mit Eingangsstrom $\underline{I}_1$ und Ausgangsspannung $\underline{U}_2$ als unabhängige Variablen besitzt in ihren Vierpolparametern unterschiedliche Dimension (Name!). Sie wird wegen der günstigen experimentellen Bestimmung der Transistorparameter gern zur Kennzeichnung von Transistorvierpolen bei tiefen Frequenzen benutzt, generell aber, wenn ein Spannungsgenerator am Vierpoleingang und eine Parallelschaltung von Leitwerten am Ausgang liegt.

Die *Kettenform* ist vorteilhaft für *Kettenschaltungen* von Vierpolen. Der Ausgangsstrom des ersten Vierpols ist gleich dem Eingangsstrom des zweiten. Unabhängige Parameter sind die Ausgangsgrößen $\underline{I}_2$, $\underline{U}_2$, abhängige die Eingangsgrößen $\underline{I}_1$ und $\underline{U}_1$.

Physikalische Bedeutung der Parameter. Die Vielfalt der Parameterbezeichnungen in Tafel 7.2 erfordert eine Systematik, will man mit den Vierpoldarstellungen ohne großen Lernaufwand umgehen. Man gewinnt sie durch Betrachtung der Sonderfälle Leerlauf und Kurzschluß am Vierpolaus- oder -eingang. Dann verschwindet stets einer der beiden Terme auf der rechten Seite der Vierpolgleichungen und die Bedeutung des restlichen Parameters ist direkt zu erkennen. Generell sind die Vierpolparameter definiert durch

$$\text{Vierpolparameter} = \left.\frac{\text{Wirkung}}{\text{Ursache}}\right|\ \text{Nebenbedingung für Wirkung.}$$

Es treten Zweipol- und Transfergrößen als typische Parametergruppen auf.

Zweipolgrößen. Die Quotienten $\underline{U}_k/\underline{I}_k$ bzw. $\underline{I}_k/\underline{U}_k$ heißen Widerstand bzw. Leitwert (bei Kurzschluß oder Leerlauf, jeweilige Bedingung als Nebenbedingung angesetzt)[1,2]. Ausgangsgrößen erhalten beim Kettenpfeilsystem den Zusatz negativ.

Transfergrößen[1,3,4]. Man unterscheidet

— *Kernwiderstand* $\underline{U}_2/\underline{I}_1$ bzw. $\underline{U}_1/\underline{I}_2$ (bei Kurzschluß oder Leerlauf). Gleichwertige Bezeichnungen lauten: Übertragungsleitwert, Vorwärtssteilheit, Vorwärtsleitwert.

— *Kernleitwert* $\underline{I}_2/\underline{U}_1$, $\underline{I}_1/\underline{U}_2$ (bei Kurzschluß oder Leerlauf) auch Übertragungswiderstand, Rückwirkungsleitwert, Rückwärtssteilheit

— *Leerlaufspannungsverstärkung*[3,4] $\underline{U}_2/\underline{U}_1(=\underline{v}_u)$ auch Spannungsübersetzung, reziproke Spannungsverstärkung bzw. Durchgriff in der Röhrentechnik.

— *Kurzschlußstromverstärkung*[3,4] $\underline{I}_2/\underline{I}_1(=\underline{v}_i)$ auch Stromübersetzung.

Nach Tafel 7.2 finden sich alle im Abschn. 5.1.1.2 eingeführten gesteuerten Quellen in bestimmten Vierpolbegriffen wieder: so in den Koeffizienten $\underline{Z}_{21}$, $\underline{Y}_{21}$, $\underline{H}_{21}$, $\underline{G}_{21}$ und allen Kettenparametern $\underline{A}_{ik}$ (Tafel 7.3, man überprüfe dies).

Zusammengefaßt: Jeder Vierpol aus linearen zeitunabhängigen Netzwerkelementen läßt sich durch zwei lineare Vierpolgleichungen beschreiben. Sie verknüpfen die Ein- und Ausgangsgrößen $\underline{U}_1, \ldots, \underline{I}_2$ (im Frequenzbereich) nach Maßgabe der Vierpolparameter. Letztere hängen vom Vierpolaufbau ab. Es existieren 6 gleichberechtigte (und ineinander überführbare) Vierpoldarstellungen.

Die Bestimmung der Vierpolparameter erfolgt

— bei *unbekanntem* Vierpolaufbau durch *Messung* der Klemmengrößen unter definierten Nebenbedingungen (Leerlauf, Kurzschluß);

— bei *bekanntem* Vierpolaufbau (gegebene Schaltung) durch direkte *Berechnung* entsprechend der Definition mittels üblicher Netzwerkanalysemethoden.

Umwandlungen der Vierpolbeziehungen. Jeder Vierpol wird durch jede der Vierpoldarstellungen (Tafel 7.2) eindeutig beschrieben. Umrechnungsbeziehungen gestatten, einen Satz von unabhängigen Vierpolparametern durch einen anderen auszudrücken[5]. Der Übergang von einer Vierpolform in eine andere heißt *Vierpolparametertransformation.*

Wir gewinnen die gesuchten Vierpolparameter einfach durch Umformung eines gegebenen Gleichungspaares so, daß die Zuordnung der abhängigen und unabhängigen Variablen der gewünschten Gleichungsform entspricht (zweckmäßigerweise mit der Cramerschen Regel angesetzt auf 2 Gleichungen mit 2 Unbekannten).

---

[1] Unter gegebenen Nebenbedingungen
[2] Zusatz Eingang ($k = 1$) bzw. Ausgang ($k = 2$)
[3] Mit Zusatz reziprok oder Rückwirkung, wenn Betriebsrichtung $2 \to 1$
[4] Mit Zusatz vorwärts, wenn Betriebsrichtung $1 \to 2$
[5] Allgemein müssen unabhängige Parameter durch andere unabhängige ausgedrückt werden. Sie können verschiedenen Vierpoldarstellungen und/oder Grundschaltungen angehören

Tafel 7.3. Vierpolbeziehungen der idealen gesteuerten Quelle. Es gilt mit Tafel 5.4: $Z_{21} = Z_{\mathrm{m}}$, $Y_{21} = S$, $M_{21} = A$, $C_{21} = \mu$

	$[\underline{Z}]$	$[\underline{Y}]$	$[\underline{H}]$	$[\underline{C}]$	$[\underline{A}]$
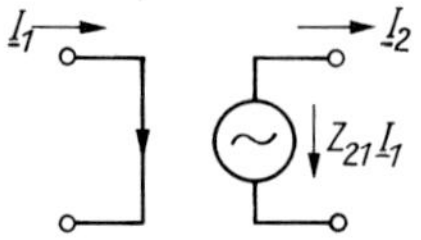 stromgesteuerte Spannungsquelle	$\begin{bmatrix} 0 & 0 \\ Z_{21} & 0 \end{bmatrix}$	×	×	×	$\begin{bmatrix} 0 & 0 \\ \dfrac{1}{Z_{21}} & 0 \end{bmatrix}$
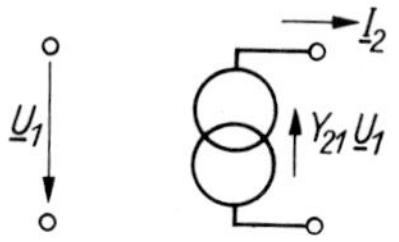 spannungsgesteuerte Stromquelle	×	$\begin{bmatrix} 0 & 0 \\ Y_{21} & 0 \end{bmatrix}$	×	×	$\begin{bmatrix} 0 & \dfrac{1}{Y_{21}} \\ 0 & 0 \end{bmatrix}$
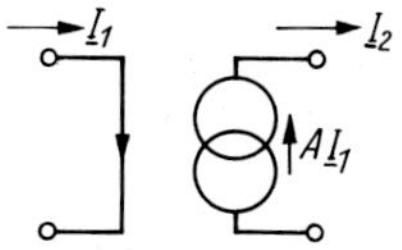 stromgesteuerte Stromquelle	×	×	$\begin{bmatrix} 0 & 0 \\ A & 0 \end{bmatrix}$	×	$\begin{bmatrix} 0 & 0 \\ 0 & \dfrac{1}{A} \end{bmatrix}$
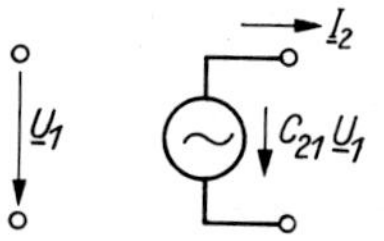 spannungsgesteuerte Spannungsquelle	×	×	×	$\begin{bmatrix} 0 & 0 \\ C_{21} & 0 \end{bmatrix}$	$\begin{bmatrix} \dfrac{1}{C_{21}} & 0 \\ 0 & 0 \end{bmatrix}$

Beispiel: Umwandlung Hybrid- → Leitwertform.
Aus

$$\underline{U}_1 = \underline{H}_{11}\underline{I}_1 + \underline{H}_{12}\underline{U}_2\,, \tag{1}$$

$$\underline{I}_2 = \underline{H}_{21}\underline{I}_1 + \underline{H}_{22}\underline{U}_2 \tag{2}$$

folgt durch Eliminierung von $\underline{I}_1$ aus Gl. (1)

$$\underline{I}_1 = \frac{\underline{U}_1}{\underline{H}_{11}} - \frac{\underline{H}_{12}}{\underline{H}_{11}}\underline{U}_2 \equiv \underline{Y}_{11}\underline{U}_1 + \underline{Y}_{12}\underline{U}_2\,, \tag{3}$$

in (2) eingesetzt folgt

$$\underline{I}_2 = \frac{\underline{H}_{21}}{\underline{H}_{11}}\underline{U}_1 + \left(\underline{H}_{22} - \frac{\underline{H}_{12}\underline{H}_{21}}{\underline{H}_{11}}\right)\underline{U}_2 \equiv \underline{Y}_{21}\underline{U}_1 + \underline{Y}_{22}\underline{U}_2 \tag{4}$$

die zweite Gleichung der Leitwertform.

Das Ergebnis

$$\begin{bmatrix} \underline{Y}_{11} & \underline{Y}_{12} \\ \underline{Y}_{21} & \underline{Y}_{22} \end{bmatrix} = \frac{1}{\underline{H}_{11}} \begin{bmatrix} 1 & -\underline{H}_{12} \\ \underline{H}_{21} & \det(\underline{H}) \end{bmatrix}$$

ist in Tafel 7.4 aufgenommen worden.

Beispiel: Umwandlung Widerstands- → Leitwertparameter durch unmittelbare Matrixumwandlung. Die Matrix

$$[\underline{U}] = [\underline{Z}]\,[\underline{I}]$$

kann durch Multiplikation mit $[\underline{Z}]^{-1}$ (inverse Matrix $[\underline{Z}]$) von links nach $[\underline{I}]$ aufgelöst werden

$$[\underline{Z}]^{-1}\,[\underline{U}] = [\underline{Z}]^{-1}\,[\underline{Z}]\,[\underline{I}] = [E]\,[\underline{I}]\,.$$

Mit der Leitwertform ergibt sich durch Vergleich

$$[\underline{Y}] = [\underline{Z}]^{-1} \quad \text{oder}$$

$$\begin{bmatrix} \underline{Y}_{11} & \underline{Y}_{12} \\ \underline{Y}_{21} & \underline{Y}_{22} \end{bmatrix} = \frac{1}{\det \underline{Z}} \begin{bmatrix} \underline{Z}_{22} & -\underline{Z}_{12} \\ -\underline{Z}_{21} & \underline{Z}_{11} \end{bmatrix}.$$

Die Vierpoltransformationen lassen sich tabellarisch zusammenfassen (s. Tafel 7.4). Durch einzelne Beispiele kann man sich von ihrer Nützlichkeit überzeugen. Dabei ist auf die Vorzeichenfestlegung des Stromes $\underline{I}_2$ zu achten!

Vierpol mit unabhängigen Quellen. Wir betrachteten bisher Vierpole ohne unabhängige Quellen. Für eine Reihe von Aufgabenstellungen (z. B. Rauschprobleme in Schaltungen, Temperaturstabilisierung in Transistorschaltungen) ist die Vierpoldarstellung mit unabhängigen Quellen notwendig. Wir knüpfen dabei an den aktiven Zweipol mit seinen Klemmenbeziehungen im Verbraucherpfeilsystem an

$$\underline{U}_1 = \underline{I}_1\underline{Z}_i + \underline{U}_Q\,, \qquad \underline{I}_1 = \underline{Y}_i\underline{U}_1 + \underline{I}_Q\,.$$

Tauscht man noch die Richtung der Quelle $\underline{I}_Q$ im Schaltbild um, so kehrt sich das Vorzeichen um. Übertragen auf den Vierpol ergibt sich dann:

Der Vierpol mit unabhängigen Quellen entsteht, indem ein von unabhängigen Quellen freier Vierpol mit zwei unabhängigen Quellen zusammengeschaltet wird (Bild 7.18a).

Sinngemäß folgt für die

Widerstandsform (Maschensatz)	Leitwertform (Knotensatz)
$\underline{U}_1 = \underbrace{\underline{Z}_{11}\underline{I}_1 + \underline{Z}_{12}\underline{I}_2}_{\text{Vierpol ohne unabhängige Quellen}} + \underbrace{\underline{U}_{Q1}}_{\text{unabhängige Quellen}}\,,$	$\underline{I}_1 = \underbrace{\underline{Y}_{11}\underline{U}_1 + \underline{Y}_{12}\underline{U}_2}_{\text{Vierpol ohne unabhängige Quellen}} + \underbrace{\underline{I}_{Q1}}_{\text{unabhängige Quellen}}\,,$
$\underline{U}_2 = \underline{Z}_{21}\underline{I}_1 + \underline{Z}_{22}\underline{I}_2 + \underline{U}_{Q2}\,,$	$\underline{I}_2 = \underline{Y}_{21}\underline{U}_1 + \underline{Y}_{22}\underline{U}_2 + \underline{I}_{Q2}\,.$

(7.33)

Bild 7.18a zeigt die Ersatzschaltungen. Die Spannungsquellen liegen in Reihe zu den Vierpolein- und -ausgängen. Sie werden bei beiderseitigem Leerlauf ($\underline{I}_1 = \underline{I}_2 = 0$) allein an den Klemmen wirksam

$$\underline{U}_1\big|_{\underline{I}_1=\underline{I}_2=0} = \underline{U}_{Q1}\,, \qquad \underline{U}_2\big|_{\underline{I}_1=\underline{I}_2=0} = \underline{U}_{Q2}$$

und können so ermittelt werden. Belastet man die äußeren Vierpolklemmen, so fließen Ströme.

Tafel 7.4. Umrechnungen der Vierpolparameter (gültig für Kettenzählpfeilrichtung)

Gesucht	Gegeben Z	Y	C	A	H
$Z =$	$\begin{matrix} Z_{11} & Z_{12} \\ Z_{21} & Z_{22} \end{matrix}$	$\begin{matrix} \frac{Y_{22}}{\Delta Y} & -\frac{Y_{12}}{\Delta Y} \\ -\frac{Y_{21}}{\Delta Y} & \frac{Y_{11}}{\Delta Y} \end{matrix}$	$\begin{matrix} \frac{1}{C_{11}} & \frac{C_{12}}{C_{11}} \\ \frac{C_{21}}{C_{11}} & \frac{\Delta C}{C_{11}} \end{matrix}$	$\begin{matrix} \frac{A_{11}}{A_{21}} & \frac{\Delta A}{A_{21}} \\ \frac{1}{A_{21}} & \frac{A_{22}}{A_{21}} \end{matrix}$	$\begin{matrix} \frac{\Delta H}{H_{22}} & \frac{H_{12}}{H_{22}} \\ -\frac{H_{21}}{H_{22}} & \frac{1}{H_{22}} \end{matrix}$
$\Delta Z =$	$Z_{11}Z_{22} \quad -Z_{12}Z_{21}$	$\frac{1}{\Delta Y}$	$\frac{C_{22}}{C_{11}}$	$-\frac{A_{12}}{A_{21}}$	$\frac{H_{11}}{H_{22}}$
$Y =$	$\begin{matrix} \frac{Z_{22}}{\Delta Z} & -\frac{Z_{12}}{\Delta Z} \\ -\frac{Z_{21}}{\Delta Z} & \frac{Z_{11}}{\Delta Z} \end{matrix}$	$\begin{matrix} Y_{12} & Y_{12} \\ Y_{21} & Y_{22} \end{matrix}$	$\begin{matrix} \frac{\Delta C}{C_{22}} & \frac{C_{12}}{C_{22}} \\ \frac{C_{21}}{C_{22}} & \frac{1}{C_{22}} \end{matrix}$	$\begin{matrix} \frac{A_{22}}{A_{12}} & -\frac{\Delta A}{A_{12}} \\ \frac{1}{A_{12}} & -\frac{A_{11}}{A_{12}} \end{matrix}$	$\begin{matrix} \frac{1}{H_{11}} & -\frac{H_{12}}{H_{11}} \\ \frac{H_{21}}{H_{11}} & \frac{\Delta H}{H_{11}} \end{matrix}$
$\Delta Y =$	$\frac{1}{\Delta Z}$	$Y_{11}Y_{22} \quad -Y_{12}Y_{21}$	$\frac{C_{11}}{C_{22}}$	$-\frac{A_{21}}{A_{12}}$	$\frac{H_{22}}{H_{11}}$
$C =$	$\begin{matrix} -\frac{Z_{12}}{Z_{11}} & \frac{1}{Z_{11}} \\ \frac{\Delta Z}{Z_{11}} & \frac{Z_{21}}{Z_{11}} \end{matrix}$	$\begin{matrix} \frac{Y_{12}}{Y_{22}} & \frac{\Delta Y}{Y_{22}} \\ \frac{1}{Y_{22}} & -\frac{Y_{21}}{Y_{22}} \end{matrix}$	$\begin{matrix} C_{11} & C_{11} \\ C_{22} & C_{21} \end{matrix}$	$\begin{matrix} \frac{\Delta A}{A_{11}} & \frac{A_{21}}{A_{11}} \\ -\frac{A_{12}}{A_{11}} & \frac{1}{A_{11}} \end{matrix}$	$\begin{matrix} -\frac{H_{12}}{\Delta H} & \frac{H_{22}}{\Delta H} \\ \frac{H_{11}}{\Delta H} & -\frac{H_{21}}{\Delta H} \end{matrix}$
$\Delta C =$	$-\frac{Z_{22}}{Z_{11}}$	$-\frac{Y_{11}}{Y_{22}}$	$C_{12}C_{21} \quad -C_{11}C_{22}$	$\frac{A_{22}}{A_{11}}$	$-\frac{1}{\Delta H}$
$A =$	$\begin{matrix} \frac{Z_{11}}{Z_{21}} & -\frac{\Delta Z}{Z_{21}} \\ \frac{1}{Z_{21}} & -\frac{Z_{22}}{Z_{21}} \end{matrix}$	$\begin{matrix} -\frac{Y_{22}}{Y_{21}} & \frac{1}{Y_{21}} \\ -\frac{\Delta Y}{Y_{21}} & \frac{Y_{11}}{Y_{21}} \end{matrix}$	$\begin{matrix} \frac{1}{C_{21}} & -\frac{C_{22}}{C_{21}} \\ \frac{C_{11}}{C_{21}} & \frac{\Delta C}{C_{21}} \end{matrix}$	$\begin{matrix} A_{11} & A_{12} \\ A_{21} & A_{22} \end{matrix}$	$\begin{matrix} -\frac{\Delta H}{H_{21}} & \frac{H_{11}}{H_{21}} \\ -\frac{H_{22}}{H_{21}} & \frac{1}{H_{21}} \end{matrix}$

Tafel 7.4. (Fortsetzung)

Gesucht	Gegeben Z	Y	C	A	H
$\Delta A =$	$-\frac{Z_{12}}{Z_{21}}$	$-\frac{Y_{12}}{Y_{21}}$	$\frac{C_{12}}{C_{21}}$	$A_{11}A_{22} - A_{12}A_{21}$	$-\frac{H_{12}}{H_{21}}$
$H =$	$\begin{matrix} \frac{\Delta Z}{Z_{22}} & \frac{Z_{12}}{Z_{22}} \\ -\frac{Z_{21}}{Z_{22}} & \frac{1}{Z_{22}} \end{matrix}$	$\begin{matrix} \frac{1}{Y_{11}} & -\frac{Y_{12}}{Y_{11}} \\ \frac{Y_{21}}{Y_{11}} & -\frac{\Delta Y}{Y_{11}} \end{matrix}$	$\begin{matrix} -\frac{C_{22}}{\Delta C} & \frac{C_{12}}{\Delta C} \\ \frac{C_{21}}{\Delta C} & -\frac{C_{11}}{\Delta C} \end{matrix}$	$\begin{matrix} \frac{A_{12}}{A_{22}} & \frac{\Delta A}{A_{22}} \\ \frac{1}{A_{22}} & -\frac{A_{21}}{A_{22}} \end{matrix}$	$\begin{matrix} H_{11} & H_{12} \\ H_{21} & H_{22} \end{matrix}$
$\Delta H =$	$\frac{Z_{11}}{Z_{22}}$	$\frac{Y_{22}}{Y_{11}}$	$-\frac{1}{\Delta C}$	$-\frac{A_{11}}{A_{22}}$	$H_{11}H_{22} - H_{12}H_{21}$

Beachte weiterhin:

$Z_{11} = \check{Z}_{11}$ $\quad Z_{12} = -\check{Z}_{12}$ $\quad Z_{21} = \check{Z}_{21}$ $\quad Z_{22} = -\check{Z}_{22}$

$Y_{11} = \check{Y}_{11}$ $\quad Y_{12} = \check{Y}_{12}$ $\quad Y_{21} = -\check{Y}_{21}$ $\quad Y_{22} = -\check{Y}_{22}$

$H_{11} = \check{H}_{11}$ $\quad H_{12} = \check{H}_{12}$ $\quad H_{21} = -\check{H}_{21}$ $\quad H_{22} = -\check{H}_{22}$

$A_{11} = \check{A}_{11}$ $\quad A_{12} = -\check{A}_{12}$ $\quad A_{21} = \check{A}_{21}$ $\quad A_{22} = -\check{A}_{22}$

$C_{11} = \check{C}_{11}$ $\quad C_{12} = -\check{C}_{12}$ $\quad C_{21} = \check{C}_{21}$ $\quad C_{22} = -\check{C}_{22}$

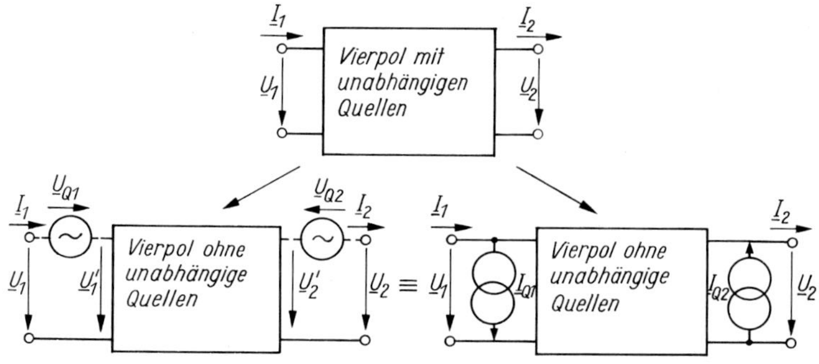

a b

Bild 7.18. Vierpol mit unabhängigen Quellen. **a**) allgemeine Ersatzschaltung, bestehend aus quellenfreiem Vierpol und zwei idealen Quellen; **b**) gleichwertige Darstellung mit Stromquellen

Ganz analog ist die Leitwertdarstellung unter Benutzung der Stromquellen aufgebaut (Bild 7.18b). Die Quellen werden bei beiderseitigem Kurzschluß ($\underline{U}_1 = \underline{U}_2 = 0$) ermittelt. Im Bild wurde die Ausgangsquelle (aus Vorzeichengründen) zum oberen Knoten hin positiv orientiert.

Die Umrechnung von einer zur anderen Vierpoldarstellung erfolgt durch Umstellung nach den gesuchten Größen und Koeffizientenvergleich. Einfacher ist aber der folgende Weg:
- Man setzt alle unabhängigen Quellen außer Betrieb und rechnet zunächst die Vierpolkoeffizienten nach Tafel 7.4 um.
- Weil die Transformationen für jeden Klemmenabschluß, also auch Leerlauf und Kurzschluß gelten müssen, vergleicht man die Quellenterme speziell für diesen Fall.

7.2.1.2.2 Vierpolkennlinien

Kennlinien. Vollständige Kennlinienfelder. Die Vierpolgleichungen (7.31)

$$I_1 = f(U_1, U_2)\,, \qquad I_2 = f(U_1, U_2)$$

lassen sich graphisch als Kennlinienfelder darstellen (s. Abschn. 5.1.1.2). Abhängig von der Zuordnung abhängiger und unabhängiger Variablen existieren z. B. für das Eingangskennlinienfeld die Darstellungen

$$U_1 = f(I_1)|_{U_2} \quad \text{oder} \quad I_1 = f(U_1)|_{U_2} \qquad U_2 \text{ Parameter}\,,$$

$$U_1 = f(I_1)|_{I_2} \quad \text{oder} \quad I_1 = f(U_1)|_{I_2} \qquad I_2 \text{ Parameter}\,.$$

Sie unterscheiden sich u. a. paarweise durch ihre Parameter. Bei der Kennlinienaufnahme $U_1 = f(I_1)$ ist entweder die Ausgangsspannung U_2 oder der Ausgangsstrom I_2 konstant zu halten. Eine ganz analoge Kennliniendarstellung ergibt sich für die Ausgangsgleichung.

Kennliniendarstellungen sind besonders für nichtlineare Vierpole (Gleichstromverhalten des Transistors, der Röhre usw.) zweckmäßig. Sie gestatten im Zusammenwirken mit aktiven Zweipolen, z. B. der Stromversorgung eines Transistors, eine bequeme Bestimmung des Arbeitspunktes.

Die Bestimmung der Kennlinienfelder kann durch Messung oder Berechnung erfolgen. Während der erste Weg für jeden (linearen und nichtlinearen) Vierpol möglich ist, gelingt die Berechnung generell nur für lineare Vierpole, in Sonderfällen (z. B. Transistorkennlinie) auch für nichtlineare.

Beispiel: Lineare Kennliniengleichungen.[1] Für das im Bild 7.19 (s. auch Bild 7.17) gegebene lineare Netzwerk sollen die Kennlinienfelder $\breve{I}_1 = f(\breve{U}_1, \breve{U}_2)$, $\breve{I}_2 = f(\breve{U}_1, \breve{U}_2)$ bestimmt und skizziert werden. Ausgang sind die Vierpoldarstellungen

$$\breve{I}_1 = \breve{Y}_{11}\breve{U}_1 + \breve{Y}_{12}\breve{U}_2\,, \tag{1}$$

$$\breve{I}_2 = \breve{Y}_{21}\breve{U}_1 + \breve{Y}_{22}\breve{U}_2\,, \tag{2}$$

anstelle der nichtlinearen Zusammenhänge $\breve{I}_1 = f(\breve{U}_1, \breve{U}_2)$ usw. (linearer Vierpol!). Die Vierpolparameter sollen bekannt sein. Dann ergibt die Eingangskennlinie $\breve{I}_1 = f(\breve{U}_1)$ für $\breve{U}_2 = 0$ (Gl. (1)) eine Gerade durch den Ursprung (Bild 7.19a). Wird ausgangsseitig die Spannung $\breve{U}_2 = \text{const}$, z. B. durch eine Konstantspannungsquelle $\breve{U}_Q = \breve{U}_2$, eingestellt (Nebenbedingung $\breve{U}_2 = \text{const}$) und stellt man ausgewählte Kennlinien für gleiche Spannungsänderungen $\Delta\breve{U}_2$ dar, so verschiebt sich diese Kennlinie um $\breve{Y}_{12}\,\Delta\breve{U}_2$ parallel.

Ganz analog ermittelt man die Ausgangskennlinie (Bild 7.19b). Sie lautet für $\breve{U}_1 = 0$, $\breve{I}_2 = \breve{Y}_{22}\breve{U}_2$ (Gerade durch den Ursprung).

Wird die Nebenbedingung $\breve{U}_1 = \text{const} \neq 0$ durch eine eingangsseitig angeschlossene Konstantspannungsquelle realisiert, so verschiebt sich die Kennlinie parallel um $\breve{Y}_{21}\,\Delta\breve{U}_1$ für ausgewählte Spannungswerte $\Delta\breve{U}_1$.

Die Transferkennlinie $\breve{I}_2 = f(\breve{U}_1)|_{\breve{U}_2}$ schließlich ergibt zunächst für $\breve{U}_2 = 0$ einen Verlauf $\breve{I}_2 = \breve{Y}_{21}\breve{U}_1$ durch den Ursprung (Bild 7.19c), der für $\breve{U}_2 \neq \text{const}$ um $\breve{Y}_{22}\breve{U}_2$ zu verschieben ist.

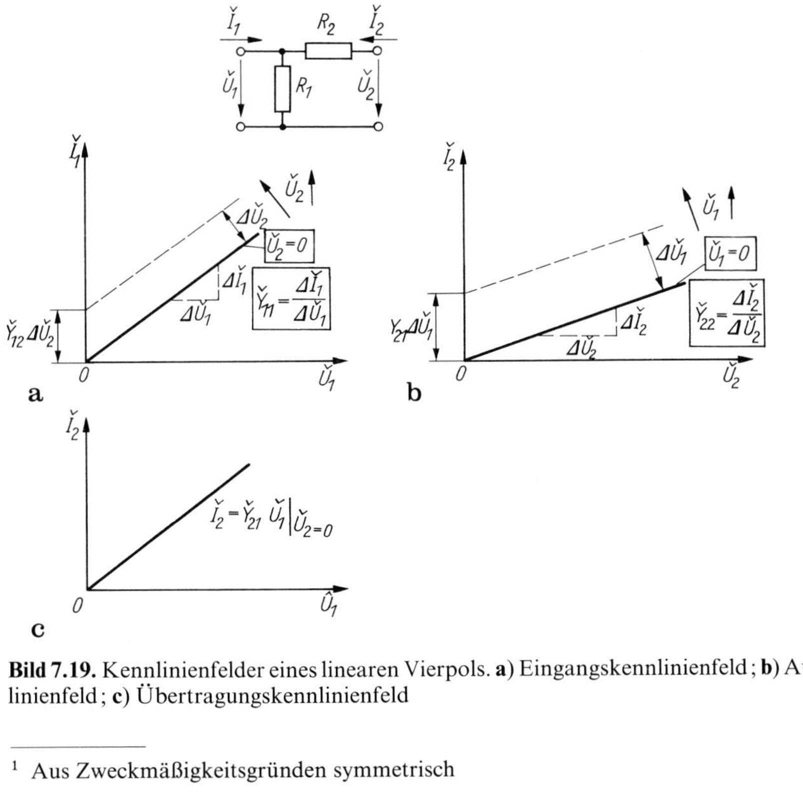

Bild 7.19. Kennlinienfelder eines linearen Vierpols. **a)** Eingangskennlinienfeld; **b)** Ausgangskennlinienfeld; **c)** Übertragungskennlinienfeld

[1] Aus Zweckmäßigkeitsgründen symmetrisch

So entstehen die Kennlinienfelder grundsätzlich durch das Zusammenspiel von Erregung (hier der Strom $\check{I}_1$ bzw. $\check{I}_2$), Wirkung (die Spannung $\check{U}_1$, $\check{U}_2$) und Nebenbedingung (Strom $\check{I}_2$ bzw. $\check{I}_1$). Die Nebenbedingung wird hier am Vierpol somit stets durch eine unabhängige Strom- bzw. Spannungsquelle ($\check{I}$ = const, $\check{U}$ = const) realisiert.

Beispiel: Zusammenspiel Kennlinienfelder — aktiver Zweipol. Bestimmte Vierpolbauelemente, z. B. der Transistor, erfordern Versorgungsspannungen zur Arbeitspunktfestlegung. Das besorgen technische Quellen (Strom-Spannungs-Quelle) je am Ein- und Ausgang. Sie werden über Lastwiderstände angeschlossen (Bild 7.20).

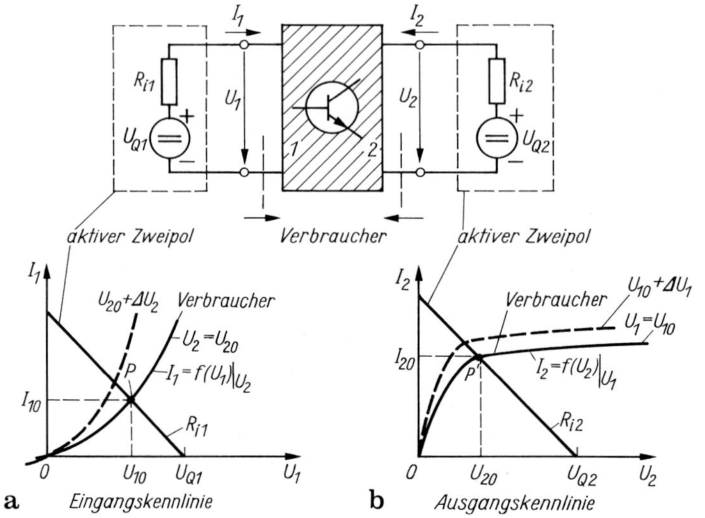

Bild 7.20. Zusammenspiel aktiver Zweipol—Vierpol zur Arbeitspunkteinstellung (Transistor). **a**) Eingangskennlinie. Der Transistor wirkt als Verbraucher; **b**) Ausgangskennlinie

Es ergibt sich dann folgendes Zusammenspiel:

— Man betrachtet den Vierpol mit dem Eingangskennlinienfeld $I_1 = f(U_1)|_{U_2}$ als passiven Zweipol, die Quelle als aktiven (Eingangsgrundstromkreis, Bild 7.20a). Für eine bestimmte Ausgangsspannung $U_2 = U_{20}$ stellt sich der Arbeitspunkt $P(U_{10}, I_{10})$ als Schnittpunkt mit der Widerstandsgeraden ein.

— Ausgangsseitig verfahren wir ganz analog[1]. Dort ist der Transistor der Verbraucherzweipol[2], die Quelle der aktive. Es ergibt sich der Arbeitspunkt P'. Der Parameterwert U_{10} wird aus Bild 7.20a) entnommen.

Durch die Verkopplung des Ein- und Ausganges über den Vierpol regeln sich solche Arbeitspunkte P und P' ein, daß U_{20} aus Bild 7.20b mit dem Parameterwert U_{20} im Bild 7.20a übereinstimmt. Bei der graphischen Konstruktion fehlt dieser natürliche Ausgleich (wie im Experiment). Man muß sich deshalb dem Arbeitspunkt schrittweise nähern.

7.2.1.2.3 Kleinsignalaussteuerung

Kleinsignalparameter. Für kleine Aussteuerung konnte eine nichtlineare Zweipolkennlinie im Arbeitspunkt durch den differentiellen Widerstand ersetzt werden

[1] Aus Zweckmäßigkeitsgründen wurde $\check{I}_2$ gewählt

[2] Von den Klemmen *2* her gleichstrommäßig betrachtet

(s. Abschn. 5.1.2.1). Diesen Gedanken übertragen wir auf den nichtlinearen Vierpol und führen differentielle Parameter, die *Kleinsignalparameter* (im Arbeitspunkt) ein. Im Unterschied zum Zweipol liegen hier zwei unabhängige Veränderliche, z. B. die Spannungsänderungen $\Delta \check{U}_1$, $\Delta \check{U}_2$, vor. Die zugehörigen Stromänderungen $\Delta \check{I}_1$, $\Delta \check{I}_2$ sind gesucht. Wir finden sie durch Taylor-Entwicklung der Ströme I_1, $\check{I}_2$ nach ΔU_1, ΔU_2[1] im Arbeitspunkt U_{10}, U_{20} (Bild 7.20) und erhalten

$$I_{10} + \Delta I_1 = f(U_{10}, U_{20}) + \left.\frac{\partial I_1}{\partial U_1}\right|_{\substack{\Delta U_2 = 0 \\ (U_2 = \text{const})}} \Delta U_1 + \left.\frac{\partial I_1}{\partial U_2}\right|_{\substack{\Delta U_1 = 0 \\ (U_1 = \text{const})}} \Delta U_2 + \ldots, \tag{7.34 a}$$

$$\check{I}_{20} + \Delta \check{I}_2 = \underbrace{f(U_{10}, U_{20})}_{\substack{\text{Strom im} \\ \text{Arbeitspunkt}}} + \underbrace{\left.\frac{\partial \check{I}_2}{\partial U_2}\right|_{\Delta U_2 = 0} \Delta U_1 + \left.\frac{\partial \check{I}_2}{\partial U_2}\right|_{\Delta U_1 = 0} \Delta U_2 + \ldots}_{\text{Kleinsignalverhalten}} \tag{7.34 b}$$

Anschaulich bedeuten die Differentialquotienten die Tangente an die jeweilige Kennlinie im Arbeitspunkt. Höhere Ableitungen wurden vernachlässigt. Im Bild 7.21 wurde die Ableitung $\mathrm{d}I_1/\mathrm{d}U_1$ als Tangente der Kennlinie $I_1 = f(U_1)|_{U_{20}}$ im Arbeitspunkt P veranschaulicht (vgl. Bild 7.20). Erhöht sich z. B. die Spannung U_{Q1} um ΔU_{Q1}, so stellt sich der Arbeitspunkt P'' ein: Am Vierpoleingang entstehen die Änderungen ΔU_1, ΔI_1. Die Spannungsänderung erzeugt aber auch eine Ausgangsstromänderung $\Delta \check{I}_2$ (s. Gl. (7.34b)) ohne daß sich eine Spannungsquelle ausgangsseitig ändert. Damit hat der nichtlineare Vierpol lineare Übertragungseigenschaften.

Im Kleinsignalbetrieb (kleine ΔU_1, ΔU_2) kann der so linearisierte Vierpol im Arbeitspunkt

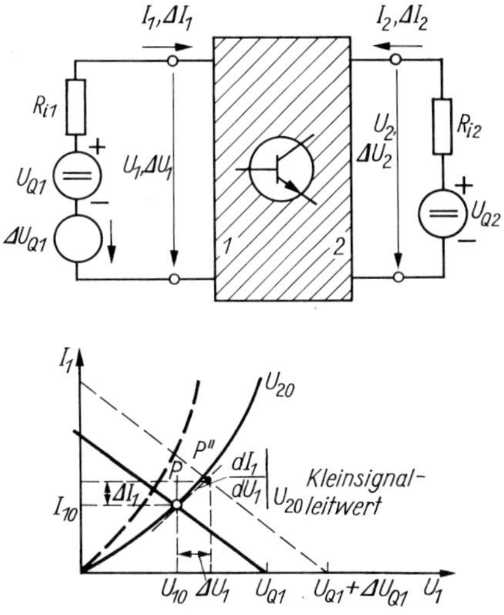

Bild 7.21. Veranschaulichung des Kleinsignalverhaltens am Eingangskennlinienfeld

---

[1] Weil die symmetrischen Pfeile nach S nur bei I_2 das Vorzeichen kehren, schreiben wir nur dort das Zirkumflex mit

— graphisch durch ein *linearisiertes Kennliniengebiet* und mathematisch durch *Vierpolgleichungen* beschrieben werden;
— durch Gültigkeit des Überlagerungssatzes (s. Abschn. 2.4.4.2) bezüglich des *Gleichstrom*-(Kennlinie) und *Wechselstromverhaltens* getrennt betrachtet werden.

Der Dimension nach sind die totalen Kennlinienableitungen Gl. (7.34) Leitwertparameter.

Sie unterscheiden sich gegenüber den Leitwertparametern eines aus linearen Schaltelementen gebildeten Vierpols in mehrfacher Hinsicht:

1. Es sind *dynamische* (differentielle) Parameter, die wir unserer Festlegung gemäß (s. Abschn. 5.1.2.1) mit kleinen Symbolen bezeichnen. Sie gelten nur für kleine Aussteuerung.
2. Sie hängen vom *Arbeitspunkt* ab. Änderungen der Gleichvorspannungen (z. B. eines Transistors) ändern den Arbeitspunkt, somit die Kennliniensteigungen und die Parameter. Der Arbeitspunkt ist als Nebenangabe zu nennen.
3. Entscheidend für die richtige Definition ist die *Nebenbedingung* z. B. in $\left.\frac{\partial I_1}{\partial U_1}\right|_{\substack{\Delta U_2=0\\(U_2=\text{const})}}$

So bedeutet die Angabe $U_2 = \text{const}$ oder $\Delta U_2 = 0$ keine Änderung der Ausgangsspannung bei Bildung der Ableitung. Anschaulich wird dann die Steigung $\left.\frac{\partial I_1}{\partial U_1}\right|_{U_2} = g_{11}$ an der Kennlinie $I_1 = f(U_1)$ für konstanten Parameter U_2 gebildet (vgl. Bild 7.21). Beispielsweise ergibt die Steigung $\left.\frac{\mathrm{d}I_1}{\mathrm{d}U_1}\right|_{\check{I}_2=\text{const}}$ an die Kennlinie $I_1 = f(U_1)$ bei $\check{I}_2 = \text{const}$ einen ganz anderen Wert, nämlich $\frac{1}{r_{11}}$ $(\neq g_{11}!)$.

Die Taylor-Entwicklung Gl. (7.34) basiert auf (stillschweigend) zeitkonphas angenommenen Strom- und Spannungsänderungen. Sie vernachlässigt also Energiespeichervorgänge im Vierpolinnern. In Bauelementevierpolen sind jedoch Ströme und Spannungen phasenverschoben, weil Trägheiten (Laufzeitvorgänge), Kapazitäten u. a. mitwirken. Solche Vorgänge lassen sich am einfachsten durch Übergang auf *komplexe Kleinsignalleitwertparameter* (oder Leitwertoperatoren) berücksichtigen, allgemein von der Form

$$\underline{y}_{\text{ik}} = g_{\text{ik}} + \mathrm{j}b_{\text{ik}} \qquad g = \operatorname{Re}(\underline{y}), \qquad b = \operatorname{Im}(\underline{y}) \tag{7.35}$$

Kleinsignaladmittanz $\qquad i, k = 1, 2$

bzw.

$$\begin{aligned} \underline{I}_1 &= \underline{y}_{11}\underline{U}_1 + \underline{y}_{12}\underline{U}_2 \\ \underline{I}_2 &= \underline{y}_{21}\underline{U}_1 + \underline{y}_{22}\underline{U}_2 \end{aligned} \tag{7.36}$$

Kleinsignalleitwertgleichungen.

Die Herleitung dieser Parameter für ein spezielles Bauelement, z. B. einen Transistor, ist Aufgabe der Bauelemente-Elektronik. Diese Kleinsignalgleichungen z. B. eines Transistors lassen sich ebenso in andere Vierpoldarstellungen umrechnen, wie wir dies für andere Vierpole durchführen.

7.2.1.3 *Ersatzschaltungen*

Ersatzschaltungen. Eine Vierpolersatzschaltung bildet das Klemmenverhalten eines beliebig komplizierten Vierpols durch eine Schaltung mit allgemein vier Ersatzgrößen (den Vierpolparametern) gleichwertig nach. Der Vergleich zum Zweipol bietet sich an: Auch dort ersetzte der aktive bzw. passive Zweipol eine beliebig komplizierte Schaltung mit gleichem Klemmenverhalten. Derartige *formale Vierpolersatzschaltungen*

— ersetzen komplizierte, d. h. mit vielen Netzwerkelementen aufgebaute Vierpolnetzwerke durch einen Vierpol mit höchstens vier Netzwerkelementen (einschließlich gesteuerter Quellen);
— gestatten die Interpretation eines bekannten (Messung, Analyse) Strom-Spannungs-Verhaltens zwischen den Vierpolklemmen durch ein einfaches Vierpolnetzwerk. Das trifft z. B. auf verschiedene Bauelemente wie Transistoren, Feldeffekttransistoren u. a. m. zu, wo das Kleinsignal-Strom-Spannungs-Verhalten im Frequenzbereich aus den sog. Halbleitergrundgleichungen gewonnen wird und eine Vierpolersatzschaltung zur Interpretation dient.

Formale Vierpolersatzschaltungen haben entweder keine, eine oder zwei gesteuerte Quellen (abhängig von der Art des Vierpols). Sie leiten sich direkt aus den Vierpolgleichungen ab.

Zwei gesteuerte Quellen. Die gebräuchlichsten Vierpolersatzschaltungen wurden in Tafel 7.5 zusammengestellt. Sie entstehen dadurch, daß jede Grundform ($\underline{Z}$-, $\underline{Y}$-Parameter usw.) durch verschiedene Kombinationen von gesteuerten Quellen (Tafel 7.4) aufgebaut wird. Es sind nicht alle Möglichkeiten angegeben.

Ein- und Ausgangsgrößen stehen über die Quelle eines Zweiges mit der Klemmengröße des anderen in Verbindung.

Die Beziehungen zwischen Vierpolgleichungen und Ersatzschaltung können leicht gewonnen werden. Man braucht dazu nur die Vierpolgleichungen zu interpretieren.

So kann z. B. die Widerstandsgleichung

$$\underline{U}_1 = \underline{Z}_{11}\underline{I}_1 + \underline{Z}_{12}\underline{I}_2 ,$$
$$\underline{U}_2 = \underline{Z}_{21}\underline{I}_1 + \underline{Z}_{22}\underline{I}_2$$

in der Eingangsmasche (Tafel 7.5) durch die stromgesteuerte Ersatzspannungsquelle $\underline{U}_Q = \underline{Z}_{12}\underline{I}_2$ und den Innenwiderstand $\underline{Z}_{11}$ nachgebildet werden. In der Ausgangsmasche liegen die stromgesteuerte Spannungsquelle $\underline{U}_Q = \underline{Z}_{21}\underline{I}_1$ und der Innenwiderstand $-\underline{Z}_{22}$ in Reihe. Das negative Zeichen ist anzubringen, weil Strom $\underline{I}_2$ und Spannungsabfall $\underline{U}_2$ bei der Kettenpfeilrichtung ausgangsseitig nach der Erzeugerregel angeordnet sind.

Die Leitwertform enthält zwei spannungsgesteuerte Stromquellen. Ihre Ersatzschaltung folgt aus den Knotengleichungen. So fließt der Teilstrom $\underline{U}_1\underline{Y}_{11}$ vom oberen Knoten weg (positive Zählpfeilrichtung von $\underline{U}_1$ und $\underline{I}_1$). Wählt man die Einströmung $\underline{Y}_{12}\underline{U}_2$ zum Knoten hin positiv (aus Symmetriegründen zur zweiten Quelle), so muß $\underline{Y}_{12}\underline{U}_2$ ein Minuszeichen erhalten. Nur dann stimmt die Knotengleichung. Der Parallelleitwert auf der Ausgangsseite erhält die Bezeichnung $-\underline{Y}_{22}$ aus schon genannten Gründen.

Die Hybridform läßt sich durch eine innenwiderstandsbehaftete spannungsgesteuerte Spannungsquelle im Eingang und eine spannungsgesteuerte Stromquelle mit

Tafel 7.5. Vierpolersatzschaltungen

Form	Ersatzschaltungen gesteuerter Quellen mit zwei Quellen	einer Quelle
$\check{\underline{U}}_1=\check{\underline{Z}}_{11}\check{\underline{I}}_1+\check{\underline{Z}}_{12}\check{\underline{I}}_2$ $\check{\underline{U}}_2=\check{\underline{Z}}_{21}\check{\underline{I}}_1+\check{\underline{Z}}_{22}\check{\underline{I}}_2$	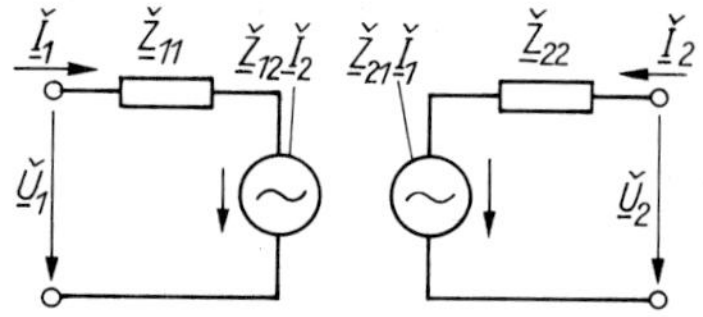	≡ 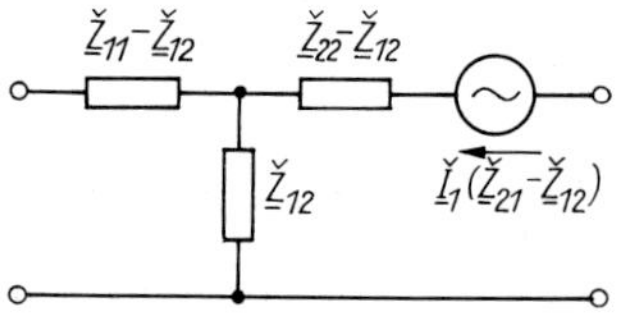
$\underline{U}_1=\underline{Z}_{11}\underline{I}_1+\underline{Z}_{12}\underline{I}_2$ $\underline{U}_2=\underline{Z}_{21}\underline{I}_1+\underline{Z}_{22}\underline{I}_2$	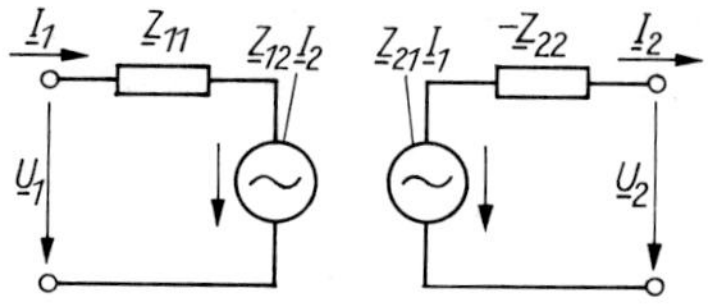	≡ 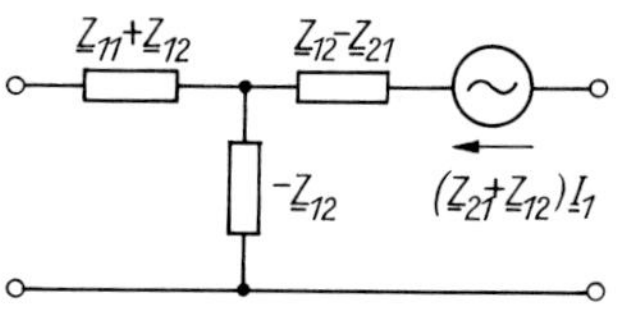
$\check{\underline{I}}_1=\check{\underline{Y}}_{11}\check{\underline{U}}_1+\check{\underline{Y}}_{12}\check{\underline{U}}_2$ $\check{\underline{I}}_2=\check{\underline{Y}}_{21}\check{\underline{U}}_1+\check{\underline{Y}}_{22}\check{\underline{U}}_2$	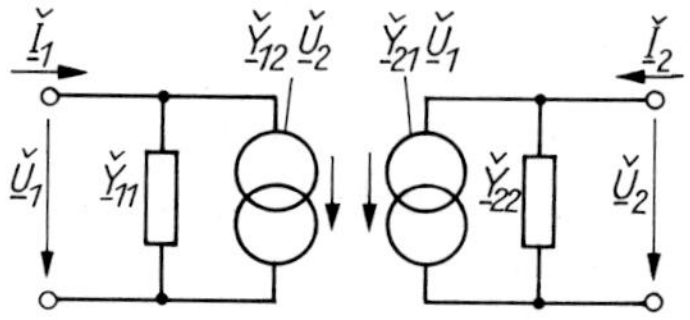	≡ 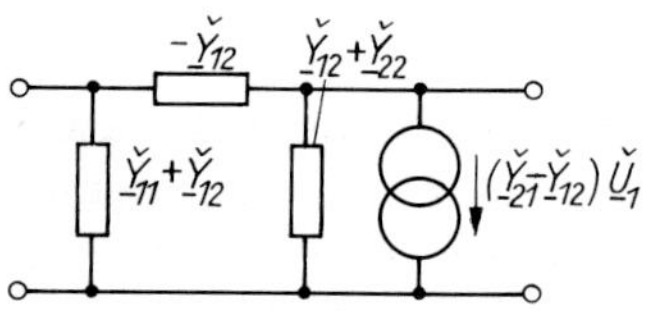
$\underline{I}_1=\underline{Y}_{11}\underline{U}_1+\underline{Y}_{12}\underline{U}_2$ $\underline{I}_2=\underline{Y}_{21}\underline{U}_1+\underline{Y}_{22}\underline{U}_2$	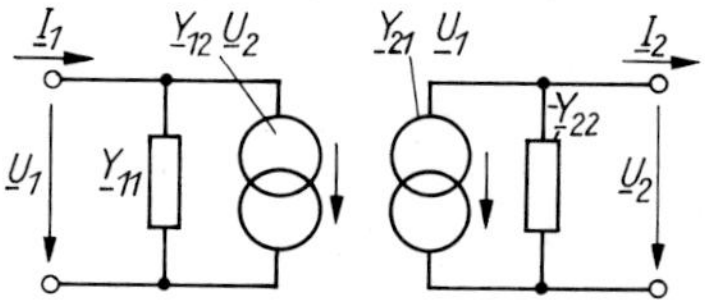	≡ 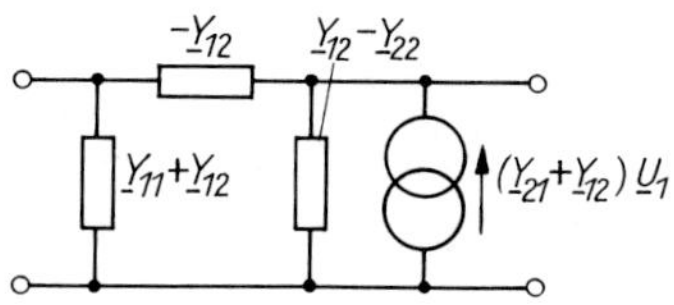
$\underline{U}_1=\underline{H}_{11}\underline{I}_1+\underline{H}_{12}\underline{U}_2$ $\underline{I}_2=\underline{H}_{21}\underline{I}_1+\underline{H}_{22}\underline{U}_2$	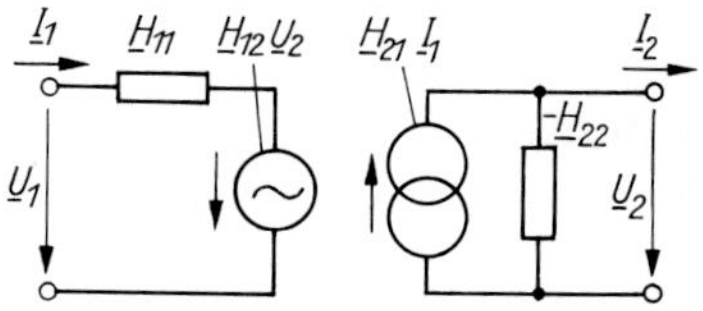	
$\underline{I}_1=\underline{C}_{11}\underline{U}_1+\underline{C}_{12}\underline{I}_2$ $\underline{U}_2=\underline{C}_{21}\underline{U}_1+\underline{C}_{22}\underline{I}_2$	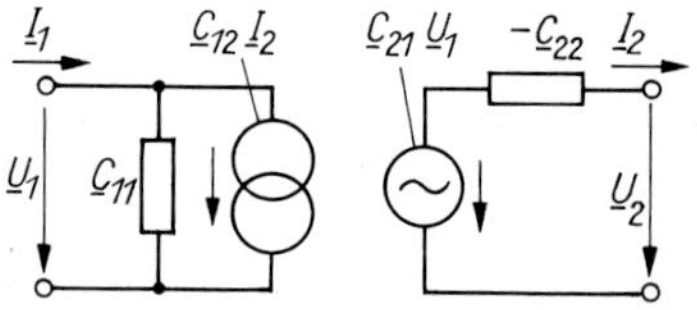	

Innenleitwert im Ausgang interpretieren. Die nicht aufgenommenen Ketten- und Kehrmatrizen können auf einfache Weise nicht ersatzschaltmäßig dargestellt werden.

Eine gesteuerte Quelle. Diese Darstellungsart beruht auf einer solchen Umstellung der jeweiligen Vierpolgleichung, daß sie stets durch die Ersatzschaltung eines *passiven* Vierpols (mit drei Elementen) und *einer gesteuerten Quelle* dargestellt werden kann.

Leitwertform. Wir ergänzen im Gleichungssystem

$$\underline{I}_1 = \underline{Y}_{11}\underline{U}_1 + \underline{Y}_{12}\underline{U}_2\,,$$
$$\underline{I}_2 = \underline{Y}_{21}\underline{U}_1 + \underline{Y}_{22}\underline{U}_2 + \underline{\underline{Y}_{12}\underline{U}_1 - \underline{Y}_{12}\underline{U}_1}$$

in der zweiten Gleichung $\pm \underline{Y}_{12}\underline{U}_1$ (unterstrichener Term) und erhalten durch Umstellung sowie Beachten von $\underline{Y}_{12} = -\underline{Y}_{21}$

$$\begin{aligned} \underline{I}_1 &= \underline{Y}_{11}\underline{U}_1 + \underline{Y}_{12}\underline{U}_2 + 0 + 0\,, \\ \underline{I}_2 &= \underbrace{-\underline{Y}_{12}\underline{U}_1 + \underline{Y}_{22}\underline{U}_2}_{\text{umkehrbarer Vierpol}} + \underbrace{(\underline{Y}_{21} + \underline{Y}_{12})\,\underline{U}_1}_{\text{aktiver Vierpol}}\,. \end{aligned} \tag{7.37}$$

Der erste Ausdruck rechts stellt einen sog. umkehrbaren Vierpol dar (s. u.). Diese wegen ihres Aussehens als *Π-Schaltung (Dreieckersatzschaltung)* benannte Anordnung besteht aus den drei Netzwerkelementen $(\underline{Y}_{11} + \underline{Y}_{12})$, $(-\underline{Y}_{12})$ und $(-\underline{Y}_{22} + \underline{Y}_{12})$. Sie werden mit $\underline{Y}_1$, $\underline{Y}_2$ und $\underline{Y}_3$ bezeichnet (Bild 7.22). Stellt man nämlich die beiden unabhängigen Knotengleichungen zwischen den Klemmenpaaren *1* und *2'* auf, so folgt

$$\begin{aligned} \underline{I}_1 &= \underline{Y}_1\underline{U}_1 + \underline{Y}_2(\underline{U}_1 - \underline{U}_2) = (\underline{Y}_1 + \underline{Y}_2)\,\underline{U}_1 + \underline{Y}_2\underline{U}_2 = \underline{Y}_{11}\underline{U}_1 + \underline{Y}_{12}\underline{U}_2\,, \\ \underline{I}_2' &= \underline{Y}_2(\underline{U}_1 - \underline{U}_2) - \underline{Y}_3\underline{U}_2 = \underline{Y}_2\underline{U}_1 - (\underline{Y}_2 + \underline{Y}_3)\,\underline{U}_2 = \\ &= -\underline{Y}_{12}\underline{U}_1 + \underline{Y}_{21}\underline{U}_2\,. \end{aligned} \tag{7.38a}$$

Der Vergleich ergibt:

$$\underline{Y}_{11} = \underline{Y}_1 + \underline{Y}_2\,, \qquad -\underline{Y}_{12} = \underline{Y}_2\,,$$
$$\underline{Y}_{22} = -(\underline{Y}_2 + \underline{Y}_3)\,. \tag{7.38b}$$

Im Ergebnis

$$\underline{Y}_{21} = \left.\frac{\underline{I}_2}{\underline{U}_1}\right|_{\underline{U}_2} = -\underline{Y}_{12} = \left.\frac{-\underline{I}_1}{\underline{U}_2}\right|_{\underline{U}_1}$$

erkennen wir direkt die Reziprozitätsbedingung (s. Abschn. 5.3.4.1), es hat dort lediglich $\underline{I}_2$ die umgekehrte Richtung, ist also hier durch $-\underline{I}_2$ zu ersetzen).

Entsprechend der Knotengleichung am Vierpolausgang setzt sich der Strom $\underline{I}_2$ aus dem Anteil $\underline{I}_2' = (-\underline{Y}_{12}\underline{U}_1 + \underline{Y}_{22}\underline{U}_2)$ aus dem passiven Vierpol und dem Teil $(\underline{Y}_{21} + \underline{Y}_{12})\,\underline{U}_2$ aus einer spannungsgesteuerten Stromquelle zusammen. Deshalb muß die spannungsgesteuerte Stromquelle dem Ausgang parallel geschaltet werden.

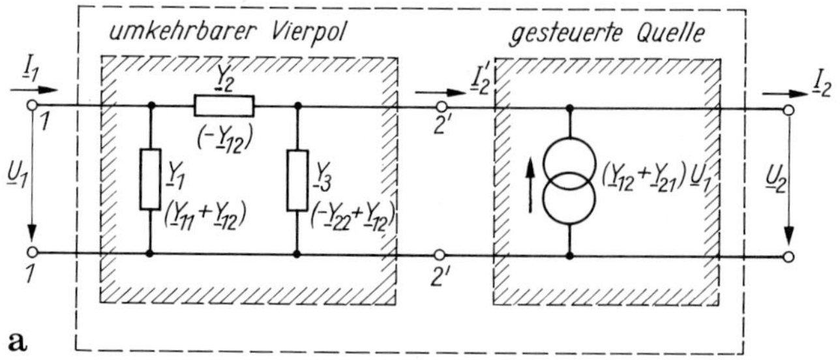

a

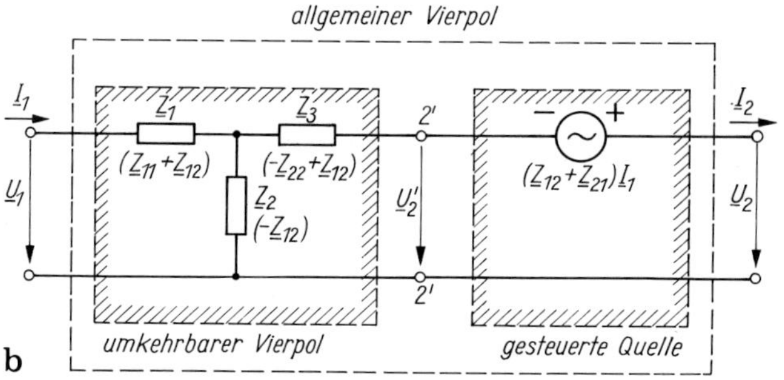

b

Bild 7.22. Vierpolersatzschaltungen mit einer gesteuerten Quelle. **a**) Π-Ersatzschaltung; **b**) T-Ersatzschaltung

So ergibt sich die Ersatzschaltung nach Bild 7.22a. Für sie wollen wir als verbreitete Bezeichnungen vereinbaren:

Eingangsleitwert $\underline{Y}_1 = \underline{Y}_{11} + \underline{Y}_{12}$ Rückwirkungsleitwert $\underline{Y}_2 = -\underline{Y}_{12}$

Ausgangsleitwert $\underline{Y}_3 = \underline{Y}_{12} - \underline{Y}_{22}$ Summensteilheit $\underline{S}_{\mathrm{S}} = \underline{Y}_{21} + \underline{Y}_{12}$ (7.38c)

Sie werden als Ersatzschaltelemente der allgemeinen Π-Ersatzschaltung bezeichnet.

Die eingeführte *Summensteilheit* $\underline{S}_{\mathrm{s}}$ ist insofern zweckmäßig, als sie beim Übergang auf andere Grundschaltungen (s. Abschn. 7.1.2.5) bis auf das Vorzeichen stets erhalten bleibt. Für umkehrbare Vierpole verschwindet sie ($\underline{Y}_{21} = -\underline{Y}_{12}$), für Verstärkervierpole gilt meist $\underline{S}_{\mathrm{s}} \approx \underline{Y}_{21}$ wegen ($|\underline{Y}_{21}| \gg |\underline{Y}_{12}|$).

Widerstandsform. Ganz analoge Betrachtungen zur Ersatzschaltung treffen auf die Widerstandsform (Tafel 7.5, duale Struktur zur Leitwertform) zu. Man erhält sie aus der Leitwertersatzschaltung am leichteten durch Anwendung der sog. *Dualitätsregel*: Besteht die Leitwertform aus einer Π-Schaltung mit ausgangsseitig parallelgeschalteter spannungsgesteuerter Stromquelle $(\underline{Y}_{12} + \underline{Y}_{21})\,\underline{U}_1$, so ergibt sich als duale Struktur (Bild 7.22b)

— die *T- oder Sternschaltung* für den umkehrbaren Teil der Π-Schaltung. Die Parameterbeziehungen liegen durch das Beispiel Abschn. 2.4.2.2 fest. Sie gingen aus der Überlegung hervor, daß zwischen zwei Vierpol-(= Netzwerk-)klemmen der gleiche Widerstand gemessen wird.

— eine *stromgesteuerte Spannungsquelle* $(\underline{Z}_{12} + \underline{Z}_{21})\,\underline{I}_1$ ausgangsseitig in Reihe zur T-Schaltung. Die Richtungsfestlegung dieser Quelle erfolgt unserer Vereinbarung (s. Abschn. 5.1.1.2) entsprechend als Spannungsabfall (Pfeil von + nach —).

Anwendung. Vierpolersatzschaltungen finden vielfältige Anwendungen zur anschaulichen Interpretation der Vierpolgleichungen. Für passive Vierpole sind vor allem T- und π-Schaltungen (ohne Quellen) üblich, für Verstärkervierpole (Transistor, Röhre, Operationsverstärker) die π-Ersatzschaltung. Die Vierpolparameter können meßtechnisch bequem unter Kurzschlußbedingungen bestimmt werden. Eine gewisse Bedeutung erlangte in der Transistortechnik noch die Hybridersatzschaltung (Tafel 7.5). Wir verwenden sie gelegentlich.

7.2.1.4 Vierpolarten

Die Kenntnis der Vierpolparameter und Ersatzschaltung erlaubt eine weitere Unterteilung linearer, zeitunabhängiger Vierpole, z. B. in *umkehrbare* (reziproke oder übertragungssymmetrische), *widerstandssymmetrische* (richtungssymmetrische), *rückwirkungsfreie, passive und unbedingt stabile Vierpole*. Diese Merkmale drücken sich in bestimmten Parameterbeziehungen (Tafel 7.6) aus. Dabei können mehrere Vierpoleigenschaften gleichzeitig zutreffen.

Tafel 7.6. Grundeigenschaften ausgewählter Vierpole

Vierpol	Zahl der unabhängigen Vierpolparameter	Parameterbedingung	Beispiele
(1) Allgemeiner Vierpol	4	keine	Verstärker, allgemeiner
(2) Umkehrbar (reziprok), unsymmetrisch	3	$\check{\underline{Y}}_{12} = \check{\underline{Y}}_{21}$, $\check{\underline{Z}}_{21} = \check{\underline{Z}}_{12}$, $\Delta\check{\underline{A}} = 1$	jeder unsymmetrische Vierpol aus den Grundelementen *R, L, C, M*
(3) Widerstands-symmetrisch (nicht umkehrbar)	3	$\check{\underline{Y}}_{11} = \check{\underline{Y}}_{22}$, $\check{\underline{Z}}_{11} = \check{\underline{Z}}_{22}$, $\check{\underline{A}}_{11} = \check{\underline{A}}_{22}$	Zweidrahtverstärker, Transistor mit gleichen Ein- und Ausgangswiderständen
(4) Widerstands-symmetrisch, umkehrbar	2	Bedingungen (2) und (3)	jeder symmetrische Vierpol aus den Grundelementen *R, L, C, M*
(5) Verlustfrei umkehrbar	3	Bedingung (2), zusätzlich: Re $(\check{\underline{Y}}_{11}) = 0$, Re $(\check{\underline{Y}}_{22}) = 0$, Re $(\check{\underline{Y}}_{21}) = 0$	Reaktanzvierpol
(6) Rückwirkungs-frei (nicht umkehrbar)	3	$\check{\underline{Z}}_{12} = \check{\underline{H}}_{12} = \check{\underline{Y}}_{12} = 0$	Verstärker ohne Rückwirkung

Umkehrbarkeit. Ein Vierpol heißt umkehrbar, wenn er das Reziprozitätstheorem (s. Abschn. 5.3.4.1) erfüllt. Dann muß gelten:

$$\left.\frac{\underline{I}_1}{\underline{U}_2}\right|_{\underline{U}_1=0} = \left.\frac{\underline{I}_2}{\underline{U}_1}\right|_{\underline{U}_2=0} \quad \text{bzw.} \quad \underset{\text{Ursache: } \underline{U}\text{, Wirkung: } \underline{I}}{\check{\underline{Y}}_{12} = \check{\underline{Y}}_{21}} \tag{7.39 a}$$

und gleichwertig

$$\left.\frac{\underline{U}_2}{\underline{I}_1}\right|_{\underline{I}_2=0} = \left.\frac{\underline{U}_1}{\underline{I}_2}\right|_{\underline{I}_1=0} \quad \text{bzw.} \quad \underset{\text{Ursache: } \underline{I}\text{, Wirkung: } \underline{U}.}{\check{\underline{Z}}_{12} = \check{\underline{Z}}_{21}} \tag{7.39 b}$$

In Worten: Verursacht ein Strom $\underline{I}_1$ (Ursache) am Eingang, am Vierpolausgang die Leerlaufspannung $\underline{U}_2$ und umgekehrt der gleiche Strom $\underline{I}_1$ (Ursache) am Ausgang die gleiche Leerlaufspannung $\underline{U}_2$ am Vierpoleingang, so ist der Vierpol umkehrbar.

Geht man z. B. von der Leitwertform zu anderen Vierpolgleichungen über, so lautet die Umkehrbarkeitsbedingung gleichwertig

$$\underline{Y}_{12} = -\underline{Y}_{21}, \quad \underline{Z}_{12} = -\underline{Z}_{21}, \quad \underline{H}_{12} = \underline{H}_{21}, \tag{7.40}$$
$$\det \underline{A} = 1$$

Umkehrbarkeitsbedingung.

Daraus ergibt sich: Ein umkehrbarer Vierpol wird durch drei (unabhängige) Parameter eindeutig gekennzeichnet, der vierte ist über die Umkehrbarkeitsbedingung (Gl. (7.40)) gegeben.

Umkehrbare Vierpole können stets durch eine quellenfreie T- oder Π-Ersatzschaltung realisiert werden (s. Tafel 7.5). Beispielsweise sind Vierpole aus linearen zeitunabhängigen Netzwerkelementen (*R*, *L*, *C*, *M*) stets umkehrbar (unabhängig vom inneren Vierpolaufbau), wenn nur $\underline{Y}_{12}$ und damit eine Verbindung zwischen Ein- und Ausgang besteht. Vierpole, deren Koeffizienten die Gl. (7.40) nicht erfüllen, heißen *nicht umkehrbar*, *nicht reziprok* oder *übertragungsunsymmetrisch*. Dazu gehören z. B. Verstärkervierpole mit einer Quelle am Vierpolausgang (linear ausgesteuerter Transistor). Offen ist dabei, ob die Vierpolelemente in jedem Fall durch die Grundelemente *R*, *L*, *C*, *M* realisierbar sind.

Richtungs- (widerstands-) symmetrischer Vierpol. Ein Vierpol heißt richtungssymmetrisch, wenn sein Eingangswiderstand (auf Seite 1) bei beliebigem Abschluß auf Seite 2 mit dem Ausgangswiderstand (auf Seite 2), gemessen bei beliebigem Abschluß auf Seite 1 übereinstimmt.

Wir beweisen dies leicht durch Widerstandsberechnung (s. u.) nach und erhalten als Bedingungen

$$\underline{Y}_{11} = -\underline{Y}_{22}, \quad \underline{Z}_{11} = -\underline{Z}_{22}, \quad \underline{A}_{11} = \underline{A}_{22},$$
$$\det \underline{H} = 1, \tag{7.41}$$
$$\det \underline{C} = 1$$

Richtungssymmetrie eines Vierpols.

Auch der richtungssymmetrische Vierpol wird stets durch *drei* Parameter eindeutig gekennzeichnet.

Symmetrischer Vierpol. Treffen Umkehrbarkeit und Richtungssymmetrie gleichzeitig zu, so liegt ein symmetrischer Vierpol vor. Er wird durch zwei unabhängige Vierpolparameter eindeutig beschrieben.

Rückwirkungsfreier Vierpol. Ein Vierpol heißt *rückwirkungsfrei*, wenn die Eingangsklemmengrößen ($\underline{I}_1$, $\underline{U}_1$ und die damit verbundenen Eigenschaften, z. B. der Eingangswiderstand) unabhängig von den Ausgangsklemmeneigenschaften ($\underline{I}_2$, $\underline{U}_2$) sind. Daher muß z. B. in der Vierpolgleichung

$$\underline{I}_1 = \underline{Y}_{11}\underline{U}_1 + \underline{Y}_{12}\underline{U}_2$$

der letzte Term verschwinden, also $\underline{Y}_{12} = 0$ gelten. Über die Vierpolumrechnungen ergeben sich als gleichwertige Bedingungen

$$\underline{Y}_{12} = 0\,, \qquad \underline{Z}_{12} = 0\,, \qquad \underline{H}_{12} = 0 \tag{7.42}$$

Rückwirkungsfreiheit.

Der rückwirkungsfreie Vierpol überträgt in Rückwärtsrichtung (vom Ausgang nach dem Eingang) kein Signal: Ausgang und Eingang sind entkoppelt. Er wird durch *drei* unabhängige Parameter eindeutig bestimmt. Der rückwirkungsfreie Vierpol ist die grundlegende Ersatzschaltung eines Verstärkers bzw. Verstärkerelementes (s. Abschn. 7.3.6).

7.2.1.5 Vierpoltransformationen

Häufig soll ein gegebener Vierpol entweder in umgekehrter Betriebsrichtung betrieben oder Vierpolklemmen miteinander vertauscht werden. Wir suchen dafür die Vierpolparameter.

Umkehrung eines Vierpols. Von Vierpolumkehrung spricht man, wenn er um seine Achse quer zur Übertragungsrichtung gedreht wird. Dann sind Ein- und Ausgang miteinander vertauscht. Deshalb muß sein Kettengleichungssystem

$$\begin{bmatrix} \underline{U}_1 \\ \underline{I}_1 \end{bmatrix} = [\underline{A}] \begin{bmatrix} \underline{U}_2 \\ \underline{I}_2 \end{bmatrix}$$

nach den Ausgangsgrößen $\underline{U}_2$, $\underline{I}_2$ aufgelöst werden. Da sich dadurch die Stromrichtungen vertauschen, führen wir die Ströme $\underline{I}'_2 = -\underline{I}_2$, $\underline{I}'_1 = -\underline{I}_1$ ein und erhalten aus der Kettenform (s. Tafel 7.3)

$$\begin{bmatrix} \underline{U}_1 \\ -\underline{I}'_1 \end{bmatrix} = [\underline{A}] \begin{bmatrix} \underline{U}_2 \\ -\underline{I}'_2 \end{bmatrix}$$

durch Auflösung nach den Ausgangsgrößen (Nachweis!) (Bild 7.23)

$$\begin{bmatrix} \underline{U}_2 \\ \underline{I}'_2 \end{bmatrix} = \frac{1}{\det \underline{A}} \begin{bmatrix} \underline{A}_{22} & \underline{A}_{12} \\ \underline{A}_{21} & \underline{A}_{11} \end{bmatrix} \begin{bmatrix} \underline{U}_1 \\ \underline{I}'_1 \end{bmatrix} = [\underline{B}] \begin{bmatrix} \underline{U}_1 \\ \underline{I}'_1 \end{bmatrix}. \tag{7.43}$$

Bei Umkehrung eines Vierpols (Bestimmung der Kehrmatrix $[\underline{B}]$) sind die Elemente der Kettenmatrix $[\underline{A}]$ durch det $\underline{A}$ zu dividieren und die Elemente der Hauptdiagonalen miteinander zu vertauschen.

Für reziproke Vierpole (mit det $\underline{A} = -1$) besteht die Umkehrung in einer bloßen Vertauschung der Hauptdiagonalglieder.

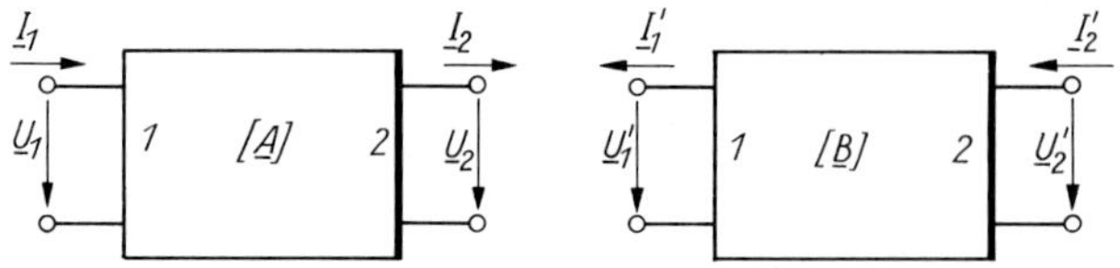

Bild 7.23. Vierpolumkehr

Vierpolgrundschaltungen. Ein Vierpol (Transistor, Röhre) kann verschiedenartig zwischen Quelle und Verbraucher geschaltet werden. Stets bezeichnet die dem Ein- und Ausgangskreis gemeinsame Klemme die Vierpolgrundschaltung, beispielsweise

— *Basis-*, *Emitter-* und *Kollektorschaltung* eines Bipolartransistors;
— *Gate-*, *Source-* und *Drainschaltung* eines Feldeffekttransistors;
— *Katoden-*, *Gitter-* und *Anodenbasisschaltung* der Röhre.

Die verschiedenen Grundschaltungen gehen aus einer Links- oder Rechtsdrehung des Dreipols hervor (Tafel 7.7). Jede kann außerdem vor- und rückwärts betrieben werden (wobei die Rückwärtsschaltungen kaum praktische Bedeutung haben und deshalb nicht aufgeführt sind).

Jede der drei genannten Grundschaltungen eines Vierpols (einer Betriebsrichtung) hat einen Satz zugeordneter Vierpolparameter. Das sind beispielsweise die Leitwertparameter der Basis- oder Emitterschaltung beim Bipolartransistor.

Ist ein Parametersatz einer Grundschaltung bekannt, so ergeben sich die Parameter der anderen Grundschaltungen durch Transformation in die gedrehte Schaltung und anschließende Ordnung zu einem neuen Vierpolgleichungssystem.

Die Parameterzusammenhänge der verschiedenen Grundschaltungen aus denen einer Grundschaltung (z. B. der Emitterschaltung) (Index e) aus den gegebenen Leitwertparametern der Basisschaltungen (Index b) geschieht durch folgende Lösungsmethodik (Bild 7.24):

1. Aufzeichnung der gegebenen Grundschaltung mit den zugeordneten Klemmengrößen ($\underline{I}_{1b}, \dots, \underline{U}_{2b}$) und Vierpolparametern (y_{ikb}, h_{ikb} usw.).

2. Aufzeichnung der gewünschten Grundschaltungen mit den zugeordneten Klemmengrößen ($\underline{I}_{1e}, \dots, \underline{U}_{2e}$) und Vierpolparametern (y_{ike}, h_{ike} usw.).

3. Aufstellung des Zusammenhanges der gesuchten Klemmengrößen als Funktion der gegebenen über die Kirchhoffschen Sätze.

4. Umformung des Gleichungssystems auf den Gleichungstyp der gesuchten Grundschaltung. Die neuen Vierpolparameter ergeben sich durch Koeffizientenvergleich.

So gilt beispielsweise nach Bild 7.24

$$\underline{I}_{1e} = \underline{I}_{2b} - \underline{I}_{1b},$$

$$\underline{I}_{2e} = \underline{I}_{2b},$$

$$\underline{U}_{1e} = -\underline{U}_{1b}, \qquad \underline{U}_{2e} = \underline{U}_{1b}, \qquad \underline{U}_{2b} = \underline{U}_{2e} - \underline{U}_{1e}.$$

Tafel 7.7. Vierpolgrundschaltungen (dargestellt am Beispiel des Bipolartransistors)

Allgemeiner Vierpol	Bipolar-transistor	Parameter-schaltung		Basisschaltung	Emitterschaltung	Kollektorschaltung
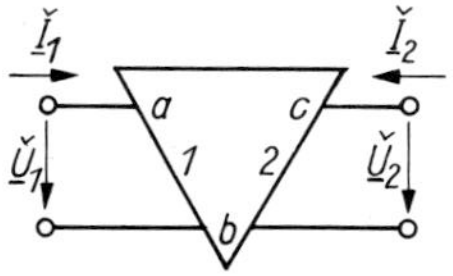	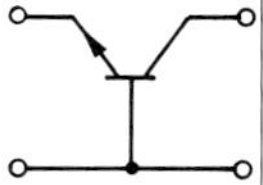 Basis-schaltung	Basisschaltung	$\underline{\check{Y}}_{11b} =$ $\underline{\check{Y}}_{12b} =$ $\underline{\check{Y}}_{21b} =$ $\underline{\check{Y}}_{22b} =$ $\Delta\underline{\check{Y}}_b =$	$\underline{\check{Y}}_{11b}$ $\underline{\check{Y}}_{12b}$ $\underline{\check{Y}}_{21b}$ $\underline{\check{Y}}_{22b}$ $\underline{\check{Y}}_{11b}\underline{\check{Y}}_{22b} - \underline{\check{Y}}_{12b}\underline{\check{Y}}_{21b}$	$\underline{\check{Y}}_{11e} + \underline{\check{Y}}_{12e} + \underline{\check{Y}}_{21e} + \underline{\check{Y}}_{22e}$ $-(\underline{\check{Y}}_{12e} + \underline{\check{Y}}_{22e})$ $-(\underline{\check{Y}}_{21e} + \underline{\check{Y}}_{22e})$ $\underline{\check{Y}}_{22e}$ $\Delta\underline{\check{Y}}_e$	$\underline{\check{Y}}_{12c}$ $-(\underline{\check{Y}}_{21c} + \underline{\check{Y}}_{22c})$ $-(\underline{\check{Y}}_{12c} + \underline{\check{Y}}_{22c})$ $\underline{\check{Y}}_{11c} + \underline{\check{Y}}_{12c} + \underline{\check{Y}}_{21c} + \underline{\check{Y}}_{22c}$ $\Delta\underline{\check{Y}}_c$
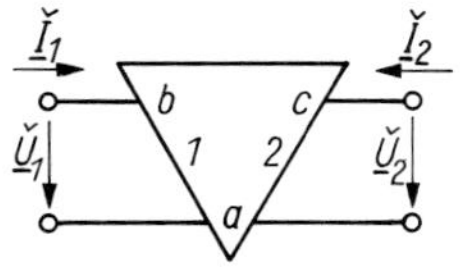	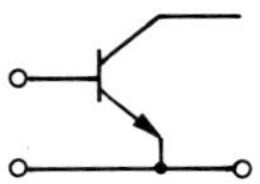 Emitter-schaltung	Emitterschaltung	$\underline{\check{Y}}_{11e} =$ $\underline{\check{Y}}_{12e} =$ $\underline{\check{Y}}_{21e} =$ $\underline{\check{Y}}_{22e} =$ $\Delta\underline{\check{Y}}_e =$	$\underline{\check{Y}}_{11b} + \underline{\check{Y}}_{12b} + \underline{\check{Y}}_{21b} + \underline{\check{Y}}_{22b}$ $-(\underline{\check{Y}}_{12b} + \underline{\check{Y}}_{22b})$ $-(\underline{\check{Y}}_{21b} + \underline{\check{Y}}_{22b})$ $\underline{\check{Y}}_{22b}$ $\Delta\underline{\check{Y}}_b$	$\underline{\check{Y}}_{11e}$ $\underline{\check{Y}}_{12e}$ $\underline{\check{Y}}_{21e}$ $\underline{\check{Y}}_{22e}$ $\underline{\check{Y}}_{11e}\underline{\check{Y}}_{22e} - \underline{\check{Y}}_{12e}\underline{\check{Y}}_{21e}$	$\underline{\check{Y}}_{11c}$ $-(\underline{\check{Y}}_{11c} + \underline{\check{Y}}_{12c})$ $-(\underline{\check{Y}}_{11c} + \underline{\check{Y}}_{21c})$ $\underline{\check{Y}}_{11c} + \underline{\check{Y}}_{12c} + \underline{\check{Y}}_{21c} + \underline{\check{Y}}_{22c}$ $\Delta\underline{\check{Y}}_c$
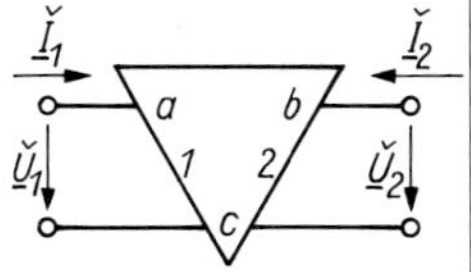	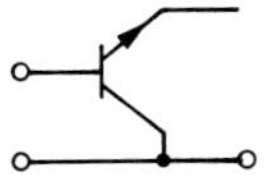 Kollektor-schaltung	Kollektorschaltung	$\underline{\check{Y}}_{11c} =$ $\underline{\check{Y}}_{12c} =$ $\underline{\check{Y}}_{21c} =$ $\underline{\check{Y}}_{22c} =$ $\Delta\underline{\check{Y}}_c =$	$\underline{\check{Y}}_{11b} + \underline{\check{Y}}_{12b} + \underline{\check{Y}}_{21b} + \underline{\check{Y}}_{22b}$ $-(\underline{\check{Y}}_{11b} + \underline{\check{Y}}_{21b})$ $-(\underline{\check{Y}}_{11b} + \underline{\check{Y}}_{12b})$ $\underline{\check{Y}}_{11b}$ $\Delta\underline{\check{Y}}_b$	$\underline{\check{Y}}_{11e}$ $-(\underline{\check{Y}}_{11e} + \underline{\check{Y}}_{12e})$ $-(\underline{\check{Y}}_{11e} + \underline{\check{Y}}_{21e})$ $\underline{\check{Y}}_{11e} + \underline{\check{Y}}_{12e} + \underline{\check{Y}}_{21e} + \underline{\check{Y}}_{22e}$ $\Delta\underline{\check{Y}}_c$	$\underline{\check{Y}}_{11c}$ $\underline{\check{Y}}_{12c}$ $\underline{\check{Y}}_{21c}$ $\underline{\check{Y}}_{22c}$ $\underline{\check{Y}}_{11c}\underline{\check{Y}}_{22c} - \underline{\check{Y}}_{12c}\underline{\check{Y}}_{21c}$

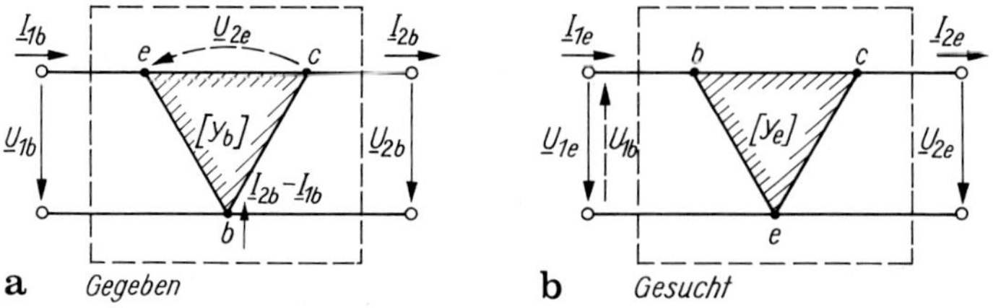

Bild 7.24. Vierpolgrundschaltungen

Damit folgt

$$
\begin{aligned}
\underline{I}_{1e} &= \underline{y}_{11e}\underline{U}_{1e} + \underline{y}_{12e}\underline{U}_{2e} = \underline{I}_{2b} - \underline{I}_{1b} = (\underline{y}_{21b} - \underline{y}_{11b})\,\underline{U}_{1b} + (\underline{y}_{22} - \underline{y}_{12b})\,\underline{U}_{2b}\,,\\
\underline{I}_{2e} &= \underline{y}_{21e}\underline{U}_{1e} \qquad\qquad = \underline{I}_{2b} \qquad\quad = \underline{y}_{21b}\underline{U}_{1b} + \underline{y}_{22b}\underline{U}_{2b}\,,\\
\underline{I}_{1e} &= (\underline{y}_{21b} - \underline{y}_{11b})\,(-\underline{U}_{1e}) + \underline{y}_{22b} - \underline{y}_{12b})\,(\underline{U}_{2e} - \underline{U}_{1e})\\
&= (\underline{y}_{11b} - \underline{y}_{21b} + \underline{y}_{12b} - \underline{y}_{22b})\,\underline{U}_{1e} + (\underline{y}_{22b} - \underline{y}_{12b})\,\underline{U}_{2e}\\
\underline{I}_{2e} &= \underline{y}_{21b}(-\underline{U}_{1e}) + \underline{y}_{22b}(\underline{U}_{2e} - \underline{U}_{1e}) = (-\underline{y}_{21} - \underline{y}_{22b})\,\underline{U}_{1e} + \underline{y}_{22b}\underline{U}_{2e}\,.
\end{aligned}
$$

Zusammengefaßt ergibt sich durch Koeffizientenvergleich

$$
[\underline{y}_{ike}] = \begin{bmatrix} \underline{y}_{11b} - \underline{y}_{21b} + \underline{y}_{12b} - \underline{y}_{22b} & \underline{y}_{22b} - \underline{y}_{12b} \\ -(\underline{y}_{21b} + \underline{y}_{22b}) & \underline{y}_{22b} \end{bmatrix} \tag{7.44}
$$

Leitwertparameter in Emitterschaltung ausgedrückt durch die der Basisschaltung.

Analoge Schemata gelten auch für die übrigen Grundschaltungsparameter. Der systematische Vergleich der Ergebnisse verschiedener Grundschaltungen (Tafel 7.7) lehrt:

— Es gibt Vierpolparameter, die in zwei Grundschaltungen erhalten bleiben.
— Die Determinante der Leitwertmatrix bleibt für alle Grundschaltungen eines Vierpols erhalten.
— Erfüllt ein Dreipol den Umkehrsatz, so ist er in allen Grundschaltungen umkehrbar.

7.2.2 Vierpolzusammenschaltungen

Übersicht. Die gleichwertige Beschreibung eines Vierpols durch verschiedene Vierpolparameterarten erweist sich besonders bei der Vierpolzusammenschaltung als nützlich. Zwei Vierpole lassen sich auf folgende Arten zu einem neuen Vierpol zusammenschalten (Bild 7.25):

Parallel-Parallel-Schaltung (Bild 7.25a);
Reihen-Reihen-Schaltung (Bild 7.25b);
Reihen-Parallel-Schaltung (Bild 7.25c);
Parallel-Reihen-Schaltung (Bild 7.25d);
Ketten- (Kaskaden-)Schaltung (Reihenfolge *1-2-1-2*) (Bild 7.25e);
Ketten- (Kaskaden-)Schaltung (Reihenfolge *1-2-2-1*).

Ziel des folgenden Abschnittes ist es, die Ersatzparameter des neuen Vierpols aus den Vierpolparametern der beiden Teilvierpole zu gewinnen.

Die Zusammenschaltung wird stets durch die Forderung nach *gleichem Strom durch ein Klemmenpaar* eingeschränkt: Bei jedem Einzelvierpol muß der in Klemme *1* eintretende Strom bei *1'* wieder austreten (Bild 7.14) (analog I_2 bei *2* und *2'*). Dies

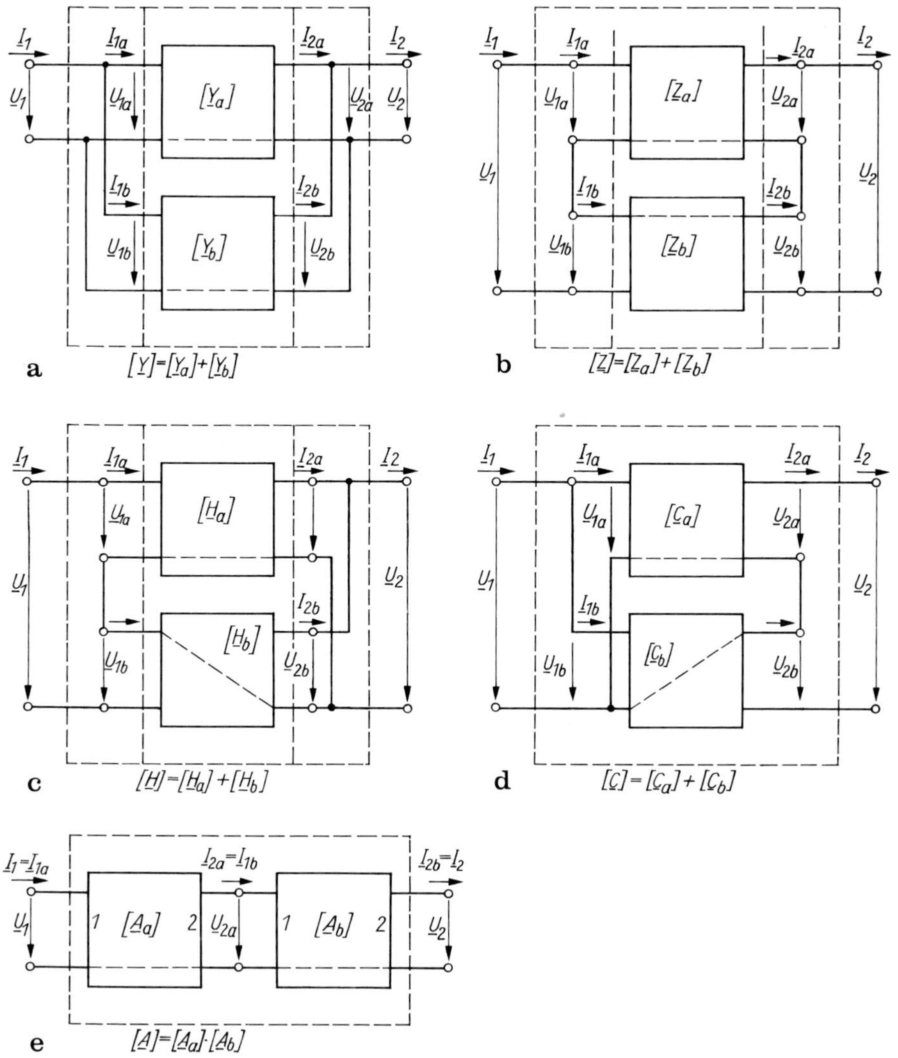

Bild 7.25. Zusammenschaltungen von Vierpolen mit durchgehenden Leitern. **a**) Parallelschaltung; **b**) Reihenschaltung; **c**) Reihen-Parallel-Schaltung; **d**) Parallel-Reihen-Schaltung; **e**) Kettenschaltung

war die Bedingung für die Vierpolgleichungen. Sie ist im normalen Schaltungsbetrieb zwischen Quelle und Verbraucher für den Einzelvierpol erfüllt, bei der Zusammenschaltung aber u. U. verletzt (Bild 7.26a). Die Forderung läßt sich stets unter Zwischenschaltung eines idealen Übertragers ($\ddot{u} = 1:1$, s. Abschn. 3.4.3) an einem der beiden Vierpole erzwingen (Bild 7.26c). Der Übertrager kann entfallen, wenn beide Vierpole durchgehende (gestrichelt hervorgehobene) Verbindungen haben und die zusammengeschaltet werden (Bild 7.26b). Dabei muß man bei der Reihen-Parallel- und Parallel-Reihen-Schaltung diagonale Linien zeichnen, damit sich beide

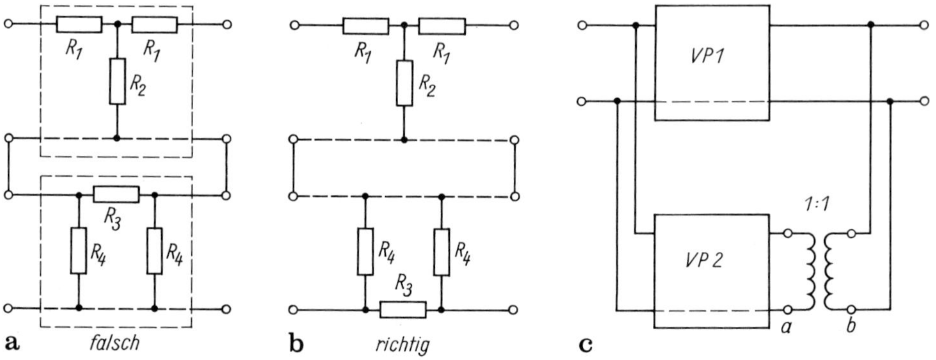

Bild 7.26. Zusammenschaltung von Vierpolen. **a**) Reihenschaltung (falsch), der Widerstand R_3 wird beim Zusammenschalten kurzgeschlossen; **b**) richtige Zusammenschaltung; **c**) Veranschaulichung der Bedingung für das Zusammenschalten

Teilströme am Ausgang (bzw. Eingang), also am Ort der Parallelschaltung addieren und nicht subtrahieren (s. Bild 7.25).

7.2.2.1 Grundtypen

Die sechs Arten, nach denen zwei Vierpole *a* und *b* miteinander zusammengeschaltet werden können, werden im folgenden dargelegt.

1. Parallel-Parallel-Schaltung. Entsprechend den Einzelgleichungen

$$\begin{aligned} \underline{I}_{a1} &= \underline{Y}_{11a}\underline{U}_{1a} + \underline{Y}_{12a}\underline{U}_{2a}\,, & \underline{I}_{b1} &= \underline{Y}_{11b}\underline{U}_{1b} + \underline{Y}_{12b}\underline{U}_{2b}\,, \\ \underline{I}_{a2} &= \underline{Y}_{21a}\underline{U}_{1a} + \underline{Y}_{22}\underline{U}_{2a}\,, & \underline{I}_{b2} &= \underline{Y}_{21b}\underline{U}_{1b} + \underline{Y}_{22}\underline{U}_{2b} \\ &\textbf{Vierpol a} & &\textbf{Vierpol b} \end{aligned} \tag{7.45a}$$

ergeben sich die Klemmenbeziehungen ($\underline{I}_1, \ldots, \underline{U}_2$) des Gesamtvierpols mit $\underline{U}_1 = \underline{U}_{1a} = \underline{U}_{1b}$, $\underline{U}_2 = \underline{U}_{2a} + \underline{U}_{2b}$ durch Parallelschaltung

$$\begin{aligned} \underline{I}_1 &= \underline{I}_{1a} + \underline{I}_{1b} = (\underline{Y}_{11a} + \underline{Y}_{11b})\,\underline{U}_1 + (\underline{Y}_{12a} + \underline{Y}_{12b})\,\underline{U}_2\,, \\ \underline{I}_2 &= \underline{I}_{2a} + \underline{I}_{2b} = (\underline{Y}_{21a} + \underline{Y}_{21b})\,\underline{U}_1 + (\underline{Y}_{22a} + \underline{Y}_{22b})\,\underline{U}_2 \end{aligned} \tag{7.45b}$$

oder in Matrixdarstellung

$$[\underline{I}] = [\underline{Y}]\,[\underline{U}] = [[\underline{Y}_a] + [\underline{Y}_b]]\,[\underline{U}]\,. \tag{7.45c}$$

Die Leitwertparameter einer Parallelschaltung von Vierpolen entstehen durch Addition der entsprechenden Leitwertparameter der Einzelvierpole. Oder: Die Leitwertmatrix der Gesamtschaltung ergibt sich durdh Addition der Einzelmatrizen der Einzelvierpole.

Man erkennt, daß die Parallelschaltung nur unter Benutzung der Leitwertparameter in dieser einfachen Form erklärt werden kann. Dies rechtfertigt die Vierpolbeschreibung in der Leitwertform.

2. Reihen-Reihen-Schaltung. Hier führt die Gleichheit der Ströme

$$\underline{I}_1 = \underline{I}_{1a} + \underline{I}_{1b}, \qquad \underline{I}_2 = \underline{I}_{2a} + \underline{I}_{2b}$$

und reihenschaltungsbedingte Addition der Spannungen

$$\underline{U}_1 = \underline{U}_{1a} + \underline{U}_{1b}, \qquad \underline{U}_2 = \underline{U}_{2a} + \underline{U}_{2b}$$

auf die Addition der beiden Widerstandsmatrizen der Einzelvierpole:

$$[\underline{Z}] = [\underline{Z}_a] + [\underline{Z}_b] \quad \text{mit} \quad \underline{Z}_{ik} = \underline{Z}_{ika} + \underline{Z}_{ikb} \tag{7.46}$$

$$[\underline{U}] = [[\underline{Z}_a] + [\underline{Z}_b]]\,[\underline{I}]\,.$$

Bei der Reihenschaltung zweier Vierpole addieren sich die Widerstandsmatrizen der Einzelvierpole.

3. Reihen-Parallel-Schaltung. Bei dieser Schaltung werden die Eingangsspannungen und Ausgangsströme addiert:

$$\underline{U}_1 = \underline{U}_{1a} + \underline{U}_{1b}, \qquad \underline{U}_2 = \underline{U}_{1a} = \underline{U}_{2b},$$

$$\underline{I}_1 = \underline{I}_{1a} - \underline{I}_{1b}, \qquad \underline{I}_2 = \underline{I}_{2a} + \underline{I}_{2b}\,.$$

Insgesamt ergibt sich damit die Vierpolgleichung des Gesamtvierpols durch Addition der $\underline{H}$-Matrizen:

$$[\underline{H}] = [\underline{H}_a] - [\underline{H}_b] \quad \text{mit} \quad \underline{H}_{ik} = \underline{H}_{ikb} + \underline{H}_{ikb}\,. \tag{7.47}$$

4. Parallel-Reihen-Schaltung. Hierfür sind sinngemäß nach obiger Gesamtmatrix zu addieren

$$[\underline{C}] = [\underline{C}_a] + [\underline{C}_b]\,. \tag{7.48}$$

5. Kettenschaltung. Die noch offene Kettenschaltung (Kaskade Kette—Kette), auch Kaskadenschaltung genannt ist die häufigste Vierpolkombination. Beide Vierpole haben die Vierpolgleichungen (in Matrixform)

$$\begin{bmatrix} \underline{U}_{1a} \\ \underline{I}_{1a} \end{bmatrix} = [\underline{A}_a] \begin{bmatrix} \underline{U}_{2a} \\ \underline{I}_{2a} \end{bmatrix}, \qquad \begin{bmatrix} \underline{U}_{1b} \\ \underline{I}_{1b} \end{bmatrix} = [\underline{A}_b] \begin{bmatrix} \underline{U}_{2b} \\ \underline{I}_{2b} \end{bmatrix}.$$

Der Kettenschaltung entsprechend sind die Ausgangsgrößen des Vierpols a gleich den Eingangsgrößen des Vierpols b:

$$\underline{I}_1 = \underline{I}_{1a}, \qquad \underline{U}_1 = \underline{U}_{1a},$$

$$\underline{I}_2 = \underline{I}_{2b}, \qquad \underline{U}_2 = \underline{U}_{2b}\,.$$

Deshalb ergibt sich als Gesamtkettenmatrix

$$\begin{bmatrix} \underline{U}_1 \\ \underline{I}_1 \end{bmatrix} = [\underline{A}_a] \begin{bmatrix} \underline{U}_{2a} \\ \underline{I}_{2a} \end{bmatrix} = [\underline{A}_a]\,[\underline{A}_b] \begin{bmatrix} \underline{U}_2 \\ \underline{I}_2 \end{bmatrix}. \tag{7.49 a}$$

Die Matrix der Gesamtkettenschaltung ergibt sich aus dem Produkt der Kettenmatrizen bei der Einzelvierpole

$$[\underline{A}] = [\underline{A}_a]\,[\underline{A}_b] \qquad \text{oder ausmultipliziert}$$

$$[\underline{A}] = \begin{bmatrix} \underline{A}_{11a}\underline{A}_{11b} + \underline{A}_{12a}\underline{A}_{21b}, & \underline{A}_{11a}\underline{A}_{12b} + \underline{A}_{12a}\underline{A}_{22b} \\ \underline{A}_{21a}\underline{A}_{11b} + \underline{A}_{22a}\underline{A}_{21b}, & \underline{A}_{21a}\underline{A}_{12b} + \underline{A}_{22a}\underline{A}_{22b} \end{bmatrix}. \qquad (7.49\,\text{b})$$

Die Reihenfolge der Multiplikation darf dabei nicht vertauscht werden.

Durch die bisher kennengelernten Matrizenadditionen bei den Parallel-, Reihen-, Reihen-Parallel- und Parallel-Reihen-Schaltungen von Vierpolen wird die Berechtigung der verschiedenen Vierpolgleichungen nachdrücklich unterstrichen. Deshalb gehört die sichere Beherrschung der Matrizenumwandlung (mit Tafel 7.4) mit zu den Grundkenntnissen.

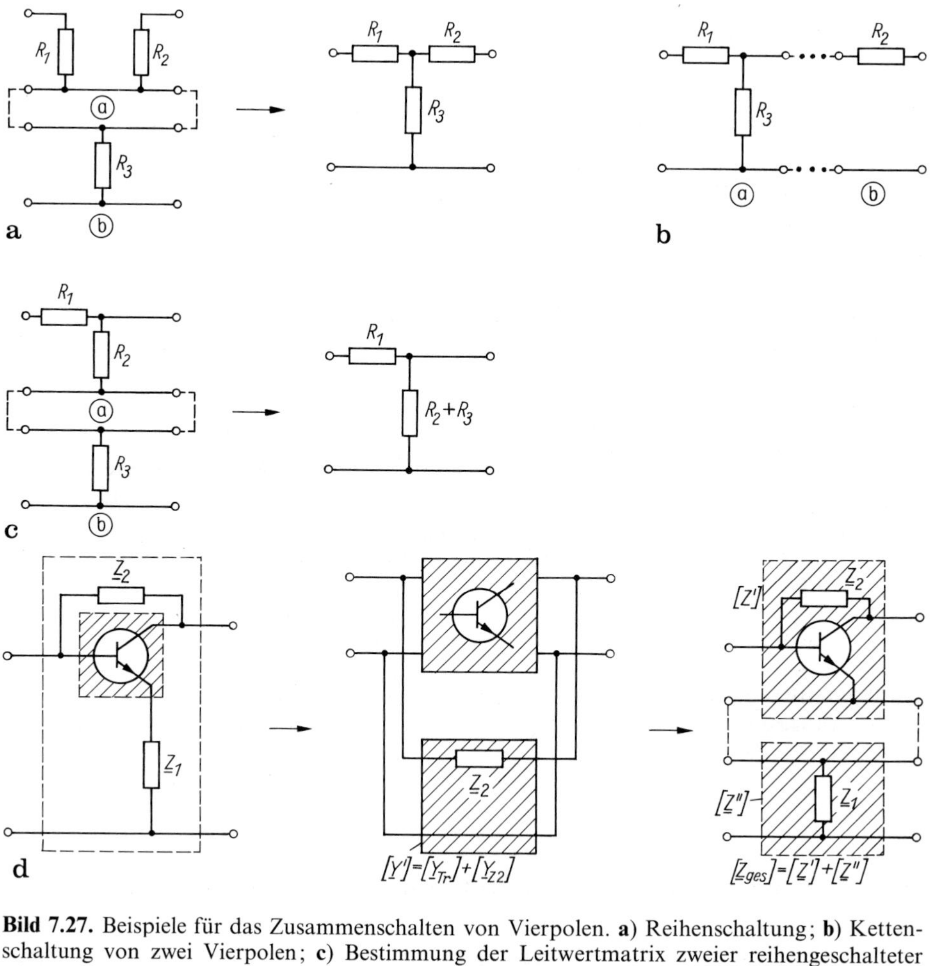

Bild 7.27. Beispiele für das Zusammenschalten von Vierpolen. **a**) Reihenschaltung; **b**) Kettenschaltung von zwei Vierpolen; **c**) Bestimmung der Leitwertmatrix zweier reihengeschalteter Vierpole; **d**) Ersatzparameter eines Transistors mit Zusatzwiderständen $\underline{Z}_2$, $\underline{Z}_1$

Beispiele:

1. Die T-Schaltung (Bild 7.27a) eines Vierpols läßt sich durch Reihenschaltung der beiden Einzelvierpole (Bild 7.27a) mit den Matrizen

$$[\underline{Z}_a] = \begin{bmatrix} R_1 & 0 \\ 0 & -R_2 \end{bmatrix}, \qquad [\underline{Z}_b] = \begin{bmatrix} R_3 & -R_3 \\ R_3 & -R_3 \end{bmatrix}$$

erklären.

Die Gesamtmatrix der T-Schaltung lautet

$$[\underline{Z}] = [\underline{Z}_a] + [\underline{Z}_b] = \begin{bmatrix} R_1 + R_3 & -R_3 \\ R_3 & -(R_2 + R_3) \end{bmatrix}.$$

2. Die gleiche T-Schaltung kann auch durch Kettenschaltung der beiden Vierpole *a*, *b* (Bild 7.27b) mit den Kettenmatrizen

$$[\underline{A}_a] = \begin{bmatrix} 1 + R_1 G_3 & R_1 \\ G_3 & 1 \end{bmatrix}, \qquad [\underline{A}_b] = \begin{bmatrix} 1 & R_2 \\ 0 & 1 \end{bmatrix}$$

gebildet werden. Die Lösung lautet nach Gl. (7.49)

$$[\underline{A}] = [\underline{A}_a][\underline{A}_b] = \begin{bmatrix} 1 + R_1 G_3 & R_1 + R_2 + R_1 R_2 G_3 \\ G_3 & 1 + G_3 R_2 \end{bmatrix}. \tag{1}$$

3. Für die Schaltung Bild 7.27c ist die Leitwertmatrix zu bestimmen. Die Teilvierpole *a*, *b* sollen in der Leitwertform gegeben sein:

$$[\underline{Y}_a] = \begin{bmatrix} G_1 & -G_1 \\ G_1 & -(G_1 + G_2) \end{bmatrix}, \qquad [\underline{Y}_b] = [\infty].$$

Die Leitwertmatrix des zweiten Vierpols ist unendlich groß. Für die Reihenschaltung werden die Widerstandsmatrizen benötigt (im ersten Fall durch Umwandlung mit Tafel 7.4 im zweiten durch Direktberechnung):

$$[\underline{Z}_a] = \begin{bmatrix} R_1 + R_2 & -R_2 \\ R_2 & -R_2 \end{bmatrix}, \qquad [\underline{Z}_b] = \begin{bmatrix} R_3 & -R_3 \\ R_3 & -R_3 \end{bmatrix}.$$

Daraus folgt

$$[\underline{Z}] = [\underline{Z}_a] + [\underline{Z}_b] = \begin{bmatrix} R_1 + R_2 + R_3 & -(R_2 + R_3) \\ R_2 + R_3 & -(R_2 + R_3) \end{bmatrix}.$$

Die Umwandlung in die Leitwertform ist leicht möglich.

4. Gegeben ist eine Transistorschaltung (Bild 7.27d) mit bekannten Leitwertparametern des Transistors ($\underline{Y}_e$). Gesucht ist die Leitwertmatrix der Gesamtschaltung.

Wir zerlegen die Schaltung in Einzelvierpole. Dem Transistorvierpol ist der Vierpol mit dem Längsleitwert $\underline{Y}_2$ parallelgeschaltet

$$[\underline{Y}] = \begin{bmatrix} \underline{Y}_2 & -\underline{Y}_2 \\ \underline{Y}_2 & -\underline{Y}_2 \end{bmatrix}.$$

Die Gesamtmatrix $[\underline{Y}']$ der Parallelschaltung Transistor und Längsleitwert

$$[\underline{Y}'] = \begin{bmatrix} \underline{Y}_{11e} + \underline{Y}_2 & \underline{Y}_{12e} - \underline{Y}_2 \\ \underline{Y}_{21e} + \underline{Y}_2 & \underline{Y}_{21e} - \underline{Y}_2 \end{bmatrix}.$$

Um den Vierpol mit dem Querwiderstand in Reihe schalten zu können, wandeln wir die Matrix $(\underline{Y}')$ in die Widerstandsform $(\underline{Z}')$ um:

$$[\underline{Z}'] = \frac{1}{\Delta\underline{Y}}\begin{bmatrix} \underline{Y}'_{22} & -\underline{Y}'_{12} \\ -\underline{Y}'_{21} & \underline{Y}'_{11} \end{bmatrix}.$$

mit

$$\Delta\underline{Y} = (\underline{Y}_{11e} + \underline{Y}_2)(\underline{Y}_{22e} - \underline{Y}_2) - (\underline{Y}_{12e} - \underline{Y}_2)(\underline{Y}_{21e} + \underline{Y}_2)$$

und addieren zu $[\underline{Z}']$ die Widerstandsmatrix

$$[\underline{Z}''] = \begin{bmatrix} \underline{Z}_1 & -\underline{Z}_1 \\ \underline{Z}_1 & -\underline{Z}_1 \end{bmatrix}.$$

Das ergibt

$$[\underline{Z}_{\text{ges}}] = [\underline{Z}'] + [\underline{Z}''].$$

Diese Gesamtmatrix muß wieder in die Leitwertform rückgewandelt werden, um die Aufgabe abzuschließen.

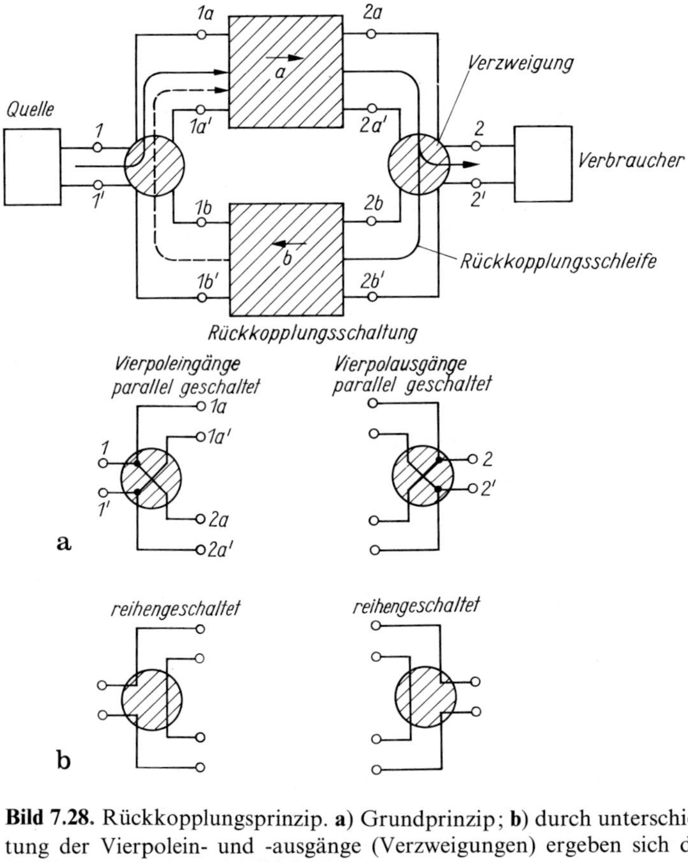

Bild 7.28. Rückkopplungsprinzip. **a**) Grundprinzip; **b**) durch unterschiedliche Zusammenschaltung der Vierpolein- und -ausgänge (Verzweigungen) ergeben sich die verschiedenen Rückkopplungsarten (s. auch Bild 7.25)

7.2.2.2 *Rückkopplungsprinzip*

Die Parallel- und Reihenschaltung sowie deren Kombination von zwei Vierpolen finden ihre wichtigste Anwendung im *Rückkopplungsprinzip*.

Bei der Rückkopplung wirkt die Wirkung in einem Netzwerk auf ihre Ursache zurück.

Wir interpretieren jetzt die bisher kennengelernten Zusammenschaltungen nach diesem Gedanken. Bild 7.28 veranschaulicht das Prinzip. Zwischen Quelle und Verbraucher befindet sich der Vierpol *a*, der mit einem Rückkopplungsvierpol *b* zusammengeschaltet ist. So wird ein Signal, das der Vierpol *a* passiert hat und am Verbraucher wirkt, über den Vierpol *b* auf den Eingang „rückgeführt". Die verschiedenen Arten der Vierpolzusammenschaltung (Bild 7.25) ergeben vier Rückkopplungsarten:

1. Spannungs-Strom-Rückkopplung durch *Parallel-Parallel-Rückwirkung* (sog. Parallelrückkopplung).

Beide Vierpole liegen parallel (Bild 7.25a). Der Eingangsstrom $\underline{I}_{1a}$ des rückgekoppelten Vierpols *a* setzt sich aus dem Quellenstrom $\underline{I}_1$ und dem Eingangsstrom $\underline{I}_{1b}$ des Rückkopplungsvierpols *b* zusammen ($\underline{I}_{1a} = \underline{I}_1 - \underline{I}_{1b}$). Letzterer hängt über den *Rückwirkungsparameter* $\underline{Y}_{12b}$ von der Ausgangsspannung ab. So kennzeichnet $\underline{Y}_{12b}$ die Parallel-Parallel-Rückkopplung. $\underline{Y}_{12b} = 0$ bedeutet keine Rückkopplung.

2. Strom-Spannungs-Rückkopplung durch *Reihen-Reihen-Rückkopplung* (sog. Reihenrückkopplung). (Bild 7.25b).

Beide Vierpole liegen in Reihe. Die Eingangsspannung $\underline{U}_{1a}$ setzt sich aus der Differenz zwischen Quellenspannung $\underline{U}_1$ und rückgekoppelter Spannung $\underline{U}_{1b}$ zusammen. Letztere hängt über den Rückwirkungsparameter $\underline{Z}_{12}$ ($\underline{U}_{1b} = \underline{Z}_{12b}\underline{I}_{2b} = \underline{Z}_{12b}\underline{I}_{2a}$) von der Ausgangsgröße $\underline{I}_2$ ab. Somit kennzeichnet $\underline{Z}_{12b}$ die Reihenrückkopplung.

3. Spannungs-Spannungs-Rückkopplung (Reihen-Parallel-Rückkopplung).

Beide Eingänge liegen in Reihe. Daher setzt sich die Eingangsspannung $\underline{U}_{1a}$ von Vierpol *a* wieder aus der Differenz zwischen Quellenspannung $\underline{U}_1$ und rückgekoppelter ($\underline{U}_{1b}$) zusammen. $\underline{U}_{1b}$ hängt über den *Rückwirkungsparameter* $\underline{H}_{12b}$ von der Ausgangsspannung ab ($\underline{U}_{1b} = \underline{H}_{12b}\underline{U}_{2a}$), somit kennzeichnet $\underline{H}_{12b}$ die Reihen-Parallel-Rückkopplung.

4. Strom-Strom-Rückkopplung (Parallel-Reihen-Rückkopplung).

Eingangsseitig wird der Eingangsstrom $\underline{I}_{1a} = \underline{I}_1 - \underline{I}_{1b}$ von der Differenz zwischen Quellenstrom und rückgekoppeltem Strom $\underline{I}_{1b}$ gebildet. Der Eingangsstrom $\underline{I}_{1b}$ hängt vom Rückwirkungsparameter $\underline{C}_{12b}$ ab ($\underline{I}_{1b} = \underline{C}_{12b}\underline{I}_2$), also kennzeichnet $\underline{C}_{12b}$ die Reihen-Parallel-Rückkopplung.

Zusammengefaßt: Jede der vier Vierpolzusammenschaltungen und somit jeder Einzelvierpol besitzt einen Vierpolparameter ($\underline{Y}_{12}$, $\underline{Z}_{12}$, $\underline{H}_{12}$, $\underline{C}_{12}$), der die Rückwirkung der Ausgangsgröße auf den Eingang kennzeichnet.

Besonders für aktive Vierpole (Verstärkervierpole) ist es oft zweckmäßig, eine Zerlegung in aktiven rückwirkungsfreien Vierpol und einen Rückkopplungsvierpol durchzuführen.

So kann beispielsweise die allgemeine Leitwertmatrix aufgeteilt werden in die eines rückwirkungsfreien Vierpols und dic des passiven Rückwirkungsvierpols:

$$\underbrace{\begin{bmatrix} \underline{y}_{11} & \underline{y}_{12} \\ \underline{y}_{21} & \underline{y}_{22} \end{bmatrix}}_{\substack{\text{allgemeiner}\\ \text{aktiver}\\ \text{Vierpol}}} = \underbrace{\begin{bmatrix} \underline{y}_{11} + \underline{y}_{12} & 0 \\ \underline{y}_{21} + \underline{y}_{12}, & \underline{y}_{22} - \underline{y}_{12} \end{bmatrix}}_{\substack{\text{rückwirkungsfreier}\\ \text{aktiver}\\ \text{Vierpol}}} + \underbrace{\begin{bmatrix} -\underline{y}_{12} & \underline{y}_{12} \\ -\underline{y}_{12} & \underline{y}_{12} \end{bmatrix}}_{\text{Rückwirkungsvierpol}}. \tag{7.50}$$

Anwendung. Die Rückkopplung stellt ein Grundprinzip der Elektronik dar. Sie liegt der Selbsterregung zugrunde, wie wir sie im *dynamoelektrischen Prinzip* (s. Abschn. 3.3.3.2) kennenlernten.

Ein rückgekoppelter Vierpol kann eine *Leistungsverstärkung* haben, die

— *größer* als ohne Rückkopplung ist. Dann spricht man von *Mitkopplung* oder *positiver* Rückkopplung. Im Grenzfall der Selbsterregung wächst die Verstärkung über alle Grenzen;

— *kleiner* als ohne Rückkopplung ist. Das ist die *Gegenkopplung* oder *negative* Rückkopplung. Sie wird zur Stabilisierung einer Schaltung z. B. gegen unerwünschte Parameterschwankungen usw. benutzt.

7.2.3 Vierpol in der Schaltung. Vierpol-Betriebsgrößen

Übersicht. Betriebsgrößen. Die Vierpolparameter hängen nur von den Eigenschaften (Aufbau, Schaltelemente) eines Vierpols ab. Sie sind also seine Kennwerte, *unabhängig von der äußeren Schaltung.* Der beschaltete Vierpol (Quelle am Eingang, Lastwiderstand am Ausgang) besitzt hingegen eine Reihe typischer, belastungsabhängiger Eigenschaften. Wir erfassen sie in den *Vierpolbetriebsgrößen.* Dazu zählen u. a. *Eingangs-* und *Ausgangswiderstände* sowie *Übertragungsgrößen* (z. B. für Strom, Spannung, Leistung). Durch beide erfassen wir die Einwirkung des Vierpols auf die umgebende Schaltung (Betriebswiderstände) und die Übertragung (Übertragungsgrößen).

Grundsätzlich ist für die Angabe der Betriebsgrößen jede Vierpolgleichung geeignet. Aus Platzgründen beschränken wir uns auf die Benutzung der $\underline{Z}$- und $\underline{Y}$-Parameter (Tafel 7.8). Die Formulierungen in anderen Parameterformen können mit den angegebenen Tabellen hergeleitet werden.

7.2.3.1 Betriebswiderstände und -leitwerte

Dazu zählen Eingangs- und Ausgangsimpedanzen und -admittanzen, die man gemeinsam als *Eingangs-* und *Ausgangsimmittanzen* bezeichnet.

Bild 7.29a zeigt die Vierpolgrundschaltungen im Vorwärtsbetrieb. Der Vierpol ist eingangsseitig mit einem aktiven Zweipol (Innenwiderstand $\underline{Z}_G$ bzw. $\underline{Y}_G$) und ausgangsseitig mit der Lastimpedanz $\underline{Z}_L = \underline{U}_2/\underline{I}_2$ bzw. $\underline{Y}_L = \underline{I}_2/\underline{U}_2$ abgeschlossen. Betrachten wir zunächst den Fall des Abschlusses mit $\underline{Y}_L$. Am Vierpoleingang stellen sich die Klemmengrößen $\underline{U}_1$, $\underline{I}_1$ ein. Ihre Quotienten ergeben die *Eingangsimmittanzen (vorwärts).*

Tafel 7.8. Betriebsparameter des allgemeinen Vierpols (Kettenzählpfeilrichtung)

Betriebsgrößen	In Leitwertparametern		In Hybridparametern	
Eingangs-widerstand/-leitwert	$\underline{Z}_1 = \dfrac{1 - \underline{Y}_{22}\underline{Z}_L}{\underline{Y}_{11} - \underline{Z}_L\,\Delta\underline{Y}} = \dfrac{1}{\underline{Y}_{11}}[1 - \underline{Y}_{12}\underline{Z}_L\underline{v}_u]$	$\underline{Y}_1 = \dfrac{\underline{Y}_{11}\underline{Y}_L - \Delta\underline{Y}}{\underline{Y}_L - \underline{Y}_{22}} = \underline{Y}_{11} + \underline{Y}_{12}\underline{v}_u$	$\underline{Z}_1 = \dfrac{\underline{H}_{11} - \Delta\underline{H}\,\underline{Z}_L}{1 - \underline{H}_{22}\underline{Z}_L} = \underline{H}_{11} + \underline{H}_{12}\underline{Z}_L\underline{v}_u$	$\underline{Y}_1 = \dfrac{\underline{Y}_L - \underline{H}_{22}}{\underline{H}_{11}\underline{Y}_L - \Delta\underline{H}} = \dfrac{1}{\underline{H}_{11}}[1 - \underline{H}_{12}\underline{v}_u]$
Ausgangs-widerstand/-leitwert	$\underline{Z}_2 = \dfrac{\underline{Y}_{11}\underline{Z}_G + 1}{-\underline{Y}_{22} - \Delta\underline{Y}\,\underline{Z}_G}$	$\underline{Y}_2 = \dfrac{-\Delta\underline{Y} - \underline{Y}_{22}\underline{Z}_G}{\underline{Y}_{11} + \underline{Y}_G}$	$\underline{Z}_2 = \dfrac{\underline{Z}_G + \underline{H}_{11}}{-\underline{H}_{22}\underline{Z}_G - \Delta\underline{H}}$	$\underline{Y}_2 = \dfrac{-\underline{H}_{22} - \Delta\underline{H}\,\underline{Z}_G}{\underline{H}_{11}\underline{Z}_G + 1}$
Spannungs-verstärkung $\underline{v}_u$	$\dfrac{\underline{Y}_{21}\underline{Z}_L}{1 - \underline{Y}_{22}\underline{Z}_L} = \dfrac{\underline{Y}_{21}}{\underline{Y}_L - \underline{Y}_{22}}$		$\dfrac{\underline{H}_{21}\underline{Z}_L}{\underline{H}_{11} - \Delta\underline{H}\,\underline{Z}_L} = \dfrac{\underline{H}_{21}}{\underline{H}_{11}\underline{Y}_L - \Delta\underline{H}}$	
Strom-verstärkung $\underline{v}_i$	$\dfrac{-\underline{Y}_{21}}{\underline{Y}_{11} - \Delta\underline{Y}\,\underline{Z}_L} = \dfrac{-\underline{Y}_{21}\underline{Y}_L}{\underline{Y}_{11}\underline{Y}_L - \Delta\underline{Y}}$		$\dfrac{-\underline{H}_{21}}{1 - \underline{H}_{22}\underline{Z}_L} = \dfrac{-\underline{H}_{21}\underline{Y}_L}{\underline{Y}_L - \underline{H}_{22}}$	
Wirkleistungs-verstärkung v_p	$\dfrac{\lvert\underline{Y}_{21}\rvert^2 G_L}{\mathrm{Re}\,\{(-\Delta\underline{Y} + \underline{Y}_{11}\underline{Y}_L)(-\underline{Y}_{22}^* + \underline{Y}_L^*)\}}$		$\dfrac{\lvert\underline{H}_{21}\rvert^2 G_L}{\mathrm{Re}\,\{(-\Delta\underline{H} + \underline{H}_{11}\underline{Y}_L)(-\underline{H}_{22} + \underline{Y}_L)^*\}}$	

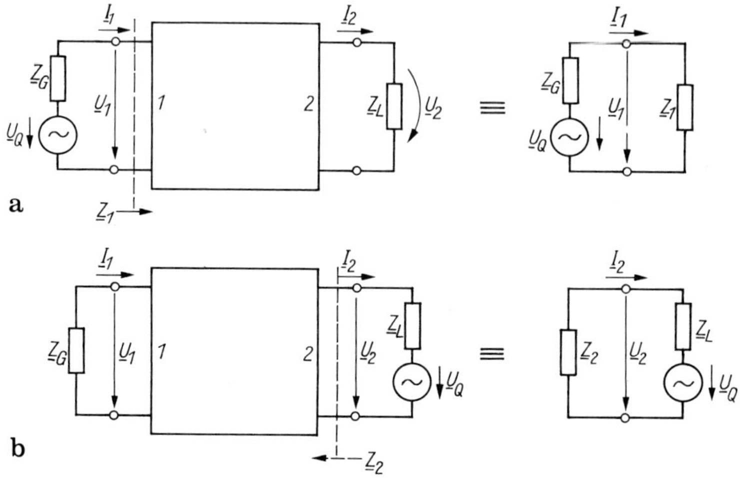

Bild 7.29. Vierpol in der Schaltung. **a**) Quelle eingangsseitig, Betriebsrichtung *1* → *2*; **b**) Quelle ausgangsseitig, Betriebsrichtung *2* → *1*

1. Eingangsimmittanz

Eingangsimpedanz $\underline{Z}_1$

Aus der 1. Zeile der $\underline{Z}$-Parameterdarstellung folgt durch Division mit $\underline{I}_1$

$$\underline{Z}_1 = \frac{\underline{U}_1}{\underline{I}_1} = \underline{Z}_{11} + \underline{Z}_{12}\frac{\underline{I}_2}{\underline{I}_1}. \qquad (7.51\,\mathrm{a})$$

Die Eingangsimpedanz hängt vom Eingangsleerlaufwiderstand $\underline{Z}_{11}$ und dem Verhältnis der *Stromübersetzung* $\underline{I}_2/\underline{I}_1$ nach Maßgabe der Vierpolrückwirkung $\underline{Z}_{12}$ ab. Das Verhältnis $\underline{I}_2/\underline{I}_1$ berechnen wir aus der zweiten Vierpolgleichung

$$\frac{\underline{U}_2}{\underline{I}_1} = \underline{Z}_{21} + \underline{Z}_{22}\frac{\underline{I}_2}{\underline{I}_1},$$

wobei $\underline{U}_2 = \underline{Z}_L\underline{I}_2$ durch den *Lastwiderstand* ersetzt wird:

$$\frac{\underline{I}_2}{\underline{I}_1}(\underline{Z}_L - \underline{Z}_{22}) = \underline{Z}_{21}.$$

Rückeinsetzen in Gl. (7.51 a) ergibt

$$\underline{Z}_1 = \underline{Z}_{11} + \frac{\underline{Z}_{12}\underline{Z}_{21}}{\underline{Z}_L - \underline{Z}_{22}}. \qquad (7.51\,\mathrm{b})$$

Dabei gilt $\underline{Z}_1 = 1/\underline{Y}_1 = f(\underline{Z}_L)$ (Nachweis!).

Eingangsadmittanz $\underline{Y}_1$

Aus der 1. Zeile der Y-Parameterdarstellung folgt durch Division mit $\underline{U}_1$

$$\underline{Y}_1 = \frac{\underline{I}_1}{\underline{U}_1} = \underline{Y}_{11} + \underline{Y}_{12}\frac{\underline{U}_2}{\underline{U}_1}. \qquad (7.52\,\mathrm{a})$$

Die Eingangsadmittanz hängt vom Eingangskurzschlußleitwert $\underline{Y}_{11}$ und dem Verhältnis der *Spannungsübersetzung* $\underline{U}_2/\underline{U}_1$ nach Maßgabe der Vierpolrückwirkung $\underline{Y}_{12}$ ab. Das Verhältnis $\underline{U}_2/\underline{U}_1$ berechnen wiraus der zweiten Vierpolgleichung

$$\frac{\underline{I}_2}{\underline{U}_1} = \underline{Y}_{21} + \underline{Y}_{22}\frac{\underline{U}_2}{\underline{U}_1},$$

wobei $\underline{I}_2 = \underline{Y}_L\underline{U}_2$ durch den *Lastleitwert* ersetzt wird:

$$\frac{\underline{U}_2}{\underline{U}_1}(\underline{Y}_L - \underline{Y}_{22}) = \underline{Y}_{21}.$$

Rückeinsetzen in Gl. (7.52 a) ergibt

$$\underline{Y}_1 = \underline{Y}_{11} + \frac{\underline{Y}_{12}\underline{Y}_{21}}{\underline{Y}_L - \underline{Y}_{22}}. \qquad (7.52\,\mathrm{b})$$

Anschaulich ist das Ergebnis Gl. (7.51 b) bzw. (7.52 b) voll verständlich. Der gleiche Vierpol muß bei gleicher Belastung $\underline{Z}_L = 1/\underline{Y}_L$ die gleiche Eingangsimpedanz unabhängig von seiner Beschreibungsart haben.

Wir bemerken: Bei rückwirkungsbehafteten Vierpolen hängt die Eingangsimmittanz stets von der Belastung ab:

$$\underline{Z}_1 = f(\underline{Z}_L)\,, \qquad \underline{Y}_1 = f(\underline{Y}_L)\,.$$

Grenzfälle dieser Abhängigkeit sind:

Leerlauf ($\underline{Z}_L = \infty, \rightarrow \underline{Y}_L = 0$) am Ausgang

$$\underline{Z}_1|_l = \underline{Z}_{11} = \frac{\Delta\underline{Y}}{\underline{Y}_{22}} = \frac{1}{\underline{Y}_1}\bigg|_l\,, \tag{7.53 a}$$

Kurzschluß ($\underline{Z}_L = 0 \rightarrow \underline{Y}_L \rightarrow \infty$)

$$\underline{Z}_1|_k = \frac{\Delta\underline{Z}}{\underline{Z}_{22}} = \frac{1}{\underline{Y}_{11}} = \frac{1}{\underline{Y}_1}\bigg|_k\,. \tag{7.53 b}$$

Beim rückwirkungsfreien Vierpol ($\underline{Y}_{12} = \underline{Z}_{12} = 0$) verschwindet die Abhängigkeit vom Lastwiderstand.

2. Ausgangsimpedanz. Bild 7.29 b zeigt die Vierpolschaltung bei eingangsseitigem Abschluß mit $\underline{Z}_G(\underline{Y}_G)$. Die Quelle liegt am Vierpolausgang. Wir beschränken uns hier auf die Herleitung der Ausgangsimpedanz und übernehmen die Ausgangsadmittanz durch Parameterumformung.

Für die Kettenpfeilrichtung gilt

$$\underline{Z}_2 = \frac{\underline{U}_2}{-\underline{I}_2}\text{[1]}, \quad \text{desgleichen} \quad \underline{U}_1 = -\underline{I}_1\underline{Z}_G\,.$$

Führt man den Rechengang sinngemäß wie oben durch, so folgt für den Ausgangswiderstand (-leitwert):

$$\underline{Z}_2 = -\underline{Z}_{22} + \frac{\underline{Z}_{12}\underline{Z}_{21}}{\underline{Z}_{11} + \underline{Z}_G}\,; \qquad \underline{Y}_2 = -\underline{Y}_{22} + \frac{\underline{Y}_{12}\underline{Y}_{21}}{\underline{Y}_{11} + \underline{Y}_G}\,. \tag{7.54}$$

Auch hier hängt er stets von der eingangsseitigen Vierpolbelastung ab:

$$\underline{Z}_2 = f(\underline{Z}_G)\,; \qquad \underline{Y}_1 = f(\underline{Y}_G)\,.$$

Leerlauf ($\underline{Z}_G \rightarrow \infty$ also $\underline{Y}_G = 0$): $\underline{Z}_2 = -\underline{Z}_{22}$, $\underline{Y}_2 = -1/\underline{Z}_{22}$,

$$\underline{Z}_2|_{\underline{Z}_G\rightarrow\infty} = \underline{Z}_{2k} = -\frac{\Delta\underline{Z}}{\underline{Z}_{11}} = -\underline{Z}_{22} + \frac{\underline{Z}_{12}\underline{Z}_{21}}{\underline{Z}_{11}} = \frac{1}{-\underline{Y}_{22}}\,.$$

Durch systematischen Vergleich der bisherigen Ergebnisse erhalten wir

$$\frac{\underline{Z}_{1k}}{\underline{Z}_{2k}} = -\frac{\underline{Z}_{11}}{\underline{Z}_{22}}\,, \qquad \frac{\underline{Z}_{1k}}{\underline{Z}_{11}} = \frac{\underline{Z}_{2k}}{\underline{Z}_{21}}\,. \tag{7.55}$$

[1] Bei symmetrischer Richtung wäre $\check{\underline{Z}}_2 = \check{\underline{U}}_2/\check{\underline{I}}_2$ zu ermitteln

Die Eingangs- und Ausgangskurzschluß- und -leerlaufimpedanzen sind nicht unabhängig voneinander. Stets stimmen die Quotienten von Kurzschluß- zu Leerlaufimpedanz am Vierpolein- und -ausgang überein.

Deshalb können diese vier Impedanzen *nicht* als vier unabhängige Vierpolparameter benutzt werden!

Diskussion: Bei umkehrbaren Vierpolen ($\underline{Z}_{12} = -\underline{Z}_{21}$) gilt

$$\underline{Z}_1 = \underline{Z}_{11} - \frac{\underline{Z}_{12}^2}{\underline{Z}_L - \underline{Z}_{22}}.$$

Zusammengefaßt: Während Leerlauf- und Kurzschlußimpedanzen (-admittanzen) nur von Vierpolparametern abhängen, hängt der Betriebswiderstand vom Vierpol und seiner Belastung ab.

3. Wellenwiderstand. Da der Eingangswiderstand (Ausgang analog) des Vierpols bei Änderung der Belastung im Bereich $0 \leqq \underline{Z}_L \leqq \infty$ zwischen $\underline{Z}_{1k}$ und $\underline{Z}_{11}$ schwankt, gibt es sicher eine bestimmte Belastung $\underline{Z}_L = \underline{Z}_W$, für die als Eingangswiderstand ebenfalls $\underline{Z}_W$ auftritt. Der zugehörige Wert heißt komplexer *Wellenwiderstand* (Bild 7.30a)

$$\underline{Z}_1\big|_{\underline{Z}_W} = \underline{Z}_W.$$

Wir erhalten ihn z. B. aus

$$\underline{Z}_W = \underline{Z}_{11} + \frac{\underline{Z}_{12}\underline{Z}_{21}}{-\underline{Z}_{22} + \underline{Z}_W}$$

durch Auflösen nach $\underline{Z}_W$ (quadratische Gleichung) bei widerstandssymmetrischen Vierpolen ($\underline{Z}_{11} = -\underline{Z}_{22} = \underline{Z}_{1l}$) zu

$$\underline{Z}_W = \sqrt{\underline{Z}_{1k}\underline{Z}_{1l}} = \sqrt{\underline{Z}_l\underline{Z}_k} \tag{7.56}$$

Wellenwiderstand (symmetrischer Vierpol).

Der Wellenwiderstand eines widerstandssymmetrischen (sonst allgemeinen) Vierpols ist gleich dem geometrischen Mittel aus Eingangskurzschluß- und Leerlaufimpedanz.

Unsymmetrische Vierpole besitzen an den Vierpolseiten *1* und *2* verschiedene Wellenwiderstände $\underline{Z}_{W1}$ und $\underline{Z}_{W2}$ (Bild 7.30b). Die Analyse ergibt:

$$\underline{Z}_{W1} = \sqrt{\underline{Z}_{1l}\underline{Z}_{1k}} = \sqrt{\frac{\underline{Z}_{11}}{\underline{Y}_{11}}}, \qquad \underline{Z}_{W2} = \sqrt{\underline{Z}_{2k}\underline{Z}_{2l}} = \sqrt{\frac{\underline{Z}_{22}}{\underline{Y}_{22}}}. \tag{7.57}$$

Anschaulich ist der Wellenwiderstand einer Vierpolseite (z. B. eingangsseitig) derjenige Widerstand, mit dem die Seite abgeschlossen sein muß, damit an der Ausgangsseite $\underline{Z}_{W2}$ gemessen wird und umgekehrt. Somit liegt Widerstandsanpassung (s. Abschn. 6.4.4) im Unterschied zur Leistungsanpassung (s. u.) vor.

Der Wellenwiderstand erlangt seine volle Bedeutung erst, wenn viele gleichartige Vierpole (mit gleichem Wellenwiderstand) in Kette geschaltet werden, wie im Bild 7.30a angedeutet. Dann erscheint der Abschlußwiderstand der Kette am Eingang, wenn er gleich dem Wellenwiderstand gewählt wird. Jeder vorhergehende Vierpol wird mit dem Wellenwiderstand des nachfolgenden belastet.

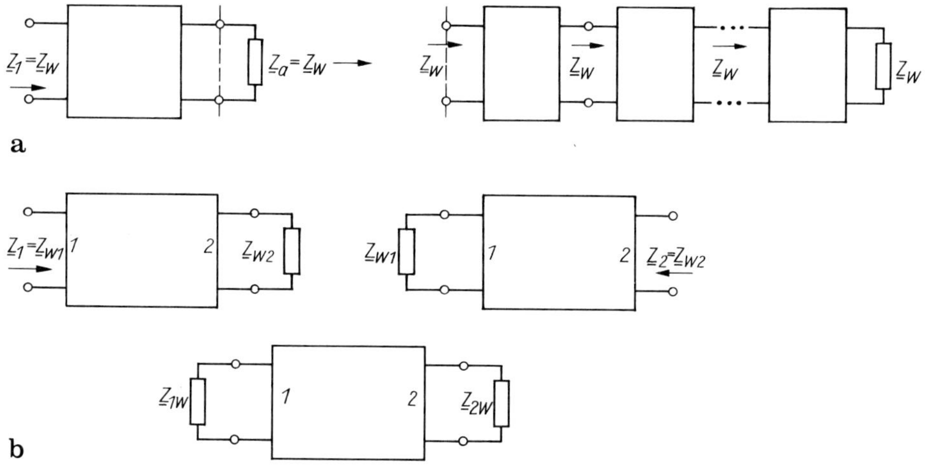

Bild 7.30. (Komplexer) Wellenwiderstand $\underline{Z}_W$. **a**) Definition bei symmetrischem Vierpol; **b**) Definition am unsymmetrischen Vierpol

7.2.3.2 Übertragungsgrößen

Der Quotient zwischen Wirkung an einem Klemmenpaar und Erregung am anderen ergab grundsätzlich eine Übertragungs- oder Transfergröße (s. Abschn. 7.2.1.2.1). Nach der Art von Erregung und Wirkung unterscheiden wir: *Spannungs-*, *Strom-Immittanz-* und *Leistungsübertragungsgrößen* (Tafel 7.8). Beim Verstärkervierpol heißen die Übertragungsgrößen meist *Verstärkung*[1]. Grundsätzlich können diese Betriebsgrößen im Vor- und Rückwärtsbetrieb des Vierpols angegeben werden. Wir beschränken uns auf den Vorwärtsbetrieb wegen seiner größeren praktischen Bedeutung.

Spannungsverstärkung. Übertragungsfaktor. Am ausgangsseitig mit $\underline{Z}_L$ belasteten Vierpol (Bild 7.29) entsteht die Spannung $\underline{U}_2$, wenn am Vierpoleingang die Spannung $\underline{U}_1$ anliegt. Wir erhalten aus der zweiten Vierpolgleichung der Leitwertdarstellung Gl. (7.32a)

$$\underline{I}_2 = \underline{Y}_{21}\underline{U}_1 + \underline{Y}_{22}\underline{U}_2 = \underline{Y}_L\underline{U}_2 \,,$$

aufgelöst nach dem Verhältnis $\underline{U}_2/\underline{U}_1$

$$\underline{v}_u = \frac{\underline{U}_2}{\underline{U}_1} = \frac{\underline{Y}_{21}}{\underline{Y}_L - \underline{Y}_{22}} \qquad (7.58\,a)$$

Spannungsübertragungsfaktor, Spannungsverstärkung (Definitionsgleichung).

[1] Wir beschränken uns fast ausschließlich auf die Angabe in Leitwertparametern. Die Umrechnung in andere Vierpoldarstellungen ist mit Tafel 7.4 möglich

Er geht bei Leerlauf ($\underline{Y}_L = 0$) in den *Leerlauf-Spannungsübertragungsfaktor*

$$\underline{v}_u|_L = -\frac{\underline{Y}_{21}}{\underline{Y}_{22}} = \frac{1}{\underline{A}_{11}} \tag{7.58 b}$$

Leerlauf-Spannungsübertragungsfaktor (Leerlaufspannungsverstärkung)

über. Bei Kurzschluß ($\underline{Y}_L \to \infty$) verschwindet die Spannungsverstärkung, bei Leerlauf erreicht sie ihren Höchstwert.

Stromübersetzung. Den Quotienten von Ausgangs- zu Eingangsstrom $\underline{I}_2/\underline{I}_1$ erhält man, wenn in der zweiten Vierpolgleichung

$$\underline{I}_2 = \underline{Y}_{21}\underline{U}_1 + \underline{Y}_{22}\underline{U}_2 = \underline{Y}_{21}\underline{U}_1 + \frac{\underline{Y}_{22}}{\underline{Y}_L}\underline{I}_2$$

die Spannung $\underline{U}_1$ durch den Strom $\underline{I}_1$ aus der ersten Vierpolgleichung

$$\underline{U}_1 = \frac{\underline{I}_1 - \underline{U}_2\underline{Y}_{12}}{\underline{Y}_{11}} = \frac{\underline{I}_1 - \dfrac{\underline{Y}_{12}}{\underline{Y}_L}\cdot\underline{I}_2}{\underline{Y}_{11}}$$

ersetzt wird

$$\underline{v}_i = \frac{\underline{I}_2}{\underline{I}_1} = \frac{\underline{Y}_{21}\underline{Y}_L}{\underline{Y}_{11}\underline{Y}_L - \det \underline{Y}} = \frac{\underline{H}_{21}}{1 - \underline{H}_{22}\underline{Z}_L} \tag{7.59 a}$$

Stromübertragungsfaktor (Stromverstärkung, Definitionsgleichung).

Sie geht bei Kurzschluß ($\underline{Y}_L \to \infty$) in die *Kurzschlußstromübersetzung*

$$\underline{v}_i|_K = \frac{\underline{Y}_{21}}{\underline{Y}_{11}} = \underline{H}_{21} \tag{7.59 b}$$

Kurzschlußstromübersetzung (Kurzschlußstromverstärkung)

über. Den Größtwert erreicht die Stromverstärkung im Kurzschlußfall.

Transimpedanzen. Wir geben noch an:

— Die *Übertragungsimpedanz (Transimpedanz)* (mit Gl. (7.58a)) lautet

$$\underline{Z}_m = \frac{\underline{U}_2}{\underline{I}_1} = \frac{\underline{U}_2}{\underline{U}_1}\frac{\underline{U}_1}{\underline{I}_1} = \underline{v}_u\underline{Z}_1 = \frac{\underline{Z}_L}{\underline{A}_{21}\underline{Z}_L + \underline{A}_{22}}. \tag{7.60 a}$$

Sie ergibt sich als Produkt von Spannungsübersetzung und Eingangswiderstand, im Grenzfall des Leerlaufs:

$$\left.\frac{\underline{U}_2}{\underline{I}_1}\right|_L = \frac{1}{\underline{A}_{21}} = \underline{Z}_{21}. \tag{7.60 b}$$

— Die *Übertragungsadmittanz (Transadmittanz)*

$$\underline{Y}_m = \frac{\underline{I}_2}{\underline{U}_1} = \frac{\underline{I}_2}{\underline{I}_1}\frac{\underline{I}_1}{\underline{U}_1} = \underline{v}_i\underline{Y}_1 = \frac{\underline{v}_u}{\underline{Z}_L} = \frac{1}{\underline{A}_{11}R_2 + \underline{A}_{12}} \tag{7.60 c}$$

als Produkt von Stromübersetzung und Eingangsleitwert (mit dem Grenzfall Kurzschluß)

$$\left.\frac{\underline{I}_2}{\underline{U}_1}\right|_K = \frac{1}{\underline{A}_{12}} = \underline{Y}_{21} \,. \tag{7.60 d}$$

Sollen die Übertragungsparameter durch Parameter anderer Gleichungssysteme ausgedrückt werden, so rechnet man die Parameter in der hier angegebenen Beziehung in die jeweils gewünschte Art mit Tabellen um.

Kontrollbeziehungen. Zwischen den genannten Größen bestehen einige Beziehungen, die bei Umrechnungen von Vorteil sein können:

$$\frac{\underline{v}_i}{\underline{v}_u} = -\frac{\underline{Z}_1}{\underline{Z}_L}, \quad \frac{\underline{v}_u}{\underline{v}_i} = -\frac{\underline{Y}_1}{\underline{Y}_L}, \tag{7.61}$$

$$\underline{Z}_1 = \underline{Z}_{11} + \underline{v}_i \underline{Z}_{12}\,; \quad \underline{Y}_1 = \underline{Y}_{11} + \underline{v}_u \underline{Y}_{12} \,.$$

Leistungsübertragungsfaktor. Der allgemeine Vierpol verbraucht durch seinen Eingangswiderstand eine bestimmte Leistung, die die Quelle aufzubringen hat. Andererseits gibt er Leistung an den Verbraucherwiderstand ab. Das Verhältnis dieser beiden Leistungen heißt allgemein Leistungsübertragungsfaktor oder Leistungsverstärkung. Sie kann größer oder kleiner als eins sein. Im letzteren Fall spricht man besser von Dämpfung. Es gibt mehrere Leistungsübertragungsfaktoren. Sie unterscheiden sich z. B.

— in der Wahl der Bezugsleistung, entweder als die dem Vierpoleingang zugeführte Leistung oder die verfügbare Generatorleistung;
— in ihrem *Charakter*: *Wirkleistung* oder *Scheinleistung* (s. Abschn. 6.4.4);
— in der *Optimierung*. So können die *Wirkleistungsverstärkung* (Anpassung auf maximale Wirkleistung) oder die *komplexen Leistungen* (Anpassung nach dem Wellenwiderstand) optimiert werden.

Wir beschränken uns hier auf die *Klemmenleistungsverstärkung* (vorwärts). Das ist das Verhältnis der an den Vierpollastleitwert abgegebenen *Wirkleistung*

$$P_2 = \frac{1}{2} |\underline{\hat{U}}_2|^2 G_L$$

zur Klemmenwirkleistung P_1

$$P_1 = \frac{1}{2} |\underline{\hat{U}}_1|^2 G_1$$

am Vierpoleingang (s. Bild 7.29)

$$v_p = \frac{P_2}{P_1} = \frac{\underline{U}_2^2\, G_L}{\underline{U}_1^2\, G_1} = \frac{G_L}{G_1} |\underline{v}_u|^2 = \frac{\mathrm{Re}\,(\underline{P}_2)}{\mathrm{Re}\,(\underline{P}_1)}$$

$$= \frac{|\underline{Y}_{21}|^2 G_L}{|-\underline{Y}_{22} + \underline{Y}_L|^2 \,\mathrm{Re}\left\{\dfrac{-\det \underline{Y} + \underline{Y}_{11}\underline{Y}_L}{-\underline{Y}_{22} + \underline{Y}_L}\right\}}$$

$$= \frac{|\underline{Y}_{21}|^2 G_L}{\mathrm{Re}\,\{[-\det \underline{Y} + \underline{Y}_{11}\underline{Y}_L](-\underline{Y}_{22} + \underline{Y}_L)^*\}} \,. \tag{7.62}$$

v_p hängt nicht vom Generatorleitwert $\underline{Y}_\mathrm{G}$ ab. Daher benutzt man sie besonders zur Beurteilung mehrerer, in Kette geschalteter Eingangsstufen. Die Leistungsverstärkung v_p sagt nichts darüber aus, inwieweit die verfügbare Quellenleistung von dem Vierpol übernommen wird.

7.3 Wichtige Vierpole und deren Anwendung

Wir stellen in diesem Abschnitt eine Reihe wichtiger Vierpole zusammen und diskutieren ihre Eigenschaften.

7.3.1 Elementarvierpole

Die einfachsten Vierpole besitzen nur ein Schaltelement (Beispiele: durchgehende Leitungsverbindung mit Widerstand im Quer- oder Längszweig oder nicht durchgehende Längsverbindung, Tafel 7.9). Charakteristisch für sie ist, daß nicht alle Matrixdarstellungen existieren. So hat z. B. die Querableitung keine $\underline{Y}$-Matrix (Matrix unendlich), der Längswiderstand hat keine $\underline{Z}$-Matrix. Die Leitungskreuzung kommt

Tafel 7.9. Elementarvierpole

Vierpol	$[\check{\underline{Z}}]$	$[\check{\underline{Y}}]$	$[\check{\underline{H}}]$	$[\check{\underline{A}}]$
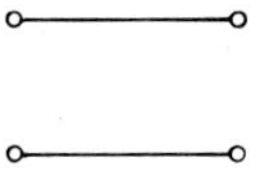	×	×	$\begin{bmatrix} 0 & 1 \\ -1 & 0 \end{bmatrix}$	$\begin{bmatrix} 1 & 0 \\ \underline{Y} & 1 \end{bmatrix}$
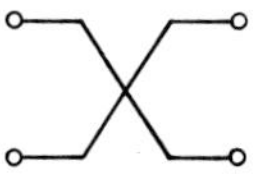	×	×	$\begin{bmatrix} 0 & -1 \\ 1 & 0 \end{bmatrix}$	$\begin{bmatrix} -1 & 0 \\ 0 & -1 \end{bmatrix}$
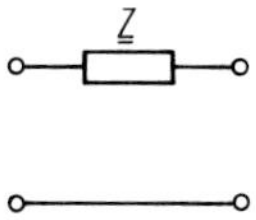 Längswiderstand	×	$\begin{bmatrix} \underline{Y} & -\underline{Y} \\ -\underline{Y} & \underline{Y} \end{bmatrix}$	$\begin{bmatrix} \underline{Z} & 1 \\ -1 & 0 \end{bmatrix}$	$\begin{bmatrix} 1 & \underline{Z} \\ 0 & 1 \end{bmatrix}$
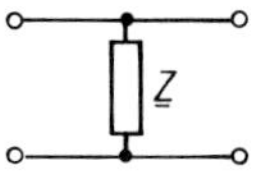 Querwiderstand	$\begin{bmatrix} \underline{Z} & \underline{Z} \\ \underline{Z} & \underline{Z} \end{bmatrix}$	×	$\begin{bmatrix} 0 & 1 \\ -1 & \underline{Y} \end{bmatrix}$	$\begin{bmatrix} 1 & 0 \\ \underline{Y} & 1 \end{bmatrix}$
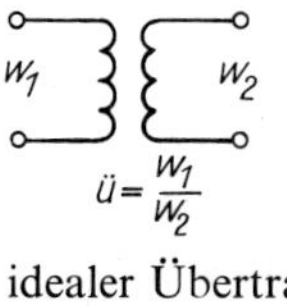 idealer Übertrager	×	×	$\begin{bmatrix} 0 & \ddot{u} \\ -\ddot{u} & 0 \end{bmatrix}$	$\begin{bmatrix} \ddot{u} & 0 \\ 0 & \frac{1}{\ddot{u}} \end{bmatrix}$

ganz ohne Schaltelemente aus. Sie vertauscht die Richtungen von Strom und Spannung am Vierpolausgang. Den Übergang zur Gruppe mit zwei Schaltelementen stellt das U-Glied dar.

Die direkte Ermittlung der Matrixelemente von Elementarvierpolen bereitet häufig anschauliche Schwierigkeiten. Man geht dann besser von einem Vierpol mit mehr als einem Element aus, berechnet dessen Matrixelemente und führt anschließend Grenzwertübergänge für einzelne Elemente durch: Weglassen der Elemente entweder durch Überbrückung eines ursprünglich vorhandenen Widerstandes ($R \to 0$) oder Offenlassen einer Verbindung ($R \to \infty$ bzw. $G \to 0$).

So erhält man aus der Schaltung des T-Gliedes (Bild 7.31) durch Weglassen oder Kurzschließen einzelner Elemente eine Reihe von Grundvierpolen.

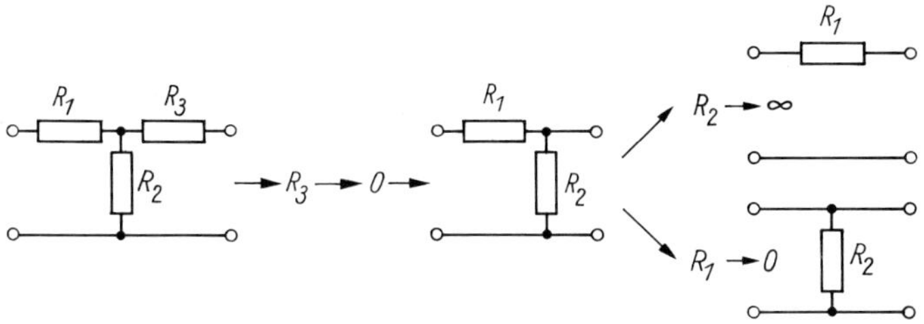

Bild 7.31. Ableitung von einfachen Vierpolen aus einer T-Schaltung

Umkehrbare Vierpole. Hierzu gehören T- und Π-Schaltungen (Tafel 7.10), die Halbglieder, die X- oder Kreuzschaltung und der Übertrager. Auf letztere kommen wir wegen ihrer Bedeutung noch gesondert zurück. Auch Verstärkervierpole und allgemeine Übersetzervierpole (die den Sonderfall des Übertragers mit enthalten) werden wir noch behandeln.

7.3.2 Wechselstrombrücken- und Kompensationsschaltungen

Brückenschaltungen sind strenggenommen Vierpolnetzwerke. Bei ihnen hängt eine *Ausgangsgröße* — die *Brückenspannung* — so von der Eingangsgröße über Netzwerkzusammenhänge ab, daß sie für eine bestimmte Netzwerkeinstellung

- verschwindet, dann heißt die Anordnung *Abgleichbrücke*. Die Netzwerkelemente stehen in festem Verhälthis zueinander. Anwendung findet sie z. B. zur Widerstandsbestimmung.
- eine bestimmte *Phasenlage* zur Ausgangsgröße einnimmt. Dann heißt die Anordnung *Phasendrehbrücke* (bzw. *Phasendrehvierpol*).

Brückenschaltungen sind in der Elektrotechnik sehr verbreitet, z. B. zur Messung von Induktivitäten, Kapazitäten, Scheinwiderständen, als Phasenbrücke, Frequenzbrücke, Gleichrichterbrücke sowie als Modulations- und Demodulationsschaltungen. Wir beschäftigen uns hier mit der Abgleichbrücke. Ihr Prinzip ist bereits vom Gleichstromkreis her bekannt (Bild 2.51).

Tafel 7.10. Vierpolkoeffizienten umkehrbarer Vierpole (symmetrische Zählpfeilrichtung)

	$[\check{\underline{Z}}]$
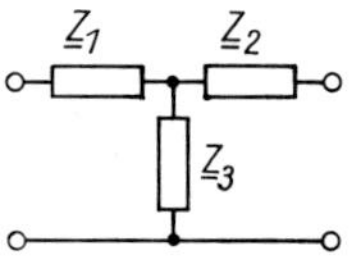 T-Schaltung	$\begin{bmatrix} \underline{Z}_1 + \underline{Z}_3 & \underline{Z}_3 \\ \underline{Z}_3 & \underline{Z}_2 + \underline{Z}_3 \end{bmatrix}$
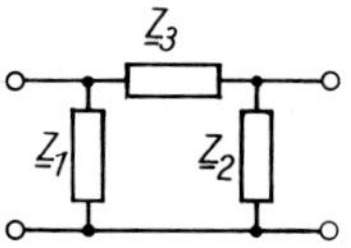 Π-Schaltung	$\frac{1}{\underline{Z}_1 + \underline{Z}_2 + \underline{Z}_3} \begin{bmatrix} \underline{Z}_1 (\underline{Z}_2 + \underline{Z}_3) & \underline{Z}_1 \underline{Z}_2 \\ \underline{Z}_1 \underline{Z}_2 & \underline{Z}_2 (\underline{Z}_1 + \underline{Z}_3) \end{bmatrix}$
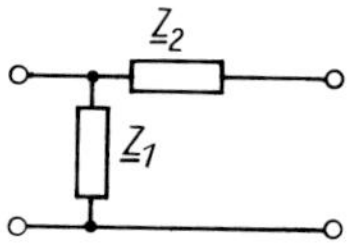 Π-Halbglied	$\begin{bmatrix} \underline{Z}_1 & \underline{Z}_1 \\ \underline{Z}_1 & \underline{Z}_1 + \underline{Z}_2 \end{bmatrix}$
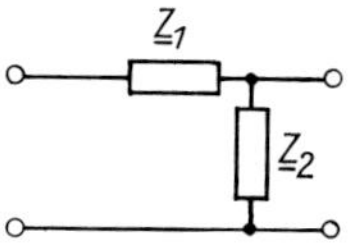 T-Halbglied	$\begin{bmatrix} \underline{Z}_1 + \underline{Z}_2 & \underline{Z}_2 \\ \underline{Z}_2 & \underline{Z}_2 \end{bmatrix}$
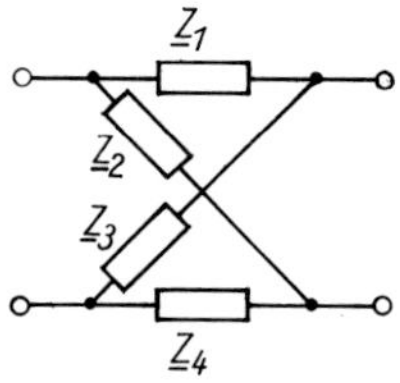 X-Schaltung	$\begin{bmatrix} \frac{(\underline{Z}_1 + \underline{Z}_3)(\underline{Z}_2 + \underline{Z}_4)}{N} & \frac{\underline{Z}_2 \underline{Z}_3 - \underline{Z}_1 \underline{Z}_4}{N} \\ \frac{\underline{Z}_2 \underline{Z}_3 - \underline{Z}_1 \underline{Z}_4}{N} & \frac{(\underline{Z}_1 + \underline{Z}_2)(\underline{Z}_3 + \underline{Z}_4)}{N} \end{bmatrix}$ $N = \underline{Z}_1 + \underline{Z}_2 + \underline{Z}_3 + \underline{Z}_4$
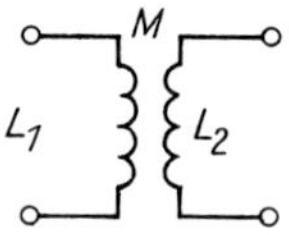	$\mathrm{j}\omega \begin{bmatrix} L_1 & M \\ M & L_2 \end{bmatrix}$

$[\check{\underline{Y}}]$	$[\check{\underline{A}}]$
$\frac{1}{\underline{Y}_1+\underline{Y}_2+\underline{Y}_3}\begin{bmatrix}\underline{Y}_1(\underline{Y}_2+\underline{Y}_3) & -\underline{Y}_1\underline{Y}_2\\ -\underline{Y}_1\underline{Y}_2 & \underline{Y}_2(\underline{Y}_1+\underline{Y}_3)\end{bmatrix}$	$\begin{bmatrix}\underline{Z}_1\underline{Y}_3+1 & \underline{Z}_1+\underline{Z}_2+\underline{Z}_1\underline{Z}_2\underline{Y}_3\\ \underline{Y}_3 & \underline{Z}_2\underline{Y}_3+1\end{bmatrix}$
$\begin{bmatrix}\underline{Y}_1+\underline{Y}_3 & -\underline{Y}_3\\ -\underline{Y}_3 & \underline{Y}_2+\underline{Y}_3\end{bmatrix}$	$\begin{bmatrix}\underline{Z}_3\underline{Y}_2+1 & \underline{Z}_3\\ \underline{Y}_1+\underline{Y}_2+\underline{Y}_1\underline{Y}_2\underline{Z}_3 & \underline{Z}_3\underline{Y}_1+1\end{bmatrix}$
$\begin{bmatrix}\underline{Y}_1+\underline{Y}_2 & -\underline{Y}_2\\ -\underline{Y}_2 & \underline{Y}_2\end{bmatrix}$	$\begin{bmatrix}1 & -\underline{Z}_2\\ \underline{Y}_1 & -\frac{\underline{Z}_1+\underline{Z}_2}{\underline{Z}_1}\end{bmatrix}$
$\begin{bmatrix}\underline{Y}_1 & -\underline{Y}_1\\ -\underline{Y}_1 & \underline{Y}_2+\underline{Y}_1\end{bmatrix}$	$\begin{bmatrix}\frac{\underline{Z}_1+\underline{Z}_2}{\underline{Z}_2} & -\underline{Z}_2\\ \underline{Y}_2 & -1\end{bmatrix}$
$\begin{bmatrix}\frac{(\underline{Z}_1+\underline{Z}_3)(\underline{Z}_2+\underline{Z}_4)}{N_1} & \frac{\underline{Z}_1\underline{Z}_4-\underline{Z}_2\underline{Z}_3}{N_1}\\ \underline{Y}_{12} & \frac{(\underline{Z}_1+\underline{Z}_3)(\underline{Z}_2+\underline{Z}_4)}{N_1}\end{bmatrix}$ $N_1=\underline{Z}_1\underline{Z}_2(\underline{Z}_3+\underline{Z}_4)+\underline{Z}_3\underline{Z}_4(\underline{Z}_1+\underline{Z}_2)$	$\begin{bmatrix}\frac{(\underline{Z}_1+\underline{Z}_3)(\underline{Z}_2+\underline{Z}_4)}{N_2} & \frac{N_1}{N_2}\\ \frac{\underline{Z}_1+\underline{Z}_2+\underline{Z}_3+\underline{Z}_4}{N_2} & \frac{(\underline{Z}_1+\underline{Z}_2)(\underline{Z}_3+\underline{Z}_4)}{N_2}\end{bmatrix}$ $N_2=\underline{Z}_1\underline{Z}_4-\underline{Z}_2\underline{Z}_3$
$\frac{1}{\mathrm{j}\omega(L_1L_2-M^2)}\begin{bmatrix}L_2 & -M\\ -M & L_1\end{bmatrix}$	$\frac{1}{M}\begin{bmatrix}L_1 & \mathrm{j}\omega(L_1L_2-M^2)\\ \frac{1}{\mathrm{j}\omega} & L_2\end{bmatrix}$

Wechselstrombrücken. Bild 7.32 zeigt das Grundprinzip einer Wechselstrom-Abgleichbrücke als X-Schaltung und in konventioneller Darstellung. Ein Netzwerk aus vier Widerstandsoperatoren $\underline{Z}_1$, $\underline{Z}_2$, $\underline{Z}_N$, $\underline{Z}_X$ hat im Diagonalzweig einen Wechselstromindikator (Wechselspannungs-Voltmeter mit Verstärker zwecks Anzeige kleiner Spannungen bzw. einen Kopfhörer im Tonfrequenzbereich 800 Hz, da dort größte akustische Empfindlichkeit und Vermeidung von Fremdeinstreuung). Der andere Diagonalzweig liegt an der Generatorspannung $\underline{U}_Q$.

Vierpolmäßig gesehen verschwindet in der X-Schaltung (Tafel 7.10) der Vierpoltransferkoeffizient $\underline{Z}_{21}$ bzw. $\underline{Y}_{21}$ (und $\underline{Z}_{12}$, $\underline{Y}_{12}$) für ein ganz bestimmtes Widerstandsverhältnis: die Abgleichbedingung.

$$\underline{Z}_{21} = \left.\frac{\underline{U}_2}{\underline{I}_1}\right|_{\underline{I}_2=0} = 0$$

bedeutet dann: Bei beliebiger Stromeinspeisung am Vierpoleingang verschwindet die Ausgangsspannung $\underline{U}_2$ des Vierpols. In der üblichen Betrachtung ergibt die Diagonalspannung (Spannungsteilerregel, anwendbar bei $\underline{Z}_a \to \infty$) des Indikators

$$\underline{U}_{BC} = \underline{U}_{BD} - \underline{U}_{CD} = \underline{U}_{AD}\left[\frac{\underline{Z}_2}{\underline{Z}_1 + \underline{Z}_2} - \frac{\underline{Z}_X}{\underline{Z}_N + \underline{Z}_X}\right].$$

Die Spannung verschwindet für

$$\frac{\underline{Z}_X}{\underline{Z}_N} = \frac{\underline{Z}_2}{\underline{Z}_1} \quad \text{bzw.} \quad \underline{Z}_X\underline{Y}_N = \underline{Z}_2\underline{Y}_1 \tag{7.63}$$

Abgleichbedingung (allgemein)

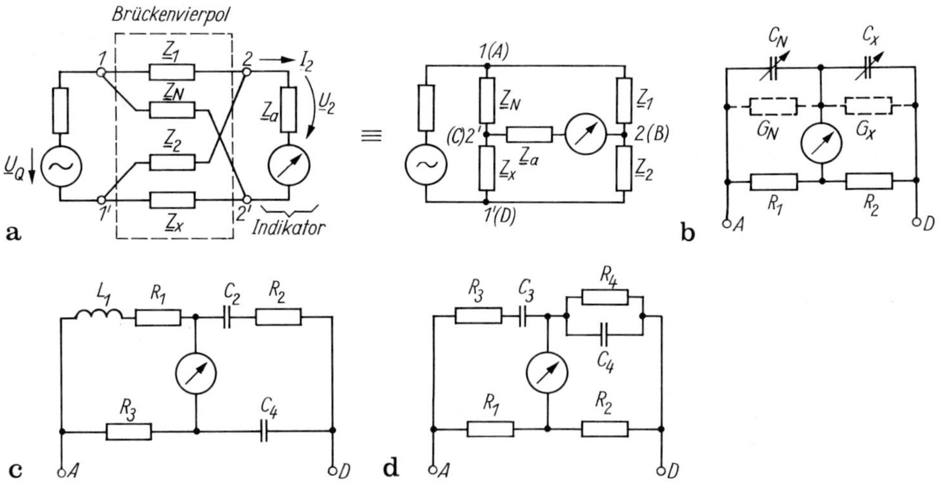

Bild 7.32. Wechselstrombrücke. **a**) Darstellung als Brückenvierpol und Umzeichnung in übliche Darstellung; **b**) Kapazitätsbrücke; **c**) *RLC*-Brücke; **d**) Wien-Robinson-Brücke

unabhängig vom Generatorwiderstand. Daraus geht gleichwertig hervor: *Exponentialform*

$$\frac{Z_X}{Z_N} = \frac{Z_2}{Z_1} \quad \text{erste Abgleichbedingung}, \tag{7.64}$$

$$\varphi_X - \varphi_N = \varphi_2 - \varphi_1 \quad \text{zweite Abgleichbedingung}$$

oder

kartesische Darstellung

$$\frac{R_X + jX_X}{R_N + jX_N} = \frac{R_2 + jX_2}{R_1 + jX_1}$$

$$\text{bzw.} \quad (R_X + jX_X)(G_N + jB_N) = (R_2 + jX_2)(G_1 + jB_1). \tag{7.65}$$

Nach Reellmachen der Nenner und Vergleich der Real- und Imgainärteile auf beiden Seiten folgt daraus:

Realteil $R_X R_1 - X_X X_1 = R_2 R_N - X_2 X_N$

bzw.

$$R_X G_N - X_X B_N = R_2 G_1 - X_2 B_1 \quad \text{erste Abgleichbedingung} \tag{7.66a}$$

Imaginärteil $R_X X_1 + X_X R_1 = X_2 R_N + R_2 X_N$,

bzw.

$$X_N G_N + R_X B_N = X_2 G_1 + B_1 B_2 \quad \text{zweite Abgleichbedingung}. \tag{7.66b}$$

Ergebnis: Sind drei der vier komplexen Widerstände $\underline{Z}_1, \ldots, \underline{Z}_X$ bekannt (Z_X unbekannt), so benötigt die (Wechselstrom-)Abgleichbrücke zur Bestimmung der beiden Komponenten R_X und X_X von $\underline{Z}_X$ stets zwei, voneinander unabhängige Brückeneinstellmöglichkeiten (z. B. R_N und X_N, R_2 und X_1 usw.). Dies ist ein prinzipieller Unterschied zur Gleichstrombrücke (s. Abschn. 2.4.3.4).

Je nach Art und Anordnung der abgleichbaren Elemente unterscheidet man

— Brücken zur Bestimmung der *Zweipolimpedanz* bzw. *-admittanz.* Dazu gehört z. B. auch die Bestimmung des Verlustwinkels tan δ eines Zweipols.
— Brücken, die nur bei einer bestimmten Frequenz abgeglichen sind: *Frequenzmeßbrücken.*
— Brücken, mit denen sich Übertragungsgrößen, z. B. die Steilheit eines Vierpols, bestimmen lassen. Sie werden besser als Kompensationsschaltungen bezeichnet.

Betrachten wir aus der Vielzahl bekannter Brücken[1] einige Beispiele.

1. Kapazitätsbrücke (Bild 7.32b). Die Ableichbedingung führt mit Gl. (7.66) wegen $G_N = G_X = 0, X_1 = X_L = 0$ auf

$$\frac{1}{jC_X} R_1 = \frac{R_2}{jC_N}, \text{ d. h.}, \frac{R_1}{R_2} = \frac{C_X}{C_N}. \tag{7.67a}$$

Der Abgleich ist frequenzunabhängig. Dabei kann man ändern: entweder

— die Kapazität C_N, denn variable Kondensatoren lassen sich mit dekadischer Einstellung (als sog. C-Dekade) leicht herstellen oder
— das Widerstandsverhältnis R_1–R_2, zweckmäßig als Potentiometer mit $R_1 + R_2 = \text{const}$.

[1] Philippow, E. (Hrsg.): Taschenbuch Elektrotechnik Bd. 1. Allgemeine Grundlagen. Berlin: VEB Verlag Technik, 1976, S. 148

Technische Kondensatoren besitzen stets Verluste. Sie sollen durch den jeweiligen Verlustleitwert G_X bzw. G_N erfaßt werden (im Bild gestrichelt dargestellt). In diesem Fall wird die Abgleichbedingung zweckmäßig über die gemischte Leitwertschreibweise

$$\underline{Y}_N\underline{Z}_1 = \underline{Z}_Z\underline{Y}_X \qquad (X_1 = X_2 = 0)$$

oder

$$R_1(G_N + j\omega C_N) = R_2(G_X + j\omega C_X)$$

bestimmt. Der Vergleich der Real- und Imaginärteile liefert

$$\left.\begin{array}{ll} R_1G_N = R_2G_X, & G_X = \dfrac{R_1}{R_2}G_N, \\ R_1C_N = R_2C_X, & C_X = \dfrac{R_1}{R_2}C_N \end{array}\right\} \text{Abgleichbedingungen}. \tag{7.67 b}$$

Jetzt müssen G_N und C_N unabhängig einstellbar gemacht werden oder man muß z. B. C_N verändern bei festem $G_N = R_1/R_e$.

2. *RLC-Brücke* (Induktivitätsmeßbrücke, Bild 7.32b, c). Die Abgleichbedingung dieser Brücke folgt am besten aus

$$\frac{\underline{Z}_1}{\underline{Z}_2} = \frac{\underline{Z}_3}{\underline{Z}_4}.$$

Daraus resultiert

$$(R_1 + j\omega L_1) = R_3\left(R_2 + \frac{1}{j\omega C_2}\right)j\omega C_4.$$

Die Trennung der Real- und Imaginärteile ergibt

$$R_1 = R_3\frac{C_4}{C_2} \quad \text{und} \quad \frac{L_1}{C_4} = R_2R_3 \tag{7.68}$$

als Abgleichbedingung. Üblicherweise werden C_2, C_4 und R_3 konstant gehalten und R_2 und R_1 verändert.

3. *Frequenzmeßbrücke* (Wien-Robinson-Brücke) (Bild 7.32d). Hier lautet die Abgleichbedingung

$$\frac{\underline{Z}_3}{\underline{Z}_4} = \frac{R_1}{R_2} \quad \text{bzw.} \quad \underline{Z}_3\underline{Y}_4 = \frac{R_1}{R_2}.$$

Die beiderseitige Gleichsetzung der Real- und Imaginärteile liefert

$$\frac{C_4}{C_3} + R_3G_4 = \frac{R_1}{R_2}, \qquad \frac{C_4}{j\omega C_3} + R_3\,j\omega C_4 = 0$$

bzw. aufgelöst nach der Frequenz ω:

$$\omega^2 = \frac{1}{C_3C_4R_3R_4} \qquad \text{Abgleichbedingung}. \tag{7.69a}$$

Im Abgleichpunkt läßt sich die Frequenz aus den bekannten Größen R_3, R_4, C_3, C_4 berechnen. Üblicherweise wählt man aus Vereinfachungsgründen $R_3 = R_4 = R$, $C_3 = C_4 = C$ (Verwendung von Doppelkondensatoren und Doppelwiderständen). Dann gilt

$$\omega^2 = \frac{1}{RC}, \qquad \frac{R_1}{R_2} = 2. \tag{7.69b}$$

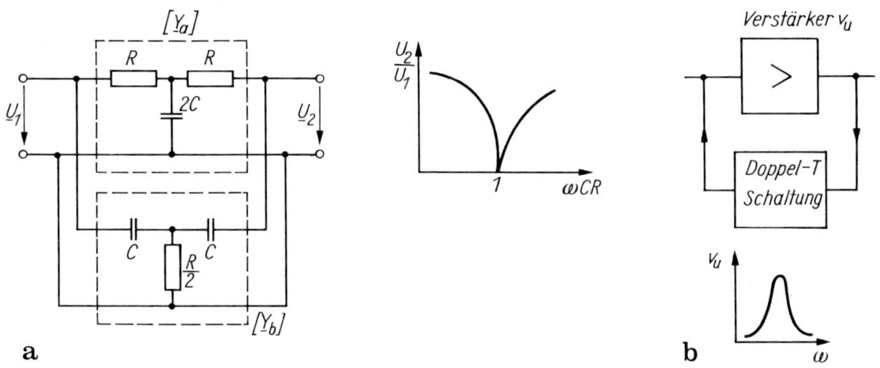

Bild 7.33. Kompensationsschaltung. **a**) Doppel-T-Schaltung; **b**) Anwendung der Doppel-T-Schaltung als Rückkopplungsnetzwerk eines Verstärkers zur Erzielung selektiver Wirkungen

Kompensationsschaltung. Von Kompensation spricht man, wenn durch Zusammenschalten zweier Vierpole *a* und *b* in einer der Grundanordnungen (Abschn. 7.2.2, Bild (7.33) eine Transfergröße (z. B. $\underline{Y}_{12}$, $\underline{H}_{21}$ o. ä.) des Gesamtvierpols verschwindet. Damit verschwindet auch die Vierpolausgangsgröße bei beliebiger Erregung am Eingang.

Betrachten wir dazu die beiden im Bild 7.33 dargestellten T-Schaltungen mit Widerständen und Kondensatoren in der angegebenen Bemessung. Vierpol *a* hat die Leitwertmatrix (Nachweis, Tafel 7.10)

$$[\underline{Y}_{\mathrm{A}}] = \frac{1}{2G + 2\mathrm{j}\omega C}\begin{bmatrix} G(\mathrm{j}2\omega C + G & -G^2 \\ G^2 & -G(G + \mathrm{j}2\omega C) \end{bmatrix},$$

Vierpol *b* hingegen die Matrix ($R = G^{-1}$)

$$[\underline{Y}_{\mathrm{b}}] = \frac{1}{2\mathrm{j}\omega C + 2G}\begin{bmatrix} \mathrm{j}\omega C(\mathrm{j}\omega C + 2G) & -(\mathrm{j}\omega C)^2 \\ (\mathrm{j}\omega C)^2 & -\mathrm{j}\omega C(\mathrm{j}\omega C + 2G) \end{bmatrix}.$$

Die Gesamtschaltung ergibt sich durch Parallelschaltung beider Teilvierpole, also Matrixaddition. Wir untersuchen den Vierpolkoeffizienten

$$\underline{Y}_{21} = \left.\frac{\underline{I}_2}{\underline{U}_1}\right|_{\underline{U}_2=0} = \underline{Y}_{21\mathrm{a}} + \underline{Y}_{21\mathrm{b}} = \frac{G^2 - (\omega C)^2}{2G + 2\mathrm{j}\omega C}.$$

Er verschwindet für

$$\omega = \frac{1}{RC} \quad \text{Nullfrequenz} \tag{7.70}$$

durch Kompensation aufgrund der verschiedenen Vorzeichen von $\underline{Y}_{21\mathrm{a}}$ und $\underline{Y}_{21\mathrm{b}}$. Für hohe und tiefe Frequenzen wird $\underline{U}_2 \approx \underline{U}_1$, hohe Frequenzen gelangen über C, tiefe über R an den Vierpolausgang. Lediglich für $\omega RC = 1$ verschwindet die Ausgangsspannung. Die Schaltung hat somit Filterwirkung. Sie ist als sog. *Doppel-T-Schaltung* weit verbreitet.

Man benutzt sie zur Erzeugung selektiver Wirkungen unter Umgehung von Spulen im Rückkopplungszweig eines Verstärkers (Bild 7.33b). Bei der „Nullfrequenz" Gl. (7.70) (Resonanzfrequenz) hat der Doppel-T-Vierpol keine Verbindung zwischen Aus- und Eingang. Ein parallel liegender Verstärker hat dann volle Verstärkung. Bei anderen Frequenzen wird die Ausgangsspannung über das Filter auf den Eingang rückgekoppelt und zwar so, daß die Verstärkung insgesamt sinkt (Gegenkopplung, s. Abschn. 7.2.2.2). Dadurch entsteht eine Filtercharakteristik, die der eines Parallelresonanzkreises entspricht.

Neutralisation. Wir betrachten als weiteres Beispiel der Kompensation die *Neutralisation* (Bild 7.34). Ein Vierpol *a* (z. B. Transistor, Verstärker) habe eine gewisse Rückwirkung $\underline{Y}_{12a}$ vom Ausgang nach dem Eingang. Sie ist meist unerwünscht. Durch Parallelschalten eines Neutralisationsvierpoles ($\underline{Y}_b$) soll sie beseitigt werden. Dann muß für den Gesamtvierpol die Rückwirkung $\underline{Y}_{12}$ verschwinden

$$\underline{Y}_{12} = 0 = -\underline{Y}_{12a} + \underline{Y}_{12b}\,. \tag{7.71}$$

Die Vierpolrückwirkung $\underline{Y}_{12a}$ kann stets durch ein passives Schaltelement $\underline{Y}_a$ dargestellt werden (z. B. Parallelschaltung $G \parallel j\omega C$). Dann gilt mit $\underline{Y}_{12a} = -\underline{Y}_a$ (s. Tafel 7.10)

$$\underline{Y}_{12b} = -\underline{Y}_{12a} = \underline{Y}_a = G_a + j\omega C_a\,. \tag{7.72}$$

Soll die Neutralisation durch einen Längsleitwert $\underline{Y}_b = -\underline{Y}_{12b}$ durchgeführt werden, so gelingt dies nur unter Zwischenschaltung eines Übertragers zur Vorzeichenumkehr ($ü < 0$). Die Kettenschaltung von idealem Übertrager und Vierpol mit dem Längsleitwert $\underline{Y}_b$ führt auf die Leitwertmatrix (Nachweis!)

$$[\underline{Y}_b] = \begin{bmatrix} \underline{Y}_b & -\underline{Y}_b ü \\ \underline{Y}_b ü & -\underline{Y}_b ü^2 \end{bmatrix}. \tag{7.73}$$

Für $ü < 0$ läßt sich Gl. (7.72) erfüllen. Dieses Neutralisationsprinzip ist in der Transistortechnik weit verbreitet.

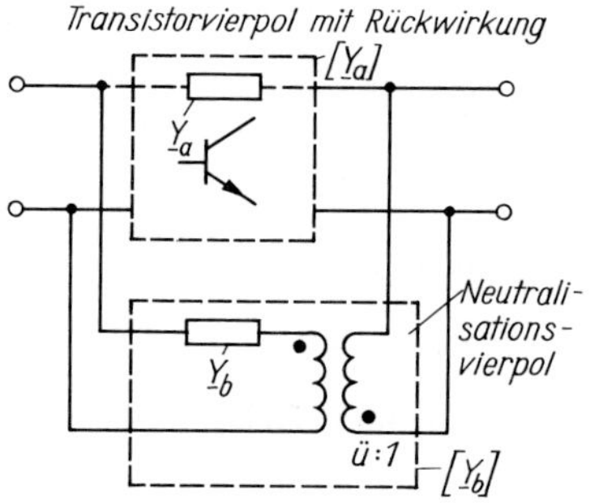

Bild 7.34. Neutralisationsprinzip (Parallelneutralisation)

7.3.3 Phasendrehvierpole

In einem Vierpol mit Energiespeichern herrscht zwischen Aus- und Eingangsgröße eine Phasenverschiebung. Wird sie bewußt ausgenutzt, so spricht man von einem *Phasendrehvierpol.* Schaltungstechnisch handelt es sich meist um Brücken- und Abzweigschaltungen. Betrachten wir die sog. *RC-Phasendrehbrücke* (Bild 7.35a) als X-Schaltung und in der Umzeichnung. Das Verhältnis Aus- zu Eingangsspannung läßt sich aus Tafel 7.10 leicht ermitteln. Wir entnehmen es der Schaltung; bei ausgangsseitigem Leerlauf gilt mit $\underline{U}_2 = \underline{U}_C - \underline{U}_1/2$ und

$$\underline{U}_C = \frac{\underline{I}}{j\omega C} = \underline{U}_1 \frac{1}{1 + j\omega RC}$$

insgesamt also

$$\underline{U}_2 = \frac{\underline{U}_1}{2}\left(\frac{2}{1 + \mathrm{j}\omega CR} - 1\right) = \frac{\underline{U}_1}{2}\,\frac{1 - \mathrm{j}\omega CR}{1 + \mathrm{j}\omega CR}\,, \tag{7.74}$$

der Betrag von $\underline{U}_2$ wird also $U_2 = U_1/2$.

Die Ausgangsspannung hat konstanten Betrag unabhängig davon, ob R oder/und C geändert werden. Deshalb ist die Schaltung zwar prinzipiell nicht abgleichbar, doch läßt sich der Phasenwinkel ändern. Darüber gibt das Zeigerdiagramm Bild b anschaulich Auskunft. Bei Änderung des Produktes ωCR wandert der Brückenpunkt C längs eines Halbkreises vom Durchmesser U_1, wobei

$$\tan\frac{\varphi}{2} = \frac{U_\mathrm{R}}{U_\mathrm{C}} = \omega CR\,, \qquad \varphi = 2\arctan\omega CR \tag{7.75}$$

gilt und damit

$$\underline{U}_2 = \frac{\underline{U}_1}{2}\exp\left(-\mathrm{j}\,2\arctan\omega CR\right). \tag{7.76}$$

Man erhält zwischen den Brückenpunkten CD eine Spannung von stets konstantem Betrag. Ihr Winkel gegenüber $\underline{U}_1$ kann durch Änderung von R, C oder ω zwischen 0° und 180° verändert werden. Dieses Ergebnis gilt nicht mehr bei belasteter Brückendiagonale.

Abzweigschaltung. Der stets vorhandene Fehlwinkel eines technischen Bauelementes (Abschn. 7.1.2) hat z. B. beim Kondensator eine Phasenverschiebung von weniger als 90° zur Folge. Phasenverschiebungen von 90° und mehr lassen sich deshalb nur durch Kunstschaltungen realisieren. Ihr Nachteil ist die Frequenzabhängigkeit des Phasenwinkels, ein Winkel von 90° tritt nur bei einer Frequenz auf. Aus der Fülle der Schaltungen greifen wir die *Doppel-RC-Abzweigschaltung* heraus

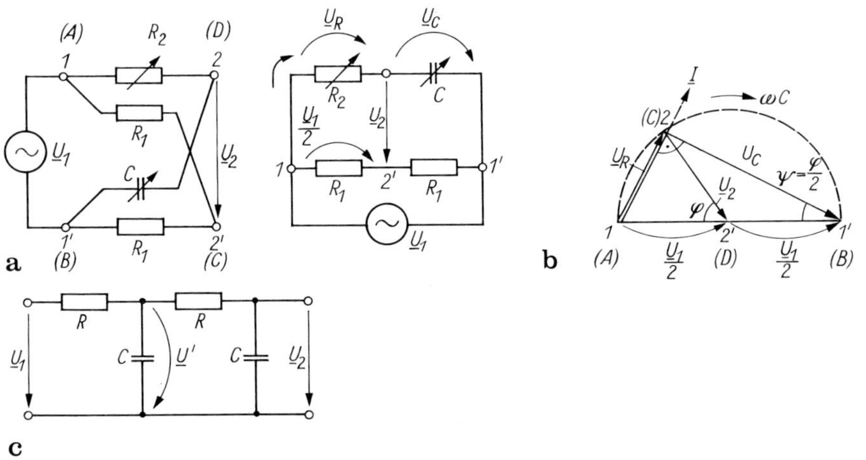

Bild 7.35. Phasendrehschaltungen. **a)** X-Schaltung (sog. *RC*-Phasenschieber mit Zeiger-Diagramm); **b)** Zeigerbild zu **a)**; **c)** *RC*-Abzweigschaltung

(Bild 7.35c). Das Verhältnis $\underline{U}_2/\underline{U}_1$ ergibt sich am einfachsten durch doppelte Anwendung der Spannungsteilerregel.

Doppelt, weil der Knoten die Einführung der Hilfsspannung $\underline{U}'$ erfordert:

$$\frac{\underline{U}_2}{\underline{U}_1} = \frac{\underline{U}_2}{\underline{U}'}\frac{\underline{U}'}{\underline{U}_1} = \frac{\dfrac{1}{\mathrm{j}\omega C}}{R + \dfrac{1}{\mathrm{j}\omega C}} \frac{1}{1 + R\underline{Y}'}$$

mit

$$\underline{Y}' = \mathrm{j}\omega C + \frac{1}{R + \dfrac{1}{\mathrm{j}\omega C}} = \mathrm{j}\omega C\left[1 + \frac{1}{1 + \mathrm{j}\omega CR}\right].$$

Die Durchrechnung ergibt

$$\frac{\underline{U}_2}{\underline{U}_1} = \frac{1}{1 - (\omega CR)^2 + 3\mathrm{j}\omega CR}. \tag{7.77}$$

Der Phasenwinkel des Spannungsverhältnisses $\underline{U}_2/\underline{U}_1$ beträgt 90°, wenn der Realteil verschwindet, also

$$1 - (\omega CR)^2 = 0\,, \quad \text{d. h.,} \quad \omega CR = 1$$

gilt:

$$\left.\frac{\underline{U}_2}{\underline{U}_1}\right|_{\omega CR = 1} = \frac{1}{3\mathrm{j}}. \tag{7.78}$$

Damit ist die gewünschte Wirkung vorhanden.

7.3.4 Übersetzervierpole

Beim allgemeinen Vierpol hängt der Eingangswiderstand $\underline{Z}_1$ vom Lastwiderstand $\underline{Z}_L$ ab. Er lautet mit Gl. (7.51) umgeschrieben auf Kettenparameter:

$$\underline{Z}_1 = \frac{\underline{U}_1}{\underline{I}_1} = \frac{\underline{A}_{11}\underline{Z}_L + \underline{A}_{12}}{\underline{A}_{21}\underline{Z}_L + \underline{A}_{22}}.$$

Für die sog. *Übersetzervierpole*, erfolgt diese Widerstandsübersetzung in charakteristischer Weise. Wir wollen sie näher analysieren (Tafel 7.11) und unterteilen nach den Kettendiagonalgliedern:

1. Verschwindende *Nebendiagonalglieder* ($\underline{A}_{12} = \underline{A}_{21} = 0$). Dann wird aus Gl. (7.51)

$$\underline{Z}_1 = \frac{\underline{A}_{11}}{\underline{A}_{22}}\underline{Z}_L\,. \tag{7.79}$$

$\underline{A}_{11}$, $\underline{A}_{22}$ sollen reell sein.

Stets ist $\underline{Z}_1$ proportional zu $\underline{Z}_L$. Ein solcher Vierpol heißt *Proportionalübersetzervierpol.* Im idealen Übertrager haben wir einen typischen Vertreter.

Tafel 7.11 . Übersicht der Übersetzervierpole

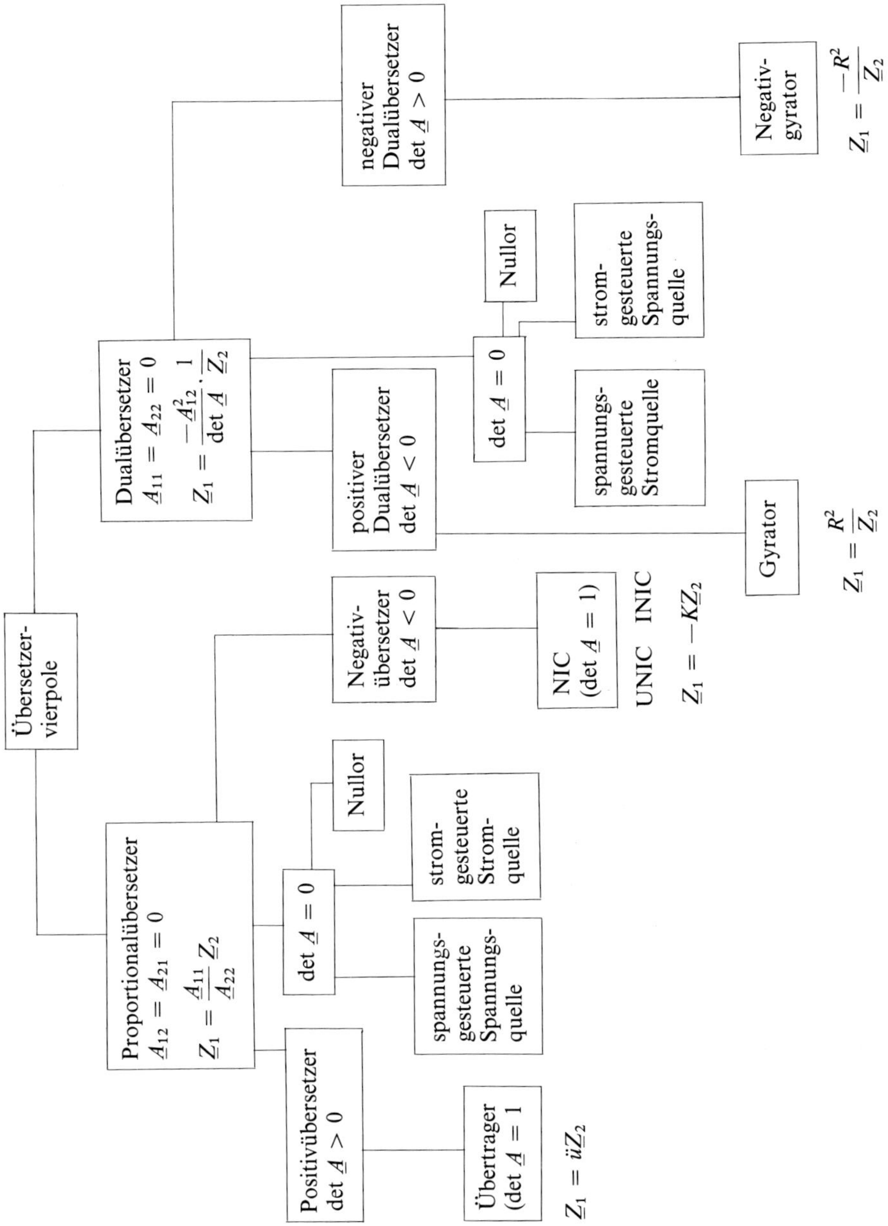

2. Verschwindende *Hauptdiagonalglieder* ($\underline{A}_{11} = \underline{A}_{22} = 0$)

$$\underline{Z}_1 = \frac{\underline{A}_{12}}{\underline{A}_{21}} \frac{1}{\underline{Z}_L} = \frac{\underline{A}_{12}}{\underline{A}_{21}} \underline{Y}_L . \tag{7.80}$$

Hier liegt eine *duale Widerstandsübersetzung* vor: *Dualübersetzervierpole* (s. Abschn. 7.3.4.2). Eine weitere Einteilung kann nach dem Vorzeichen des Zahlenwertes der Kettendeterminante (positiv, Null, negativ) erfolgen. Zweckmäßig werden dabei die Wirkleistungen $P_2 = \text{Re}\,(\underline{I}_2^* \underline{U}_2)$ und $P_1 = \text{Re}\,(\underline{I}_1^* \underline{U}_1)$ am Vierpolaus- und -eingang zur Erklärung herangezogen.

7.3.4.1 *Proportionalübersetzervierpole*

Hier gilt wegen $\det A = \underline{A}_{11}\underline{A}_{22}$ (reell, nach Voraussetzung) zugleich

$$\underline{Z}_1 = \frac{A_{11}^2}{\det \underline{A}} \underline{Z}_L . \tag{7.81}$$

Das Verhältnis der Wirkleistungen P_2 und P_1 ergibt sich zu

$$\frac{P_2}{P_1} = \frac{|\underline{I}_2|^2}{|\underline{I}_1|^2} \frac{\det \underline{A}}{\underline{A}_{11}^2} = \frac{1}{\underline{A}_{22}^2} \frac{\det \underline{A}}{\underline{A}_{11}^2} = \frac{1}{\det \underline{A}} . \tag{7.82}$$

Somit bedeutet $\det \underline{A} = 1$ mit $P_2 = P_1$ einen verlustfreien, passiven Vierpol. Die eingangsseitig aufgenommene Wirkleistung wird voll an den Verbraucher abgegeben. Nach dem Vorzeichen der Determinante $\underline{A}$ ($\det \underline{A}$) gibt es drei Gruppen (Tafel 7.11):

1. Positivübersetzer ($\det \underline{A} > 0$, speziell $\det \underline{A} = 1$). Die Proportionalitätskonstante in Gl. (7.78) ist *positiv*. Für $\det \underline{A} = 1$ liegt ein umkehrbarer Vierpol vor, der durch den idealen Übertrager (Abschn. 7.3.5) mit dem Windungsverhältnis $\ddot{u} = w_1/w_2 = A_{11}$ realisiert wird. Er übersetzt einen Abschlußwiderstand $\underline{Z}_2$ stets mit dem Quadrat des Übersetzungsfaktors $\ddot{u}$ auf die Vierpoleingangsseite

$$\underline{Z}_1 = \frac{A_{11}}{A_{22}} \underline{Z}_L = A_{11}^2 \underline{Z}_L = \frac{1}{A_{22}^2} \underline{Z}_L . \tag{7.83}$$

2. Verschwindende Determinante $\det \underline{A} = 0$. Hier findet eine unendlich große Leistungsverstärkung statt ($P_2 \to \infty$, bei P_1 endlich), wie sie für den Vierpol mit einer gesteuerten Quelle typisch ist. In Frage kommen die *spannungsgesteuerte Spannungsquelle* ($A_{11} \neq 0$, $A_{22} = 0$), die *stromgesteuerte Stromquelle* ($A_{11} = 0$, $A_{22} \neq 0$) oder der sog. *Nullor* ($A_{11} = A_{22} = 0$). Das ist eine (der 4 möglichen) gesteuerten Quellen mit unendlich großem Steuerparameter (z. B. mit unendlich großer Steilheit, Stromverstärkung usw.).

3. Negativübersetzer (NIC). Hier gilt $\det A_{11}A_{22} < 0$ und somit

$$\underline{Z}_1 = -\frac{A_{11}^2}{|\det A|} \underline{Z}_L . \tag{7.84}$$

In diesem Fall fließt entweder dem Eingang und Ausgang Wirkleistung zu ($P_2 < 0$) oder beiderseitig ab.[1]

[1] Hinweis: Es liegt die Kettenzählpfeilrichtung vor

Beim Negativübersetzer erscheint der Abschlußwiderstand am Vierpoleingang grundsätzlich mit vertauschtem Vorzeichen. Er kann damit zur Erzeugung negativer Wirkwiderstände benutzt werden.

7.3.4.2 Dualübersetzervierpole

Im Falle det $A = -A_{12}A_{21}$ folgt

$$\underline{Z}_1 = \frac{-A_{12}^2}{\det A}\frac{1}{\underline{Z}_L} = \frac{A_{12}}{A_{21}}\frac{1}{\underline{Z}_L} \tag{7.85}$$

und für die Wirkleistungen mit $\underline{U}_1 = A_{12}\underline{I}_2$, $\underline{I}_1 = A_{21}\underline{U}_2$, $\underline{U}_2 = \underline{Z}_L\underline{I}_2$ wegen

$$P_1 = \operatorname{Re}(\underline{I}_1^*\underline{U}_1) = \operatorname{Re}(A_{21}\underline{U}_2^*\,\underline{U}_1^*) = \operatorname{Re}\left(A_{21}\underline{U}_2^*A_{12}\frac{\underline{U}_2}{\underline{Z}_L}\right)$$

$$= -|\underline{U}_2|^2 \det A \operatorname{Re}\left(\frac{1}{\underline{Z}_L}\right)$$

und

$$P_2 = \operatorname{Re}(\underline{I}_2^*\underline{U}_2) = |\underline{U}_2|^2 \operatorname{Re}\left(\frac{1}{\underline{Z}_L^*}\right),$$

schließlich

$$\frac{P_2}{P_1} = -\frac{1}{\det A}. \tag{7.86}$$

Abhängig vom Vorzeichen von det A findet entweder Leistungsverbrauch oder Leistungsdurchgang im Vierpol statt. Im Gegensatz zu oben diskutieren wir die Reihenfolge der Vorzeichen von det A umgekehrt:

1. Positivdualübersetzer. Aus det $A = -A_{12}A_{21} < 0$ folgt für $\underline{Z}_1$:

$$\underline{Z}_1 = \frac{A_{12}^2}{|\det A|}\frac{1}{\underline{Z}_L} = \frac{R_2}{\underline{Z}_L} \quad \text{mit} \quad R = \frac{|A_{12}|}{\sqrt{|\det A|}}. \tag{7.87}$$

Das ist ein Gyrator. Er verwandelt einen Zweipol $\underline{Z}_L$ in den dualen $R_2/\underline{Z}_L$. R heißt *Gyrationswiderstand* (Tafel 7.11). Wichtig ist der Sonderfall det $A = -1$.

Beim Gyrator tritt die Eingangsleistung am Ausgang voll wieder aus $P_1 = P_2$. Er arbeitet *verlustlos* und muß sich grundsätzlich durch passive Schaltelemente realisieren lassen (praktisch allerdings durch aktive und passive Elemente).

2. Verschwindende Determinante det A = 0. Dieser Fall umschließt

$A_{12} \neq 0$, $A_{21} = 0$ spannungsgesteuerte Stromquelle (Abschn. 7.3.6);
$A_{12} = 0$, $A_{21} \neq 0$ stromgesteuerte Spannungsquelle (Abschn. 7.3.6);
$A_{12} = 0$, $A_{21} = 0$ Nullor .

Für die beiden gesteuerten Quellen ist ein Element der Kettenmatrix von Null verschieden.

3. Negativdualübersetzer. Mit det $A = -A_{12}A_{21} > 0$ folgt

$$\underline{Z}_1 = \frac{-A_{12}^2}{|\det A|}\frac{1}{\underline{Z}_L}. \tag{7.88}$$

Der Abschlußwiderstand $\underline{Z}_L$ wird in den negativen und dualen Widerstand übersetzt. Im Sonderfall der $A = +1$ ($A_{12} = -1/A_{21}$) entsteht der *Negativgyrator* (Tafel 7.11). Hier gilt $P_1 = -P_2$. Daher strömen über beide Klemmenpaare entweder gleich große Wirkleistungen hinein oder heraus. Die Größe

$$\frac{A_{12}^2}{|\det A|} = R^2 \tag{7.89}$$

(R Gyrationswiderstand)

hat ebenfalls die Dimension eines Widerstandsquadrates R.

7.3.5 Transformator

7.3.5.1 Vierpoldarstellung

Zwei gekoppelte Induktivitäten sind das klassische Beispiel eines Vierpols. Seine Besonderheit liegt im doppelten Energieformwechsel: elektrische→magnetische→ →elektrische Energie. Wir erfaßten diesen Vorgang durch den Begriff Gegeninduktivität M (s. Abschn. 3.4.2). In diesem Abschnitt untersuchen wir die Vierpoldarstellung zweier magnetisch linear- und zeitunabhängig gekoppelter Spulen (ohne Eisenkern). Später entwickeln wir daraus den technischen Transformator mit Eisenkern.

Ausgang sind die *Transformatorgleichungen* in Kettenpfeilrichtung (s. Abschn. 7.2.1.1). Nach ihrer Transformation in den Frequenzbereich lauten sie

$$\begin{aligned} \underline{U}_1 &= (R_1 + j\omega L_1)\,\underline{I}_1 - j\omega M \underline{I}_2\,, \\ \underline{U}_2 &= j\omega M \underline{I}_1 - (R_2 + j\omega L_2)\,\underline{I}_2 \end{aligned} \tag{7.90}$$

Strom-Spannungs-Relation zweier Koppelspulen im Frequenzbereich.

Durch Vergleich mit der Widerstandsform des Vierpols (s. Tafel 7.2) ergeben sich die Widerstandsparameter

$$\underline{Z}_{11} = R_1 + j\omega L_1\,, \quad \underline{Z}_{12} = -j\omega M = -\underline{Z}_{21}\,, \quad -\underline{Z}_{22} = R_2 + j\omega L_2\,. \tag{7.91}$$

Sie lauten:

Eingangsleerlaufwiderstand $\underline{Z}_{11}$ = Impedanz der Spule 1 (ohne Kopplungseinfluß durch M, da $\underline{I}_2 = 0$),

Ausgangsleerlaufwiderstand $-\underline{Z}_{22}$ = Impedanz der Spule 2 (ohne Kopplungseinfluß durch M, da $\underline{I}_1 = 0$).

Die Bedingung $\underline{Z}_{21} = -\underline{Z}_{12}$ drückt Umkehrbarkeit aus.

Wir bemerken: Zwei magnetisch gekoppelte linear-zeitunabhängige (eisenfreie!) Induktivitäten lassen sich im Frequenzbereich durch einen umkehrbaren widerstandsunsymmetrischen Vierpol ($\underline{Z}_{12} = -\underline{Z}_{21}$) beschreiben.

Dieses Vierpolmodell erfaßt viele technische *Koppelspulenanordnungen* in mehr oder weniger guter Näherung:

— Spulen mit Eisenkern: Transformator speziell zur Leistungsübertragung[1];
— Spulen mit Eisenkern: Wandler speziell zur Widerstandstransformation[2];

---

[1] Maximale Leistung bei einer Frequenz

[2] Möglichst verzerrungsfreie Signalübertragung in breitem ω-Gebiet

— Spulen mit speziellem Eisen (Ferrit): Bandfilter zur Erzielung selektiver Wirkungen.

Die Übertragungseigenschaften dieses Vierpols hängen dabei von Gegeninduktivität M, Verlustwiderständen R_1, R_2 und Koppelfaktor

$$k = \frac{M}{\sqrt{L_1 L_2}} = \sqrt{1 - \sigma} \quad \text{(Streugrad } \sigma\text{)}$$

sowie dem Übersetzungsverhältnis

$$ü = \frac{w_1}{w_2} = \sqrt{\frac{L_1}{L_2}}$$

konstruktiv ab (s. Abschn. 3.4).

Eine nähere *Klassifizierung* des Übertragers ist leicht anhand seiner *Kettenmatrix* möglich. Wir erhalten sie aus den Widerstandsparametern Gl. (7.91) durch Umrechnung (Tafel 7.4) zu

$$[\underline{A}] = \begin{bmatrix} \frac{L_1}{M} & \frac{j\omega(L_1 L_2 - M^2)}{M} \\ \frac{1}{j\omega M} & \frac{L_2}{M} \end{bmatrix}$$

$$= \frac{1}{\sqrt{1-\sigma}} \begin{bmatrix} \frac{L_1}{L_2} & \sigma j\omega \sqrt{L_1 L_2} \\ \frac{1}{j\omega \sqrt{L_1 L_2}} & \sqrt{\frac{L_1}{L_2}} \end{bmatrix} = \frac{1}{\sqrt{1-\sigma}} \underset{(\det \underline{A} = 1)}{\begin{bmatrix} ü & \frac{\sigma}{ü} j\omega L_1 \\ \frac{ü}{j\omega L_1} & \frac{1}{ü} \end{bmatrix}}. \tag{7.92 a}$$

Es ist zu unterscheiden:

1. (Fest gekoppelter) streuungsfreier Transformator. Da der Streufaktor σ verschwindet, also der Koppelfaktor $k = \pm 1$ beträgt, wird

$$[\underline{A}] = \begin{bmatrix} ü & 0 \\ \frac{1}{j\omega L_1} & \frac{1}{ü} \end{bmatrix}. \tag{7.92 b}$$

2. Idealer Übertrager mit verschwindender Streuung und unendlich großer Primärinduktivität L_1 ($L_1 \to \infty$) und damit auch $L_2 \to \infty$, da $ü \sim \sqrt{\frac{L_1}{L_2}} = \text{const}$ bleibt

$$[\underline{A}] = \begin{bmatrix} ü & 0 \\ 0 & \frac{1}{ü} \end{bmatrix} \tag{7.92c}$$

Kettenmatrix des idealen Übertragers.

Merke: Der ideale Transformator wird durch das Übersetzungsverhältnis vollständig beschrieben. Seine Eingangs- und Ausgangsleerlaufimpedanzen sind unendlich groß. Vertauscht man die Wicklungsanschlüsse an einer Vierpolseite, so kehrt sich das Vorzeichen von *ü* um.

Im Sonderfall $ü = 1$ (bzw. -1) des idealen Transformators lauten die $\underline{A}$-Matrizen:

$$[\underline{A}] = \begin{bmatrix} 1 & 0 \\ 0 & 1 \end{bmatrix}, \qquad [\underline{A}] = \begin{bmatrix} -1 & 0 \\ 0 & -1 \end{bmatrix}. \tag{7.92 d}$$

Durchverbindung der Vierpol-klemmenpaare **Leitungskreuzung**

Dies sind die Durchverbindung und Leitungskreuzung eines Vierpols (Tafel 7.9).

Der ideale Übertrager läßt sich technisch nicht realisieren. Es liegt aber nahe, ihn als Netzwerkaufbauelement (Netzwerkgrundelement) genau so einzuführen, wie Widerstand, Spule und Kondensator (Abschn. 5.1). Dann besteht der technische Transformator aus einem idealen Transformator und zusätzlichen Netzwerkelementen.

7.3.5.2 Ersatzschaltung

Aus der Kenntnis der Widerstandsparameter (Gl. (7.91)) kann die T-Schaltung als *Transformatorersatzschaltung* sofort angegeben werden. Ihr Klemmenverhalten entspricht völlig der des Transformators. Das war die Äquivalenzbedingung. Sie hat aber einen *physikalisch vollständig anderen Inhalt*! Die magnetische Kopplung ist — rein äußerlich — dadurch verschwunden, daß die drei Spulen (als Schaltelemente) nicht mehr verkoppelt sind[1]. Ferner besteht eine galvanische Verbindung (über $j\omega M$) zwischen Eingangs- und Ausgangskreis (Bild 7.36a). Sie fehlt im Transformator völlig!

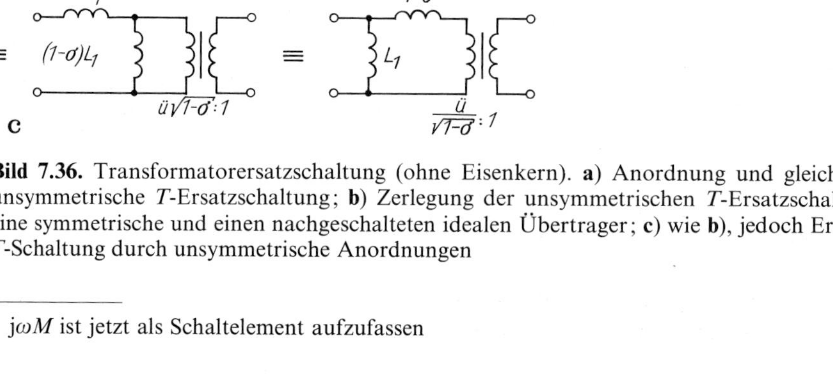

Bild 7.36. Transformatorersatzschaltung (ohne Eisenkern). **a**) Anordnung und gleichwertige unsymmetrische T-Ersatzschaltung; **b**) Zerlegung der unsymmetrischen T-Ersatzschaltung in eine symmetrische und einen nachgeschalteten idealen Übertrager; **c**) wie **b**), jedoch Ersatz der T-Schaltung durch unsymmetrische Anordnungen

[1] $j\omega M$ ist jetzt als Schaltelement aufzufassen

Die Ersatzschaltung gilt unabhängig von der Größe der Elemente L_1, L_2 und M, damit auch unabhängig von k und σ.

Die vorgestellte T-Ersatzschaltung ist als *Netzwerkmodell* bequem zu handhaben und bedenkenlos anwendbar. Sie eignet sich jedoch nur bedingt, wenn ein gegebener Transformator durch Netzwerkelemente nachgebildet werden soll. Wir untersuchen dazu die Längselemente $L_1 - M$ und $L_2 - M$ auf ihre Realisierbarkeit (die Widerstände R_1, R_2 lassen sich durch ohmsche Widerstände stets realisieren). Es gilt

$$\begin{aligned} L_1 - M &= L_1 - k\sqrt{L_1 L_2} = L_1\left(1 - k\sqrt{\frac{L_1}{L_2}}\right), \\ L_2 - M &= L_2 - k\sqrt{L_1 L_2} = L_2\left(1 - k\sqrt{\frac{L_2}{L_1}}\right). \end{aligned} \tag{7.93}$$

Im Bereich

$$k > \sqrt{\frac{L_1}{L_2}} = \ddot{u} > \frac{1}{k}, \quad \text{also } \ddot{u} \neq 1 \qquad \ddot{u} = \sqrt{\frac{L_1}{L_2}}$$

für Übersetzungsverhältnisse $\ddot{u}$ verschieden von 1 wird eine der beiden Längsinduktivitäten negativ. Ein derartiges Netzwerkelement ist physikalisch nicht möglich. Allerdings kann ihre Impedanz

$$\underline{Z}_{\mathrm{L}} = \mathrm{j}\omega(-L) = -\mathrm{j}\omega L = \underline{Z}_{\mathrm{C}} = -\frac{j}{\omega C} \to C\,\frac{1}{\omega^2 L}$$

für eine Festfrequenz durch eine (positive) Kapazität realisiert werden!

Weil in der T-Schaltung für $\ddot{u} \neq 1$ eine der beiden Längsinduktivitäten negativ wird, kann sie mit passiven Elementen nicht realisiert werden. Lediglich für $\ddot{u} = 1$ ($L_1 = L_2 = L$) und $k \lessapprox 1$[1] entstehen mit $L_1 - M = L(1 - k)$ (L_2 analog) realisierbare Lösungsinduktivitäten. Außerdem wird diese Schaltung symmetrisch. Die Längsinduktivitäten betragen wegen $\sigma = 1 - k^2 = (1 - k)(1 + k) \approx 2(1 - k)$ $(k \approx 1)$

$$L(1 - k) \approx \frac{\sigma L}{2},$$

gehen also in die *Streuinduktivität* $\sigma L/2$ jeder Spule über (Bild 7.36b). Der so erhaltene T-Vierpol läßt sich auch durch eine unsymmetrische Schaltung ersetzen (Bild 7.36c).

Transformierte Ersatzschaltung. Es liegt nahe, die Vierpolgleichung eines gekoppelten Spulenpaares durch einen idealen Übertrager nachzubilden, der so mit einem (noch unbekannten) Transformationsvierpol zusammengeschaltet wird, daß die Gesamtschaltung das Klemmenverhalten des Ausgangsvierpols voll erfüllt. Dieses Prinzip heißt „Transformation von Vierpoleigenschaften"[2]. Vom Transformationsvierpol verlangen wir, daß alle seine Elemente realisierbar sein sollen.

Ausgang ist die Kettenschaltung eines idealen Übertragers (Matrix $[\underline{A}_\mathrm{b}]$ mit einem Transformationsvierpol (Kettenmatrix $(\underline{A}_\mathrm{a})$) (Bild 7.37). Dann gilt für die Kettenschaltung der beiden Vierpole und die Gleichheit mit dem Ausgangsvierpol (Kettenmatrix $\underline{A}$)

$$\underbrace{[\underline{A}]}_{\substack{\text{gegebener Vierpol}\\ \text{(realer Übertrager)}}} = \underbrace{[\underline{A}_\mathrm{a}]}_{\substack{\text{Transformationsvierpol}\\ \text{(gesucht)}}} \cdot \underbrace{[\underline{A}_\mathrm{b}]}_{\text{idealer Übertrager}} . \tag{7.94}$$

[1] $k \lessapprox 1$ bedeutet: k ist ungefähr 1, aber kleiner 1

[2] Bisweilen auch Reduktion von Vierpolgrößen

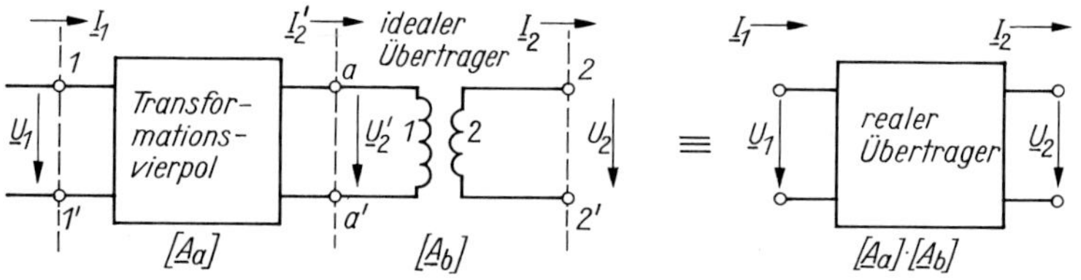

Bild 7.37. Ersatz des realen Übertragervierpols durch eine Kettenschaltung von Transformationsvierpol und idealem Übertrager

Vom Ausgangsvierpol sind L_1, L_2 und M gegeben, gesucht (und somit noch frei wählbar) sind Übersetzungsverhältnis $ü$ des idealen Übertragers und die Elemente des Transformationsvierpols.

Die Auflösung der Gl. (7.94) nach $[\underline{A}_a]$ erfolgt durch Multiplikation von rechts mit der Kehrmatrix $[\underline{A}_b]^{-1}$ (s. Gl. (7.92 c))

$$[\underline{A}_b]^{-1} = \begin{bmatrix} \frac{1}{ü} & 0 \\ 0 & ü \end{bmatrix}.$$

Das ergibt

$$[\underline{A}_a]\,[\underline{A}_b]^{-1} = [\underline{A}_a]\,[\underline{A}_b]\,[\underline{A}_b]^{-1} = [\underline{A}_a]\,,$$

oder durchgeführt

$$[\underline{A}_a] = \begin{bmatrix} \frac{L_1}{M} & \mathrm{j}\omega\sigma\,\frac{L_1 L_2}{M} \\ \frac{1}{\mathrm{j}\omega M} & \frac{L_2}{M} \end{bmatrix} \begin{bmatrix} \frac{1}{ü} & 0 \\ 0 & ü \end{bmatrix} = \begin{bmatrix} \frac{L_1}{üM} & \mathrm{j}\omega\sigma\,\frac{L_1 ü^2 L_2}{üM} \\ \frac{1}{\mathrm{j}\omega ü M} & \frac{ü^2 L_2}{üM} \end{bmatrix}. \quad (7.95)$$

Die Matrix $[\underline{A}_a]$ des Transformationsvierpols unterscheidet sich von der Übertragermatrix ($[\underline{A}]$, s. Gl. (7.92)) nur durch die „Ersetzungen" $M \to üM = M^*$ und $L_2 \to ü^2 L_2 = L_2^*$. Bild 7.38 a zeigt die Schaltung. Wir bestimmen das Übersetzungsverhältnis $ü$ so, daß eine möglichst einfache Ersatzschaltung entsteht. Dabei sollen negative Induktivitäten nicht auftreten, also

$$L_1 - M^* \geqq 0\,, \qquad M^* \geqq 0\,, \qquad L_2 - M \geqq 0 \qquad (7.96\,\mathrm{a})$$

gelten. Deshalb darf das Übersetzungsverhältnis nur im Bereich

$$\frac{M}{L_2} \leqq ü \leqq \frac{L_1}{M} \qquad (7.96\,\mathrm{b})$$

möglicher Bereich für $ü$, wenn Netzwerkelement realisierbar sein soll

liegen. Der Transformationsvierpol wird besonders einfach, wenn

$ü$ mit dem linken oder rechten Grenzwert übereinstimmt. Dann verschwindet nach Gl. (7.93) eines der beiden *Längsglieder*,

$ü$ so gewählt wird, daß

$$L_1 - M^* = L_2^* - M^*$$

gilt, dann wird die T-Ersatzschaltung symmetrisch.

Diskutieren wir die drei Fälle (Bild 7.38).

1. Linkes Längsglied verschwindet, d. h. $L_1 - M^* = 0$ bzw.

$$\ddot{u} = \sqrt{\frac{L_1}{M}} = \sqrt{\frac{L_1}{L_2}}\sqrt{\frac{L_1 L_2}{M}} = \sqrt{\frac{L_1}{L_2}}\frac{1}{\sqrt{1-\sigma}} = \frac{w_1}{w_2}\frac{1}{\sqrt{1-\sigma}},$$

dabei wurde rechts $k^2 = 1 - \sigma = M^2/(L_1 L_2)$ verwendet. Die Induktivitäten der Quer- und Längsspulen betragen

$$L_1 = \ddot{u}M, \; \ddot{u}^2 L_2 - \ddot{u}M = L_1\left(\frac{L_1 L_2}{M^2} - 1\right) = \frac{L_1 \sigma}{1 - \sigma} \tag{7.96c}$$

und ergeben die im Bild 7.38b dargestellte Ersatzschaltung.

2. Beide Längsglieder sind gleich: $(L_1 - M^* = L_2^* - M^*)$. Daraus folgt

$$\ddot{u} = \sqrt{\frac{L_1}{L_2}} = \frac{w_1}{w_2}.$$

Man erhält als Induktivität der Längsspule

$$L_1 - \ddot{u}M = u^2 L_2 - \ddot{u}M = L_1\left(1 - \frac{M}{\sqrt{L_1 L_2}}\right) = L_1(1 - \sqrt{1-\sigma}) \approx L_1 \frac{\sigma}{2} \tag{7.96d}$$

und Induktivität der Querspule (Bild 7.38c)

$$\ddot{u}M = L_1\sqrt{1-\sigma} \approx L_1\left(1 - \frac{\sigma}{2}\right).$$

Rechts wurde noch der Wert für kleine Streuung $\sigma \ll 1$ notiert (beachte: $\sqrt{1 - x} \approx 1 - x/2$, Binominalentwicklung).

3. Rechte Längsspule verschwindet: $(\ddot{u}^2 L_2 - \ddot{u}M = 0)$. Jetzt ergibt sich

$$\ddot{u} = \frac{M}{L_2} = \sqrt{\frac{L_1}{L_2}} \cdot \frac{M}{\sqrt{L_1 L_2}} = \sqrt{\frac{L_1}{L_2}}\sqrt{1-\sigma} = \frac{w_1}{w_2}(\sqrt{1-\sigma})$$

und für die Induktivitäten der Längs- und Querspule:

$$L_1 - \ddot{u}M = L_1\left(1 - \frac{M^2}{L_1 L_2}\right) = L_1 \sigma, \tag{7.96e}$$

$$\ddot{u}M = L_1(1 - \sigma)$$

(Bild 7.38d).

Allen drei Ersatzschaltungen entnehmen wir das gemeinsame Ergebnis: In der Kettenschaltung des idealen Übertragers mit einem (realisierbaren) „Induktivitätsvierpol" übernimmt der ideale Übertrager die Transformation von Strom und Spannung (und damit auch die Widerstandsübersetzung) gemäß

$$\begin{bmatrix} \underline{U}'_2 \\ \underline{I}'_2 \end{bmatrix} = [\underline{A}_b] \begin{bmatrix} \underline{U}_2 \\ \underline{I}_2 \end{bmatrix},$$

während der vorgeschaltete „Induktivitätsvierpol" maßgebend für die Abweichungen des realen Transformators vom idealen ist.

Zu diesen Abweichungen gehören:

— Der *Magnetisierungsstrom*: Bei leerlaufendem Ausgang steigt die Eingangsimpedanz nicht gegen ∞, sondern gegen $j\omega L_1$.

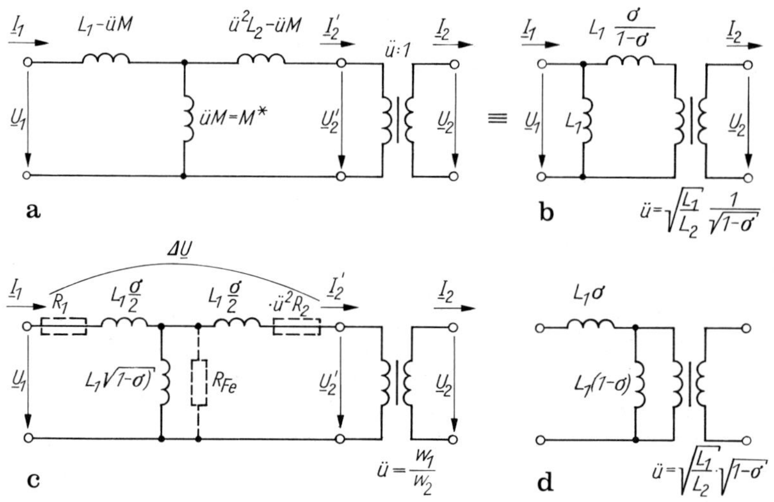

Bild 7.38. Ersatzschaltung nach Bild 7.37. **a**) bis **d**) Ausgangsersatzschaltung, aus der sich verschiedene Modifizierungen ableiten lassen

— Die *Streuung*: Bei Kurzschluß verschwindet die Eingangsimpedanz nicht, sondern beträgt $j\omega L_1 \sigma$.

— Die (nicht gezeichneten) *ohmschen Widerstände* als zusätzliche Beiträge zu den Längswiderständen.

Weiter bemerken wir: Bei verschwindender Streuung ($\sigma = 0$) stimmen alle drei Ersatzschaltungen überein.

Sonderfall: Übertrager mit Eisenkern. Angestrebt wird meist, daß der dem idealen Übertrager vorgeschaltete Vierpol das Gesamtverhalten möglichst wenig stört. Das erfordert kleine Streuung und geringen Magnetisierungsstrom, also große Induktivität L_1. Beides erreicht man durch Anwendung eines *Eisenkerns* möglichst hoher Permeabilität. Er wirkt als „Konzentrator" magnetischer Feldlinien, vergrößert also die Kopplung und senkt die Streuung.

Für kleine Streuung σ eignet sich die symmetrische Ersatzschaltung besonders. Ihre Elemente lassen sich physikalisch deuten:

Der magnetische Fluß durch die Querinduktivität entspricht dem Verkettungsfluß beider Wicklungen. Er verläuft hauptsächlich im Eisenweg. Der magnetische Fluß in den Längsspulen entspricht dem jeweils nur mit einer Wicklung verketteten *Streufluß* außerhalb des Kernes.

Bei gegebener Wicklungsabmessung gilt für die Querspule wegen $L \sim \frac{w^2}{R_m} \sim w^2 \mu_{Fe}$.

Die Induktivität $\sigma L/2$ der Längsspulen ist nahezu unabhängig von der Kernpermeabilität. Die Ersatzschaltung (Bild 7.38c) des Eisenkernübertragers wird weiter ergänzt durch:

— die *Wicklungswiderstände* R_1, R_2. Während R_1 direkt in den vorgeschalteten Vierpol eingeht, muß R_2 von der Sekundärseite zunächst durch den idealen Übertrager auf dessen Primärseite transformiert werden. Daher erscheint dort $ü^2 R_2$;

— Verluste durch *Wirbelstrom* und *Hysterese* im Eisenkern. Wir beachten sie durch einen Widerstand R_{Fe} parallel zur Querspule (Bild 7.38c). Nach Abschn. 3.4.3 wächst diese Verlustleistung bei sinusförmiger Induktion gemäß

$$P_w = \frac{\hat{U}^2}{2R_{Fe}} \sim \omega^2 \hat{B}^2 .$$

Die Hystereseverluste wachsen demgegenüber nur linear mit ω und nichtlinear mit $\hat{B}$. Daher gibt R_{Fe} die Hystereseverluste nur für eine Frequenz und eine Amplitude $\hat{B}$ wieder.

7.3.5.3 Eigenschaften

Transformationseigenschaften des realen Übertragers. In der Ersatzschaltung des realen Übertragers (Bild 7.37) besorgt der ideale Übertrager eine (reelle) Transformation der Klemmengrößen. Damit stimmen die Größen $\underline{U}_2'$, $\underline{I}_2'$ auf seiner Eingangsseite etwa mit den Eingangsgrößen $\underline{U}_1, \underline{I}_1$ des realen Übertragers überein. Diese Maßstabsänderung wirkt sich vorteilhaft auf die anschauliche Beurteilung der Abweichungen, ihre Darstellung im Zeigerbild, Ortskurvendarstellung usw. aus.

Spannungstransformation. Das Verhältnis der Eingangs- zur Ausgangsspannung beträgt als Matrixelement $\underline{A}_{11} = \underline{U}_1/\underline{U}_2$ bei Ausgangsleerlauf ($\underline{I}_2 = 0$). Es ergibt sich (mit $R_{Fe} \to \infty$ und $R_1 \ll \omega(L\sigma + M^*)$) aus Bild 7.38c

$$\frac{\underline{U}_1}{\underline{U}_2} = \underbrace{\overbrace{\frac{w_1}{w_2}}^{\textbf{idealer Trafo}}\left(1 + \frac{L\sigma_1}{M^*}\right)}_{\textbf{realer Trafo}} = ü\left(1 + \frac{\sigma}{2k}\right) \approx ü\left(1 + \frac{\sigma}{2}\right). \tag{7.97 a}$$

Anschaulich unterscheidet sich die Ausgangsspannung $\underline{U}_2'$ von $\underline{U}_1$ durch den (stromabhängigen) *Längsspannungsabfall* $\Delta\underline{U}$ (Bild 7.38c)

$$\Delta\underline{U} = \underline{U}_1 - \underline{U}_2', \quad \text{d. h.,} \quad \frac{\underline{U}_1}{\underline{U}_2'} = 1 + \frac{\Delta\underline{U}}{\underline{U}_2'}$$

mit

$$\Delta\underline{U} = \underline{I}_1(R_1 + j\omega L_1\sigma) + \underline{I}_2'(R_2' + j\omega L_2\sigma') .$$

Die Spannungsübersetzung eines technischen Transformators entspricht nur im Leerlauf der des idealen Transformators. Der Spannungsfehler $\Delta\underline{U}/\underline{U}_1$ beträgt z. B. für $\sigma = 5\%$ (Gl. (7.97))

$$\frac{\Delta\underline{U}}{\underline{U}_1} = \left(1 - \frac{\underline{U}_2}{\underline{U}_1}\right) = 1 - \frac{1}{ü\left(1 + \frac{\sigma}{2}\right)} \tag{7.97 b}$$

Man kann daher in den meisten Fällen überschläglich mit $\left|\frac{\underline{U}_1}{\underline{U}_2}\right| \approx ü$ rechnen. Besondere Forderungen an kleine Längsspannung stellt der *Spannungswandler* (Betrieb im Leerlauf, kleine Längsimpedanz). Er dient zur Messung von Spannungen an schwer zugängigen oder gefährdeten Stellen (Hochspannung) (Bild 7.39a).

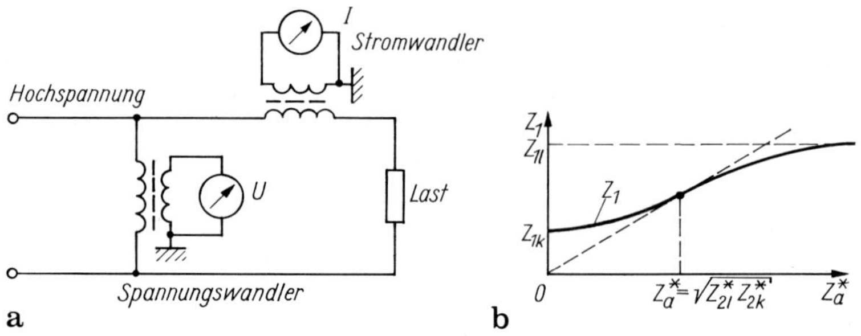

Bild 7.39. Anwendungen des Transformators. **a**) als Spannungs- und Stromwandler in Hochspannungseinrichtungen; **b**) zur Widerstandstransformation; Eingangswiderstand (Betrag) über dem reduzierten Lastwiderstand Z_a^*

Stromtransformation. Wir erhalten aus der Ersatzschaltung (Bild 7.38c) bei Einbezug des Querzweiges ($R_{Fe} \parallel j\omega M$) (s. Abschn. 7.1.2 „Technische Spule") als Eingangsstrom

$$\underline{I}_1 = \underline{I}_2^* + \underline{I}_{RFe} + \underline{I}_\mu = \underline{I}_2^* + \underline{I}_M \,. \tag{7.98a}$$

Anschaulich setzt sich $\underline{I}_1$ aus dem Strom $\underline{I}_M = \underline{I}_\mu + \underline{I}_{RFe}$ (bestehend aus Magnetisierungsstrom I_μ und Wirkstrom (Eisenverluste) zusammen

$$\frac{\underline{I}_1}{\underline{I}_2} = \underbrace{\overbrace{\frac{w_2}{w_1}}^{\textbf{idealer}}\left(1 + \frac{\underline{I}_M}{\underline{I}_2^*}\right)}_{\textbf{realer Transformator}} \approx \frac{w_2}{w_1}\left(\frac{R_2^* + j\omega L_{\sigma 2} + j\omega M^*}{j\omega M}\right) \approx \frac{w_2}{w_1}\left(1 + \frac{\sigma}{2k}\right) \tag{7.98b}$$

$$\left(\text{für } R_2^* \ll j\omega M^*,\ L_{\sigma 2}^* \approx \frac{\sigma L_1}{2},\ M^* = kL_1\right).$$

Üblicherweise setzt man $\underline{I}_M$ gleich dem Leerlaufstrom. Er ändert sich bei Sekundärbelastung praktisch nicht, weil der Längsspannungsabfall vernachlässigt werden kann. Dann bleibt die Spannung über dem Mittelzweig der T-Schaltung etwa konstant und es gilt:

Die Stromübersetzung des technischen Transformators unterscheidet sich durch den *Querstrom* von der des idealen Übertragers. Sie weicht um so mehr vom idealen Übersetzungsverhältnis ab, je größer das Verhältnis $\underline{I}_1/\underline{I}_2$, also der Leerlaufstrom (Querimpedanz) und je kleiner $\underline{I}_2$ (Belastung) sind. Im Kurzschlußbetrieb kommt sie der idealen Übersetzung am nächsten.

Würde im Kurzschlußbetrieb die Nennspannung $\underline{U}_1$ aufrechterhalten werden, so wäre ein Kurzschlußstrom in beiden Wicklungen die Folge, der das 10- bis 30fache der Nennspannung betragen kann. Er wird — gemäß der T-Ersatzschaltung (Bild 7.38c) — nur durch Streuinduktivitäten und Wirkwiderstände begrenzt. Deshalb senkt man die Primärspannung so weit ab, daß trotz des Kurzschlusses der *Nennstrom* (Datenangabewerte) fließt. Die dabei anliegende Spannung heißt *Kurzschlußspannung*. Sie beträgt etwa 3 bis 20% der Nennspannung.

Anwendung findet der Kurzschlußbetrieb im *Stromwandler* (Bild 7.39a) (Meßtrafo für Strommessung). Er transformiert hohe Ströme auf sehr kleine herab, es muß somit $w_2 \gg w_1$ gelten. Deshalb darf ein derartiger Wandler im Betrieb sekundärseitig nie geöffnet werden, weil er sonst als leerlaufender Spannungstransformator arbeitet und die Gefahr der Zerstörung der Sekundärwicklung infolge Durchschlags besteht.

Leistungsumsatz. Die eingangsseitig aufgenommene Wirkleistung P_1 setzt sich aus der ausgangsseitig abgegebenen (P_2) und dem Leistungsverlust P_V

$$P_V = P_e + P_k\,, \tag{7.99}$$

den sog. Eisen- und Kupferverlusten P_e und P_k zusammen. Die Eisenverluste enthalten Wirbelstrom- und Hystereseverluste. Sie entstehen durch den Querzweig ($P_e \approx U_1^2/R_{Fe}$), die Kupferverluste durch den Längszweig $P_k \approx I_1^2 R_1 + I_2^{*2} R_2$ (Bild 7.38c). Da letztere vom Strom abhängen, legt man den Transformator meist so aus, das Kupfer- und Eisenverluste übereinstimmen: $P_e = P_k$. Dann hat er den größten Wirkungsgrad.

Im Leerlauf überwiegen die Eisenverluste ($I \approx 0$), bei Nennstrom (im Kurzschlußbetrieb) dominieren die Kupferverluste (Spannung über Querzweig im Kurzschluß sehr klein). Damit ist eine meßtechnische Trennung möglich.

Widerstandsübersetzung. Idealer und realer Übertrager unterscheiden sich im (komplexen) Eingangswiderstand $\underline{Z}_1$ erheblich voneinander:

ideal	real	Sekundärbelastung
$\underline{Z}_1 : \infty$	$\underline{Z}_{11}$	Leerlauf
$\underline{Z}_1 : 0$	$\underline{Z}_{1k}$	Kurzschluß

Ausgedrückt durch die Widerstandsparameter ergibt sich (mit reduzierten Größen $\underline{Z}_{ik}^*$)

$$\underline{Z}_1 = \underline{Z}_{11} - \frac{\underline{Z}_{12}^{*2}}{-\underline{Z}_{22}^* + \underline{Z}_a^*} = \underline{Z}_{11} - \frac{\underline{Z}_{12}^{*2}}{\underline{Z}_{21}^* + \underline{Z}_a^*}\,. \tag{7.100a}$$

Daraus folgt für

$$\underline{Z}_a^* \ll \underline{Z}_{21}^* \qquad \left(\text{mit } \frac{1}{1+x} \approx 1 - x\,,\; x \ll 1\right)$$

$$\begin{aligned}\underline{Z}_1 &\approx \underline{Z}_{11} - \frac{\underline{Z}_{12}^{*2}}{\underline{Z}_{22}^*}\left(1 - \frac{\underline{Z}_a^*}{\underline{Z}_{21}^*}\right) \approx \underline{Z}_{1k} + \underline{Z}_a^* \frac{\underline{Z}_{12}^{*2}}{\underline{Z}_{22}^{*2}} \\ &\approx \underline{Z}_a^*\,, \quad \text{für} \quad \underline{Z}_{12}^{*2} \approx \underline{Z}_{21}^{*2} \quad \text{und} \quad \underline{Z}_a^* \gg \underline{Z}_{1k}\,.\end{aligned} \tag{7.100b}$$

Die Widerstandstransformation $\underline{Z}_1 \approx \underline{Z}_a^*$ des idealen Transformators trifft somit nur im Bereich

$$\underline{Z}_{1k} \ll \underline{Z}_a^* \ll \underline{Z}_{21}^* \tag{7.100c}$$

zu, exakt nur für

$$\underline{Z}_1 = \underline{Z}_a^* = \sqrt{\underline{Z}_{21}^* \underline{Z}_{2k}^*} \quad \text{Wellenwiderstandsanpassung.} \tag{7.100d}$$

Dieses Verhalten ist im Bild 7.39b dargestellt.

Die Haupteigenschaft des Übertragers für die Informationstechnik ist seine Widerstandstransformation. Sie gilt exakt nur bei Anpassung nach dem Wellenwiderstand.

Diesbezüglich fand er vielseitige Anwendung als Anpaßübertrager usw. Da Transformatoren voluminös und in der Herstellung teuer sind, wird die Widerstandstransformation mehr und mehr unter Verwendung von Transistorschaltungen durchgeführt. So transformiert die sog. Kollektorbasisschaltung einen hohen Widerstand in einen sehr kleinen. Solche Schaltungen sind wesentlich volumenärmer, haben einen größeren Frequenzbereich als der Transformator und sind zudem billiger. Beispielsweise verschwanden deshalb Transformatoren zur Lautsprecheranpassung u. a. m. in heutigen Niederfrequenzverstärkern vollständig und wurden durch Transistorgegentaktschaltungen ersetzt.

7.3.6 Verstärkervierpol

Die im Abschn. 5.1.1.2 (s. a. Tafel 7.3) als Netzwerkelemente eingeführten gesteuerten Quellen werden technisch (in mehr oder weniger guter Näherung) realisiert durch

— *Verstärkerbauelemente*: Bipolar- und Feldeffekttransistoren, Röhre;
— *Verstärker*: Zusammenschaltungen mehrerer Verstärkerbauelemente in einem Netzwerk (mit diskreten Netzwerkelementen) oder heute als sog. integrierte Verstärker. Mit den Mitteln der Mikroelektronik lassen sich Verstärker als Funktionseinheit mit sehr kleinem Volumen herstellen. Die wichtigste ist der Operationsverstärker.

Vom Netzwerkgesichtspunkt stellen wir beide durch einen *Verstärkervierpol* dar. Er umfaßt

— im Mindestfall die gesteuerte Quelle (Tafel 7.3), gekennzeichnet durch eine Steuergröße wie Steilheit $\underline{S}$, Kurzschlußstromverstärkung $\underline{v}_{ik}$, Leerlaufspannungsverstärkung $\underline{v}_{u1}$, Transferimpedanz $\underline{Z}_m$ (Gl. (5.5) bis (5.8)). Die Größen können komplex sein;
— im Realfall noch endliche Ein- und Ausgangskurzschlußleitwerte $\underline{y}_{1k}$, $\underline{y}_{2k}$ $(= -\underline{y}_{22})$;
— Rückwirkung, sie werde vernachlässigt $(y_{12} = 0)$.

Die Parameter der gesteuerten Quellen (Abschn. 5.1.1.2) treten sämtlich in der Kettenmatrix des Verstärkervierpols auf:

$$\underline{U}_1 = \frac{\underline{U}_2}{\underline{v}_{ul}} + \frac{\underline{I}_2}{\underline{S}}, \qquad \underline{I}_1 = \frac{\underline{U}_2}{\underline{Z}_m} + \frac{\underline{I}_2}{\underline{v}_{ik}}. \tag{7.101}$$

Wir überzeugen uns davon durch Anwendung der Parameter-Definitionsgleichungen und Vergleich mit den Steuerparametern. Somit wäre ein Verstärkervierpol durch Angabe der vier Steuerparameter (und nur dieser!) vollständig gekennzeichnet. Praktisch wird der Verstärkervierpol besser durch die Leitwertmatrix beschrieben. Man setzt also

$$[\underline{y}] = \begin{bmatrix} \underline{y}_{11} & 0 \\ \underline{y}_{21} & \underline{y}_{22} \end{bmatrix} = \begin{bmatrix} \underline{y}_{1k} & 0 \\ \underline{S} & -\underline{y}_{2k} \end{bmatrix}. \tag{7.102}$$

Diese Parameter stehen mit der Ersatzschaltung Bild 7.22 in direkter Beziehung. Zu den Steuerparametern bestehen folgende Relationen

$$\begin{aligned} \frac{1}{\underline{v}_{\mathrm{ul}}} &= \underline{a}_{11} = -\frac{\underline{y}_{22}}{\underline{y}_{21}} = \frac{\underline{y}_{2\mathrm{k}}}{\underline{S}}, \\ \frac{1}{\underline{Z}_{\mathrm{m}}} &= \underline{a}_{21} = -\frac{\Delta \underline{y}}{\underline{y}_{21}} = \frac{\underline{y}_{1\mathrm{k}}\underline{y}_{2\mathrm{k}}}{\underline{S}}, \\ \frac{1}{\underline{v}_{\mathrm{ik}}} &= \underline{a}_{22} = \frac{\underline{y}_{11}}{\underline{y}_{21}} = \frac{\underline{y}_{1\mathrm{k}}}{\underline{S}}. \end{aligned} \tag{7.103}$$

Daraus ergeben sich zwei fundamentale Gleichungen:

$$\frac{\underline{a}_{11}\underline{y}_{21}}{-\underline{y}_{22}} = 1 \rightarrow \frac{\underline{S}}{\underline{y}_{2\mathrm{k}}\underline{v}_{\mathrm{ul}}} = 1 \tag{7.104a}$$

und

$$\frac{\underline{a}_{22}\underline{y}_{21}}{\underline{y}_{11}} = 1 \rightarrow \frac{\underline{S}}{\underline{y}_{1\mathrm{k}}\underline{v}_{\mathrm{ik}}} = 1\,. \tag{7.104b}$$

Für reelle Parameter geht daraus mit $y_{2\mathrm{k}} = 1/R_{\mathrm{i}}$ (ausgangsseitiger Innenwiderstand) und $D = 1/v_{\mathrm{ul}}$ als *Durchgriff hervor*:

$$SR_{\mathrm{i}}D = 1 \tag{7.105a}$$

Barkhausen-Beziehung (Vierpolausgangsseite),

$$\frac{SR_{\mathrm{e}}}{v_{\mathrm{ik}}} = 1 \tag{7.105b}$$

(Vierpoleingangsseite).

Beim Verstärkervierpol ist das Produkt von Steilheit und Ausgangskurzschlußwiderstand gleich der Leerlaufspannungsverstärkung, das Produkt von Steilheit und Eingangskurzschlußwiderstand gleich der Kurzschlußstromverstärkung.

Diese Aussage gilt für jede Vierpolgrundschaltung.

In der Röhrentechnik wurde für die reziproke Leerlaufspannungsverstärkung der Durchgriff $D = 1/\mu = 1/v_{\mathrm{ul}}$ verwendet. Für reelle Vierpolparameter stellt Gl. (7.105a) die Barkhausen-Beziehung dar. Sie läßt sich im Röhrenkennlinienfeld bequem veranschaulichen. Bei Vierpolen mit Stromverstärkung (beispielsweise Transistoren) tritt noch eine gleichwertige Formulierung für den Eingangskreis hinzu.

Beispiele. Wir wollen die Größenordnung der Vierpolelemente Gl. (7.102) für wichtige Verstärkerelemente kennenlernen (Tafel 7.12).

1. Bipolartransistor. Emitterschaltung. Die Leitwertmatrix lautet

$$[\underline{y}_{\mathrm{e}}] = \begin{bmatrix} \underline{y}_{11\mathrm{e}} & \underline{y}_{12\mathrm{e}} \\ \underline{y}_{21\mathrm{e}} & \underline{y}_{22\mathrm{e}} \end{bmatrix} = \begin{bmatrix} \underline{y}_{1\mathrm{ke}} & 0 \\ \underline{S}_{\mathrm{e}} & -\underline{y}_{2\mathrm{ke}} \end{bmatrix} \tag{7.106}$$

(Index e: Emitterschaltung). Die typischen Kennwerte des Bipolartransistors sind sein Eingangsleitwert $\underline{y}_{1\mathrm{ke}}$, die Steilheit $\underline{S}_{\mathrm{e}}$ oder gleichberechtigt die Kurzschlußstromverstärkung

Tafel 7.12. Größenordnung der Elemente typischer Verstärkervierpole (Kettenzählpfeilrichtung)

	Arbeitspunkt	y_{11}	$y_{21} = S$	y_{12}	y_{22}
Bipolartransistor (Emitterschaltung)	$I_C = 2$ mA $U_{CE} = 6$ V	0,4 mS	−65 mS	− 40 nS	− 30 µS
Feldeffekt-transistor	$I_D = 2$ mA $U_{DS} = 5$ V	0,1 µS	− 2 mS	−120 nS	−100 µS
Triode EC 92	$I_A = 10$ mA $U_A = 200$ V	0	− 6,3 mS	0	−100 µS
Pentode EF 80	$I_A = 10$ mA $U_A = 200$ V	0	− 8 mS	0	− 10 µS

$\underline{h}_{21e} = \underline{y}_{21e}/\underline{y}_{11e} = \underline{S}_e/\underline{y}_{1ke}$. Sie hängen über Gl. (7.105) zusammen. Ein Transistor, der dieses typische Verhalten besitzt, soll *idealer Bipolartransistor* heißen mit der Leitwertmatrix

$$[\underline{y}_e]_{id} = \begin{bmatrix} \underline{y}_{11e} & 0 \\ \underline{y}_{21e} & 0 \end{bmatrix} = \begin{bmatrix} \underline{y}_{1ke} & 0 \\ \underline{S}_e & 0 \end{bmatrix} \tag{7.107}$$

Leitwertmatrix des idealen Bipolartransistors.

Für viele Schaltungsabschätzungen genügt diese Form. Bei besserer Näherung wird der Reihe nach der endliche Ausgangskurvenschlußleitwert $\underline{y}_{2ke}$ und schließlich der Rückwirkungsleitwert $\underline{y}_{re}$ hinzugenommen. Man beachte noch: Für die gewählte Kenttenpfeilrichtung hat $\underline{y}_{21e}$ negativen Realteil.

2. *Feldeffekttransistor.* Hier sind — zumindest bei tiefen Frequenzen — Eingangsleitwert $\underline{y}_{1k}$ (reinkapazitiv) und Rückwirkung $\underline{y}_r$ vernachlässigbar, wie aus Tafel 7.12 hervorgeht:

$$\underline{y}_{21e} \gg \underline{y}_{11e}, \underline{y}_{12e}\,,$$
$$\underline{y}_{22e} \gg \underline{y}_{11e}, \underline{y}_{12e}\,.$$

Die typischen Kennwerte des Feldeffekttransistors (in Sourceschaltung, Index s) sind Ausgangsleitwert $\underline{y}_{2ks}$, die Steilheit $\underline{S}_s$ oder gleichberechtigt die Leerlaufspannungsverstärkung $\underline{v}_{ul} = 1/\underline{a}_{11} = \underline{y}_{21s}/(-\underline{y}_{22s}) = \underline{S}_s/\underline{y}_{2ks}$. Sie hängen über die Barkhausen-Beziehung Gl. (7.105) zusammen.

Ein Feldeffekttransistor mit diesen typischen Merkmalen heißt *idealer Feldeffekttransistor*:

$$[\underline{y}_s]_{id} = \begin{bmatrix} 0 & 0 \\ \underline{y}_{21s} & \underline{y}_{22s} \end{bmatrix} = \begin{bmatrix} 0 & 0 \\ \underline{S}_s & -\underline{y}_{2ks} \end{bmatrix} \tag{7.108}$$

Leitwertmatrix des idealen Feldeffekttransistors
(Re $(\underline{y}_{21s}) < 0$, Kettenpfeilrichtung).

Für genauere Schaltungsanalysen nimmt man der Reihe nach den Eingangsleitwert $\underline{y}_{1ks}$ und den Rückwirkungsleitwert $\underline{y}_{rs}$ hinzu. Beide sind bei tiefen Frequenzen rein kapazitiv.

Rückwirkungsfreier Verstärker. Interessiert der innere Aufbau eines verstärkenden Vierpols nicht, so nennen wir ihn *rückwirkungsfreien Verstärker*. Er wird z. B. durch eine Leitwertdarstellung Gl. (7.102) beschrieben und die Vierpolparameter

— Ein- und Ausgangskurzschlußleitwerte $\underline{y}_{1k}$, $\underline{y}_{2k}$ ($\underline{y}_{11} = \underline{y}_{1k}$, $-\underline{y}_{22} = \underline{y}_{2k}$) und
— eine gesteuerte Quelle, meist die
— Steilheit $\underline{S} = \underline{y}_{21}$ (spannungsgesteuerte Stromquelle) oder

— Leerlaufspannungsverstärkung $\underline{v}_{\mathrm{ul}} = \underline{y}_{21}/(-\underline{y}_{22}) = \underline{S}/\underline{y}_{2\mathrm{k}}$ (spannungsgesteuerte Spannungsquelle) oder
— Kurzschlußstromverstärkung $\underline{v}_{\mathrm{ik}} = \underline{y}_{21}/\underline{y}_{11} = \underline{S}/\underline{y}_{1\mathrm{k}}$ (stromgesteuerte Stromquelle, nur definiert, wenn $\underline{y}_{\mathrm{ik}} \neq 0$).

Bild 7.40 zeigt die zugehörigen Ersatzschaltungen.

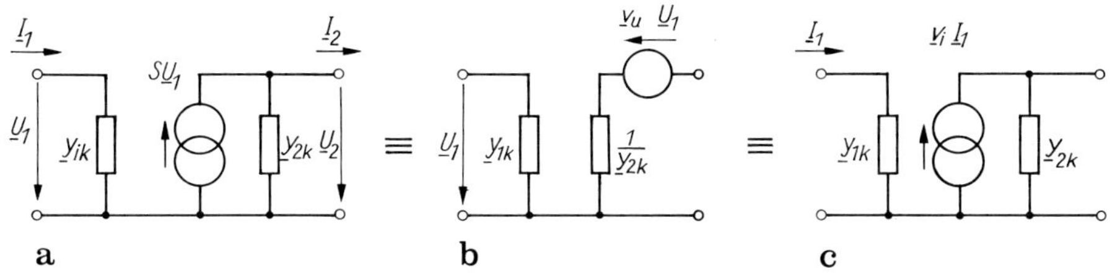

Bild 7.40. Ersatzschaltung eines rückwirkungsfreien Verstärkervierpols. **a**) Stromquellenersatzschaltung (spannungsgesteuert); **b**) Spannungsquellenersatzschaltung; **c**) Stromquellenersatzschaltung (stromgesteuert)

Der rückwirkungsfreie Verstärker gehört heute genauso zu den Grundvierpolen der Elektrotechnik/Elektronik wie der Übertrager. Er wird in der Elektronik vielfältig eingesetzt: als Nieder- und Hochfrequenzverstärker, zur Schwingungserzeugung (Sinusoszillator, *RC*-Generator, astabiler Multivibrator), Meßverstärker und v. a. m. Seine wichtigste Realisierung ist der *Operationsverstärker*.

Beispiel. Ein Verstärker mit einem Eingangswiderstand $Z_{1\mathrm{k}} = 1\ \mathrm{M\Omega}$, Ausgangswiderstand $Z_{2\mathrm{k}} = 10\ \Omega$, Leerlaufspannungsverstärkung $v_{\mathrm{ul}} = 100000$ (z. B. Stereoverstärker) hat die Vierpolkennwerte:

$$y_{1\mathrm{k}} = \frac{1}{Z_1} = 1\ \mu\mathrm{S}\,, \qquad y_{2\mathrm{k}} = \frac{1}{Z_2} = 0{,}1\ \mathrm{S}\,,$$

$$\text{Steilheit } S = v_{\mathrm{ul}} y_{2\mathrm{k}} = 10^5 \cdot 0{,}1\ \mathrm{S} = 10^4\ \mathrm{S}\,,$$

$$\text{Kurzschlußstromverstärkung } v_{\mathrm{ik}} = \frac{S}{a_{1\mathrm{k}}} = \frac{10^4\mathrm{S}}{1\ \mu\mathrm{S}} = 10^{10}!$$

Operationsverstärker. Die Mikroelektronik bietet seit langem den Operationsverstärker als Bauelement an. Das ist ein Gleichspannungsverstärker, dessen innerer Aufbau hier nicht weiter interessieren soll. Es genügt zu wissen, daß er durch das Vierpolverhalten eines rückwirkungsfreien Verstärkers beschrieben werden kann. Der Operationsverstärker (Bild 7.41) hat zwei Eingänge:

— *Nichtinvertierender* oder P- oder (+)-Eingang. Eine angelegte Spannung U_{P} erscheint am Ausgang (U_{A}) mit gleicher Polung bzw. Phasenlage. Der andere heißt
— *invertierender* oder N- oder (—)-Eingang. Eine angelegte Spannung U_{N} erscheint am Ausgang (U_{A}) umgekehrt bzw. um 180° phasenverschoben.

Schließlich besitzt der Verstärker noch einen Signalausgang (U_{A}) und Klemmen für die Speisespannung (sie werden gewöhnlich in der Schaltungstechnik nicht gezeichnet).

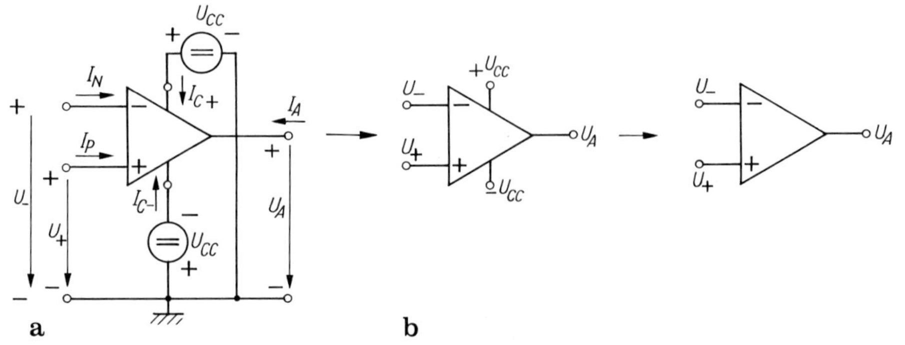

Bild 7.41. Operationsverstärker. **a**) Schaltbild, Anschlüsse, Strom-Spannungs-Werte und Bezugspunkt $I_N + I_P + I_{C^+} + I_{C^-} + I_A = 0 \approx I_{C^+} + I_{C^-} + I_A = 0$; **b**) Vernachlässigung des Bezugspunktes und der Betriebsspannungen $\pm U_{CC}$

Wir untersuchen die Verstärkungen. Liegt am P-Eingang die Spannung U_P, am N-Eingang U_N (die invertiert, als in ihrer Polung umgekehrt wird), so tritt am Ausgang die *Differenzspannung* U_D

$$U_A = U_D v_D = v_D(U_P - U_N) \tag{7.109}$$

(v_D Differenzverstärkung, Offenverstärkung)

verstärkt auf. Der Operationsverstärker ist somit ein Differenzverstärker. Bild 7.42 zeigt die Verstärkerkennlinie. In einem bestimmten Bereich der Differenzspannung U_D wird die Ausgangsspannung U_A proportional verstärkt (mit Verstärkungen $v_D \approx 10^4 \dots 10^6$), außerhalb davon setzt Sättigung ein. Daraus ergibt sich für den Linearbereich

1. $U_D < \left| \dfrac{U_{CC}}{v_D} \right|$

(z. B. $U_{CC} = 10$ V, $v_D \geqq 10^4 \rightarrow U_D \leqq 1$ mV.

Diese Eingangsspannung ist so klein, daß die Eingangsklemmen als praktisch kurzgeschlossen betrachtet werden können (sog. *virtueller Kurzschluß*). Das erleichtert die Schaltungsanalyse erheblich.

2. Eingangsströme I_N, I_P (Größenordnung 10^{-12} A). Sie können gegen die übrigen Ströme I_{C^+}, I_{C^-}, I_A vernachlässigt werden (Bild 7.41 a).

Der ideale Operationsverstärker hat demnach
— eine sehr hohe Differenzverstärkung v_D;
— keine Eingangsströme I_P, I_N;
— einen virtuellen Kurzschluß am Eingang.

Tafel 7.13 enthält einige Hauptmerkmale realer Operationsverstärker, sie kommen den Idealforderungen recht nahe. Die obere Grenzfrequenz f_0 der Verstärkung v_D mag für unsere einführenden Betrachtungen keine Rolle spielen. Der Operationsverstärker wird hauptsächlich in *zwei Betriebsarten* eingesetzt

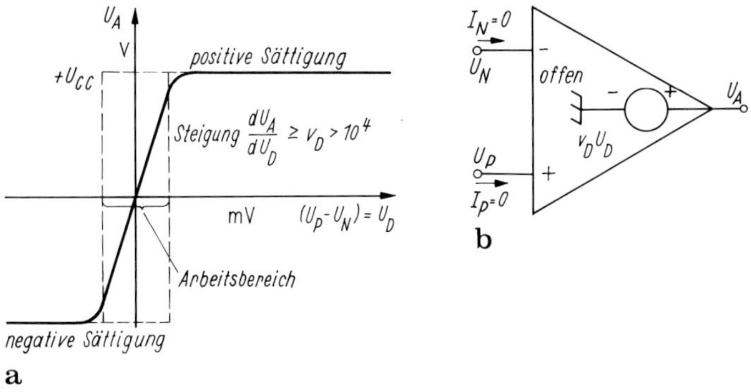

Bild 7.42. Übertragungskennlinie und Ersatzschaltung. **a)** Übertragungskennlinie eines Operationsverstärkers: kleiner Bereich der Eingangsspannung U_D, Sättigung der Ausgangsspannung U_A durch die Batteriespannungen $-U_{CC}$; **b)** Ersatzschaltung des idealen Operationsverstärkers für den (linearen) Arbeitsbereich von **a)**

Tafel 7.13. Daten des idealen und realen Operationsverstärkers

	Ideal	Real
Differenzverstärkerfaktor v_D	∞	$10^3 \ldots 10^7$
Gleichtaktunterdrückung G	∞	$10^3 \ldots 10^6$
Differenzeingangswiderstand r_D	∞	$10^4 \ldots 10^6$
Gleichtakteingangswiderstand r_G	∞	$\approx\ > r_D$
Ausgangswiderstand r_a	0	$(10 \ldots 100)\ \Omega$
Untere Grenzfrequenz f_u	0 Hz	0 Hz
Obere Grenzfrequenz f_o	∞	$(10 \ldots 100)$ Hz

— als nichtinvertierender Verstärker $U_N = 0$, $U_D = U_P$,

$$v = v_D = \frac{U_A}{U_P} \qquad (v_D > 0)\,. \tag{7.110a}$$

Es wird nur die Spannung U_P verstärkt;

— als invertierender Verstärker $U_P = 0$, $U_D = U_N$,

$$v = -\frac{U_A}{U_N} = -v_D \qquad (<0)\,. \tag{7.110b}$$

Das negative Zeichen deutet auf Phasenverschiebung von 180° zwischen Aus- und Eingangsspannung hin.

Anwendungen. Der Hauptvorteil des Operationsverstärkers besteht darin, daß er dank der hohen Verstärkung den Aufbau eines Übertragungsvierpoles ermöglicht, dessen Eigenschaften allein durch ein Rückführungsnetzwerk und nicht mehr die Verstärkereigenschaften bestimmt werden.

Damit gehen Verstärkungstoleranzen — wie sie mikroelektronischen Schaltungen eigen sind, Störspannungen u. ä. — praktisch nicht mehr in die Übertragungseigenschaften ein.

Wir betrachten die beiden Grundschaltungen näher.

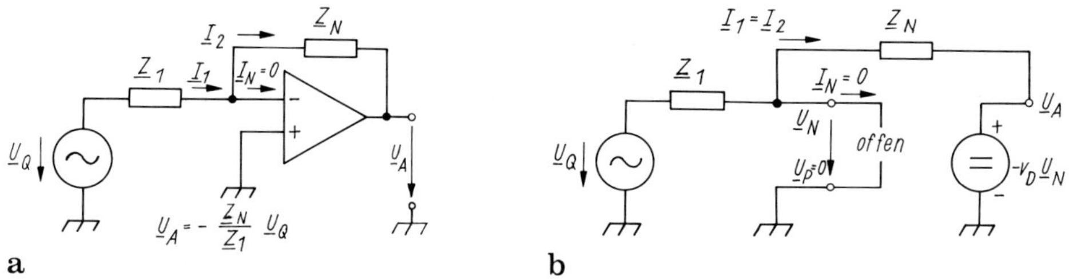

Bild 7.43. Invertierender Verstärker (Umkehrverstärker). **a**) Schaltung; **b**) Ersatzschaltung

1. Umkehrverstärker (invertierender Verstärker). Bild 7.43 zeigt die Schaltung mit der Ersatzschaltung. Die Rückkopplungselemente sind (im Frequenzbereich) $\underline{Z}_N$ und $\underline{Z}_1$. Aus $\underline{I}_1 = \underline{I}_2$ (Eingangsstrom gleich Null!) folgt

$$\frac{\underline{U}_Q - \underline{U}_N}{\underline{Z}_1} = \frac{\underline{U}_N - \underline{U}_A}{\underline{Z}_N}.$$

Division durch $\underline{U}_A$ und Verwendung von $\underline{v}_D = -\underline{U}_A/\underline{U}_N$ ergibt

$$v_0 = \frac{\underline{U}_A}{\underline{U}_Q} = -\frac{\underline{Z}_N}{\underline{Z}_1}\,\frac{1}{1 + \dfrac{1}{v}\left(1 + \dfrac{\underline{Z}_N}{\underline{Z}_1}\right)} \approx -\frac{\underline{Z}_N}{\underline{Z}_1}. \tag{7.111}$$

Für große Verstärkung v ($|v| \gg 1$) ist die Gesamtverstärkung der Anordnung unabhängig vom Verstärker und nur durch das Widerstandsverhältnis bestimmt:

Bei reellen Widerständen ist $\underline{U}_A \sim -\underline{U}_Q$, die Schaltung kehrt das Vorzeichen um (daher Umkehrverstärker).

Mit dem Ergebnis (7.111) können viele Aufgabenstellungen gelöst werden:

a) Gewichtete Addition von Spannungen. Wir setzen den Eingangsstrom $\underline{I}_1$ aus mehreren Anteilen, z. B. drei, herrührend von den Spannungen $\underline{U}_1, \ldots, \underline{U}_3$, zusammen

$$\underline{I}_1 = \frac{\underline{U}_1}{R_1} + \frac{\underline{U}_2}{R_2} + \frac{\underline{U}_3}{R_3}.$$

Dann gilt

$$\underline{U}_A = -\left[\frac{R_N}{R_1}\underline{U}_1 + \frac{R_N}{R_2}\underline{U}_2 + \frac{R_N}{R_3}\underline{U}_3\right].$$

Die Ausgangsspannung ist die negative Summe der Eingangsspannungen, wobei jede mit einem „Gewichtsfaktor“ R_N/R_1 usw. versehen ist.

b) Differentiation von Signalen. Ist $\underline{Z}_1 = 1/(j\omega C)$ kapazitiv, so wird aus Gl. (7.111)

$$\underline{U}_A = -R_N j\omega C \underline{U}_Q$$

im Frequenzbereich. Im Zeitbereich gehört dazu

$$u_A(t) = -R_N C \frac{du_Q}{dt}. \tag{7.112}$$

Die Ausgangsspannung ist das negative Differential der Eingangsspannung (Bild 7.44a).

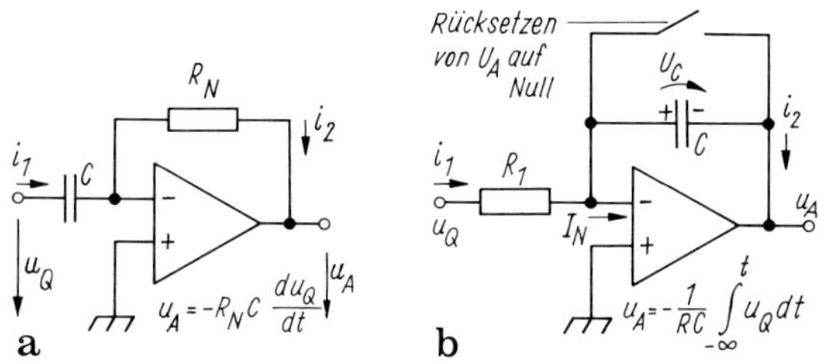

Bild 7.44. Analoge Integration und Differentiation. **a**) ideale Differentiation; **b**) ideale Integration

c) Integration von Signalen. Ist $\underline{Z}_N = 1/(j\omega C)$ kapazitiv, so gilt

$$\underline{U}_A = -\frac{1}{RC}\frac{\underline{U}_Q}{j\omega}$$

im Frequenzbereich, im Zeitbereich also (abgesehen von einer hier nicht näher verfolgten additiven Konstanten)

$$u_A(t) = -\frac{1}{R_1 C}\int u_Q \, dt. \tag{7.113}$$

Die Ausgangsspannung ist das (negative) Integral der Eingangsspannung (Bild 7.44b). Beispielsweise läßt sich so leicht aus einer Rechteckimpulsspannung eine Dreieckspannung gewinnen.

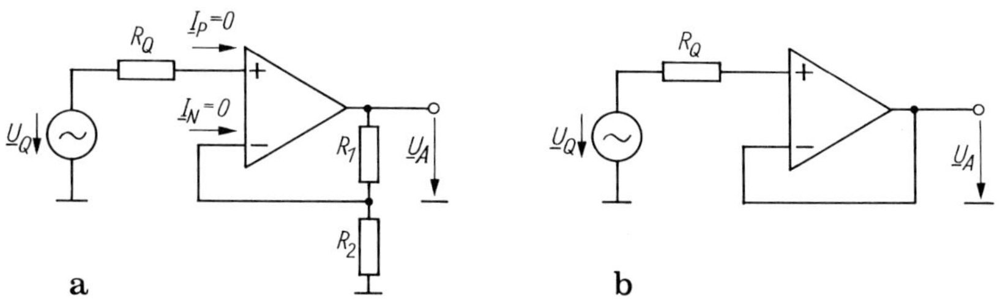

Bild 7.45. Nichtinvertierender Verstärker. **a**) Schaltung $\underline{U}_A = \underline{U}_Q(R_1 + R_2)/R_2$; **b**) Spannungsfolger $\underline{U}_A = \underline{U}_Q$

2. Nichtinvertierender Verstärker (Elektrometerverstärker). Hier liegt der Eingang am P-Anschluß und die Rückführung am N-Eingang (Bild 7.45a). Es gilt (wegen $I_P = 0$)

$$\underline{U}_P = \underline{U}_Q$$

und für $\underline{U}_N$ nach der Spannungsteilerregel

$$\underline{U}_N = \frac{\underline{U}_A R_2}{R_1 + R_2} \approx \underline{U}_P$$

und für $\underline{U}_P \approx \underline{U}_N$ (virtueller Kurzschluß) aufgelöst nach $\underline{U}_A$

$$\underline{U}_A = \left(\frac{R_1 + R_2}{R_2}\right) \underline{U}_Q . \tag{7.114}$$

Hier fehlt die Phasendrehung. Für $R_2 \to \infty$ und $R_1 \to 0$ ergibt sich daraus die *Spannungsfolgerschaltung* (Bild 7.45b). Der Eingang kann dabei leistungslos gesteuert werden, während der Ausgang immer der Eingangsspannung folgt, aber einen bestimmten Laststrom liefert.

Der sehr hohe Eingangswiderstand ($\approx 10^{12}$ Ω) dieser Schaltung brachte ihr die Bezeichnung „Elektrometerverstärker".

Zur Selbstkontrolle: Abschnitt 7

7.1 Geben Sie die Ersatzschaltungen technischer Schaltelemente an! Was versteht man unter tan δ (Erläuterung, Beispiele angeben)? Was ist z. B. die Kondensatorgüte? In welcher Größenordnung liegt sie?

7.2 Skizzieren Sie Schaltung und Frequenzgang des *RC*-Hoch- und Tiefpasses! Anwendungsmöglichkeiten nennen!

7.3 Was versteht man unter einer freien Schwingung und wovon hängt sie z. B. beim Parallelschwingkreis (C, L, G) ab?

7.4 Was ist Resonanz und welche Vorgänge laufen dabei z. B. im Parallelschwingkreis (G, L, C) ab? Hängt die Resonanzfrequenz ω_0 vom Wirkleitwert G ab? Wie lautet die Resonanzbedingung?

7.5 Was versteht man unter Kreisgüte ϱ, Bandbreite b, Verstimmung v, 45°-Frequenzen an Reihen- und Parallelschwingkreis? Welche Zusammenhänge bestehen?

7.6 Begründen Sie warum beim stromgespeisten Parallelkreis die Gefahr der Stromüberlastung der Schaltelemente besteht!

7.7 Wie kann z. B. ein Parallelschwingkreis mit unterteiltem Kondensator zur Widerstandstransformation verwendet werden?

7.8 Durch welches Gleichungssystem kann ein Vierpol mit linear-zeitunabhängigen Schaltelementen beschrieben werden (Beispiele angeben)?

7.9 Wie lauten die Vierpolgleichungen in Leitwert- und Widerstandsform? Welche Bedeutung haben die Vierpolparameter und wie können sie bestimmt werden? Welchen Einfluß hat dabei die Richtung des Ausgangsstromes?

7.10 Nennen Sie mindestens drei Übertragungsgrößen von Vierpolen (kurz Erläuterung geben).

7.11 Wie können aus den Leitwertparametern eines Vierpols die Widerstandsparameter gewonnen werden?

7.12 Welcher Zusammenhang besteht zwischen den Gleichungen eines allgemeinen Vierpols und der Kennliniendarstellung?

7.13 Erläutern Sie die Begriffe „Kleinsignalparameter" und „Kleinsignalaussteuerung" eines Vierpols.

7.14 Skizzieren Sie Ersatzschaltungen (mit einer und zwei Quellen) des allgemeinen Vierpols in Leitwert- und Widerstandsdarstellung! Welcher Zusammenhang besteht zur Vierpolersatzschaltung gesteuerter Quellen?
7.15 Welche Bedingungen erfüllt ein Vierpol bei Umkehrbarkeit, Widerstandssymmetrie und Rückwirkungsfreiheit?
7.16 Welche Arten der Vierpolzusammenschaltung gibt es, was ist dabei zu beachten?
7.17 Was versteht man unter Eingangswiderstand, Wellenwiderstand, Übertragungs- und Stromübertragungsfaktor eines Vierpols? Erläutern Sie die Begriffe mit den Widerstands- und Leitwertformen der Vierpolgleichungen!
7.18 Geben Sie Beispiele typischer Elementarvierpole an. Wie lauten die zugehörigen Vierpolparameter? (Hinweis: Wählen Sie die T- oder Π-Schaltung als Ausgang.)
7.19 Erklären Sie das Prinzip einer Wechselstrombrücke, die Abgleichbedingung und den Unterschied zur Gleichstrombrücke!
7.20 Was versteht man unter einer Kompensationsschaltung? (Beispiel angeben.)
7.21 Nennen Sie Beispiele wichtiger Übersetzervierpole und ihre wichtigsten Eigenschaften!
7.22 Wie lauten die Transformatorvierpolgleichungen und welche Ersatzschaltung gehört dazu?
7.23 Wodurch sind der streuungsfreie und ideale Übertrager gekennzeichnet?
7.24 Was ist eine reduzierte Ersatzschaltung?
7.25 Erläutern Sie die Ersatzschaltung des technischen Übertragers. Warum verwendet man einen Eisenkreis?
7.26 Welche Haupteigenschaften hat der Übertrager (erläutert an der Ersatzschaltung)? Transformiert er Gleichspannung?
7.27 Erläutern Sie die Vierpoldarstellung eines Verstärkervierpols!
7.28 Erläutern Sie die Vierpoldarstellung des Bipolartransistors (Emitterschaltung, Größenordnung der Elemente)!
7.29 Was ist ein Operationsverstärker? Welche Eigenschaften hat er und in welchen typischen Schaltungen wird er verwendet? Nennen Sie Anwendungsbeispiele!

8 Lineare Netzwerke bei mehrwelliger Erregung

Ziel. Nach Durcharbeit des Abschnittes 8 soll der Leser in der Lage sein,
- eine periodische Funktion in ihre Fourier-Reihe entwickeln und das zugehörige Spektrum angeben zu können;
- den Effektivwert und die Wirkleistung bei mehrwelligen Größen anzugeben;
- die wichtigsten Kenngrößen mehrwelliger Größen zu nennen;
- lineare Netzwerke bei mehrwelliger Erregung zu analysieren.

In den bisherigen Abschnitten der Netzwerkberechnung behandelten wir lineare Netzwerke, die durch Gleichgrößen und/oder sinusförmige Wechselgrößen erregt wurden. Dabei räumten wir der sinusförmigen (= harmonischen) Erregung gegenüber allen anderen Wechselgrößen eine Vorrangstellung ein, weil die harmonische Erregung (als Ursache) in einem linearen Netz ausschließlich zu harmonischen Funktionen der gleichen Frequenz für alle Wirkungsgrößen (Ströme, Spannungsabfälle) führte.

Bei einer periodischen, aber nichtsinusförmigen Erregung (z. B. sägezahnförmige Spannung) sind in einem Netz mit nur linearen Widerständen alle Wirkungsgrößen wieder sägezahnförmig. Enthält das Netz aber zusätzlich lineare Speicherelemente (C und/oder L) und/oder Bauelemente mit nichtlinearem Kennlinienverhalten, so verzerren sich im allgemeinen alle Wirkungsgrößen: Ströme und Spannungsabfälle weichen von der Sägezahnform ab. Diese *nichtsinusförmigen* oder *mehrwelligen Funktionen* untersuchen wir in diesem Abschnitt.

8.1 Darstellung einer periodischen Funktion durch eine Fourier-Reihe

Wir wissen aus Abschn. 5.2.2, daß die Überlagerung zweier (oder mehrerer) sinusförmiger Wechselgrößen *gleicher* Frequenz wieder eine sinusförmige Wechselgröße mit gleicher Frequenz, aber unterschiedlicher Amplitude und Phase ergibt.

8.1.1 Fourier-Reihe

Werden zwei (oder mehrere) sinusförmige Wechselgrößen *ungleicher* Frequenz überlagert, so entsteht eine neue *nicht mehr sinusförmige, aber noch periodische* Größe

$$f(t) = f(t + nT) .$$

Sie kann deshalb auch analytisch nicht durch eine einzige, sondern nur durch eine Summe von Sinusfunktionen mit verschiedenen Amplituden, Frequenzen und Phasen ausgedrückt werden. Umgekehrt läßt sich eine beliebige, aber periodische Funktion $f(t) = f(t + nT)$ durch eine unendliche *Fourier-Reihe* darstellen, also durch eine Summe von Sinus- und Kosinusfunktion und u. U. ein Gleichglied annähern[1]

$$f(t) = \underbrace{A_0}_{\text{Gleichglied}} + \underbrace{\sum_{k=1}^{\infty} \hat{C}_k \cos k\omega t + \sum_{k=1}^{\infty} \hat{S}_k \sin k\omega t}_{\text{Harmonische der Grundschwingung}}; \quad \omega = \frac{2\pi}{T} \tag{8.1}$$

Jeder allgemeine periodische Vorgang kann dargestellt werden durch eine Summe aus einem Gleichvorgang (A_0) und überlagerten harmonischen Schwingungen der Kreisfrequenz ω, 2ω, 3ω ($k = 1, 2, 3$ usw. ganz).

Die Schwingung mit ω ($k = 1$) heißt Grundschwingung (Grundkreisfrequenz ω), ferner heißen die Schwingungen mit

$k = 2, 4, 6 \ldots$ *geradzahlige*;
$k = 3, 5, 7 \ldots$ *ungeradzahlige Oberschwingungen*;
$k = 1, 2, 3, 4 \ldots$ *1., 2., 3., 4. Harmonische*.

Die Entwicklung einer periodischen Funktion in eine solche Reihe heißt *harmonische Analyse* oder *Fourier-Analyse*. Sie besteht in der Bestimmung der Koeffizienten A_0, $\hat{C}_k$ und $\hat{S}_k$. Diese Koeffizienten haben folgende Bedeutung (und Bestimmungsgleichungen):

Gleichglied A_0 (arithmetischer Mittelwert, s. Gl. (5.55))

$$A_0 = \frac{1}{T} \int_t^{t+T} f(t')\,\mathrm{d}t' = \frac{1}{2\pi} \int_\varphi^{\varphi+2\pi} f(\omega t)\,\mathrm{d}(\omega t), \tag{8.2}$$

Amplituden der Teilschwingungen

$$\hat{C}_k = \frac{2}{T} \int_t^{t+T} f(t') \cos k\omega t'\,\mathrm{d}t' = \frac{1}{\pi} \int_\varphi^{\varphi+2\pi} f(\omega t) \cos k\omega t\,\mathrm{d}(\omega t), \tag{8.3a}$$

$$\hat{S}_k = \frac{2}{T} \int_t^{t+T} f(t') \sin k\omega t'\,\mathrm{d}t' = \frac{1}{\pi} \int_\varphi^{\varphi+2\pi} f(\omega t) \sin k\omega t\,\mathrm{d}(\omega t). \tag{8.3b}$$

Die Koeffizienten müssen einzeln durch Integration ermittelt werden, wobei — unabhängig vom frei wählbaren Anfangswert $t = 0$ oder φ (meist t bzw. $\varphi = 0$ gesetzt) — der Integrationsbereich stets über eine volle Periode zu nehmen ist. Dabei kann es u. U. zweckmäßig sein, das Integrationsintervall symmetrisch zum Zeitnullpunkt zu legen (also $t = -T/2$ bzw. $\varphi = -\pi$ zu setzen). Auch kann der Ursprung so gelegt werden, daß $\hat{C}_k$ oder $\hat{S}_k$ verschwindet.

Die Berechnung der Koeffizienten kann durch Vereinfachungsregeln erleichtert werden (Bild 8.1). Die untersuchte Funktion (meistens mit frei wählbarem Abszissennullpunkt, die Wahl des Koordinatenursprunges wirkt sich nur auf die Phase der Oberwellen bezüglich des Ursprunges aus)

---

[1] Vorausgesetzt, daß $f(t)$ im Intervall T stückweise glatt ist und höchstens endlich viele Sprungstellen besitzt

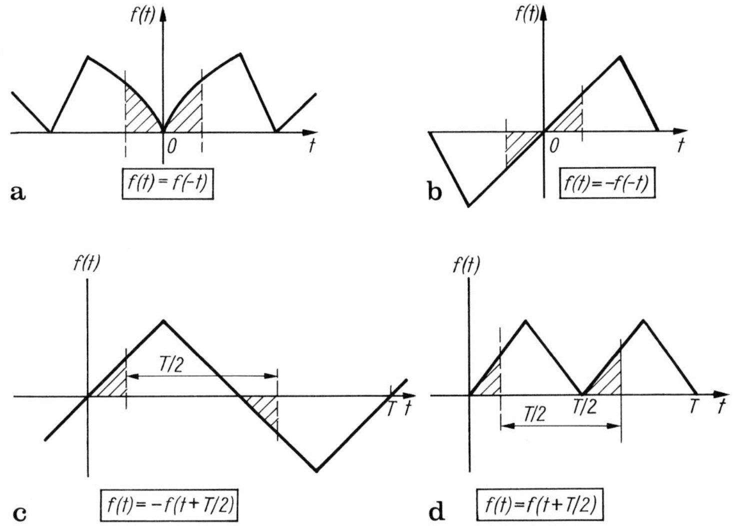

Bild 8.1. Symmetrieeigenschaften periodischer Zeitfunktionen. **a**) Gerade oder symmetrische Funktion $f(t) = f(-t)$; **b**) ungerade oder ursprungssymmetrische Funktion $f(t) = -f(-t)$; **c**) spiegelsymmetrische oder halbwellensymmetrische Funktion $f(t) = -f(t + t/2)$ (negative Wiederholung nach $T/2$); **d**) positive Wiederholung nach $T/2$: $f(t) = f(t + T/2)$

a) $f(t)$ ist eine *reine Wechselgröße*, wenn in jeder Periode die auftretenden positiven und negativen Funktionszeitflächen gleich groß sind. Dann verschwindet der arithmetische Mittelwert ($A_0 = 0$), (so war die Wechselgröße definiert, s. Abschn. 5.2.3).

b) $f(t)$ ist *symmetrisch* (spiegelbildlich) zur Ordinate, wenn $f(t) = f(-t)$ gilt (Bild 8.1a). Für solche Funktionen (z. B. $y = \cos x$) verschwinden alle Sinusglieder ($\hat{S}_k = 0$).

c) $f(t)$ ist „schiefsymmetrisch" oder *ungerade symmetrisch*, wenn $f(-t) = -f(t)$ gilt (Bild 8.1b). Die Funktion ist nicht nur spiegelbildlich zur Ordinate, sie muß für $\omega_0 t < 0$ noch mit (-1) multipliziert werden. Für ungerade Funktionen (z. B. $y = \sin x$) ver schwinden alle Kosinusglieder ($\hat{C}_k = 0$).

d) $f(t)$ wiederholt sich nach π (oder $T/2$) mit negativem Vorzeichen (d. h. $f(t) = -f(t + T/2)$. Dann existieren nur ungeradzahlige Harmonische (s. Tafel 8.1, Bild 8.1c) ($k = 1, 3, 5$).

Tafel 8.2 enthält einige typische Fourier-Reihen der Elektrotechnik. Aus den Ergebnissen lassen sich zwei allgemeingültige Erkenntnisse gewinnen:
— Bei Funktionen mit Sprungstellen fallen die Amplituden $\hat{C}_k$, $\hat{S}_k \sim 1/k$;
— bei Funktionen mit „Ecken" fallen die Amplituden $\hat{C}_k$, $\hat{C}_k \sim 1/k^2$.

Liegt der Kurvenverlauf $f(t)$ experimentell vor (z. B. durch ein Oszillogramm, einen Schreiber oder graphisch), so muß die harmonische Analyse graphisch oder numerisch (z. B. mit dem Runge-Kutta-Verfahren o. a.) durchgeführt werden.

Gleichwertige Darstellungen der Fourier-Reihen. Wir formen die Fourier-Reihe Gl. (8.1) zu verschiedenen gleichwertigen Darstellungen um (Tafel 8.1):

Tafel 8.1. Übersicht zur Fourier-Reihe

Gegeben: periodische Zeitfunktion im Zeitintervall T | graphische Darstellung oder Wertetabelle

↓

Gesucht: unendliche Fourier-Reihe ← – – – – endliche Fourier-Reihe

↓

Darstellungsarten (graphisch-numerische Verfahren)

(1) *Normalform (reell)*	(2) *cos-Form (reell, Spektralform)*	(3) *komplexe Form*
$f(t) = A_0 + \sum_{k=1}^{\infty} (\hat{C}_k \cos k\omega t + \hat{S}_k \sin k\omega t)$	$f(t) = A_0 + \sum_{k=1}^{\infty} \hat{A}_k \cos (k\omega t + \varphi_k)$	$f(t) = \sum_{k=-\infty}^{\infty} \underline{c}_k(jk\omega)\, e^{jk\omega t}$
$A_0 = \frac{1}{T} \int_0^T f(t)\, dt$		
$\hat{C}_k = \frac{2}{T} \int_0^T f(t) \cos k\omega t\, dt$	$\hat{A}_k = \sqrt{\hat{C}_k^2 + \hat{S}_k^2}$	
$\hat{S}_k = \frac{2}{T} \int_0^T f(t) \sin k\omega t\, dt$	$\varphi_k = -\arctan \frac{\hat{S}_k}{\hat{C}_k}$	$\underline{c}_k(jk\omega) = \frac{1}{T} \int_0^T f(t)\, e^{-jk\omega t}\, dt$
Umrechnungen		
$A_0 = c_0$ $\quad \hat{C}_k = \underline{c}_k + \underline{c}_{-k}$	$\hat{C}_k = \hat{A}_k \cos \varphi_k$	$C_0 = A_0, \quad \underline{c}_{-k} = \frac{\hat{C}_k + j\hat{S}_k}{2} = \frac{\hat{A}_k\, e^{-j\varphi_k}}{2}$
$a_0 = 2A_0$ $\quad \hat{S}_k = \frac{1}{j}(\underline{c}_{-k} - \underline{c}_k)$	$\hat{S}_k = -\hat{A}_k \sin \varphi_k$	$\underline{c}_k = \frac{\hat{C}_k - j\hat{S}_k}{2} = \frac{\hat{A}_k\, e^{j\varphi_k}}{2} = \frac{\underline{\hat{A}}_k}{2}$

Besonderheit: Gerade Funktion $f(t) = f(-t)$: $\hat{S}_k = 0$ $\quad$ $f(t)$ nach $T/2$ als positive Wiederholung: nur gerade k

ungerade Funktion $f(t) = -f(-t)$: $\hat{C}_k = 0$ $\quad$ $f(t)$ nach $T/2$ als negative Wiederholung: nur ungerade k

Tafel 8.2. Zusammenstellung einiger für die Elektrotechnik wichtiger Fourier-Reihen

Zeitfunktion	Fourier-Reihe $f(t)$
Gleichgerichtete Sinusschwingung (Zweiweg) 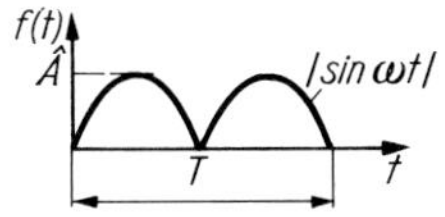	$\frac{4\hat{A}}{\pi}\left[\frac{1}{2}-\frac{1}{1\cdot 3}\cos 2\omega t-\frac{1}{3\cdot 5}\cos 4\omega t-\frac{1}{5\cdot 7}\cos 6\omega t\ldots\right]$
Gleichgerichtete Sinusschwingung (Einweg) 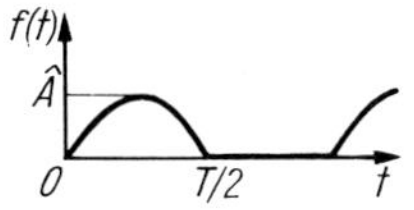	$\frac{\hat{A}}{\pi}\left[1+\frac{\pi}{2}\sin\omega t-\frac{1}{1\cdot 3}\cos 2\omega t-\frac{2}{3\cdot 5}\cos 4\omega t-\ldots\right]$
Rechteckschwingung 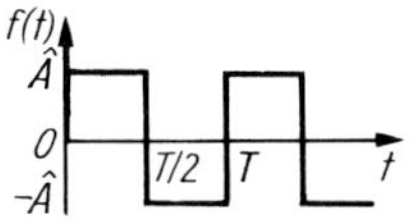	$\frac{4\hat{A}}{\pi}\left[\sin\omega t+\frac{1}{3}\sin 3\omega t+\frac{1}{5}\sin 5\omega t+\ldots\right]$
Ungerade Dreieckschwingung 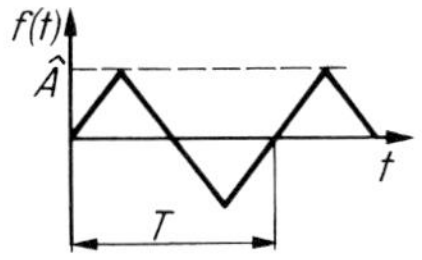	$\frac{8\hat{A}}{\pi^2}\left[\sin\omega t-\frac{1}{3^2}\sin 3\omega t+\frac{1}{5^2}\sin 5\omega t-\frac{1}{7^2}\sin 7\omega t\pm\ldots\right]$
Ungerade Sägezahnschwingung 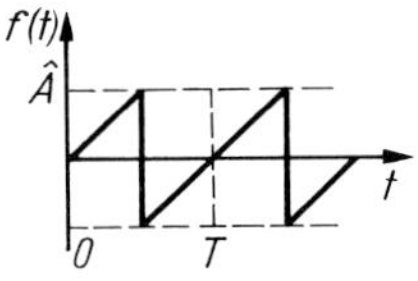	$\frac{2\hat{A}}{\pi}\left[\sin\omega t-\frac{1}{2}\sin 2\omega t+\frac{1}{3}\sin 3\omega t-\frac{1}{4}\sin 4\omega t\pm\ldots\right]$

1. Spektraldarstellung, Amplituden- und Phasenspektrum. Durch Zusammenfassung der gleichfrequenten Sinus- und Kosinusglieder (= *Spektraldarstellung*) gilt

$$\hat{C}_k \cos k\omega t + \hat{S}_k \sin k\omega t = \hat{A}_k \cos(k\omega t + \varphi_k)$$

mit den Amplituden

$$\hat{A}_k = \sqrt{\hat{S}_k^2 + \hat{C}_k^2} \tag{8.4a}$$

und Phasen

$$\varphi_k = -\arctan\frac{\hat{S}_k}{\hat{C}_k}\,. \tag{8.4b}$$

Damit ergibt sich die zu Gl. (8.1) gleichwertige Spektraldarstellung

$$f(t) = A_0 + \sum_{k=1}^{\infty} \hat{A}_k \cos(k\omega t + \varphi_k)\,. \tag{8.5}$$

Hieraus erkennen wir sehr anschaulich die bereits in Abschn. 5.2.3 eingeführten Begriffe Wechselgröße (Gleichglied A_0 verschwindet) und Mischgröße (mit Gleichglied).

Bild 8.2 veranschaulicht die Zusammenfassung der Sinus- und Kosinusglieder, wie wir sie bereits von der Darstellung der Sinusfunktion her kennen.

2. Komplexe Form. Unter Benutzung der Darstellungen

$$\cos k\omega t = \frac{e^{jk\omega t} + e^{-jk\omega t}}{2}\,; \qquad \sin k\omega t = \frac{j(e^{-jk\omega t} - e^{jk\omega t})}{2}$$

ergibt sich aus Gl. (8.1)

$$f(t) = \sum_{k=-\infty}^{+\infty} \underline{c}_k\, e^{jk\omega t}\,. \tag{8.6a}$$

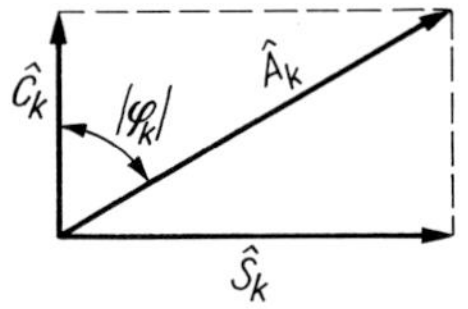

Bild 8.2. Gesamtamplitude $\hat{A}_K$ der Schwingung der Kreisfrequenz $k\omega$ zusammengesetzt aus zwei Komponenten $\hat{C}_K$, $\hat{S}_K$ (Gl. (8.4a) mit der Phase φ_K (Gl. (8.4b)). Die Gesamtschwingung eilt der Sinusschwingung mit der Amplitude $\hat{S}_K$ um den Phasenwinkel φ_K vor

Das ist die *komplexe Form* der Fourier-Reihe mit

$$\underline{c}_k = \frac{1}{T}\int_0^T f(t)\,e^{-jk\omega t}\,dt = \begin{cases} A_0 & \text{für } k = 0 \\ \dfrac{\hat{C}_k - j\hat{S}_k}{2} & \text{für } k = 1, 2, \ldots \\ \dfrac{\hat{C}_{|k|} + j\hat{S}_{|k|}}{2} & \text{für } k = -1, -2, \ldots, \end{cases} \tag{8.6b}$$

sowie

$$\hat{C}_k = 2\,\mathrm{Re}\,\underline{c}_k \qquad \hat{S}_k = 2\,\mathrm{Im}\,\underline{c}_k\,. \tag{8.6c}$$

Ausgeschrieben lautet diese Reihe

$$f(t) = +\underline{c}_{-2}\,e^{-2j\omega t} + \underline{c}_{-1}\,e^{-j\omega t} + \underline{c}_0 + \underline{c}_1\,e^{j\omega t} + \underline{c}_2\,e^{2j\omega t} + \ldots$$

(Gleichglied: $\underline{c}_0$; 1. Harmonische: $\underline{c}_{-1}$, $\underline{c}_1$; 2. Harmonische: $\underline{c}_{-2}$, $\underline{c}_2$)

Der Koeffizient $\underline{c}_k$ bestimmt das sog. *Spektrum* der Fourier-Reihe.

8.1.2 Zeitfunktion und Spektrum

Mit der Fourier-Analyse kann eine periodische Funktion $f(t)$ entweder als *Zeitfunktion* (Oszillogramm, Liniendiagramm) Gl. (8.1) oder als sog. *Spektrum* Gl. (8.5) dargestellt werden. Das Liniendiagramm enthält den zeitlichen Verlauf der einzelnen Oberschwingungen phasengerecht zusammengesetzt. Das Spektrum enthält hingegen die *Amplituden-* und *Phasenwerte* für die betreffende Frequenz. So wie die Sinusfunktion gleichwertig durch Liniendiagramm oder die Angabe der Amplitude, Frequenz und Phase eindeutig festgelegt werden konnte, kann man mehrwellige Vorgänge eindeutig und übersichtlich beschreiben, indem zu jeder Frequenz $k\omega$ die zugehörige Amplitude (Amplitudenspektrum) und die zugehörige Phase (Phasenspektrum) aufgetragen werden. Das ist die Darstellung im *Spektral-* oder *Frequenzbereich.* Sie erlaubt besser zu beurteilen, aus welchen Frequenzen die untersuchte Funktion zusammengesetzt ist, d. h. bei welchen Frequenzen große Amplituden auftreten, welche Frequenzen wegen kleiner Amplitude vernachlässigt werden können. Somit stellt die Fourier-Reihe den Ausgangspunkt der Berechnung und Untersuchung von Übertragungssystemen dar.

Besonders einfach läßt sich das Spektrum aus der Fourier-Reihe in komplexer Form gewinnen. Bild 8.3 zeigt Liniendiagramm und Spektrum zweier Rechteckfunktionen mit verschiedenem Tastverhältnis. Diese Fragen interessieren z. B. für die Berechnung von Übertragungsgliedern für die untersuchte Funktion.

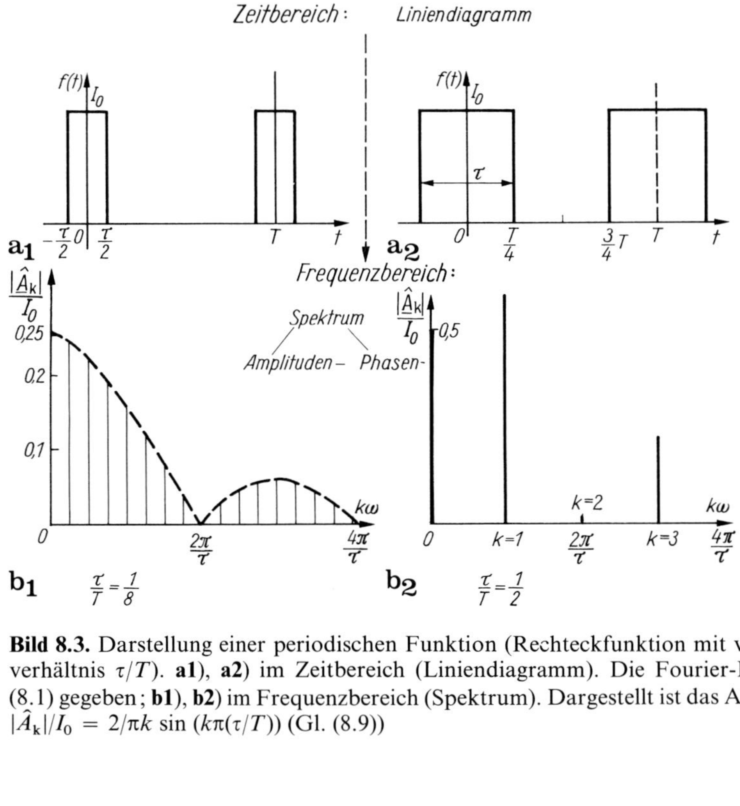

Bild 8.3. Darstellung einer periodischen Funktion (Rechteckfunktion mit verschiedenem Tastverhältnis τ/T). **a1**), **a2**) im Zeitbereich (Liniendiagramm). Die Fourier-Reihe ist durch Gl. (8.1) gegeben; **b1**), **b2**) im Frequenzbereich (Spektrum). Dargestellt ist das Amplitudenspektrum $|\hat{A}_k|/I_0 = 2/\pi k \sin(k\pi(\tau/T))$ (Gl. (8.9))

Zusammengefaßt: Jede periodische Funktion im Zeitbereich kann im Frequenzbereich gleichwertig durch ihr Amplituden- und Phasenspektrum dargestellt werden (Berechnung Gl. (8.2) bis (8.5)).

Beispiel. Wir wollen die dargestellte *einseitige Rechteckimpulsfolge* (Impulsbreite τ, Höhe I_0, Bild 8.3a) analysieren. Der Impuls ist gegeben durch

$$f(t) = I_0 \quad \text{für} \quad -\frac{\tau}{2} \leqq t \leqq +\frac{\tau}{2}$$

und verschwindet für den Rest der Periodendauer. Die Funktion ist symmetrisch zu $t = 0$, so daß nur cos-Glieder auftreten werden. Nach Gl. (8.1) erhalten wir

1. als Gleichglied

$$A_0 = \frac{1}{T}\int_{-\tau/2}^{+\tau/2} I_0 \, \mathrm{d}t = \frac{I_0 \tau}{T}, \tag{8.7}$$

2. als Amplituden der cos-Glieder

$$\hat{C}_k = \frac{2}{T}\int_{-\tau/2}^{\tau/2} I_0 \cos k\omega t \, \mathrm{d}t = \frac{2I_0}{k\omega t}\sin k\omega t\Big|_{-\tau/2}^{+\tau/2} = \frac{2I_0}{k\pi}\sin\frac{k\omega_0\tau}{2} = \frac{2I_0}{k\pi}\sin k\pi\frac{\tau}{T}. \tag{8.8}$$

Damit lautet die Fourier-Reihe

$$f(t) = \frac{I_0\tau}{T} + \frac{2I_0}{\pi}\sum_{k=1}^{\infty}\left(\frac{1}{k}\sin k\pi\frac{\tau}{T}\right)\cos k\omega t\,. \tag{8.9}$$

Aus dem Ergebnis lassen sich leicht folgende *Sonderfälle* herleiten (Bild 8.4a):

1. $\tau = T$ (reine Gleichgröße I_0). Es entfallen wegen $\sin k\pi = 0$ alle Cosinusglieder.
2. $\tau = T/2$ (symmetrische Rechteckkurve, Bild 8.3b2). Hier verschwinden alle Cosinusglieder für gerade k, ungerade k ergeben alternierende Vorzeichen

$$f(t) = \frac{I_0}{2} + \frac{2I_0}{\pi}\left[\cos\omega t - \frac{\cos 3\omega t}{3} + \frac{\cos 5\omega t}{5} - \ldots + \ldots\right]. \tag{8.10}$$

3. Zieht man das Gleichglied $I_0/2$ ab, so verläuft die Funktion symmetrisch um die Zeitachse (Bild 8.4b). Wird der Zeitnullpunkt im Bild 8.3a um $T/4$ nach links verschoben (wird also $t' = t + T/4$ gesetzt) so folgt wegen

$$\cos k\omega\left(t' - \frac{T}{4}\right) = \cos\left[k\omega t' - k\frac{\pi}{2}\right] = \pm\sin k\omega t'$$

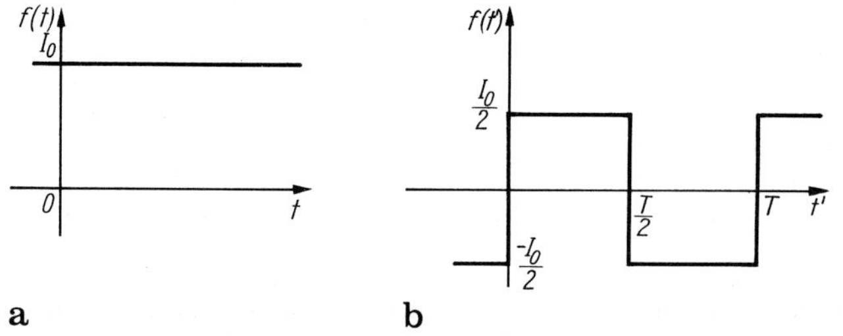

Bild 8.4. Sonderfälle der Rechteckfunktion (Bild 8.3a). **a)** Gleichgröße ($\tau = T$); **b)** ursprungsymmetrischer Rechteckimpuls

($+: k = 1, 5, 9;\ -: k = 3, 7 \ldots$) als Lösung

$$f(t') = \frac{2I_0}{\pi}\left[\sin \omega t' + \frac{\sin 3\omega t'}{3} + \frac{\sin 5\omega t'}{5}\right] \tag{8.11}$$

(vgl. Tafel 8.2).

Jetzt wollen wir die Lösung über die komplexe Form Gl. (8.6a) ermitteln:

$$\underline{c}_k = \frac{I_0}{T}\int_{-\tau/2}^{+\tau/2} e^{-jk\omega t}\, dt = \frac{I_0}{-jk\omega T}\left[e^{-jk\omega\frac{\tau}{2}} - e^{jk\omega\frac{\tau}{2}}\right] = \frac{I_0}{k\pi}\sin k\pi\frac{\tau}{T} \tag{8.12}$$

(wegen $\omega T = 2\pi$). Für $k \to 0$ muß A_0 entweder durch einen Grenzübergang oder direkt über das Gleichglied Gl. (8.2) bestimmt werden.

Nach Gl. (8.6a) ist die Summation über positive und negative k auszuführen. Wegen $\underline{c}_k = \underline{c}^*_{-k}$ ergibt sich schließlich die Fourier-Reihe Gl. (8.9). Bild 8.3 enthält das Amplitudenspektrum. Man erkennt, daß für sehr kurze Impulse $\tau \ll T$ angenähert

$$\frac{\sin k\pi}{k}\frac{\tau}{T} \approx \pi\frac{\tau}{T} \text{ gilt } (\sin x|_{x \ll 1} \approx x) \text{ \textit{unabhängig} von } k.$$

Damit haben alle Harmonischen, für die $k \ll T/(\pi\tau)$ gilt, eine konstante Amplitude, mithin ein konstantes Spektrum oder gleichwertig:

Je kürzer der Rechteckimpuls ist, desto mehr Harmonische sind zum Aufbau der Rechteckfunktion erforderlich.

Daraus geht hervor, daß zur Übertragung einer Impulsfolge über ein Netzwerk eine ausreichende „Bandbreite" vorhanden sein muß, also hohe Frequenzen mit der gleichen Amplitudencharakteristik übertragen werden müssen.

Das Spektrum wurde im Bild 8.3 b1 für ein Verhältnis $\tau/T = {}^1/_8$ dargestellt. Die Einhüllende hat für ganze Vielfache von $k\omega = 2\pi/\tau$ Nullstellen. Die „Dichte" der Spektrallinien nimmt mit sinkendem Tastverhältnis τ/T ab. Für $\tau/T = {}^1/_2$ ergeben sich entsprechend weniger Spektrallinien (Bild 8.3 b2).

Aus dem Grenzfall $\tau \ll T$ kann man weiter entnehmen: Es gelte $T \to \infty$, wir betrachten einen einmaligen, also nichtperiodischen Vorgang. Dann treten (wegen $T = 1/f$) unendlich viele „Spektrallinien" sehr dicht benachbart, also sog. „Bandspektren" auf. Dabei gilt für benachbarte Frequenzen $k\omega \to \omega$ und $\omega \to d\omega$, also

$$\frac{1}{T} = \frac{\omega}{2\pi} \to \frac{d\omega}{2\pi}, \tag{8.13}$$

und die Summe in Gl. (8.6a) wird zum Integral:

Bei der harmonischen Analyse einer nichtperiodischen Funktion geht die Fourier-Reihe in das *Fourier-Integral* über.

Im Spektrum der periodischen Impulsfolge (Bild 8.3) steigt die „Dichte" der Spektrallinien mit sinkendem Tastverhältnis τ/T. Die Form der Einhüllenden bleibt dagegen erhalten. Für den einmaligen Impuls ($T \to \infty$) der Dauer τ ergibt sich als Spektrum ebenfalls die im Bild dargestellte Einhüllende. Dabei umfaßt der Bereich zwischen $\omega = 0$ und $\omega = 2\pi/\tau$ die am stärksten beitragenden Schwingungen und wir erkennen:

Zur Übertragung eines Impulses der Dauer τ muß das Übertragungssystem etwa eine Bandbreite von $f = 0$ bis $f = 1/\tau$ haben. Je kürzer die Impulsdauer τ, desto größer wird die erforderliche Bandbreite.

Da das Spektrum einer Funktion diese genau so eindeutig beschreibt wie die Zeitfunktion (Liniendiagramm), kann man auch die Spektralfunktion zur Kennzeichnung heranziehen. Das nutzt die *Laplace-Transformation* aus. Dabei wird die Zeitfunktion mit Hilfe eines Integraloperators, dem Laplace-Integral eindeutig in die zugehörige Spektralfunktion transformiert und mit dieser gerechnet (Abschn. 10).

8.2 Mehrwellige Zeitfunktion und ihre Kenngrößen

Wir wollen jetzt einige technisch wichtige Kenngrößen und Eigenschaften mehrwelliger Zeitfunktionen zusammenstellen und dabei gleichzeitig die Wirkleistung betrachten.

1. Effektivwert. Wir betrachten den Effektivwert $\tilde{f}(t)$ einer allgemeinen periodischen Funktion $f(t)$ nach Gl. (8.1) und greifen dazu auf die Definition Gl. (5.58) zurück. Es ergibt sich für das Effektivwertquadrat

$$\tilde{f}^2(\mathrm{t}) = \frac{1}{T}\int_0^T f^2(\mathrm{t})\,\mathrm{d}t = \frac{1}{T}\int_0^T \left[A_0 + \sum_{k=1}^{\infty} \hat{A}_k \cos(k\omega t + \varphi_k)\right]^2 \mathrm{d}t\,. \tag{8.14}$$

Vom Integral liefern nur die Terme A_0^2 und $[\hat{A}_k \cos(k\omega t + \varphi_k)]^2$ Beiträge bei der Integration über die Periodendauer, alle restlichen Anteile verschwinden.[1] Die Lösung ergibt

$$\tilde{f}(t)^2 = \left[A_0^2 + \sum_{k=1}^{\infty} \frac{\hat{A}_k^2}{2}\right]. \tag{8.15}$$

Führen wir den Effektivwert $A_{k\,\mathrm{eff}} = \hat{A}_k/\sqrt{2}$ der einzelnen Harmonischen ein, so lautet das Ergebnis schließlich

$$\tilde{f}(t) = \sqrt{A_0^2 + \sum_{k=1}^{\infty} A_{k\,\mathrm{eff}}^2} = \sqrt{A_0^2 + A_{\mathrm{eff}}^2} \tag{8.16}$$

Effektivwert einer periodischen Funktion nach Gl. (8.1).

Dabei wurde mit A_{eff} der Effektivwert des gesamten Wechselanteiles bezeichnet.

Der Effektivwert einer Summe von Schwingungen verschiedener Frequenz ist gleich der *geometrischen Summe* der Effektivwerte der Einzelschwingungen unabhängig von ihren Nullphasenwinkeln.

Hinweis. Der Effektivwert von mehreren Schwingungen *gleicher* Frequenz hängt vom Phasenwinkel zwischen ihnen ab!

Das Ergebnis Gl. (8.16) kann mit Benutzung der Fourier-Reihe Gl. (8.1) auch in anderer Form dargestellt werden (Weg der Herleitung völlig analog):

$$\sqrt{\frac{1}{T}\int_0^T f^2(t)\,\mathrm{d}t} = \tilde{f}(t) = \sqrt{A_0^2 + \frac{1}{2}\sum_{k=1}^{\infty} \hat{C}_k^2 + \frac{1}{2}\sum_{k=1}^{\infty} \hat{S}_k^2} \tag{8.17}$$

Effektivwert einer periodischen Funktion (Parseval-Theorem).

Sie ist als sog. *Parsevalsches Theorem* bekannt.

Beispielsweise hat eine symmetrische Rechteckfunktion (Höhe $U_0 = 1$ V) als Effektivwertbeiträge der Harmonischen

$$A_k = \sqrt{C_k^2 + S_k^2}$$

[1] Integrale der Form $\int_0^T \cos k\omega t\,\mathrm{d}t$, $\int_0^T \sin k\omega t\,\mathrm{d}t$ verschwinden stets

die Anteile

$$\frac{4}{\pi}\left[1, \frac{1}{3}, \frac{1}{5}, \frac{1}{7}\right].$$

Das gesamte Effektivwertquadrat lautet dann

$$\tilde{f}^2(t) = \frac{16\,\mathrm{V}^2}{2\pi^2}\left[1 + \frac{1}{9} + \frac{1}{25} + \frac{1}{49}\right].$$

Der erste Term liefert den Betrag $8\,\mathrm{V}^2/\pi^2 = 0{,}81\,\mathrm{V}^2$, die Summe der ersten beiden beträgt $0{,}9\,\mathrm{V}^2$, die der ersten vier $0{,}95\,\mathrm{V}^2$ und erst für $n \to \infty$ ergibt sich $1\,\mathrm{V}^2$.

Die Darstellung der Effektivwertquadrate $\tilde{f}_k^2(t) = (\hat{C}_k^2 + \hat{S}_k^2)/2$ der einzelnen Harmonischen über k (bzw. ω) heißt *Leistungspektrum* von $f(t)$. Bild 8.5 enthält es für die Sägezahnfunktion $f(t)$ mit der Fourier-Reihe (Tafel 8.2 ergänzt durch das Gleichglied $\hat{C}_0$)

$$f(t) = 0{,}5 - \frac{1}{\pi}\left[\sin 2\pi\frac{t}{T} + \frac{1}{2}\sin\frac{4\pi t}{T} + \frac{1}{3}\sin\frac{6\pi t}{T} + \ldots\right]$$

mit $\hat{C}_0 = 0{,}5$ und $\hat{S}_k = -1/(k\pi)$. Das Effektivwertquadrat der k-ten Harmonischen beträgt $(\hat{C}_k^2 + \hat{S}_k^2)/2$; wir erhalten so für die ersten Glieder des Leistungsspektrums

$$k = 0 \quad 1 \quad 2 \quad 3$$

$$\left(\frac{1}{2}\right)^2 \quad \frac{1}{2\pi^2} \quad \frac{1}{8\pi^2} \quad \frac{1}{18\pi^2} \quad \text{bzw.} \quad \frac{1}{2(k\pi)^2}.$$

Beispiel. Im Stromkreis Bild 8.6 wirke eine Gleichspannung $U_Q = 5\,\mathrm{V}$, eine Wechselspannung (Frequenz ω) mit dem Effektivwert $\tilde{U}_{Q1} = 5\,\mathrm{V}$ und eine Wechselspannung (Frequenz 2ω) mit dem Effektivwert $\tilde{U}_{Q2} = 2{,}5\,\mathrm{V}$ auf den Widerstand $R = 10\,\Omega$. Ein Effektivwertmesser (z. B. Hitzdrahtinstrument) zeigt folgenden Strom an:

$$\tilde{I} = \frac{\tilde{U}_{\text{ges}}}{R} = \frac{\sqrt{U_Q^2 + \tilde{U}_{Q1}^2 + \tilde{U}_{Q2}^2}}{R} = \frac{\sqrt{(5\,\mathrm{V})^2 + (5\,\mathrm{V})^2 + (2{,}5\,\mathrm{V})^2}}{10\,\Omega} = \frac{7{,}5\,\mathrm{V}}{10\,\Omega} = 0{,}75\,\mathrm{A};$$

$$= \frac{7{,}5\,\mathrm{V}}{10\,\Omega} = 0{,}75\,\mathrm{A};$$

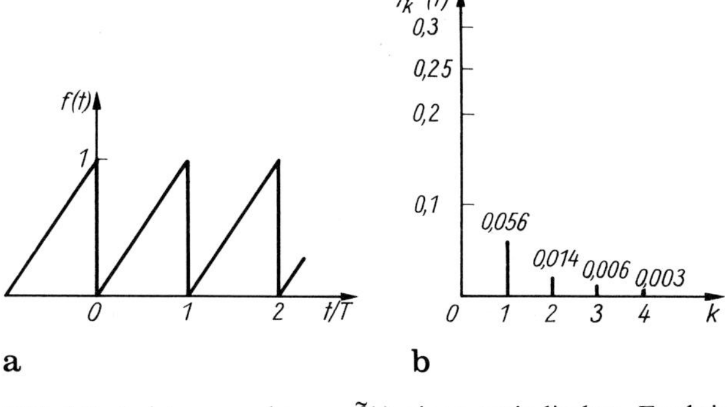

Bild 8.5. Leistungsspektrum $\tilde{f}(t)$ einer periodischen Funktion. **a**) Funktion $f(t)$ (Sägezahnkurve); **b**) Leistungsspektrum = Quadrat des Effektivwertes der einzelnen Harmonischen der Kurve **a**

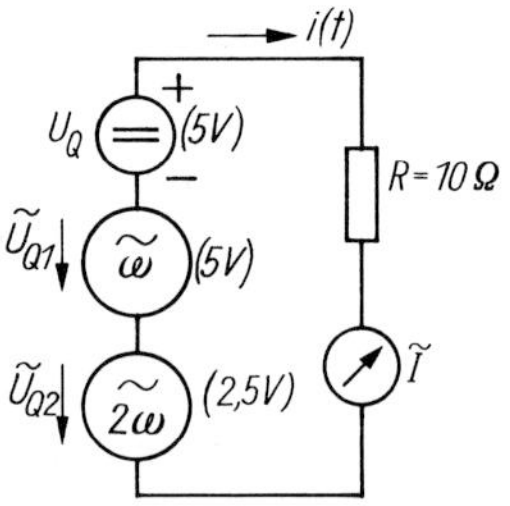

Bild 8.6. Zur Effektivwertbildung einer mehrwelligen Größe

— nur U_Q oder $\tilde{U}_\mathrm{Q1}$ wirkend

$$\tilde{I} = \frac{U_\mathrm{Q}}{R} = \frac{\tilde{U}_\mathrm{Q1}}{R} = \frac{5\ \mathrm{V}}{10\ \Omega} = 0{,}5\ \mathrm{A}\,,$$

— nur U_Q und $\tilde{U}_\mathrm{Q1}$ wirkend

$$\tilde{I} = \frac{\sqrt{U_\mathrm{Q}^2 + \tilde{U}_\mathrm{Q1}^2}}{R} = \frac{5\ \mathrm{V}\sqrt{2}}{10\ \Omega} = 0{,}7\ \mathrm{A}$$

(nicht etwa 1 A, wie man fälschlicherweise bei arithmetischer Addition der Einzeleffektivwerte erwarten würde),

— nur $\tilde{U}_\mathrm{Q1}$ und $\tilde{U}_\mathrm{Q2}$ wirkend

$$\tilde{I} = \frac{\sqrt{\tilde{U}_\mathrm{Q1} + \tilde{U}_\mathrm{Q2}^2}}{R} = \frac{\sqrt{(5\ \mathrm{V})^2 + (2{,}5\ \mathrm{V})^2}}{10\ \Omega} = 0{,}56\ \mathrm{A}\,.$$

Glieder, deren Effektivwert klein ist im Vergleich zu anderen, tragen zum Effektivwert nur schwach bei.

Merke: Fließen durch einen Leiter ein Gleichstrom $I = 1$ A und ein Wechselstrom mit dem Effektivwert $\tilde{I} = 1$ A, so beträgt der Effektivwert des Gesamtstromes $\sqrt{2}$ A!

2. Wirkleistung. Wir untersuchen die Wirkleistung $\overline{p(t)}$ (Gl. (6.50)) an einem Zweipol, an dem mehrwellige Ströme und Spannungen der Form

$$u(t) = U_0 + \sum_{k=1}^{\infty} u_\mathrm{k}(t)\,, \qquad i(t) = I_0 + \sum_{k=1}^{\infty} i_\mathrm{k}(t)$$

mit

$$u_\mathrm{k}(t) = \hat{U}_\mathrm{k} \sin(k\omega t + \varphi_\mathrm{uk})\,, \qquad i_\mathrm{k} = \hat{I}_\mathrm{k} \sin(k\omega t + \varphi_\mathrm{ik})$$

auftreten. Die Wirkleistung ergibt sich zu

$$P = \frac{1}{T}\int_0^T \left[U_0 I_0 + I_0 \sum_{k=1}^{\infty} u_\mathrm{k}(t) + U_0 \sum_{k=1}^{\infty} i_\mathrm{k}(t) + \sum_{k=1}^{\infty} u_\mathrm{k} \sum_{k=1}^{\infty} i_\mathrm{k}\right] \mathrm{d}t\,.$$

Die beiden mittleren Glieder verschwinden bei der Integration; das erste liefert den Beitrag $U_0 I_0$ und vom letzten geben nur die Komponenten mit gleichen k-Werten einen Beitrag. Deshalb ist nur eine Summation für $\sum_{k=1}^{\infty} u_k i_k$ durchzuführen. Das Ergebnis lautet

$$P = \sum_{k=0}^{\infty} P_k = U_0 I_0 + \sum_{k=1}^{\infty} U_k I_k \cos(\varphi_{uk} - \varphi_{ik}). \tag{8.18}$$

Die vom Zweipol bei mehrwelliger Erregung aufgenommene Wirkleistung ist gleich der Summe der Leistungen, die vom Gleichglied und der einzelnen Harmonischen herrühren. Die Wirkleistung einer Harmonischen kennen wir bereits (s. Gl. (6.54a)).

Beachte: Ströme und Spannungen verschiedener Frequenz (Ordnungszahlen) ergeben keine Wirkleistung!

3. Kenngrößen mehrwelliger Ströme und Spannungen. Eine Reihe von Kenngrößen wurden in Tafel 8.3 zur Charakterisierung mehrwelliger Größen zusammengestellt. Die verbreitetsten davon sind *Klirrfaktor*, *Klirrfaktor k-ter Ordnung* (Oberschwingungsgehalt) und der *Klirrkoeffizient*. Für Gleichrichterschaltungen ist besonders die *Welligkeit* interessant. Zu beachten ist dabei, daß sich die einzelnen Kennwerte z. B. durch Schaltungen mit Blindschaltelementen ändern können. Hat etwa eine vorgegebene nichtsinusförmige Erregerspannung einen bestimmten Klirrfaktor und arbeitet sie auf einen Kondensator, so besitzt der Strom einen anderen Klirrfaktor, weil die höherfrequenten Spannungsanteile größere Strombeträge liefern als die tieferfrequenten.

Tafel 8.3. Kenngrößen mehrwelliger Vorgänge (Ströme, Spannungen)

	Bezeichnung	Definition
Wechselgrößen	Klirrfaktor (Oberschwingungsgehalt einer Wechselgröße)	$k = \sqrt{\dfrac{\sum_{k=2}^{n} U_k^2}{\sum_{k=1}^{n} U_k^2}} = \dfrac{\text{Effektivwert der Oberschwingung}}{\text{Effektivwert der Wechselgröße}}$
Wechselgrößen	Klirrkoeffizient der k-ten Harmonischen	$k_k = \dfrac{U_k}{\sqrt{\sum_{k=1}^{n} U_k^2}} = \dfrac{U_k}{U_\sim} = \dfrac{\text{Effektivwert der } k\text{-ten Harmonischen}}{\text{Effektivwert der Wechselgröße}}$
Wechselgrößen	Grundschwingungsgehalt (einer Wechselgröße)	$g = \dfrac{U_1}{\sqrt{\sum_{k=1}^{n} U_k^2}} = \dfrac{U_1}{U_\sim} = \dfrac{\text{Effektivwert der Grundschwingung}}{\text{Effektivwert der Wechselgröße}}$
		Beachte: $k^2 + g^2 = 1$, $k^2 = \sum_{k=2}^{n} k_k^2$
Mischgrößen	Welligkeit einer Mischgröße	$w = \dfrac{U_\sim}{U_0} = \dfrac{\text{Effektivwert der Wechselgröße}}{\text{Gleichwert}}$
Mischgrößen	Schwingungsgehalt einer Mischgröße	$s = \dfrac{U_\sim}{U} = \dfrac{\text{Effektivwert der Wechselgröße}}{\text{Effektivwert der Mischgröße}}$

8.3 Netzwerke bei mehrwelliger Erregung

Wirkt eine mehrwellige Erregung auf ein *lineares Netzwerk* — für das stets der Überlagerungssatz gilt — so kann die gesuchte Wirkung im Netzwerk aus der Überlagerung der Teilwirkungen gewonnen werden, die von den einzelnen Harmonischen (und dem Gleichglied) herrühren. Das gilt zunächst für den Zeitbereich, wie im Bild 8.7 veranschaulicht. Als Lösungsmethoden kommen alle jene in Frage, die wir bei sinusförmig erregten Netzwerken kennenlernten.

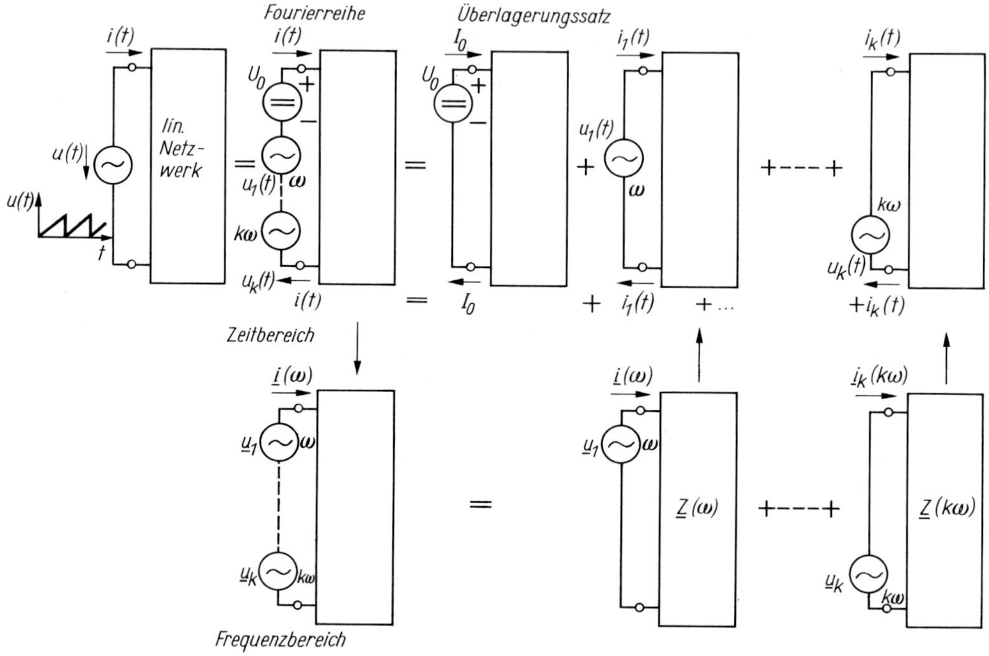

Bild 8.7. Berechnungsmethodik eines linearen Netzwerkes bei mehrwelliger Erregung

Wegen der Linearität des Problems kann die Bestimmung der Wirkung auch über den *Frequenzbereich* erfolgen. Dazu werden die Einzelwirkungen zunächst im Frequenzbereich ermittelt und anschließend rücktransformiert. Das kann sowohl mit der Gesamtwirkung im Frequenzbereich als auch mit den Einzelkomponenten wegen der Additivität der Transformation erfolgen.

Anwendungsbeispiele: Grundschaltelemente. Wir untersuchen die Wirkung einer allgemeinen periodischen Spannung (ohne Gleichglied)

$$u(t) = \sum_{k=1}^{\infty} \hat{U}_k \sin(k\omega t + \varphi_{uk})$$

auf die Grundschaltelemente. Während der Strom $i(t)$ durch den *ohmschen Widerstand* R der Spannung $u(t)$ stets proportional (also formgetreu) ist, hebt der *Kondensator* C wegen

$$i = C\frac{du}{dt} = \sum_{k=1}^{\infty} k\omega C\hat{U}_k \cos(k\omega t + \varphi_{uk}) \tag{8.19}$$

die Amplitude $k\omega C\hat{U}_k$ der k-ten Harmonischen um den Faktor k gegenüber der Grundwelle.

Der Klirrfaktor des Kondensatorstromes ist stets größer als derjenige der anliegenden Kondensatorspannung.

Umgekehrt wirkt der Kondensator bei vorgegebenem Strom (und dessen Klirrfaktor) stets glättend (Harmonische reduzierend) auf die Spannung.

Bei der *Induktivität* L hingegen werden im Strom

$$i = \frac{1}{L}\int u\,dt = -\sum_{k=1}^{\infty} \frac{\hat{U}_k}{k\omega L} \cos(k\omega t + \varphi_{uk}) \tag{8.20}$$

höhere Harmonische stets stärker geschwächt als die der Spannung:

Der Klirrfaktor des Spulenstromes ist stets kleiner als der der anliegenden Spannung.

Somit wirkt eine Spule stets glättend auf den Strom.

Bei den bisher betrachteten linearen Fällen ist jedoch zu beachten: Mehrwellige Erregungen an linearen Schaltelementen (C, L, M) erzeugen nie zusätzliche Harmonische, sondern vergrößern oder schwächen nur schon vorhandene.

Im Gegensatz dazu sind *nichtlineare* Schaltelemente stets *Entstehungsursache zusätzlicher Harmonischer*.

Beispiel. An einem RC-Glied (Bild 8.8) liege eine Spannung

$$u(t) = \hat{U}_1 \cos\omega t + \hat{U}_2 \cos 2\omega t$$
$$(\hat{U}_2 = \hat{U}_1/2)\,.$$

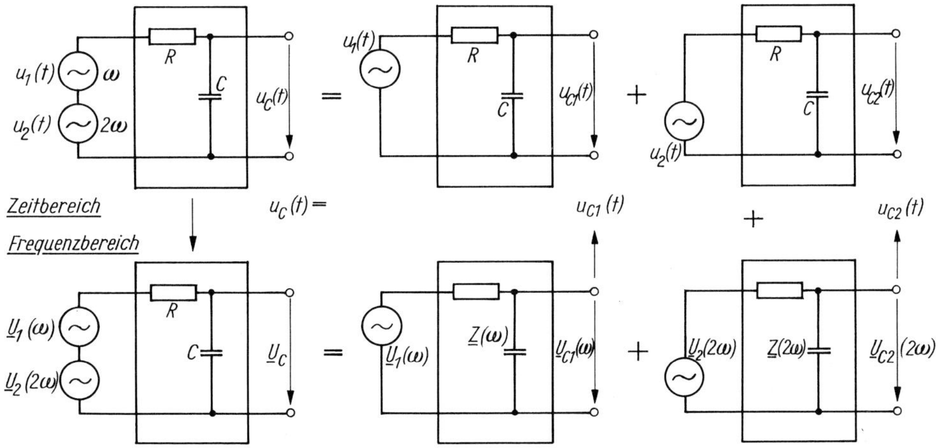

Bild 8.8. Anwendung der Lösungsmethodik Bild 8.7 auf eine spezielle Schaltung

Gesucht ist die Spannung $u_C(t)$ sowie der Klirrfaktor speziell für $\omega RC = 1$. Wir wollen dabei die Lösungsmethodik Bild 8.7 anwenden und erhalten zunächst im Frequenzbereich für die Komponente $\underline{U}_{Ck}$:

$$\frac{\underline{U}_{Ck}}{\underline{U}_k} = \frac{\dfrac{1}{jk\omega C}}{R + \dfrac{1}{jk\omega C}} = \frac{1}{1 + jk\omega CR} = \frac{e^{-j\psi_k}}{\sqrt{1 + (k\omega RC)^2}},$$

$$\psi_k = \arctan k\omega RC\,.$$

Die Rücktransformation eines jeden Spannungsbeitrages $\underline{U}_{Ck}$ ergibt

$$u_C(t) = u_{C1}(t) + u_{C2}(t)$$
$$= \frac{\hat{U}_1 \cos(\omega t - \psi_1)}{\sqrt{1 + (\omega CR)^2}} + \frac{\hat{U}_2 \cos(2\omega t - \psi_2)}{\sqrt{1 + (2\omega CR)^2}}\,.$$

Wie erwartet, tritt die Komponente der doppelten Frequenz durch den Wurzelfaktor im Nenner schwächer auf als die Ausgangsgröße. Der Klirrfaktor k der Ausgangsgröße beträgt nach Tafel 8.3

$$k = \frac{\hat{U}_2}{\sqrt{\hat{U}_1^2 + \hat{U}_2^2}} = \frac{\dfrac{1}{2}}{\sqrt{1 + \left(\dfrac{1}{2}\right)^2}} = 44{,}7\,\%\,.$$

Der Klirrfaktor k_{uC} von u_C beträgt dagegen

$$k_{uC} = \frac{\hat{U}_{C2}}{\hat{U}_{C1}} \frac{1}{\sqrt{1 + \left(\dfrac{\hat{U}_{C2}}{\hat{U}_{C1}}\right)^2}} \quad \text{mit} \quad \frac{\hat{U}_{C2}}{\hat{U}_{C1}} = \frac{\hat{U}_2}{\hat{U}_1} \frac{\sqrt{1 + (\omega CR)^2}}{\sqrt{1 + (2\omega RC)^2}}\,.$$

Für $\omega CR = 1$ beispielsweise ergibt sich

$$\frac{\hat{U}_C}{\hat{U}_{C1}} = \frac{1}{2} \frac{\sqrt{2}}{\sqrt{1 + 4}} = 0{,}316$$

und damit

$$k_{uC} = \frac{0{,}316}{\sqrt{1 + (0{,}316)^2}} = 30{,}1\,\%\,.$$

Er ist erheblich kleiner als der Klirrfaktor der Ausgangsspannung.

Zur Selbstkontrolle: Abschnitt 8

8.1 Welcher physikalische Gedanke verbirgt sich hinter der Fourier-Reihe?

8.2 Was bedeutet das Gleichglied der Fourier-Reihe physikalisch? Für welche Funktionen verschwindet es stets?

8.3 Wie kann aus der Rechteckschwingung (3) (Tafel 8.2) eine Rechteckschwingung nach Bild 8.3a2 gewonnen werden?

8.4 Wie wird der Effektivwert einer mehrwelligen Größe gebildet? Wie groß ist der Effektivwert einer Gesamtspannung, bestehend aus einer Gleichspannung $U_0 = 10$ V und einer Wechselspannung (Spitzenwert $\hat{U} = 10$ V)?

8.5 Zwei Wechselspannungen (gleicher Frequenz) mit den Spitzenwerten $\hat{U}_1 = 10$ V, $\hat{U}_2 = 8$ V und einem Relativphasenunterschied $\varphi = 30°$ arbeiten auf einen Verbraucher. Wie groß ist der Effektivwert der Gesamtspannung?

8.6 Was versteht man unter einem Spektrum, wie entsteht es? Stellen Sie die Spektren folgender Spannungen dar

1. $u(t) = \hat{U}_1 \sin(\omega t + \varphi_u) \quad (\hat{U}_1 = 1\,\text{V}\,,\ \varphi_u = +30°)$;
2. $u(t) = \hat{U}_1 \sin(\omega t + \varphi_{u1}) + \hat{U}_2 \sin(2\omega t + \varphi_{u2})$
   $(\hat{U}_1 = 1\,\text{V}\,,\ \hat{U}_2 = 0{,}5\,\text{V}\,,\ \varphi_{u1} = +30°\,,\ \varphi_{u2} = +60°)$.

8.7 Wie groß ist die Wirkleistung, die eine mehrwellige Erregung an einem passiven Zweipol erzeugt?

8.8 Was besagen die Begriffe Klirrfaktor, Klirrkoeffizient und Grundschwingungsgehalt?

8.9 Welche Lösungsmethodik ist anzuwenden, wenn ein lineares Netzwerk mehrwellig erregt wird?

8.10 Wie verhält sich der Strom durch einen Kondensator (Spule), wenn eine mehrwellige Spannung anliegt? Was läßt sich über die zugehörigen Klirrfaktoren aussagen?

9 Dreiphasig erregte Netzwerke

Ziel. Nach Durcharbeit des Abschnittes 9 sollen beherrscht werden:
— das Verkettungsprinzip mehrerer Spannungen und seine Vorteile;
— die Vorteile des Drehstromes;
— die Leistungsberechnung im Drehstromnetzwerk;
— die Durchführung einfacher Analysen von Drehstromnetzwerken.

Überblick. Die bisher betrachteten Wechselspannungsquellen wurden stets über zwei Leitungen an einen Lastwiderstand angeschlossen. Ein solches System heißt „einphasig"[1]. Im Gegensatz dazu werden in der Elektrotechnik, speziell der Elektroenergietechnik „mehrphasige" Systeme und dort im besonderen *dreiphasige* Systeme benutzt. Ein Mehrphasensystem stellt eine elektrische Verkopplung (Verkettung) mehrerer Einphasensysteme dar und bietet besonders gegenüber der einphasigen Elektroenergieübertragung den Vorteil der Einsparung von Übertragungsleitungen und die lokale Bereitstellung eines *rotierenden Magnetfeldes* beim Verbraucher. Das ermöglicht den Bau einfacher und robuster Motoren (s. Bild 4.32).

Bei der Behandlung der Vorgänge in den Mehrphasensystemen werden keine neuen grundlegenden Gesetze hergeleitet, sondern vielmehr nur bekannte angewendet: Mehrphasensystem als Sonderfall der Verkettung mehrerer Einphasensysteme.

9.1 Drehstromquellen

In einer im homogenen Magnetfeld mit der Winkelgeschwindigkeit ω gedrehten Leiterschleife wurde eine sinusförmige Spannung der Größe

$$u_{\mathrm{i}}(t) = 2Blv \sin \omega t = \hat{U}_{\mathrm{i}} \sin \omega t$$

induziert (Bild 3.49, Gl. (3.53)). Werden auf der gleichen Leiterachse *drei* Leiterschleifen mit je einem Versetzungswinkel $\Delta\alpha = \alpha_2 - \alpha_1 = \text{const} = 120^\circ$ angeordnet

[1] Der Begriff „Phase" in der Bedeutung von Phasenwinkel (Phasenverschiebung) wurde bisher zur eindeutigen zeitlichen Zuordnung zweier sich periodisch (meist harmonisch) mit der Zeit ändernder physikalischer Größen eingeführt. Die Phase beschrieb die zeitliche Lage dieser Größe in einem gewählten Koordinatensystem. Nunmehr erhält der Begriff „Phase" eine zur ersten Bedeutung wesensfremde Orientierung auf ein System, in dem er beschreibt, wieviele der bisher bekannten einphasigen Systeme zu einem Mehrphasensystem zusammengekettet werden

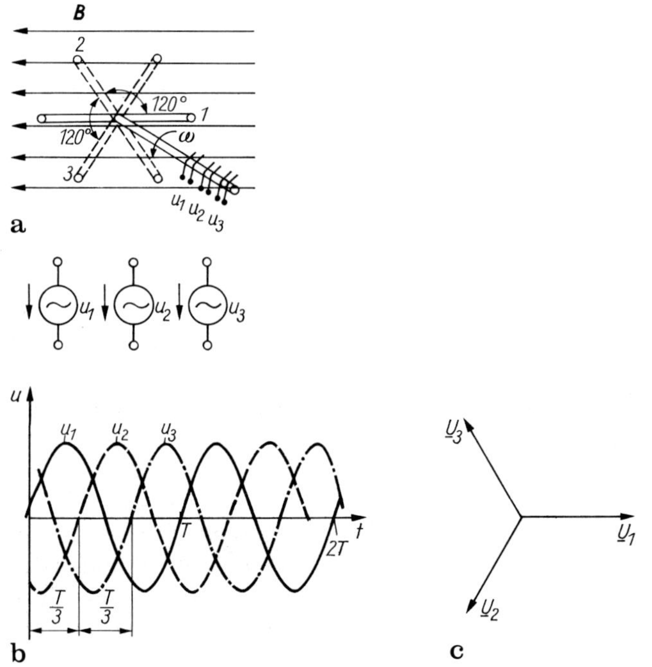

Bild 9.1. Drei Einzelspannungen einer Drehstromquelle. **a**) Erzeugung der Einzelspannungen durch drei gleiche drehbare Leiterschleifen im Magnetfeld; **b**) Liniendiagramm; **c**) Zeigerdiagramm

(Bild 9.1 a), so entstehen drei unabhängige Sinusspannungen gleicher Frequenz, aber verschiedener Phasenlage:

$$\begin{aligned} u_1 &= \hat{U}_1 \sin \omega t\,, & &\text{komplex} \\ & & \underline{U}_1 &= U_1\, e^{j\varphi_0}\,, \\ u_2 &= \hat{U}_2 \sin (\omega t - 120°)\,, & \underline{U}_2 &= U_2\, e^{-j120°}\,, \\ u_3 &= \hat{U}_3 \sin (\omega t - 240°)\,, & \underline{U}_3 &= U_3\, e^{-j240°}\,. \end{aligned} \tag{9.1}$$

Bei gleichen Leiterschleifen stimmen ihre Amplituden überein:

$$\hat{U}_1 = \hat{U}_2 = \hat{U}_3\,.$$

Bild 9.1 b, c zeigt das Linien- und Zeigerdiagramm dieser Spannungen. Um diese Spannungen z. B. an drei Verbraucherzweipole zu führen, sind sechs Leitungen erforderlich. Dabei arbeitet jeder Stromkreis unabhängig von den anderen. Durch *Verketten* von Leitern läßt sich die erforderliche Leiterzahl senken, dabei geht die Unabhängigkeit der drei Stromkreise zwangsläufig verloren.

Verkettung. Verketten heißt, *einige Leiter der drei Spannungsquellen zusammenzulegen* und damit Leitungen zu sparen. Für die drei einphasigen Wechselspannungen nach Gl. (9.1) sind zwei Zusammenschaltungen möglich: die *Reihen-* und *Parallelschaltung* der Spannungsquellen und Verbraucherwiderstände.

9.1.1 Sternschaltung

Parallelschaltung = Sternschaltung der Quellen bzw. Verbraucher. Hier werden die drei Rückleiter der drei Einzelelemente zu einem Leiter, dem Mittel- oder Nulleiter vereint (Bild 9.2). Er führt den Strom

$$i_1 + i_2 + i_3 = i_0 \qquad \text{Knotensatz} \tag{9.2a}$$

bzw.

$$\underline{I}_1 + \underline{I}_2 + \underline{I}_3 = \underline{I}_0 \,.$$

Praktisch angestrebt werden immer *symmetrische Systeme*, bei denen der Mittelleiterstrom i_0 verschwindet. Dann kann auf den Mittelleiter verzichtet werden und es gilt:

Bei der (symmetrisch belasteten) Sternschaltung verschwindet die Summe aller Sternleiterströme in jedem Zeitpunkt

$$i_1 + i_2 + i_3 = 0 \,. \tag{9.2b}$$

Durch den Mittelpunktleiter fließt also nicht ein besonders hoher Strom, wie man durch die Summe zunächst vermuten könnte! Insgesamt werden durch die Sternschaltung drei Leiter eingespart.

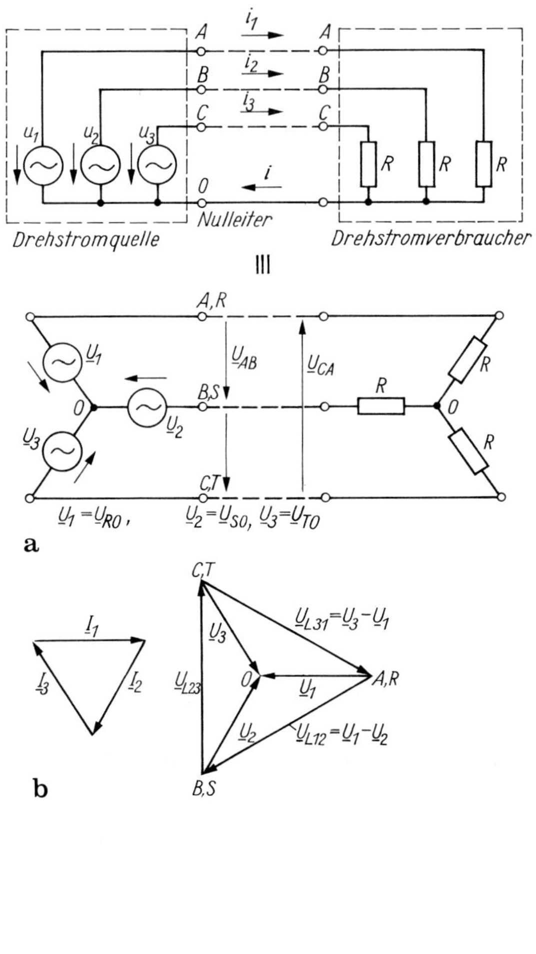

Bild 9.2. Sternschaltung der Spannungsquellen. **a**) Schaltung der Spannungsquellen sowie der Verbraucher; **b**) Zeigerbild für eine symmetrische Drehstromquelle

Die Spannungen der Quellen, also zwischen den Anschlußpunkten *R*, *S*, *T* und dem Mittelpunkt 0 heißen *Sternleiterspannungen* (oft auch *Phasen-* oder *Strangspannungen*):

$$u_{\mathrm{R0}} = u_1\,, \qquad u_{\mathrm{S0}} = u_2\,, \qquad u_{\mathrm{T0}} = u_3 \tag{9.3a}$$

mit $U_0 = |\underline{U}_{\mathrm{R0}}| = |\underline{U}_{\mathrm{S0}}| = |\underline{U}_{\mathrm{T0}}|$
die zugehörigen Ströme $i_1 \ldots i_3$ durch diese Quellen die *Sternleiter-* oder *Strangströme*, die Ströme in den „Außenleitungen" die *Leiterströme*. Sie stimmen bei der Sternschaltung mit den Strangströmen überein:

$$i_1 = i_{\mathrm{R}}\,, \qquad i_2 = i_{\mathrm{S}}\,, \qquad i_3 = i_{\mathrm{T}}\,. \tag{9.3b}$$

Die Spannungen zwischen den Anschlußpunkten *R*, *S*, *T* heißen *Leiterspannungen*. Sie können durch die Strangspannungen ausgedrückt werden:

$$\begin{aligned} u_{\mathrm{RS}} &= u_{\mathrm{R0}} - u_{\mathrm{S0}}\,, \\ u_{\mathrm{ST}} &= u_{\mathrm{S0}} - u_{\mathrm{T0}}\,, \\ u_{\mathrm{TR}} &= u_{\mathrm{T0}} - u_{\mathrm{R0}} \end{aligned} \tag{9.4}$$

Leiterspannungen Sternschaltung.

Üblicherweise haben die Sternleiterspannungen die Effektivwerte

$$U_{\mathrm{R0}} = U_{\mathrm{S0}} = U_{\mathrm{T0}} = 220\ \mathrm{V}\,. \tag{9.5a}$$

Damit folgt für die Leiterspannung z. B. U_{RS} (s. Bild 9.2b)

$$\begin{aligned} U_{\mathrm{RS}} &= \sqrt{U_{\mathrm{R0}}^2 + U_{\mathrm{S0}}^2 + 2U_{\mathrm{R0}}U_{\mathrm{S0}}\cos 60°} = U_{\mathrm{R0}}\sqrt{1+1+1} \\ &= \sqrt{3}\,U_{\mathrm{R0}} = 1{,}73\,U_{\mathrm{R0}}\,, \end{aligned} \tag{9.5b}$$

also der Effektivwert

$$U_{\mathrm{RS}} = \sqrt{3}\cdot 220\ \mathrm{V} = 380\ \mathrm{V}\,.$$

9.1.2 Dreieckschaltung

Reihenschaltung = Dreieckschaltung der Quellen bzw. Verbraucher. Von den sechs Leitungen der Einzelgeneratoren lassen sich je zwei Leitungen (z. B. A_1 und A_2 zu $A = R$, B_1 und B_2 zu $B = S$ usw., Bild 9.3) zusammenschalten, also insgesamt drei einsparen und damit die drei Generatoren in Reihe zusammenschalten. Der Umlauf ergibt stets

$$u_1 + u_2 + u_3 = 0 \tag{9.6}$$

Maschensatz

bzw.

$$\underline{U}_1 + \underline{U}_2 + \underline{U}_3 = 0\,.$$

In jedem Zeitpunkt verschwindet die Summe aller Quellenspannungen bei der Dreieckschaltung nach Gl. (9.6).

Es fließt also nicht, wie man vermuten könnte, ein Kurzschlußstrom durch die drei Quellen!

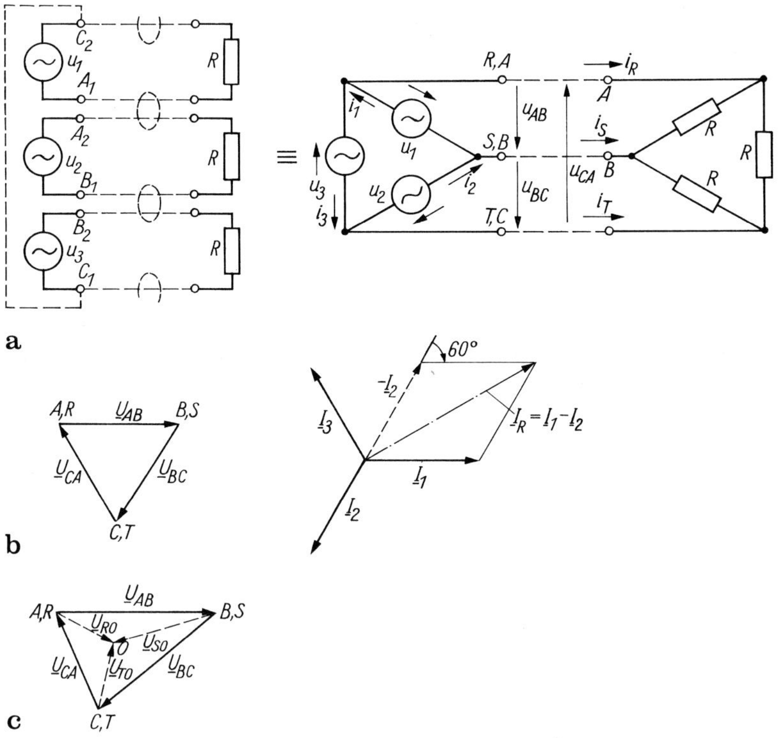

Bild 9.3. Dreieckschaltung der Spannungsquelle. **a**) Schaltung; **b**) Zeigerbilder für symmetrisches Drehstromsystem; **c**) unsymmetrische Drehstromspannungsquelle

Besonders wichtig ist der Fall der *Symmetrie der Drehspannungsquellen*, wobei die Phasenwinkel der Einzelspannungen um $2\pi/3$ zueinander verschoben sind und alle die gleiche Amplitude haben mit dem im Bild 9.3 dargestellten Zeigerdiagramm. Auch im unsymmetrischen Fall gilt Gl. (9.1) und Gl. (9.6). Das geht aus dem dafür aufgestellten Zeigerdiagramm hervor (s. Bild 9.3c).

Bei der Dreieckschaltung setzt sich der Leiterstrom $\underline{I}_R$, $\underline{I}_S$, $\underline{I}_T$ stets aus zwei Teilströmen $\underline{I}_1$ und $\underline{I}_3$ usw. zusammen (Bild 9.3b). Bei gleichen Einzelverbrauchern sind diese *Leiterströme* $\underline{I}_R$, $\underline{I}_S$, $\underline{I}_T$ gleich:

$$\begin{aligned} \underline{I}_R &= \underline{I}_1 - \underline{I}_3 , \\ \underline{I}_S &= \underline{I}_2 - \underline{I}_1 , \\ \underline{I}_T &= \underline{I}_3 - \underline{I}_2 \end{aligned} \tag{9.7}$$

Leiterströme Dreieckschaltung,

z. B. mit dem Betrag ($I_1 = I_3$)

$$I_R = \sqrt{I_1^2 + I_3^2 + 2 I_1 I_3 \cos 60^\circ} = I_1 \sqrt{1 + 1 + 1} = I_1 \sqrt{3} = 1{,}73\, I_1 . \tag{9.8}$$

Wir erkennen zusammenfassend:

Bei der (symmetrischen) Dreieckschaltung sind die Strangspannungen gleich den Leiterspannungen, die Leiterströme um den Faktor $\sqrt{3}$ größer als die Strangströme.

Bei der (symmetrischen) Sternschaltung sind die Leiterströme gleich den Strangströmen und die Leiterspannungen um den Faktor $\sqrt{3}$ größer als die Strangspannungen.

9.2 Drehstromverbraucher

Der Verbraucher besteht aus drei Einzelzweipolen, die — unabhängig von der Schaltart des Generators — ebenfalls in *Stern-* oder *Dreieck*schaltung zusammengeschaltet sein können (Bild 9.4). Oft wird der Verbraucher von Stern- auf Dreieckspannung umschaltbar, also von kleinerer auf höhere Strangspannung ausgeführt. Das erspart z. B. bei kleinen Motoren den Anlasser. Für Verbraucher großer Leistung steht die verkettete Spannung (RST) zur Verfügung, Kleinverbraucher (z. B. Haushalte) werden zwischen Netz- und Nulleiter (z. B. R-0) mit $U = 220$ V angeschlossen.

Der Verbraucher heißt *symmetrisch*, wenn alle drei Einzelwiderstände etwa den gleichen Betrag und gleiche Phasenwinkel besitzen.

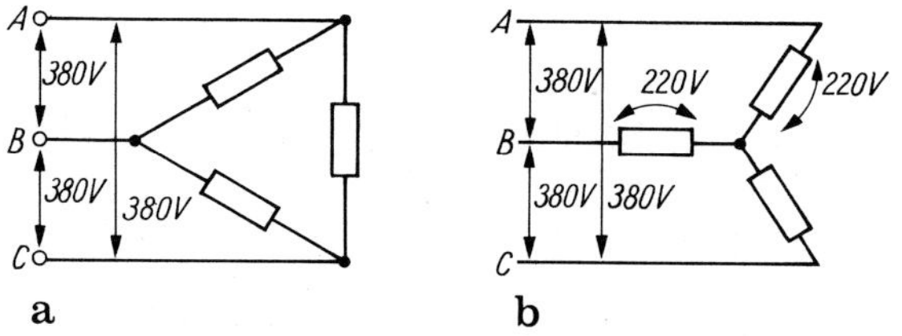

Bild 9.4. Verbraucherschaltung. **a**) Dreieckschaltung; **b**) Sternschaltung (Doppelpfeile hier absichtlich zur Kennzeichnung von Beträgen verwendet)

Drehfeld. Die große praktische Bedeutung des Drehstromes liegt nicht nur in der Konstanz der Momentanleistung (s. u.), sondern vor allem in der Erzeugung eines *Drehfeldes* am Ort des Verbrauchers.

Werden drei *räumlich* je um 120° versetzte (gleiche) Stromschleifen von je drei *zeitlich* um 120° versetzten Strömen (gleicher Frequenz, gleicher Stärke) durchflossen, so entsteht in der Stromschleife ein resultierendes Magnetfeld konstanter

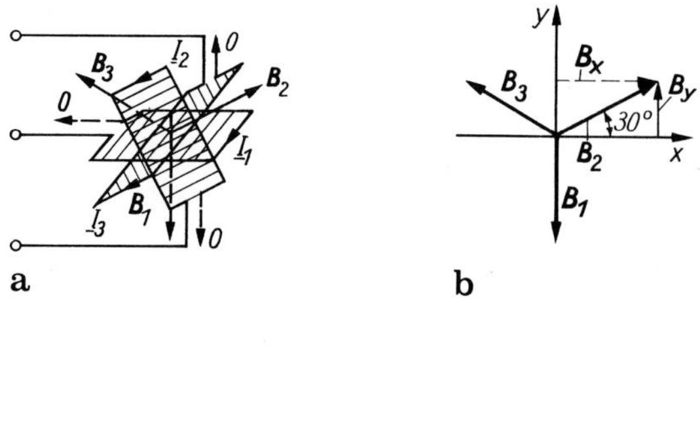

Bild 9.5. Entstehung des Drehfeldes. **a**) Spulenanordnung (feststehend); **b**) Komponenten des Magnetfeldes

Stärke. Es läuft mit der Frequenz des Stromes um und heißt deswegen Drehfeld. Bild 9.5 veranschaulicht seine Entstehung. Durch die drei (gleichen) feststehenden Leiterschleifen fließen die erwähnten Sinusströme. Dann entsteht senkrecht auf jeder Leiterschleifenebene ein **B**-Vektor ($\boldsymbol{B}_1, \ldots, \boldsymbol{B}_3$).

Rechts sind Vektoren in einer x-y-Ebene dargestellt. Wir bestimmen jetzt den Gesamtvektor **B** nach Betrag und Richtung, indem wir die Komponenten der Einzelvektoren in der x-y-Ebene vorzeichenbehaftet addieren:

x-Komponente: $B_1 \qquad B_2 \qquad B_3$

$$0 + \frac{\sqrt{3}}{2}\hat{B}\sin(\omega t - 120°) - \frac{\sqrt{3}}{2}\hat{B}\sin(\omega t - 240°)$$

$$\hat{B}_x = \sum_{\nu=1}^{3}\hat{B}_{x\nu} = -\frac{3}{2}\hat{B}\cos\omega t\,,$$

y-Komponente: $B_1 \qquad B_2 \qquad B_3$

$$-\hat{B}\sin\omega t + \frac{\hat{B}}{2}\sin(\omega t - 120°) + \frac{\hat{B}}{2}\sin(\omega t - 240°)$$

$$\hat{B}_y = \sum_{\nu=1}^{3}\hat{B}_{y\nu} = -\frac{3}{2}\hat{B}\sin\omega t\,.$$

Gesamtvektor:

$$\hat{B} = \sqrt{\hat{B}_x^2 + \hat{B}_y^2} = \frac{3}{2}\hat{B}, \qquad \tan\varphi = \frac{\hat{B}_y}{\hat{B}_x} = \tan\omega t\,. \tag{9.9}$$

Die resultierende Flußdichte hat den konstanten Betrag $3\hat{B}/2$ und den Phasenwinkel $\varphi = \omega t$, läuft also mit der Kreisfrequenz ω um.

Derartige Drehfelder ermöglichen den Bau sehr einfacher Motoren (Asynchronmotor) durch Ausnutzung des Wirbelstromprinzips (s. Bild 4.32a). Darin liegt eine der großen Bedeutungen des Drehstromes.

9.3 Leistung im Drehstromnetzwerk

Im Drehstromsystem mit den Spannungen u_R, u_S, u_T und Strömen i_R, i_S, i_T ist die momentan umgesetzte Leistung $p(t)$ die Summe der Leistungen der einzelnen Stränge (unabhängig von der Schaltung, z. B.bei symmetrischer Last):

$$\begin{aligned} p(t) &= p_R(t) + p_S(t) + p(t) \\ &= u_{R0}(t)\,i_R(t) + u_{S0}(t)\,i_S(t) + u_{T0}(t)\,i_T(t) \\ &= \hat{U}_1\hat{I}_1\,[\sin(\omega t)\sin(\omega t + \varphi) + \sin(\omega t - 120°)\sin(\omega t - 120° + \varphi) \\ &\qquad + \sin(\omega t - 240°)\sin(\omega t - 240° + \varphi)] = \end{aligned}$$

$$p(t) = \frac{\hat{U}_1\hat{I}_1}{2}\,3\cos\varphi = 3U_1I_1\cos\varphi = \sqrt{3}U_LI_L\cos\varphi\,. \tag{9.10}$$

Wir erkennen:

Die Momentanleistung pulsiert nicht, sondern hat stets einen konstanten Wert: So liefert das Drehstromsystem (im Unterschied zum Einphasensystem) eine gleichmäßige, nicht pulsierende Leistung zum Verbraucher.

Analog definiert man als Blind- und Scheinleistung (bei Symmetrie)

$$P_B = Q = \sqrt{3}\, U_L I_L \sin\varphi \qquad P_S = S = \sqrt{3}\, U_L I_L\,. \tag{9.11}$$

9.4 Analyse einfacher Drehstromnetzwerke

Die Analyse von Drehstromnetzwerken im eingeschwungenen Zustand erfolgt grundsätzlich nach der gleichen Methode, die wir bereits aus der Netzwerkanalyse Abschn. 6 kennen. Der Unterschied besteht nur darin, daß hier die Quellenspannung und Verbraucherwiderstände stets in Dreiergruppen auftreten. Dafür wurden spezielle Rechenverfahren entwickelt, auf die wir aber nicht näher eingehen wollen. Wir beschränken uns vielmehr auf zwei einfache Grundschaltungen.

1. Dreieckschaltung. Generator und Verbraucher sind je als Dreieck geschaltet (Bild 9.6a). Gesucht sind die Leiterströme $\underline{I}_R$, $\underline{I}_S$, $\underline{I}_T$ und die Verbraucherströme

$$\underline{I}_{RS} = \underline{U}_{RS}/\underline{Z}_{RS}\,, \qquad \underline{I}_{ST} = \underline{U}_{ST}/\underline{Z}_{ST}\,, \qquad \underline{I}_{TR} = \underline{U}_{TR}/\underline{Z}_{TR}\,. \tag{9.12}$$

Die Verbraucherströme $\underline{I}_{RS}, \ldots, \underline{I}_{TR}$ lassen sich über Gl. (9.12) sofort ermitteln.

Die Leiterströme ergeben sich dann nach Gl. (9.7) zu

$$\begin{aligned}
\underline{I}_R &= \underline{I}_{RS} - \underline{I}_{TR} = \frac{\underline{U}_{RS}}{\underline{Z}_{RS}} - \frac{\underline{U}_{TR}}{\underline{Z}_{TR}}\,,\\
\underline{I}_S &= \underline{I}_{ST} - \underline{I}_{RS} = \frac{\underline{U}_{ST}}{\underline{Z}_{ST}} - \frac{\underline{U}_{RS}}{\underline{Z}_{RS}}\\
\underline{I}_T &= \underline{I}_{TR} - \underline{I}_{ST} = \frac{\underline{U}_{TR}}{\underline{Z}_{TR}} - \frac{\underline{U}_{ST}}{\underline{Z}_{ST}}\,.
\end{aligned} \tag{9.13}$$

2. Sternschaltung. Generator und Verbraucher sind je in Stern (Bild 9.6b) geschaltet mit den Zweipolen $\underline{Z}_{R0}$, $\underline{Z}_{S0}$, $\underline{Z}_{T0}$. Gesucht sind die Leiterströme $\underline{I}_R$, $\underline{I}_S$, $\underline{I}_T$. Wird z. B. Klemme T als Bezugspunkt gewählt (wie im Bild angedeutet), so liegt für $\underline{I}_R$, $\underline{I}_S$ ein Vierpolgleichungssystem vor. Dafür ergeben sich die gesuchten Ströme sofort zu

$$\underline{I}_R = \frac{(\underline{Z}_{S0} + \underline{Z}_{T0})\,\underline{U}_{RT} - \underline{Z}_{T0}\underline{U}_{ST}}{\underline{Z}_{R0}\underline{Z}_{S0} + \underline{Z}_{S0}\underline{Z}_{T0} + \underline{Z}_{T0}\underline{Z}_{R0}} = \frac{\underline{Y}_{R0}\underline{Y}_{T0}\underline{U}_{RT} + \underline{Y}_{R0}\underline{Y}_{S0}\underline{U}_{RS}}{\underline{Y}_{R0} + \underline{Y}_{S0} + \underline{Y}_{T0}}\,, \tag{9.14 a}$$

$$\underline{I}_S = \frac{-\underline{Z}_{T0}\underline{U}_{RT} + (\underline{Z}_{R0} + \underline{Z}_{T0})\,\underline{U}_{ST}}{\underline{Z}_{R0}\underline{Z}_{S0} + \underline{Z}_{S0}\underline{Z}_{T0} + \underline{Z}_{T0}\underline{Z}_{R0}} = \frac{\underline{Y}_{S0}\underline{Y}_{R0}\underline{U}_{SR} + \underline{Y}_{S0}\underline{Y}_{T0}\underline{U}_{ST}}{\underline{Y}_{R0} + \underline{Y}_{S0} + \underline{Y}_{T0}}\,, \tag{9.14 b}$$

$$\underline{I}_T = \frac{\underline{Z}_{S0}\underline{U}_{TR} + \underline{Z}_{R0}\underline{U}_{TS}}{\underline{Z}_{R0}\underline{Z}_{S0} + \underline{Z}_{S0}\underline{Z}_{T0} + \underline{Z}_{T0}\underline{Z}_{R0}} = \frac{\underline{Y}_{T0}\underline{Y}_{S0}\underline{U}_{TS} + \underline{Y}_{T0}\underline{Y}_{R0}\underline{U}_{TR}}{\underline{Y}_{R0} + \underline{Y}_{S0} + \underline{Y}_{T0}}\,. \tag{9.14 c}$$

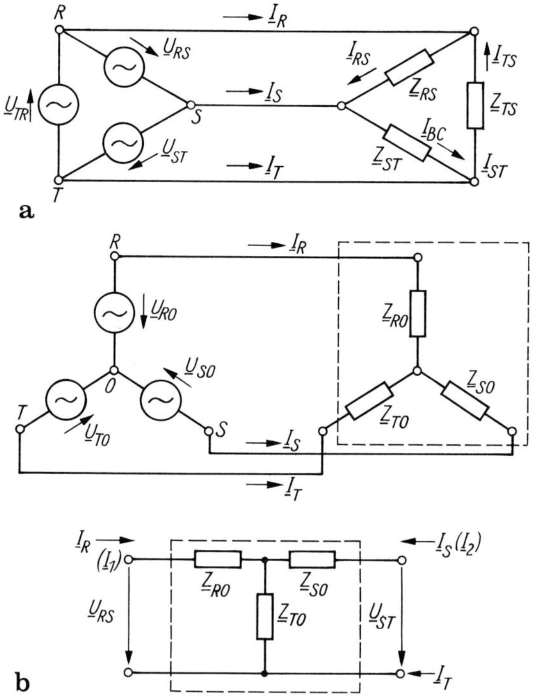

Bild 9.6. Zur Berechnung einfacher Drehstromnetzwerke. **a**) Dreieckschaltung; **b**) Sternschaltung (ohne Nullleiter)

In der letzten Zeile wurde der Leiterstrom $\underline{I}_T = -(\underline{I}_R + \underline{I}_S)$ aus der Knotenbilanz (9.2) bestimmt. Des weiteren wurde im Zähler von $\underline{I}_R$ bzw. $\underline{I}_S$ die Differenz $\underline{Z}_{TO}(\underline{U}_{RT} - \underline{U}_{ST})$ durch $\underline{Z}_{TO}\underline{U}_{RS}$ ersetzt, ebenso $\underline{Z}_{TO}(\underline{U}_{ST} - \underline{U}_{RT})$ durch $\underline{Z}_{TO}\underline{U}_{SR}$ und $\underline{Y}_{RO} = 1/\underline{Z}_{RO}$, $\underline{Y}_{SO} = 1/\underline{Z}_{SO}$, $\underline{Y}_{TO} = 1/\underline{Z}_{TO}$ gesetzt (ganz analog hätte der Belastungsstern in ein Dreieck umgewandelt werden können, was sofort zur angegebenen Lösung führt.

Zur Selbstkontrolle: Abschnitt 9

9.1 Welcher Unterschied besteht zwischen drei Einzelspannungsgeneratoren und drei Generatoren, die zu einem Dreieck zusammengeschaltet sind?

9.2 Welche Bilanz gilt stets
- für die Ströme bei der Sternschaltung,
- die Spannungen bei der Dreieckspannung?

9.3 Erklären Sie die Begriffe Leiterspannungen und Sternleiter (= Phasen)-Spannung!

9.4 Warum ist der Momentanwert der Leistung im Drehstromsystem unabhängig von der Zeit? (Diskutieren Sie das Einphasenwechselstromsystem als Vergleich.).

9.5 Leiten Sie Gl. (9.14) unter Anwendung von Vierpolgleichungen für den Drehstromverbraucher her. Welche Bedingung muß hinsichtlich des Nulleiters grundsätzlich gelten?

10 Übergangsverhalten von Netzwerken

Ziel. Nach Durcharbeit des Abschnittes 10 sollen beherrscht werden:
— die physikalischen Vorgänge, die das Übergangsverhalten von Netzwerken bestimmen;
— die Bedeutung der Anfangswerte der Energiespeicher;
— typische Lösungsmethoden der Netzwerk-Differentialgleichung bei nichtperiodischer Erregung;
— die Bedeutung der Sprung-, Stoß- und Exponentialerregung;
— der Begriff „komplexe Frequenz";
— die Veranschaulichung von Polen und Nullstellen der Übertragungsfunktion;
— die Laplace-Transformation und ihre Anwendung auf einfache Netzwerke.

Physikalische Ursachen des Übergangsverhaltens. Bisher interessierten nur *stationäre* Verhältnisse in Netzwerken: Ströme und Spannungen existieren seit beliebig langer Zeit, im Netzwerk wurden keine Änderungen vollzogen. Was geschieht aber, wenn dieser stationäre Zustand durch einen Eingriff geändert wird? Jedes Netzwerk reagiert auf eine solche Änderung oder besser *aperiodische Anregung* (plötzliches Ein- oder Ausschalten einer Spannung, plötzliche Änderung von Netzwerkelementen (z. B. Zuschalten)) mit einem *Übergangsverhalten.* Es heißt auch *Schalt-*, *Impuls-* oder *nichtstationäres* Verhalten und umfaßt den Übergang der Netzwerkgröße (Ströme, Spannungen) vom alten „Ausgangszustand" (vor der Änderung) in einen neuen „Endzustand", der sich allmählich einspielt.

Physikalisch wird das Übergangsverhalten durch die *Energiespeicher* (Kapazität, Induktivität, gekoppelte Induktivität) im Netzwerk verursacht. So wie beispielsweise eine Flüssigkeit nur in *endlicher* Zeit aus einem von ihr erfüllten Volumen entweichen (oder einströmen) kann, benötigt auch die Energieänderung in den Speicherelementen eine endliche Übergangszeit. Energie war eine stetige physikalische Größe (s. Abschn. 4.1.1). *Dieses Stetigkeitsverhalten bestimmt den grundsätzlichen Ablauf der Übergangsvorgänge (zusammen mit der zum Schaltzeitpunkt in den Energiespeichern gespeicherten Energie).*

Die *Analyse* des Übergangsverhaltens kann nach verschiedenen Verfahren erfolgen:

1. Direkte Lösung der Netzwerkgleichung im Zeitbereich (s. Abschn. 5.3.5) unter Berücksichtigung der Anfangswerte der Netzvariablen.

2. Laplace-Transformation. Bei größeren Netzwerken wird die direkte Lösung im Zeitbereich sehr rechenaufwendig. Dort benutzt man besser die Laplace-Transformation. Ihr Vorteil besteht
— in erheblichen *Rechenvereinfachungen.* Die Netzwerk-Differentialgleichung wird in eine algebraische Gleichung überführt, außerdem entfällt die Auflösung eines linearen Gleichungssystems zur Konstantenbestimmung aus den Anfangsbedingungen;
— in der direkten Verwendung der bisher benutzten Analyseergebnisse im Frequenzbereich durch Bezug auf die *Übertragungsfunktion.* Wir werden sie im Abschn.

10.2, aufbauend auf bisherige Erkenntnisse, diskutieren und die Laplace-Transformation mit einbeziehen (Abschn. 10.3).

3. Lösung mit Zustandsvariablen. Das sind Zeitvariable, für die die Anfangswerte angegeben werden können, wie Kondensatorspannung und Spulenstrom. Dieses Verfahren bietet einige Vorteile bei größeren Netzwerken (z. B. für die Digitalrechnerauswertung) und ist in der Regelungstechnik sehr verbreitet.

10.1 Lösungsmethoden im Zeitbereich

10.1.1 Netzwerke bei Sprungerregung. Mathematisch-physikalische Grundlagen

Wir untersuchen zunächst den einfachen Fall: Eine ideale Gleichspannungsquelle (bzw. Gleichstromquelle) wird zum Zeitpunkt $t = 0$ an ein Netzwerk (z. B. eine *RC*-Schaltung, Bild 10.1) geschaltet. Es liegt also der sog. *Einschaltvorgang* einer Gleichspannung oder eine sog. *Sprungerregung* (s. Abschn. 5.2.1) mit einer Gleichspannung vor: die Erregergröße $u_Q(t)$ (bzw. $x(t)$, Ursache) springt zur Zeit $t = 0$ von 0 auf U_Q durch Schließen des Schalters S. Die Netzwerkerregung ist eine *Gleichspannungsquelle mit Schalter*. Die mathematische Formulierung dieses Einschaltvorganges ist durch die sog. *Sprungfunktion* (s. Abschn. 10.1.3) möglich.

Die gesuchte Wirkung sei die Kondensatorspannung u_C (bzw. allgemein $y(t)$). Wir erhalten sie durch Lösung der Netzwerk-Differentialgleichung für den Zeitbereich $t > 0$.

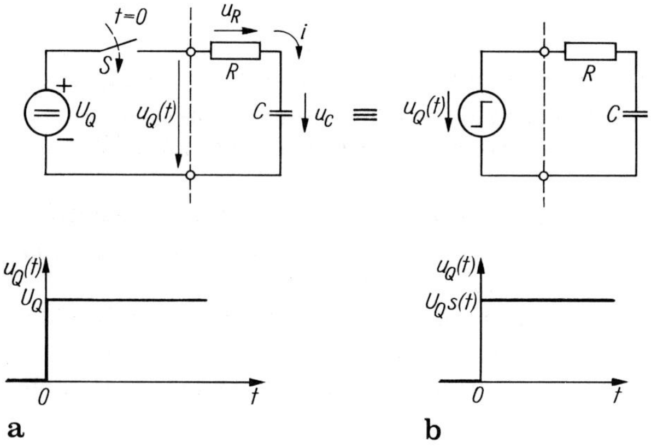

Bild 10.1. Einschalten einer Gleichspannung. **a**) mit Schaltermodell; **b**) gleichwertig mit Sprungerregung $u_Q(t) = U_Q s(t)$

Methoden hierfür sind Zweigstrom-, Maschenstrom- und Knotenpotentialanalyse. Für Bild 10.1 folgt

$$u_R + u_C = u_Q(t) \quad \text{mit} \quad i = C\frac{du_C}{dt},$$

$$iR + u_C = u_Q(t) \qquad (t \geqq 0),$$

$$\frac{CR\,du_C(t)}{dt} + u_C(t) = U_Q \qquad (t \geqq 0) \tag{10.1a}$$

oder verallgemeinert (Gl. (5.83))

$$\frac{\mathrm{d}y(t)}{\mathrm{d}t} + a_1 y(t) = x(t) \qquad (t \geqq 0)\,. \tag{10.1b}$$

Über den zur Lösung erforderlichen Anfangswert $u_C(+0)$ muß noch verfügt werden.

Anfangswerte. Zur Lösung der Netzwerk-Differentialgleichung benötigen wir die *Anfangszustände* der Netzwerkvariablen. Sie ergeben sich aus der Trägheit der Energie in den Speicherelementen L und C über die *Stetigkeitsbedingungen*

Kondensatorspannung u_C \} kann sich nur stetig ändern.
Spulenstrom i_L

Die n unabhängigen Energiespeicher eines Netzwerkes ergeben insgesamt n Anfangswerte.

Bild 10.2 zeigt zwei Beispiele für abhängige Energiespeicher. Links sind wegen $u_1 + u_2 + u_3 = 0$, rechts wegen $i_1 + i_2 + i_3 = 0$ nur je zwei der drei Speichergrößen frei wählbar. Für diese Schaltung wäre somit $n = 2$. Unabhängigkeit kann durch Zuschalten von Widerständen (gestrichelt eingetragen) erreicht werden.

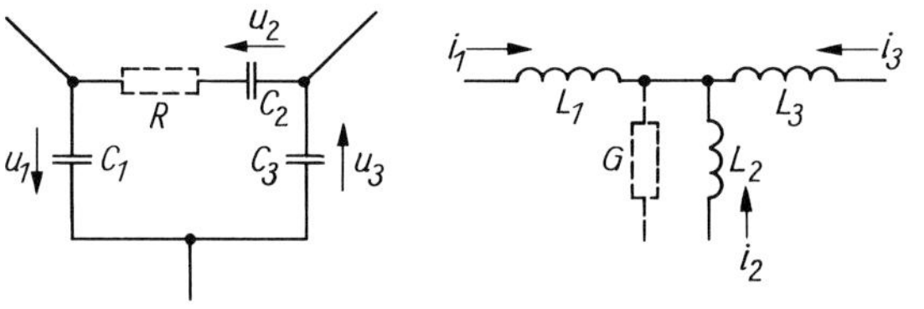

Bild 10.2. Abhängige Energiespeicher

Die Anfangswerte der Energiespeicher bilden die physikalische Grundlage der *Anfangswerte der Netzwerkvariablen* (Strom und Spannung) in beliebigen Zweigen des Netzwerkes. Sie ergeben sich bei kleineren Netzwerken häufig unmittelbar aus den Werten an den Energiespeichern.

Bei größeren Netzwerken muß man sie für die Netzwerkvariablen systematisch berechnen. Benötigt werden dazu:

1. Die vollständigen Netzwerkgleichungen.
2. Die Anfangswerte der Energiespeicher aufgrund der Stetigkeits- und Betriebsbedingungen (z. B. Aufladung der Kondensatoren durch Gleichspannungen).
3. Ermittlung der Anfangswerte für die gesuchte Variable durch Einsetzen der Anfangswerte 2. in 1.

Beispiel. Für die im Bild 10.3 gegebene Schaltung sei die Spannung u_{R2} und $\mathrm{d}u_{R2}/\mathrm{d}t$ für $t = +0$ gesucht (Kondensatoren zum Schaltzeitpunkt energielos).

1. Die Netzwerkgleichungen lauten:

$$i_1 = i_2 + i_3 \quad (1)\,,$$

$$u_{C1} = u_{C2} + u_{R2} \quad (2)\,,$$

$$U_Q = u_{C1} + u_{R1} = u_{R1} + u_{C2} + u_{R2} \quad (3)\,.$$

2. Anfangswerte der Energiespeicher (vorgegeben)

$$u_{C1}(+0) = 0 \qquad u_{C2}(+0) = 0\,.$$

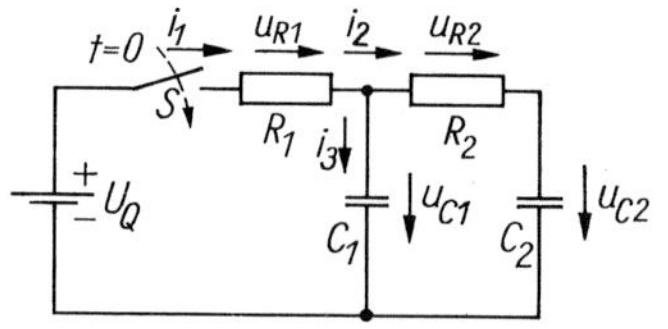

Bild 10.3. Bestimmung der Anfangswerte

3. Aus Gl. (3) folgt $u_{R1}(0) = U_Q$, aus Gl. (2)

$$u_{R2}(0) = 0 \rightarrow i_2(0) = \frac{u_{R2}(0)}{R} = 0 \quad \text{und}$$

$$u_{R1}(0) = U_Q \rightarrow i_1(0) = \frac{u_{R1}(0)}{R} = \frac{U_Q}{R}.$$

Somit gilt $i_3(0) = i_1(0) = \frac{U_Q}{R}$. Differentiation der Gl. (2) ergibt

für $t = 0$:

$$\frac{du_{C1}}{dt} = \frac{du_{C2}}{dt} + \frac{du_{R2}}{dt},$$

für $t = 0$ gilt weiter

$$\frac{i_3(+0)}{C} = \underbrace{\frac{i_2(+0)}{C}}_{0} + \left.\frac{du_{R2}}{dt}\right|_0 = \frac{U_Q}{RC}.$$

10.1.2 Lösungsverfahren

Zur Bestimmung von Übergangsvorgängen im Zeitbereich sind in der Elektrotechnik zwei Verfahren üblich. Sie unterscheiden sich in der Anpassung der allgemeinen Lösung der Netzwerk-Integro-Differentialgleichung an die spezielle Lösung durch die Anfangswerte und die Interpretation der Ergebnisse.

Methode a: Lösung mit Exponentialansatz (sog. Methode des *flüchtigen* und *stationären* Anteils).

Methode b: Lösung durch Zustandsvariable mittels *Nullzustand* und *Nulleingang* (oder erzwungene und freie Erregung).

Lösungsmethodik a: *Überlagerung von flüchtigem und stationärem Anteil.* Das Übergangsverhalten der Größe $y(t)$ eines linearen, zeitunabhängigen Netzwerkes wird nach Abschn. 5.3 in folgenden Schritten ermittelt:

1. Aufstellung der Netzwerk-Differentialgleichung für die gesuchte Größe $y(t)$

2. Lösung der homogenen Differentialgleichung (alle Erregungen Null gesetzt) mit dem Ansatz $y(t) = \exp \lambda t$. Das ergibt die *homogene* oder *flüchtige* Lösung $y_h(t)$ Gl. (5.85). Die Lösung heißt flüchtig, weil sie für $t \rightarrow \infty$ in sog. stabilen Netzwerken stets verschwindet. Die homogene Lösung enthält nach Gl. (5.85) die (noch unbekannten) Integrationskonstanten.

3. Ermittlung einer *partikulären Lösung* $y_p(t)$ der inhomogenen Differentialgleichung (Methode Abschn. 5.3.5). Die partikuläre Lösung für $t \rightarrow \infty$ heißt *eingeschwungener Zustand* $y_e(t)$.

Demnach ist das stationäre Gleich- und Wechselstromverhalten (Abschn. 6) von Netzwerken als eingeschwungener Zustand stets eine partikuläre Lösung! Sie kann deshalb mit den bisher verwendeten Netzwerkanalyseverfahren (Gleichstromanalyse, Berechnung über Frequenzbereich bei Sinuserregung) leicht ermittelt werden.

4. Die Gesamtlösung $y(t)$ ergibt sich gemäß Gl. (5.86) durch Überlagerung der Ergebnisse Punkte 2 und 3:

$$y(t) = y_h(t) + y_p(t)\,. \tag{10.2}$$

5. Die Integrationskonstanten (Punkt 2) werden durch Einsetzen der Anfangswerte $y(0)$, $y'(0)$ usw. in die allgemeine Lösung $y(t)$ für $t = 0$ der inhomogenen Gleichung (Punkt 4) bestimmt.

Beispiel: Netzwerke mit nur einem unabhängigen Speicherelement. 1. Sie führen im Ergebnis von Punkt 1 stets auf eine lineare Differentialgleichung 1. Ordnung der Art (s. Gl. (10.1))

$$\frac{\mathrm{d}y(t)}{\mathrm{d}t} + \frac{y(t)}{\tau} = x(t) \tag{1}$$

τ Zeitkonstante des Netzwerkes.

2. Die homogene Differentialgleichung

$$\frac{\mathrm{d}y}{\mathrm{d}t} + \frac{y}{\tau} = 0$$

besitzt die allgemeine Lösung

$$y_h(t) = K\,\mathrm{e}^{-t/\tau}\,. \tag{2}$$

3. und 4. Zur Lösung der inhomogenen Gl. (1) faßt man die Integrationskonstante K als Variable auf entsprechend der Variation der Konstanten (Abschn. 5.3.5). Die Gesamtlösung lautet (Gl. (5.86))

$$y(t) = y_h(t) + y_p(t) = \mathrm{e}^{-t/\tau}\{K + \int x(t')\,\mathrm{e}^{t'/\tau}\,\mathrm{d}t'\}\,. \tag{3}$$

5. Die Integrationskonstante K folgt aus dem Anfangswert $y(t)|_{t=+0} = y(+0)$ der Gesamtlösung Gl. (3):

$$y(+0) = K + \int x(t')\,\mathrm{e}^{t'/\tau}\,\mathrm{d}t'|_0 = K + y_p(+0)\,,$$

$$K = y(+0) - y_p(+0)\,.$$

Sie enthält die partikuläre Lösung für $t = +0$ mit.

$$\begin{aligned} y(t) &= \underbrace{[y(0) - y_p(0)]\,\mathrm{e}^{-t/\tau}}_{} + \int_t x(t')\,\mathrm{e}^{(t'-t)/\tau}\,\mathrm{d}t' \\ &= \qquad y_h(t) \qquad + \qquad y_p(t) \end{aligned} \tag{10.3a}$$

Lösung der Differentialgleichung 1. Ordnung mit Anfangswert $y_p(0)$.

Vom letzten Anteil läßt sich zeigen, daß er stets eine auch für $t \to \infty$ verbleibende Lösung, den *eingeschwungenen Zustand* $y_e(t)$ enthält.

Diskussion. Wir veranschaulichen die Ergebnisse am Einschalten einer Gleichgröße X_Q zunächst auf ein Netzwerk ohne Anfangsenergie $y(0) = 0$. Der Einschaltsprung (Bild 10.4a) läßt sich in eine stationäre, also von $t \to -\infty$ bis $t \to +\infty$ wirkende Größe X_0 (Bild 10.4b) und einen negativen Ausschaltsprung zur Zeit $t = 0$ zerlegen. Die Wirkung $y(t)$ auf diese „Doppelerregung" setzt sich in linearen Netzwerken nach dem Überlagerungssatz aus zwei Teilwirkungen zusammen:

— Die Wirkung der *stationären Erregung* (Bild 10.4b). Das ist der eingeschwungene Zustand. Sie ergibt sich als Lösung der inhomogenen DGl. in unserem Fall für zeitkonstante Erregung. Hier ist $\mathrm{d}y/\mathrm{d}t = 0$ und somit

$$y_e(t) = y_p(t) = \tau X_Q\,.$$

— Die Wirkung des *Ausschaltvorganges* (flüchtiger Vorgang) als Lösung der homogenen Differentialgleichung. Dabei verschwindet die Netzwerkerregung automatisch:

$$y_{fl}(t) = -y_p(0)\,\mathrm{e}^{-t/\tau}\,.$$

Das Gesamtergebnis (Bild 10.4a)

$$\begin{aligned} y(t) &= -y_p(0)\,\mathrm{e}^{-t/\tau} + y_p(t) \\ &= -y_e(0)\,\mathrm{e}^{-t/\tau} + y_e(t) \end{aligned} \tag{10.3b}$$

für verschwindenden Anfangswert läßt sich demnach besonders leicht gewinnen: Man bestimmt den stationären Verlauf $y_e(t)$, sucht dessen Wert $y_e(0)$ für den Schaltzeitpunkt $t = 0$ und benutzt den negativen Wert davon als Anfangswert der Exponentialfunktion. (Sie läßt sich durch Berechnung einiger Punkte, z. B. $t/\tau = 0{,}7 \to \mathrm{e}^{-0{,}7} = {}^1/_2$ usw. rasch berechnen). Die Lösung $y(t)$ entsteht durch Überlagerung beider Zeitverläufe.
Im Abschn. 10.1.3.1 werden wir diese Lösungsmethodik auf Schaltungen anwenden.

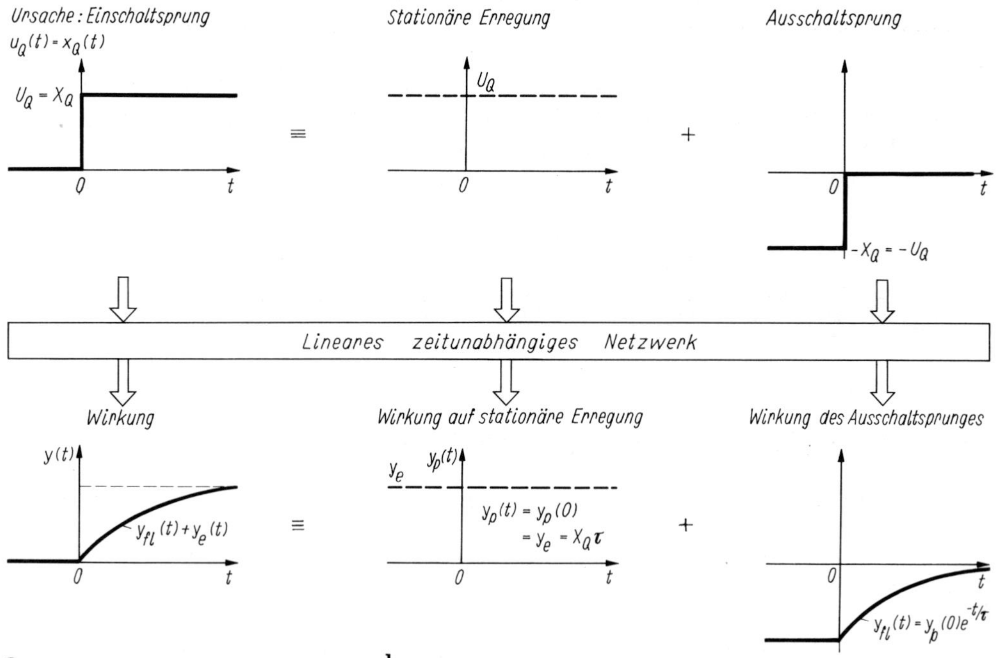

a b c

Bild 10.4. Lösungsmethodik „flüchtiger-eingeschwungener Zustand" (Netzwerk ohne Anfangsenergie)

Lösungsmethodik b: *Zerlegung in Nullzustands- und Nulleingangslösung.* Der Grundgedanke des Verfahrens beruht auf einer anderen Reihenfolge bei der Konstantenbestimmung: Man bestimmt sie unmittelbar nach Lösung der homogenen Differentialgleichung, also *ohne äußere Erregung.* Dann kann der Ausgleichsvorgang nur durch die Anfangswerte der Energiespeicher ablaufen. Er hängt deshalb nur von den Netzwerkparametern und den Anfangswerten ab. Dieser Ausgleichsvorgang heißt *freie Lösung* $y_{\mathrm{fr}}(t)$ oder *Nulleingangsverhalten* (da keine Erregung vorliegt).

Im folgenden Schritt ermitteln wir die Lösung, die sich als Folge der von außen *eingeprägten* (erzwungenen) *Erregung* auf ein *energiefrei* angenommenes Netzwerk einstellt: Lösung der inhomogenen Netzwerkgleichung mit verschwindenden Anfangswerten. Das ergibt die *erzwungene Lösung* $y_{\mathrm{erz}}(t)$ des Netzwerkes. Sie heißt *Nullzustandsverhalten* und *hängt nicht vom Anfangszustand* ab.

Für linear zeitunabhängige und linear zeitabhängige Netzwerke gilt dabei stets:

— Das Nulleingangsverhalten hängt linear vom Anfangszustand;
— das Nullzustandsverhalten linear von der Eingangserregung ab.

Deshalb eignet sich diese Interpretation besonders gut für die Anwendung der Laplace-Transformation (Abschn. 10.3). Dort verlangen die Anfangswerte besondere Aufmerksamkeit.

Zusammengefaßt ergibt sich folgende **Lösungsmethodik.**

1. Aufstellen der Netzwerk-Differentialgleichung (wie Methodik Abschn. 6.1.2.2).

2. Lösung der homogenen Differentialgleichung und Bestimmung der Integrationskonstanten aus den Anfangswerten. Wir erhalten die Nulleingangslösung $y_{\mathrm{fr}}(t)$.

3. Lösung der inhomogenen Differentialgleichung mit verschwindenden Anfangswerten, es ergibt sich die Nullzustandslösung $y_{\mathrm{erz}}(t)$.

4. Überlagerung der Ergebnisse Punkte 2 und 3

$$y(t) = y_{\mathrm{fr}}(t) + y_{\mathrm{erz}}(t)\,.$$

Beispiel. Aus vorstehendem Beispiel erhalten wir nach Punkt 2 aus der Lösung Gl. (2) der homogenen Differentialgleichung mit dem Anfangswert $y(+0) = \mathrm{K}\mathrm{e}^0$ die Nulleingangslösung

$$y_{\mathrm{fr}}(t) = y(+0)\,\mathrm{e}^{-t/\tau}\,. \tag{1}$$

Punkt 3: Die Lösung der inhomogenen Differentialgleichung

$$\frac{\mathrm{d}y}{\mathrm{d}t} + \frac{y}{\tau} = x(t)$$

für verschwindenden Anfangswert lautet

$$y = \mathrm{e}^{-t/\tau}\left[\int x(t')\,\mathrm{e}^{t'/\tau}\,\mathrm{d}t'|_t - \int x(t')\,\mathrm{e}^{t'/\tau}\,\mathrm{d}t'|_0\right],$$

$$y_{\mathrm{erz}}(t) = \mathrm{e}^{-t/\tau}\int_0^t x(t')\,\mathrm{e}^{t'/\tau}\,\mathrm{d}t' \tag{2}$$

und die Gesamtlösung (Punkt 4) aus (1) und (2)

$$y(t) = y_{\text{fr}}(t) + y_{\text{erz}}(t) = \underbrace{y(+0)\,\mathrm{e}^{-t/\tau}}_{\textbf{Nulleingang}} + \underbrace{\mathrm{e}^{-t/\tau}\int_0^t x(t')\,\mathrm{e}^{t'/\tau}\,\mathrm{d}t'}_{\textbf{Nullzustand}}\,. \tag{10.4}$$

Aus dieser Lösung geht Gl. (10.3) sofort hervor, denn $y_{\text{p}}(+0)\,\mathrm{e}^{-t/\tau}$ ist der Wert des letzten Integranden an der unteren Grenze.

Diskussion. Wir betrachten das Einschalten einer Gleichgröße X_{Q} zur Zeit $t = 0$ an ein Netzwerk mit einem Energiespeicher (Anfangswert $y(0) = y_0$). Die stationäre Lösung folgt aus Gl. (1) des vorhergehenden Beispiels

$$0 + \frac{y_{\text{e}}}{\tau} = X_{\text{Q}}\,, \qquad y_{\text{e}} = \tau X_{\text{Q}} = y_{\text{e}}(0)\,.$$

Im stationären Fall ($t \to \infty$) ändert sich y nicht mehr, folglich verschwindet $\left.\frac{\mathrm{d}y}{\mathrm{d}t}\right|_{t\to\infty}$.

Wir erhalten dann als Lösung $y(t)$ nach Gl. (10.3) bzw. (10.4)

$$y(t) = \underbrace{(y(0) - y_{\text{e}}(0))\,\mathrm{e}^{-t/\tau}}_{\textbf{flüchtig}} + \underbrace{y_{\text{e}}(0)}_{\textbf{stationär}}\,,$$

$$y(t) = y(0)\,\mathrm{e}^{-t/\tau} + y_{\text{e}}(0)\left[1 - \mathrm{e}^{-t/\tau}\right]$$

$$= \underset{\textbf{Nulleingang}}{y_{\text{fr}}(t)} + \underset{\textbf{Nullzustand}}{y_{\text{erz}}(t)}\,.$$

Bild 10.5 zeigt das Nullzustands- (Bild a) und Nulleingangsverhalten (Bild b). Das Nulleingangsverhalten hängt nur vom Anfangswert ab (der flüchtige Vorgang, Bild 10.4c, hingegen von Anfangswert und Erregung zur Zeit $t = +0$!). Es entfällt bei energiefreien Netzwerten.

Auch das Nullzustandsverhalten kann wie bei Methode a natürlich als Überlagerung eines flüchtigen und eingeschwungenen Zustandes für ein energiefreies Netzwerk dargestellt werden.

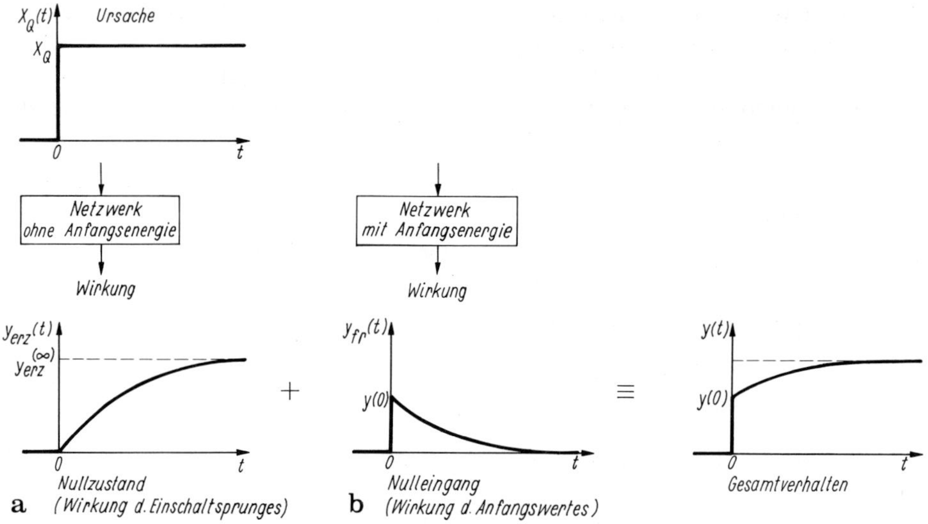

Bild 10.5. Lösungsmethodik „Nulleingangs-, Nullzustandsverhalten“

10.1.3 Netzwerke mit einem Energiespeicher

Wir wenden die bisherigen Ergebnisse auf Netzwerke mit einem Energiespeicher an und greifen aus der Vielfalt möglicher Schaltungen einige typische Problemstellungen heraus.

10.1.3.1 Netzwerk-Sprungerregung

Die Schaltung Bild 10.1 werde zur Zeit $t = 0$ a) mit einer Gleichspannung eingeschaltet, b) ausgeschaltet, und c) nur während der Zeit t_0 eingeschaltet. Der Kondensator habe eine Anfangsspannung $u_C(+0) = U_0$. Gesucht sind Kondensatorspannung und -strom.

1. Einschalten einer Gleichspannung. Wir gehen von der Netzwerkgleichung (10.1 a) für $u_C(t)$ aus. Die *Lösungsmethodik a* (s. Abschn. 10.1.2) fordert nach Punkt 2 die Lösung u_{Ch} der homogenen Gl. (10.1 a)

$$\frac{du_C}{dt} + \frac{u_C}{RC} = 0\,, \qquad \tau = RC\,, \qquad t \geqq 0\,.$$

Sie lautet

$$u_{Ch}(t) = K\,e^{-t/\tau}\,, \tag{1}$$

K ist Integrationskonstante.

Punkt 3: Die inhomogene Differentialgleichung wird durch eine Partikulärlösung für $t \to \infty$ erfüllt. Für $t \to \infty$ ändert sich u_C zeitlich nicht mehr. Deshalb verschwindet $du_C/dt = 0$ und es verbleibt aus Gl. (10.1 a) die Lösung u_{Ce} des eingeschwungenen Zustandes

$$u_C = u_Q(\infty) = U_Q \qquad i \to \infty\,. \tag{2}$$

Das ist die Batteriespannung, auf die sich der Kondensator schließlich auflädt.

Punkt 4: Die Gesamtlösung $u(t)$ lautet damit

$$u_C(t) = u_{Cfl}(t) + u_{Ce}(t) = K \exp\left(-\frac{t}{\tau}\right) + U_Q\,. \tag{3}$$

Punkt 5: Die Integrationskonstante K wird durch den Anfangswert $u_C(0)$ bestimmt. Aus Gl. (3) folgt

$$u_C(0) = U_0 = K\,e^0 + U_Q \to K = U_0 - U_Q\,.$$

Man erhält die Gesamtlösung aus Gl. (3)

$$\begin{aligned} u_C(t) &= [U_0 - U_Q]\,e^{-t/\tau} + U_Q \\ &= u_{Cfl}(t) \qquad\qquad\; + u_{Ce}(t)\,. \end{aligned} \tag{10.5a}$$

Der Kondensatorstrom beträgt mit Gl. (10.5 a)

$$i_C = C\,\frac{du_C}{dt} = \frac{-(U_0 - U_Q)}{R}\,e^{-t/\tau} = \frac{U_Q - U_0}{R}\,e^{-t/\tau}\,. \tag{10.5b}$$

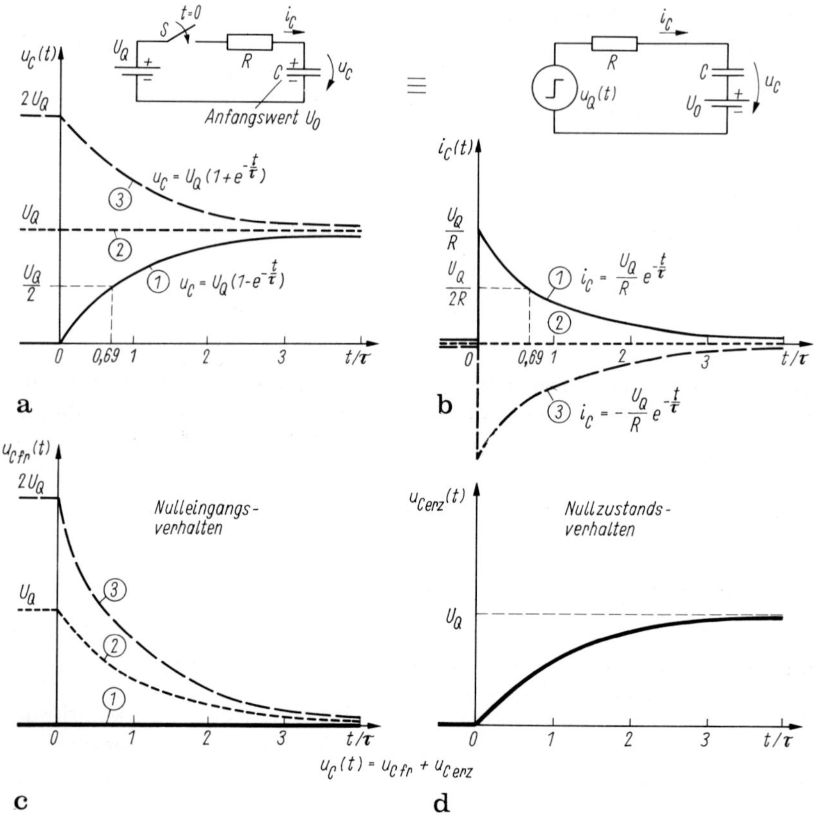

Bild 10.6. Aufladen eines Kondensators mit einer Gleichspannung. **a**) Kondensatorspannung $u_C(t)$; **b**) Kondensatorstrom $i_C(t)$; **c**) Nulleingangsverhalten u_{Cr}, (*1*) Anfangswert $u_C(0) = 0$, (*2*) Anfangswert $u_C(0) = U_0 = U_Q$, (*3*) Anfangswert $u_C(0) = 2U_Q$; **d**) Nullzustandsverhalten u_{Cerz}

Diskussion. Ohne Anfangsspannung ($u_C(0) = 0 = U_0$) stellt

$$u_C(t) = U_Q(1 - e^{-t/\tau}) \tag{10.5c}$$

den Zeitverlauf der Kondensatorspannung dar (Bild 10.6, s. auch Bild 10.4). Bei offenem Schalter ($t < 0$) fließt noch kein Strom. Im Einschaltmoment springt er auf $i(0) = U_Q/R$. Durch die Stetigkeit der Kondensatorspannung bleibt der Zustand $u_C(0) = 0$ im ersten Moment noch erhalten: Der ungeladene Kondensator wirkt zunächst wie ein Kurzschluß.

Mit fortschreitender Zeit wächst die Kondensatorladung ($\sim$ Kondensatorspannung $u_C(t)$, Bild 10.6a) an, deshalb sinkt die Spannung u_R und damit der Strom. Nach der

$$\text{Halbwertzeit } t_H \approx 0{,}69\tau = 0{,}69RC \tag{10.6}$$

Halbwertzeit (Definitionsgleichung)

ist i_C auf die Hälfte des Anfangswertes $i_C(0)$ gefallen ($e^{-t/\tau} = 1/2$ für $1/\tau = \ln 2 \approx 0{,}69$) und u_C auf die Hälfte des stationären Wertes $u_C(\infty) = U_Q$ angestiegen. Nach weiteren $0{,}69\tau$, also $t = 2t_H \approx 1{,}4\tau$ sinkt i_C wieder auf die Hälfte usw. Für $t = 3\tau$ ist der Ausgleichsvorgang wegen $e^{-3} \sim 1/20 \approx 5\,\%$ fast abgeklungen.

Exakt wird jedoch der neue Endzustand erst bei $t \to \infty$ erreicht. Man erkennt dies aus den Asymptotenwerten in beiden Bildern. Die Aufteilung in flüchtigen und stationären Anteil (Gl. (10.5a)) wurde im Bild 10.6 eingetragen. Danach besteht die Kondensatorspannung $u_C(t)$ (Gl. (3)) aus dem stationären Wert — der Batteriespannung U_Q — und dem flüchtigen Teil. Er beginnt mit $-U_Q$ und klingt dann exponentiell ab. Das ist der Verlauf eines auf die Spannung $-U_Q$ geladenen Kondensators. Mit Anfangsspannung sind abhängig von Größe und Richtung von $u_C(0)$ zu- oder abnehmende Kondensatorspannungen möglich (Bild 10.6a und b):

$u_C(0) > U_Q$ Abnahme der Spannung, Verlauf (*3*),
$u_C(0) = U_Q$ kein Ausgleichsvorgang = 0, Verlauf (*2*),
$u_C(0) < U_Q$ Zunahme der Spannung > 0, Verlauf (*1*).

Man erkennt die zugehörige unterschiedliche Stromrichtung. Ist beispielsweise der Kondensator auf $u_C(0) > U_Q$ geladen, so fließen im Moment des Schaltens Ladungen ab. Er wirkt als „Spannungsquelle", die im ersten Moment den Strom $i_C(0) = (U_Q - u_C(0))/R$ *entgegen* der positiv vereinbarten Richtung antreibt.

Nach *Lösungsmethodik b* erhalten wir nach Aufstellen der Differentialgleichung die Nulleingangsgröße $u_{\mathrm{Cfr}}(t)$ aus Gl. (1) zu

$$u_{\mathrm{Cfr}}(t) = K \exp(-t/\tau) = u_C(0) \exp(-t/\tau) = U_0 \exp(-t/\tau)\,. \tag{4}$$

Sie hängt nur von Anfangsspannung $u_C(0)$, nicht der Erregung ab (Bild 10.6c). Für ein energiefreies Netzwerk verschwindet sie somit. Die Nullzustandsgröße $u_{\mathrm{Cerz}}(t)$ (Bild 10.6d) ergibt sich aus der Lösung der inhomogenen Gleichung

$$\frac{\mathrm{d}u_C}{\mathrm{d}t} + \frac{u_C}{\tau} = U_P$$

mit verschwindendem Anfangswert $u_C(0) = 0$. Sie lautet

$$u_{\mathrm{Cerz}}(t) = U_Q(1 - \mathrm{e}^{-t/\tau})\,.$$

Damit lautet die Gesamtlösung (s. Gl. (10.5a))

$$u_C(t) = \underbrace{U_0\,\mathrm{e}^{-t/\tau}}_{u_{\mathrm{Cfr}}(t)} + \underbrace{U_Q(1 - \mathrm{e}^{-t/\tau})}_{u_{\mathrm{Cerz}}(t)}\,.$$

Wir erkennen aus Bild 10.6c und d den übersichtlicheren Aufbau der Gesamtlösung. Im Unterschied zum eingeschwungenen Zustand hängt die Nullzustandsgröße u_{Cerz} exponentiell vom Zeitverlauf ab!

2. Ausschalten einer Gleichspannung. Die Kapazität sei jetzt auf die Spannung $u_C(+0) = U_0$ aufgeladen und werde z. Z. $t = 0$ über den Widerstand R entladen (Bild 10.7). Nach Lösungsmethode a verschwindet der eingeschwungene Zustand $u_C(0) = 0$, weil stationär im Kreis keine Erregung liegt. Deshalb ergibt sich aus der Differentialgleichung

$$\frac{\mathrm{d}u_C}{\mathrm{d}t} + \frac{u_C}{\tau} = 0\,, \qquad t \geqq 0\,,$$

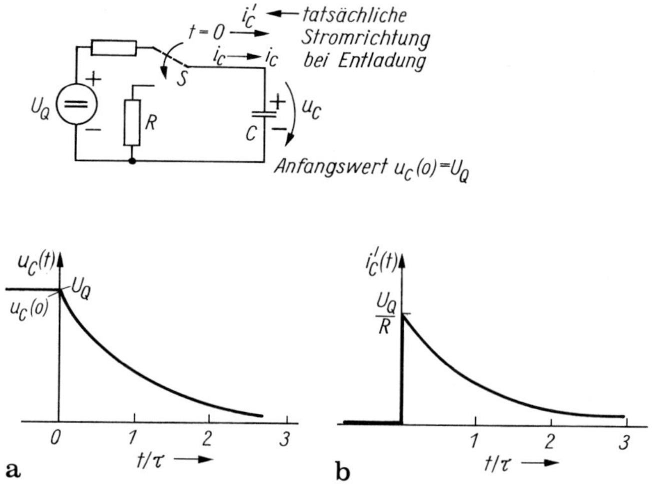

Bild 10.7. Ausschalten eines Kondensators. **a**) Nulleingangsverhalten (Kondensatorspannung); **b**) Kondensatostrom i_C

die allgemeine Lösung Gl. (1) und speziell für den Anfangswert $u_C(+0) = U_0$ die flüchtige Lösung

$$u_C(t) = u_{Cfl}(t) = u_C(+0)\,e^{-t/\tau}. \tag{5}$$

Sie ist zugleich die Nulleingangslösung. Die Nullzustandslösung existiert nicht: Eine ungeladene Kapazität kann keinen Ausgleichsvorgang einleiten.

Zahlenbeispiele. Ein auf $u_C(+0) = 500$ V geladener Kondensator ($C = 100\ \mu$F, Fotokondensator) wird über einen Widerstand $R = 0{,}1\ \Omega$ (Kurzschlußdraht) entladen. Welcher Anfangsstrom fließt, wann ist er auf $1‰$ abgesunken?

Der Anfangsstrom beträgt $u_C(+0)/R = i(+0) = 500\ \text{V} : 0{,}1\ \Omega = 500$ A!

Zeitkonstante $\tau = RC = 10^{-5}$ s. Nach $6{,}9\tau = 69\ \mu$s ist i auf $10^{-3}\ i(+0)$ gesunken ($e^{-6{,}9} \approx 10^{-3}$).

Derart hohe Entladeströme beschädigen meist den Kondensator.

Geladene Kondensatoren dürfen nie durch Kurzschluß, sondern nur über größere Widerstände entladen werden!

Hat der gleiche Kondensator einen Isolationswiderstand $R = 100$ MΩ (Zeitkonstante $\tau = RC = 10^4$ s $= 167$ min), so ist er erst nach $6{,}9 \cdot 167$ min $= 1155$ min (rd. 20 h) auf $1‰$ entladen.

3. Einschaltimpuls. Es werde zur Zeit $t = 0$ die Gleichspannung U_Q an einen energiefreien Kondensator geschaltet und zur Zeit $t = t_0$ wieder ausgeschaltet (Bild 10.8a). Gesucht ist der Verlauf $u_C(t)$ (Kondensator ohne Anfangsspannung). Dieser Vorgang kann auch als Einschalten eines Impulses der Dauer t_0 verstanden werden. Die Aufgabe wird in zwei Schritten gelöst:

a) Berechnung des Einschaltverhaltens zur Zeit $t = 0$ und

b) des Ausschaltverhaltens zur Zeit $t = t_0$. Zu diesem Zeitpunkt hat der Kondensator die Anfangsspannung $u_C(t_0)$.

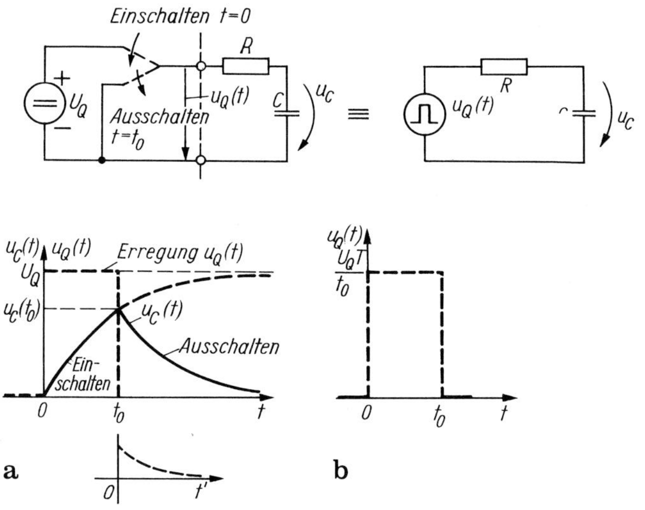

Bild 10.8. Einschalten eines Kondensators mit Rechteckimpuls. **a**) Einschalten zur Zeit $t = 0$; **b**) Einschalten mit einer Impulsspannung variabler Höhe

Zu a). Von Gl. (10.5c) übernehmen wir (Nullanfangszustand)

$$u_C(t) = U_Q(1 - e^{-t/\tau}) \qquad 0 \leqq t \leqq t_0 . \tag{6}$$

Das ist der im Bild 10.8a dargestellte Einschaltverlauf.

Zu b). Zur Zeit $t = t_0$ ist der Kondensator auf die Spannung

$$u_C(t_0) = U_Q(1 - e^{-t_0/\tau})$$

geladen. Für den Ausschaltvorgang (Schalter wird geöffnet) haben wir dann die Differentialgleichung

$$RC\frac{du_C}{dt} + u_C = 0 \qquad t \geqq t_0$$

zu lösen. Ihre Lösung lautet (s. Gl. (5))

$$\begin{aligned} u_C(t) &= u_C(t_0) \exp - \frac{(t - t_0)}{\tau} \\ &= U_Q(1 - e^{-t_0/\tau}) \exp - \frac{(t - t_0)}{\tau} = U_Q(1 - e^{-t_0/\tau})\, e^{-t'/\tau} \qquad t \geqq 0 . \end{aligned} \tag{7}$$

Dabei wurde der um t_0 verschobene Zeitnullpunkt in Gl. (7) berücksichtigt (im Bild durch die Zeitskala t').

Diskussion. Für $t_0 \to \infty$ erhalten wir Gl. (10.5c). Dann hat die Einschaltzeit zur vollständigen Ladung auf U_Q ausgereicht. Mit sinkender Einschaltdauer wird $u_C(t_0)$ immer kleiner, und mit $t_0 \to 0$ wegen $e^0 = 1$ zu verschwinden. Bei Einsatz des Schalters durch eine Erregerquelle muß $u_Q(t)$ einen Impulsverlauf der Höhe U_Q und Breite t_0 besitzen, wie im Bild angedeutet.

4. Einschaltimpuls kurzer Dauer. Wir wollen die Spannungshöhe jetzt veränderlich wählen. Sie werde um so größer, je kleiner die Einschaltzeit t_0 ist. Wir setzen $U_Q T/t_0$ (T Parameter) an (Bild 10.8b) und erhalten aus Gl. (7)

$$u_C(t) = \frac{U_Q T}{t_0}(1 - e^{-t_0/\tau})\, e^{t'/\tau}. \tag{8}$$

Wird t_0 sehr klein gewählt ($t_0 \ll \tau$, so daß $e^{-t_0/\tau} \approx 1 - t_0/\tau \approx 1$), so gilt

$$u_C(t) = \frac{U_Q}{t_0} T \cdot \frac{t_0}{\tau} e^{-t'/\tau} = \frac{U_Q T}{\tau} e^{-t'/\tau}. \tag{9}$$

Das ist eine Ausschaltlösung (Bild 10.8a), bei der der Einschaltvorgang nicht mehr allmählich, sondern plötzlich erfolgt. Die Impulsbreite t_0 kommt nicht mehr vor, der Erregerimpuls ist unendlich schmal und hoch ($U_Q/t_0 \to \infty$) geworden. Auf diesen besonderen Einschaltimpuls greifen wir später (s. Abschn. 10.1.5.3) zurück.

10.1.3.2 RC-Netzwerk. Periodische Erregung

Das Verhalten periodisch erregter Netzwerke kann im stationären Zustand prinzipiell über die Fourier-Reihe (Abschn. 8) ermittelt werden. Oft läßt es sich aber durch eine Folge von Schaltvorgängen einfacher lösen. Im Bild 10.9 liege eine periodische Rechteckspannung an der Schaltung, gesucht ist der Verlauf $u_C(t)$ lange nach Einsetzen der Erregung (stationärer Zustand). Im Bild wurde der Einschwingvorgang bei energiefreiem Kondensator dargestellt, der allmählich in einen stationären Verlauf von $u_C(0)$ übergeht.

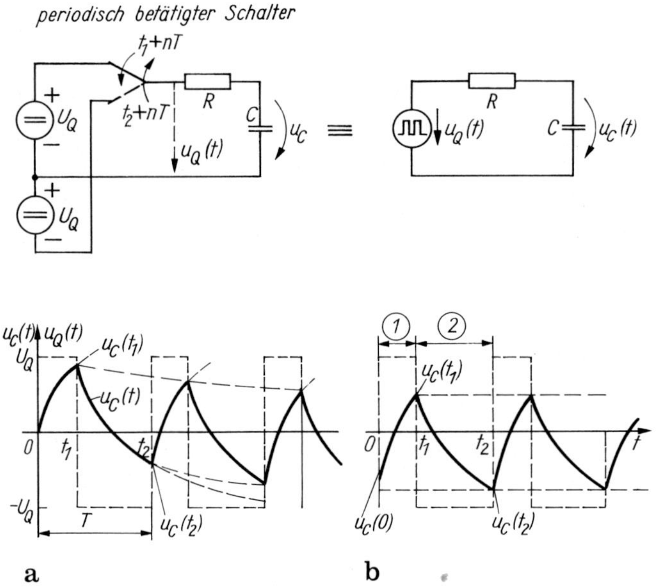

Bild 10.9. Betrieb einer *RC*-Schaltung mit periodischer Impulsspannung. **a**) Einschwingvorgang; **b**) stationärer Betrieb

Wir haben dafür die Netzwerkgleichung (10.1a) abschnittsweise zu lösen. Dabei dient die am Ende jedes Zeitabschnittes erreichte Kondensatorspannung als Anfangswert des neuen Zeitbereiches. Zur Zeit $t = 0$ (neuer Zeitmaßstab für den stationären Bereich) möge die Kondensatorspannung $u_C(0)$ sein. Dann gilt als Lösung gemäß Gl. (3) (s. Abschn, 10.1.3.1)

— im Zeitbereich $0 \leqq t \leqq t_1$ (Phase 1)

$$u_C(t) = U_Q + K_1 \, e^{-t/\tau} \tag{1}$$

(eingeschwungene flüchtige Phase 1),

— im Zeitbereich $t_1 \leqq t \leqq t_2$ (Phase 2 analog)

$$u_C(t) = -U_Q + K_2 \, e^{-(t-t_1)/\tau} \, .$$

Im stationären Fall muß $u_C(t)$ eine periodische Funktion sein. Daraus leitet sich die Periodizitätsforderung $u_C(0) = u_C(t_2)$ ab.

Zusätzlich gilt Stetigkeit der Kondensatorspannung zur Zeit t_1

$$u_C(-t_1) = u_C(+t_1) \, .$$

Beide Forderungen bestimmen die Konstanten K_1, K_2:

$$u_C(0) = U_Q + K_1 = u_C(t_2) = -U_Q + K_2 \, e^{-(t_2-t_1)/\tau}$$

und

$$u_C(-t_1) = U_Q + K_1 \, e^{-t_1/\tau} = u_C(+t_1) = -U_Q + K_2 \, .$$

Mit $a_1 = e^{-t_1/\tau}$, $a_2 = e^{-(t_2-t_1)/\tau}$ lauten die Lösungen

$$K_1 = -2U_Q \frac{a_2 - 1}{a_1 a_2 - 1} \, , \qquad K_2 = 2U_Q \frac{a_1 - 1}{a_1 a_2 - 1} \, .$$

Speziell für symmetrische Rechteckspannung ($t_2 = T$, $t_1 = T/2$) folgt als Höchstwert $u_C(T/2)$ der Kondensatorspannung aus Gl. (1) [$a_1 = a_2 = \exp(-T/2\tau)$]

$$u_C\left(\frac{T}{2}\right) = U_Q + K_1 \, e^{-T/2\tau} = U_Q \frac{1 - e^{-T/2\tau}}{1 + e^{-T/2\tau}} \tag{2}$$

mit

$$K_1 = -2U_Q \frac{e^{-T/(2\tau)} - 1}{e^{-T/\tau} - 1} \, .$$

Für $T/2 = \tau$ ergibt sich dabei $u_C(T/2) = 0{,}46 \, U_Q$ (anstelle $0{,}5 \, U_Q$ bei einmaligem Einschalten der Spannung U_Q), für $T/2 = 3$ hingegen $u_C(T/2) = 0{,}91 \, U_Q$ (anstelle $0{,}95 \, U_Q$).

10.1.3.3 RL-Netzwerk. Zweipoltheorie

Netzwerke mit nur einem Speicherelement lassen sich häufig aufteilen in einen Teil mit Schalter, aber ohne Speicherelement und einen Teil mit dem Speicherelement.

Dann kann der speicherfreie Teil auf einen aktiven Zweipol zurückgeführt werden, dessen Ersatzquelle einen der Erregungsgröße proportionalen Verlauf hat[1].

Für die Zeitkonstante des Kreises ist der vom Speicherelement in Richtung auf den aktiven Zweipol gesehene Innenwiderstand maßgebend (ermittelt nach den Regeln der Zweipoltheorie). In der Schaltung Bild 10.10 sei der Strom $i_L(t)$ sowie $u_L(t)$ durch die Spule bei Einschalten der Spannung gesucht. Sie werde zur Zeit $t = 0$ vom Strom $i_L(0)$ durchflossen. Nach der Zweipoltheorie finden wir für die Ersatzgrößen des aktiven Zweipols

$$U_{\text{lers}} = \frac{R_2}{R_1 + R_2} U_Q\,, \qquad R_{\text{iers}} = R_1 \parallel R_2\,.$$

Damit gilt die Ersatzschaltung Bild 10.10b. Ausgang ist die Netzwerkgleichung

$$\begin{aligned} & i_L R + u_L = U_{\text{lers}}\,, \qquad t \geqq 0\,, \\ & L\frac{\mathrm{d}i}{\mathrm{d}t} + R_{\text{iers}} = U_{\text{lers}} \end{aligned} \tag{1}$$

mit dem Anfangswert $i_L(0)$.

Nach Lösungsmethodik a (Abschn. 10.1.2) folgt
Punkt 2: Lösung der homogenen Gleichung

$$i_{Lh}(t) = K\,\mathrm{e}^{-t/\tau}, \qquad \tau = \frac{L}{R_{\text{iers}}}. \tag{2}$$

Punkt 3: Partikularlösung ist der eingeschwungene Zustand

$$\frac{\mathrm{d}i}{\mathrm{d}t} = 0 \quad \text{aus Gl. (1)}$$

$$i_L(\infty) = \frac{U_{\text{lers}}}{R_{\text{iers}}} = i_{Lp}\,. \tag{3}$$

Punkt 4: Gesamtlösung

$$i_L(t) = \frac{U_{\text{lers}}}{R_{\text{iers}}} + K\,\mathrm{e}^{-t/\tau}. \tag{4}$$

Punkt 5: Mit $i_L(0)$ als Anfangswert ergibt sich aus Gl. (4)

$$K = i_L(0) - \frac{U_{\text{lers}}}{R_{\text{iers}}}.$$

Der Strom durch die Induktivität lautet somit

$$\begin{aligned} i_L(t) &= \underbrace{\left(i_L(0) - \frac{U_{\text{lers}}}{R_{\text{iers}}}\right)\mathrm{e}^{-t/\tau}}_{i_L\ \text{flüchtig}} + \underbrace{\frac{U_{\text{lers}}}{R_{\text{iers}}}}_{i_L\ \text{eingeschw.}} \\ &= \underbrace{i_L(0)\,\mathrm{e}^{-t/\tau}}_{\text{Nulleingang}} + \underbrace{\frac{U_{\text{lers}}}{R_{\text{iers}}}\left(1 - \mathrm{e}^{-t/\tau}\right)}_{\text{Nullzustand}}. \end{aligned} \tag{10.7 a}$$

[1] Bei der Ersatzgrößenbestimmung aktiver Zweipole mit Energiespeichern ist Vorsicht geboten, meist ändert sich dabei die Ersatzerregung

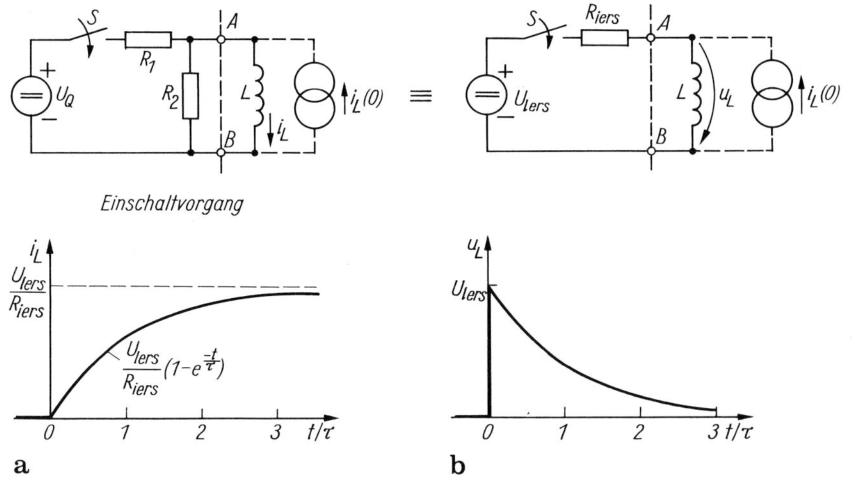

Bild 10.10. Einschalten einer Induktivität im Gleichstromkreis

Die Spannung beträgt

$$u_L = L\,\frac{di_L}{dt} = (U_{lers} - i_L(0)\,R_{iers})\,e^{-t/\tau}. \tag{10.7 b}$$

Diskussion. Betrachten wir zunächst den Fall $i_L(0) = 0$. Der Strom steigt unmittelbar nach dem Einschalten wegen der Stetigkeitsforderung von Null aus an: Trägheitscharakter (vgl. Spannungsverlauf am Kondensator, Beispiel Abschn. 10.1.3.1. Im Schaltmoment belastet die Induktivität den aktiven Zweipol somit noch nicht, sie wirkt wie Leerlauf!

Nach der

$$\text{Halbwertszeit } t_H = 0{,}69\tau\,, \qquad \tau = \frac{L}{R_{iers}} \tag{10.8}$$

hat der Strom den halben stationären Wert U_{lers}/R_{iers} erreicht.

Anschaulich kann man den Verlauf wie folgt erklären. Nach Einschalten bleibt $U_{lers} = \text{const}$, also muß mit wachsendem $i_L(\rightarrow iR)$ die Steigung $L\,di/dt$ und damit der Spannungsabfall an L abnehmen. Dadurch steigt der Strom noch langsamer an usw. bis er schließlich für $t \rightarrow \infty$ den stationären Wert erreicht. Die Spannung u_L fällt vom Leerlaufwert U_{lers} der Quelle beginnend allmählich auf Null ab.

Ausschaltverhalten. Wir wählen die Schaltung Bild 10.11 und schalten die Induktivität zur Zeit $t = 0$ von der Quelle ab (Schalterstellung *2*). Der Strom hat dabei den Anfangswert $i_L(0) = U_{lers}/R_{iers}$. Aus der homogenen Differentialgleichung (1) erhalten wir die Lösung (s. Gl. (2))

$$i_L(t) = i_L(0)\,e^{-t/\tau} \qquad \tau = \frac{L}{R_{iers}} \tag{5}$$

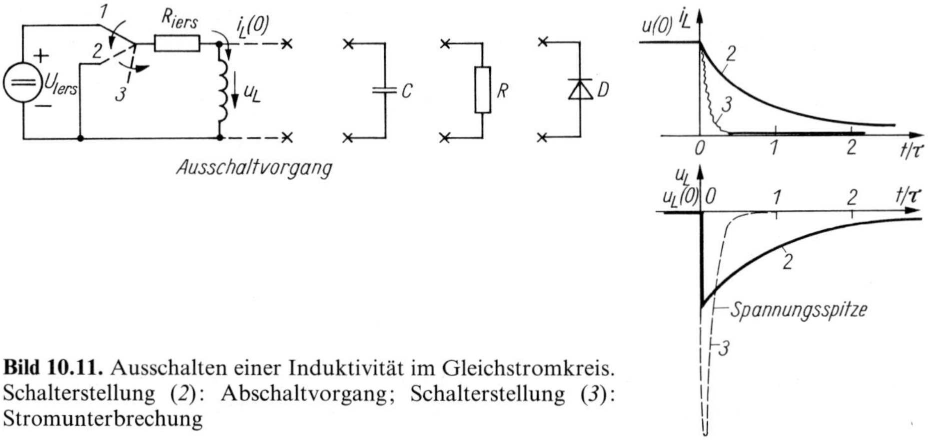

Bild 10.11. Ausschalten einer Induktivität im Gleichstromkreis. Schalterstellung (*2*): Abschaltvorgang; Schalterstellung (*3*): Stromunterbrechung

mit dem Anfangswert $i_L(0)$. Die Spannung

$$u_L = L\frac{di_L}{dt} = -R_{iers}\, i_L(0)\, e^{-t/\tau} \tag{6}$$

hat den gleichen Zeitverlauf wie der Strom, abgesehen vom Vorzeichen. Wir ändern jetzt die Schaltung. Der von einem Gleichstrom $U/R_{iers} = i(0)$ durchflossene Kreis werde zur Zeit $t = 0$ unterbrochen (Schalterstellung *3*). Damit wird der Strom i_L plötzlich auf Null gezwungen. Das ist offenbar ein Verstoß gegen die Stetigkeitsbedingung, denn es müßte sich die gespeicherte Energie $\frac{L}{2}(U_Q/R_{iers})^2$ augenblicklich auf Null reduzieren.

Ein gezwungener Stromsprung $di_L/dt \to \infty$ hat eine unendlich große induzierte Spulenspannung an einem sich öffnendem Schalter zur Folge. Dadurch wird ein *Spannungsdurchschlag* der Luftstrecke, ein sog. *Lichtbogen* (Funke!) eingeleitet, so daß der Stromkreis noch für eine endliche Zeit geschlossen bleibt: Der Strom fließt eine zeitlang stetig weiter und die Stetigkeitsforderung gilt wieder.

Um die Funkenbildung zu vermeiden und den Schaltvorgang unter definierten Verhältnissen ablaufen zu lassen, muß für den Strom ein Nebenweg geschaffen werden: Parallelschaltung eines Kondensators, eines Widerstandes oder einer Diode *D* zur Induktivität. Im Moment des Schalteröffnens fließt der Strom dann über diesen Nebenweg und der Lichtbogen unterbleibt.

10.1.4 Netzwerke mit zwei Energiespeichern

Netzwerke mit zwei unabhängigen Energiespeichern führen auf eine Netzwerk-Differentialgleichung der Form (s. Gl. (5.83))

$$a_2\frac{d^2y}{dt^2} + a_1\frac{dy}{dt} + a_0 = x(t) \tag{10.9a}$$

(rechts können noch Ableitungen von x auftreten). Wegen der grundlegenden Bedeutung dieser Gleichung für die Elektrotechnik diskutieren wir zunächst das Verhalten der homogenen Gleichung (Nulleingangsverhalten). Damit vertiefen wir zugleich den Begriff der freien Schwingungen, wie er bei Resonanzkreisen auftrat (Abschn. 7.1.3.1 und Gl. (7.16)ff.). Nach Abschn. 5.3.2 führt der Ansatz $y(t) = K\,e^{\lambda t}$ nach Einsetzen in Gl. (10.9a) auf die *charakteristische Gleichung* (5.87)

$$\lambda^2 + \frac{a_1}{a_2}\lambda + \frac{a_0}{a_2} = 0 \quad \text{bzw.} \quad \lambda^2 + 2\alpha\lambda + \omega_0^2 = 0 \tag{10.9b}$$

mit den beiden Wurzeln

$$\lambda_{1,2} = -\frac{a_1}{2a_2} \pm \sqrt{\left(\frac{a_1}{2a_2}\right)^2 - \frac{a_0}{a_2}} = -\alpha \pm \sqrt{\alpha^2 - \omega_0^2}\,.$$

Die Lösungen der charakteristischen Gleichung hießen die *Eigen-* oder *natürlichen Frequenzen.* Sie hängen hier nur von der *Abklingkonstante*

$$\alpha = \frac{a_1}{2a_2} \tag{10.9c}$$

und der *Resonanzfrequenz*

$$\text{Resonanzfrequenz } \omega_0 = \sqrt{\frac{a_0}{a_2}}\,, \tag{10.9d}$$

also ausschließlich von Netzwerkeigenschaften ab.

Je nach der Größe von α und ω_0 sind vier verschiedene Fälle des *Nulleingangsverhaltens* möglich (Bild 10.12):

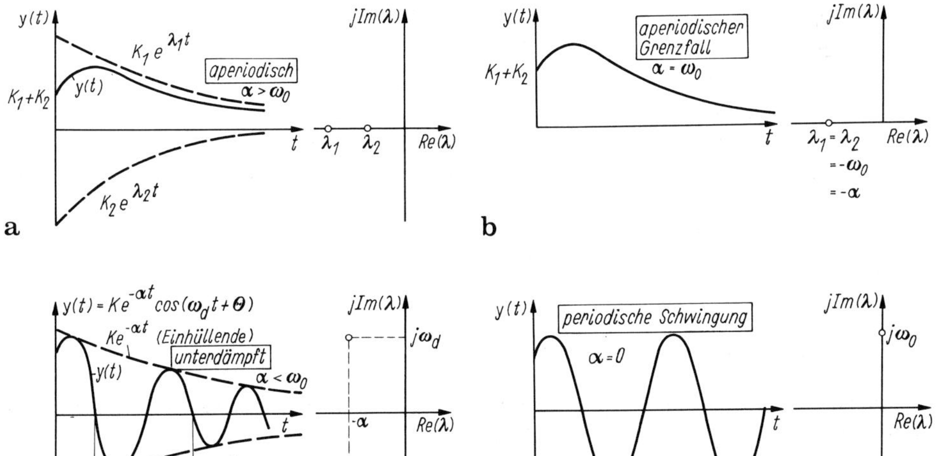

Bild 10.12. Nulleingangsverhalten eines schwingungsfähigen Systems mit zwei unabhängigen Energiespeichern (z. B. Parallelschwingkreis)

1. $\alpha > \omega_0$. Beide natürliche Frequenzen λ_1 und λ_2 sind verschieden *reell* und *negativ*. Dann ist die Lösung $y(t)$ die Summe zweier abklingender Exponentialfunktionen

$$y(t) = K_1\,\mathrm{e}^{\lambda_1 t} + K_2\,\mathrm{e}^{\lambda_2 t}\,. \tag{10.9e}$$

K_1, K_2 hängen von den Anfangswerten ab (Bild 10.12a). Dieser Ausgleichsvorgang heißt *überdämpft* oder *aperiodisch*.

2. $\alpha = \omega_0$. Beide natürliche Frequenzen sind *gleich* und *reell*: $\lambda_1 = \lambda_2 = -\alpha$ (Doppelwurzel).

$$y(t) = (K_1 + K_2 t)\,\mathrm{e}^{-\alpha t}\,. \tag{10.9f}$$

K_1, K_2 hängen von den Anfangswerten ab (Bild 10.12b). Dieser Fall heißt *kritisch gedämpft* oder *aperiodischer Grenzfall*.

3. $\alpha < \omega_0$. Die beiden natürlichen Frequenzen λ_1, λ_2 sind *konjugiert komplex*:

$$\lambda_1 = -\alpha + \mathrm{j}\omega_\mathrm{d}\,, \qquad \lambda_2 = -\alpha - \mathrm{j}\omega_\mathrm{d}$$

mit $\omega_\mathrm{d}^2 = \omega_0^2 - \alpha^2$ und

$$y(t) = K\,\mathrm{e}^{-\alpha t}\cos(\omega_\mathrm{d} t + \Theta) = \mathrm{e}^{-\alpha t}[K_1'\cos\alpha_\mathrm{d} t + K_2'\sin\omega_\mathrm{d} t]\,. \tag{10.9g}$$

K, bzw. K_1', K_2' sind reelle Konstanten, die von den Anfangswerten abhängen (Bild 10.12c). Dieser Fall heißt *unterdämpft* oder *gedämpfte Schwingung*. Derartiges Verhalten wurde bereits beim gedämpften Schwingkreis erwähnt (s. Gl. (7.17ff.)).

4. $\alpha = 0$. Beide natürliche Frequenzen λ_1, λ_2 sind rein *imaginär* und konjugiert komplex: $\lambda_1 = \mathrm{j}\omega_0$, $\lambda_2 = -\mathrm{j}\omega_0$,

$$y(t) = K\cos(\omega_0 t + \Theta)\,.$$

K, Θ sind reelle Konstanten, die von den Anfangswerten abhängen (Bild 10.12d). Dieser Fall heißt *verlustfrei* oder *periodische (ungedämpfte) Schwingung*. In den ersten drei Fällen ergeben sich Zeitverläufe $y(t)$ als Teile gedämpfter Exponentialfunktionen, in letzterem eine Sinusform, wie im Bild dargestellt.

Hinweis. Da die natürlichen Frequenzen Grundlage der Klassifizierung sind, kann man anstelle der Einteilung nach dem zeitlichen Verhalten der Lösung $y(t)$ auch die Lage der λ-Werte in einer komplexen λ-Ebene (Ebene der sog. natürlichen Frequenzen) zur Darstellung verwenden (Bild 10.12 rechts). Wir kommen darauf im Bild 10.13 und besonders im Abschn. 10.2 zurück.

10.1.4.1 Schwingkreis, Sprungerregung

Ein Reihenschwingkreis (Bild 10.13) werde zur Zeit $t = 0$ an eine Gleichspannung U_Q geschaltet. Wir suchen den Verlauf der Kondensatorspannungen $u_\mathrm{C}(t)$ und des Kreisstromes $i(t)$. Zum Schaltzeitpunkt sollen die Energiespeicher energielos sein ($i_\mathrm{L}(0) = 0$, $u_\mathrm{C}(0) = 0$).

Die Netzwerkgleichung führt auf

$$LC\frac{\mathrm{d}^2 u_\mathrm{C}}{\mathrm{d}t^2} + RC\frac{\mathrm{d}u_\mathrm{C}}{\mathrm{d}t} + u_\mathrm{C} = U_\mathrm{Q}\,, \qquad t \geqq 0\,. \tag{10.10a}$$

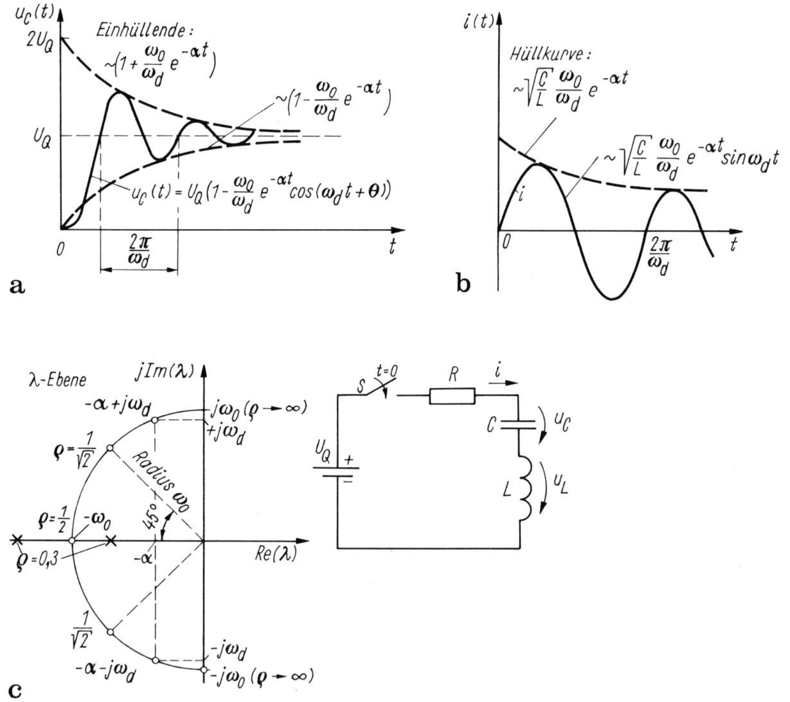

Bild 10.13. Einschalten einer Gleichspannung an den Reihenschwingkreis. **a**) Zeitverlauf der Kondensatorspannung $u_C(t)$ nach Einschalten der Gleichspannung U_Q (Gl. (10.10c), unterdämpfte Schaltung); **b**) Zeitverlauf des Kreisstromes; **c**) Ebene der natürlichen Frequenzen der charakteristischen Gl. (10.9b) mit konstanter Resonanzfrequenz ω_0, aber veränderliche Güte ϱ

Dazu kommen die Anfangswerte $u_C(-0) = 0$ und

$$i_C(-0) = C \left.\frac{du_C}{dt}\right|_{t=0} = 0\,. \tag{10.10b}$$

Die Lösung $u_{Ch}(t)$ der homogenen Differentialgleichung hängt nach Gl. (10.9) von der Abklingkonstante $\alpha = \frac{a_1}{2a_2}$ sowie der Resonanzfrequenz (10.9d) (s. a. Gl. (7.16))

$$\omega_0 = \sqrt{\frac{a_0}{a_2}} = \frac{1}{\sqrt{LC}}$$

ab. Eine Partikulärlösung $u_{Cp}(t)$ ist $u_C(\infty) = U_Q$, denn im stationären Zustand sind alle Spannungsänderungen abgeklungen und der Kondensator auf die Gleichspannung U_Q geladen.

Im technisch wichtigen *unterdämpften* Fall lautet die allgemeine Lösung Gl. (10.9g)

$$u_C(t) = \underbrace{K\,e^{-\alpha t} \cos(\omega_d t + \Theta)}_{u_{Ch}(t)} + \underbrace{U_Q}_{u_{Cp}(t)}\,.$$

K und Θ folgen aus den Anfangswerten

$$u_C(\Theta) = 0 = K\cos\Theta + U_Q\,,$$

$$\left.\frac{du_C}{dt}\right|_{t=0} = 0 = K[-\alpha\cos\Theta - \omega_d\sin\Theta]\,,$$

d. h., $\Theta = -\arctan\alpha/\omega_d$.

Die Lösung lautet damit zusammengefaßt

$$u_C(t) = U_Q\left[1 - \frac{\omega_0}{\omega_d}\,e^{-\alpha t}\cos(\omega_d t + \Theta)\right]. \tag{10.10c}$$

Im Bild 10.13a erkennt man deutlich das gedämpfte Anschwingen der Kondensatorspannung mit dem asymptotischen Endwert U_Q.

Der Strom durch die Induktivität $i_L = i_C$ folgt aus

$$i_L(t) = C\,\frac{du_C}{dt} = C\,\frac{\omega_0}{\omega_d}\,U_Q\,e^{-\alpha t}\,[\alpha\cos(\omega_d t - \Theta) + \omega_d\sin(\omega_d t - \Theta)]$$

$$= \sqrt{\frac{C}{L}}\,\frac{\omega_0}{\omega_d}\,U_Q\,e^{-\alpha t}\sin\omega_d t\,. \tag{10.10d}$$

Der letzte Ausdruck ergibt sich aus den Additionsbeziehungen für trigonometrische Funktionen. Bild 10.13b zeigt den Verlauf. Er stimmt mit dem nach Gl. (7.16c) qualitativ überein. Im verlustbehafteten Schwingkreis klingt die freie Schwingung exponentiell mit der Zeit ab (wegen $u_C(\infty) \to U_Q$ wird $i_L(\infty) \to 0$), gleichzeitig unterscheidet sich die Eigenfrequenz ω_d etwas von der Resonanzfrequenz $\omega_0 = 1/\sqrt{LC}$.

Diskussion. Im Einschaltmoment sind die Energiespeicher ungeladen. Dann ist $u_C(0) = 0$, $i_L(0) = 0$, und die Spannung U_Q liegt voll an der Induktivität. Sie wirkt zur Zeit $t = +0$ als Leerlauf. Mit fortschreitender Zeit wachsen Kreisstrom und damit die Spannungsabfälle u_R, u_C. Im stationären Fall verschwinden du_C/dt und d^2u_C/dt^2, die Gesamtspannung U_Q liegt an der Kapazität.

Wir betrachten jetzt die Abklingkonstante α, Kreisgüte ϱ und die Lage der natürlichen Frequenzen (Bild 10.12) näher. Zunächst folgt aus Abschn. 7.1.4.1

$$\alpha = \frac{\omega_0}{2}\cdot\frac{R}{\omega_0 L} = \frac{\omega_0}{2\varrho} = \omega_0 d \tag{10.11}$$

Zusammenhang Abklingkonstante — Kreisgüte.

Je geringer die Dämpfung d, desto größer ist die Güte des Schwingkreises. Beurteilt nach der Güte können vier typische Fälle angegeben werden:

$\varrho = \dfrac{\omega_0}{2\alpha} < \dfrac{1}{2}$ bzw. $\dfrac{R^2}{4L^2} > \dfrac{1}{LC}$ überdämpfter Fall (keine Schwingung);

$\varrho = \dfrac{1}{2}$ bzw. $\dfrac{R^2}{4L^2} = \dfrac{1}{LC}$ aperiodischer Grenzfall;

$\varrho > \dfrac{1}{2}$ bzw. $\dfrac{R^2}{4L^2} < \dfrac{1}{LC}$ unterdämpfter Fall (gedämpfte Schwingung);

$\varrho \to \infty$ $R = 0$ ungedämpfte Schwingung.

Der letzte Fall ist nur beim verlustfreien Schwingkreis möglich. Wir erwähnten bereits (s. Abschn. 7.1.4.1), daß er durch Zuschalten eines negativen Wirkwiderstandes zum verlustbehafteten Schwingkreis wird.

Bild 10.13c zeigt die natürlichen Frequenzen in der komplexen λ-Ebene bei konstant gehaltener Resonanzfrequenz $\omega_0 = 1/\sqrt{LC}$ und veränderlicher Güte ϱ (veränderlicher Widerstand R). So ergeben sich für $\varrho < {}^1/_2$ zwei negative reelle λ (keine Schwingung), für $\varrho = {}^1/_2$ der aperiodische Grenzfall, für ${}^1/_2 \leqq \varrho < \infty$ gedämpfte Schwingungen und für $\varrho \to \infty$ die ungedämpften Schwingungen.

In allen Fällen sind die Realteile der natürlichen Frequenzen (charakterisiert durch die Abklingkonstante $\alpha > 0$) negativ, liegen also in der *linken Halbebene: Zu gedämpften Schwingungen ($R > 0$) gehören stets natürliche Frequenzen mit negativen Realteilen.* Das geht auch aus Bild 10.12 hervor. Umgekehrt würde ein (resultierender) negativer Widerstand R, also eine negative Abklingkonstante α eine exponentiell unbegrenzt anwachsende Schwingung ergeben. Ein derartiges Verhalten heißt *instabiles Verhalten. Es wird durch natürliche Frequenzen gekennzeichnet, deren Realteil in der rechten λ-Halbebene liegt.*

10.1.5 Netzwerke bei beliebiger Erregung

Wir lösten bisher den Einschalt- oder Ausschaltvorgang aus Anschauungsgründen durch Betätigung eines Schalters aus. Im folgenden führen wir diese Maßnahme auf eine spezielle Zeitfunktion der Erregerquelle, die *Sprungfunktion* zurück. Die Wirkung (= Lösung der Netzwerkgleichung) heißt dann *Sprungantwort.*

Außer der Sprungfunktion sind für Netzwerke noch weitere Erregungen interessant: *Impuls-* und *Rampenfunktion.* Sie haben zusammen mit der Sprungfunktion für das Übergangsverhalten von Netzwerken ähnlich grundlegende Bedeutung wie die Sinusfunktion für das stationär betriebene Netzwerk.

Mit der mathematischen Formulierung dieser Funktion (und ihrer Anwendung) spezifizieren wir die bereits in Abschn. 5.2.1 angegebenen Netzwerkerregungen weiter.

10.1.5.1 Sprungerregung. Sprungantwort

Die im Bild 10.1 dargestellte Spannungsquelle mit Schalter werde als aktiver Zweipol (Schalterzweipol) aufgefaßt mit der speziellen Klemmenspannung $u_Q(t)$ (Bild 10.14a)

$$u_Q(t) = 0\,, \qquad t < 0\,,$$
$$u_Q(t) = U_Q\,, \qquad t \geqq 0\,.$$

Wir denken uns diesen Spannungsverlauf durch eine aperiodische Erregerfunktion, die *Sprungfunktion* $s(t)$

$$s(t) \mathrel{\hat{=}} \begin{cases} 0 & t < 0 \\ 1 & t \geqq 0 \end{cases} \tag{10.12a}$$

Sprungfunktion (Definitionsgleichung)

erzeugt. Sie springt zur Zeit $t = 0$ von 0 auf 1 (Bild 10.14b). Ein Einschaltimpuls der Höhe 1 heißt *Einheitssprung.* Der Spannungssprung $u_{Q\Gamma}(t)$ oder $u_\Gamma(t)$ lautet dann

$$u_{Q\Gamma}(t) = s(t)\,U_Q = \begin{cases} 0 & t < 0 \\ 1 \cdot U_Q & t \geqq 0\,, \end{cases} \tag{10.12b}$$

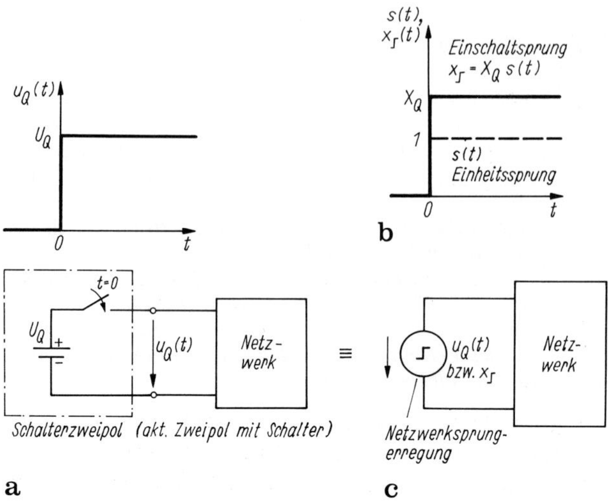

Bild 10.14. Sprungfunktion. **a**) Netzwerk mit Schalterzweipol; **b**) Einheitssprung bzw. Einschaltsprung; **c**) Ersatz des Schalterzweipols durch Netzwerksprungerregung

und die allgemeine Erregerdarstellung eines Sprunges der Größe $x(t)$ entsprechend

$$x_\Gamma(t) = X_Q s(t) \tag{10.12 c}$$

Einschaltspannung der physikalischen Größe X_Q (Definitionsgleichung).

Sie berücksichtigt in der *Sprungamplitude* X_Q die *physikalische Qualität* der Größe (z. B. Spannung $X_Q = U_Q = 2$ V, Strom $X_Q = I_Q = 3$ A u. ä.) mit Zahlenwert und -einheit.

Die zur Sprungerregung $x_\Gamma(t)$ gehörige *Wirkung* (Ausgangsgröße) eines Netzwerkes heißt *Sprungantwort* $y\,(t)$, das Verhältnis von Wirkung zu Ursache, also Antwort zu Erregung, das *Übergangsverhalten* (oder die *Übergangsfunktion*) (Bild 10.15)

$$f_\Gamma(t) = \frac{y_\Gamma(t)}{x_\Gamma(t)} = \frac{y_\Gamma(t)}{X_Q s(t)} \tag{10.13}$$

Übergangsfunktion (Definitionsgleichung).

Die Übergangsfunktion $f_\Gamma(t)$ eines linearen Netzwerkes ist die Sprungantwort bezogen auf die Anstiegshöhe der Sprungerregung (Bild 10.15) (Speicherelemente ohne Anfangsenergie angesetzt).

Die Übergangsfunktion ist eine reine Netzwerkeigenschaft. So besitzt die *RC*-Schaltung (Bild 10.1) die Übergangsfunktion (aus Gl. (10.5a) für $U_0 = 0$)

$$f_\Gamma(t) = \frac{u_C(t)}{U_Q} = 1 - e^{-t/\tau}.$$

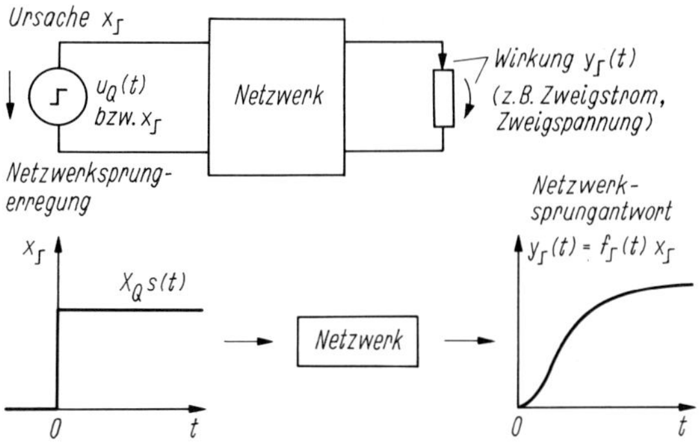

Bild 10.15. Definition der Übergangsfunktion $f_\sqsubset(t) = y_\sqsubset / x_\sqsubset$

Anwendungen. Die Bedeutung der Sprungfunktion $s(t)$ besteht zunächst in der mathematischen Formulierung des „Schaltermodells". Darüber hinaus hat sie die Bedeutung einer „Aufbaufunktion" für andere Impulsformen. Betrachten wir dazu einige Eigenschaften und Anwendungen.

Sprungverschiebung. Erfolgt der Sprung nicht bei $t = 0$, sondern bei $t = t_0$, so ist in $s(t)$ die Variable t durch $t - t_0$ zu ersetzen. Für diese Funktion mit Sprung bei $t = t_0$ gilt

$$s(t - t_0) = \begin{cases} 0 & t < t_0 \\ 1 & t \geqq t_0 \end{cases} \tag{10.14}$$

(s. Bild 10.16a). Liegt also beispielsweise eine Spannung von 10 V im Zeitbereich $t < 10$ s nicht an einer Schaltung, aber für $t > 10$ s an, so wird sie durch die Erregerfunktion

$$u_Q(t) = 10\text{ V}\, s(t - 10\text{ s})$$

beschrieben.

Kombination von Sprungfunktionen. Ein Einschaltsprung zur Zeit t_1 und ein Ausschaltsprung zur Zeit t_2 ergibt einen idealen Rechteckimpuls

$$x_{\sqcap}(t) = s(t - t_1) - s(t - t_2)$$

der Dauer $t_2 - t_1$, der zur Zeit t_1 eingeschaltet wird. Er wurde im Bild 10.16b gestrichelt dargestellt.

10.1.5.2 Anstiegserregung

Durch Integration und Differentiation der Sprungfunktion gewinnen wir zwei weitere wichtige Elementarfunktionen. Die Integration ist dabei sorgfältig durchzuführen, denn sie zerfällt wegen der Unstetigkeit beim Sprung meist in mehrere Einzelintegrale.

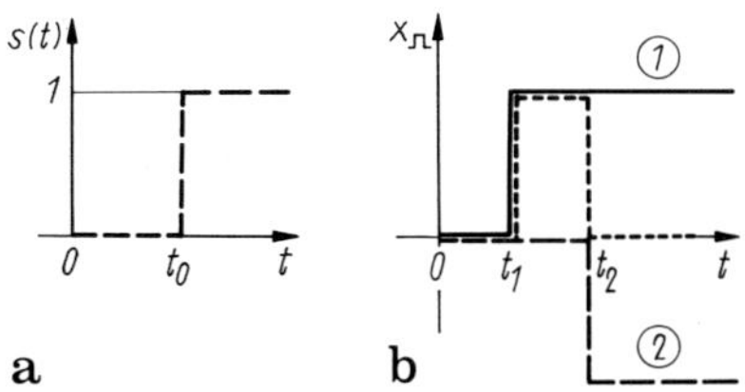

a b

Bild 10.16. Anwendungsbeispiele Einschaltsprung. **a)** Verschiebung; **b)** Kombination

Beispiel 1:

$$y(t) = \int_{-\infty}^{t} s(t')\, e^{at'}\, dt' .$$

Für $t \leqq 0$ verschwindet das Integral, für $t > 0$ ist $s(t) = 1$. Daher gilt

$$y(t) = \int_{-\infty}^{0} s(t')\, e^{at'}\, dt' + \int_{0}^{t} s(t')\, e^{at'}\, dt' = \int_{-\infty}^{0} 0\, dt' + \int_{0}^{t} e^{at'}\, dt' = \frac{e^{at} - 1}{a} .$$

Beispiel 2:

$$y(t) = \int_{-\infty}^{t} s(t' - t_0)\, f(t')\, dt' = 0 + 1 \int_{t_0}^{t} f(t')\, dt' .$$

Für $t \leqq t_0$ ist auch $t' \leqq t_0$ und $s(t' - t_0) = 0$. Dann gibt das Integral keinen Beitrag. Für $t \geqq t_0$ kann es wie rechts stehend geschrieben werden ($s(t' - t_0) = 1$). Da man die Sprungfunktion $s(t - t_0)$ vor das Integral ziehen kann, gilt

$$y(t) = \int_{-\infty}^{t} s(t' - t_0)\, f(t')\, dt' = s(t - t_0) \int_{t_0}^{t} f(t')\, dt' .$$

Das Integral über der Sprungfunktion $s(t)$ gibt unter Benutzung der eben gewonnenen Ergebnisse für $t_0 = 0$ und $f(t') = 1$

$$\int_{-\infty}^{t} s(t')\, dt' = s(t) \int_{0}^{t} dt = t s(t) = r(t) .$$

Die Funktion

$$r(t) = \int_{-\infty}^{t} s(t')\, dt' = \begin{cases} 0 & \text{für } t \leqq 0 \\ t & t > 0 \end{cases} \tag{10.15}$$

Anstiegserregung (Definitionsgleichung)

heißt *Anstiegserregung* oder *Rampenfunktion*. Sie ist das Zeitintegral über die Sprungerregung im Intervall $-\infty \leqq t' \leqq t$ und steigt linear über der Zeit von $t = 0$ aus an. Die Anstiegserregung wird in Netzwerken benutzt, wenn die Sprungerregung nicht zulässig oder praktisch nicht realisierbar ist.

10.1.5.3 Impulserregung. Impulsantwort

Geht die Sprungfunktion zur Zeit $t = 0$ nicht abrupt, sondern innerhalb eines Zeitintervalls Δt auf den Wert 1 über, so hat sie die Darstellung (Bild 10.17a)

$$f_s(t) = 1 \cdot \frac{t}{\Delta t} \qquad (0 \leqq t \leqq \Delta t) .$$

Ihre Ableitung

$$\delta_\Delta = \left| \frac{d f_s}{dt} = \frac{1}{\Delta t} \right.$$

(Dimension Zeit^{-1})

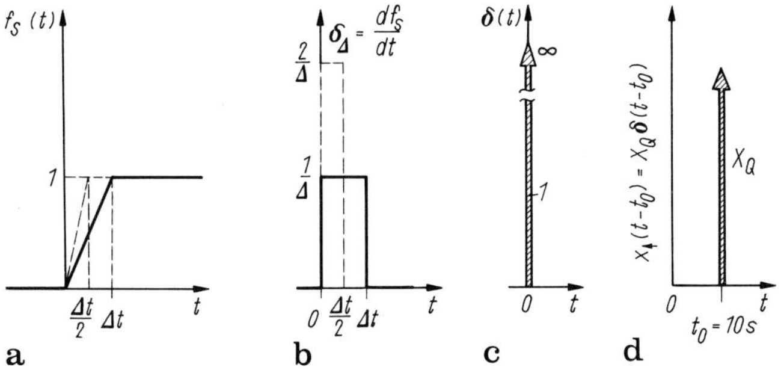

Bild 10.17. Impulserregung. **a**) zeitbegrenzter Anstieg; **b**) Impulsfläche; **c**) Stoßfunktion; **d**) Stoßfunktion zeitlich verschoben

stellt eine Rechteckkurve der Höhe $\delta_\Delta = 1/\Delta t$ und Dauer Δt dar. Sie hat die „Impulsfläche" (Bild 10.17b)

$$\text{Höhe} \times \text{Breite} = \delta_\Delta \cdot \Delta t = 1 \, .$$

Diese Fläche bleibt auch bei nichtlinearem Übergang von 0 auf 1 erhalten. Deshalb gilt allgemein:

$$\text{Impulsfläche} \int_{-\infty}^{\infty} \frac{\mathrm{d}f_s}{\mathrm{d}t}\,\mathrm{d}t = f_s\Big|_{-\infty}^{\infty} = f_s(\infty) - f_s(-\infty) = 1 - 0 = 1 \, .$$

Mit $\Delta t \to 0$ wird die Ableitung $\delta_\Delta = \mathrm{d}f_s/\mathrm{d}t$ im umgekehrten Verhältnis größer (Bild 10.17a, b) und die Funktion f_s zur Sprungfunktion $s(t)$. Die zugehörige Ableitung $\delta_{\Delta t \to 0} = \mathrm{d}s/\mathrm{d}t$ heißt *Einheits-*, *Impuls-*, *Dirac-* oder *Stoßfunktion* (auch *Nadelimpuls*, Bild 10.17c)

$$\delta(t) = \frac{\mathrm{d}s}{\mathrm{d}t} \qquad (10.16\text{a})$$

Einheits-, Impulsfunktion (Definitionsgleichung).

Für die folgenden Betrachtungen gehen wir zweckmäßig zur normierten Darstellung (aus Dimensionsgründen) über und benutzen insbesondere die normierte Zeit $t^* = at$. Dann gilt anstelle Gl. (10.16a)

$$\delta(t^*) = \frac{\mathrm{d}s}{\mathrm{d}t^*} \qquad (10.16\text{b})$$

mit

1. $$\delta(t^*) = 0 \quad \text{für} \quad t \neq 0 \, , \qquad \delta(t^*) = 1 \quad \text{für} \quad t^* = 0 \, .$$

2. $$s(t^*) = \int_{-\infty}^{t^*} \delta(t^*)\,\mathrm{d}t^* = \begin{cases} 0 & t^* < 0 \\ 1 & t^* \geqq 0 \, . \end{cases} \qquad (10.16\text{c})$$

Die Impulsfunktion verschwindet außerhalb von $t = 0$ und wird als vertikaler Strich mit Pfeil (Länge ∞) gezeichnet (Bild 10.17c) mit der Impulsbreite $\Delta t \to 0$.

Das Integral der Impulsfunktion ist die Sprungfunktion, m. a. W. die Impulsfunktion hat die Fläche 1 (im Bild durch Schraffur angedeutet).

Beim Impuls einer physikalischen Größe $x_\uparrow(t)$ (z. B. Spannung)

$$x_\uparrow(t) = \underbrace{X_Q}_{\text{Impulsfläche}} \underbrace{\delta(t)}_{\text{Einheitsimpuls zur Zeit } t=0} = X_Q \delta(t^*) \frac{dt^*}{dt} \tag{10.16d}$$

Dirac-Impuls einer physikalischen Größe $x_\uparrow(t)$

beachte man, daß deren Fläche nicht eins, sondern X_Q ist mit der Dimension

$$\dim(X_Q) = \dim(x) \cdot \dim\left(\frac{dt^*}{dt}\right)^{-1} = \dim(x) \cdot \dim(\text{Zeit})\,.$$

So hat ein Spannungsimpuls z. B. die Einheit V · s und einen Stromimpuls A · s! Die Angabe 1 im Bild 10.17c bezieht sich also nicht auf die „Amplitude“ der Impulsfunktion (sie ist in jedem Fall unendlich), sondern auf die Fläche des Impulses!

Selbstverständlich sind auch Zeitverschiebungen, z. B. $t = t_0$, (Bild 10.17d) möglich. Die Angabe eines Nadelimpulses der „Fläche“ 10 V · s zur Zeit $t_0 = 10$ s würde also lauten

$$u_\uparrow(t) = \underbrace{10\,\text{V} \cdot \text{s}}_{X_0}\, \delta(t - \underbrace{10\,\text{s}}_{t_0})$$

Man beachte stets: Die Dauer der Impulsfunktion ist so kurz und ihre Höhe so groß, daß sie physikalisch unmeßbar wird. Deshalb hat sie vorwiegend die Bedeutung einer *Abtastfunktion* (Probenentnahme zum bestimmten Zeitpunkt) für theoretische Netzwerkuntersuchungen.

Die Notwendigkeit, den Sprung mathematisch darzustellen, folgt aus der Sprungfunktion selbst. Der Differentialquotient von s im herkömmlichen Sinne existiert nicht. Er muß deshalb durch die Vereinbarung der Impulsfunktion beschrieben werden.

Impulsantwort. Wird ein Netzwerk ohne Anfangsenergie mit einem Dirac-Impuls erregt, so heißt die Wirkung (Zweigstrom, Zweigspannung) die *Impuls-* oder *Stoßantwort* $y_\uparrow(t)$

$$y_\uparrow(t) = f_\uparrow(t)\, x_\uparrow(t) = g(t)\, x_\uparrow(t) \tag{10.17a}$$

Übertragungsfunktion, Gewichtsfunktion (Definitionsgleichung).

Die Funktion $f_\uparrow(t) = g(t)$ heißt *Übertragungs-* oder *Gewichtsfunktion* im Zeitbereich (Bild 10.18). Die normierte Darstellung lautet

$$y_\uparrow(t^*) = f_\uparrow(t^*)\, x_\uparrow(t^*) = g(t^*)\, x_\uparrow(t^*)\,. \tag{10.17b}$$

Zwischen der *Impuls-* und *Sprungantwort* Gl. (10.13) eines linearen, zeitunabhängigen Netzwerkes ohne Anfangsenergie bestehen wichtige Zusammenhänge. Es läßt sich nämlich zeigen, daß zu einem gegebenen Ursache (x)-Wirkungs-Zusammenhang (y) eines solchen Netzwerkes gehört: dx/dt^* erzeugt die Wirkung dy/dt^* und ebenso $\int_{-\infty}^{t^*} x(t^*)\, dt^*$ die Wirkung $\int_{-\infty}^{t^*} y(t^*)\, dt^*$.

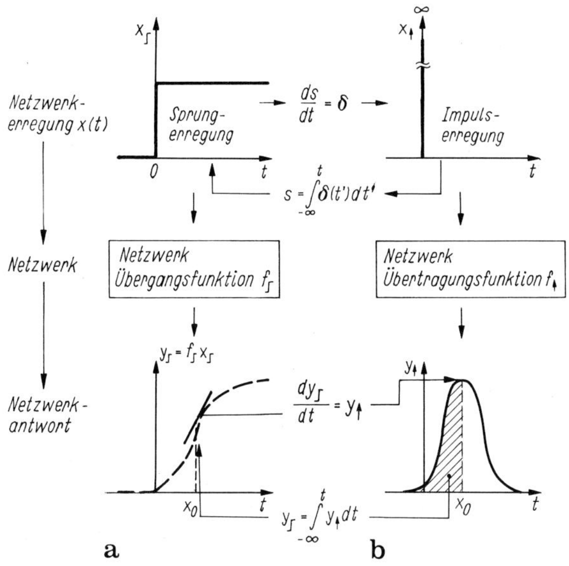

Bild 10.18. Zusammenhang zwischen Übergangs- und Übertragungsfunktion im Zeitbereich. **a**) Übergangsfunktion f_{Γ} Gl. (10.13); **b**) Übertragungsfunktion $f_{\uparrow}$ Gl. (10.17a)

Insgesamt: Die Differentiation bzw. Integration der Erregerfunktion überträgt sich in einem linearen, zeitunabhängigen (energiefreien) Netzwerk auch auf die Wirkung:

$$y_{\uparrow}(t^*) = \frac{\mathrm{d}}{\mathrm{d}t^*}\, y_{\Gamma}(t^*) = \frac{\mathrm{d}}{\mathrm{d}t^*}\,(f_{\Gamma}(t^*)\, x_{\Gamma})$$

Impulsantwort aus gegebener Sprungantwort,

$$y_{\Gamma}(t^*) = \int_{-\infty}^{t^*} y_{\uparrow}(t'^*)\,\mathrm{d}t'^* = \int_{-\infty}^{t^*} f_{\uparrow}(t'^*)\, x_{\uparrow}(t'^*)\,\mathrm{d}t'^* \tag{10.18}$$

Sprungantwort aus gegebener Impulsantwort.

Daraus folgt: Kennt man das Übergangsverhalten ($f_{\Gamma}(t^*)$) eines Netzwerkes, so läßt sich die Übertragungsfunktion $f_{\uparrow}(t)$ im Zeitbereich sofort angeben (und umgekehrt).

Im Bild 10.18 wurden diese Zusammenhänge veranschaulicht.

Anwendungsbeispiele.

1. Wir berechnen das Integral

$$y(t^*) = \int_{-\infty}^{t^*} f(t'^*)\,(t'^* - t_0'^*)\,\mathrm{d}t'^* = f(t_0^*) \int_{-\infty}^{t^*} \delta(t'^* - t_0'^*)\,\mathrm{d}t'^* = f(t_0^*)\, s(t'^* - t_0'^*)\,.$$

Der Integrand verschwindet außer für $t'^* = t_0^*$. Wir ersetzen daher $f(t'^*)$ durch $f(t_0^*)$, ziehen diesen Faktor vor das Integral und ersetzen das Integral gemäß der Definition Gl. (10.16c) durch die Sprungfunktion, die um den Zeitpunkt t_0^* verschoben wurde.

2. Hat ein Rechteckimpuls die Funktion

$$y(t^*) = s(t^*) - s(t^* - t_0^*)\,, \qquad \text{(Breite } t_0)\,,$$

so ergibt die Ableitung

$$\frac{\mathrm{d}y}{\mathrm{d}t^*} = \left.\frac{\mathrm{d}s}{\mathrm{d}t^*}\right|_{t^*=0} - \left.\frac{\mathrm{d}s}{\mathrm{d}t^*}\right|_{t_0^*} = \delta(t^*) - \delta(t^* - t_0^*)$$

zwei „Nadelimpulse“ entgegengesetzter Richtung zu den Zeiten $t^* = 0$ und t_0^*.

10.1.6 Anwendungen

Wir wollen die Impulsfunktion auf einige wichtige Fälle anwenden.

10.1.6.1 Verhalten der Grundelemente

Wir stellen das Verhalten der linearen, zeitunabhängigen Energiespeicher (ohne Anfangsenergie) bei Sprung- und Impulserregung zusammen. Für den Widerstand ist die Ausgangsgröße stets proportional der Eingangsgröße, so daß er nicht erfaßt wird. Bild 10.19 enthält die Ergebnisse. Wir wollen sie für den Kondensator erläutern.

Sprungerregung. Ausgehend von der Strom-Spannungs-Relation

$$i_C = C\frac{du_C}{dt} \quad \text{bzw.} \quad u_C = \frac{1}{C}\int_{-\infty}^{t} i(t')\,dt'$$

folgt bei Erregung durch

a) Stromsprung $i(t) = I_Q s(t)$ als Kondensatorspannung

$$u_C = \frac{I_Q}{C}\int_{\infty}^{t} s(t')\,dt' = \frac{I_Q}{C}\int_{-\infty}^{0} s(t')\,dt' + \frac{I_Q}{C}t\,. \tag{10.19 a}$$

Das Integral von $-\infty$ bis 0 verschwindet. Der Strom steigt mit der Zeit (Steigung I_Q/C) linear an (Bild 10.19a).

b) Spannungssprung. Es werde angenommen, daß an der Kapazität ein Spannungssprung $u(t) = U_Q s(t)$ erzwungen werden könnte (Bild 10.19b). Dann würde sich der Strom

$$i_C = CU_Q\frac{ds}{dt} = CU_Q\delta(t) = Q\delta(t) \tag{10.19 b}$$

einstellen. Die Kapazität erhält in unendlich kurzer Zeit die Ladung Q durch einen Stromstoß (= Strom · Zeit) und lädt sich auf U_Q auf.

Impulserregung.

c) Hier entsteht bei Anlegen eines *Stromimpulses* $i(t) = Q\delta(t) = I_Q T\delta(t)$ die Spannung[1] (Bild 10.19c)

$$u_C(t) = \frac{1}{C}\int_{-\infty}^{t} Q\delta(t)\,dt = \frac{Q}{C}s(t)\,, \tag{10.19 c}$$

also ein Spannungssprung der Amplitude Q/C.

d) Ein Spannungsimpuls $u(t) = U_Q T\delta(t)$ (T Maßstabsgröße, Bild 10.19d führt auf den Strom

$$i_C(t) = CU_Q T\frac{d\delta}{dt}\,. \tag{10.19 d}$$

Die Ableitung der Stoßfunktion ergibt eine sog. *Doppelimpulsfunktion*, d. h. eine unmittelbare Folge zweier Stoßfunktionen mit unterschiedlichen Vorzeichen (Di-

[1] Beachte: δ hat die Dimension Zeit^{-1}, ein Stromimpuls führt eine endliche Ladung Q

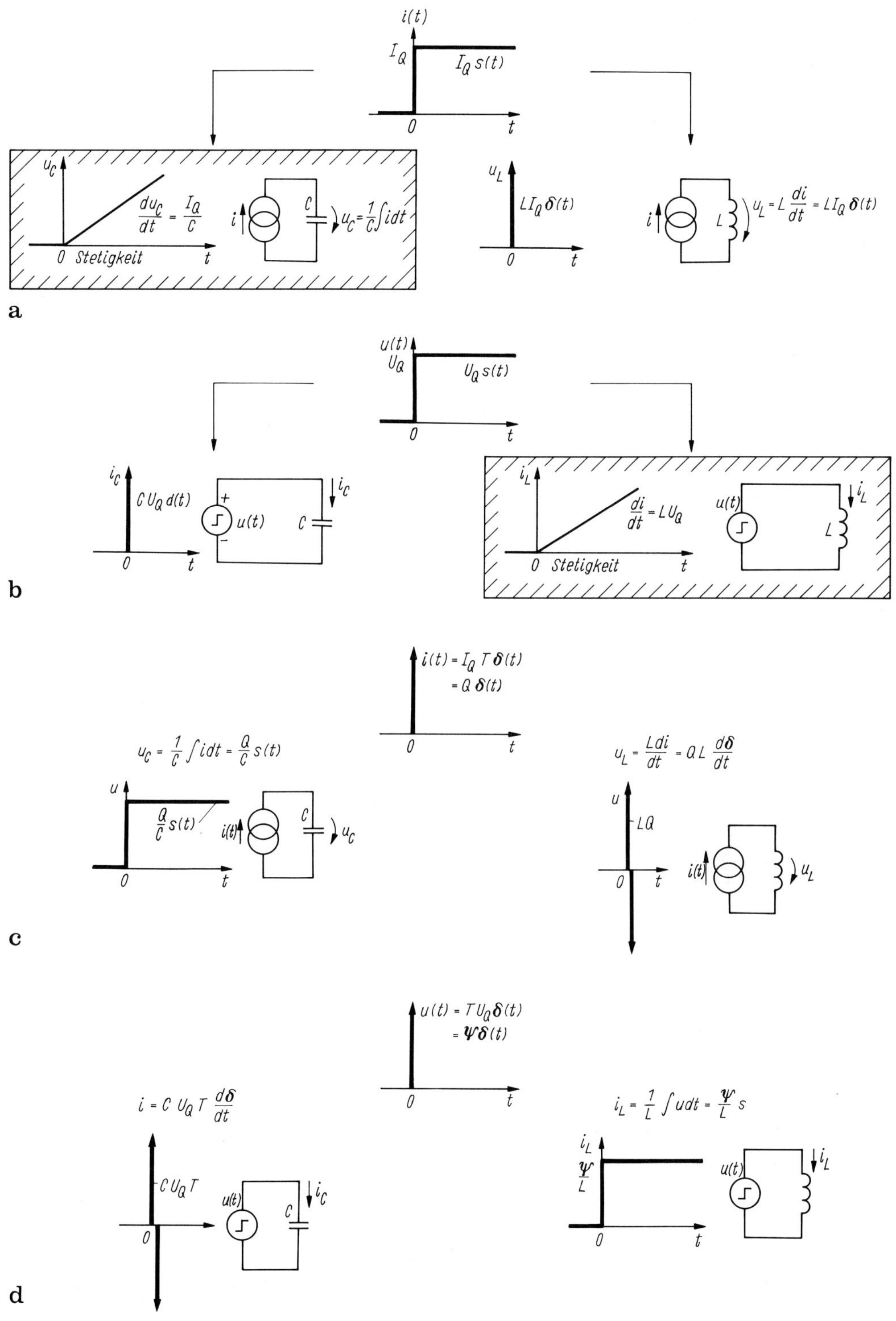

Bild 10.19. Energiespeicher bei Sprung- und Impulsanregung; physikalisch real sind nur die eingerahmten Zusammenhänge

mension $(\mathrm{d}\delta/\mathrm{d}t) = \text{Zeit}^{-2}$; daher hat $U_Q T$ die Dimension Spannung · Zeit. Dies wurde im Bild veranschaulicht.

Man beachte jedoch: Aus physikalischen Gründen sind u_C (und i_L) immer stetig. Deshalb können in physikalisch realisierbaren Netzwerken nur die im Bild eingerahmten Fälle auftreten. Alle übrigen Fälle haben nur Modellcharakter. Sie lassen sich wegen der stets im Kreis vorhandenen Wirkwiderstände nur näherungsweise verwirklichen.

Die Beziehungen für die Induktivität verlaufen analog, sie wurden im Bild mit eingetragen. Eine Diskussion sei dem Leser selbst überlassen.

10.1.6.2 Anfangswerte der Energiespeicher

Nach Abschn. 4.1 war die Vergangenheit der Energiespeicher in ihren Anfangswerten $u_C(0)$ bzw. $i_L(0)$ enthalten. Dabei handelt es sich *nicht* um ideale Strom- oder Spannungsquellen, die im gesamten Zeitbereich $-\infty < t < +\infty$ wirken. Sie werden vielmehr zu Beginn des Übergangsverhaltens „eingeschaltet". In einer entsprechenden Ersatzschaltung tritt ein Schalter bzw. eine dementsprechende Erregerfunktion auf. Wir wollen diese Vorstellung präzisieren. Für die Kondensatorspannung gilt allgemein (s. Gl. (2.81 a))

$$u_C = \frac{1}{C}\int_{-\infty}^{t} i\,\mathrm{d}t' = \frac{1}{C}\int_{-\infty}^{0} i\,\mathrm{d}t' + \frac{1}{C}\int_{0}^{t} i\,\mathrm{d}t' = \underbrace{u_C(0)\,s(t)}_{\substack{\textbf{Anfangswert}\\ \textbf{zur Zeit } t\,=\,0}} + \underbrace{\frac{1}{C}\int_{0}^{t} i\,\mathrm{d}t'}_{\substack{\textbf{ungeladener}\\ \textbf{Kondensator}}}. \tag{10.20 a}$$

Das zweite Integral stellt den Spannungsabfall den ungeladenen Kondensators dar, der zur Zeit $t = 0$ eingeschaltet wird. Das erste Integral ist keine gewöhnliche Konstante, sondern eine *Sprungfunktion*, die nur für $t > 0$ einen konstanten Wert besitzt. Vor Beginn des Schaltvorganges hat $u_C(0)$ keinen Einfluß auf die gesuchte Netzwerkgröße.

Bild 10.20a zeigt das physikalische Modell zum Zeitpunkt $t = 0$. In Schalterstellung a befinde sich der geladene Kondensator in einer Schaltung, in Stellung b wird er durch einen ungeladenen Kondensator mit der Spannungsquelle $u_C(0)$ ersetzt. Ein Austauschen des geladenen Kondensators links durch einen ungeladenen mit Spannungsquelle ohne Schalter ist nicht möglich. Vielmehr gehört der Schalter mit zur Gleichwertigkeit beider Schaltungen! Schalter und Anfangsspannung $u_C(0)$ ergeben aber zusammengefaßt eine Spannung $u_C(0)\,s(t)$ (Bild 10.20b). Zusammen mit der Spannung über dem ungeladenen Kondensator folgt dann die rechts stehende Beziehung in Gl. (10.20a).

Nach der Zweipolumwandlung kann die Ersatzschaltung b (Leerlaufspannung, Kondensator) in eine Stromquellenersatzschaltung c mit dem Kurzschlußstrom

$$i_K = C\frac{\mathrm{d}}{\mathrm{d}t}(u_C(0)\,s(t)) = Cu_C(0)\frac{\mathrm{d}s}{\mathrm{d}t} = Cu_C(0)\,\delta(t) \tag{10.20 b}$$

überführt werden. Diese Quelle liegt parallel zum Kondensator C. Zum Unterschied gegen die unabhängige Stromquelle wird sie nur zum Zeitpunkt $t = 0$ als Folge der $\delta(t)$-Funktion eingeschaltet.

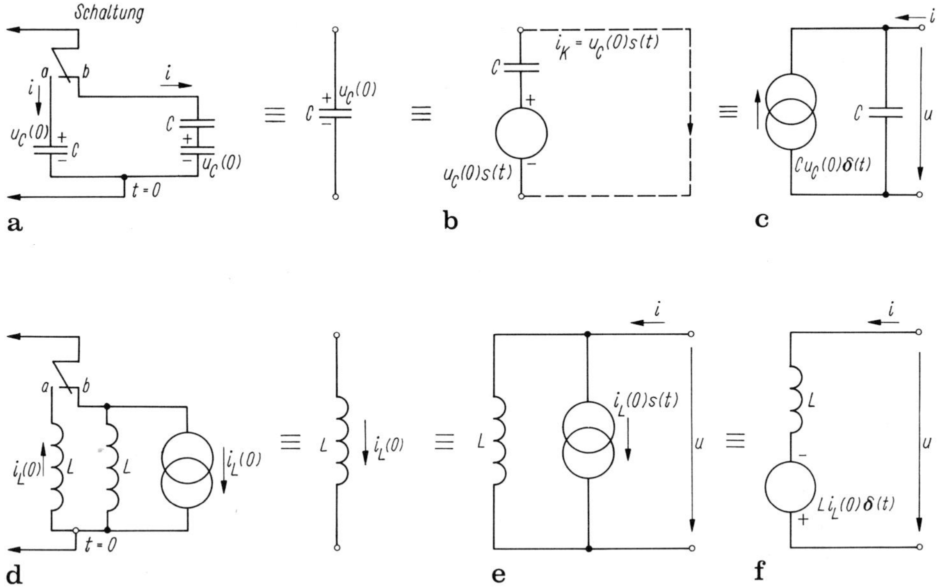

Bild 10.20. Ersatzschaltung von Energiespeicher mit Anfangsenergie. **a**) geladener Kondensator und gleichwertige Darstellung durch **b**) Schalter und Anfangsenergie in einer Spannungsquelle, die zur Zeit $t = 0$ eingeschaltet wird; **c**) gleichwertige Stromquellenersatzschaltung; **d**) bis **f**) analoge Darstellung für die Induktivität mit dem Spulenstrom i_L

Zusammengefaßt: Der Kondensator mit der Anfangsspannung $u_C(0)$ (Anfangsladung $Q(0) = Cu_C(0)$) bei $t = 0$ kann ersetzt werden durch eine ungeladene Kapazität C und eine

- reihengeschaltete Sprungspannungsquelle $u_C(0)\ s(t)$ oder
- parallelgeschaltete Impulsstromquelle $Cu_C(0)\ \delta(t)$.

Analog läßt sich für die Induktivität mit dem Anfangsstrom $i_L(0)$ zeigen (Bild 10.20): Die Spule mit dem Anfangsstrom $i_C(0)$ bei $t = 0$ kann ersetzt werden durch eine flußfreie Induktivität L und eine

- parallelgeschaltete Sprungstromquelle $i_C(0)\ s(t)$ oder
- reihengeschaltete Impulsspannungsquelle $Li_L(0)\ \delta(t)$.

10.1.6.3 RC-Netzwerk. Impulserregung

Im Beispiel Bild 10.8 wurde eine RC-Schaltung mit einem Spannungsimpuls der Höhe $U_Q T/t_0$ und Breite t_0 eingeschaltet. Als Lösung ergab sich dort Gl. (9)

$$u_C(t) = \frac{U_Q T}{t_0}(1 - e^{-t_0/\tau})\, e^{-t'/\tau} \qquad t' > t_0$$

nach Abschalten des Impulses. Das Zeitinterval 0 ... t_0 werde jetzt durch Δt ersetzt. Wir wollen die Aufgabe auf ein analoges Problem übertragen und auf verschiedene Weise lösen und veranschaulichen.

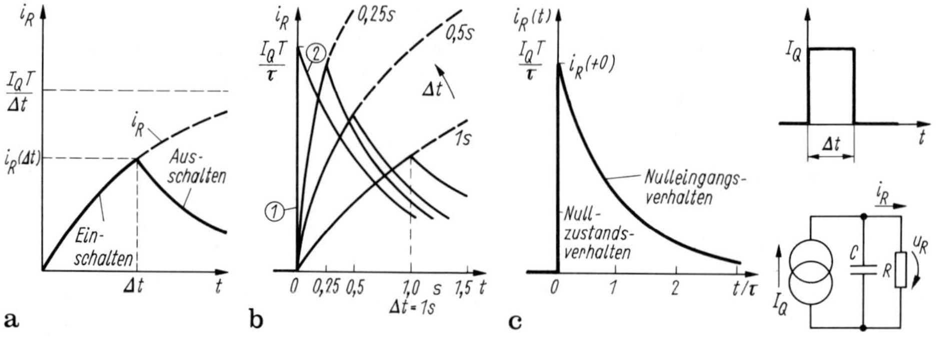

Bild 10.21. Impulsverhalten *RC*-Schaltung. **a**) Nullzustandsverhalten bei Einschalten eines Rechteckimpulses der Länge Δt; **b**) wie **a**, jedoch bei abnehmender Impulsbreite Δt; **c**) Nullzustandsverhalten mit Impulserregung Gl. (4) und Abklingvorgang nach Gl. (5) (Nulleingangsverhalten)

In Schaltung Bild 10.21 werde ein Stromimpuls der Höhe I_Q zur Zeit $t = 0$ in die Parallelschaltung von Kondensator und Widerstand eingeprägt (Impulsdauer Δt, Kondensator energielos). Gesucht ist der Zeitverlauf i_R bzw. $u = u_C$.
Die Lösung der Netzwerk-Differentialgleichung

$$CR\,\frac{\mathrm{d}i_R}{\mathrm{d}t} + i_R = i_Q(t) = \begin{cases} I_Q & 0 \leqq t \leqq \Delta t \\ 0 & t > \Delta t \end{cases}$$

wird entsprechend Beispiel Abschn. 10.1.3.1 Gl. (7) vollzogen. Der Anfangswert für den Bereich $t > \Delta t$ ist $u_C(\Delta t)$, herrührend aus dem Einschaltvorgang. Es läßt sich ohne Mühe das Ergebnis

$$i_R(t) = I_Q(1 - e^{-t/\tau})\, e^{-\frac{(t-\Delta t)}{\tau}}, \qquad 0 \leqq t \leqq \Delta t$$

für den Einschaltvorgang herleiten (Bild 10.21a). Daraus folgen die Einschaltphase ($\tau = RC$)

$$i_R(t) = I_Q(1 - e^{-t/\tau}) \qquad 0 \leqq t \leqq \Delta t \tag{1}$$

und die Abschaltphase

$$\begin{aligned} i_R(t) &= i_R(\Delta t)\, e^{-\frac{(t-\Delta t)}{\tau}} \\ &= I_Q\left(1 - e^{-\frac{\Delta t}{\tau}}\right) e^{-\frac{(t-\Delta t)}{\tau}} \qquad t > \Delta t\,. \end{aligned} \tag{2}$$

Wir ersetzen nun wie im Beispiel Abschn. 10.1.3.1 die konstante Amplitude I_Q durch einen von der Einschaltdauer abhängigen Wert

$$\frac{I_Q T}{\Delta t} \tag{3}$$

(T Maßstabsparameter).

Bild 10.21 b zeigt Verläufe für den Fall, daß Δt immer kleiner wird. Dabei erreicht i_R am Ende des Einschaltens einen immer größeren Wert. Der *Grenzwert* $i_R(\Delta t)$ des Einschaltvorganges folgt für $t = \Delta t \ll \tau$ durch Reihenentwicklung $e^{-x} \approx 1 - x + x^2/2$ aus Gl. (1), (3) zu

$$i_{R\uparrow}(\Delta t)|_{\Delta t \to +0} = \frac{I_Q T}{\Delta t}\left(1 - \left[1 - \frac{\Delta t}{\tau} + \ldots\right]\right) = \frac{I_Q T}{\tau} \equiv \frac{I_Q T}{\tau}\,\delta(t^*) \tag{4}$$

Einschaltimpuls zur Zeit $t = 0$.

Im Grenzfall verschwindender Impulsdauer geht die gesamte Einschaltphase in einen (normierten) Impuls der Fläche $I_Q T/\tau$ über (Bild 10.21 c). Die normierte Einheitsimpulsfunktion $\delta(t^*)$ wurde rechts hinzugefügt, weil dieser Impuls nur für $t = 0$ existiert.

Durch diesen Einschaltimpuls (= Stromstoß) springt die Spannung an der Kapazität von $u_C(-0) = 0$ auf $u_C(+0) = u_R = i(+0)\,R = R(I_Q T/\tau)$.

Weil die Kondensatorspannung aus physikalischen Gründen stets stetig sein muß, kann es sich in diesem Falle nur um ein Rechenmodell handeln.

Was wird aus dem Abschaltvorgang? Aus Gl. (2) geht der Term $i_R(\Delta t)$ für $\Delta t \to 0$ in $i_{R\uparrow}(+0)$ über und damit

$$i_R(t) = i_R(+0)\,e^{-t/\tau} = \frac{I_Q T}{\tau}\,e^{-t/\tau}, \qquad t > 0\,. \tag{5}$$

Das ist ein normaler Abklingvorgang mit dem Anfangswert $i_R(+0)$, wie er sich aus einer Gleichung

$$\tau\frac{di_R}{dt} + i_R = 0 \quad \text{für} \quad i_R(+0) \neq 0\,, \qquad t > 0\,,$$

ergibt (Nulleingangsverhalten).

Zusammengefaßt: Da die Impulsfunktion für $t > 0$ verschwindet, kann man den Abschaltvorgang als Nulleingangsverhalten zur Zeit $t = +0$ verstehen. Der Impuls zur Zeit $t = 0$ erzeugt eine Anfangsbedingung $i_R(+0)$ für $t = +0$, an die sich für $t > 0$ das Nulleingangsverhalten anschließt. Die Diskussion wird im folgenden Beispiel fortgesetzt.

10.1.6.4 RC-Netzwerk. Impuls- und Sprungerregung

Die Schaltung Bild 10.22 ergibt beim Einschalten eines *Spannungssprunges* U_Q zur Zeit $t = 0$ (Kondensator ladungslos) den Stromverlauf

$$i_R(t) = \frac{U_Q}{R}\,e^{-t/\tau}, \qquad \tau = RC\,, \qquad u_R = Ri(t) \tag{1}$$

(Nachweis!). Wir teilen die Schaltung in aktiven und passiven Zweipol. Da ersterer den Energiespeicher enthält, erfordert die Umwandlung eine veränderte Erregerfunktion: An der Klemme AB fließt der Kurzschlußstrom

$$i_K = i_C = C\frac{du_Q(t)}{dt} = U_Q C\frac{ds}{dt} = U_Q C\delta(t) = Q\delta(t) \tag{2}$$

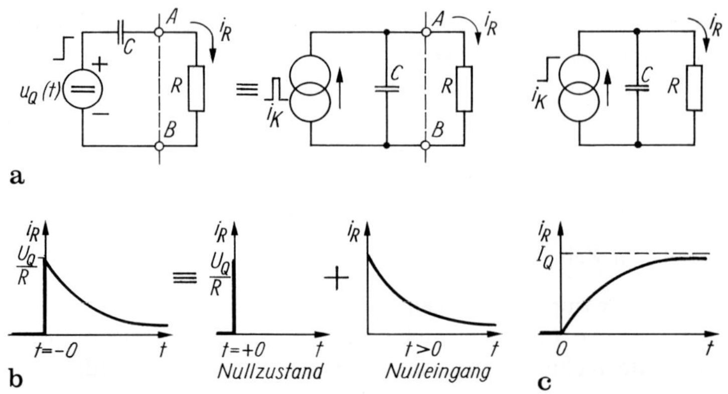

Bild 10.22. *RC*-Schaltung bei Sprung- und Impulserregung. **a**) Sprungerregung (Spannungsquelle) und gleichwertige Stromquellenersatzschaltung (Impulserregung); **b**) Verlauf des Stromes i_R Gl. (6) zu **a**; **c**) Sprungerregung der Stromquelle und Strom i_R (Gl. (9))

(s. Gl. (10.16a)). Es entsteht ein *Stromstoß* der Impulsfläche $U_Q C = Q$. Das ist die Ladung, mit der der Kondensator zufolge U_Q geladen wird.

Obwohl die linke Schaltung physikalisch realisierbar ist, entsteht durch äquivalente Zweipolumwandlung eine Anordnung, die wegen der δ-Funktion physikalisch nicht realisiert werden kann! Sie hat die Bedeutung eines Rechenmodells. Ohne Definition der δ-Funktion wäre die Stromquellenersatzschaltung für dieses Problem nicht möglich.

Damit liegt eine Schaltung mit *Impulserregung* vor. Für die Stromquellenersatzschaltung lautet die Netzwerkgleichung (mit $i_C = C(\mathrm{d}u/\mathrm{d}t) = RC\,\mathrm{d}i_R/\mathrm{d}t$))

$$i_C + i_R = i_K\,,$$

$$CR\frac{\mathrm{d}i_R}{\mathrm{d}t} + i_R = Q\delta(t)\,, \qquad t \geqq 0\,,$$

bzw.

$$C\frac{\mathrm{d}u_C}{\mathrm{d}t} + \frac{u_C}{R} = Q\delta(t)\,. \tag{3}$$

Sie wird durch Integration zunächst von $t = -0$ bis $t = +0$ und anschließend für den Bereich $t > 0$ gelöst:

$$C\int_{-0}^{+0}\frac{\mathrm{d}u_C}{\mathrm{d}t}\,\mathrm{d}t + \int_{-0}^{+0}\frac{u_C}{R}\,\mathrm{d}t = Q\int_{-0}^{+0}\delta(t)\,\mathrm{d}t\,,$$

$$C[u_C(+0) - u_C(-0)] + \frac{1}{R}\int_{-0}^{+0}u_C\,\mathrm{d}t = Q\cdot 1\,. \tag{4}$$

Da u_C endlich ist, verschwindet das Integral. Das Integral über den Einheitsimpuls gibt den Einheitssprung 1 (Gl. (10.16c)). Da als Anfangswert $u_C(-0) = 0$ galt, verbleibt aus Gl. (4)

$$u_C(+0) = Q/C .$$

Zum Zeitpunkt $t = 0$ bewirkt der Stromstoß einen Spannungssprung am Kondensator von $u_C(-0) = 0$ auf $u_C(+0) = Q/C = u_R(+0)$ und damit auch einen Stromsprung $i_R = u_R(+0)\ R$ (vgl. Bild 10.22b).

Für Zeiten $t > 0$ verschwindet der Einheitsimpuls definitionsgemäß. Dann folgt aus Gl. (3)

$$C\frac{\mathrm{d}u_C}{\mathrm{d}t} + \frac{u_C}{R} = 0 \quad \text{mit} \quad u_C(+0) = \frac{Q}{C} \tag{5}$$

mit der Lösung

$$i_{R\uparrow} = \frac{u_C(t)}{R} = \frac{u_C(+0)}{R}\,\mathrm{e}^{-t/\tau} = \frac{Q}{RC}\,\mathrm{e}^{-t/\tau} = \frac{U_Q}{R}\,\mathrm{e}^{-t/\tau} . \tag{6}$$

Als Übertragungsfunktion Gl. (10.17a) erhalten wir

$$f_\uparrow(t) = \frac{y_\uparrow(t)}{X_Q} = \frac{i_{R\uparrow}}{Q} = \frac{\mathrm{e}^{-t/\tau}}{\tau} = \frac{\mathrm{d}f_\Gamma}{\mathrm{d}t} . \tag{7}$$

Nach Aufladen der Kapazität zur Zeit $t = 0$ setzt für $t > 0$ ein normaler Abklingvorgang ein, liegt also Nulleingangsverhalten vor.

Anschaulich wird der Kondensator zur Zeit $t = 0$ innerhalb unendlich kurzer Zeit (von $t = -0$ bis $t = +0$) mit der Ladung Q geladen, anschließend entlädt er sich. Im Bild 10.22b wurden diese beiden Phasen des Übergangsverhaltens dargestellt.

Stromsprung. Wir suchen die Lösung $i_R(t)$, wenn zur Zeit $t = 0$ der Strom $i_Q(t) = I_Q s(t)$ eingeschaltet wird.

Ausgehend von Gl. (3) ergibt sich

$$\tau\frac{\mathrm{d}i_R}{\mathrm{d}t} + i_R = I_Q s(t) \tag{8}$$

mit $u_C(-0) = 0$. Die Lösung lautet

$$i_R(t) = I_Q(1 - \mathrm{e}^{-t/\tau})\,s(t) , \tag{9}$$

dabei wurde der Einheitssprung $s(t)$ hinzugefügt (Bild 10.22c). Übergangsfunktion:

$$f_\Gamma(t) = (1 - \mathrm{e}^{-t/\tau}) . \tag{10}$$

Aus dem Ergebnis kann Gl. (6) mittels (10.18) hergeleitet werden. Nach der Differentiation eines Produktes ergibt sich aus Gl. (9)

$$\frac{\mathrm{d}i_{R\Gamma}}{\mathrm{d}t} = f_\Gamma(t)\,\frac{\mathrm{d}s}{\mathrm{d}t} + \frac{I_Q}{\tau}\,\mathrm{e}^{-t/\tau}\,s(t)$$

$$= f_\Gamma(t)\,\delta(t) + \frac{I_Q}{\tau}\,\mathrm{e}^{-t/\tau}\,s(t) . \tag{11}$$

Da nur für $t = 0$ $\delta(0) = 1$, aber $f(0) = 0$ ist, entfällt der erste Term. Wir erhalten

$$i_{R\uparrow} = \frac{\tau\, \mathrm{d}i_{R\int}}{\mathrm{d}t} = I_Q\, \mathrm{e}^{-t/\tau} = \frac{U_Q}{R}\, \mathrm{e}^{-t/\tau}. \tag{12}$$

Das ist die Lösung Gl. (6).

Zum vorhergehenden Beispiel unterscheiden sich die Ergebnisse nur durch die Normierung. Dort hat die Impulsfläche in Gl. (4) die Dimension des Stromes ($\delta(t^*)$ dimensionslos), in Gl. (2) hier hat die Impulsfläche die Dimension der Ladung und $\delta(t)$ die Dimension $(\mathrm{Zeit})^{-1}$.

10.2 Zeit- und Frequenzbereich. Komplexe Frequenz

Wir betrachteten bisher die stationären Vorgänge bei harmonischer Erregung (Abschn. 6) und nichtstationäre bei Impulserregung (Abschn. 10.1) als scheinbar verschiedenartige Verhaltensweisen eines Netzwerkes. Da in beiden Fällen von der gleichen Netzwerk-Integro-Differentialgleichung ausgegangen wird, besteht vermutlich ein inniger Zusammenhang. Er wird im Abschn. 10.3 bei Anwendung der Laplace-Transformation besonders deutlich werden. Ein vorbereitender Schritt dazu ist die Einführung des Begriffes „komplexe Frequenz".

10.2.1 Komplexe Frequenz. Komplexe Exponentialfunktion

Die harmonische Erregung

$$x(t) = \underline{X}\, \mathrm{e}^{\mathrm{j}\omega t} + \underline{X}^*\, \mathrm{e}^{-\mathrm{j}\omega t}$$

(z. B. Sinusspannung) kann mit einer einzuführenden *komplexen Frequenz p*

$p = \sigma + \mathrm{j}\omega$	komplexe Frequenz,
σ	Dämpfungsmaß, Wuchsmaß reell ($\gtreqless 0$),
ω	Kreisfrequenz reell (>0)

geschrieben werden in der Form

$$\begin{aligned} x(t) &= \underline{X}\, \mathrm{e}^{pt} + \underline{X}^*\, \mathrm{e}^{p^* t} \\ &= 2\{\mathrm{Re}\, \underline{X}\, \mathrm{e}^{pt}\} = 2\, \mathrm{Re}\, \{\underline{X}\, \mathrm{e}^{\sigma t}\, \mathrm{e}^{\mathrm{j}\omega t}\} = 2\, (|\underline{X}|)\, \mathrm{e}^{\sigma t} \cos{(\omega t + \varphi)}. \end{aligned} \tag{10.21}$$

Diese Funktion heißt *Exponentialerregung* oder *Exponentialsignal.* Wie im Frequenzbereich ($\mathrm{j}\omega$) schreiben wir alle von p abhängigen Größen mit großen Buchstaben und fügen (p) aus Veranschaulichungsgründen hinzu, also z. B. $U(p)$ (gelesen U von p).

Wie ist die komplexe Frequenz p zu deuten? Häufig wird der Ausdruck „komplexe Frequenz" als irreführend bezeichnet. Wir wollen ihn daher formal verstehen: Die (Kreis)frequenz ω in physikalischem Sinne ist nur der Imaginärteil von p

$$\omega = \mathrm{Im}\,(p)\,.$$

Der Realteil σ bezeichnet einen zusätzlichen Faktor $\mathrm{e}^{\sigma t}$, der nichts mit einer Frequenz gemein hat. Trotz dieser Einschränkungen ist es nützlich, den komplexen Faktor p geschlossen zu betrachten. Dafür ist der Ausdruck „komplexe Frequenz" wohl einprägsam, aber physikalisch nicht als Frequenz zu verstehen.

Die Amplitude

$$\underline{U}(p) = \hat{U}\,\mathrm{e}^{pt} = \hat{U}\,\mathrm{e}^{\sigma t}\,\mathrm{e}^{\mathrm{j}\omega t}$$

einer Spannung

$$u(t) = \mathrm{Re}\,(\underline{U}\,\mathrm{e}^{pt} + (\underline{U}^*\,\mathrm{e}^{p^* t})$$

als Beispiel zu Gl. (10.21) hängt von der Zeit ab: Sie steigt mit dem Faktor $\mathrm{e}^{\sigma t}$ mit der Zeit entweder exponentiell an ($\sigma > 0$) oder klingt ab ($\sigma < 0$). Solche zeitlich unbeschränkt veränderliche Erregungen haben für Netzwerkuntersuchungen große Bedeutung, obwohl sie sich nicht durch übliche Sinussignale erzeugen lassen.

Exponentialsignal. Die besondere Bedeutung des Exponentialsignals $x(t)$ Gl. (10.21) besteht darin, daß es alle für die Elektrotechnik wichtigen Erregerfunktionen enthält, z. B. die Gleichgröße speziell für $\sigma = 0$, $\omega = 0$, $\varphi = 0$ und $U = 2\,|\underline{X}|$, die Sinusfunktion für $\sigma = 0$, die Exponentialfunktion für $\omega = 0$.

Die Exponentialerregung ist zwar für alle Zeit definiert; sie kann aber im Falle $\sigma \neq 0$ praktisch nur während eines begrenzten Zeitbereiches erzeugt werden. Jede an- und abklingende Schwingung muß aus technischen Gründen einmal aufhören. Lediglich die Sinusschwingung ($\sigma = 0$) läßt sich z. B. durch einen elektronischen Generator über beliebig lange Zeit erzeugen. Exponentiell abklingende Schwingungen traten z. B. als Eigenschwingung des gedämpften Schwingkreises auf. Sie verschwanden stets nach einiger Zeit.

Die Exponentialerregung $x(t)$ kann anschaulich als Projektion einer komplexen logarithmischen Spirale gedeutet werden. Sie hat *vier Bestimmungsstücke*:

Amplitude $2\,\underline{X}$, Dämpfung σ, Kreisfrequenz ω und Phase φ.

Bild 10.23a enthält die Zuordnung des Verlaufes $x(t) \sim \mathrm{Re}\,(\mathrm{e}^{pt})$ zu einer *komplexen p-Ebene* oder *Ebene der komplexen Frequenz*. Aufgetragen ist der Realteil in ausgewählten p-Werten. Da er aus zwei konjugiert komplexen Anteilen besteht, gehört zu jedem p in der oberen ein entsprechender konjugiert komplexer Wert in der unteren Halbebene (im Bild nicht eingetragen). In dieser Darstellung repräsentiert die imaginäre Achse ($\sigma = 0$) Schwingungen konstanter Amplitude, die reelle Achse ($\omega = 0$) die an- oder abklingende Exponentialfunktion mit reellen Exponenten. Im Bildteil b wurde die Entstehung an- oder abklingender Sinusschwingungen durch Projektion des rotierenden Zeigers e^{pt} auf die reelle Achse veranschaulicht. Das ist der Vorgang (s. Bildteil β), den wir bereits im Abschn. 6 zur Erläuterung der harmonischen Schwingung konstanter Amplituden benutzten.

Komplexes Exponentialsignal. Für Netzwerkuntersuchungen benutzt man das Exponentialsignal in komplexer Form. Mit

$$x_1 = \hat{X}\,\mathrm{e}^{\sigma t}\cos(\omega t + \varphi)\,,$$

$$x_2 = \hat{X}\,\mathrm{e}^{\sigma t}\sin(\omega t + \varphi)$$

lautet sie

$$\begin{aligned} x(t) &= x_1(t) + \mathrm{j}x_2(t) \\ &= X\,\mathrm{e}^{\mathrm{j}\varphi}\,\mathrm{e}^{(\sigma+\mathrm{j}\omega)t}, \end{aligned} \qquad (10.22)$$

$$x(t) = \underline{X}\,\mathrm{e}^{pt} = X\,\mathrm{e}^{\mathrm{j}\varphi}\,\mathrm{e}^{(\sigma+\mathrm{j}\omega)t}$$

Komplexe Exponentialfunktion (Definitionsgleichung).

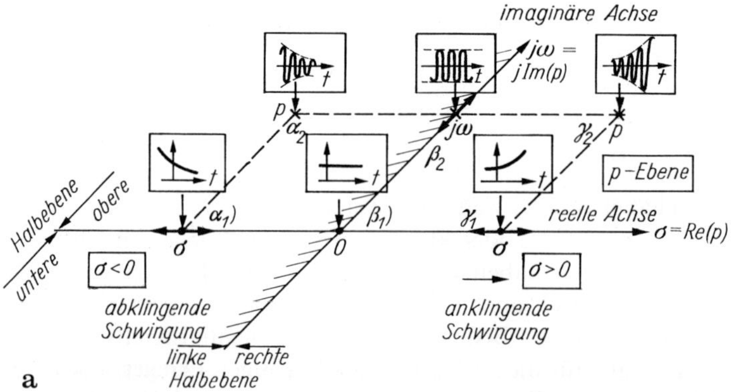

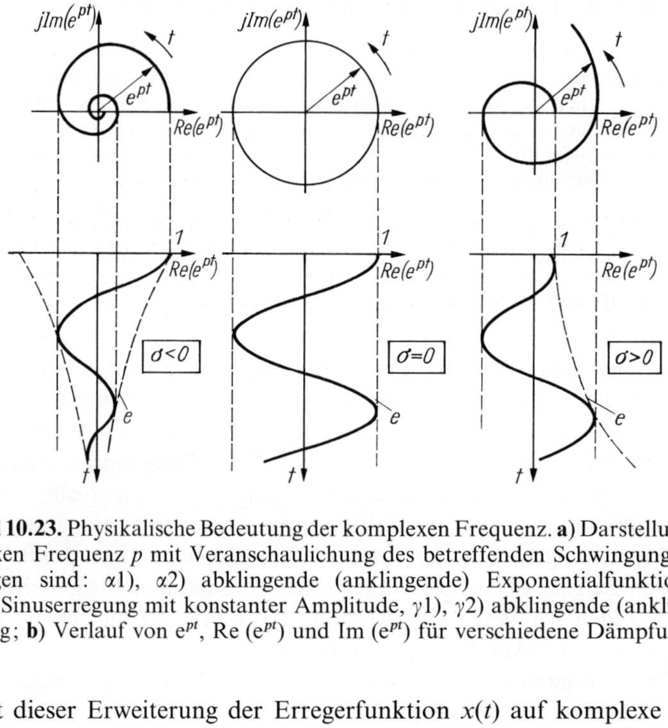

Bild 10.23. Physikalische Bedeutung der komplexen Frequenz. **a**) Darstellung der Ebene der komplexen Frequenz p mit Veranschaulichung des betreffenden Schwingungstyps von $x(t)$. Eingetragen sind: α1), α2) abklingende (anklingende) Exponentialfunktion, β1) Gleichgröße, β2) Sinuserregung mit konstanter Amplitude, γ1), γ2) abklingende (anklingende) Sinusschwingung; **b**) Verlauf von e^{pt}, Re (e^{pt}) und Im (e^{pt}) für verschiedene Dämpfungen σ

Mit dieser Erweiterung der Erregerfunktion $x(t)$ auf komplexe Frequenzen p stellt das bisherige Verhalten eines Netzwerkes bei stationärer Sinuserregung nur einen Sonderfall ($p = \mathrm{j}\omega$ für $\sigma = 0$) dar. Wir bewegten uns im Bild 10.23a sozusagen nur längs der imaginären Achse. Die umfassendere Erregerfunktion Gl. (10.22) schließt die ganze p-Ebene ein.

Impedanz und Admittanz von Netzwerkelementen im komplexen Frequenzbereich. Werden die Grundschaltelemente R, C, L mit einer Funktion der Form nach Gl. (10.22) erregt, so geht der bisher benutzte Impedanz- bzw. Admittanzbegriff

$$\underline{Z}_{\mathrm{C}}(\mathrm{j}\omega) = \frac{1}{\mathrm{j}\omega C}, \qquad \underline{Z}_{\mathrm{L}} = \mathrm{j}\omega L\,, \qquad \underline{Z}_{\mathrm{R}} = R$$

über in die Impedanz bzw. Admittanz der komplexen Frequenz p:

Element	Allgemeiner Ausdruck		Stationärer Wechselstrom	Stationärer Gleichstrom
Widerstand	$\underline{Z}(p) = R$	$\underline{Y}(p) = \frac{1}{R}$	$\underline{Z}(\mathrm{j}\omega) = R$	$Z(0) = R$
Kondensator	$\underline{Z}(p) = \frac{1}{pC}$	$\underline{Y}(p) = pC$	$\underline{Z}(\mathrm{j}\omega) = \frac{1}{\mathrm{j}\omega C}$	$Z(0) \to \infty$ (Leerlauf)
Spule	$\underline{Z}(p) = pL$	$\underline{Y}(p) = \frac{1}{pL}$	$\underline{Z}(\mathrm{j}\omega) = \mathrm{j}\omega L$	$Z(0) \to 0$ (Kurzschluß)

Somit gilt: Bei Anwendung der komplexen Frequenz auf die Netzwerkelemente gelten die bisher für den Frequenzbereich $p = \mathrm{j}\omega$ ermittelten Gesetzmäßigkeiten (Abschn. 6.2ff.) uneingeschränkt. Davon machen wir im folgenden Abschnitt Gebrauch.

10.2.2 Übertragungsfunktion

10.2.2.1 Zusammenhang Übertragungsfunktion — Frequenzgang

Der Ursache-Wirkungs-Zusammenhang eines linearen zeitunabhängigen Netzwerkes wurde im Frequenzbereich (bei harmonischer Erregung) durch den Frequenzgang $\underline{F}(\mathrm{j}\omega)$ Gl. (6.31) erfaßt. Er ergab sich im Ergebnis der Hintransformation des Netzwerkes in den Frequenzbereich. Das bereits im Abschn. 6.2 eingeführte Transformationsschema bleibt auch beim Übergang zur komplexen Frequenz gültig (Bild 10.24).

Dabei geht der Frequenzgang $F(\mathrm{j}\omega)$ in die *Übertragungsfunktion*[1] $\underline{F}(p)$ über:

$$\underline{F}(p) = \frac{\text{Wirkungsfunktion}}{\text{Ursachenfunktion bei Exponentialsignal}}$$

$$= \frac{\underline{Y}(p)}{\underline{X}(p)} = \frac{b_m p^m + \ldots + b_1 p + b_0}{a_n p^n + \ldots + a_1 p + a_0} = \frac{|\underline{Y}(p)|}{|\underline{X}(p)|} \mathrm{e}^{\mathrm{j}[\varphi_{\mathrm{y}}(p) - \varphi_{\mathrm{x}}(p)]} = \frac{Z(p)}{N(p)} \tag{10.23a}$$

Übertragungsfunktion Definition (Normalform).

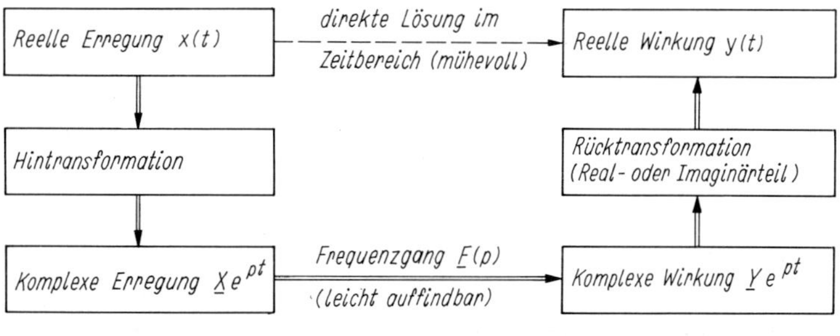

Bild 10.24. Anwendung der komplexen Erregung Gl. (10.22) auf ein lineares Netzwerk

[1] In der Systemtheorie als Systemfunktion bezeichnet

Die Übertragungsfunktion $\underline{F}(p)$ kennzeichnet das Übertragungsverhalten eines linearen zeitunabhängigen Netzwerkes mit konzentrierten Bauelementen für exponentiell ge- oder entdämpfte Sinussignale. Sie ist der Quotient der komplexen Amplitude von Wirkung (Ausgang) zur Ursache (Eingang) und hängt von der komplexen Frequenz p ab.

In $\underline{F}(p)$ ist der Frequenzgang $\underline{F}(\mathrm{j}\omega)$ (Gl. (6.31)) für ungedämpfte Sinusschwingungen ($\sigma = 0$) als Sonderfall $p = \mathrm{j}\omega$ enthalten! Seine graphische Darstellung war die Ortskurve (s. Abschn. 6.3.1).

Experimentell läßt sich $\underline{F}(p)$ mit Exponentialsignalen praktisch nicht ermitteln. Derartige einseitig zeitlich anwachsende (abklingende) Signale würden ja den Meßbereich der verwendeten Geräte über- bzw. unterschreiten, noch ehe der stationäre Zustand erreicht ist. Man bestimmt deshalb die Koeffizienten a_i, b_i von $\underline{F}(p)$ besser durch die stets mögliche Frequenzgangmessung $\underline{F}(\mathrm{j}\omega)$ und vollzieht anschließend den Übergang $\mathrm{j}\omega \to p$.

Normalform. Bei der Netzwerkanalyse fällt die Übertragungsfunktion gewöhnlich nicht in der durch Gl. (10.23) gegebenen *Normalform* an. In dieser Form darf sie weder kürzbare noch negative Potenzen von p im Nenner enthalten. Um auf die Normalform zu kommen, werden Zähler und Nenner einer bestimmten Übertragungsfunktion nach steigendem p geordnet und konstante Faktoren so ausgeklammert, daß die niedrigste Potenz von p den Koeffizienten 1 besitzt.

Beispiel. Für das Netzwerk (Bild 10.25) mit eingespeistem Strom $\underline{I}_e(p)$ lautet die Ausgangsspannung $\underline{U}_a(p)$

$$\frac{\underline{U}_a(p)}{\underline{I}_e(p)} = \underline{F}(p) = \underline{Z}(p) = R_3 + \cfrac{1}{pC_1 + \cfrac{1}{R_2 + 1/(pC_2)}}.$$

Zur Umwandlung auf die Normalform werden Zähler und Nenner des zweiten Summanden mit $R_2 + 1/(pC_2)$ erweitert

$$\underline{Z}(p) = R_3 + \frac{R_2 + 1/(pC_2)}{1 + pC_1R_2 + C_1/C_2},$$

der erste Summand einbezogen und $1/(pC_2)$ ausgesondert

$$\underline{Z}(p) = \frac{1}{p}\,\frac{1}{(C_1 + C_2)} \cdot \frac{1 + pC_2\{R_2 + R_3(1 + C_1/C_2)\} + p^2C_2R_3C_1R_2}{1 + p\dfrac{C_1R_2}{1 + C_1/C_2}}$$

$$= \frac{H}{p}\,\frac{1 + b_1p + b_2p^2}{1 + a_1p}.$$

Damit ist die Normalform bestimmt.

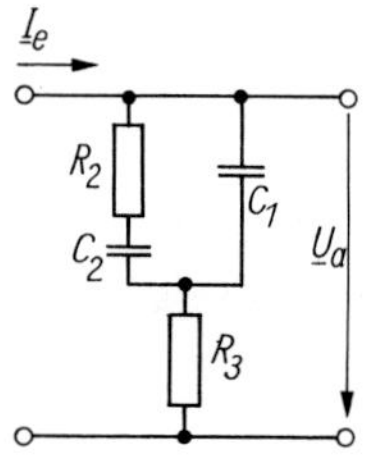

Bild 10.25. Bestimmung der Übertragungsfunktion $\underline{F}(p)$

10.2.2.2 Pole und Nullstellen der Übertragungsfunktion

Pole, Nullstellen. Anschaulich kann man die Funktion $\underline{F}(p)$ als Abbildung der komplexen p-Ebene auf die komplexe $\underline{F}$-Ebene deuten. Das Interesse an der Abbildung der gesamten p-Ebene entspringt der Theorie der komplexen Funktionen. Dort wird gezeigt, daß eine komplexe Funktion durch ihre Pole und Nullstellen bis auf eine additive oder multiplikative Konstante bestimmt ist. Das trifft auch auf $\underline{F}(p)$ zu. Da sich Zähler $Z(p)$ und Nenner $N(p)$ von $\underline{F}(p)$ nach dem Fundamentalgesetz der Algebra (durch Lösung der Stammgleichung für das Zähler- und Nennerpolynom) in Linearfaktoren zerlegen lassen, lautet die zu Gl. (10.23a) gleichwertige Darstellung:

$$\underline{F}(p) = \frac{b_m}{a_n} \frac{(p - p_{01}) \dots (p - p_{0m})}{(p - p_{x1}) \dots (p - p_{xn})} = \underbrace{H \frac{\prod_{\mu=1}^{m} (p - p_{0\mu})}{\prod_{\nu=1}^{n} (p - p_{x\nu})}}_{\text{Übertragungsfunktion}} \tag{10.23 b}$$

Die komplexen Frequenzen $p_{0\nu}$ heißen *Nullstellen* (des Zählers), die komplexen Frequenzen $p_{x\nu}$ *Pole* (Nullstellen des Nenners) der Übertragungsfunktion. Mehrfachpole sind möglich. Umgekehrt ist $\underline{F}(p)$ durch Angabe aller Pole und Nullstellen sowie des Maßstabsfaktors H stets eindeutig bestimmt.

Lineare Netzwerke mit konzentrierten Elementen hatten reelle Koeffizienten b_m, a_n (s. Abschn. 5.3.5). Deswegen besitzt die Übertragungsfunktion stets entweder reelle und/oder paarweise konjugiert komplexe Pole und Nullstellen.

Pol-Nullstellenbild (PN-Plan). Die Darstellung der Pole (P) und Nullstellen (N) in der komplexen (Kreis-)Frequenz-ebene (komplexe p-Ebene) heißt *PN-Plan*:

Polstellen werden durch Kreuze ×, Nullstellen durch Kreise ○ gekennzeichnet. Der Maßstabsfaktor geht dabei verloren (was meist uninteressant ist).

Anschaulich sollte man sich hinter dem PN-Plan stets ein dreidimensionales Gebilde vorstellen. Schnittlinien mit einer senkrechten Ebene längs der jω-Achse ($\sigma = 0$) ergeben dann die Frequenzcharakteristik $\underline{F}(\mathrm{j}\omega)$. Wir werden das an Beispielen verdeutlichen.

Dem PN-Plan kann die Betrags-Phasen-Charakteristik (s. Abschn. 6.3.3) bequem entnommen werden. Aus der gleichwertigen Darstellung

$$\begin{aligned}
\underline{F}(p) &= H \frac{(p - p_{01})(p - p_{02}) \dots}{(p - p_{x1})(p - p_{x2}) \dots} = |\underline{F}(p)| \, \mathrm{e}^{\mathrm{j}\varphi_F}, \\
|\underline{F}(p)| &= |H| \frac{|p - p_{01}| \, |p - p_{02}| \dots}{|p - p_{x1}| \, |p - p_{x2}| \dots}, \\
\measuredangle \underline{F}(p) &= \measuredangle H + [\measuredangle (p - p_{01}) + \measuredangle (p - p_{02}) + \dots] \\
&\quad - [\measuredangle (p - p_{x1}) + \measuredangle (p - p_{x2}) + \dots]
\end{aligned} \tag{10.24}$$

lassen sich die Bestimmungsstücke von $\underline{F}$ aus der Lage der Pole und Nullstellen graphisch gewinnen[1].

---

[1] Dies wird in der Systemtheorie weiter ausgebaut

Im Bild 10.26 sind einige Pole (p_{x1}, p_{x2}) und Nullstellen (p_{01}, p_{02}) einer Übertragungsfunktion $\underline{F}(p)$ in der p-Ebene eingetragen. Sie können ebensogut durch Zeiger zwischen Ursprung der p-Ebene und den jeweiligen Nullstellen oder Polen interpretiert werden (jede komplexe Größe besitzt einen zugeordneten Zeiger). Ein Verbindungszeiger $p - p_{01}$ z. B. zwischen p_{01} und p repräsentiert somit einen Faktor im Zähler von $\underline{F}(p)$ (Bild 10.26b). Er wird durch Länge (Betrag M) und Winkel ψ eindeutig beschrieben:

$$M = |p - p_{01}|\,, \qquad \psi = \sphericalangle\,(p - p_{01})\,.$$

Analoge Darstellungen gelten für alle anderen Pole und Nullstellen. So entstehen die im Bild 10.26b eingetragenen Differenzzeiger.

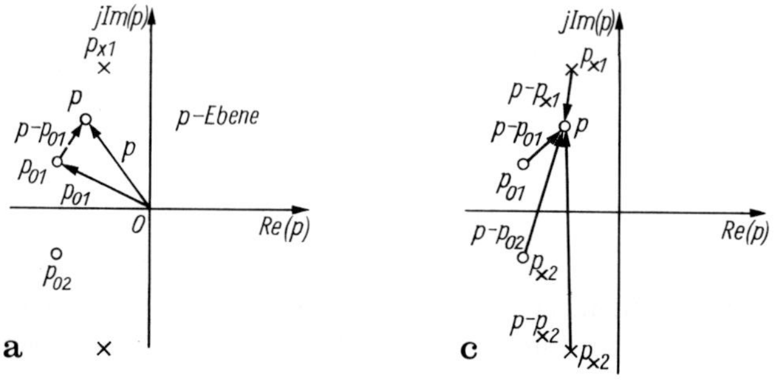

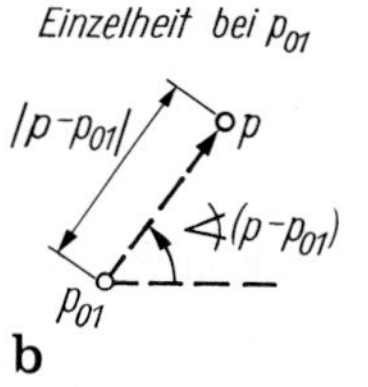

Bild 10.26. Pole und Nullstellen einer Übertragungsfunktion in der p-Ebene

Der Betrag der Übertragungsfunktion ist damit für einen gewählten Punkt p der Quotient der Produkte aller Nullstellenabstände zu p und der Produkte aller Polabstände zu p. Speziell für p — jω (Punkt auf der imaginären Achse) ergibt sich der Betrag des Frequenzganges.

Die gesamte Bestimmung des Frequenzverhaltens eines linearen Netzwerkes kann damit auf die Frequenzganguntersuchung der einzelnen Beträge $|p - p_{0\nu}|$ bzw. $|p - p_{x\nu}|$ und deren Phasenwinkel reduziert werden.

Da sich das Amplituden-Phasen-Verhalten einer Netzwerkübertragungsfunktion aus dem Amplituden-Phasen-Verhalten einzelner Pole und Nullstellen zusammensetzen läßt, genügt die Kenntnis von drei typischen Lagen der Pole und Nullstellen:

— Im Ursprung,
— auf der reellen Achse,
— komplexes Polpaar.

Betrachten wir dazu einige Beispiele.

Pole und Nullstellen im Ursprung. Die Impedanz $\underline{Z}(p)$ der Induktivität lautet ($p = \mathrm{j}\omega$)

$$\underline{F} = \underline{Z}(p) = pL \qquad (p_{01} = 0)\,.$$

Das ist eine *Nullstelle* im Ursprung (abgesehen vom Maßstabsfaktor L). Wir erhalten

$$M = |p - p_{01}| = |j\omega| = \omega\,,$$

$$\varphi = \sphericalangle (p - p_{01}) = \sphericalangle p = 90^\circ\,.$$

Der Betrag M ist gleich ω und der Winkel $\psi = +90^\circ$. Das Amplituden-Phasendiagramm geht aus Bild 10.27a hervor (in logarithmischer Darstellung erreichen die Koordinaten nie den Nullpunkt).

Ein *Pol* im Ursprung ($p_{x1} = 0$) würde für die Impedanz des Kondensators auftreten

$$\underline{F}(p) = \underline{Z}(p) = \frac{1}{pC}\,.$$

Es ergibt sich formal das gleiche Bild in der p-Ebene, nur steht M jetzt im Nenner der Übertragungsfunktion

$$|F(j\omega)| = \frac{1}{M} = \frac{1}{|j\omega - 0|} = \frac{1}{\omega}\,,$$

$$\sphericalangle\, F(j\omega) = -\psi = -90^\circ\,.$$

Das Amplituden-Phasen-Diagramm (Bild 10.27b) drückt dies aus.

Pole und Nullstelle im Nullpunkt unterscheiden sich damit in der Steigung $(+1,\ -1)$ von $|s(j\omega)|$ in doppelt logarithmischer Darstellung bedingt durch die Frequenzabhängigkeit $(\omega^{+1},\ \omega^{-1})$ und im Vorzeichen der Phasenwinkel ψ.

Pole und Nullstelle auf der reellen Achse. Am Beispiel einer RC-Schaltung (Bild 10.28) mit der Übertragungsfunktion für die Ausgangsspannung

$$\underline{F}(p) = \frac{\underline{U}_a(p)}{\underline{U}_e(p)} = \frac{1}{1 + pRC} = \frac{1}{RC}\,\frac{1}{p + \dfrac{1}{RC}} = \frac{1}{RC}\,\frac{1}{p - p_{x1}} \tag{1}$$

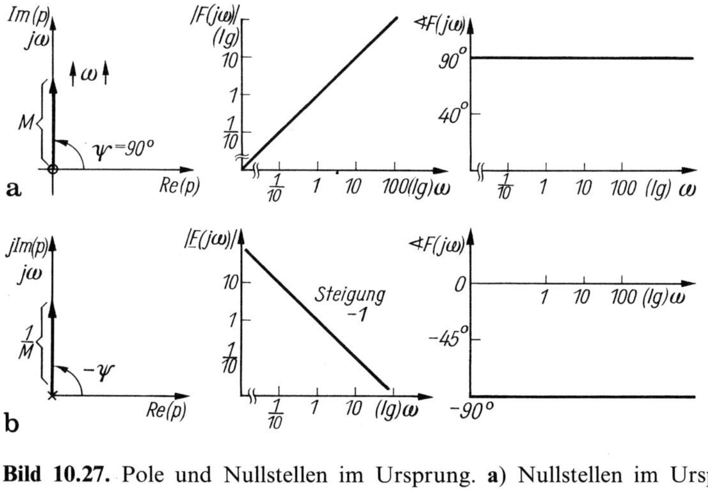

Bild 10.27. Pole und Nullstellen im Ursprung. **a**) Nullstellen im Ursprung; **b**) Pol im Ursprung

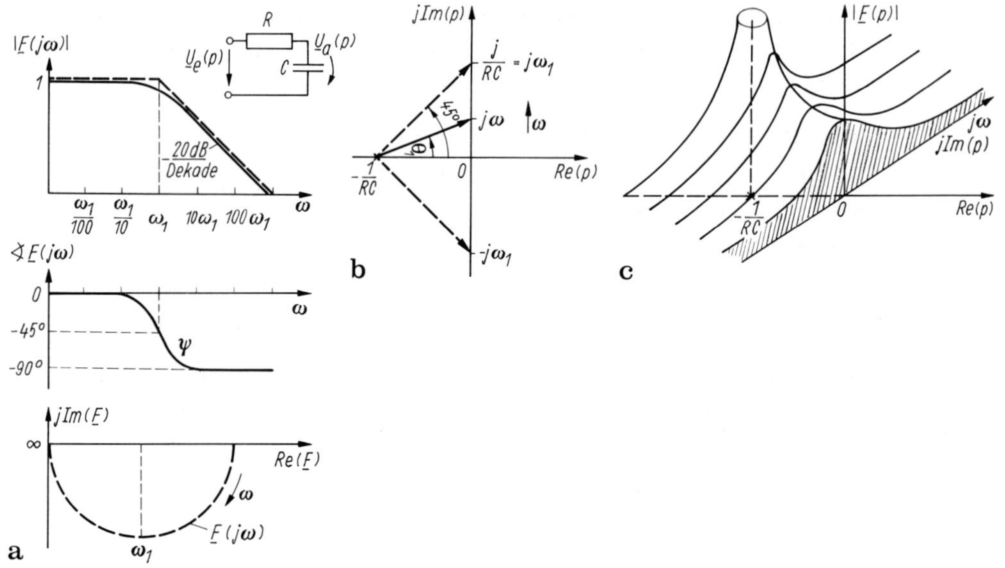

Bild 10.28. Pol auf der reellen Achse (*RC*-Schaltung). **a**) Amplituden-Phasen-Diagramm und Ortskurve; **b**) Darstellung des PN-Planes; **c**) räumliche Darstellung des Übertragungsfaktors (schematisch)

erkennt man, daß $\underline{F}(p)$ keine Nullstelle, wohl aber einen Pol hat. Das Nennerpolynom verschwindet für

$$p_{x1} = -\frac{1}{RC} \tag{2}$$

(Pol von $F(p)$). Betrag und Phase des Frequenzganges folgen für $p = \mathrm{j}\omega$ zu

$$|\underline{F}(\mathrm{j}\omega)| = \frac{1}{RC}\,\frac{1}{\left|\mathrm{j}\omega - \left(\frac{1}{RC}\right)\right|} = \frac{1}{RCM} = \frac{1}{\sqrt{1+(\omega RC)^2}}$$

und

$$\sphericalangle\, \underline{F}\,(\mathrm{j}\omega) = -\arctan \omega RC = -\Theta_1\,.$$

Bild 10.28 b stellt den bereits bekannten Frequenzverlauf sowie die Ortskurve gegenüber. In der p-Ebene (Bild 10.28 b) ist der Pol $p = -1/(RC)$ in der linken Halbebene eingetragen. Die komplexe Zahl $\mathrm{j}\omega + (-1)/(RC)$ ist ein Zeiger mit der Spitze bei $\mathrm{j}\omega$ und dem Ursprung im Pol $-1/(RC)$. Länge: $d_1 = |\mathrm{j}\omega + (-1/(RC))|$

Winkel (zur positiven reellen Achse): $\sphericalangle\,(\mathrm{j}\omega + 1/(RC))) = \Theta_1$.

Für variables ω ändern sich Länge d_1 und Winkel Θ_1. Bei $\omega = 1/RC$ ergibt sich ein Winkel $\sphericalangle\, \underline{F} = -45°$.

Im Amplituden-Phasen-Diagramm ergibt sich als asymptotisches Verhalten

- für tiefe Frequenzen $\omega CR \ll 1$ $|\underline{F}(\mathrm{j}\omega)| \approx 1$,
- für hohe Frequenzen $\omega CR \gg 1$ $|\underline{F}(\mathrm{j}\omega)| \approx 1/\omega RC$.

Der Schnittpunkt der Asymptote liefert die 45°-Frequenz $\omega_{45}RC = 1$. Im Bild 10.28a wurde die Funktion $\underline{F}$ räumlich dargestellt. Man erkennt den Pol, aber ebenso den Frequenzgang $F(\mathrm{j}\omega)$ als Schnitt durch dieses Gebirge längs der imaginären Achse.

Nullstelle auf der reellen Achse. Die Admittanzfunktion $\underline{Y}(p) = G + pC$ einer Parallelschaltung von Wirkleitwert und Kondensator

$$\underline{F}(p) \equiv \underline{Y}(p) = G + \mathrm{p}C$$

hat eine Nullstelle auf der negativen reellen Achse

$$p_{01} = -\frac{G}{C} = -\omega_1 .$$

Amplituden- und Phasenkurve (Bild 10.29) sind identisch mit jenen für einen Pol auf der negativen reellen Achse mit der Ausnahme, daß jede Kurve im Vergleich zu Bild 10.28 „gespiegelt“ ist. Die Amplitude steigt mit der Steigung +1 oberhalb der Grenzfrequenz, während die Phase positiv bleibt.

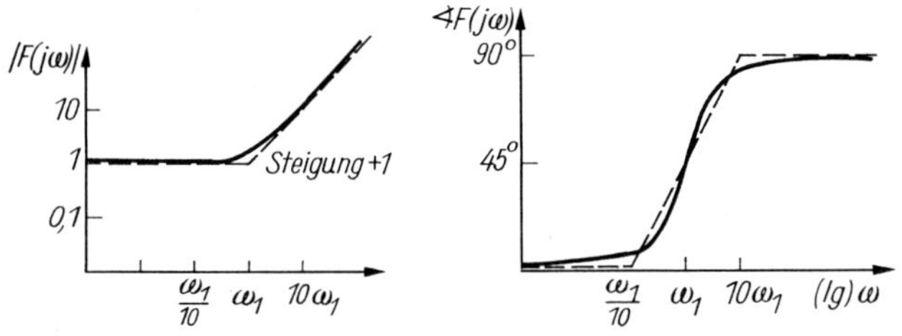

Bild 10.29. Nullstelle auf der reellen Achse

Reihenkreis. Konjugiert komplexe Pole ($\varrho > 1/2$). Ein Reihenschwingkreis Bild 10.30 hat den Übertragungsfaktor

$$\underline{F}(p) = \frac{1}{\underline{Z}(p)} = \frac{\underline{I}(p)}{\underline{U}(p)} = \frac{1}{pL + R + \dfrac{1}{pC}} = \frac{1}{L}\,\frac{p}{p^2 + \dfrac{Rp}{L} + \dfrac{1}{LC}}$$

$$= \frac{(p-0)}{L[p-(-\alpha+\mathrm{j}\omega_\mathrm{d})]\,[p-(-\alpha-\mathrm{j}\omega_\mathrm{d})]} \tag{1}$$

mit

$$\alpha = \frac{R}{2C}, \qquad \omega_\mathrm{d} = \sqrt{\omega_0^2 - \alpha^2}, \qquad \omega_0^2 = \frac{1}{LC}.$$

Es liegen eine Nullstelle $p = 0$ und ein Paar konjugiert komplexer Pole bei $-\alpha \pm \mathrm{j}\omega_\mathrm{d}$ vor. Betrag und Winkel lauten

$$|\underline{F}(\mathrm{j}\omega)| = \frac{1}{L}\,\frac{|\mathrm{j}\omega - 0|}{|\mathrm{j}\omega - (-\alpha + \mathrm{j}\omega_\mathrm{d})|\;|\mathrm{j}\omega - (-\alpha - \mathrm{j}\omega_\mathrm{d})|} = \frac{1}{L}\,\frac{l_1}{d_1 d_1'}, \tag{2}$$

$$\sphericalangle \underline{F}(\mathrm{j}\omega) = \sphericalangle(\mathrm{j}\omega - 0) - \sphericalangle[\mathrm{j}\omega - (-\alpha + \mathrm{j}\omega_\mathrm{d})] - \sphericalangle[\mathrm{j}\omega - (-\alpha - \mathrm{j}\omega_\mathrm{d})].$$

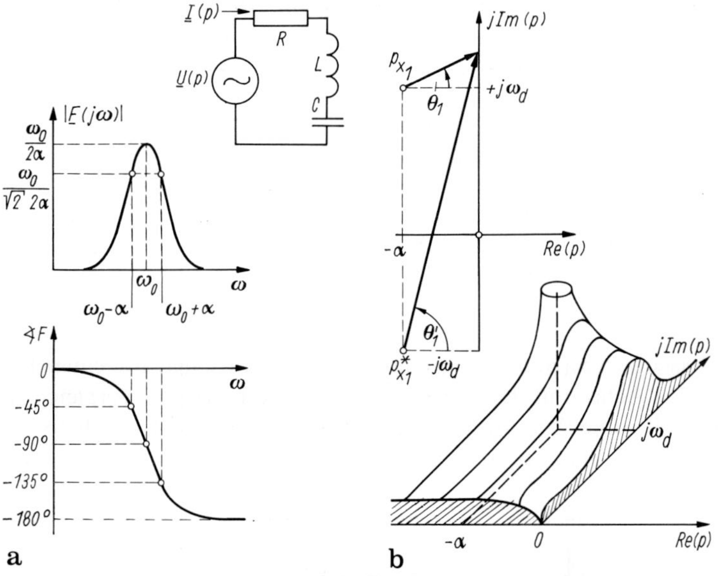

Bild 10.30. Übertragungseigenschaften des Reihenschwingkreises. **a**) Amplitude und Phasengang; **b**) p-Ebene und räumliche Darstellung des Frequenzganges

Beispielsweise lassen sich entnehmen $\underline{F}(0) = 0$, $|\underline{F}(\mathrm{j}\omega)|$ erreicht ein Maximum über ω bei $\omega \approx \omega_\mathrm{d}$, wenn der Nenner ($\sim d_1$) ein Minimum wird

$$|F(\mathrm{j}\omega_\mathrm{d})| \approx \frac{1}{L}\,\frac{\omega_\mathrm{d}}{2\alpha\omega_\mathrm{d}} \approx R\,,$$

$$\sphericalangle\; F(\mathrm{j}\omega_\mathrm{d}) \approx 0\,.$$

Bewegt sich p auf der positiven imaginären Achse von 0 nach ∞, so läßt sich der Verlauf von $|\underline{F}(p)|$ und $\sphericalangle\; \underline{F}(p)$ anschaulich erklären. In Nullpunktnähe ist $|\underline{F}|$ etwa Null, da dort die Nullstelle bei $p = 0$ dominiert.
Bei großer Güte liegen die beiden Pole in Nähe der imaginären Achse. Deshalb besitzt $|\underline{F}|$ in Polnähe ein Maximum. Dort ist der Abstand zum Pol klein und die starke Änderung mit p maßgebend für das Betragsverhalten. Mit wachsender Kreisgüte ϱ wird dieses Verhalten immer ausgeprägter.

In Tafel 10.1 wurden eine Reihe typischer Übertragungsfunktionen zusammengestellt, wie sie in einfachen Netzwerken auftreten. Die skizzierte Ortskurve dient wie die schematisierten PN-Pläne zur Veranschaulichung. Das mit enthaltene zeitliche Übergangsverhalten diskutieren wir im Abschn. 10.3.

Physikalische Interpretation der Pole und Nullstellen. Pole und Nullstellen stehen mit den *Eigenfrequenzen* eines Netzwerkes in engstem Zusammenhang. Nach Gl. (5.87) (s. auch Beispiel Schwingkreis, Abschn. 10.1.4) lagen die Eigenfrequenzen, also die n Lösungen $p_\mathrm{n} = \lambda_\mathrm{n}$ der charakteristischen Gleichung (Nullstellen des Nennerpolynoms)

$$N(p) = a_\mathrm{n}p^n + \ldots + a_1 p + a_0 = 0$$

Tafel 10.1. Zusammenstellung typischer Übertragungsfunktionen mit Ortskurven und Frequenzgang

Funktion	Ortskurve	Frequenzgang (Amplitude, Phase)
$\underline{F}(p) = k$	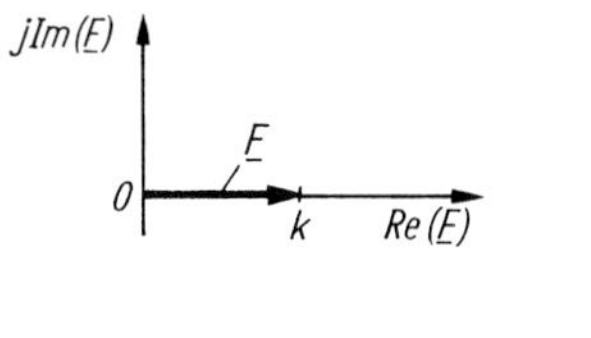	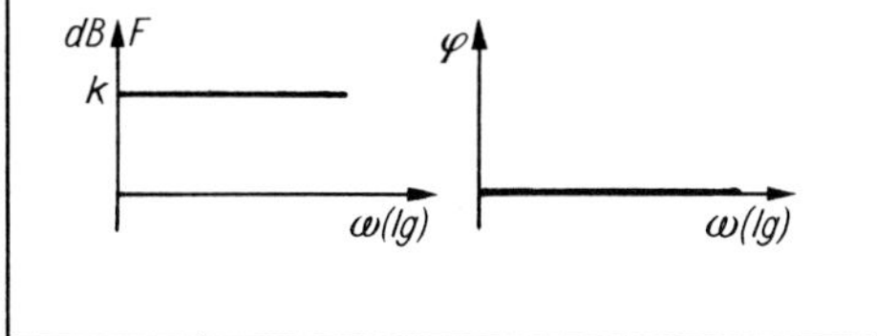
$\underline{F}(p) = kp$	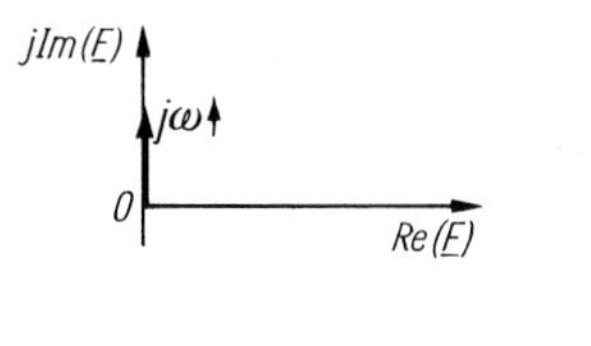	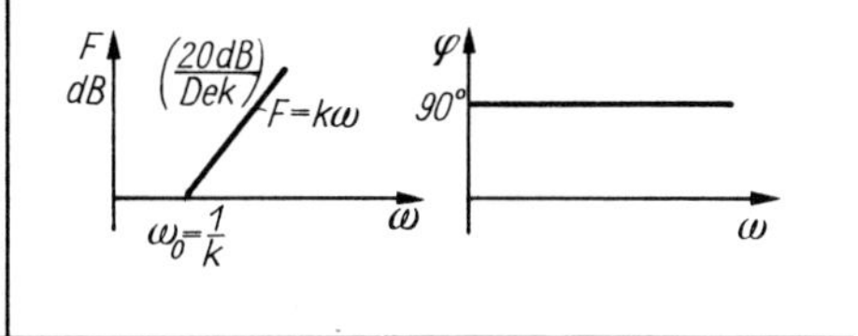
$\underline{F}(p) = \frac{k}{p}$	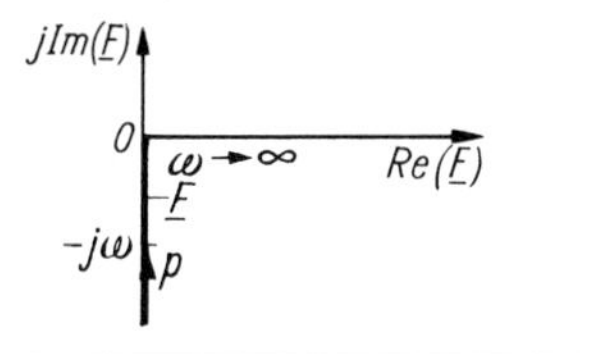	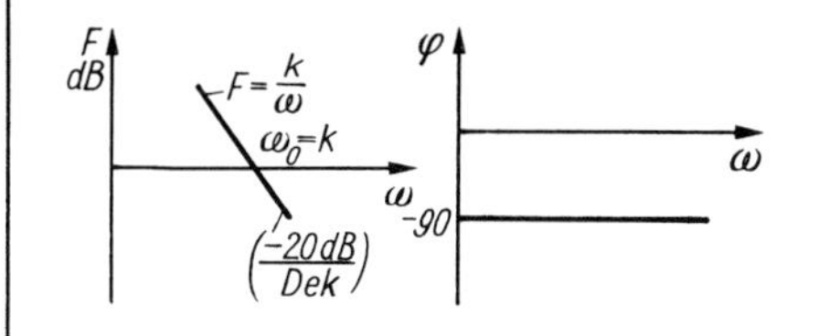
$\underline{F}(p) = \frac{1}{1+p\tau}$	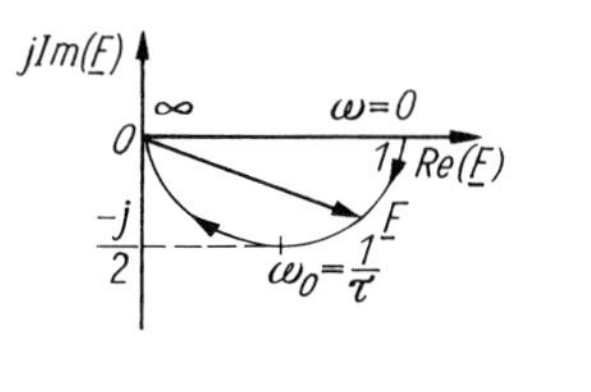	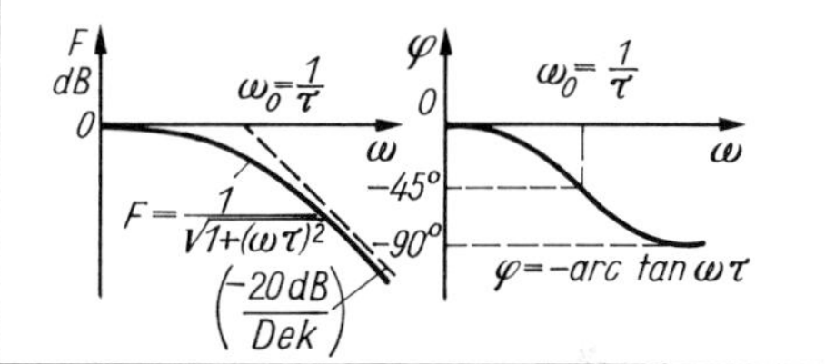
$\underline{F}(p) = 1 + p\tau$	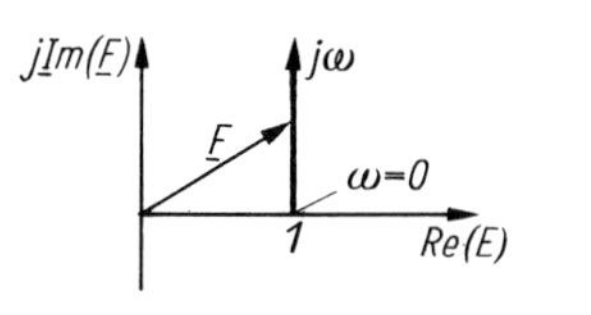	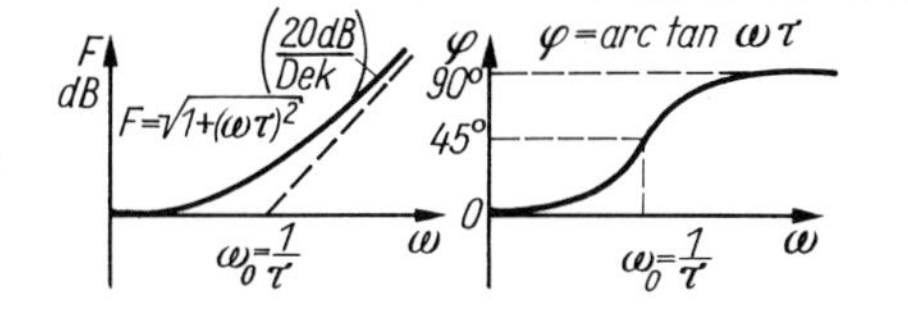
$\underline{F} = \frac{1}{1+2\alpha\tau p+\tau_0^2 p^2}$	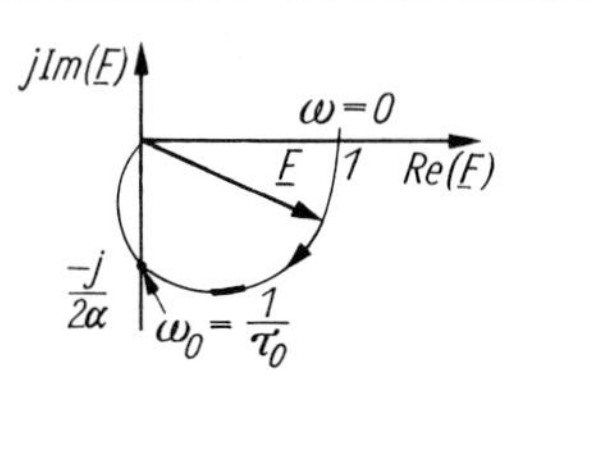	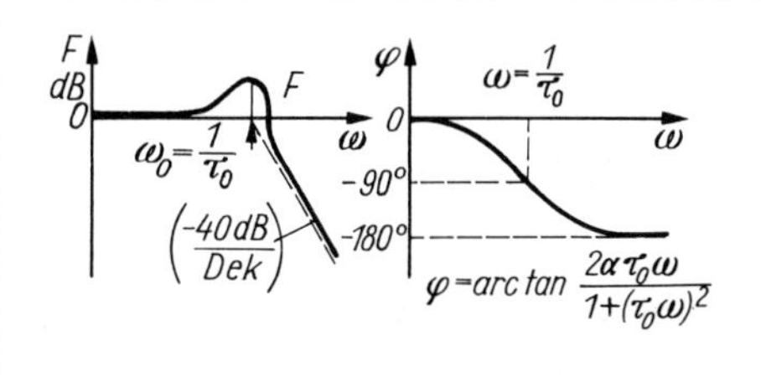

als Dämpfung und Frequenz eines Ausgleichsvorganges fest! Sie hängen nicht von der Erregung ab.

Wir wollen dies anschaulich deuten und betrachten eine Zweipolimpedanz $\underline{Z}(p) \equiv \underline{F}(p)$ mit dem Nennerpolynom $N(p)$. Sie wird von einem eingeprägten Generatorstrom $\underline{I}(p) = \underline{I}\,\mathrm{e}^{pt}$ durchflossen und erzeugt den Spannungsabfall

$$\underline{U}(p) = \underline{Z}(p)\,\underline{I}(p) = \underline{F}(p)\,\underline{I}(p)\,.$$

Ohne äußere Erregung ($\underline{I} = 0$) entsteht keine Spannung $\underline{U}(p)$ mit einer Ausnahme: für $p = p_{\mathrm{xi}}$, also für eine Nullstelle von $N(p)$ ($\underline{F}(p_{\mathrm{x}}) \to \infty$). Der leerlaufende Zweipol ($\underline{I} = 0$) besitzt somit die Eigenlösung

$$\underline{u}(t) = \underline{U}\,\mathrm{e}^{p_{\mathrm{xi}}t}\,.$$

Das Netzwerk erzeugt diese Ausgangsgröße ohne äußere Anregung aufgrund der gespeicherten Energie. Ihr zeitlicher Ablauf wird durch p_{xi} beschrieben.

Ein Pol der Übertragungsfunktion ist stets eine Eigenschwingung der zugehörigen Ausgangsvariablen!

In Netzwerken mit Wirkwiderständen (passive Netzwerke) wird die Energie während des Ausgleichsvorganges irreversibel in Wärme umgesetzt. So entstehen stets *gedämpft* abklingende Eigenschwingungen mit negativen Realteilen (linke p-Halbebene) (Bild 10.23).

Ohne Verluste bildet sich eine stationäre Sinusschwingung mit paarweisen Polen auf der imaginären Achse.

Die Nullstellen von $\underline{F}(p)$ lassen sich genau so erklären. Man betrachtet dazu $\underline{Y}(p)$ und interpretiert den Strom $\underline{I}(p)$ auf die gleiche Weise.

Wegen der grundlegenden Bedeutung des Übertragungsfaktors $\underline{F}(p)$ fassen wir seine wesentlichsten Eigenschaften für lineare zeitunabhängige Netzwerke (mit konzentrierten Netzwerkelementen) zusammen:

1. $\underline{F}(p)$ ist eine reelle Funktion (d. h. reell für reelles p).
2. Bei Übergang zum konjugiert komplexen Argument wird der Funktionswert konjugiert komplex:

$$\underline{F}(p^*) = \underline{F}^*(p)\,.$$

3. $\underline{F}(p)$ hat m Nullstellen und n Pole (Darstellung Gl. (10.23b)). Mehrfachnullstellen und Pole sind möglich. Pole auf der imaginären Achse sind einfach. Pole und Nullstellen werden im PN-Plan veranschaulicht.
4. Pole und Nullstellen sind reell und/oder konjugiert komplex.
5. Die Pole liegen für stabile Netzwerke (z. B. solche nur aus den Grundelementen R, L, C) stets in der linken p-Halbebene.
6. Für $p = \mathrm{j}\omega$ ergibt sich der Frequenzgang $\underline{F}(\mathrm{j}\omega)$.

10.3 Laplace-Transformation. Lösungsmethode im Frequenzbereich

Die direkte Lösung der Netzwerkgleichung im Zeitbereich erfordert bei größeren Netzwerken und/oder komplizierten Erregerfunktionen erheblichen Rechenaufwand, ebenso die Bestimmung der Integrationskonstanten aus den Anfangswerten. In solchen Fällen benutzt man vorteilhaft die *Laplace-Transformation.* Da sie einen Übergang vom Zeit- zum Frequenzbereich einschließt, spricht man auch von der Lösung des *Übergangsverhaltens über den Frequenzbereich.* Damit besteht ein Anschluß an die bisherigen Netzwerkeigenschaften im Frequenzbereich. Bild 10.31 veranschaulicht das weitere Vorgehen.

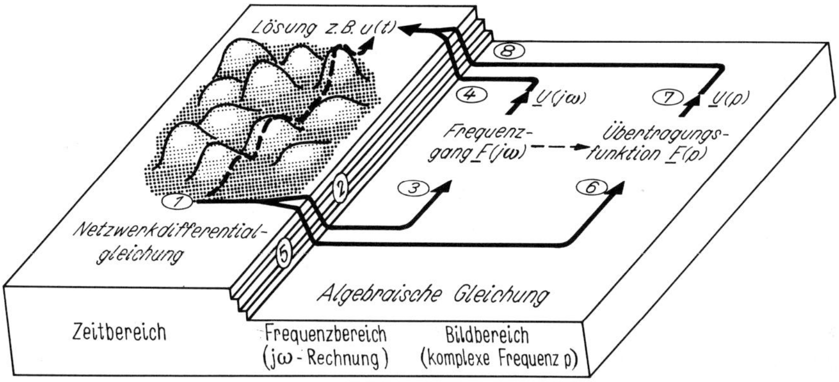

Bild 10.31. Veranschaulichung der Transformation

Wesen einer Funktionaltransformation. Eine Transformation war ein Verfahren (s. Abschn. 6.2), mit dem bestimmte Aufgaben einfacher gelöst werden konnten. So gelang es, die stationäre Lösung einer linearen Differentialgleichung (1) im Bild 10.31 durch Hin- und Rücktransformation in den Frequenzbereich aus einer algebraischen Gleichung zu erhalten. Bei der bisher verwendeten Transformation hieß der Bereich, in dem die Rechenoperation für die reelle Veränderliche t (Zeit) gewünscht wurde, der *Zeit-* (bzw. *Original-* oder *Ober-)bereich* und derjenige, in den transformiert wurde *Frequenz-* (oder *Bild-* bzw. *Unter-)bereich.* Komplexe Veränderliche war $j\omega$ (Bild 10.24). Das Transformationsschema (Bild 10.31) umfaßte immer die

— Hintransformation (2) aus dem Zeit- in den Frequenzbereich,
— Ergebnisberechnung (3) im Frequenzbereich und
— Rücktransformation (4) in den Zeitbereich.

Prinzipiell wird durch eine Funktionaltransformation T einer Originalfunktion (z. B. $f(t)$) eine Bildfunktion $\underline{F}(p)$ *nach Vorschrift* zugeordnet. Diese Zuordnung läßt sich symbolisch durch sog. *Korrespondenzen* ausdrücken:

$$\underline{F}(p) = T\{f(t)\} \quad \text{oder} \quad \underline{F}(p) \bullet\!\!-\!\!\circ f(t)$$

gesprochen: $\underline{F}(p)$ ist die Bildfunktion von $f(t)$.

Die Umkehroperation lautet

$$f(t) = T^{-1}\{\underline{F}(p)\} \quad \text{oder} \quad f(t) \circ\!\!-\!\!\bullet \underline{F}(p)$$

gesprochen: $f(t)$ ist die Originalfunktion von $\underline{F}(p)$

(Kreis auf der Seite der Originalfunktion, Punkt auf der Bildfunktion). Korrespondenzen sind stets wechselseitig gültig. Bild 10.31 veranschaulicht die Schritte, die bei der

Berechnung des Übergangsverhaltens mittels der Laplace-Transformation durchzuführen sind.

10.3.1 Laplace-Transformation[1]

10.3.1.1 Laplace-Integral und Laplace-Umkehrintegral

Laplace-Integral. Die *einseitige Laplace-Transformation* ist definiert durch das uneigentliche Parameterintegral

$$\underline{F}(p) = \int_{-0}^{\infty} f(t)\, \mathrm{e}^{-pt}\, \mathrm{d}t = \mathscr{L}\{f(t)\} \tag{10.25}$$

einseitiges Laplace-Integral (Definitionsgleichung),

$$p = \sigma + \mathrm{j}\omega$$

komplexe Frequenzvariable (Bildvariable).

Einseitig bezieht sich auf die Voraussetzung $f(t) = 0$ für $t < 0$. Die untere Grenze —0 verdeutlicht dabei, daß eventuell bei $t = 0$ auftretende δ-Funktionen mit in die Transformation einzubeziehen sind. Der Übergang vom Original- in den Bildbereich wird durch das Zeichen $\mathscr{L}$ (ein Funktionssymbol) ausgedrückt und heißt Laplace-Transformation. Sie transformiert eine *Zeitfunktion* (Originalfunktion $f(t)$ aus dem *Zeitbereich* (Originalbereich) in die zugehörige (komplexe) *Frequenzfunktion* $\underline{F}(p)$ (Bildfunktion) des (komplexen) Frequenzbereiches (Bildbereiches) (Bild 10.31, Schritt *5*). Damit bleibt die bisher für stationäre Vorgänge vorhandene *Gleichwertigkeit* von Zeit- und Frequenzbereich auch für solche Zeitverläufe erhalten, die laplacetransformierbar sind! Mit einer Größe, die in den Bildbereich transformiert wurde (Bild 10.31 (*6*)) kann dann genauso operiert werden wie mit solchen (*3*), die in den Frequenzbereich transformiert wurden. Somit ergibt sich auch ein Ergebnis (*7*) — die gesuchte Netzwerkgröße — im Bildbereich.

Laplace-Umkehrintegral. Kennt man eine Laplacetransformierte $\underline{F}(p)$, so ergibt sich die zugehörige Zeitfunktion $f(t)$ mit der *komplexen Umkehrformel*, dem *Laplace-Umkehrintegral*

$$\mathscr{L}^{-1}\{\underline{F}(p)\} = \frac{1}{2\pi \mathrm{j}} \int_{\sigma_0+\mathrm{j}\infty}^{\sigma_0+\mathrm{j}\omega} \underline{F}(p)\, \mathrm{e}^{pt}\, \mathrm{d}p = \begin{cases} f(t) & \text{für} \quad t \geqq 0 \\ 0 & \text{für} \quad t < 0 \end{cases}. \tag{10.26}$$

Dabei verläuft der Integrationsweg in der komplexen Ebene bei konstantem Realteil σ_0 parallel zur imaginären Achse.

---

[1] Dieser Abschnitt ist nur als kurze Übersicht zur Laplace-Transformation anzusehen, um sie für die Elektrotechnik anwenden zu können. Zur Vertiefung und Beweisführung sollte in jedem Fall einführende mathematische Literatur herangezogen werden

Tafel 10.2. Zusammenstellung wichtiger Sätze der Laplace-Transformation

Operation (Zeitbereich, $f(t)$)	$F(p) = \mathscr{L}(f(t))$	Bemerkungen
Linearitätssatz $a_1 f_1(t) + a_2 f_2(t) + \ldots$	$a_1 F_1(p) + a_2 F_2(p) + \ldots$	lineare Funktionaltransformation
Differentiationssatz $\frac{d^n f(t)}{dt^n}$ df/dt d^2f/dt^2	$p^n F(p) - p^{n-1} f(+0) - p^{n-2} f'(+0) \ldots f^{(n-1)}(+0)$ $pF(p) - f(+0)$ $p^2 F(p) - pF(+0) - f'(+0)$	Überführung der Differentiation in algebraische Funktion. Anfangswerte $f(+0), f'(+0) \ldots$ der Differentialgleichung sind enthalten
Integrationssatz $\int_0^t f(\tau)\, d\tau$	$\frac{1}{p} F(p) + \frac{f(-0)}{p}$	Überführung der Integration in eine Division im Bildbereich
Ähnlichkeitssätze $f(at)$ $\frac{1}{a} f\left(\frac{t}{a}\right)$	$\frac{1}{a} F\left(\frac{p}{a}\right) \quad a > 0 \quad$ reell $F(ap)$	Maßstabsänderung: Komprimierung (Dehnung) einer Zeitfunktion
Verschiebung im Zeitbereich $f(t - t_0)\ (t_0 > 0)$	$F(p)\, e^{-pt_0}$	Verschiebung im Zeitbereich entspricht einer Multiplikation mit e^{-pt_0}
Dämpfungssatz (Verschiebung im Bildbereich) $e^{p_0 t} f(t)$	$F(p - p_0)$	Verschiebung im Bildbereich entspricht einer Multiplikation mit $e^{p_0 t}$
Faltungssatz $f_1(t) * f_2(t) = \int_{-0}^{t} f_1(\tau)\, f_2(t - \tau)\, d\tau$	$F_1(p)\, F_2(p)$	Der Multiplikation der Bildfunktion entspricht im Zeitbereich das Faltungsintegral. Darauf basiert der Vorzug der Laplace-Transformation
Grenzwertsätze Anfangswert Endwert	$f(+0) = \lim_{p \to \infty} pF(p)$, falls $f(+0)$ existiert, $\lim_{t \to \infty} f(t) = \lim_{p \to 0} pF(p)$, falls $\lim f(t)$ existiert	Beachte den gegenläufigen Charakter von t und p

Anschaulich kann ein Zeitverlauf $f(t)$ durch das Laplace-Umkehrintegral (10.26) in Exponentialschwingungen e^{pt} zerlegt werden:

$$\underbrace{\underline{F}(p)\,\frac{\mathrm{d}p}{2\pi\mathrm{j}}}_{\text{komplexe Amplitude}}\;\underbrace{e^{pt}}_{\text{Zeitverlauf}}.$$

Die zugehörigen komplexen Amplituden (dichte) $\underline{F}(p)$ dieser Schwingungen folgen aus dem Laplace-Integral (10.25). Diese Deutung unterstreicht die Bedeutung der Exponentialschwingung besonders (Abschn. 10.2.1). Im Bild 10.31 wurde die Rücktransformation (*8*) Gl. (10.26) symbolisch eingetragen.

10.3.1.2 Transformationsregeln. Korrespondenzen

Transformationsregeln. Wenn auch die Transformation in bzw. aus dem Frequenzbereich für die hier anstehenden Fälle durchweg unter Verwendung von Tabellen erfolgen kann, so ist doch die Kenntnis der Regeln zur Auffindung neuer Lösungen und vor allem bei der Anwendung der $\mathscr{L}$-Transformation auf Differentialgleichungen erforderlich. Sie sind ohne Beweisführung in Tafel 10.2 zusammengestellt.

Anwendungsbeispiele. Für die im Abschn. 10.1.5 zusammengestellten Erregerfunktionen lauten die Transformationen

Sprungfunktion $s(t)$ Gl. (10.12a)

$$\underline{F}(p) = \int_0^\infty e^{-pt}\,s(t)\,\mathrm{d}t = \frac{1}{-p}\,e^{-pt}\Big|_0^\infty = \frac{1}{p}, \tag{10.27}$$

da das Integral nur für p mit positivem Realteil konvergiert, also

$$s(t) \circ\!\!-\!\!\bullet \frac{1}{p}.$$

Rampenfunktion $r(t)$ Gl. (10.15)

$$\underline{F}(p) = \int_0^\infty t\,s(t)\,e^{-pt}\,\mathrm{d}t = \frac{t}{p}\,e^{-pt}\Big|_0^\infty + \frac{1}{p}\int_0^\infty e^{-pt}\,\mathrm{d}t = \frac{1}{p^2}. \tag{10.28}$$

Der erste Summand verschwindet, der letzte ergibt $1/p^2$

$$r(t) \circ\!\!-\!\!\bullet \frac{1}{p^2}.$$

Exponentialfunktion $f(t) = \begin{cases} e^{p_0 t}s(t) & t \geqq 0 \\ 0 & t < 0. \end{cases}$

Es gilt

$$\underline{F}(p) = \int_0^\infty e^{(p-p_0)t}\,s(t)\,\mathrm{d}t = \frac{1}{p_0 - p}\,e^{(p_0-p)t}\Big|_0^\infty = \frac{1}{p - p_0} \tag{10.29}$$

für $\sigma > \sigma_0$

Das Integral konvergiert nur für p-Werte mit einem Realteil größer als $\sigma_0(p_0)$.

Korrespondenzen. Einige wichtige Korrespondenzen wurden in den Tafeln 10.3 und 10.4 zusammengestellt.

Tafel 10.3. Korrespondenzen von Anregungsfunktionen

Zeitbereich $f(t)$	$f(t)$	$\underline{F}(p)$	
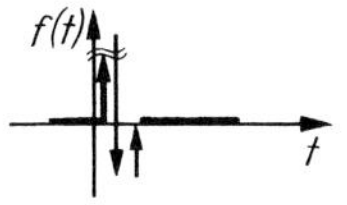	$\delta(t) = \frac{d^2 s(t)}{dt^2}$	p	Doppelimpuls
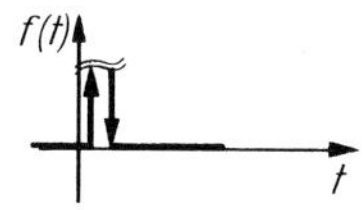	$\delta(t) = \frac{ds}{dt}$	1	Dirac-Impuls (Stoßfunktion, Dirac-Stoß, Deltafunktion, Abtastfunktion)
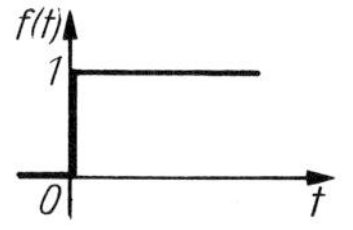	$s(t) = \delta_{-1}(t) = \begin{cases} 0 & t < 0 \\ 1 & t \geqq 0 \end{cases}$	$\frac{1}{p}$	Sprungfunktion
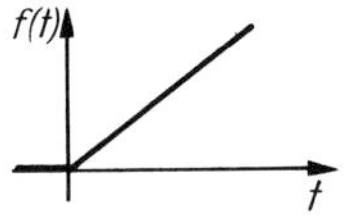	$r(t) = t = \int \varepsilon \, dt$	$\frac{1}{p^2}$	Rampenfunktion
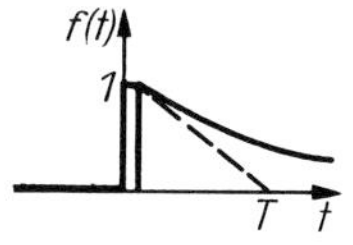	$e^{-t/T}$	$\frac{T}{1 + pT}$	Exponentialanregung
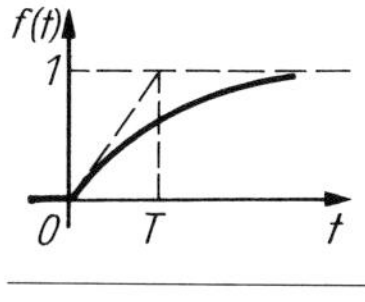	$1 - e^{-t/T}$	$\frac{1}{p(1 + pT)}$	Exponentialanregung

10.3.2 Netzwerke ohne Anfangsenergie

In stationär erregten Netzwerken wurde die Wirkung $y(t)$ der Ursache $x(t)$ entweder direkt als stationäre Lösung der Netzwerkdifferentialgleichung im Zeitbereich (Abschn. 6.1) oder durch Transformation in den Frequenzbereich gewonnen (Abschn. 6.2, Bild 10.31). Dabei verknüpfte der Frequenzgang $\underline{F}(j\omega)$ Ursache und Wirkung.

Bei *beliebiger Ursache* $x(t)$ kann die Wirkung $y(t)$ ($\circ\!\!-\!\!\bullet$ $\underline{Y}(p)$) ebenso direkt im Zeitbereich (Abschn. 10.1, Tafel 10.5) oder vorteilhafter durch Laplace-Transformation über den (komplexen) Frequenzbereich ermittelt werden (Bild 10.31). Dabei gibt es wie im Abschn. 6.2 mehrere Möglichkeiten:

1. Aufstellen der Netzwerk-Differentialgleichung für $t > 0$ im Zeitbereich, einschließlich der Anfangsbedingungen für die Zeitvariablen. Anschließend wird in den Frequenzbereich (einschließlich der Anfangsbedingungen) transformiert und das

Tafel 10.4. Weitere Korrespondenzen

$f(t)$	$F(p)$
$t\,e^{-\delta t}$	$\dfrac{1}{(p+\delta)^2}$
$1-\dfrac{T_1\,e^{-t/T_1}}{T_1-T_2}+\dfrac{T_2\,e^{-t/T_2}}{T_1-T_2}$	$\dfrac{1}{p(1+pT_1)(1+pT_2)}$
$1-e^{-t/T}\sum\limits_{i=0}^{n-1}\dfrac{\left(\dfrac{t}{T}\right)^i}{i!}$	$\dfrac{1}{p(1+pT)^n}$
$2\,\lvert\underline{K}\rvert\,e^{-\delta t}\cos(\omega t+\varphi)$ $\varphi=\arctan\dfrac{\operatorname{Im}K}{\operatorname{Re}K}$	$\dfrac{K}{p+\delta-j\omega}+\dfrac{K^*}{p+\delta+j\omega}$
$e^{-\delta t}\sin\omega t$	$\dfrac{\omega}{(p+\delta)^2+\omega^2}$
$e^{-\delta t}\cos\omega t$	$\dfrac{p+\delta}{(p+\delta)^2+\omega^2}$
$1-\dfrac{1}{\sqrt{1-D^2}}\,e^{-Dt/T_0}\cdot$ $\sin\left\{\sqrt{1-D^2}\,\dfrac{t}{T_0}+\varphi_D\right\}$ $\varphi_D=\arccos D$	$\dfrac{1}{p(1+2DpT_0+p^2T_0^2)}$

algebraische Gleichungssystem nach der gesuchten Wirkung $\underline{Y}_{ges}(p)$ aufgelöst. Ihre Rücktransformation ergibt $y(t)$ ○—● $\underline{Y}_{ges}(p)$. Auf Beispiele gehen wir im Abschn. 10.3.3.2 ein.

2. Direkte Berechnung von $\underline{Y}(p)=f(\underline{X}(p))$ über den Frequenzbereich ($j\omega\rightarrow p$) unter Verwendung der Übertragungsfunktion $\underline{F}(p)$. Dieses Verfahren schließt inhaltlich direkt an die Ergebnisse der komplexen Wechselstromrechnung (Abschn. 6.2) an. Die Vorzüge sind: Wegfallen der Netzwerk-Differentialgleichung, direkte Übertragung der Analysenmethoden stationär erregter Netzwerke und die weitestgehende Ergebnisgewinnung durch Anwendung der Korrespondenztafeln. Wir üben diese besonders wichtige rationelle Methode in diesem Abschnitt zunächst an *Netzwerken ohne Anfangsenergie* (Nullzustandsverhalten).

3. Anfangsenergie in Speicherelementen kann (wie im Bild 10.20) im Frequenzbereich durch Quellen bei den Speicherelementen berücksichtigt werden. Dann können die gesuchten Wirkunge genauso berechnet werden, wie wir dies von stationären Netzwerken her schon kennen. Wir werden dieses Verfahren in den Frequenzbereich übertragen (Abschn. 10.3.2.1) und durch direkte Lösung der Netzwerkgleichungen mittels der Laplace-Transformation vertiefen. Das Ergebnis ist das

Tafel 10.5. Übersicht zur Berechnung von Übergangsvorgängen mit Laplace-Transformation

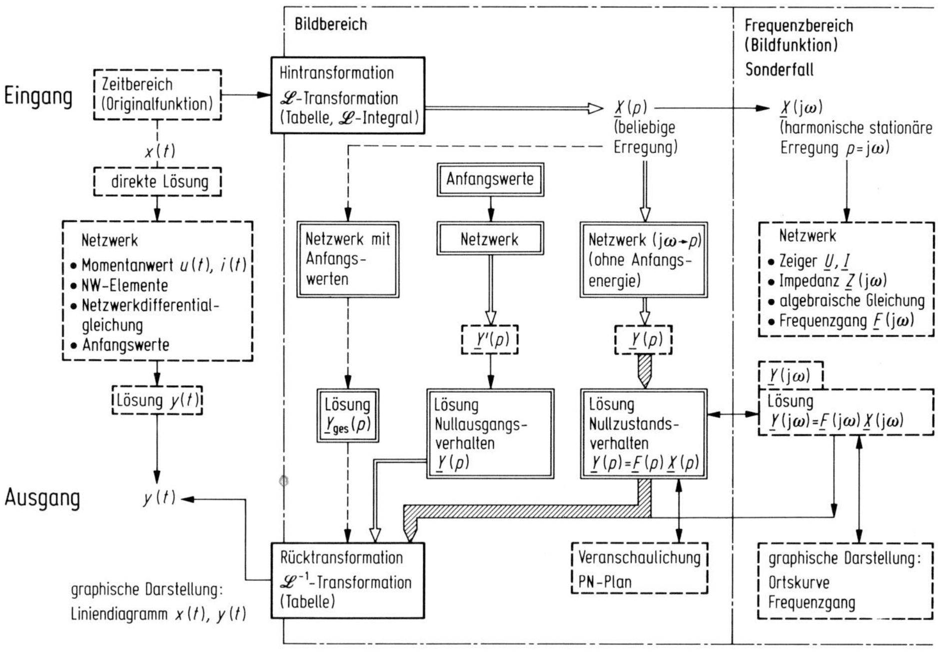

Nulleingangsverhalten. Das Gesamtergebnis ergibt sich dann durch Überlagerung von Nullzustands- und Nulleingangsverhalten.

10.3.2.1 Lösung im Frequenzbereich. Nullzustandsverhalten

Angewendet auf ein lineares, zeitunabhängiges Netzwerk führt die $\mathscr{L}$-Transformation bei verschwindenden Anfangswerten der Energiespeicher zu folgenden Ergebnissen:

1. Die zeitveränderlichen Spannungen $u_\nu(t)$ und Ströme $i_\mu(t)$ in den Netzwerkzweigen gehen bei der Transformation über in[1]

$$\underline{U}(p) \bullet\!\!-\!\!\circ\, u_\nu(t)\,, \qquad \underline{I}(p) \bullet\!\!-\!\!\circ\, i_\mu(t)\,.$$

Die Zählpfeile des Zeitbereiches sind beizubehalten (da sich die Richtung durch die Transformation nicht ändert).

2. Infolge der linearen Eigenschaften der $\mathscr{L}$-Transformation ändern sich die Kirchhoffschen Gesetze durch die Transformation nicht

$$\sum_{\nu=1}^{n} \underline{U}_\nu(p) = 0\,, \qquad \sum_{\mu=1}^{m} \underline{I}_\mu(p) = 0 \tag{10.30}$$

Diese Ergebnisse entsprechen voll denen des Abschn. 6.

[1] Häufig als Bildspannung $\underline{U}$ und Bildstrom $\underline{I}$ bezeichnet

3. Für die Netzwerkelemente gelten die Strom-Spannungs-Relationen

Widerstand $u_R(t) = Ri_R(t) \circ\!\!-\!\!\bullet\ \underline{U}_R(p) = R\underline{I}_R(p)\,,$

Kondensator $$i_C = C\frac{du_C}{dt} \circ\!\!-\!\!\bullet\ \underline{I}_C(p) = pC\underline{U}_C(p) = \underline{Z}_C(p)\,\underline{U}_C(p)\,, \quad (10.31)$$

Spule $$u_L = L\frac{di}{dt} \circ\!\!-\!\!\bullet\ \underline{U}_L(p) = pL\underline{I}_p(p) = \underline{Z}_L(p)\,\underline{I}_p(p)$$

(wenn für $t = 0$ energielos).

Diese Ergebnisse entsprechen voll denen des Abschn. 6.2 für $p = j\omega$ und den darauf aufbauenden Analysemethoden.

Man beachte lediglich, daß die laplacetransformierten Ströme und Spannungen die Dimension einer *Amplitudendichte* haben. So folgt aus

$$u(t) \circ\!\!-\!\!\bullet\ \underline{U}(p)$$

durch Laplace-Transformation (s. Gl. (10.25)) eine Änderung der Dimension. So ergibt sich z. B. für die Einheit von $\underline{U}(p)$ Voltsekunde (V · s) und für den Strom $\underline{I}(p)$ Amperesekunde (A · s).

Übertragungsfunktion. Aufgrund der eben gewonnenen Erkenntnisse setzen wir die Übertragungsfunktion $\underline{F}(p)$ eines Netzwerkes (mit verschwindender Anfangsenergie) als gegeben voraus. Welche Wirkung $y(t)$ (Nullzustandsverhalten Abschn. 10.1) stellt sich dabei als Reaktion auf eine beliebige Erregung $x(t)$ ein? Nach Gl. (10.23a) und (10.25) gilt

$$\underline{Y}(p) = \mathscr{L}\{y(t)\} = \underline{F}(p)\,X(p) = F(p)\,\mathscr{L}\{x(t)\} \quad (10.32)$$

energieloses Netzwerk z. Z. $t = 0$,

$\mathscr{L}\{y(t)\}$ $\mathscr{L}$-Transformierte des Nullzustandsverhaltens,
$\underline{F}(p)$ Übertragungsfunktion,
$\underline{X}(p)$ $\mathscr{L}$-Transformierte der Erregung.

Die Rücktransformation ergibt im *Zeitbereich*

$$y(t) = \mathscr{L}^{-1}\{\underline{Y}(p)\} = \mathscr{L}^{-1}\{\underline{F}(p)\cdot\underline{X}(p)\}\,. \quad (10.33)$$

In Worten: Sind $\underline{F}(p)$ und die Laplacetransformierte $\underline{X}(p)$ der Netzwerkerregung $x(t)$ bekannt, so ergibt sich bei Netzwerken ohne Anfangsenergie die Wirkung $y(t)$ im Zeitbereich durch Rücktransformation der Wirkung $\underline{Y}(p)$ aus dem Frequenzbereich.

Damit läßt sich der Übertragungsfaktor $\underline{F}(p)$

$$\underline{F}(p) = \underset{(1)}{\frac{\underline{Y}(p)}{\underline{X}(p)}} = \underset{(2)}{\frac{\mathscr{L}\{y(t)\}}{\mathscr{L}\{x(t)\}}} = \underset{(3)}{\frac{\mathscr{L}\{g(t)\}}{\mathscr{L}\{\delta(t)\}}} = \underset{(4)}{\left.\frac{\underline{Y}(j\omega)}{\underline{X}(j\omega)}\right|_{p=j\omega}}$$

gleichwertig deuten als Quotient

1. von Wirkung und zugeordneter Ursache (beliebig!) im *Frequenzbereich* (komplexe p-Ebene) (s. Gl. (10.23a));

2. von laplacetransformierter Wirkung und (zugeordnet beliebiger) laplacetransformierter Erregung im Zeitbereich;

3. als laplacetransformierte *Impulsantwort* bei Impulserregung (s. u.);
4. von Wirkung und Ursache bei stationärer Sinuserregung in Form des Frequenzganges Gl. (6.31 a)).

Dieser tiefe Zusammenhang der einzelnen Netzwerkeigenschaften unterstreicht die Bedeutung des Laplace-Integrals als besonders zweckmäßig angepaßte Funktionaltransformation der Netzwerkanalyse.

Daraus ergibt sich folgende Lösungsmethodik zur Berechnung des *Übergangsverhaltens von Netzwerken ohne Anfangsenergie*.

1. Bestimme die Übertragungsfunktion $\underline{F}(p)$ des gesuchten Ursache-Wirkungs-Zusammenhanges des gegebenen Netzwerkes (z. B. Kirchhoffsche Gesetze, Maschenstromanalyse, Knotenpotentialanalyse, Zweipoltheorie, u. a. m.).

2. Transformiere die Erregerfunktion $x(t)$ in den Frequenzbereich (z. B. mit Korrespondenztafel oder Gl. (10.25)

$$x(t) \circ\!\!-\!\!\bullet\ \underline{X}(p)\,.$$

3. Bestimme $\underline{Y}(p)$ (Gl. (10.32)).

4. Führe die Rücktransformation von $\underline{Y}(p)$ in den Zeitbereich durch

$$y(t) \circ\!\!-\!\!\bullet\ \underline{Y}(p)$$

(mit Korrespondenztafel. Partialbruchzerlegung, Reihenentwicklung, Umkehrintegral).

Aus Gl. (10.33) ergeben sich für zwei spezielle Erregungen wichtige Folgerungen.

1. Erregung mit dem Dirac-Impuls

$$x_\uparrow(t) = \delta(t) \circ\!\!-\!\!\bullet\ \underline{X}(p) = 1\,.$$

$$y_\uparrow(t) = \mathscr{L}^{-1}\{\underline{Y}(p)\} = \mathscr{L}^{-1}\{F(p)\,\underline{X}(p)\} = \mathscr{L}^{-1}\{\underline{F}(p)^{-1}\} = f_\uparrow(t)\,x_\uparrow(t)\,,$$

d. h.,

$$f_\uparrow(t) = \mathscr{L}^{-1}\{\underline{F}(p)\}\,. \tag{10.34}$$

In Worten: Die Übertragungsfunktion $f_\uparrow(t)$ im Zeitbereich (Gl. (10.17a)) ist gleich dem Laplace-Umkehrintegral der Übertragungsfunktion $\underline{F}(p)$ bzw. umgekehrt die Übertragungsfunktion $\underline{F}(p)$ gleich der Laplacetransformierten der Übertragungsfunktion $f_\uparrow(t)$ im Zeitbereich (Impulsantwort). Somit hat die Impulsantwort für den Zeitbereich die gleiche Aussagekraft wie die Übertragungsfunktion für den Frequenzbereich! Weil dort die Polstellen nur vom Netzwerk, nicht der Erregung abhängen, gilt weiter:

Die Impulsantwort enthält ausschließlich Eigenfrequenzen des Netzwerkes, nicht der Erregung.

2. Erregung mit Einheitssprung

$$x_\lrcorner(t) = s(t) \circ\!\!-\!\!\bullet\ \underline{X}(p) = 1/p\,.$$

$$y_\lrcorner(t) = \mathscr{L}^{-1}\{\underline{Y}(p)\} = \mathscr{L}^{-1}\{\underline{F}(p)\,\underline{X}(p)\} = \mathscr{L}^{-1}\left\{\underline{F}(p)\,\frac{1}{p}\right\} = f_\lrcorner(t)\,x_\lrcorner(t)\,,$$

also

$$f_\lrcorner(t) = \mathscr{L}^{-1}\left\{\frac{\underline{F}(p)}{p}\right\}. \tag{10.35}$$

Die Übertragungsfunktion $f_{\sqrt{}}(t)$ (Sprungantwort, Gl. (10.13)) im Zeitbereich ist gleich dem Laplace-Umkehrintegral des Quotienten von Übertragungsfunktion $\underline{F}(p)$ und p. Dabei war verschwindende Anfangsenergie der Speicherelemente vorausgesetzt.

Beispiele: RC-Netzwerk. Sprungerregung. Im Netzwerk (Bild 10.32) ist der Zeitverlauf $u_C(t)$ bei Einschalten der Spannung u_Q (Sprungfunktion $U_Q s(t)$) gesucht:

1. Wir bestimmen zunächst die Übergangsfunktion. Bei sinusförmiger Erregung würde sich das Spannungsverhältnis

$$\frac{\underline{U}_c}{\underline{U}_Q} = \frac{\dfrac{1}{j\omega C}}{R + \dfrac{1}{j\omega C}} = \frac{1}{1 + j\omega RC} = \underline{F}(j\omega)$$

einstellen. Mit $j\omega \to p$ wird daraus $\underline{F}(p)$. $\underline{F}(p) = 1/(1 + p\tau)$, $\tau = RC$.

2. Die transformierte Erregerfunktion des Sprunges $U_Q s(t)$ lautet

$$U_Q s(t) \circ\!\!-\!\!\bullet\ \underline{X}(p) = \frac{U_Q}{p}.$$

3. Aus

$$\underline{Y}(p) = \underline{U}_C(p) = \underline{F}(p)\frac{U_Q}{p} = \frac{1}{p}\frac{U_Q}{1 + p\tau} = \frac{1}{p}\frac{1}{p + 1/\tau}\frac{U_Q}{\tau}$$

folgt durch Partialbruchentwicklung

$$\underline{Y}(p) = \left(\frac{1}{p} - \frac{1}{p - p_1}\right)U_Q, \qquad p_1 = -\frac{1}{\tau}.$$

4. Die Rücktransformation ergibt (mit Tafel 10.2 und 10.3)

$$y(t) = u_C(t) = \mathscr{L}^{-1}\{\underline{Y}(p)\} = \mathscr{L}^{-1}\{\underline{U}_c(p)\} = U_Q[1 - e^{p_1 t}] = U_Q(1 - e^{-t/\tau}).$$

Das ist die Lösung Gl. (10.5c), Beispiel Abschn. 10.1.3.1.

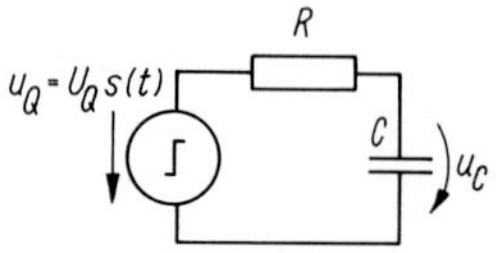

Bild 10.32. *RC*-Schaltung bei Sprungerregung

10.3.2.2 Nullverhalten

Häufig interessiert nur die Kenntnis der Lösung für kleine und große Zeiten t (also am Anfang und Ende des Übergangsverhaltens). Das zugehörige $\underline{F}(p)$ (und umgekehrt) erhalten wir aus den *Grenzwertsätzen* (s. Tafel 10.2).

Für große t wird $f(t)$ vorwiegend durch den am wenigsten gedämpften Summanden des Übergangsvorganges bestimmt. Zu ihm gehört im Frequenzbereich der Pol von $\underline{F}(p)$ mit kleinstem Realteil. Die Näherung von $f(t)$ gilt um so besser, je weiter links davon die übrigen Pole liegen. Zur Bestimmung von $f(t)$ berechnen wir das zugehörige Residuum oder benutzen besser den Grenzwertsatz

$$\lim_{t\to\infty} f(t) = \lim_{p\to 0} p\underline{F}(p). \qquad (10.36\,a)$$

Die Zeitfunktion zur Zeit $t \to \infty$ ist mit dem p-fachen der Übertragungsfunktion bei $p \to 0$ identisch. Mit Gl. (10.35) gilt gleichwertig

$$\lim_{t\to\infty} f_{\Gamma}(t) = \lim_{p\to 0} \underline{F}(p) \quad \text{oder} \quad f_{\Gamma}(\infty) = F(0)\,. \tag{10.36 b}$$

Die Übergangsfunktion $f_{\Gamma}(\infty)$ (Gl. (10.13)) zur Zeit $t \to \infty$ hat den gleichen Wert wie der Frequenzgang $\underline{F}(p)$ mit der Kreisfrequenz $\omega \to 0$ $(p \to 0)$, d. h. Gleicherregung (bei jeweils gleicher Erregung).

Anschaulich stellt die Sprungfunktion für $t \to \infty$ die Erregung des Netzwerkes durch eine Gleichgröße dar. Dann muß auch die Wirkung eine Gleichgröße sein, d. h. $\omega \to 0$ gehen. Deshalb ist $F(0)$ zu verwenden.

Für kleine t besagt der Grenzwertsatz im Fall $t \to 0$ $(p \to \infty)$ (s. Tafel 10.2)

$$\lim_{t\to 0} f(t) = \lim_{p\to\infty} p\underline{F}(p) = f(+0)\,. \tag{10.36 c}$$

Das Verhalten der Zeitfunktion für $t \to +0$ korrespondiert mit dem p-fachen Wert der Übertragungsfunktion $\underline{F}(p)$ für $p \to \infty$. Ausgedrückt durch die Sprungantwort

$$\lim_{t\to 0} f_{\Gamma}(t) = \lim_{p\to\infty} \underline{F}(p) \quad \text{oder} \quad f_{\Gamma}(+0) = \underline{F}(\infty)\,. \tag{10.36 d}$$

Der Anfangswert der Sprungantwort ergibt sich aus der Übertragungsfunktion für $p \to \infty$.

10.3.3 Netzwerke mit Anfangsenergie

10.3.3.1 Anfangswerte der Energiespeicher

In Energiespeichern mit Anfangsenergie entfällt die für die $\mathscr{L}$-Transformation wichtige Voraussetzung des Verschwindens aller Zeitfunktionen für $t \leqq -0$. Wir stellen diese Voraussetzungen nunmehr durch zusätzliche, den Anfangsenergien *zugeordnete Quellen* wieder her.

Kondensatorspannung. Ein auf die Spannung $u_C(-0)$ zur Zeit $t = -0$ geladener Kondensator hat die Spannungs-Strom-Relation (s. Gl. (10.20a))

$$u_C(t) = u_C(-0)\, s(t) + \frac{1}{C}\int_0^t i(t')\, dt'\,.$$

Daraus folgt die Laplacetransformierte

$$u_C(t) \circ\!\!-\!\!\bullet\; \underline{U}_c(p) = \frac{u_C(-0)}{p} + \frac{\underline{I}(p)}{pC} \tag{10.37 a}$$

Spannungsquellenersatzschaltung des Kondensators mit Anfangsspannung $u_C(-0)$

bzw.

$$\underline{I}(p) = pC\underline{U}_c(p) - u_C(-0) \tag{10.37 b}$$

Stromquellenersatzschaltung des Kondensators mit Anfangsspannung $u_C(-0)$ im Frequenzbereich.

Ergebnis. Die „Spannung“ $\underline{U}_c(p)$ des geladenen Kondensators im Frequenzbereich setzt sich aus dem Spannungsabfall $\underline{I}(p)/(pC)$ und einer Quelle $u_C(-0)/p$ zusammen, die zur Zeit $t = 0$ eingeschaltet wird. Ihr entspricht im Zeitbereich eine gleichgerichtete zusätzliche Erregung durch einen Spannungssprung $u_C(-0)\,s(t)$. Ein derartiges Verhalten hatten wir bereits im Bild 10.20 diskutiert.

Induktivität. Hier führt der Anfangsstrom $i_L(-0)$ analog zu Gl. (10.37a) nach $\mathscr{L}$-Transformation von

$$i_L = \frac{1}{L}\int_{-\infty}^{t} u(t')\,\mathrm{d}t' = \frac{1}{L}\int_{-\infty}^{0} u(t')\,\mathrm{d}t' + \frac{1}{L}\int_{0}^{t} u(t')\,\mathrm{d}t'$$

$$i_L(t) \circ\!\!-\!\!\bullet\ \underline{I}_L(p) = \frac{\underline{U}(p)}{pL} + \frac{i_L(-0)}{p} \qquad (10.38\,\mathrm{a})$$

Stromquellenersatzschaltung der Spule mit Anfangsstrom $i_L(-0)$ im Frequenzbereich

bzw.

$$\underline{U}(p) = pL\underline{I}_L(p) - Li_L(-0) \qquad (10.38\,\mathrm{b})$$

Spannungsquellenersatzschaltung der Spule mit Anfangsstrom $i_L(-0)$ im Frequenzbereich.

Diese Ergebnisse entsprechen den in Tafel 10.6 dargestellten Ersatzschaltungen (s. auch Bild 10.20b). Dabei sind nur die eingerahmten Fälle physikalisch realisierbar, die restlichen stellen gleichwertige Rechenmodelle dar. Wir haben sie bereits im Bild 10.20 durch direkten Vergleich der Klemmenbeziehungen im Zeitbereich diskutiert.

Anwendungsbeispiel. Ein verlustfreier Übertrager ($L_{11} = L_1$, $L_{22} = L_2$, $L_{12} = L_{21} = M$) werde zur Zeit $t = -0$ von den Strömen $i_1(-0)$, $i_2(-0)$ durchflossen. Dann gilt mit Gl. (10.38b) und der Übertragergleichung (7.90)

$$\begin{aligned}\underline{U}_1(p) \quad & pL_1\underline{I}_1(p) + pL_1\underline{I}_2(p) - L_1 i_1(-0) - Mi_2(-0)\,,\\ \underline{U}_2(p) = {} & pM\underline{I}_1(p) + pL_2\underline{I}_2(p) - Mi_1(-0) - L_2 i_2(-0)\,.\end{aligned} \qquad (10.39)$$

Bild 10.33 zeigt die Ersatzschaltung. Sie enthält in jedem Zweig so viele „Anfangsspannungsquellen“ wie Anfangsströme vorhanden sind.

10.3.3.2 Beispiele

1. *RL*-Schaltung. Sprungerregung. Die Schaltung Bild 10.34a sei zur Zeit $t = 0$ vom Strom $i_L(-0)$ durchflossen. Wir suchen den Verlauf $i(t)$ bei Sprungerregung $u_Q(t) = U_Q s(t)$ zur Zeit $t \geqq 0$.

Die Differentialgleichung für i lautet aufgestellt aus dem Maschensatz

$$L\frac{\mathrm{d}i}{\mathrm{d}t} + iR = u_Q(t)\,, \qquad t \geqq 0\,, \qquad (1)$$

Anfangswert $i_L(-0)$.

Tafel 10.6. Ersatzschaltung von Energiespeichern mit Anfangsenergie zur Zeit $t = -0$ im Bild- und Zeitbereich (nur die eingerahmten Fälle sind physikalisch realisierbar).

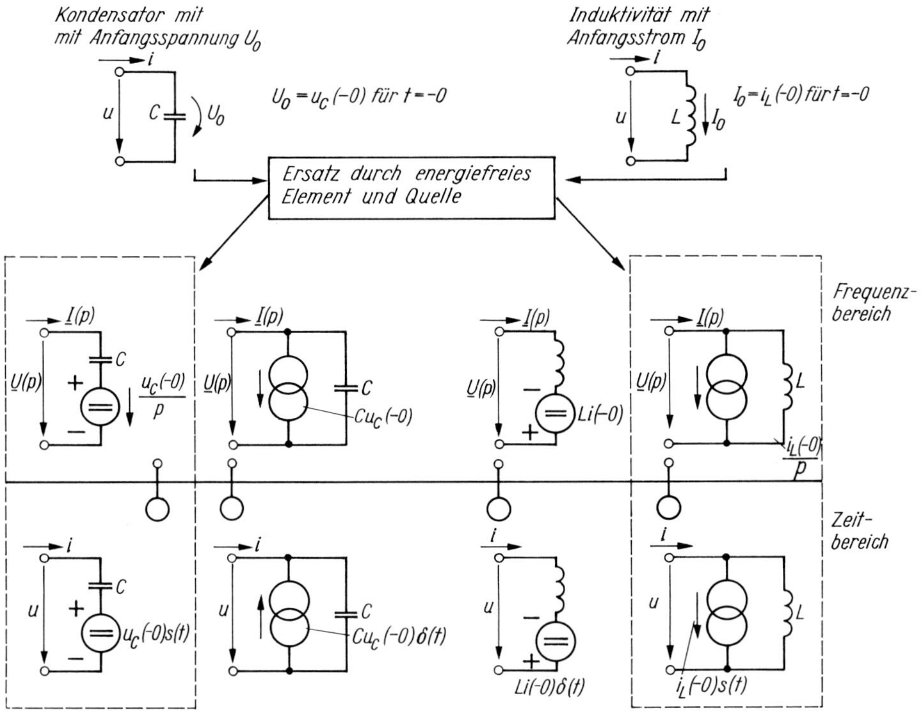

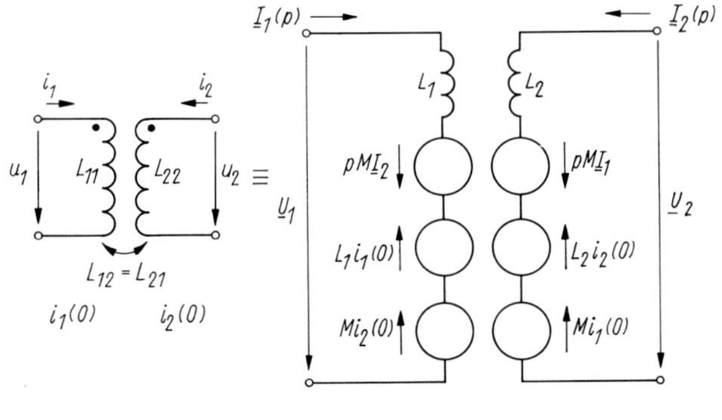

Bild 10.33. Übertrager mit Anfangsenergie

Im Zeitbereich gehört dazu die Lösung ($\tau = L/R$)

$$i_L(t) = \frac{U_Q}{R}(1 - e^{-t/\tau}) + i_L(-0)^{-t/\tau}, \tag{2}$$

man kann sie leicht herleiten. Wir unterwerfen die Netzwerk-Differentialgleichung (1) der $\mathscr{L}$-Transformation und erhalten mit Anwendung der Differentiationsregel (Tafel 10.2)

$$pL\underline{I}(p) - Li_L(-0) + R\underline{I}(p) = \underline{U}_Q(p).$$

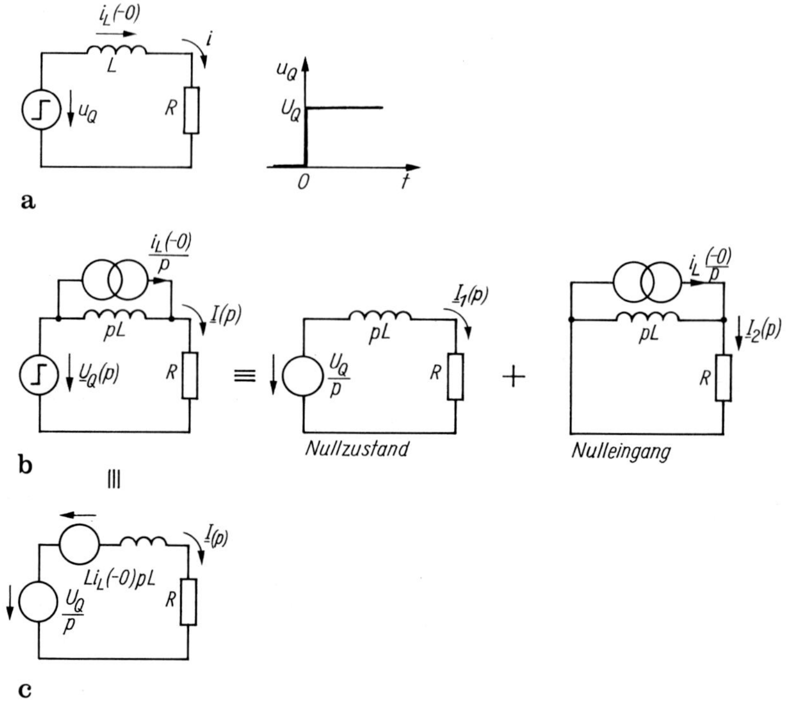

Bild 10.34. *RL*-Netzwerk bei Sprungerregung mit Anfangsstrom. **a**) Schaltung; **b**) Zerlegung im Nullzustand und Nulleingang; **c**) Spannungsquellenersatzschaltung der Spule mit Anfangsstrom

Die Lösung $\underline{I}(p)$ ergibt

$$\underbrace{\underline{I}(p)}_{\mathscr{L}\text{-Transformierte der vollständigen Lösung}} = \underbrace{\frac{\underline{U}_{\mathrm{Q}}(p)}{R + pL}}_{\mathscr{L}\text{-Transformierte des Nullzustandes}} + \underbrace{\frac{Li_{\mathrm{L}}(-0)}{R + pL}}_{\mathscr{L}\text{-Transformierte des Nulleinganges}}. \tag{3}$$

Das Ergebnis kann auf zweierlei Weise interpretiert werden:

a) Durch Nullzustand und Nulleingang im *Zeitbereich*

Ohne Anfangswert ($i_{\mathrm{L}}(0) = 0$) stellt der erste Anteil die $\mathscr{L}$-Transformierte *des Nullzustandes* dar. Ist $u_{\mathrm{Q}}(t) = U_{\mathrm{Q}}s(t)$ eine Sprungfunktion (Einschalten der Gleichspannung U_{Q}), also $u_{\mathrm{Q}}(t) \circ\!\!-\!\!\bullet\ \underline{U}_{\mathrm{Q}} = U_{\mathrm{Q}}/p$, so gilt mit $\alpha = 1/\tau = R/L$

$$\underline{I}(p)\big|_{\text{Nullzustand}} = \frac{U_{\mathrm{Q}}}{Lp(p + \alpha)}.$$

Die Rücktransformation ergibt über die Partialbruchzerlegung

$$\frac{1}{p(p + \alpha)} = \frac{1}{\alpha p} - \frac{1}{\alpha(p + \alpha)} \bullet\!\!-\!\!\circ\ \frac{1}{\alpha}(1 - \mathrm{e}^{-\alpha t})$$

im Zeitbereich

$$i_L(t) = \underbrace{\frac{U_Q}{R}(1 - e^{-t/\tau})}_{\text{Nullzustand}}\,. \tag{4}$$

Das ist der erste Anteil von Gl. (2). Er hängt voraussetzungsgemäß nicht vom Anfangswert ab.

Wirkt nur der *Anfangswert* $i_L(0)$ und keine Erregerfunktion ($u_Q(t) = 0$), so stellt der zweite Teil in Gl. (3) die $\mathscr{L}$-Transformierte des *Nulleinganges* dar.

$$\underline{I}(p)\,|_{\text{Nulleingang}} = \frac{L i_L(-0)}{R + pL}\,.$$

Die Rücktransformation ergibt im Zeitbereich

$$i_L(t)\,|_{\text{Nulleingang}} = i_L(-0)\,e^{-t/\tau}\,. \tag{5}$$

Das ist der zweite Anteil in Gl. (2). Die Gesamtlösung ergibt sich durch Überlagerung beider Anteile

$$\underline{I}(p) = \underline{I}(p)\,|_{\text{Nullzustand}} + \underline{I}(p)\,|_{\text{Nulleingang}} \quad \bullet\!\!-\!\!\circ \quad i_L(t)\,,$$

$$i_L(t) = \underbrace{\frac{U_Q}{R}(1 - e^{-t/\tau})}_{\text{Nullzustand}} + \underbrace{i_L(-0)\,e^{-t/\tau}}_{\text{Nulleingang}} \qquad \text{(s. Gl. (2))}$$

$$= \underbrace{\left[i_L(-0) - \frac{U_Q}{R}\right] e^{-t/\tau}}_{\text{flüchtig}} + \underbrace{\frac{U_Q}{R}}_{\text{stationär}}\,.$$

Das Ergebnis Gl. (2) kann ebensogut als flüchtiger und stationärer Anteil der Lösung interpretiert werden.

b) Durch Nullzustand und Nulleingang im *Frequenzbereich*

Wir gehen von den laplacetransformierten Größen aus (Erregerquelle, Spule mit Anfangsstrom (Tafel 10.6) und übrige Netzwerkelemente) und fügen sie zu der im Bild 10.34b dargestellten Ersatzschaltung zusammen. Beide Quellen sind unabhängig voneinander. Nach dem Überlagerungssatz erzeugt

— die *Erregerquelle* $\underline{U}_Q(p) = U_Q/p$ (Stromquelle abgetrennt) den Strom

$$\underline{I}(p)\,|_{\text{Nullzustand}} = \underline{I}_1(p) = \frac{\underline{U}_Q(p)}{\underline{Z}(p)} = \frac{\underline{U}_Q(p)}{R + pL} = \frac{U_Q}{p(R + pL)} = \frac{U_Q}{pL(p + \alpha)} \tag{6}$$

im *Nullzustand* (sie arbeitet auf die Impedanz $\underline{Z}(p) = R + pL$);

— die *Anfangswertquelle* $i_L(-0)/p$ (Erregerquelle $\underline{U}_Q(p)$ kurzgeschlossen) den Zweigstrom

$$\underline{I}(p)\,|_{\text{Nulleingang}} = \underline{I}_2(p) = \frac{i_L(-0)}{p}\,\frac{1/R}{1/R + 1/(pL)} = \frac{i_L(-0)}{p}\,\frac{pL}{R + pL} = \frac{L i_L(-0)}{R + pL} \tag{7}$$

durch R (Stromteilerregel), den *Nulleingangsstrom*.

Der Gesamtstrom setzt sich additiv zusammen:

$$\underline{I}(p) = \underline{I}(p)|_{\text{Nulleingang}} + \underline{I}(p)|_{\text{Nullzustand}}$$

(s. Gl. (3)). Diese Berechnung unterscheidet sich in keiner Weise von der im Abschn. 6 kennengelernten Verfahrensweise eines Netzwerkes mit zwei Erregerquellen! Das Ergebnis läßt sich auch mit der Spannungsquellenersatzschaltung (Tafel 10.6) herleiten. Insgesamt arbeitet die Spannung (Bild 10.34c, $U_Q/p + Li_L(-0)/p$ auf $\underline{Z}(p)$ und erzeugt den Strom $\underline{I}(p)$ (s. Gl. (3)).

2. *RC*-Netzwerk. Sprungerregung. Für die Schaltung Bild 10.35 lautet die Netzwerkgleichung des Ausgangsstromes u_C (durch R_2)

$$CR_1 \frac{du_C}{dt} + \left(\frac{R_1}{R_2} + 1\right) u_C = U_Q(t)$$

mit dem Anfangswert $u_C(-0)$

Wird zum Zeitpunkt $t = 0$ die Spannung $u_Q(t) = U_Q s(t)$ eingeschaltet, so ergibt sich die Lösung

$$u_C(t) = \frac{U_Q R_2}{R_1 + R_2}(1 - e^{-t/\tau}) + u_C(-0)\, e^{-t/\tau}, \qquad \tau = C(R_1 \parallel R_2) \tag{1}$$

(Nachweis!).

Wir lösen die Gleichung durch $\mathscr{L}$-Transformation einmal direkt durch Transformation der Netzwerkgleichung, zum anderen mit der Kondensatorersatzschaltung Tafel 10.5 und Übertragungsfaktoren.

Die Transformation der Gleichung ergibt

$$CR_1[p\underline{U}_C(p) - u_C(-0)] + \left(1 + \frac{R_1}{R_2}\right)\underline{U}_C(p) = \underline{U}_Q(p) \tag{2}$$

oder aufgelöst nach $\underline{U}_C(p)$:

$$\underline{U}_C(p) = \frac{\underline{U}_Q(p)}{1 + R_1/R_2 + pR_1C} + \frac{u_C(-0)\, CR_1}{1 + R_1/R_2 + pR_1C}. \tag{3}$$

$\mathscr{L}$-Transformierte der Gesamtlösung	$\mathscr{L}$-Transformierte des Nullzustandes	$\mathscr{L}$-Transformierte des Nulleinganges

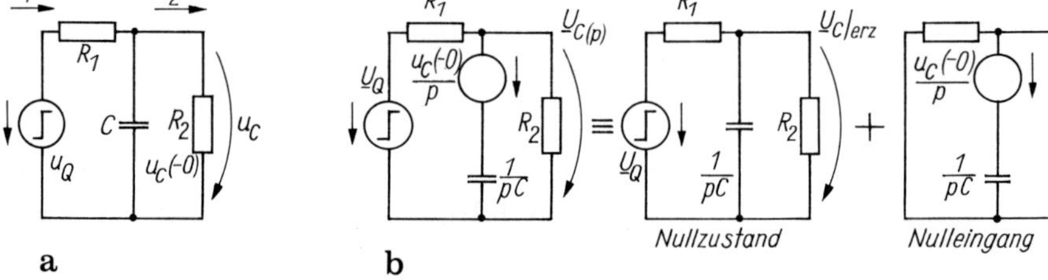

Bild 10.35. Zerlegung einer Schaltung in Nullzustand und Nulleingang

Mit der Spannungsquellenersatzschaltung der Kapazität (Bild 10.35 b) und dem Überlagerungssatz lauten die Lösungsanteile:

a) Nullzustand ($u_C(-0)$ kurzgeschlossen, nur $\underline{U}_Q$ wirkend). Aus der Spannungsteilerregel folgt

$$\left.\frac{\underline{U}_C(p)}{\underline{U}_Q(p)}\right|_{\text{erzw}} = \frac{R_2 \left\| \frac{1}{pC} \right.}{R_1 + \frac{1}{pC} \left\| R_2 \right.} = \frac{R_2 \frac{1}{pC}}{\left(R_2 + \frac{1}{pC}\right)\left(R_1 + \frac{R_2}{pC} \frac{1}{R_2 + 1/(pC)}\right)}$$

$$= \frac{1}{1 + R_1/R_2 + pR_1C} = \underline{F}_1(p)\,.$$

b) Nulleingang ($\underline{U}_Q(p) = 0$, Erregung kurzgeschlossen, nur $u_C(-0)/p$ wirkend). Die Spannungsteilerregel führt auf

$$\frac{\underline{U}_C(p)}{\frac{u_C(0)}{p}} = \frac{R_1 \| R_2}{R_1 \| R_2 + \frac{1}{pC}} = \frac{pCR_1}{1 + \frac{R_1}{R_2} + pCR_1} = \underline{F}_2(p)\,. \tag{4}$$

Die Übertragungsfunktion $\underline{F}_2$ ist dabei zwischen $u_C(0)$ und $\underline{U}_C(p)$ zu bilden, sie unterscheidet sich von $\underline{F}_1(p)$.

Die Gesamtspannung ergibt sich durch Überlagerung (mit $\underline{U}_Q(p) = U_Q/p$), aus Gl. (3) folgt

$$U_C(p) = \underline{F}_1(p)\,\underline{U}_Q(p) + \underline{F}_2(p)\,\frac{u_C(-0)}{p}\,. \tag{5}$$

Für $R_2 \to \infty$ erhalten wir das Einschaltverhalten der üblichen *RC*-Schaltung.

Das Beispiel läßt sich ebensogut mit der Stromquellenersatzschaltung der Kapazität führen (Tafel 10.6):

3. Reihenschwingkreis. Sprungerregung. Im Reihenschwingkreis (Bild 10.36) betrage der Spulenstrom $i_L(-0)$ und die Kondensatoranfangsspannung $u_C(-0)$. Gesucht ist der Strom $I(p)$ im Bildbereich.

Die Netzwerkgleichung

$$L\,\frac{di}{dt} + iR + \frac{1}{C}\int_{-0}^{t} i(t')\,dt' + u_C(-0) = u_Q(t)\,, \qquad t \geqq 0\,, \tag{1}$$

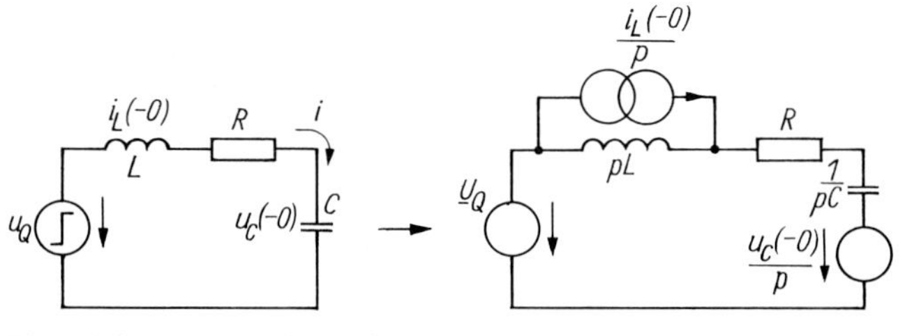

Bild 10.36. Reihenschwingkreis bei Sprungerregung

führt nach $\mathscr{L}$-Transformation auf

$$pL\underline{I}(p) - Li_L(-0) + R\underline{I}(p) + \frac{\underline{I}(p)}{pC} + \frac{u_C(-0)}{p} = \underline{U}_Q(p) \tag{2}$$

mit der Lösung $\underline{I}(p)$

$$\underline{I}(p) = \frac{\underline{U}_Q(p)}{pL + R + \frac{1}{pC}} + \frac{Li_L(-0) - \frac{u_C(-0)}{p}}{pL + R + \frac{1}{pC}}, \tag{3}$$

$$\underbrace{\underline{I}(p)}_{\substack{\mathscr{L}\text{-Transformierte}\\ \text{der vollständigen}\\ \text{Lösung}}} = \underbrace{\underline{I}_{erzw}(p)}_{\substack{\mathscr{L}\text{-Transformierte}\\ \text{des Nullzustandes}}} + \underbrace{\underline{I}_{fr}(p)}_{\substack{\mathscr{L}\text{-Transformierte}\\ \text{des Nulleinganges}}} .$$

Wieder setzt sich die Gesamtlösung additiv aus Nullzustand und Nulleingang zusammen. Das gleiche Ergebnis erhält man mit den Quellenersatzschaltungen von Spule und Kondensator (Tafel 10.6).

$$\underline{I}(p) = \frac{\underline{U}_Q(p)}{\underline{Z}(p)} + \frac{pL}{\underline{Z}(p)} \frac{i_L(-0)}{p} - \frac{1}{\underline{Z}(p)} \frac{u_C(-0)}{p},$$

$$\underline{Z}(p) = pL + R + \frac{1}{pC}.$$

Der Anteil von $i_L(-0)$ wird dabei mit der Stromteilerregel berechnet. Das negative Zeichen vor $u_C(-0)$ deutet darauf hin, daß der diesbezügliche Stromanteil entgegengesetzt zur positiv vereinbarten Richtung fließt.

Bei Sprungerregung wird aus Gl. (3)

$$\underline{I}(p) = \frac{U_Q + pLi_L(-0) - u_C(-0)}{L\left(p^2 + p\frac{R}{L} + \frac{1}{LC}\right)}.$$

Auf die Rücktransformation können wir entsprechend der Aufgabenstellung verzichten.

10.3.3.3 Allgemeine Lösungsverfahren

Lösung im Frequenzbereich. Die bisherigen Beispiele erlauben aufgrund der Linearität von Nullzustand und Nulleingang folgende Verallgemeinerung: Im Frequenzbereich setzt sich die gesuchte Wirkung $\underline{Y}(p)$ zusammen aus

— der Erregung $\underline{X}(p)$ nach Maßgabe der Übertragungsfunktion $\underline{F}(p)$ für das Netzwerk *ohne Anfangsenergie* (→ *Nullzustand*);

— den Wirkungen $\underline{Y}_i(p)$ ($i = 1, \ldots, n$, Zeitbereich), die die n unabhängigen Energiespeicher durch ihre unabhängigen Quellen (Anfangswerte) vom *jeweiligen Ort* aus erzeugen. Sie werden zur Zeit $t = 0$ eingeschaltet (Faktor $1/p$, *Null*eingang).

Wir setzen also (s. auch vorherige Beispiele)

$$\underbrace{\underline{Y}(p)}_{\substack{\mathscr{L}\text{-Transformierte der}\\ \text{Gesamtlösung}}} = \underbrace{\underline{F}(p)\,\underline{X}(p)}_{\substack{\mathscr{L}\text{-Transformierte des}\\ \text{Nullzustandes}}} + \underbrace{\frac{\underline{F}_1(p)}{p}\,y_1(-0) + \ldots + \frac{\underline{F}_n(p)}{p}\,y_n(-0)}_{\substack{\mathscr{L}\text{-Transformierte des}\\ \text{Nulleingangs}}}. \tag{10.40}$$

Dabei sind die $y_1(-0) \ldots y_n(-0)$ die Werte der Kondensatorspannungen und Spulenströme unmittelbar vor dem Einschaltzeitpunkt und die $\underline{F}_i(p)$ die jeweiligen Übertragungsfunktionen zwischen den Quellenarten und der gesuchten Wirkungsgröße. Wegen

$$\underline{F}_i(p) = \frac{Z_i(p)}{N(p)}$$

stimmt das Nennerpolynom $N(p)$ in allen Übertragungsfaktoren überein; es liegt durch homogene Netzwerk-Differentialgleichungen fest! Demgegenüber hängen die Zählerpolynome Z_i von der Lage der Quellen ab.

Bei der Rücktransformation in den Zeitbereich setzt sich die Gesamtlösung $y(t)$ zusammen aus

- stationärem Anteil;
- flüchtigem Anteil, der nur von der Erregung abhängt; } Nullzustandslösung
- flüchtigem Anteil, der nur von den Anfangswerten abhängt: Nulleingangslösung.

In Netzwerken mit nur passiven Netzwerkelementen klingen die Nulleingangslösungen mit der Zeit stets ab, da sämtliche Pole in der linken p-Halbebene liegen. Dann läßt sich zeigen, daß bei harmonischer Erregung nach Ablauf des Übergangsverhaltens wieder eine harmonische Wirkung eintritt. So ist die übliche Wechselstrombetrachtung (Abschn. 6) ein Sonderfall der viel allgemeineren Interpretation des Übertragungsfaktors für die komplexe Frequenz p.

Zur Selbstkontrolle: Abschnitt 10

10.1 Kann es ohne unabhängige Quellen eine erzwungene Anregung/eine natürliche Anregung (Ausgleichsvorgang) geben?

10.2 Wovon hängt ab, wie groß das natürliche Übergangsverhalten (Ausgleichsvorgang) irgendeiner Schaltung ist?

10.3 Was bestimmt den Zeitverlauf bei erzwungener bzw. natürlicher Anregung?

10.4 Welcher Zusammenhang besteht zwischen der Netzwerk-Differentialgleichung und der Anzahl unabhängiger Energiespeicher eines Netzwerkes?

10.5 Was versteht man unter Nulleingangs- und Nullzustandsverhalten einer Schaltung?

10.6 Wovon hängt das Nulleingangsverhalten ab: linear/nichtlinear vom Anfangszustand/Eingangssignal (richtiges ankreuzen)?

10.7 Erklären Sie den Begriff Exponentialsignal (mögliche Zeitverläufe, Realisierungen)!

10.8 Was versteht man unter komplexer Frequenz?

10.9 Erläutern Sie die Begriffe Pole und Nullstellen der Übertragungsfunktion! Was verbirgt sich physikalisch dahinter?

10.10 Gegeben ist ein Netzwerk aus nur passiven Schaltelementen. Was läßt sich dann über die Lage der Pole sagen?

10.11 Wo liegen Pole/Nullstellen der Impedanz eines Reihenschwingkreises?

10.12 Geben Sie mindestens zwei Schaltungen für jede Übertragungsfunktion an (Impedanz, Admittanz, Transfergröße), wenn sie folgende Pole/Nullstellen in der komplexen Frequenzebene haben soll:

a) Nullstelle im Ursprung;
b) Pol im Ursprung
c) Pol auf der negativen reellen Achse;
d) Nullstelle auf der negativen reellen Achse!

10.13 Eine *RC*-Reihenschaltung mit ladungslosem Kondensator werde an eine Gleichspannung zur Zeit $t = 0$ geschaltet.
a) Auf welche Weise kann der Zeitverlauf der Kondensatorspannung ermittelt werden (Nennen Sie wenigstens zwei Möglichkeiten)?
b) Was bietet sich an, wenn z. B. die Übertragungsfunktion $\underline{U}/\underline{U}_Q$ bekannt ist?

10.14 Es sei von dieser Schaltung die Netzwerk-Differentialgleichung bekannt. Erläutern Sie Wege zur Bestimmung der Kondensatorspannung, wenn folgende Zeitfunktionen der Spannungsquelle gegeben sind
a) eine stationäre Sinusspannung;
b) eine Gleichspannung, die zur Zeit $t = 0$ eingeschaltet wird;
c) eine Sinusspannung, die zur Zeit $t = 0$ eingeschaltet wird;
d) eine Impulsspannung.
Nennen Sie in jedem Fall mehrere Lösungsmöglichkeiten, und erklären Sie die gegenseitigen Zusammenhänge!

10.15 Wie kann die Anfangsspannung eines Kondensators ersatzschaltmäßig zum Ausdruck gebracht werden
a) im Zeitbereich;
b) im komplexen Frequenzbereich (jeweils Begründung angeben);
c) läßt sich in allen Fällen auch eine Ersatzschaltung mit einer Stromquelle angeben? Wie sind die Ergebnisse zu erklären (mathematisch, physikalisch)?

10.16 Was versteht man unter eingeschwungenem Vorgang? Veranschaulichen Sie dies am Beispiel des Einschaltens einer Wechselspannung an einer *RC*-Reihenschaltung für den Strom!

10.17 Wie kann aus der Netzwerk-Differentialgleichung (Einschalten einer Gleichspannung) z. B. einer Reihenschaltung von Widerstand und Induktivität auf einfache Weise
— der Strom im stationären Zustand,
— die maximale Stromänderung
bestimmt werden? Läßt sich daraus schon qualitativ auf den Übergangsvorgang schließen?

10.18 Welche Ausgleichsvorgänge sind an einem (Reihen)Schwingkreis (abhängig von der Dämpfung) möglich, der an eine Gleichspannung geschaltet wird? Erläutern Sie dabei den Unterschied zwischen freier und erzwungener Schwingung!

10.19 Welche Netzwerkfunktionen bestimmen das Übergangsverhalten eines Netzwerkes bei Sprungerregung, bei Impulsstoßerregung? Hängen diese Netzwerkfunktionen zusammen?

Literaturverzeichnis

Philippow, E., Hrsg.: Taschenbuch Elektrotechnik in 6 Bänden. Bd. 1, Allgemeine Grundlagen, 2. Aufl. Berlin: Verlag Technik 1981.

Philippow, E.: Grundlagen der Elektrotechnik, 6. Aufl. Berlin: Verlag Technik 1981.

Simonyi, K.: Grundgesetze des elektromagnetischen Feldes. Berlin: Dtsch. Verlag d. Wissensch. 1963.

Stroppe, H.: Physik: Teilchen, Felder, Ströme, Wellen, Quanten, 3. Aufl. Leipzig: Fachbuchverlag 1980.

Mildenberger, D.: Analyse elektronischer Schaltkreise, Bde. 1 u. 2. München: Hüthig & Pflaum 1975/76.

Bosse, G.: Grundlagen der Elektrotechnik, Tl. 1: Das elektrostatische Feld und der Gleichstrom; Tl. 2: Das magnetische Feld und die elektromagnetische Induktion, 2. Aufl.; Tl. 3: Wechselstromlehre, Vierpol- und Leistungstheorie, 2. Aufl.; Tl. 4: Drehstrom, Ausgleichsvorgänge in linearen Netzen. Mannheim: Bibliogr. Institut 1966/78.

Frohne, H.: Einführung in die Elektrotechnik, Bd. 1: Grundlagen und Netzwerke, 4. Aufl.; Bd. 2: Elektrische und magnetische Felder, 3. Aufl.; Bd. 3: Wechselstrom, 3. Aufl. Stuttgart: B. G. Teubner 1979/82.

Rint, C.: Handbuch für Hochfrequenz- und Elektrotechniker, Bd. 1, 12. Aufl. München: Hüthig & Pflaum 1978.

Wunsch, G.: Systemanalyse, Bd. 1 und 2, 3. Aufl.; Bd. 3, 2. Aufl. Berlin: Verlag Technik 1972/74.

Vaske, P.: Übertragungsverhalten elektrischer Netzwerke (Frequenzgang und Übergangsfunktion). Stuttgart: B. G. Teubner 1971.

Leonhard, W.: Wechselströme und Netzwerke, Braunschweig: Fr. Vieweg & Sohn 1968.

Fricke, H.; Moeller, F., u. a.: Beispiele und Aufgaben zu den Grundlagen der Elektrotechnik. Stuttgart: B. G. Teubner 1971.

Hofmann, H.: Das elektromagnetische Feld, 2. Aufl. Wien: Springer 1982.

Pregla, R.: Grundlagen der Elektrotechnik, Tl. 1: Felder u. Gleichstromnetzwerke; Tl. 2: Induktion, Wechselströme, elektromagnetische Energieumformung. Heidelberg: Hüthig 1979/80.

AEG-Hilfsbuch 1: Grundlagen der Elektrotechnik, 3. Aufl. Heidelberg: Hüthig 1981.

Ameling, W.: Grundlagen der Elektrotechnik, Tl. 1: 2. Aufl.; Tl. 2. Braunschweig: Fr. Vieweg & Sohn 1974/80.

Lautz, G.: Elektromagnetische Felder, 2. Aufl. Stuttgart: B. G. Teubner 1976.

Fetzer, V.: Mathematik für Elektrotechniker, Bd. 1: Grundlagen-Lehrbuch, 2. Aufl. Heidelberg: Hüthig 1978.

Moeller, F.: Leitfaden der Elektrotechnik, Bd. 1: Grundlagen der Elektrotechnik; Tl. 1: Fricke/Vaske: Elektrische Netzwerke, 17. Aufl. Stuttgart: B. G. Teubner 1982.

Schüßler, H.-W.: Netzwerke, Systeme und Signale, Bd. 1: Systemtheorie linearer elektrischer Netzwerke; Bd. 2: Theorie kontinuierlicher und diskreter Signale und Systeme. Berlin: Springer 1981/84.

Unbehauen, R.: Elektrische Netzwerke, 2. Aufl. Berlin: Springer 1981.

Unbehauen, R.; Hohneker W.: Elektrische Netzwerke — Aufgaben. Berlin: Springer 1981.

Sachverzeichnis

H. W. Schüssler

Netzwerke, Systeme und Signale

Band 1: **Systemtheorie linearer elektrischer Netzwerke**

Hochschultext
1981. 210 Abbildungen. XI, 382 Seiten
Broschiert DM 58,–. ISBN 3-540-10524-7

Inhaltsübersicht: Einleitung. – Analyse linearer Widerstandsnetzwerke. – Analyse allgemeiner linearer Netzwerke. – Vielpoltheorie. – Übertragungsfunktionen. – Einschwingvorgänge. – Anhang. – Namen- und Sachverzeichnis.

Dieser Band ist der erste von zwei Bänden eines Lehrbuches, das die Vorlesungen des Verfasser „Grundlagen der Elektrotechnik" und „Systemtheorie" in den ersten 5 Semestern des Elektrotechnik-Studiums begleitet. Hier werden die Methoden der Netzwerkanalyse zunächst an Gleichstromnetzwerken hergeleitet und dann schrittweise, nach entsprechender Erweiterung der Begriffe, auf lineare Wechselstromnetze bei zunächst exponentiellen und später weitgehend beliebigen Zeitfunktionen verallgemeinert. Dadurch wird eine einheitliche Darstellung bis zur Behandlung der Einschwingvorgänge möglich. Besonderer Wert wird auf frühzeitige Einführung der Übertragungsfunktion und die Diskussion ihrer speziellen Eigenschaften gelegt. Zahlreiche, auch praktisch interessierte Beispiele, die vielfach durch Messungen ergänzt werden, begleiten den Text.
Zu den behandelten Themen gehören: Kirchhoffsche Gesetze, Maschen- und Knotenanalyse; Allgemeine Sätze der Netzwerktheorie, Mehrphasensysteme; Viepoltheorie; Übertragungsfunktionen, Mindestphasensysteme und Allpässe, Bode-Diagramme, Ortskurven, Stabilität; Einschwingvorgänge, Zustandsgleichungen von Netzwerken, Behandlung mit der Laplace-Transformation.
Der Anhang enthält u. a. eine Übersicht über passive und aktive Bauelemente sowie eine Zusammenstellung mathematischer Hilfsmittel.

Springer-Verlag
Berlin
Heidelberg
New York
Tokyo